U0209988

生态节水型灌区建设理论技术及应用

王沛芳　钱　进　侯　俊　饶　磊　著

科学出版社

北京

内 容 简 介

灌区高效节水、面源污染防控和生态化建设是解决我国水安全与水污染问题的重要途径之一。本书针对国家重大需求的面源污染治理和农业节水的关键理论技术瓶颈问题,选择灌区综合功能耦合协同的科技研究为突破点,创建了生态节水型灌区建设理论体系,提出灌区节水与面源污染防控协同新方法,研发了灌区节水减污、面源污染源头防控与资源化、耦合于排灌沟渠河道的带状与面状湿地净污系统构建与生态化、灌区智能化网络监控与优化决策系统等核心技术,形成完整的技术系统。全书系统地将节水、减排、净污和生境改善等理论方法和关键技术措施耦合于灌区沟渠工程建设之中,形成整体的工程体系和运行调控平台,为确保我国粮食安全保障、水资源高效利用、水环境持续改善、生态系统健康的综合目标实现提供重要技术支撑。

本书可供农田水利工程、环境生态工程、环境科学与工程、水文水资源等专业和学科领域的科研工作者、博硕士研究生、工程科技和管理人员参考和借鉴。

图书在版编目(CIP)数据

生态节水型灌区建设理论技术及应用/ 王沛芳等著. —北京:科学出版社,2020.12

ISBN 978-7-03-066996-4

Ⅰ. ①生… Ⅱ. ①王… Ⅲ. ①灌区-节约用水-研究 Ⅳ. ①S274

中国版本图书馆 CIP 数据核字(2020)第 230884 号

责任编辑:刘 冉 / 责任校对:杜子昂
责任印制:肖 兴 / 封面设计:北京图阅盛世

科 学 出 版 社 出版
北京东黄城根北街 16 号
邮政编码:100717
http://www.sciencep.com

北京九天鸿程印刷有限责任公司 印刷
科学出版社发行 各地新华书店经销

*

2020 年 12 月第 一 版 开本:787×1092 1/16
2020 年 12 月第一次印刷 印张:30 3/4
字数:730 000

定价:198.00 元
(如有印装质量问题,我社负责调换)

序

水资源节约和水污染治理是我国水安全保障的重大战略性需求。在我国水资源开发利用中，农业用水量占水资源总量60%以上。同时，农业大水漫灌、调蓄水能力减弱、雨水快排等造成水资源的极大浪费和利用效率低下，进一步加剧了我国水资源的短缺问题。另外，农业面源污染已经成为我国水体污染的主要来源。农业节水和面源污染防控是解决水安全问题的核心焦点。因此，紧扣灌区高效节水、面源污染防控和生态化建设开展科技研究和应用实践是解决我国水安全问题的重要途径，对我国"节水优先"实施、"水十条"落实和生态文明建设具有重大战略意义。针对面源污染防控问题，我国相关领域科技工作者进行了大量技术研究和工程示范，取得了积极进展。但缺乏同灌区规划、设计、建设、运行和管理相结合，造成推广应用和工程长效运行困难。科学地将节水、减排、净污等技术和生境改善措施耦合于灌区工程建设之中，形成整体的工程体系和运行调控平台，就能实现面源污染防控工程的实施和长效运行。

《生态节水型灌区建设理论技术及应用》一书针对国家重大需求的面源污染治理和农业节水的关键理论技术瓶颈问题，选择灌区综合功能耦合协同科技研究为突破点，创建了生态节水型灌区建设理论体系，提出灌区节水与面源污染防控协同新方法，研发了灌区节水减污、面源污染源头防控与资源化、耦合于排灌沟渠河道的带状与面状湿地净污系统构建与生态化、灌区智能化网络监控与优化决策系统等核心技术，形成完整的技术系统。解决灌区"灌溉高效、排涝防渍、水肥节约"等水利功能与"面源截留、水质改善、环境优美、生物多样"等生态功能耦合的关键技术难题，在技术创造性、新颖性、实用性和功能综合性等方面取得原创性突破，为实现我国灌区由传统单功能建设向现代生态节水型建设的重大转变和历史性突破发挥重要作用，并为确保我国粮食安全保障、水资源高效利用、水环境持续改善、生态系统健康的综合目标实现提供重要技术支撑。

灌区建设影响因素多，还涉及农业、农学的很多知识范围，而且，区域环境特点和生态特性空间差异也很显著，因此，还需要进一步开展灌区生态建设与农田作物高效节水技术等方面的交叉融合，努力解决我国广大农田区域水资源充分节约和面源污染有效控制问题。

中国工程院院士

武汉大学教授

2020 年 6 月

前　言

在我国水资源开发利用中，农业用水量占水资源总量60%以上。农业大水漫灌、调蓄水能力减弱、雨水快排等造成水资源的浪费和利用效率低，进一步加剧了我国水资源的短缺问题。另一方面，农业面源污染已经成为我国水体污染的主要来源。农业节水和面源污染防控是解决水安全问题的核心焦点。我国拥有大型灌区456处，中型灌区7316处，小型灌区205.82万处。灌区建设是我国农业生产和粮食安全的重要保障，但是长期以来，我国灌区建设普遍存在水资源循环利用率低、沟渠系统硬质化、生物多样性下降、生态群落退化等突出问题，极大地影响了灌区综合功能发挥。因此，紧扣灌区高效节水、面源污染防控和生态化建设开展科技研究和应用实践是解决我国水安全问题的重大需求。我国相关领域科技工作者针对面源污染防控问题进行了大量技术研究和工程示范，取得了积极进展。但缺乏同灌区规划、设计、建设、运行和管理相结合，造成推广应用和工程长效运行困难。灌区的灌溉排水、种植结构布局、水肥药施用等生产活动均有专人建设和控制，同时各级政府每年投入大量资金进行灌区建设和运行维护，并设专门机构进行管理。只要科学地将节水、减排、净污等技术和生境改善措施耦合于工程建设之中，形成整体的工程体系和运行调控平台，就能实现面源污染防控工程的实施和长效运行。因此，农业节水和控污技术研发与工程实践必须同灌区建设和运维相结合才能很好地解决农业面源污染问题。

本书的相关研究成果得到国家水体污染控制与治理科技重大专项课题望虞河西岸河网区水系优化和净化容量提升技术研究与工程示范(NO. 2017ZX07204003)、国家自然科学基金创新研究群体项目(51421006)、江西省水利厅科技项目(KT201410)、江西省潦河生态灌区规划技术研究(816053816)等资助。全书共分8章。第1章介绍生态节水型灌区建设的背景意义，提出生态节水型灌区的建设内涵和主要目标，给出综合评价方法；第2章阐述灌区水资源的配置和灌溉排水系统综合控污模式，提出灌区节水与面源污染防控协同的节水减污新模式，建立灌区面源污染防控的四道防线技术系统；第3章主要介绍第一道防线中的灌区农田污染物源头治理与资源化技术，包括农田化肥农药的精准施用和首级排水污染物的强化净化、农作物秸秆废弃物的处理处置及其资源化利用技术；第4章介绍第一道防线中的灌区中分散式居民生活污水和畜禽养殖及水产养殖污染的源头防控及其排水水质改善技术；第5章重点对生态节水型灌区排水系统污染物截留净化的第二道防线带状湿地及第三道防线面状湿地构建技术方法进行系统介绍，详细阐述各种类型湿地的建设技术和特点，并通过实例分析其净污效果；第6章概述灌区灌排系统水量计量和控制的技术与装置，介绍系列精准计量和自动化控制设备及灌区优化管理方面应用的智能化软件系统；第7章分析生态节水型灌区运行特点和管理要求，提出生态节水型灌区管理体制和运行机制，并介绍管理效益的评估方法；第8章概括介绍江西潦河生态节水型灌区建设规划的案例，该案例是结合河海大学环境学院课题组多年研究成果，在潦河管理局的直接领导下，由上海勘测设计研究院有限公司主持，上海勘测设计研究院有限公司生态环境分院郭亚丽副总工程师及课题组成员，河海大学环境学院王沛芳教授及课题组成员，以及江西省水利科学研究院多位技术人员共同完成。

　　本书是作者及研究团队历时十余年，结合多年从事生态节水型灌区关键技术研发和最新工程实践，并积极吸取国内外最新理论和新技术所著而成的。针对国家重大需求的面源污染治理和农业节水的关键理论技术瓶颈问题，选择灌区综合功能耦合协同科技研究为突破点，创建了生态节水型灌区建设理论体系，提出灌区节水与面源污染防控协同新方法，研发了灌区节水减污、面源污染源头防控与资源化、耦合于排灌沟渠河道的带状与面状湿地净污系统构建与生态化、灌区智能化网络监控与优化决策系统等核心技术，形成完整的技术系统。解决灌区"灌溉高效、排涝防渍、水肥节约"等水利功能与"面源截留、水质改善、环境优美、生物多样"等生态功能耦合的关键技术难题，在技术的创造性、新颖性、实用性和功能综合性等方面取得了重要的原创性突破，为实现我国灌区由传统单功能建设向现代生态节水型建设的重大转变和历史性突破发挥重要作用。本书的研究成果可为我国粮食安全保障、水资源高效利用、水环境持续改善、生态系统健康的综合目标实现提供重要技术支撑。

　　本书得以写作完成，要特别感谢王超院士的悉心指导，是王老师指引我们开展灌区的研究工作，确立了生态节水型灌区的建设理念，开始了此项工作的理论研究和技术研发。同时，也要感谢与我们一起努力的研究生们的辛勤工作。还要感谢共同参加潦河生态灌区规划的所有领导和技术人员。

　　由于灌区建设还涉及农业农学的很多知识范围，影响因素也很多，区域环境特点和生态特性空间差异也很显著，因此，当前要彻底解决我国广大农田区域面源污染问题仍然十分困难。加之作者经验、经历和水平有限及时间仓促，书中难免有不妥之处，恳请读者批评指正。

目　　录

第1章　生态节水型灌区建设意义及内涵

灌区一般是指有可靠水源和引、输、配水渠道系统和相应排水沟道系统的灌排区域，是人类农业经济活动的产物，随社会经济的发展而发展。灌区是一个自然和人工复合的生态系统，它是依靠自然环境提供的光、热、土壤资源，加上人为选择的作物和作物种植比例等人工调控手段而组成的一个具有很强社会属性的开放式生态系统。灌区生态系统由过去的人为灌溉排水和作物种植收割控制，发展到现代的人类全面控制和智慧管理，由传统的农业生产为主，发展到现代的农林牧副渔和工业、居住、旅游等全面经营。灌区生态系统格局发生深刻变化，出现了许多人与自然不和谐的问题，特别是灌区面源及点源污染物产生和输出给区域污染控制与治理带来了严峻考验。如何建设和管理灌区是生态文明建设的重大需求。本章在综合分析我国灌区建设发展历史沿革和现实状况的基础上，提出并界定生态节水型灌区的定义、内涵、建设内容和总体目标，建立生态节水型灌区建设指标体系和评价方法，为生态节水型灌区建设理论技术系统和运行管理机制的形成提供支撑。

1.1　我国灌区建设状况及对农业发展的意义

自从人类进入文明社会就一直重视农业发展，努力建设能够抵御旱、涝、虫等自然灾害的灌溉排水农田，确保粮食增产和人们食品安全。灌区的建设主要解决农业生产望天收的局面，借助人工建设的灌溉系统确保农作物种植和生长需水要求，依托人工建设的排水系统保障农作物不受淹、涝、渍的危害。生态节水型灌区建设是人类改造自然、创造条件、适应新时代来发展农业生产，保障食品供给而实施灌区建设的重要历史新阶段。为了精准理解生态节水型灌区建设内涵，科学实施建设内容，我们需要了解灌区产生和发展的历史沿革，掌握灌区建设与人类文明发展的紧密关系，认清新时代灌区建设的中心任务。

本节首先回顾我国灌区发展历史，表明灌溉农业对我国社会文明进步的推动作用；再介绍现代灌区建设概况，阐述灌区建设对农业发展的支撑作用，提高人们对灌区建设重要性的认识。

1.1.1　我国灌区发展历程

1. 我国古代灌区产生历史

我国幅员辽阔，有丰富的国土资源和历史悠久的农业文明。以灌溉文明为特点的农耕文明，是华夏文明起源、发展和延续的重要基础。我国灌溉农业起源很早，经历了漫长的发展历程。根据不同历史时期的社会经济发展状况和技术水平，大体上可以将我国古代灌溉农业发展进程划分为四个阶段[1]。

1) 灌溉农业的起源与开创：夏商周时期

据考证，早在 7000 多年以前，我国就开始了种植稻谷等农作物的实践，造就了举世闻名的河姆渡文化。在江苏省苏州市草鞋山和湖南省澧县城头山遗址也发现了距今 6000多年的古稻田遗址，当时的播种方式是撒播，有了初步的稻田结构形态，并有与古稻田配套的水坑、水渠、水沟、水井或水塘等原始灌溉系统。在淮河流域各地及山东、河南、陕西等地区，也发现了同时或稍晚一些时间的水稻遗存[2]。灌溉系统因农业生产的需要而产生，伴随着农业生产的发展而发展。

商代农业灌溉开始有了更为明确的文字记载，水稻在黄河南北两岸均有种植，郑州白家庄商代遗址、安阳殷墟中都有稻谷遗存发现[1]。考古还发现了距今 3600 年前殷商都城附近的由干渠、支渠和毛渠组成的农田灌溉系统，纵横交错的渠道将农田分割为若干长方形，在渠与渠、地与地之间有明显的水位落差，说明当时对小规模的田间灌溉系统的规划已经达到一定科学水准。

不过，夏商周时期灌溉农业仍处于起步阶段，灌溉工程规模较小，主要是自流式地引水到农田，灌溉小范围水稻田，全国绝大多数农作物生长需水还是依赖于自然降水，灌溉农田粮食产量和收获保障明显好于望天收的农田。

2) 灌溉农业的发展：春秋战国时期

春秋战国时期，各诸侯国普遍比较重视兴修水利，发展灌溉，减轻水旱灾害，提高粮食供应保障能力。随着生产力的发展，这一时期开始能够在一些水源条件较好地区修建具有一定规模的引水渠系工程。历史记载的我国最早的渠系引水灌溉工程是在楚庄王时期(前 613～前 591 年)，引期思之水(今史灌河)灌溉今安徽省金寨县至河南省固始县一带的土地。这个灌溉工程经过历代不断发展成为现在著名的淠史杭灌区的组成部分。后来，秦国为发展成都平原的灌溉农业，派李冰主持修建了无坝引水工程都江堰。工程利用岷江出山口的一段自然弯道，巧妙地修建了"鱼嘴"、"飞沙堰"和"宝瓶口"等建筑物。这三者配合紧密，组成了一个有机结合的整体。都江堰经过历代不断地维修和扩建，历经 2000 多年至今一直发挥着稳定的灌溉和防洪效益，成都平原成为"水旱从人，不知饥馑"的好地方。

到了汉代，除引用泾水灌溉以外，还修建了引用渭水、洛水的灌区，灌溉面积从几万亩到几十万亩不等，灌溉工程建设已经得到了一定程度的重视，促进了我国农业文明的发展。

3) 灌溉区域的巨大扩展：三国至唐宋时期

三国割据、混战时期，出于战争需要，都开展了屯田活动，由此带动了区域灌溉工程建设。特别是北方较为强大的曹魏政权，在淮河流域结合屯田大兴水利，修建了大量陂塘，以发展水稻生产为主，取得了良好的效果。

唐代水利工程共有 236 处，其中灌溉排水工程有 165 处。南宋时期(1127～1279 年)随着首都迁移到杭州，南方水利建设得到了空前发展。农田水利工程形式多样，数量极多，几乎每个县都有，多兴起于南宋时期，持续到明清以后，许多至今仍在使用[1]。

4)灌溉发展和边远地区灌溉的兴起：元明清时期

元明清三代经济重心主要在长江中下游的南方，灌溉农田主要集中在南方。为改善国都的粮食，在距离首都较近的海河流域修建灌溉工程，但由于气候变化，水量不稳定，战乱影响等种种原因，维持的时间都不长。

随着时代的发展，经济文化向边远地区辐射，灌溉工程建设也逐步向边疆地区推进，元代内蒙古河套灌区的灌溉在前代基础上有了进一步发展。至此，灌溉工程建设已经成为我国农业文明的重要组成部分，促进了文明古国的强大和发展。

2. 我国现代灌区发展历史

新中国成立以来，我国灌区建设取得了举世瞩目的成就，灌区农业在为我国农业发展和保障粮食安全方面发挥了巨大作用。

1)现代灌区建设的历史沿革

直到新中国成立初期，我国灌区的大部分农田灌溉主要沿袭着旱田大水漫灌、水田串畦淹灌的灌水方法，当时的全国人口规模、水资源总量和灌溉工程建设水平，决定了这些灌溉模式还是适用的。但是，随着社会经济的发展，水资源总量的限制，特别是长期大水漫灌，抬高了地下水位，土壤发生次盐碱化，严重影响了作物产量的提高。为此，国家开展了灌溉制度和与之相配套的田间工程研究，提出了节水灌溉的灌区建设新模式，提高灌溉水的有效利用率，灌区除不断增加科学管理、合理配水、大搞平田整地、划小畦块外，同时还不断开展渠道防渗工作，使灌溉水的有效利用率得到了提高，促进了灌区建设的快速发展。

我国节水灌溉工作大体可以分为三个阶段[2]：

第一阶段即 1950～1970 年，基本上是充分灌溉的节水灌溉发展阶段，这一阶段主要是开发新水源，建设新灌区和改建扩大旧灌区，主要采取渠道防渗，健全渠系建筑物，划小畦块，平田整地，按农作物需水量进行灌水，以及灌区加强管理，合理配水等节水措施。

第二阶段大致为 20 世纪 60 年代末 70 年代初，我国北方有些地区水资源量已经明显减少，不能满足灌区工程控制面积按农作物需水进行灌溉，稻田面积急剧缩小，许多灌区因灌溉水量的严重不足，不得不将按农作物需水量的灌溉制度，改为按实有水资源量如何能够获得灌区内最大产量的灌溉制度。

第三阶段是局部灌溉发展阶段，这个节水灌溉阶段是从 1974 年滴灌设备以后开始，基本上是和非充分灌溉同步发展，随着水资源量的不断减少，各地结合当地实际情况，推广了许多行之有效的局部灌溉措施，如东北的坐水种、西北的膜上灌等都对农业发展起到了很大作用。如今随着人口的增长、城市的扩大、工农业用水量的增加，局部灌溉的节水灌溉一定会快速发展。

2)灌区沟渠及护坡形式的演变过程

灌溉渠道是灌区工程的主要组成部分，是把灌溉水输送调配到田间的不可缺少的工程设施。排水沟道同样是灌区工程的重要组成部分，它是将田间退水和降雨排出，保障农作物免除涝渍的重要工程设施。灌区沟渠线长，占地多，工程量大，生态功能要求高，管理维护任务重，在灌区新建和续建配套技术改造中占有十分重要的地位。

我国灌区沟渠护坡的发展大约经历了三个阶段[2]：20世纪50~60年代，用干砌块石、木排、竹排护坡；70~80年代，用浆砌石、塑料薄膜加块石、混凝土护坡；90年代以后土工布、钢筋混凝土护坡。随着技术经济的发展，护坡材料越来越工业化，护坡的结构越来越复杂化。

1.1.2 我国灌区建设概况

灌区从规模上分为大型灌区、中型灌区和小型灌区；从灌区类型上分为提水灌区和自流灌区，抽取地下水灌溉的灌区为井灌区。我国大部分灌区是在新中国成立后建成的。20世纪50~60年代以建设新灌区、改建和扩建旧灌区为主，1965年灌溉面积达到3000万hm²，以此解决新中国成立初期人民群众的温饱问题。20世纪70年代着重农田水利配套工程建设，全国有效灌溉面积大幅增加，粮食产量显著提高[3]。

根据我国水利行业的标准规定，控制面积在20000 hm²（30万亩）以上的灌区为大型灌区，控制面积在667~20000 hm²（1万~30万亩）之间的灌区为中型灌区，控制面积在667 hm²（1万亩）以下的为小型灌区。目前，全国共有大型灌区456处，中型灌区7316处，小型灌区205.82万处。虽然人均耕地面积只占世界人均水平的30%，但耕地灌溉率是世界平均水平的3倍，人均灌溉面积与世界人均水平基本持平。灌区平均产量超过7500 kg/hm²，是全国粮食平均产量的1.8倍，是旱田的2~4倍。在占全国耕地面积1/8的大型灌区有效灌溉面积上，生产了全国1/4左右的粮食，创造了全国1/3以上的农业生产总值。灌区为我国经济发展、粮食安全和食品保障提供了不可替代的作用。

党中央、国务院历来十分重视对全国灌区的建设工作，决定从"十五"期间开始，分3期用15年左右的时间加快推进大中型灌区建设，完成灌区续建配套与节水改造任务，加强粮食生产核心区和后备产区的新灌区建设，提高灌溉水利用率与利用效率，节约农业用水，提高粮食和各类作物产量。

1.1.3 灌区建设对现代农业发展和社会文明进步的作用

我国国土面积大，地域跨越北部寒温带到南部热带，气候差异大，降水分布极不均匀，农业发展水平差别很大。因此，灌区建设类型、方式和技术水平也是多样化和多元化。未来面对日益加大的人口、资源和生态环境压力，灌区尤其是大型灌区对现代农业发展和社会文明进步的地位和作用更加明显。

灌区建设对我国社会经济发展具有十分重要的作用。

第一，灌区是粮食安全的基础保障。我国农田灌溉生产的粮食产量占全国粮食总产的75%，经济作物占90%，其中大型灌区以占全国11%的耕地面积，生产了占全国总产量22%的粮食，创造了全国农业总产值的1/3，保障了2.1亿灌区农民的生存发展和增收致富，提供了占全国总量1/7的城镇工业和生活用水，是我国商品粮的重要生产基地，在农业生产和农村经济发展中占有举足轻重的地位[4]。

第二，灌区是现代农业发展的主要基地。灌区配套的渠、沟、水、田、林、路等基础设施，为农业发展提供了良好的生产环境，是农业结构调整的重点区域，优质高效农业和出口创汇农业发展的优势区域。随着农业集约化、信息化、现代化的发展，灌区必将成为我国农业参与国际竞争的重要基地。

第三，灌区是区域经济发展的重要支撑。灌区的水源、输配水和调节系统，构成了区域水资源配置的基本格局，在担负着农田灌溉任务的同时，多数还兼有向城乡生活和工矿业企业供水的功能。据统计，全国大型灌区每年向工业及城市供水量占全国供水总量的 15%，直接供水的省会城市近 10 个，市县级城镇上百个，受益人口 2 亿多。

第四，灌区是生态环境保护的基本依托。灌区以其特殊的地理位置、优越的水资源条件，在当地生态环境的保护和改善中发挥着重要作用，为区域湿地系统维持提供了生态水量。干旱、荒漠地区的灌区普遍兼有维护植被、涵养水源、净化空气、抑制水土流失、减轻风沙威胁等方面的功效。特别是西北荒漠地区，一个灌区就是一片绿洲。

另外，灌区还可以改善农民生活质量和健康保障，向农民提供卫生的生活饮用水，提高了饮用水水质安全，满足人们的基本生活需求。同时，灌区输入的清澈水体，改善了农村景观环境，提升了农业农村旅游品位，创造了农民就业机会，增加了农民经济收入，促进农村地区广大农民脱贫致富。

1.2　灌区建设的发展形势及进展状况

1.2.1　当前灌区建设形势与局限性

1. 我国灌区建设形势

灌区建设对社会经济发展具有十分重要的作用，特别是对农村农民脱贫致富意义重大。但是，新形势下灌区建设也面临着许多重大问题需要解决，主要包括灌区水资源供给日益紧缺、灌溉排水工程不齐、农业灌溉水利用率低、农田节水设施落后、水环境质量恶化、区域生态功能退化、信息化智慧化管理缺失等等。

针对灌区存在的突出问题，国家启动了灌区节水改造与续建配套工程。通过灌区节水改造与续建配套工程，灌区工况大为改善，管理得到加强，提高了灌溉用水利用效率，缓解了水资源供需矛盾。灌区节水改造提高了灌排工程安全性能、灌区输配水效率和农业综合生产能力，改善了灌排条件，为国家粮食安全提供了重要的基础保障。

2. 我国灌区建设的局限性

随着灌区改造工作的不断深化及社会经济的快速发展，灌区节水改造及续建配套在取得初步成效的同时，一些深层次的矛盾和问题突显出来，特别灌区对生态环境的影响，农业面源污染控制和治理已经成为我国水环境质量改善和生态文明建设的关键所在。能否解决灌区对生态环境影响问题，直接影响到灌区节水改造及续建配套工程的总体进程和农业可持续发展战略实施。目前，灌区建设和改造工程既面临社会经济发展对灌区水资源、生态环境及基础设施保障程度的要求不断提高的挑战，同时也面临受国家相关配套政策措施不到位和政府对节水改造及续建配套工程要求不全面的制约，灌区节水改造、生态环境治理及管理改革进程严重滞后。具体问题主要表现在以下几个方面：

1）灌溉水利用率低，氮磷农药等面源污染物排放量大

目前我国水资源浪费严重，灌溉水利用率低下，灌溉定额普遍偏高，灌溉水超出实际需水量的 1 倍左右，有的地方甚至超出 2 倍以上。据调查我国节水灌溉面积还不到有效灌溉面积的一半，喷灌和微灌等节水灌溉方式仅占灌溉总面积的 2.6%左右，与发达国家相比差距很大。据全国灌溉水利用系数测算，我国目前灌溉水利用系数大约为 0.40～0.55，远低于世界一些发达国家 0.7～0.8 的水平；我国粮食作物的平均水分生产率仅 1 kg/m³，与发达国家 2.0～3.0 kg/m³ 的水平有很大差距[5]。

同时，灌溉回归水中携带的大量残留的氮、磷、农药等污染物进入地表和地下水，使得灌区内地表水和地下水中的污染物含量普遍超标。河套灌区总排干、部分排干等地表水中总氮高达 20.3 mg/L。渭河每年从点污染源接纳的氨氮约 156.6～203.3 t，从宝鸡峡和交口灌区接纳的氨氮近 6076 t，远大于点源污染负荷量[6]。据不完全统计，我国遭受到不同程度污染的农田面积 67 万 hm²。因污水灌溉被重金属污染的耕地面积达 1.3 万 hm²，污染严重的已被弃耕，全国主要农产品中农药残留超标率高达 16%～20%[7]。我国内蒙古河套灌区、新疆喀什河下游灌区等地区土壤次生盐碱化问题依然十分严重。

农田面源污染已成为灌区河道水体的主要污染源。化肥的大量施用，特别是施用的有机肥大量减少和化学肥料的快速增加，更加剧了水体污染，加重了江河湖库水环境恶化，加速了水体富营养化和严重恶化水生生物的生存环境。

2）灌溉可利用水资源量减少，区域生态环境退化

我国虽然水资源总量大，但人均占有量少。目前淮河水资源开发利用达到了 60%，辽河 65%，黄河 62%，海河高达 90%，远远超过国际公认的 30%～40%的水资源利用警戒线，水资源的严重开发利用，挤占了水系的生态水量，破坏了水生态系统，降低了灌溉水的保证率。

从 20 世纪 70 年代末开始，北方部分城市和地区先后出现水资源供需矛盾，城市缺水的范围不断扩大。有些灌区的灌溉水源已不同程度地转向工业及城市生活供水，灌溉用水只能另寻水源(如地下水开采、城市污水厂尾水等)。例如，我国北方及某些水资源供需矛盾突出的地区，地下水超采严重，部分平原内陆地区的地下水资源开发利用率都已超过或接近极限开发程度。目前全国已有 58 个区域性地下水漏斗，并且部分地区的地下水位由于降落漏斗深度大，已发生地面沉降、海水入侵等严重生态环境问题。地下水位下降与地下水资源储量的日益枯竭，使我国北方灌区的灌溉水源正在不断减少，给该区域灌溉面积、地下水环境的维持及农业的可持续发展带来了十分不利的影响。

流域上游灌溉过量用水会使河道下游流量减少，泥沙淤积，甚至断流；河道的过量引水，造成河道输沙能力减弱、河床抬高、河道退化，影响航运、渔业以及下游用水。河道水量减少，水体净化和纳污能力降低，河道缺水断流，下游湖泊萎缩，滩涂消失，天然湿地干涸，水资源涵养和调节能力下降，土地沙化，生物多样性减少，水生态严重失衡。例如石羊河流域内灌溉面积扩展过大，复(套)种比例过高，造成上游地表来水不

足，下游的灌区长期连续超采地下水，地下水位大幅度下降导致土地严重旱化。流域内草甸植被被旱生植被取代，除渠道两侧及灌区农田林网外，其余地方的乔灌林木或枯死或衰退。北部沙漠以每年 3～4 m 的速度向灌区推进，严重威胁绿洲的生存和发展[8]。

3) 灌区工程配套设施差，支撑体系基础建设薄弱

我国已建灌区中，大部分灌区属于"三面光"工程，但受资金、物资等条件的限制，很多灌区没能按照原定设计完成全部渠系、田间及建筑物的工程配套，造成实际灌溉面积远远小于设计灌溉面积；同时，工程长期运行，老化失修，破损严重，造成原设计有效灌溉面积逐渐减小，实灌面积不断萎缩。根据全国灌区统计资料分析，现状灌溉面积达不到设计面积的灌区数量占总数的 65%以上，现状灌溉面积为设计灌溉面积的 83%[9]。

灌区建设、灌区节水改造及续建配套是一项庞大的综合性工程，涉及工程技术、管理技术、基础研究、实验验证、科学先进的现代化产品研发与推广应用，以及灌区管理人员综合业务素质提高等多方面因素。自 1999 年以来，结合灌区建设、灌区节水改造与续建配套项目的实施，尽管在支撑能力建设方面开展了许多相关工作，但是与灌区节水改造及续建配套所面临问题的复杂性相比，其支撑体系基础建设工作依旧十分薄弱。主要体现在以下三个方面：一是跨部门、跨学科联合协作及研发机制尚未确立，部分研究成果与实际工程配套性不强、实用性不够；二是灌区节水改造及续建配套研发项目技术储备与利用高新技术对传统工艺进行升级换代能力不足；三是尚未形成长期有效的技术推广、监管服务体系，许多新技术、新材料、新工艺广泛应用水平不高；四是灌区基层服务体系支撑能力不强，其人员搭配结构与综合业务素质不能很好地满足灌区节水改造及续建配套建设的实际需要。随着灌区节水改造与续建配套工作的深入开展，灌区支撑能力建设问题将变得尤为突出和更加重要。

4) 灌区建设、节水改造及续建配套改造滞后于设计规划总体需求

根据水利部批复的灌区节水改造规划目标，全国灌区节水改造工程拟用 15 年左右的时间基本完成续建配套改造任务，并发挥预期经济效益，共需静态总投资 1906 亿元，其中典型主体工程规划投资为 1304 亿元。因投入不足，尚有大量灌区未实施节水改造及续建配套工程。绝大部分灌区仅仅解决了"卡脖子"、病险工程，以及一些关键性的典型主体工程，对灌区节水改造渠系及建筑物配套完善程度提高幅度有限。部分灌区渠道基础条件差，老化失修严重，漏水现象仍然十分严重，输水损失和排涝能力不足等问题依然存在。当然，我国还有很多灌区，无论是水源工程、灌溉系统还是排水系统，都是随着灌溉面积的不断扩大而逐渐建设形成，缺乏统一的全面规划，工程布局大多数是分块而建，没有总体科学合理实施方案。

5) 主体工程与田间工程改造不同步，影响灌区整体效益的发挥

1998 年以后，国家安排专项资金对灌区主体工程实施了灌区节水改造与续建配套工程。田间工程作为灌区灌排工程的重要组成部分，其配套改造资金主要来源于地方各级政府补助、农民自筹或投工投劳等渠道。目前，灌区节水田间配套工程改造普遍滞后于主体工程改造进度，"最后一公里"建设配套问题严重不足，田间渠系设施差，用水效率低，严重制约了灌区整体经济效益的发挥。

6) 灌区管理机制不畅

我国灌区普遍存在重工程建设、轻工程管理的状况。许多灌区管理体制不畅，政出多门、条块分割、机构臃肿、效率低下；其运行机制不适应新时代社会主义市场经济发展的需要，政事不分，权责不清，投入机制不完善，缺乏经济自立能力；管理、量水、通信、维修设施简陋，手段原始、落后，给灌区管理、用水调度、水量结算和运行维护带来很多困难。另外，灌区管理人员缺乏现代化管理知识学习和培训机会，对信息化、智慧化管理毫不了解，综合技术水平和业务素质偏低，还不能适应现代化灌区运营管理和智慧管控的需要。

7) 灌区生物多样性破坏、生态链失衡等生态环境问题日益加剧

灌区中的沟渠除田间灌溉排水功能外，还担负着区域防洪除涝功能。因此，为加强加快水量下泄，大量的沟渠采用混凝土等材料进行硬质化建设，使得水系、土壤和生物之间的联系性分离，生态恢复功能减弱，生物多样性遭到破坏。另一方面，水资源短缺造成的污水灌溉使得被重金属污染的耕地面积逐年扩大，污染严重的已被弃耕，主要农产品中重金属等污染物累积超标问题不断出现。

1.2.2　灌区建设的发展要求

1. 生态节水型灌区建设是发展的必然要求

灌溉事业始终随着社会经济的发展而发展，在不同时期，灌溉农业发展的重点不同。长期以来，我国灌区建设是以追求农产品的产量和产值为目标，走了一条粗放型增长的发展道路，从长远上来看又是不可持续的。

2011 年中央一号文件《中共中央国务院关于加快水利改革发展的决定》中第一次全面提出"水是生命之源、生产之要、生态之基"；第一次指出"水利具有很强的公益性、基础性、战略性"。一号文件第一次强调水是"生态之基"、"是生态环境改善不可分割的保障系统"，强调要"大兴农田水利建设，到 2020 年，基本完成大型灌区、重点中型灌区续建配套和节水改造任务"，"要新建一批灌区，增加农田有效灌溉面积"。水是生态之基，发挥水在改善灌区生态环境中的保障体系作用，是国家发展总体战略对灌区建设的重大需求。

党的十八大报告明确指出加强生态文明建设，生态文明建设已列入国家战略部署。2013 年 1 月印发《水利部关于加快推进水生态文明建设工作的意见》，明确提出了开展水生态文明建设的八项工作、五大目标，要求把生态文明理念融入水资源开发、利用、配置、节约、保护以及水害防治的各个方面和水利规划、建设、管理的各个环节。目前，我国灌区用水效率和水污染防治，仍处于相对落后的状态。因此，从水生态文明建设出发，在大力开展灌区续建配套和节水改造的同时，按照生态文明观、生态与经济协调发展的要求，将生态环境保护列入灌区建设之中，是灌区建设的必然之路，也是灌区可持续发展的重要保证。

随着社会经济不断发展和人们对生态环境保护的迫切需求，灌区建设应该合理地调整农产品结构，科学地施用化肥和农药，制定有利于农业面源污染控制的灌排方案，实

施有效的水循环利用措施，减少面源排放对沟渠河道的水体污染。同时，我国农村幅员辽阔，农村人口多，为农村生态建设服务，也是灌区的重要任务之一。在村镇建设和规划中，要把农村供排水作为重要内容，保障每个人都能用上洁净卫生、符合国家标准的水，同时也要健全排水设施，治理乡村生活污水，使之达到排放标准。对于在农村分散式的工业企业供排水，严格执行《水法》和《水污染防治法》，采取经济适用的技术进行有效处理，防止污染地表和地下水环境。因此，灌区生态环境保护和综合治理也是解决我国广大农村地区社会经济发展和美丽乡村建设的重大需求。

2. 生态型灌区发展状况

1) 国外研究进展

关于生态灌区，国外学者给出了许多定义。Brookers[10]指出生态灌区实质上是一个生态上自我维持，经济上良性循环的系统，该系统能够长期不对周围环境造成明显的改变并具有较高的生产力。生态灌区建设就是遵循生态规律，创造出比自然生态系统具有更高生产力的"自然-社会-经济"复合系统。生态灌区是可持续理论与生态系统健康理论在灌区发展领域的应用，解决灌区环境和资源问题而产生的新概念。美国科学院院士Larry Curtis Brown 教授在题为"WRSIS(灌溉-排水-湿地管理系统)介绍及在面源污染处理中的应用"的报告中，提出了在农业灌溉区附近建立一个小型人工湿地，让农田排水(或污水)流向人工湿地，农田排水(或污水)被湿地收集净化后，再流入水库储蓄起来，进行第二次灌溉的理念[11]。该系统不仅可明显实现节水与防污，还可促进农作物持续增产，提高和改善水质。Brown 教授和他的科研团队在美国主要的玉米产区和中国的广西、江苏两地推广应用 WRSIS 系统有很多成功的例子。尽管中国和美国在农业的灌溉方式上差异明显，中国多用明渠灌溉，美国多用地下水灌溉，但这个循环回用的净污节水系统可以在中国推广应用。

2) 国内研究进展

随着我国社会经济的飞速发展、城市规模的不断扩大和粮、油等农产品需求量的不断增加，灌区出现沟渠和河道硬质化严重、排水系统净污能力逐渐下降、水环境质量日益恶化、水生态系统不断衰退、人居环境品位明显下降等突出问题。为了解决灌区的系列生态环境问题，许多学者提出生态灌区的理念，并构建生态灌区建设技术系统，生态灌区成为我国社会关注的热点问题之一。

生态灌区构建原理及应用技术研究涉及生态学、水利学、环境学、植物学、土壤学、工程学等多学科领域，是这些学科交叉的新领域。国内生态灌区的研究刚刚起步，对于其概念的界定还没有完全统一，但相关研究颇为丰富，生态灌区建设理论与实践都取得了长足进步。

水利部农村水利水电司姜开鹏[12]副司长提出，生态灌区的基本特点是不仅有当代较高的生产力，而且可以促进生态和经济的全面协调发展。

武汉大学茆智[13]院士认为，生态灌区的定义要求应保持和促进灌区良性循环和发展，应包括改进和改善对水资源利用的内容，即为可持续发展利用，改善对经济环境资源的利用等。生态灌区建设的要求包括七点：第一，要有安全保障体系，防止洪涝灾害，避免因灌溉工程带来的生命财产损失；第二，合理优化地配置使用水资源，有较完善的灌排系统和可靠的水资源供水能力，广泛采用节水技术，水源供需平衡，充分发挥水资源的经济效益和环境效益；第三，能保护和改善生态系统，具有较高的水污染防治水平，特别是能够保持和改善骨干水源和灌区内地表水和地下水的水质；第四，灌区内居民要有较优美的生活环境和居住环境，要有达到水质标准的自来水；第五，在工程建设维修养护和运行管理中广泛采用高科技，具有现代化信息管理和优化配水能力；第六，有符合国情、行之有效的管理体制、管理组织和良性运行的机制，以及科学的决策程序、合理的水费计收办法，能做到依法管水，科学管水；第七，有一支素质较高的管理队伍，建立比较完善的灌排技术服务推广体系。为了研究和实践相结合，其团队在我国南方和北方都建立了节水防污型生态灌区研究基地。

中国农业大学薛彦东所在团队[14]就生态灌区建设的支撑体系关键技术内容进行研究。研究认为生态灌区是在人与自然和谐理念指导下，以维持灌区生态系统的稳定及修复脆弱的生态系统使其形成良性循环为目的，通过灌区水资源高效利用、水环境保护与治理、生态系统恢复与重构、水景观与水文化建设、灌区生态环境建设基准及监测管理方法等多方面的生态调控关键技术措施，形成的生产力高、灌区功能健全、水资源配置合理、生物多样性高而单位水量提供的生态服务功能最大的节水型灌区，是现代化灌区发展的高级阶段。

唐西建[15]认为生态灌区是指灌区内的工程体系能与自然环境协调一致，水量有保证，水质能实现自我净化并保持良好，水资源能持续为社会、经济发展提供支撑，并一代接一代利用下去。生态灌区，简单地说，就是按照生态文明观，按照生态与经济协调发展的要求建立起来并实行管理的灌区。它的基本特点是，既拥有当代较高的生产力，又能实现生态与经济的协调发展。

河海大学张展羽教授等[6]认为生态灌区是指按照生态规律办事，构建生态水利、生态农业和农村生态环境，创造出比自然生态系统有更高生产力的"人-社会-自然"协调发展的灌区。生态灌区追求的是生态与经济的双赢目标，通过建设现代化的水利和良好的生态环境，使经济与生态形成合力、高效的生态经济良性循环，实现可持续发展，并为人们提供一个良好的生产和生活环境。彭世彰教授等[3]认为，节水型生态灌区是将水生态文明观融入灌区建设与管理中的各个环节，构建一个工程体系与自然环境协调一致、管理方式与时俱进、水资源高效永续利用、生态系统健康、经济良性循环、具有自身人文景观特色的系统。该系统能够长期不对周围环境造成明显的改变并具有较高的生产力。节水型生态灌区建设就是遵循生态规律，创造出比自然生态系统具有更高生产力的自然、社会、经济与人融合为一个有机整体所形成的互惠共生的复合系统。

总结当前生态灌区建设中技术创新的重点是灌区沟渠系统的生态化。大量的研究和探索工作集中于灌区沟渠生态护坡衬砌建设、灌区护坡防渗生态材料选择等方面，目标是建设有利于植物净污和生态系统良性循环的沟渠系统。节水技术一直是灌区建设的中心工作和研发重点，学者们主要从灌区水资源优化配置、灌溉方式、施肥方法等方面进行了大量研究，这些研究对节水减污起到了重要作用。另外，灌区的自动化建设与信息化逐渐受到重视，部分灌区进行了自动化控制设计，实现了干渠、支渠和田间配水的水量控制。目前在国际上，美国、日本、丹麦等国家已经构建成熟的灌区规划管理体系，实现了水量控制、水质监控、节约用水、内部循环等生态化、信息化、现代化的生态型灌区建设模式。我国当前的研究和建设工作大多集中在生态型灌区建设的某些方面，对生态沟渠建设技术的研究和应用还不够系统，大量工作还停留在原则理念和概念设想上，距离工程实际应用还需要进一步加强；灌区节水研究也不能仅仅停留在灌溉层面，尚需对灌区整个系统进行科学规划，实现节水减排和再生水循环利用；同时，需对大量灌区产生的废弃物(秸秆)、农村生活污水、畜禽水产养殖业废水等进行低耗能、广适性技术的研发应用，特别是灌区生态建设所采用的新技术、新工艺和新设备的成本降低及长效化运行管理等方面需要突破，最终实现灌区的生态建设目标，达到资源、经济、社会、生态的和谐统一。

河海大学王沛芳研究团队[16]在总结国内外生态灌区建设研究成果和工程实践的基础上，提出了生态节水型灌区建设体系，开展了基础理论与关键技术研究。以灌区综合功能耦合协同为突破点，创建了生态节水型灌区建设理论方法体系，提出灌区节水与面源污染防控协同新方法，形成了完整的技术系统，解决了灌区"灌溉高效、排涝防渍、水肥节约"等水利功能与"面源截留、水质改善、环境优美、生物多样"等生态功能耦合的关键技术难题，实现了灌区建设及续建改造的创新发展和全面提升。

1.3　生态节水型灌区的建设内涵和主要目标

在总结分析我国灌区建设发展历史和现代灌区建设面临主要问题的基础上，针对灌区特别需要解决的生态环境和节约水资源问题，本节提出构建生态节水型灌区建设体系，界定生态节水型灌区的定义，确定建设原则、内涵和内容，明确建设总目标，指出建设技术思路和关键技术系统。

1.3.1　生态节水型灌区定义

生态节水型灌区是指灌区渠系工程布局合理、水资源开发高效节约和循环利用，水-植物-土壤生态系统健康、生态环境优美，农副业生产效益显著、产品品质优良，化肥农药施用精准高效，农作物秸秆资源利用，农村生活污水和垃圾、畜禽水产养殖废水有效利用和生态处理，灌区对外部不产生生态环境的负面影响，灌区建设和管理智能化，并与流域生态环境发展相协调，是"自然-社会-经济-生态"可持续和谐发展的灌区。

生态节水型灌区是传统灌区的继承和发展，与传统灌区相比，生态节水型灌区的基本特点是既拥有较高的生产力，又能实现与水资源和灌区生态环境的协调发展，具体表现为现代性、发展性和协调性三大特点[16]。现代性是指用新时代社会发展理念和先进科技成果指导灌区建设，灌区技术装备应凝聚社会进步的最新成果，水土资源高效利用，回归水与劣质水资源循环利用，灌区工程配套齐全，社会经济效益好，生态环境友好，管理手段先进和业务水平高；发展性是指生态节水型灌区建设的要求不是一成不变，而是随着社会经济的发展而不断变化和发展，高度重视环境保护和生物多样性的维护，合理配置水土资源，形成生态生产观，使生产力具有可持续性，能够满足当代人和后代人生存发展的需要；协调性就是要求灌区不仅要提高和巩固生产力，而且要处理好与生态环境的关系，二者紧密结合，协调发展。工程与自然、经济与自然、人与自然、人与社会和谐，兼顾社会、经济和环境三者的整体利益，在整体协调的秩序下寻求发展。生态节水型灌区的协调性是灌区发展和实现现代化的基础。

生态节水型灌区就是要构建灌区生态文明长效机制，要将灌区节水与生态文明建设的理念贯穿于整个灌区规划、设计、施工和管理之中。在大力开展灌区续建配套和节水改造的同时，要本着"水安全、水资源、水环境、水生态、水景观、水文化、水经济、水管理"的八位一体思想，全面落实水的综合整治各项措施，遵循可持续发展、因水制宜、水质水量两手抓、资源环境两不误等原则，全面、简洁、综合反映生态节水型灌区建设的可行性与可操作性。此外，生态节水型灌区综合管理应根据灌区水资源时空分布特征，考虑灌排系统的水资源循环利用模式，通过全要素监测、实时预报、优化配置、远程调度、动态仿真等多功能水管理智能化系统，深入研究农田生态格局演变趋势及其与社会经济发展之间的耦合关系，建设节水、高效、生态与信息化、自动化、智能化相结合的智慧灌区，实现安全性、稳定性、景观性、自然性和经济性的完美结合。

生态节水型灌区在不考虑农村乡镇居民动态变化的条件下，从农业农田角度来界定输入资源、灌区内部和输出系统。灌区输入资源包括水资源、肥料、农药和物种等；灌区内部包括产品布局、土壤结构、布水方式、水循环利用、灌排和湿地工程系统等；灌区输出系统包括退水、地下水、农产品和秸秆等。要求输入资源的节约化和对流域影响最小化、灌区内部资源节约化、土肥影响最小化、工程布局最优化和经济收益最大化、输出系统面源最小化、退水水质无害化、秸秆处置生态化、农产品品质最优化。因此，生态节水型灌区是指灌区系统与流域生态环境相协调，达到灌区水量和化肥农药施用节约化、水质自我净化、农产品品质无害化、水土保持和土壤结构持续利用化、工程布局和调控管理最优化、秸秆处置和沟渠河道生态化、经济和社会效益最大化。

生态节水型灌区建设要把对生态系统的保护和改善渗透到灌区的每项工作中去。就是按照生态学原理，建立和管理一个生态上自我维持、经济上可行的良性循环系统[16]。该系统能够在长期内不对其周围环境造成明显改变的情况下，具有较大生产力，保持和改善内部的动态平衡；通过科学合理地安排生产结构和作物的品种布局，提高太阳能的固定率和利用率；通过合理地开发和调配水资源，提高水的利用系数和产出效益；发挥区域与环境优势，最终实现节水、生态、优质、高效、环保和可持续发展的综合目标。

1.3.2　生态节水型灌区建设原则

1. 可持续发展的生态优先原则

牢固树立人水和谐、可持续发展理念，遵循区域水资源和水系的自然分布及其演化规律，保证生态持续、经济持续和社会持续。其中生态持续是基础，经济持续是条件，社会持续是目的。当前灌区建设应突出生态优先原则，补偿和修复长期存在的灌区生态环境透支状况，实现生态节水型灌区建设追求的应该是自然、经济、社会生态复合系统的持续、稳定、健康发展。

2. 水资源节约和循环利用原则

灌区农田灌溉要以作物生长需水为导向,实施精准灌水,杜绝大水漫灌、有水乱灌等现象。灌区农田退水、工业废水处理尾水、农村生活污水、水产养殖排水等都要坚持优先循环利用原则,对污染水体应规划设置水塘湿地或人工湿地进行净化和调蓄,根据农作物或绿色植被树木生长情况,进行再利用,实现水资源高效利用和节水减排。

3. 灌区系统污染物输出最小化原则

灌区系统污染物输出最小化原则,首先要对灌区内的化肥和农药的使用量进行严格控制,农民生活污水和垃圾资源化利用,推广畜禽养殖的粪便堆肥技术,最大限度地处理和净化水产养殖排水。同时要提高灌区内工业用水效率,发展节水型工艺,提高工业用水的重复利用率,一水多用、循环利用、回收再用,实现流入水体污染物最低量和输出灌区系统污染物最小化。

4. 灌区建设技术先进性与经济适用长效全面兼顾原则

随着科学不断发展和技术水平日益提高,灌区生态节水建设规划、设计、施工和管理技术不断创新,如何选用新技术是灌区能否实现总体目标的重要组成部分。必须坚持技术的先进性,特别是生态型沟渠衬砌、化肥农药截留净化设备、多元素立体监测和信息采集产品等。同时,选用技术也必须兼顾灌区面向农业农村的特点,要求材料和设备产品具有经济适用性,运行维护和日常管理简便,具有长期运用效果。

5. 绿色景观斑块与乡村美化原则

灌区是以农业农村农民为主体的特殊绿色斑块,该斑块构建应按照景观生态学的最佳设计原则,根据当地的实际情况因地制宜采取最合适的斑块形状、大小和斑块内的最基本的物种形式。坚持灌区斑块与美丽乡村建设相统一,实施整体规划、分步实施、形成特色、兼顾旅游,将灌区建设成具有鲜明特色的乡村游景点,提高农民的经济收入和生活幸福指数。

6. 多元素自动监控和信息管理原则

灌区灌溉排水的水量和水质、农田作物需水肥药、土壤含水率和营养水平、田间墒情等多元要素,必须坚持统一监测、统一调度、统一配置、统一控制的原则。同时,应结合灌区水管理技术业务的实际需要,确定灌区信息化管理系统建设发展思路。信息化管理系统建设应坚持远期与近期相结合,适当超前与体现客观相结合,信息化建设与基础设施发展相结合,并兼顾先进性、经济性和管理水平可行性,做到整体规划,分步实施,最终实现灌区智慧管理。

1.3.3 生态节水型灌区建设内涵

建设生态节水型灌区就是要按照生态规律办事,创造出比自然生态系统有更高生产力的"人-社会-自然"复合生态系统，就是坚持生态优先的原则，树立生态生产力观和发展生态经济。坚持把生态环境的保护与建设放在基础性的位置上，通过适时适量地供水，把自然生态系统的资源优势转化为经济优势。同时，又通过经济的发展反哺自然生态系统(包括涵养水源、回灌地下水、建设人工生态林、建设美丽乡村及人工湖库、湿地等)，增强自然生态的优势，使生态环境资本增值[16]。这样循环往复，使灌区生态建设走上相互依存、相互促进良性循环的轨道，实现灌区生态效益、经济效益、社会效益的共赢。

以建设资源节约型、环境友好型社会为着力点，以自然、经济、农业复合系统健康发展为落脚点，以生态学、环境学、水利学、农作物学、农业经济学等学科技术为手段，以灌区水土资源容量和生态环境建设为约束，多角度、全方位地制定生态节水型灌区建设核心内容，以实现灌区水土资源可持续利用、生态环境良性循环、人居环境优美宜居，经济、农业、环境协调发展，人与自然和谐共处。

1.3.4　生态节水型灌区的主要建设内容

生态节水型灌区建设，根据其建设原则和科学内涵，主要建设内容包括：

1)灌区生态规划方法与生态建设模式

- 基于生态学原理的灌区规划与建设模式；
- 灌区生态型灌排系统和水循环系统规划方法；
- 灌区生态环保型农业构型与调整规划方法。

实现灌区生态环境的合理规划和农业结构的优化布局，灌区水系的畅通和湿地系统有效保护和利用，灌排系统达到健康水生态系统要求及灌排条件的改善。

2)灌区生态环境需水与水资源高效优化配置

- 灌区生态环境需水与水资源综合配置理论；
- 维持灌区生态水量的控制方法和工程措施；
- 灌区水资源综合管理模型的研发及其应用。

揭示灌区水资源利用与生态环境变化之间的互动关系，提出不同类型灌区生态环境用水指标、标准和计算方法，以及维持灌区生态水量的控制方法和工程措施，形成不同类型灌区水资源分配的原则、准则、指标、方法和的政策措施，为保障灌区生态环境用水和水资源高效合理利用提供理论基础和技术支撑。

3)灌区沟渠生态化建设关键技术研发及应用

- 灌区沟渠纵横形态与断面形式生态化技术；
- 沟渠生态护坡与基底生态修复技术；
- 沟渠退水水质强化净化生物装置技术；
- 沟渠水生植物恢复与调控技术。

实现沟渠纵横形态与断面形式的生态化，提高沟渠净污能力和促进沟渠生态多样性的恢复；既达到"边坡生态化、面源截留净化、渠道绿色化"，又确保渠道护坡"结构稳定、施工便捷、管理简单和投资节省"；实现沟渠基底防渗和生态修复的有效结合，形成不影响输水和排涝的水生植物群落结构, 促进生态系统逐步改善和良性循环。

4) 灌区污染物处理与资源化利用

- 灌区地表径流拦蓄与雨水资源化技术;
- 灌区农田排水生态拦截与养分再利用技术;
- 灌区农田废弃物(特别是秸秆)处置与资源化技术;
- 灌区农村生活污水处理与资源化利用技术;
- 灌区畜禽水产养殖业污水处理与资源化利用技术。

形成灌区污染物资源化处置与潜在资源高效利用系列技术, 在治理灌区污染和改善灌区生态环境的同时, 实现灌区潜在资源的高效开发和利用[1]。

5) 灌区生态环境信息自动化监测与控制系统

- 灌区作物生长信息监测与农药化肥施用控制系统;
- 灌区田间水分长期监测和反馈调控系统;
- 灌区面源污染监测和农田排水控制系统。

形成不同类型灌区的灌区生态环境信息自动化监测与控制系统, 实现对灌区水、肥、药和土壤墒情的自动化控制与管理。

1.3.5　生态节水型灌区建设总目标

生态节水型灌区建设应该在流域的层面上, 以综合治理为指导方针, 以水肥高效利用与面源污染物协同控制为理念, 以灌区农田、渠道、排水沟、水塘、湿地和村镇居民生活为对象, 以面源污染物削减、点源治理、生态拦截与沟道修复为重点, 以节水减排为关键, 以生态改善为目的, 实现灌区"节水、减源、截留、生态"的总体目标[16]。

针对目前我国灌区生态系统中最为突出的是水污染加剧、水环境恶化和水生态退化的问题, 尤其是灌区沟渠灌排系统设计和建设不合理引起的水资源缺乏、生态系统退化、面源污染加剧和净污能力下降的突出生态环境问题, 应选择符合我国各地区特点的东北、西北、华北、华东、华中等典型大中型灌区, 按照"高效性、稳定性、净污性、生态性"的要求, 开展生态节水型灌区建设理论技术研究与工程示范工作。重点研发和集成灌区沟渠生态化建设技术, 同时开展灌区生态规划方法与生态建设模式、灌区水资源综合配置与高效利用、灌区污染控制与资源再生利用、灌区生态环境监测和智慧化管理等关键技术的研究和示范, 形成有效可行的生态节水型灌区建设模式, 以及整装成套的生态节水型灌区规划—设计—施工—评价管理方面的成熟关键技术体系, 为实现我国灌区水资源高效利用、水环境持续改善、水生态长久健康的有效结合提供科技支撑和工程实践。

1.3.6　生态节水型灌区建设的突破思路与关键技术

1. 技术思路

在生态节水型灌区建设技术体系中, 遵照总体设计思路, 当前重点需要关注的是灌区污染控制问题。因此, 技术突破应以灌区各类污染源控制技术研发为重点, 通过沟渠系统的生态工程建设和污染物强化净化及生态截留技术的创新，实现对灌区氮磷、农药、重金属等污染物的有效截留。同时，在灌区中因地制宜地构建洼陷生态湿地系统，对灌区沟道排放出的污染物进行强化净化，实现灌区水资源和肥料农药的循环利用，并通过灌区灌溉系统、排水系统、农田土壤作物的信息化、智慧化管理，形成生态节水型灌区的最佳智慧管理模式。

2. 关键技术

针对传统灌区存在的突出问题，围绕生态节水型灌区建设内容，灌区建设关键技术应包括灌区生态规划方法与生态建设模式、灌区生态环境需水与水资源高效优化配置、灌区沟渠生态化建设、灌区污染物截留净化与资源化利用、灌区生态环境信息自动化监测与控制系统五个方面。集合我们自己近年来研究成果，就当前最受关注的沟渠系统生态化建设和修复技术、污染物源头控制和截留净化技术、洼陷湿地系统的构建与农田退水的循环利用技术、灌区水肥精准灌溉和水量水质监控技术等四方面进行重点介绍，阐述生态节水型灌区建设的主要问题及关键技术难点，旨在为灌区节水、控源、高产、生态协同目标实现提供技术支持和理论依据。

1) 灌区沟渠系统生态化建设和修复技术

灌区沟渠系统的生态化建设是国内外灌区建设者及学者非常重视的热点问题。针对灌区输水渠道"三面光"全衬砌导致生物栖息地破坏和水陆生物通道阻隔的突出问题，采用防渗型护岸砌块、水陆动物联通带等系列生态工程建设技术，通过混凝土材料改性、结构形式优化、植物组合配置等方法，实现渠道输水效率的提高和生物生境条件的改善。对已经建成的混凝土全衬砌渠道，采用现场修复改造防渗性生态槽、生物逃逸通道等核心技术，进行生态化改造。针对灌区排水沟道边坡硬质化防护导致净污能力下降和生物栖息环境破坏的突出问题，通过构建生态排水沟道，运用生态净污砌块、沟道水生植物、生物净化器，实现对农田排水氮磷的生态拦截；在生态排水沟中设置便携式水质净化器、复合人工湿地净化箱等，充分利用微生物净污介质耦合微生物作用增强沟系净污能力，使沟道系统不仅具有显著净污效应和生态功能，而且不影响排水功能的发挥。同时，针对顺直化排水沟对农田排水滞留时间不足和面源净化能力有限的突出问题，开发排水沟带状湿地、平底阶梯湿地等，实现排水间歇期水体滞留和湿地原位净化，并根据排水面积、排水量和污染负荷调节湿地面积和植物种植密度，对灌区面源污染进行有效净化。借助植生净污石笼、水生植物、柳捆、净水小溪等，构建纵向蜿蜒的结构形态，增加排水滞留时间，提高面源净化能力，改善水环境质量，营造适宜生物栖息环境，形成生物多样的健康沟渠。

2) 灌区污染物源头控制和截留净化技术

针对灌区面源污染物类型多、来源广、成分复杂等突出问题，按照"因地制宜、高技术、低建设与运行成本、低维护、资源化利用"的原则，开发适合灌区农田退水、农村生活污水、农村生活垃圾、畜禽养殖、水产养殖、村镇地表径流等不同类型污染物的源头控制和截留净化整装成套的创新技术体系，实现灌区污染物控制技术在高效、节能、节地等方面的重要突破。利用置于田埂的水稻田退水水质净化装置，拦截退水中氮磷物质，利用活性炭吸附水中重金属、残留的农药等有害物质，实现水质净化装置结合退水排放过程中形成的生态型排水方式，在不改变农业生产格局的前提下，实现水质净化、排水通畅。针对灌区居民生活污水的处理问题，在传统污水处理技术的基础上，利用生活污水复合渗滤强化净化系统，因地制宜，利用岸坡大小坡度设置厌氧发酵池、厌氧滤床槽、反应槽、接触曝气槽、生物滤料池及渗滤墙等污水净化单元，借助活性炭、零价铁和微生物的协同强化作用，实现对灌区居民生活污水的强化净化。

3) 灌区洼陷湿地系统的构建与农田退水的循环利用技术

灌区农田退水湿地净化与循环利用技术是灌区技术体系的重要组成部分。人们开始重视农田区域洼陷结构的利用和重构，以实现对灌区排水污染物的进一步截留净化。通过长期研究和工程实践，笔者研究团队从节水高效控污的灌排系统的设计与工程形式方面进行技术开发与集成创新，提出了适合灌区不同灌排系统格局的洼陷湿地系统与农田退水循环利用技术体系，实现灌区水肥的高效利用和节约。研发灌排耦合水循环利用节水减污技术，利用循环调节湿地，对灌区田间排水进行净化减污，减小农田面源污染物外排对河流和湖泊造成的影响，处理后的水体通过灌排耦合系统回用灌区，提高了灌区水肥利用效率。依据地势特征因地制宜地构建灌排功能相结合的生态净污系统或自灌自排生态型灌区系统，达到自灌自排和水资源高效循环利用的目的，并通过多级阶梯形生物强化人工湿地的净污作用，有效控制灌区排水面源污染物。同时利用灌区内水塘、断头浜等洼陷结构构建水田排水湿地系统，有效拦截面源污染，改善水质，为动物提供栖息空间、生存环境和生物保育条件。

4) 灌区水肥精准灌溉和水量水质监控技术

节水减排、节水减污是生态节水型灌区建设的重要内容，也是农业面源控制的根本途径和建设目标。当前，国内外在灌区建设中已经在尝试开展自动化监测系统研究，采用作物智能化精准灌溉监测控制技术。针对灌区用水量大和准确计量困难的突出问题，研究者采用多种非电量间接测量及嵌入式程控技术对灌溉渠系过水量实施精准计量，研发了水量计量及自动闸门一体化、田间灌溉自升降式、灌溉沟渠倾角式等田间灌溉水量计量自动化和一体化装置，形成不同类型灌区水肥精准灌溉与水量水质监控系统，提升对灌区水分、肥料、退水污染物的"智能、节约、生态、高效"自动化管理水平。通过精准计量的用水总量控制，依靠经济杠杆作用，实现高效节水和有效控污的目标。同时，在水量水质监控管理方面，采用农田灌区水量监控及调配信息系统，实现实时监控灌区渠系水情及闸门运行状况，及时准确反馈和预测灌区水量分配状态，为灌区水量调配提供决策依据。对灌区各级闸门进行远程控制，可有效提高灌区水量计数和水价计算，强化节水意识和经济杠杆作用。采用农田肥力及土壤温湿度自动监控系统，对农田进行长周期全天候监控，统计分析监控周期内的温湿度数据、肥力元素(N、P、K)含量，并基于相关数学模型对农田运行状态给出评级，自动形成分析报告，为优化资源配置、提高劳动生产率提供指导。农田灌区面源污染监控及预报系统，主要针对农田灌区排水系统水体中的 TP、TN、NH_3-N、NO_3^--N、PO_4^{3-}-P 以及重金属元素 Mn 等重要污染物质量浓度进行长周期监控，并对这些质量浓度数据的变化情况进行统计分析，为灌区面源污染控制提供依据。利用最终形成的不同类型灌区生态环境信息自动化监测与控制系统，实现对灌区水分、肥料、面源的"智能、节约、生态、高效"自动化管理。

1.4　生态节水型灌区建设效果评估

生态节水型灌区建设是复杂的系统工程，不仅要确保农田高产高品质，保障粮食安全，而且要节水资源和生态环境良性健康，实现灌区"人-社会-自然"复合系统的协同和谐。本节将提出生态节水型灌区建设的指标体系，给出指标体系构建原则和构建方法，指出灌区建设综合评价方法，为评价在建或改建灌区工程是否达到生态和节水目标提供支持和衡量标准。

1.4.1　灌区生态建设指标体系研究实践

我国关于生态建设方面的指标最早的主要是原国家环境保护局在 1997 年发布的行业标准《环境影响评价技术导则——非污染生态影响》及其培训教材，以景观生态学为基本理论基础，提出了非污染生态影响评价的基本框架、非污染生态影响范围的判定因子、非污染生态影响评价的程序和方法。主要考虑的问题是生态承载力、生态完整性、生物多样性、土地荒漠化等问题[8]。

2013 年 5 月，环境保护部印发了《国家生态文明建设试点示范区指标(试行)》，是生态建设方面较为系统的指标体系。该体系根据建设试点示范区对象的不同分为两类：一类是生态文明试点示范县(含县级市、区)建设指标；另一类是生态文明试点示范市(含地级行政区)建设指标。生态文明试点示范县建设指标体系首先阐述了生态文明试点示范县建设的 5 条基本条件，具体的指标体系包括生态经济、生态环境、生态人居、生态制度、生态文化 5 个系统 29 个指标以及具有地方特色的特色指标[18, 19]，见表 1-1，同时附有指标解释。

表 1-1　生态文明试点示范市(含地级行政区)建设指标[19]

系统		指标	单位	指标值	指标属性
生态经济	1	资源产出增加率 重点开发区 优化开发区 限制开发区	%	≥15 ≥18 ≥20	参考性指标
	2	单位工业用地产值 重点开发区 优化开发区 限制开发区	亿元/km²	≥65 ≥55 ≥45	约束性指标
	3	再生资源循环利用率 重点开发区 优化开发区 限制开发区	%	≥50 ≥65 ≥80	约束性指标

续表

系统		指标	单位	指标值	指标属性
生态经济	4	生态资产保持率	—	>1	参考性指标
	5	单位工业增加值新鲜水耗	m³/万元	≤12	参考性指标
	6	碳排放强度 重点开发区 优化开发区 限制开发区	kg/万元	≤600 ≤450 ≤300	约束性指标
	7	第三产业占比	%	≥60	参考性指标
	8	产业结构相似度	—	≤0.30	参考性指标
生态环境	9	主要污染物排放强度 化学需氧量 COD 二氧化硫 SO₂ 氨氮 NH₃-N 氮氧化物	t/km²	≤4.5 ≤3.5 ≤0.5 ≤4.0	约束性指标
	10	受保护地占国土面积比例 山区、丘陵区 平原地区	%	≥20 ≥15	约束性指标
	11	林草覆盖率 山区 丘陵区 平原地区	%	≥75 ≥45 ≥18	约束性指标
	12	污染土壤修复率	%	≥80	约束性指标
	13	生态恢复治理率 重点开发区 优化开发区 限制开发区 禁止开发区	%	≥48 ≥64 ≥80 100	约束性指标
	14	本地物种受保护程度	%	≥98	约束性指标
	15	国控、省控、市控断面水质达标比例	%	≥95	约束性指标
	16	中水回用比例	%	≥60	参考性指标
生态人居	17	新建绿色建筑比例	%	≥75	参考性指标
	18	生态用地比例 重点开发区 优化开发区 限制开发区 禁止开发区	%	≥40 ≥50 ≥60 ≥90	约束性指标
	19	公众对环境质量的满意度	%	≥85	约束性指标
生态制度	20	生态环保投资占财政收入比例	%	≥15	约束性指标
	21	生态文明建设工作占党政 实绩考核的比例	%	≥22	参考性指标
	22	政府采购节能环保产品和环境标志产品 所占比例	%	100	参考性指标
	23	环境影响评价率及环保竣工验收通过率	%	100	约束性指标
	24	环境信息公开率	%	100	约束性指标

系统		指标	单位	指标值	指标属性
生态文化	25	党政干部参加生态文明培训比例	%	100	参考性指标
	26	生态文明知识普及率	%	≥95	约束性指标
	27	生态环境教育课时比例	%	≥10	参考性指标
	28	规模以上企业开展环保公益活动支出占公益活动总支出的比例	%	≥7.5	参考性指标
	29	公众节能、节水、公共交通出行的比例 节能电器普及率 节水器具普及率 公共交通出行比例	%	≥90 ≥90 ≥70	参考性指标
—	30	特色指标	—	自定	参考性指标

目前，国内外以"生态节水型灌区建设"为对象的生态建设技术标准和评判指标较少，缺乏检验评判灌区是否实现生态和节水的依据。长期以来，我国围绕灌区建设的规划体系、工程技术、灌溉技术、排水技术和管理技术的导则、规范、规程等方面进行了大量的归纳总结和编制研究工作，形成的国家和行业规范有《灌溉与排水工程设计规范》（GB 50288—99）、《节水灌溉工程技术规范》（GB/T 50363—2006）、《灌区规划规范》（GB/T 50509—2009）、《渠道防渗工程技术规范》（GB/T 50600—2010）、《灌区改造技术规范》（GB 50599—2010）、《农田灌溉水质标准》（GB 5084—2005)和水利行业标准《灌溉与排水工程技术管理规程》（SL/T 246—1999）。这几项标准将灌溉排水系统作为一个整体，既有总体规划、设计标准，也有灌溉工程枢纽和单项灌排建筑物设计方面的标准；既包括了水源工程、输配水渠道、排水沟和畦灌、沟灌等常规设计内容，也包括了渠道防渗、管道输水和喷灌、微灌、滴灌等节水新技术；既对灌区灌溉水质提出要求，也对排水环境质量进行说明，同时对逐步实现灌区现代化管理所必须设置的附属工程设施做出了规定，目前已成为灌区节水技术改造工作中重要的专业性规范文件，但以上标准对综合生态建设规定和对单项工程或技术标准的环境影响要求还不够详细和深入，涉及灌区生态建设和改造标准的内容相对较少。

灌区节水改造及续建配套相关的单项工程或技术规范、标准很多，灌溉技术类的规范有：《农田水利技术术语》（SL 56—93）、《水利水电工程技术术语》（SL 26—92）、《农田低压管道输水灌溉工程技术规范》（GB/T 20203—2006）、《喷灌工程技术规范》（GB/T 50085—2007）、《微灌工程技术规范》（SL/T 103—95）等；排水类的规范有：《农田排水工程技术规范》（SL/T 4—1999）；泵站技术类的规范有：《泵站设计规范》（GB/T 50265—97）、《机井技术规范》（SL 256—2000）、《泵站安装及验收规范》（SL 317—2004）、《泵站技术管理规程》（SL 255—2000）等；渠道防渗技术类规范有：《渠道防渗工程技术规范》（SL 18—2004）、《渠系工程抗冻胀设计规范》（SL 23—2006）等；灌溉水质类规范有：《地表水环境质量标准》（GB 3838—2002）、《地下水环境质量标准》（GB/T 14848—93）、《农田灌溉水质标准》（GB 5084—2005）等；施工质量类标准有：《水利水电工程施工质量评定规程(试行)》(SL 176—1996)；以及《水土保持工程质量评定规程》(SL 336—2006)、《水利水电工程环境影响评价规范(试行)》(SDJ 302—88)、《水利建设项目经济评价规范》(SL 72—2013)等。以上这些标准涵盖面较广，在各自单项技术领域形成比较完整的评价指标体系，可作为灌区节水改造标准体系指标选择的参考，但仍缺少关于生态灌区建设评价的相关标准和指标。

在灌区生态系统评价方面，彭涛[20]等认为，评价农田生态系统健康应紧紧围绕它是典型人工生态系统这一本质特性来进行。根据农田生态系统健康的内涵和指标筛选原则，选取相互独立且反映农田生态系统结构属性、环境要求、生产力、持续力和管理要求的典型敏感指标，组成农田生态健康评价指标体系。应用层次分析法设计了包括目标层、准则层和指标层三个层次的结构框架，见表 1-2。

表 1-2　农田生态系统健康评价指标体系[21]

目标层	准则层	指标层
可持续的健康高效农田生态系统	结构指标	作物多样性
		品种结构
		农田景观格局
	环境指标	土壤供肥能力
		土壤供水能力
		土地退化度
		土壤重金属含量
		水体质量
		大气质量
		农药残留量
	生产力指标	水分生产力
		土地生产率
		能量产出率
		劳动生产力
	持续力指标	生态适应性
		生产力素质
		抗逆能力
	管理指标	政策效度
		劳动力素质
		商品率

贾屏等[21]以宝鸡峡灌区为例，开展可持续发展的综合评价。他们构建涵盖社会经济、水土资源、生态环境和工程状况的指标体系，利用 AHP 动静结合的集成方法进行评价，具体指标见表 1-3。

表 1-3 宝鸡峡灌区可持续发展评价指标体系[21]

目标层	准则层	指标层
宝鸡峡灌区改造后可持续发展评价指标体系结构	社会经济指标	灌区人均产值模数
		项目受益区农业增产效果
		项目收益区农业综合生产能力提高率
		经济内部收益率
		收益费用比
	水土资源指标	灌溉水利用系数
		单位水量生产效率
		可利用水资源量模数比
		天然降水量模数
		水资源开发利用率
		地下水开发利用率
		农业缺水程度
		水资源承载力
		农业用水比
		蓄降比
	灌区工程状况指标	田间节水灌溉面积百分比
		量水设施完善率
		水利设施灌溉保证率
		渠系配套程度
		工程老化程度
		耕地灌溉率
		渠道淤积率
		泥沙有效利用率
		节水量用于农业灌溉程度
	生态环境指标	灌溉水质指标
		灌区水质指标
		土壤环境指标
		土壤侵蚀程度
		林木蓄积增长率
		土地退化治理率

评价灌溉系统运行性状及节水效果的指标有很多,如渠系水利用系数、田间水利用系数、灌溉水利用系数等。崔远来等[22]提出这些评价指标为灌溉工程的规划设计和灌溉

管理提供了合适的决策依据。但在使用这些评价指标时，也必须认识到它们的局限性，即有关灌溉效率的指标是同所研究对象及区域尺度大小密切相关的。因此崔远来等在研究过程中，利用了水量平衡计算原理，同时兼用国际水管理研究院(IWMI)提出的完整的水量平衡计算框架与传统评价指标结合，并将此种方法应用于湖北省漳河灌区的评价中，取得良好效果。见表1-4传统效率指标与IWMI效率指标的比较。

表1-4 传统效率指标与IWMI效率指标比较[22]

指标类型		指标	定义	作用及适用范围
传统指标		灌溉水利用系数	灌入田间可被作物利用的水量与渠首引进总水量的比值	用于灌溉系统的规划设计，有田间净灌溉需水量推求各级渠道的设计流量和工程规模，评价输配水系统效率、渠道系统工程条件及运行状况；忽视了回归水的重新利用，不适用于大尺度节水效果的评价
		渠系水利用系数	末级固定渠道输出水量之和与干渠渠首引入水量的比值	
		田间水利用系数	灌入田间可被作物利用的水量与末级固定渠道放出水量比值	
IWMI 指标	水分生产率	毛入流量水分生产率	作物产量与毛入流量的比值	反映水的产出效率，用于灌溉行为及水资源产出效率的评估，可用于不同尺度及条件下节水效果的比较。所需数据量大，不适用于大尺度及长时段的应用；水分生产率的提高也可通过其他途径得到，单独使用该指标评估节水效果不是很全面
		灌溉水分生产率	作物产量与灌水量的比值	
		蒸发蒸腾量水分生产率	作物产量与作物蒸发蒸腾量的比值	
	总消耗比例		总消耗水量与区域内毛入流量比值	反映研究区域内水分被消耗的程度，适用于不同尺度及条件下节水效果评估和比较
			总消耗水量与区域内可用水量的比值	
	水分有益消耗比例		作物蒸发蒸腾量与区域内毛入流量的比值	反映水在消耗过程中被有益利用的程度，适用于不同尺度及条件下节水效果评估和比较
			作物蒸发蒸腾量与区域内可用水量的比值	
			作物蒸发蒸腾量与区域内总消耗水量的比值	

此外，黄振华等[23]以临河市北边渠为例，基于引黄灌区渠道含沙量大、冻胀等问题，提出按照以人为本的理念进行景观设计。

我国灌区类型规模各异，在进行生态灌区建设效果评价时，不应照搬国外模式。应当因地制宜，研究适合我国实际的综合评价指标体系。

闫慧等[24]经过实地调查分析，构建了以可持续发展度为目标的由4个层次19项指标组成的农安县生态示范区评价指标体系。在评价过程中采用加权和计量模型计算了农安县规划基准年、近期、中期和远景目标年的可持续发展度值。用这个指标体现该县的可持续发展能力，从而为生态示范区评价提供了一种可供借鉴的方法。

宋兰兰等[25]提出了区域生态系统健康评价指标体系，从区域的河流和陆地两方面确定指标体系，根据生态系统层次性，采用多目标多层次模糊优选模型，选择了人均水资源量、河岸植被覆盖率、污水处理率等27个指标，如表1-5所示。以广东省为例，在广东省分生态小区的基础上，对各区的生态环境进行了评价与比较排序，通过综合优属度给出了生态系统健康状态。

表 1-5 区域生态系统健康指标体系[25]

目标层	准则层	指标层	指标
区域	河流	水质	劣Ⅲ水质比率
		水量	人均水资源量
		河岸及河流边缘植被	河岸植被覆盖率
		河道冲刷/淤积	冲刷淤积长度/总河长
			弯曲系数变化率
		河流的连续性	相对连通指数
		洪灾	洪灾面积
		污染负荷	污水处理率
		水资源利用	地下水开采率
			需水/径流
		栖息地	滩地拓展系数
			栖息地多样性指数
		本地鱼种群密度	丰富指数
			种群大小分布
		产水量	人均产水量
	陆地	公路	公路密度
		土地能力	水土流失面积
			立地指数、土壤生产指数
		人类干扰	人类干扰指数
		酸雨	酸雨频率
		自然保护区	自然保护区比例
		生物损害	植物病虫害
			外来物种扩张力率
		生态弹性力	景观破碎度指数
			景观多样性指数
			高生态斑块密度
			优势度

　　刘莉[26]建立的灌区生态环境效益的评价指标体系包含水环境、土壤环境、生物环境和社会环境四个方面共 16 个指标。沈坚等[17]根据生态服务的内涵和外延，建立生态水利工程系统功能指标体系。

　　关于灌区评价体系和评价方法的选择由于对灌区研究重点不同，提出了不同的评价体系和评价方法。现有的评价方法有模糊综合评价法、层次分析法、模糊层次综合评价法、人工神经网络评价法、主成分分析法等。彭涛[20]等在探讨了农田生态系统健康概念的基本属性的基础上，考虑生态环境、社会经济和人类健康等因素，根据国际评价指标标准寻求对其进行整体性评价的适合指标。王付洲等[27]运用集对分析综合评价法对灌区的运行状况进行综合评价，并结合引黄灌区自身的特点提出了评价指标体系，结果与实际情况相符，且计算过程简单，可比性强。胡泊[28]根据节水型生态灌区的原理，建立了包括灌区工程保障与节水系统指标、灌区自然生态系统指标、灌排工程模式系统指标、灌区水环境系统指标与灌区管理系统指标五个方面在内的节水型生态灌区评价指标体系。以上研究与实践都为生态型灌区指标体系的研究提供了指导和借鉴，具备了非常丰富的实践和示范经验。

纵观目前国内外关于生态灌区系统评价方面的研究，虽在建立评价指标体系时考虑生态效益部分，但是还未对生态节水型灌区复合系统的整体评价展开深入研究，生态节水型灌区综合评价指标体系和评价标准较少。

1.4.2　生态节水型灌区建设指标体系构建原则

为更好地评判灌区是否建设为生态节水型灌区，需对其进行科学、合理的评价。生态节水型灌区的评定不仅可为管理单位和主管部门对灌区类型的认识提供依据，而且可以帮助摸清所评灌区现状，在评价基础上提出建设对策和灌区具体改造措施，为把灌区建设成生态节水型灌区提供帮助。

生态节水型灌区评价是由多方面、多因素、多维度所决定的，在评价过程中，既要抓住影响灌区体系综合性状的主要因素和直接因素进行分析，又要考虑到影响灌区体系综合性状的一些次要因素和间接因素，这样才能获得比较正确客观的评价结论。根据实际需要，评估指标应遵循四条原则：

1. 科学性与可行性结合

评价指标选择要有科学依据，以灌区本身实际条件出发，能客观地反映灌区的灌溉排水方式、生态环境条件、用水水平及存在负面影响的主要表现。评价指标要从已有统计资料或大量科学研究成果中获得，符合灌区实际，有利于对实际问题进行指导。若评价指标难以获取信息来源，则考虑选择反映情况相近的指标替代。只有这样评价才具有可行性。

2. 全面性与概括性结合

指标选取的全面性和概括性辩证统一。生态节水型灌区的含义非常丰富，指标体系应该具有广泛的覆盖面，能够完整地反映生态灌区的内涵。同时应避免过于追求全面性而选择重复指标，降低评价结果的精度。因此，在保证指标系统性的前提下，选择的指标应该简单明了，抓住关键性指标。

3. 系统性与层次性结合

生态节水型灌区是以水为主导因素的水资源-社会-经济-环境的复合系统。内部结构非常复杂，各个系统之间相互影响，相互制约。如何将复杂的问题简单化，富有层次性，是指标体系建立的重点。建立指标体系条理化，各层相互衔接，全面反映生态节水型灌区的发展水平。

4. 可比性与动态性结合

综合评价的结果应该具有客观的可比性，为了便于生态节水型灌区本身从时间纵向或与其他灌区横向比较，指标的选取应该为国内外通用指标，这样有利于把握灌区建设的总体状况和层次差别。生态节水型灌区的影响因素均具有时空属性，不同的历史阶段对灌区有不同的要求和制约条件。例如，在新中国成立初期，灌区水资源和水环境制约因素就没有当今这样显著和突出。因此，评价指标应注重灌区的历史动态的演化发展过程，灵活考虑动态性变化规律，适应时代需求。

1.4.3 生态节水型灌区建设指标体系的构成

根据生态节水型灌区的概念内涵，我们构建设计了包括经济效应、生产能力、生态环境、人居环境、生态文化和技术保障 6 个准则层指标及 56 个指标层指标，详见表 1-6。

表 1-6 生态节水型灌区建设指标体系

序号	目标层	准则层	指标层	优	良	中	差
1		经济效应	农业总产值提高率(%)	≥400	100～300	40～100	≤40
2			单位面积能耗占全国平均水平的百分比(%)	≤40	40～60	60～80	≥80
3			单位面积用水量下降率(%)	≥40	20～40	5～20	≤5
4			水费征收率(%)	≥90	50～90	30～50	≤30
5		生产能力	作物多样性	≥2.2	1.6～2.2	1～1.6	≤1
6			水分生产力(kg/m³)	≥1.5	1～1.5	0.5～1	≤0.5
7			土地生产提高率(%)	≥50	30～40	20～30	≤20
8			农业机械化程度(%)	≥90	60～90	40～60	≤40
9	生态节水型灌区合理建设并健康可持续运行		绿色农产品比例(%)	≥90	70～90	50～70	≤50
10		生态环境	底栖动物完整性指数(B-IBI)	≥3.66	2.75～3.66	1.83～2.75	≤1.83
11			湿地、沟渠植物多样性	0.75～1	0.5～0.75	0.25～0.5	0～0.25
12			生境破碎化指数	0.75～1	0.5～0.75	0.25～0.5	0～0.25
13			水域面积率(%)	≥20	10～20	5～10	≤5
14			河流纵向连通性指数	0	0～2	2～4	≥4
15			湿地覆盖率(%)	≥70	45～70	20～45	≤20
16			土壤有机质(g/kg)	≥4	3～4	2～3	≤2
17			土壤重金属污染指数	≤0.7	0.7～1	1～2	≥2
18		人居环境	集中式供水人口覆盖率(%)	≥85	70～85	60～70	≤60
19			集中式饮用水水源地水质达标率(%)	≥96	80～96	60～80	≤60
20			水功能区水质达标率(%)	≥90	75～90	60～75	≤60
21			人口密度(人/km²)	≤50	50～250	250～1200	≥1200
22			人均日生活用水量[L/(人·d)]	≤50	50～150	150～250	≥250

序号	目标层	准则层	指标层	优	良	中	差
23		人居环境	人均耕地面积（hm²/人）	≥0.309	0.169～0.309	0.029～0.169	≤0.029
24			化肥施用强度占全国平均水平的百分比（%）	≤40	40～80	80～120	≥120
25			农药施用强度占全国平均水平的百分比（%）	≤60	60～90	90～120	≥120
26			道路及沟渠绿化率（%）	≥90	80～90	70～80	≤70
27			生活污水处理率（%）	≥80	70～80	50～70	≤50
28			规模化畜禽粪便综合利用率（%）	≥90	75～90	60～75	≤60
29			生活垃圾无害化处理率（%）	≥85	60～85	40～60	≤40
30		生态文化	农民生态节水意识（%）	≥90	60～90	10～60	≤10
31			生态节水型灌区宣传教育（次/年）	≥80	60～80	25～60	≤25
32			公众对生态节水型灌区的满意率（%）	≥80	60～80	40～60	≤40
33			节水器具普及率（%）	≥90	75～90	60～75	≤60
34			生态风景资源开发与保护率（%）	≥90	80～90	60～80	≤60
35	生态节水灌区合理建设并健康可持续运行	技术保障	单位水量生产效率（t/m³）	≥83	76～83	68～76	≤68
36			实现精准灌溉百分比（%）	≥85	60～85	40～60	≤40
37			精准计量设施完善率（%）	≥84	67～84	50～67	≤50
38			农田退水循环利用率（%）	≥40	30～40	10～20	≤10
39			农田退水湿地净化率（%）	≥80	70～80	60～70	≤60
40			硬质化沟渠生态改造率（%）	≥70	50～70	40～50	≤40
41			生态渠道所占比例（%）	≥90	70～80	50～70	≤50
42			生态排水沟所占比例	≥90	70～80	50～70	≤50
43			渠道淤积率（%）	≤10	10～45	45～80	≥80
44			土地退化治理率（%）	≥30	20～30	10～20	≤10
45			农业灌溉用水有效利用系数	0.7～1	0.6～0.7	0.5～0.6	0～0.5
46			水土流失治理率（%）	≥30	20～30	10～20	≤10
47			流域防洪达标率（%）	≥80	65～80	50～65	≤50
48			流域除涝达标率（%）	≥80	65～80	50～65	≤50
49			监测站点覆盖率（%）	≥80	65～80	50～65	≤50
50			秸秆回收利用率（%）	≥80	50～80	40～50	≤40
51			节水灌溉设施使用比例（%）	≥90	70～80	50～70	≤50
52			水功能区限制纳污控制率（%）	≥90	75～90	60～75	≤60
53			用水总量控制红线达标率（%）	≥90	70～80	50～70	≤50
54			灌区智能化建设程度（%）	≥90	40～90	10～80	≤10
55			灌区信息化建设程度（%）	≥90	40～90	10～80	≤10
56			灌区多要素监控率（%）	≥90	40～90	10～80	≤10

1. 经济效应因素

农业总产值提高率(%)：生态节水型灌区建设后农业产值比实施前提高的百分比。该指标是反映灌区经济效益的重要指标，对评价生态节水型灌区经济功能具有重要意义。

单位面积能耗(kg/m^2)：评价区农业生产活动等单位面积消耗折算的标准煤量。

单位面积用水量下降率(%)：生态节水型灌区建设实施前后单位面积用水量下降值占实施前单位面积用水量的比例。

水费征收率(%)：实收灌溉水费与应收灌溉水费的比值，用以表征灌区管理效果。其中，实收灌溉水费为调查年实际收入的灌溉水费，应收灌溉水费为灌区按现行灌溉水价与年实际供水量核定的灌溉水费。

2. 生产能力因素

作物多样性：评价区内农作物种类与数量的丰富程度。

水分生产力(kg/m^3)：单位耗水量所获得的作物产出量。

土地生产提高率(%)：评价区生态节水型灌区建设后单位面积粮食产量提高量占原单位面积粮食产量的比例。用于表征生态节水型灌区建设后灌区内粮食产量增长情况。

农业机械化程度(%)：农业生产中使用机器设备作业的数量占总作业量的比例，以作业项目为单位计算。

土壤供水能力：评价区土壤对农作物生长所需水分的供应能力。以降水满足率结合地下水深埋评定。

3. 生态环境因素

底栖动物完整性指数[26]：生物完整性指数(index of biotic integrity，IBI)是对评价区生态系统的完整性进行表征，反映其生物的结构和功能，以及生物生存环境在受到干扰后，以其反应敏感的生物参数对生态系统进行评价的一种评价方法。IBI 作为生态系统健康评价的指标之一，主要是从生物类群的组成和结构两方面反映生态系统的健康状况，通过定量描述生物特性与非生物因子的关系，建立起来的对环境干扰最敏感的生物参数。底栖动物处于河流生态系统食物链的中间环节，具有藻类和鱼类的优点。

湿地、沟渠植物多样性：植物多样性在一定程度上反映了生态系统的稳定性及环境状况。Simpson 多样性公式在植物多样性研究中得到广泛的应用。

生境破碎化指数：灌区内原来连续的生境，被纵横交错的灌排水系或其他构筑物分割，导致连续生境的破碎化，形成灌区以田块为单元的分散、孤立的岛状生境或生境碎片现象。

水域面积率(%)：灌区内水域面积占区域总面积的比例，水域范围包括沟渠、水塘(坑)、河流、湖泊和湿地等。该指标可以表征灌区内的水资源空间均衡程度。

河流纵向连通性指数：灌区内每千米河流上闸坝的个数。河流纵向连通性是维持水系连通的重要指标，可明显改善灌区内河流的生态环境，维持灌区内河流系统生态环境及生物多样性。如果灌区闸、坝、涵、隧、泵众多，就破坏了河流生物需求的连通性。

湿地覆盖率(%)：灌区内湿地面积占灌区总面积的比例。湿地面积包括水池水坑湿地面积、水塘湿地面积、人工构建的废(污)水处理湿地面积、河流湿地面积、湖泊湿地面积和沼泽湿地面积。

土壤有机质(g/kg)：土壤中含碳有机物的总称。土壤有机质包括土壤中各种动植物残体、微生物体及其分解合成的有机物质。土壤有机质的多少是衡量土壤肥沃程度的重要指标。

土壤重金属污染指数：灌区土壤重金属污染评价标准根据中华人民共和国《土壤环境质量　农用地土壤污染风险管控标准(试行)》(GB 15168—2018)规定的指标，选取土壤中铜、锌、铅、镉、铬、砷、汞和 pH 为参数，采用内梅罗(Nemerow)综合指数法，可以反映土壤多种污染物的综合污染状况。

4. 人居环境因素

结合当地生态文明建设确定评价指标，以培育生态文化为先导，以建设绿色乡村、美丽村庄、生态城镇为抓手，以改善民生环境为重点，改善灌区内农村和城镇人居环境、开发灌区自然景观资源。主要评价内容包括灌区环境功能区划，水、大气、声环境、固体废弃物等的污染防治水平，灌区生态景观环境建设开发规划等，以改善灌区内人民生活环境。

集中式供水人口覆盖率(%)：灌区内采用由水源集中取水，经统一净化处理和消毒后，由输水管网送到用户的供水方式的人口数与灌区内人口总数的比值。表征灌区内居民安全用水状况。

集中式饮用水水源地水质达标率(%)：从集中饮用水源地中取得的水，其水质要求达到《生活饮用水卫生标准》的数量占取水总量的百分比。

水功能区水质达标率(%)：水功能区认证点位按各水体功能区划标准监测达标的频次占各认证点位监测总频次的百分比。

人口密度(人/km^2)：由灌区内人口总数与灌区总面积比值计算可得。该指标主要用于表征灌区内单位土地面积的人口数量及灌区内人口密集程度。

人均日生活用水量[L/(人·d)]：用水人口平均每天维持日常生活使用的水量。

人均耕地面积(hm^2/人)：由灌区内耕地总面积与灌区内人口总数比值计算可得，反映农村居民点后备土地资源状况。

化肥施用强度占全国平均水平的百分比(%)：化肥的施用会对灌区耕地土壤、水环境等造成影响，该指标可表征农业生产活动对环境带来的潜在压力。

农药施用强度占全国平均水平的百分比(%)：农药是灌区内农业污染的主要来源之一，该指标可表征农业生产带来的污染程度。

道路及沟渠绿化率(%)：道路和沟渠的绿化长度占灌区内道路和沟渠总长度的比例。道路与沟渠绿化率是反映灌区生态系统稳定及自然性的重要评价指标，反映一个灌区生态健康与稳定，以及灌区在自然面貌上的自然化。

生活污水处理率(%)：灌区内经过处理的生活污水占污水排放总量的比例。

规模化畜禽粪便综合利用率(%)：灌区内规模化畜禽养殖场综合利用的畜禽粪便量

与畜禽粪便产生总量的比例。畜禽粪便综合利用主要包括制沼气、堆制沤肥、转化为饲料、制有机肥及无害化处理后直接用于还田等方式。

生活垃圾无害化处理率(%)：无害化处理的灌区生活垃圾数量占灌区内生活垃圾产生总量的百分比。生活垃圾无害化处理方式包括无害化卫生填埋和无害化焚烧发电。生活垃圾无害化处理是全面提升现代化水平、促进社会经济统筹协调发展的一项重要举措，也是构建社会主义和谐社会、加快社会主义新农村建设和践行科学发展观的必然要求，具有重大而深远的意义。

5. 生态文化因素

高水平的生态文化是生态节水型灌区内涵的有力体现，也是国家生态文明建设的重要需求。加强生态文化的工作力度，有利于提高当地群众的生态意识。对于生态节水型灌区的生态文化工作，应着力倡导和宣传，包括水资源节约保护和回用、垃圾分类、秸秆生态还田、爱护生物等节水减污与保护生态的文明理念建设，有利于改善农村脏乱差环境，强化农民生态环境保护意识；传播水文化，加强节水、爱水、护水、亲水等方面的水文化教育，建设一批生态节水型灌区示范教育基地，创作一批生态文化作品，是生态节水型灌区软优势的重要体现。

农民生态节水意识(%)：对农业生产及环境有生态节水意识的农民人口占灌区总人口数的比例。

生态节水型灌区宣传教育(次/年)：每年组织面向学生(小学、初高中)、公众、企业开展的生态节水型灌区建设宣传教育活动次数。

公众对生态节水型灌区的满意率(%)：抽样调查，对灌区内农业生产及水生态环境整体感到满意的人数占灌区总人口数的比例。

节水器具普及率(%)：在灌区用水器具中节水型器具数量与在用用水器具的比例。灌区的公共场所用水必须使用节水型用水器具，居民家庭应当使用采取节水措施的用水器具。

生态风景资源开发与保护率(%)：对灌区内已有的生态风景和潜在开发的风景资源的治理和保护的面积占灌区内规划的风景资源总面积的比率。

6. 技术保障因素

工程设施的建设程度影响着人们利用水资源的效率。设施技术水平与单位水资源数量产生的效益密切相关。完善的灌区范围的防洪除涝体系，为灌区农业生产和农村居民生命财产提供安全保障。

单位水量生产效率(t/m^3)：单位水资源量在主要作物品种和耕作栽培条件下所获得的产量。它是衡量灌区农业生产水平和农业用水科学性与合理性的综合指标。

实现精准灌溉百分比(%)：利用喷、微灌与地表节水精准的灌溉面积之和占有效灌溉面积的百分比。地表节水精准灌溉面积是指达到规范中要求的地表节水灌溉技术指标的面积，如小畦灌、沟灌等。主要的灌溉节水措施有地埋自动升降草坪灌溉技术、采用滴头进行灌溉植物等。

精准计量设施完善率(%)：计量设施是灌区计划用水、量水、测水的重要设施，在灌区用水收费、划小收费单元、促进节水方面具有重要作用，精准计量设施完善率是一个灌区精准收取水费的依据。

农田退水循环利用率(%)：农田退水被循环利用的量与农田总的退水的比例，可反映退水循环利用的特点。

农田退水湿地净化率(%)：农田退水经过湿地净化的量与农田总的退水量之比，反映出湿地在生态节水型灌区中的重要性。

硬质化沟渠生态改造率(%)：经过生态改造的生态节水型灌区中的硬质化沟渠占原始生态节水型灌区的总的硬质化沟渠的比例，反映出生态沟渠的建设特点。

生态沟渠所占比例(%)：灌区中建设生态渠道占整个灌区中沟渠的比例。

生态排水沟所占比例(%)：生态节水型灌区中的生态型的排水沟占灌区中的所有排水沟的比例，反映出生态沟渠的修建比率。

渠道淤积率(%)：渠道淤积的体积占总渠道的体积的百分比。渠道泥沙的淤积直接影响渠道自身功能的实现，渠道输水输沙能力的降低将影响整个灌区的正常运行。渠道淤积造成渠道的清淤难度增加、费用增加。

土地退化治理率(%)：土地受到多种原因退化后，通过采取一系列的措施，将退化的土地部分修复，部分修复的退化土地占总的退化土地的比例。土地退化主要包括土壤盐碱化、土壤盐渍化、土壤沙化、水土流失等等。

农业灌溉用水有效利用系数：灌入田间可被作物利用的水量与灌溉系统取用的灌溉总水量的比值，其与灌区自然条件、工程状况、用水管理、灌溉技术等因素有关，是评价灌溉用水效率的重要指标，也是衡量灌区灌溉工程状况、灌溉技术水平、用水管理水平等因素的一个综合性指标。

水土流失治理率(%)：水土保持方案编制和水土流失监测工作中常用的一个概念。通常是指某区域范围某时段内，水土流失治理面积除以原水土流失面积，是一个百分比值。

流域防洪达标率(%)：灌区所在流域防洪保护的达标长度占灌区所有的防洪长度的比例。

流域除涝达标率(%)：灌区所在流域进行排涝处理后的达标面积占灌区发生涝灾的面积比。

监测站点覆盖率(%)：监测站点覆盖面积占灌区总面积的比例。

秸秆回收利用率(%)：单位农田中的秸秆被重新利用量占总的秸秆量的比例。

节水灌溉设施使用比例(%)：灌区进行灌溉时使用的节水灌溉的面积与总面积的比例，反映出节水的特点。

水功能区限制纳污控制率(%)：灌区内在不同的水功能区纳污能力范围内的数量占总的功能区的数量的比例。

用水总量控制红线达标率(%)：建立水资源开发利用红线，严格实行用水总量控制，即灌区水量需要严格控制。

灌区智能化建设程度(%)：灌区的智能系统覆盖面积占灌区总面积的比例。

灌区信息化建设程度(%)：灌区的自动化控制覆盖面积占灌区总面积的比例。

灌区多要素监控率(%)：灌区的化肥使用、农药使用、水温监测、农田墒情、水量水质等多因素的监控面积与灌区总面积之比。

1.4.4 生态节水型灌区建设综合评价方法

1. 评价等级标准的选取

评价生态节水型灌区应当建立指标样本值的等级标准。评价标准将直接影响综合评价结果的科学性。对于生态节水型灌区的综合评价，目前研究较少，尚无明确统一的标准。生态节水型灌区综合评价指标体系的标准主要从几种途径选取：①国家、行业和地方规定的标准：国家、地方制定的发展计划，各项指标的发展目标，可以作为制定指标体系评价标准的依据；②国外标准：国际上对于生态环境的评价起步相对较早，可以选取和我国实际情况相适应的评价标准作为参考；③经过科学研究确定的指标标准[7]：通过已有研究成果的分析，确定可作为评价标准的指标值。

评价将分级临界值定为优、良、中和差四级，按照综合评价值的高低排序，体现灌区水平从优到劣的变化。对于定性指标，由多位专家制定等级标准。具体指标阈值采用定量化、半定性和半定量、定性化的表达方式，其中定量化结果给出数值点或者数值区间，半定性和半定量结果以数值与方法相结合表达，定性化结果主要给出原则和方法。

不同的评价指标其权重也有一定的差异，应该对重要的指标赋予更高的权重。鉴于涉及的评价指标小项数量较多，因此将生态节水型灌区建设评价指标体系的六个方面分配不同权重，综合不同指标的重要性，对生态节水型灌区建设程度进行评价。

2. 评价方法的选择

随着科技的发展，要求人们处理一些复杂的现实问题，而复杂性就意味着因素众多。当人们还不可能对全部因素都进行考察，或者可以忽略某些因素，而并不影响对事物本质认识的正确性时，就需要进行模糊识别与判断。在实际工作中，对一个事物的评价，常常涉及多个因素或多个指标，这时就要求根据这多个因素对事物做出一个总的评价，而不能只从某一因素的情况去评价事物，这就是综合评价。模糊综合评价是借助模糊数学的一些概念，对实际的综合评价问题进行评价的方法，即以模糊数学为基础，应用隶属关系合成的原理，将一些边界不清、不易定量的因素定量化，从多个因素对被评价事物隶属等级状况进行综合性评价的一种方法[29]。一般来说，在考虑的因素较多时会带来两个问题：一方面权重分配很难确定；另一方面即使确定了权重分配，由于要满足归一性，每一因素分得的权重必然很小。无论采用哪种算子，经过模糊运算后都会淹没许多信息，有时甚至得不出任何结果[30]。这样引进层次分析，通过分层来解决该问题，二者相结合所产生的新的评价法，即为模糊层次综合评价法。

3. 生态节水型灌区综合评价

生态节水型灌区评价的影响因素众多，评价指标也比较多，一方面需要每个指标都有涉及，另一方面要保证每个指标信息的全面性，因此采用基于模糊隶属度函数的模糊层次分析法(FAHP)作为生态节水型灌区的主要评价方法，其模型框架如图 1-1 所示。

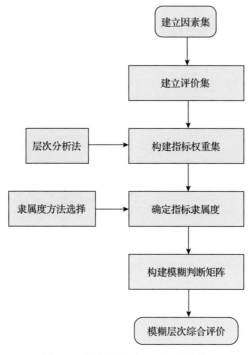

图 1-1　模糊层次分析法模型框架

1) 建立因素集

因素集是以影响评价对象的各种因素为元素组成的一个普通的集合，生态节水型灌区中的因素集为指标体系，即 $U = (u_1, u_2, u_3, \cdots, u_m)$，其中，各元素 $u_i(i = 1,2,3,\cdots,m)$ 代表各影响因素。

2) 建立评价集

评价集是评价者对评价对象做出的各种评价结果所组成的集合，即 $V = (v_1, v_2, v_3, \cdots, v_p)$，其中 $v_j(j = 1,2,3,\cdots,p)$ 可以使语言形式，也可以是数量形式，对于生态节水型灌区主要建立了四个评价等级，因此 j 为 4。

3) 构建指标权重集

为了反映各因素的重要程度，对各个因素赋予一个相应权数 w。由各权数组成的集 $W = (w_1, w_2, w_3, \cdots, w_m)$，称为因素权重集，各权数 $w_i(i = 1,2,3,\cdots,m)$ 应满足归一性和非负性两个特点。生态节水型灌区的权重的确定主要采用层次分析法。

层次分析法(analytic hierarchy process，AHP)是美国学者于 20 世纪 70 年代提出的，是一种定性与定量相结合、系统化的决策方法。它将决策者的主观判断与实践经验导入模型，并进行量化处理，体现了决策中分析、判断、综合的基本特征。该方法首先将复杂问题按支配关系分层，然后两两比较每层各因素的相对重要性，最后确定各个因素相对重要性的顺序，按顺序做出决策[31]。生态节水型灌区运用层次分析法主要得到最终每个指标的权重。层次分析法的具体方法和步骤如下。

A. 建立层次结构模型

通过深入分析实际问题，将问题分解成三个层级，即目标层、准则层和指标层（方案层）（图 1-2），同一层次的因素对上层因素有影响，同时又支配下层因素。目标层是最高层，通常只有 1 个因素。

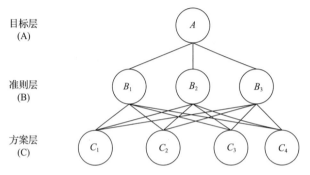

图 1-2 模糊层次分析法层次结构图

B. 构造判断（成对比较）矩阵

从第二层开始，把同一层级的因素用成对比较法和一定比较尺度构造判断矩阵 **A**，直到最后一层。

$$A = \left| (a_{ij})_{n \times n}, a_{ij} > 0, a_{ij} = \frac{1}{a_{ji}} (i, j = 1, 2, \cdots, n) \right. \tag{1-1}$$

矩阵 **A** 中，a_{ij} 表示因素 i 与因素 j 对上一层因素的重要性之比；a_{ji} 表示因素 j 与因素 i 的重要性之比，且 $a_{ij} = 1/a_{ji}$。对于 a_{ij} 的值，Saaty 等建议引用数字 1～9 及其倒数作为标度，见表 1-7。

表 1-7 各标度数值的含义

a_{ij} 的值	含义
1	因素 i 与因素 j 一样重要
3	因素 i 比因素 j 略重要
5	因素 i 比因素 j 明显重要
7	因素 i 比因素 j 强烈重要
9	因素 i 比因素 j 极端重要
2，4，6，8	表示上述相邻判断的中间值

对图 1-2 所示的层次结构图而言，B_1，B_2，B_3 可构成一个相对于因素 A 的判断矩阵 **B**：

$$\boldsymbol{B} = \begin{bmatrix} A & B_1 & B_2 & B_3 \\ B_1 & 1 & b_{12} & b_{13} \\ B_2 & 1/b_{12} & 1 & b_{23} \\ B_3 & 1/b_{13} & 1/b_{23} & 1 \end{bmatrix}$$

C. 计算特征值、特征向量并作一致性检验

对判断矩阵 $\boldsymbol{B}$ 来说，首先要计算满足 $\boldsymbol{BW} = \lambda_{\max}\boldsymbol{W}$ 的特征根与特征向量，式中 $\lambda_{\max}$ 为 $\boldsymbol{B}$ 的最大特征根，$\boldsymbol{W}$ 为对应于 $\lambda_{\max}$ 的单位特征向量，$\boldsymbol{W}$ 的分向量就是被比较元素对于该因素的相对权重。然后将 $\boldsymbol{W}$ 归一化，就可以得出同一层次各因素对于上一层某个因素相对重要性的权值排序，这个过程就是层次单排序。由于客观事物复杂多变，人们对事物的认识往往具有片面性，要达到完全一致是非常困难的。因此在对一个判断矩阵进行单层排序后需要对判断矩阵进行一致性检验。

(1)计算一致性指标 CI：

$$CI = \frac{\lambda_{\max} - n}{n-1} \tag{1-2}$$

当 $\lambda_{\max} = n$，CI = 0 时，为完全一致，CI 值越大，判断矩阵的一致性越差。一般只要 CI≤0.1，判断矩阵的一致性就可以接受，否则重新进行两两比较判断。

(2)判断矩阵的维数 n 越大，判断的一致性将越差，故应放宽对高维判断矩阵的一致性要求，引入特征值 RI，查找相应的平均随机一致性指标 RI，对应 $n = 1, \cdots, 9$，Saaty 给出了 RI 的值，如表 1-8 所示。

表 1-8　随机一致性指标 RI 的值

阶数 n	1	2	3	4	5
RI	0	0	0.58	0.90	1.12
阶数 n	6	7	8	9	
RI	1.24	1.32	1.41	1.45	

RI 的值是这样得到的：用随机方法构造 500 个样本矩阵，随机地从 1～9 及其倒数中抽取数字构造正互反矩阵，求得最大特征根的平均值 $\lambda'_{\max}$，并定义：

$$RI = \frac{\lambda'_{\max} - n}{n-1} \tag{1-3}$$

(3)使用更为合理的 CR 作为衡量判断矩阵的一致性指标，并计算一致性比值 CR：

$$CR = \frac{CI}{RI} \tag{1-4}$$

通常认为，当 CR<0.1 时比较矩阵 $\boldsymbol{A}$ 具有一致性，或者说其不一致程度是可以接受的；否则就需要调整矩阵 $\boldsymbol{A}$，直到达到满意的一致性为止，然后把最大特征值对应的特征向量标准化，使各分量都大于 0 且和等于 1，这个标准化后的向量就是权向量，代表每一

要素对上层指标影响的程度大小。

(4)层次单排序。当判断矩阵满足一致性检验时，此时的最大特征根 λ_{max} 对应的特征向量 A 就是各评价因素的重要性排序，即权系数的分配。生态节水型灌区中只需要得到最终指标的权重即可。

(5)层次总排序。计算同一层次所有因素对于最高层(总目标)相对重要性的排序权值，称为层次总排序。这一过程是由最高层到最低层逐层进行的。生态节水型灌区中只需要得到最终指标的权重即可。

(6)具体的求解过程。

准则层中包含了经济效应、生产能力、生态环境、人居环境、生态文化、技术保障，对其赋权 3，4，7，5，3，6。进行一致性检验得到：$\lambda_{max}=6$，CI=0，$n=6$，RI=1.24，则 CR=0＜0.1，满足一致性。

经济效应层中包含了水费征收率、农业总产值提高率、单位面积能耗占全国平均水平的百分比和单位面积用水量下降率 4 项指标，对其赋权 3，5，7，2。进行一致性检验得到：$\lambda_{max}=4$，CI=0，$n=4$，RI=0.8824，则 CR=0＜0.1，满足一致性。

生产能力层中包含了作物多样性、水分生产力、土地生产提高率等 5 项指标，对其赋权 1，1，4，6，3。进行一致性检验得到：$\lambda_{max}=5$，CI=0，$n=5$，RI=1.1075，则 CR=0＜0.1，满足一致性。

生态环境层中包含了底栖动物完整性指数，湿地、沟渠植物多样性，生境破碎化指数等 8 项指标，对其赋权 4，4，6，5，7，8，5，3。进行一致性检验得到：$\lambda_{max}=8$，CI=0，$n=8$，RI=1.4039，则 CR=0＜0.1，满足一致性。

人居环境层中包含了集中式供水人口覆盖率、集中式饮用水水源地水质达标率、水功能区水质达标率等 12 项指标，对其赋权 5，6，3，7，5，2，9，7，3，4，5，6。进行一致性检验得到：$\lambda_{max}=12$，CI=0，$n=12$，RI=1.5363，则 CR=0＜0.1，满足一致性。

生态文化层中包含了农民生态节水意识、生态节水型灌区宣传教育、公众对生态节水型灌区的满意率等 5 项指标，对其赋权 2，7，8，3，4。进行一致性检验得到：$\lambda_{max}=5$，CI=0，$n=5$，RI=1.1075，则 CR=0＜0.1，满足一致性。

技术保障层中包含了单位水量生产效率、实现精准灌溉百分比、精准计量设施完善率等 22 项指标，对其赋权 5，7，5，7，4，2，9，8，3，6，7，8，5，7，3，5，4，6，7，8，4，6。进行一致性检验得到：$\lambda_{max}=22$，CI=0，$n=22$，RI=1.6404，则 CR=0＜0.1，满足一致性。

层次总排序一致性检验：B 层符合层次总排序特征，对于所有的指标层指标，与前一层相乘得到 56 个指标，权重为：(9 15 21 6 4 4 16 24 12 28 28 42 35 49 56 35 21 25 30 15 35 25 10 45 35 15 20 25 30 6 21 24 9 12 30 42 30 42 24 12 54 48 18 36 42 48 30 42 18 30 24 36 42 48 24 36)，同时进行计算，$\lambda_{max}=56$，CI=0，$n=6$，RI=1.78，则 CR=0＜0.1，满足一致性。归一化后 56 个指标的权重值为：(0.00583 0.00972 0.01361 0.00389 0.00259 0.00259 0.01037 0.01555 0.00778 0.01815 0.01815 0.02722 0.02268

0.03176　0.03629　0.02268　0.01361　0.01620　0.01944　0.00972　0.02268　0.01620
0.00648　0.02916　0.02268　0.00972　0.01296　0.01620　0.01944　0.00389　0.01361
0.01555　0.00583　0.00778　0.01944　0.02722　0.01944　0.02722　0.01555　0.00778
0.03500　0.03111　0.01167　0.02333　0.02722　0.03111　0.01944　0.02722　0.01167
0.01944　0.01555　0.02333　0.02722　0.03111　0.01555　0.02333）。见表 1-9。

表 1-9　生态节水型灌区指标权重

序号	准则层	准则层权重	指标层	指标层对准则层的权重	指标层对目标层的权重
1	经济效应	0.1071	农业总产值提高率(%)	0.2941	0.0097
2			单位面积能耗占全国平均水平的百分比(%)	0.4118	0.0136
3			单位面积用水量下降率(%)	0.1176	0.0039
4			水费征收率(%)	0.1765	0.0058
5	生产能力	0.1429	作物多样性	0.0667	0.0026
6			水分生产力(kg/m³)	0.0667	0.0026
7			土地生产提高率(%)	0.2667	0.0104
8			农业机械化程度(%)	0.4	0.0156
9			绿色农产品比例(%)	0.2	0.0078
10	生态环境	0.25	底栖动物完整性指数(B-IBI)	0.0952	0.0181
11			湿地、沟渠植物多样性	0.0952	0.0181
12			生境破碎化指数	0.1429	0.0272
13			水域面积率(%)	0.119	0.0227
14			河流纵向连通性指数	0.1667	0.0318
15			湿地覆盖率(%)	0.1905	0.0363
16			土壤有机质(g/kg)	0.119	0.0227
17			土壤重金属污染指数	0.0714	0.0136
18	人居环境	0.1786	集中式供水人口覆盖率(%)	0.0806	0.0162
19			集中式饮用水水源地水质达标率(%)	0.0968	0.0194
20			水功能区水质达标率(%)	0.0484	0.0097
21			人口密度(人/km²)	0.1129	0.0227
22			人均日生活用水量[L/(人·d)]	0.0806	0.0162
23			人均耕地面积(hm²/人)	0.0323	0.0065
24			化肥施用强度占全国平均水平的百分比(%)	0.1452	0.0292
25			农药施用强度占全国平均水平的百分比(%)	0.1129	0.0227
26			道路及沟渠绿化率(%)	0.0484	0.0097
27			生活污水处理率(%)	0.0645	0.013

续表

序号	准则层	准则层权重	指标层	指标层对准则层的权重	指标层对目标层的权重
28	人居环境	0.1786	规模化畜禽粪便综合利用率(%)	0.0806	0.0162
29			生活垃圾无害化处理率(%)	0.0968	0.0194
30	生态文化	0.1071	农民生态节水意识(%)	0.0833	0.0039
31			生态节水型灌区宣传教育(次/年)	0.2917	0.0136
32			公众对生态节水型灌区的满意率(%)	0.3333	0.0156
33			节水器具普及率(%)	0.125	0.0058
34			生态风景资源开发与保护率(%)	0.1667	0.0078
35	技术保障	0.2143	单位水量生产效率(t/m³)	0.0397	0.0194
36			实现精准灌溉百分比(%)	0.0556	0.0272
37			精准计量设施完善率(%)	0.0397	0.0194
38			农田退水循环利用率(%)	0.0556	0.0272
39			农田退水湿地净化率	0.0317	0.0156
40			硬质化沟渠生态改造率(%)	0.0159	0.0078
41			生态渠道所占比例(%)	0.0714	0.035
42			生态排水沟所占比例	0.0635	0.0311
43			渠道淤积率(%)	0.0238	0.0117
44			土地退化治理率(%)	0.0476	0.0233
45			农业灌溉用水有效利用系数	0.0556	0.0272
46			水土流失治理率(%)	0.0635	0.0311
47			流域防洪达标率(%)	0.0397	0.0194
48			流域除涝达标率(%)	0.0556	0.0272
49			监测站点覆盖率(%)	0.0238	0.0117
50			秸秆回收利用率(%)	0.0397	0.0194
51			节水灌溉设施使用比例(%)	0.0317	0.0156
52			水功能区限制纳污控制率(%)	0.0476	0.0233
53			用水总量控制红线达标率(%)	0.0556	0.0272
54			灌区智能化建设程度(%)	0.0635	0.0311
55			灌区信息化建设程度(%)	0.0317	0.0156
56			灌区多要素监控率(%)	0.0476	0.0233

4) 确定指标隶属度

目前在环境质量评价研究中,一般对离散型因素按照专家经验给出隶属度;对于连续性变化的定量指标采用线性隶属函数、正态分布函数等[32]。

A. 线性隶属度函数

针对生态节水型灌区生态环境质量影响因素特征,构造半梯形分布隶属函数。

对于越小越优型的指标，采用降半梯形的隶属函数：

$$U_1(x)=\begin{cases}1 & x<x_1\\ \dfrac{x-x_2}{x_3-x_2} & x_1<x<x_2\\ 0 & x>x_2\end{cases} \quad U_2(x)=\begin{cases}0 & x<x_1\\ \dfrac{x-x_1}{x_2-x_1} & x_1<x<x_2\\ \dfrac{x_3-x}{x_3-x_2} & x_2<x<x_3\end{cases}$$

$$U_3(x)=\begin{cases}0 & x<x_2\\ \dfrac{x-x_2}{x_3-x_2} & x_2<x<x_3\\ \dfrac{x_4-x}{x_4-x_3} & x_3<x<x_4\end{cases} \quad U_4(x)=\begin{cases}0 & x<x_3\\ \dfrac{x-x_3}{x_4-x_3} & x_3<x<x_4\\ \dfrac{x_5-x}{x_5-x_4} & x_4<x<x_5\end{cases}$$

$$U_5(x)=\begin{cases}0 & x<x_4\\ \dfrac{x-x_4}{x_5-x_4} & x_4<x<x_5\\ 1 & x>x_5\end{cases} \tag{1-5}$$

对于越大越优性的指标，采用升半梯形的隶属函数：

$$U_1(x)=\begin{cases}1 & x\geqslant x_1\\ \dfrac{x-x_2}{x_1-x_2} & x_2<x<x_1\\ 0 & x\leqslant x_2\end{cases} \quad U_2(x)=\begin{cases}0 & x<x_3 \text{或} x\geqslant x_1\\ \dfrac{x_1-x}{x_1-x_2} & x_2\leqslant x<x_1\\ \dfrac{x-x_3}{x_2-x_3} & x_3\leqslant x<x_2\end{cases}$$

$$U_3(x)=\begin{cases}0 & x<x_4 \text{或} x\geqslant x_2\\ \dfrac{x_2-x}{x_2-x_3} & x_3\leqslant x<x_2\\ \dfrac{x-x_4}{x_3-x_4} & x_4\leqslant x<x_3\end{cases} \quad U_4(x)=\begin{cases}0 & x<x_5 \text{或} x\geqslant x_3\\ \dfrac{x_3-x}{x_3-x_4} & x_4\leqslant x<x_3\\ \dfrac{x-x_5}{x_4-x_5} & x_5\leqslant x<x_4\end{cases}$$

$$U_4(x)=\begin{cases}0 & x\geqslant x_4\\ \dfrac{x_4-x}{x_4-x_5} & x_5\leqslant x<x_4\\ 1 & x<x_5\end{cases} \tag{1-6}$$

式中，x_1,x_2,x_3,x_4,x_5 为评价因子指标分级界限值；x 为评价单元实际统计值。

B. 正态分布隶属度函数

选取模糊正态分布(极值附近时采用半正态分布)的密度函数——高斯函数计算各参

量的隶属度为：

$$r(u) = e^{-\frac{(u-\mu)^2}{2\sigma^2}} \tag{1-7}$$

式中，$r(u)$ 为参量 u 的隶属度；μ 为分布期望值，即工程中需要给定的该评价区间隶属度为 1 的值；σ 为高斯函数的宽度。

生态节水型灌区中的评价集对应 4 个评价区间对因素集中的参考评价。为了生态节水型灌区评价的计算方便性，分为单调递减越小越优型和单调递增越大越优型两种。

a) 越小越优型

4 个区间的分布期望值 μ 依次为 $\mu_{\min}, \mu_0, \mu_1, \mu_{\max}$，其中，$\mu_{\min}$，$\mu_{\max}$ 分别为该参数属性的最小期望值和最大期望值，μ_0, μ_1 为其他两个区间的期望值。

$$U_1(x) = \begin{cases} 1 & x \leqslant \mu_{\min} \\ e^{-\frac{(x-\mu_{\min})}{2\sigma_{\mathrm{nor}}^2}} & \mu_{\min} < x < \mu_{\max} \end{cases}, \quad \sigma_{\mathrm{nor}} = \frac{\mu_0 - \mu_{\min}}{3}$$

$$U_2(x) = \begin{cases} e^{-\frac{(\mu_0-x)^2}{2\sigma_{\mathrm{att1}}}} & \mu_{\min} \leqslant x \leqslant \mu_0, \sigma_{\mathrm{att1}} = \frac{\mu_0 - \mu_{\min}}{3} \\ e^{-\frac{(x-\mu_0)^2}{2\sigma_{\mathrm{att2}}}} & \mu_0 < x \leqslant \mu_1, \sigma_{\mathrm{att2}} = \frac{\mu_1 - \mu_0}{3} \end{cases}$$

$$U_3(x) = \begin{cases} e^{-\frac{(\mu_1-x)^2}{2\sigma_{\mathrm{att2}}}} & \mu_0 \leqslant x \leqslant \mu_1, \sigma_{\mathrm{att2}} = \frac{\mu_1 - \mu_0}{3} \\ e^{-\frac{(x-\mu_0)^2}{2\sigma_{\mathrm{att3}}}} & \mu_1 < x \leqslant \mu_{\max}, \sigma_{\mathrm{att3}} = \frac{\mu_{\max} - \mu_1}{3} \end{cases}$$

$$U_4(x) = \begin{cases} e^{-\frac{(\mu_{\max}-x)}{2\sigma_{\mathrm{abn}}^2}} & \mu_1 < x < \mu_{\max}, \sigma_{\mathrm{abn}} = \frac{\mu_{\max} - \mu_1}{3} \\ 1 & x \geqslant \mu_{\max} \end{cases} \tag{1-8}$$

b) 越大越优型

4 个区间的分布期望值依次为 $\mu_{\min}, \mu_0, \mu_1, \mu_{\max}$，其中，$\mu_{\min}$，$\mu_{\max}$ 分别为该参数属性的最小值和最大值，μ_0, μ_1 为其他两个区间的期望值。

$$U_1(x) = \begin{cases} 1 & x \leqslant \mu_{\min} \\ 1 - e^{-\frac{(x-\mu_{\min})}{2\sigma_{\mathrm{nor}}^2}} & \mu_{\min} < x < \mu_{\max} \end{cases}, \quad \sigma_{\mathrm{nor}} = \frac{\mu_0 - \mu_{\min}}{3}$$

$$U_2(x) = \begin{cases} 1 - e^{-\frac{(\mu_0 - x)^2}{2\sigma_{att1}}} & \mu_{min} \leqslant x \leqslant \mu_0, \sigma_{att1} = \dfrac{\mu_0 - \mu_{min}}{3} \\ 1 - e^{-\frac{(x - \mu_0)^2}{2\sigma_{att2}}} & \mu_0 < x \leqslant \mu_1, \sigma_{att2} = \dfrac{\mu_1 - \mu_0}{3} \end{cases}$$

$$U_3(x) = \begin{cases} 1 - e^{-\frac{(\mu_1 - x)^2}{2\sigma_{att2}}} & \mu_0 \leqslant x \leqslant \mu_1, \sigma_{att2} = \dfrac{\mu_1 - \mu_0}{3} \\ 1 - e^{-\frac{(x - \mu_0)^2}{2\sigma_{att3}}} & \mu_1 < x \leqslant \mu_{max}, \sigma_{att3} = \dfrac{\mu_{max} - \mu_1}{3} \end{cases}$$

$$U_4(x) = \begin{cases} 1 - e^{-\frac{(\mu_{max} - x)}{2\sigma_{abn}^2}} & \mu_1 < x < \mu_{max}, \sigma_{abn} = \dfrac{\mu_{max} - \mu_1}{3} \\ 1 & x \geqslant \mu_{max} \end{cases} \quad (1\text{-}9)$$

5) 构建模糊评判矩阵 **R**

$$\boldsymbol{R} = \begin{bmatrix} R_1 \\ R_2 \\ \vdots \\ R_m \end{bmatrix} = \begin{bmatrix} r_{1,1} & r_{1,2} & \cdots & r_{1,n} \\ r_{2,1} & r_{2,2} & \cdots & r_{2,n} \\ \vdots & \vdots & & \vdots \\ r_{m,1} & r_{m,2} & \cdots & r_{m,n} \end{bmatrix} \quad (1\text{-}10)$$

对于定性指标可以由专家组直接打分给出隶属度 r_{ij}，而对于定量指标要得出隶属度 r_{ij}，关键是要找出 r_{ij} 的隶属函数。而要构建有关灌区生态环境质量评价指标的隶属度函数难度比较大[33]。

6) 进行模糊层次综合评价

A. 对评价对象进行综合评价

根据求解得到的权重举证和模糊评判矩阵进行综合评价，得：

$$\boldsymbol{B} = \boldsymbol{W} \cdot \boldsymbol{R} = (w_1, w_2, w_3, \cdots, w_m) \cdot \begin{bmatrix} r_{1,1} & r_{1,2} & \cdots & r_{1,n} \\ r_{2,1} & r_{2,2} & \cdots & r_{2,n} \\ \vdots & \vdots & & \vdots \\ r_{m,1} & r_{m,2} & \cdots & r_{m,n} \end{bmatrix} = (b_1, b_2, b_3, \cdots, b_n) \quad (1\text{-}11)$$

B. 采用最大隶属度原则确定结果

采取 $b = \max(b_1, b_2, b_3, \cdots, b_n)$，即可得灌区综合评价结果。

7) 主要结论

基于生态节水型灌区概念内涵，围绕我国生态节水型灌区建设的核心内容，从经济效应、生产能力、生态环境、人居环境、生态文化和技术保障等方面，提出生态节水型灌区建设要求和评判的指标体系，结合资料分析、实地调研、专家座谈、理论演绎等方法，确定指标的阈值，提出基于该指标体系的生态节水型灌区建设综合评价方法，为生态节水型灌区建设提供理论基础和评价依据。

然而，生态节水型灌区建设评价是一项复杂的系统工程，涉及水体物理、化学、生物、生态、景观、经济、文化及人们价值判断等多方面、多要素的考量[34]。当前所建立的生态节水型灌区建设评价指标体系是基于人类对自然界的认识定义的指标，是一个相对的指标体系。具体进行评价时，需要一定的基准状态作为参照点，在对比的基础上进行评价；也不应局限于具体指标，而是着眼于人类与自然的总体协调关系。

参 考 文 献

[1] 顾浩, 陈茂山. 古代中国的灌溉文明[J]. 中国农村水利水电, 2008, (8): 1-8.

[2] 顾斌杰. 生态型灌区构建原理及关键技术研究[D]. 南京: 河海大学, 2006.

[3] 彭世彰, 纪仁婧, 杨士红, 等. 节水型生态灌区建设与展望[J]. 水利水电科技进展, 2014, 34(1): 1-7.

[4] 赵永平. 国家将投入十三亿元进行大型灌区节水改造[J]. 安徽行政学院学报, 2005, (4): 26.

[5] 何晓科, 乔鹏, 赵德远, 等. 现代化节水型生态灌区建设与管理技术体系研究[J]. 安徽农业科学, 2012, 40(29): 14547-14549.

[6] 张展羽, 孔莉莉, 张国华. 我国生态灌区建设浅议[C]. 中国水利学会学术年会, 2006.

[7] 周维博. 提高半干旱地域灌区水资源开发利用综合效益研究[D]. 西安: 长安大学, 2002.

[8] 吕辉红. 基于定量化栅格空间信息的湖南西部地区生态环境综合评价[D]. 长沙: 湖南师范大学, 2002.

[9] 李现社, 蒋任飞. 我国大型灌区节水改造分析研究[J]. 灌溉排水学报, 2005, 24(5): 46-49.

[10] Brookes A. Restoration and enhancement of engineered river channels: Some European experiences[J]. Regulated Rivers Research & Management, 2010, 5(1): 45-56.

[11] 董斌. 灌溉-排水-湿地综合管理系统(WRSIS)[J]. 湿地科学与管理, 2006, 2(3): 14-15.

[12] 姜开鹏. 建设生态灌区的思考——用生态文明观, 拓展思路, 促进灌区可持续发展[J]. 中国农村水利水电, 2004, (2): 4-10.

[13] 茹智. 提倡建设一个节水型、生态型灌区[J]. 中国水利, 2004, (18): 22-23.

[14] 薛彦东, 杨培岭, 李云开. 再生水生态灌区建设模式与概念框架[C]. 现代节水高效农业与生态灌区建设(下). 2010.

[15] 唐西建. 以科学发展观为指导努力把都江堰建设成生态灌区[C]. 都江堰建堰 2260 周年国际学术论坛, 2004.

[16] 王超, 王沛芳, 侯俊, 等. 生态节水型灌区建设的主要内容与关键技术[J]. 水资源保护, 2015, 31(6): 1-7.

[17] 沈坚, 杜河清, 等. 生态水利工程系统服务功能的评价方法与指标体系建立[J]. 生态经济, 2006, (4): 44-47.

[18] 王静. 国内生态示范区建设成果研究[J]. 黑龙江环境通报, 2016, 40(4): 1-5.

[19] 林美凤. 漳州碧湖生态园低碳生态指标体系研究及其碳排放分析[D]. 杭州: 浙江大学, 2016.

[20] 彭涛. 华北山前平原村级农田生态系统健康评价方法探讨[D]. 北京: 中国农业大学, 2004.

[21] 贾屏, 徐建新, 齐青青, 等. 宝鸡峡灌区可持续发展综合评价[J]. 中国农村水利水电, 2008, (8): 76-79.

[22] 崔远来, 董斌, 李远华, 等. 农业灌溉节水评价指标与尺度问题[J]. 农业工程学报, 2007, 23(7): 1-7.

[23] 黄振华, 陈雷, 邱信蛟, 等. 大型引黄灌区越镇渠道生态景观设计模式[J]. 水利规划与设计, 2011, (4): 85-87.

[24] 闫慧. 吉林省农安县生态示范区可持续发展研究[D]. 长春: 吉林大学, 2007.

[25] 宋兰兰, 陆桂华, 刘凌, 等. 区域生态系统健康评价指标体系构架——以广东省生态系统健康评价为例[J]. 水科学进展, 2006, 17(1): 116-121.

[26] 刘莉. 大型灌区节水改造项目生态环境效应后评价研究[D]. 南京: 河海大学, 2008.

[27] 王付洲, 杜红伟, 李建文. 基于集对分析的灌区运行状况综合评价研究[J]. 安徽农业科学, 2008, 36(19): 8196-8197.

[28] 胡泊. 江苏省节水型生态灌区评价指标体系研究与软件开发[D]. 扬州: 扬州大学, 2011.

[29] 侯宇鹏. 城市景观要素评价方法研究[D]. 哈尔滨: 东北林业大学, 2013.

[30] 朱星星. 电子政务绩效评估技术指标体系的构建及应用研究[D]. 湘潭: 湘潭大学, 2008.

[31] 李粒萍. BIM 技术对促进工业项目管理绩效的评价及改善研究[D]. 天津: 天津理工大学, 2018.

[32] 杨克红, 马维林, 章伟艳, 等. 富钴结壳申请区块优选的模糊评判方法[J]. 海洋学报, 2010, 32 (6): 152-156.

[33] 吴泽斌. 水利工程生态环境影响评价研究[D]. 武汉: 武汉大学, 2005.

[34] 黄茁. 水生态文明建设的指标体系探讨[J]. 中国水利, 2013, (6): 17-19.

第2章　灌区水资源配置和灌排控污模式

灌区是依靠水对农作物的有效灌溉和田间洪涝渍水体适时排出而保障粮食安全、用水安全和居民生产生活安全的重要区域。灌区水资源科学配置不仅能保障农作物高产稳产和生态环境需求水量，而且能缓解水资源短缺和污染物排放造成水环境恶化的压力。本章将系统介绍灌区水资源总量的计算模型和配置方法，同时对灌区的灌溉排水模式、水资源循环利用、灌排工程生态化建设及污染物逐级截留净化防控体系构建进行系统介绍，阐述灌排水系统优化布置方法，通过系统模式优化在具体灌区规划设计和建设管理中的应用，实现灌区水资源有效节约、循环利用与污染物防控减量、逐级净化。

2.1　灌区水资源总量模型及配置方法

灌区水资源多少和分布规律直接决定灌溉范围的大小和农作物种植结构。灌区水资源主要包括地表水引(取)水水源、地下水水源、灌区范围降水、灌区内池塘河库湿地水、农田排放调蓄水、工农业生产和居民生活废(污)水处理后回用水等等，灌区消耗水资源主要包括农田作物吸收耗损、大气蒸发、地下渗漏、工农业和生活用水损失、灌区外排水等等，因此，灌区水资源来源和耗损过程非常复杂。如何进行科学估算和高效配置是灌区粮食安全保障和节水减污的关键。本节将分析灌区水源水量水质，建立多维水资源耦合模型，提出多水源配置方法，为水资源优化配置和高效利用提供支持。

2.1.1　灌区水源水量和水质分析

灌区是按照水系的自然分布状况或人工修建的水利工程设施的地理分布划分出来的区域。一般意义上讲，灌区是由水源顺流而下形成的供水和渠系灌溉网络，因此，灌区并不是由一条单一的水渠形成的区域，而是由至少一个水源、一条总干渠，或若干条规模较大的干渠和分干渠，在干渠上开口的支渠和支渠以下纵横交错的斗渠与农渠构成的。所谓的灌溉系统，就是指由水源和这些逐级划分的输水、配水渠道或管道所构成的系统。

灌区的水源可区分为地表水和地下水。在地表水中，通过人工修筑截流的拦水坝等蓄水工程而形成水库，其特点是这种水源由于受到水库的调节，往往水量较大而且水源相对稳定；而通过修建引水工程或提水工程(如水闸、泵站等)直接从大江、大河引水或提水而取得的水源，如中国长江、黄河等大江大河流域的灌区，都是直接引用江河水流而形成的灌区，其水源的特点是流域或集水区内天然降水或河道径流量对其影响较大，并且由于江河流域工农业生产的不断发展和持续性的干旱气候，这种水源存在的问题日益突出。随着社会经济的不断发展，工业用水与农业用水的矛盾，以及城市化发展后日益集中的城市人口的生活用水增加，人与灌区农业争水的矛盾也日益突出。另外，在几乎所有大江大河两岸都密集分布着各种大小不等的城市，江河既成了城市居民生活用水和城市工业用水的重要水源，也充当着城市工业废水和居民生活污水的排出通道，为此，灌溉水源的水质问题也日益显现。因此，对灌区来说，加强水源管理，确保水源水达标成了灌区管理的首要任务与目标。地下水是由机井提取的水源，对于地表水资源较少的北方地区，地下水灌溉是比较常见的灌区水源，但地下水资源是十分有限的，以此作为灌区水源，必须做好地下水采补平衡问题，确保地下水位不会持续下降，特别是在我国黄河流域存在盐碱化问题的灌区，控制地表水和地下水之间的平衡意义重大。

2.1.2　灌区"大气水-地表水-地下水"耦合模型

一个大型的农业灌区，就其所具有的自然-人工复合型水循环功能来说，可以看成一个相对独立的系统。大型灌区陆地水循环系统的外部环境是上级流域、含水层盆地、水循环的大气过程以及人类经济圈，也可能包括海洋。而在灌区系统内部，水循环的实现是通过地表水系统、土壤水系统、地下水系统和人类农业控制系统的相互作用来实现的。图 2-1 简要描述了灌区陆地水循环系统的结构和水循环的路径[1]。地表水系统包括引水干流(主干渠)、固定渠系、田间输水工程、排水沟道系统，以及最终水体排放至湖泊、湿地、大河流、海洋等。土壤水系统包括表层土壤(快速响应层)、浅层土壤(过渡层)、深层土壤(滞后响应层)和植物根系，受地理环境和人类土地利用方式控制，土壤水系统可以分为不同特征的区块。土壤水系统接受灌溉水体和大气降水补给，也通过蒸腾蒸发向大气排水和地下渗漏。地下水系统可以粗略地分为潜水含水层(具有自由水面)和承压含水层，与区域含水盆地的补给区和排泄区发生水量交换。人类开采地下水作为水资源，其中大部分用于灌区的农业灌溉，此外，人类还是渠系工程和排水工程的控制者，还通

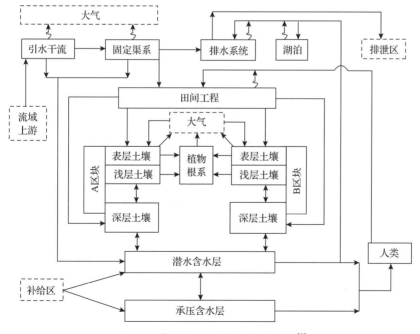

图 2-1　灌区陆地水循环系统概念图[1]

过对土地的利用作用到土壤水系统。因此，人类活动、地球重力作用、太阳辐射是灌区水循环的三个主要驱动因素，而人类活动可以贯穿在水循环系统的每个环节中。

地表水系统、地下水系统和土壤-植物-大气连续体的强烈耦合作用是大型灌区水文过程的基本特点，这导致对大型灌区的陆地水循环和水资源进行评价必须采取综合的方法，然而目前还缺少适用的模拟工具。农业灌区的水文特征与天然流域存在显著差别，常规流域水文模型和陆面过程参数化方案用于大型灌区陆地水循环的分析还存在较大的困难。当然，国内外许多学者和工程技术人员针对相关方面也开展了大量的研究和实践应用，取得了许多的创新性进展。我们对相关成果进行概要总结归纳。

王旭升等[1]提出了一种适用于大型灌区陆地水循环模式的参数方案：LWCMPS_ID，采用分块集中参数模型简明地实现了地表水、地下水和土壤水的动力学耦合分析，并且包含了一个土壤水冻结融化的简化模型。

1. 地表水系统的参数化

在 LWCMPS_ID 中，灌区的地表水系统由总干渠、固定渠系、田间工程、排水沟河、湿地(水塘)、湖泊几个部分组成，径流的参数通过径流通量与径流深度的经验关系来实现，统一表示为

$$d = \beta Q^{v} \tag{2-1}$$

式中，d 为径流深度；Q 为地表径流量；β 为径流系数；v 为径流指数。

对于地表水系的渗漏，LWCMPS_ID 把单个渠道的非线性渗漏关系推广到多个渠道及其分支所组成的整体，有

$$Q_{L} = \alpha Q_{g}^{m} \tag{2-2}$$

式中，Q_{L} 为子域渠系的总渗漏量；Q_{g} 为渠系毛流量；α，m 为常数。

在采用渠系水利用系数 η 进行描述时，如果忽略渠系蒸发，则 $\alpha=1-\eta$，$m=1.0$。除了这些工程参数外，灌溉和排水的人工控制也需要用一些特定的参数来表现，如引水系数、排水系数等。

2. 土壤水系统的参数化

参考陆面过程参数化方案 LAPS 的做法，LWCMPS_ID 也把土壤分为三层：第一层为表层土壤，固定厚度，含有植物主要根系，参与表面蒸发，对大气边界快速响应；第二层为浅层土壤，固定厚度，含有植物深部根系，属于中间过渡带；第三层为深层土壤，厚度自浅层土壤底部到潜水水位面，不含植物根系，参与潜水蒸发和补给。考虑到土壤性质和土地利用方式的差异，在一个子域内可以具有若干个土壤区块，每个土壤区块取一个代表性剖面进行计算。

表层土壤的耗水包括土面蒸发和根系吸水。土面蒸发与水面蒸发的关系表示为

$$E_p = (1 - C_s)m_b(W_r)E_0, \quad W_1 > W_r$$
$$E_p = 0, \quad W_1 \leqslant W_r \tag{2-3}$$

式中，E_p 为土面蒸发强度；E_0 为随时间变化的水面蒸发强度；W_1 为表层土壤的体积含水量；W_r 为风干含水量；m_b 为表土蒸发系数，即无遮盖条件下蒸发曲线的斜率；C_s 为遮盖系数，表示植被遮盖或人工覆盖导致土面蒸发减少的比例，可以随时间变化，在农田尺度下与叶面积指数存在函数关系。

根系吸水即植物蒸腾部分，需要同时考虑根系吸水强度随深度的变化和水分胁迫作用。参数化方案采用根系分布率 R_s 对根系分布进行参数化，R_s 是表层土壤中根有效长度占总根系有效长度的比例，即根量密度随深度函数在第一土壤层的积分。因此第二土壤层的根系比例为 $1-R_s$。R_s 在作物生育期内可以随时间变化。假定根吸水强度与有效长度成正比，同时在一定范围内与土壤相对含水量成线性关系。

$$E_{t1} = C_r R_s(W_1 - W_w / W_f - W_w)E_{T0}, \quad W_w < W_1 < W_f \tag{2-4}$$

式中，E_{t1} 为表层土壤根系吸水强度；E_{T0} 为随时间变化的腾发潜力；W_w 为凋萎含水量；W_f 为充分含水量(或田间持水度)；R_s 为饱和含水量；C_r 为蒸腾系数，与研究区域内植被覆盖率、叶面积指数和植物蒸腾占实际腾发量的比例有关，随时间变化。浅层土壤的根系吸水计算方法类似。

我国北方地区的土壤水分在冬春季发生冻结和融化，涉及水热耦合传输过程，常规的数值模拟方法相当复杂。LWCMPS_ID 提出一种经验的简化模型对土壤水的冻结融化作用进行参数化。该模型取土壤冻结深度曲线和冻结期地温(负温)为已知变量，考虑到土壤层冻结吸水包含冻结区边缘的瞬时冻结作用和未冻区水分向冻结区的迁移作用，假定在冻结期土壤层的冻结吸水速率为

$$\frac{\partial V_i}{\partial t} = \alpha_f \left[K_f \times \frac{h_f(T_i) - h(W_i)}{D_i} + \Delta U_i \times \frac{W_i - W_a(T_i)}{\Delta t} \right] \tag{2-5}$$

式中，i 为土层编号；V_i 为单位面积土层冻结水的当量体积；$h_f(T_i)$ 为土壤冻结(吸力)势，是负温 T_i 的函数；$h(W_i)$ 取决于未冻含水量的边缘吸力势；W_i 为土层液态水平均含水量；$W_a(T_i)$ 为负温 T_i 下冻土的临界液态水含水量；α_f 为冻结吸水系数，是一个综合系数，无量纲；K_f 为冻结区渗透系数；U_i 为平均冻结厚度，$U_i \leqslant D_i$；D_i 为土层厚度；α_f 和 K_f 是两个控制参数，可以调试模型得到。

在融化期间，根据平均冻结厚度的变化计算冻结水释放速率

$$\frac{\partial V_i}{\partial t} = \frac{V_{mi}}{U_{mi}} \frac{\partial U_i}{\partial t} \tag{2-6}$$

式中，V_{mi} 为冻结期结束时的最大冻结水体积；U_{mi} 为土层平均最大冻结厚度。土壤水的层间交换采用差分格式的 Richards 方程计算，蒸发蒸腾和冻结融化作用均考虑在非饱和渗流方程的源汇项中。

3. 地下水系数的参数化

潜水流动采用差分格式的 Boussinesq 方程计算，其中地下水贮存项使用到重力给水度参数，在包气带与地下水耦合模拟情况下，这一给水度参数为潜水面变动带的平均饱和体积含水量。

地下水向地表水体排泄时，排泄流量可以近似用水头差计算，即

$$Q_u = T_g (H_g - H_s) \tag{2-7}$$

式中，Q_u 为地下水的排泄量；H_s 和 H_g 分别为地表水体的水头和它周围地下水的平均水头；T_g 为地下水的排水系数，取决于地表水体周围含水层的空间展布范围和渗透性。

4. 土壤水与地下水模拟的耦合方法

土壤水模型与地下水模型的耦合，核心是处理非饱和带与饱和带的水量转换，Belmans 等[2]和 Downer 等[3]研究了这种问题的计算方法，LWCMPS_ID 发展了类似的技术。这一耦合技术对传统的潜水流动方程进行了两项修改：①把重力给水度改为平均饱和体积含水量，传统的重力给水度概念已经包含了非饱和带的水分运动；②把入渗补给强度改为转化补给强度，即由包气带进入潜水饱和带的水量，包括下渗流量和潜水面上升侵占的原属于包气带的空隙水(正项)或潜水面下降还原给包气带的空隙水(负项)转化补给强度 R_g，该强度根据土壤水渗流的均衡分析来确定：

$$R_g = I - E_{T_a} - \frac{\Delta V_f}{\Delta t} - \frac{\Delta S_w}{\Delta t} \tag{2-8}$$

式中，I 为降水和灌溉形成的地面补水强度；E_{T_a} 为土壤层实际腾发强度；V_f 为冻结水量的当量体积；S_w 为包气带贮存的水分总体积(体积含水量在包气带厚度上的积分)。这样计算有利于维持包气带与饱和带的总水均衡。

运用 LWCMPS_ID 对内蒙古河套灌区(图 2-2)1980～2000 年的陆地水循环动态过程

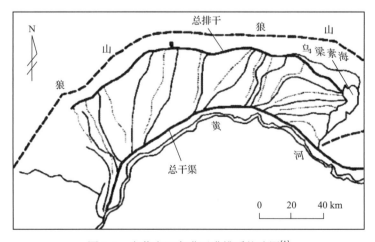

图 2-2　内蒙古河套灌区灌排系统略图[1]

进行了模拟分析[1],其中 1980~1990 年为预备期,用于消除资料不准确造成的系统误差,1990~1995 年为拟合调整参数期,1995~2000 年为预测检验期。根据灌区分布把整个模拟区划分为 6 个子域,不包括乌梁素海。在子域内划分土壤区块时,取灌溉耕地、荒地和生活用地三种类型。根据灌区潜水平均埋深和平均冻土厚度的情况,模型中表层土壤厚度取 0.3 m,浅层土壤厚度取 0.7 m。地下水的长观孔排水沟排水量和土壤定位点含水量资料是该参数模型校正的重要依据。

根据当地的自然特点,可以把一个水文年周期划分为三个阶段:①农业生产时期包括作物生育期和秋浇期,时间是每年 4 月 26 日至 11 月 15 日,共计 204 天;②冻结期即从土壤开始冻结到冻结厚度达到最大的时期,每年 11 月 16 日至次年 3 月 14 日,共计 119 天或 120 天(闰年);③融化期,即从土壤冻结层开始融化到冻结厚度为零的时期 3 月 15 日至 4 月 25 日,共计 41 天。冻结期和融化期的总时间长度为 160 天或 161 天。基本时间步长是 1.0 天。图 2-3 和图 2-4 给出了部分模拟结果。

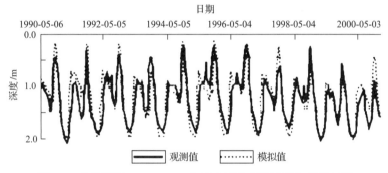

图 2-3 义长灌域 1990~2000 年潜水平均埋深模拟与观测结果

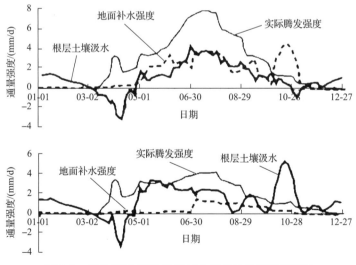

图 2-4 义长灌域 1997 年根层土壤水分通量模拟结果

在一个水文年内,研究区的潜水埋深存在两个明显的峰值,第一个峰值出现在冻土融化期末和春灌引水期,融化的土壤水下渗和引水渗漏导致冻结期大幅度下降的地下水水位得到恢复;第二个峰值出现在秋浇期,大水漫灌洗盐使地下水水位迅速抬升,然后随着土壤冻结耗水潜水位又快速下降。水位的峰值高低和振荡幅度随灌区引水量的调控而变化。图 2-3 表明模拟的潜水动态能够很好地再现观测结果。LWCMPS_ID 对灌区排水量和土壤平均含水量也能给出较好的模拟效果，这说明模型的结构和参数化方法是基本成功的。

2.1.3　灌区多水源配置方法

水资源配置是实现社会经济的可持续发展，缓解水资源短缺压力，实现人与水和谐的重大需求。随着人们对水资源研究得不断深入，逐渐形成了一系列有效建模技术来解决水资源优化配置问题。到目前为止，被广泛应用的方法主要有系统动力学方法、大系统分解协调理论、多目标规划与决策分析等。

系统动力学方法是多种功能理论结合的产物，它以反馈控制理论为基础，通过利用计算机仿真技术来研究系统复杂性，模型作为一种因果机制性模型，适合于分析复杂社会性及系统中的高阶数、多重反馈问题。水资源系统是一个非常复杂的系统，具有不确定性和动态性，系统动力学是将水资源系统中的多种变量输入，通过模拟调配水过程，能够明确体现水资源系统中各部分的相互联系，得到多种方案，通过方案比较找到最优方案。

大系统理论的分解协调法主要有两种协调方式：第一种，在协调过程中，通过修正子问题的目标函数来获得最优解，该方法被称为目标协调法；第二种，通过修正子问题约束条件来获得最优解，该方法被称为模型协调法，该方法能够解决复杂系统中的全局优化问题。

多目标规划在水资源优化配置过程中，往往不是简单的调配水过程，而涉及人口、资源和生态环境等诸多问题，所谓优化配置便是将几者有效地联系起来，使得各方面都达到最优水平，多目标规划是均衡考虑，使得各个目标协调发展。其优点便是能够同时考虑多个目标，并且根据不同需求，达到对不同的目标的侧重，因此也就不具有所谓的最优解。多目标规划主要包括：多个目标间的协调处理及多目标优化算法和设计。随着研究深入，应用多目标规划与决策技术进行的研究不断增加。

1. 传统的配置方法

1）线性规划

线性规划是运筹学的一个重要分支，在运筹学中研究最早，随着不断发展，逐渐成为辅助人们进行科学管理的数学规划方法，主要用于对线性约束下目标函数最优解的分析，广泛应用于经济分析，经营管理及水资源优化配置等众多领域，为最优决策提供有效保证。一般形式为[4]：

$$\text{opt} Z = c_1 x_1 + c_2 x_2 + \cdots + c_n x_n$$
$$\text{s.t. } a_{11} x_1 + a_{12} x_2 + \cdots + a_{1n} x_n \leqslant (=, \geqslant) b_1$$
$$\vdots$$
$$a_{m1} x_1 + a_{m2} x_2 + \cdots + a_{mn} x_n \leqslant (=, \geqslant) b_m \quad (2\text{-}9)$$
$$x_1, x_2, \cdots, x_n \geqslant 0$$

式中，约束条件前"s.t."表示约束于(subject to)；n 表示决策变量个数；m表示约束条件的个数。线性规划的表达形式有 3 种，分别为求和形式、矩形式、集合形式。线性规划问题通常采用单纯形法和改进后的单纯形法来进行求解。当线性规划中的全部或部分变量限制为整数时，称为整数线性规划。

2) 非线性规划

非线性规划可以用来描述实际问题中各个变量间的非线性关系，通过求解获得最优值。与线性规划相同，都是重要的优化方法，但不同的是非线性规划问题十分复杂，求解方法各异，需要针对不同的问题使用相应的求解方法，因此方法较多，比如解析搜索法、直接搜索法等。由于其更加符合实际，因此广泛地应用到生产实践中，比如水资源规划与管理问题中常常应用到非线性规划。

一般形式为：

$$
\begin{aligned}
&\min f(x) \\
&\text{s.t.}\quad h_j(x)=0, j=1,2,\cdots,m \\
&\qquad g_k(x)\geqslant 0, k=1,2,\cdots,p
\end{aligned}
\tag{2-10}
$$

式中，$x=(x_1,x_2,\cdots,x_n)^{\mathrm{T}}$ 为决策变量。

3) 动态规划

动态规划是解决多阶段决策过程的一种最优化方法，其基本思路是将多阶段决策过程转化为一系列相互关联的单阶段问题，并依次求解。动态规划是解决多阶段决策过程最优化的一种最有效的工具。动态规划求解没有标准的模式和算法，必须根据具体问题来选择对应的解法，因此存在局限性。

2. 不确定条件下水资源优化配置方法

传统的优化配置方法在特定时期、区域内能够为水资源优化配置提供较为有效的方法，为水资源决策提供依据，随着水资源研究的深入和认知水平的提高，学者们开始关注水资源在分配、输送和利用等多个过程中的不确定性，传统的优化配置方法很难处理系统中的不确定性问题。这些不确定性直接影响水资源优化模型结果的科学性和实用性。经过不断研究，学者们在传统水资源优化配置方法基础上，考虑水资源系统的复杂性和不确定性，建立能够有效处理不确定性问题的规划方法。目前，不确定性规划方法有三种[5]：随机数学规划(stochastic mathematic programming，SMP)、区间数学规划(internal mathematic programming，IMP)和模糊数学规划(fuzzy mathematic programming，FMP)。三种模型分别以概率分布函数、区间离散数和模糊集的形式来处理存在于水资源系统内的不确定性问题。

1) 随机数学规划(SMP)

随机数学规划能够有效地处理水资源系统规划中可能出现的或偶然出现的随机不确定信息。该方法需要处理包含随机变量的优化问题，优化过程中以随机概率理论为基础，分析并处理随机参数的变化对系统整体的不确定性影响。随机数学规划是研究线性随机系统的最优化理论和方法。随机线性规划问题的求解要比确定性模型复杂得多。一般分为两个过程：一是，根据模型中随机性信息的特点，将其转化成确定性规划来求解；二是，将确定性的解转换成随机性解。目前，发展比较成熟的随机数学规划有两阶段随机规划(two-stage stochastic programming，TSP)和机会约束规划(chance-constrained programming，CCP)。

A. 两阶段随机规划(TSP)

两阶段随机规划源于"惩罚"的思想，即当随机事件发生后，通过一个"追索"决策，以减少随机事件带来的损失而采取补救措施。该规划过程包含阶段决策，一类是在随机事件未发生前制定的，为初始决策，也称为第一阶段决策；另一类是在随机事件发生后，需要惩罚而采取的补救或追索措施，为第二阶段决策。

两阶段随机规划的特点为：①用概率密度(probability density functions，PDFs)的形式表示不确定性；②随着时间变化，对决策变量进行阶段性确定。在 TSP 模型中，决策变量通常表现为两种：①决策变量在随机变量实现前确定；②追索-补偿变量，该变量需要在随机变量实现后得到。

近十年，TSP 方法研究不断成熟，并应用到多个领域内。

B. 机会约束规划(CCP)

机会约束规划主要是针对约束条件中含有随机变量，且必须在观测到随机变量的实现之前做出的决策问题。由于须在实现之前做出决策，则约束条件可能不满足约束条件，因此在决策时允许约束条件不完全满足，但约束满足的概率应不小于某一置信水平。

2) 区间数学规划(IMP)

区间数学规划是指将系统中的不确定性信息以区间的形式表达出来，规划中的变量不是一个数值，而是一个具有上下限形式的范围，集合中每个元素仅有上、下界，可近似地表达不确定性。较为复杂的系统往往存在着大量不确定因素，但往往有些问题无法使用概率函数、模糊规划等数学方法来解决，则可以将不确定性参数用区间形式表示，即具有上下界限的连续区间值，将其直接代入模型中进行求解，通过交互式算法进行求解，获得相应的区间解。优点在于不需要太多不确定性参数的信息，只需将参数的区间上下界限值确定就可以代入模型中求解，求解过程相对简单，计算量也较小。

区间线性规划(interval liner programming，ILP)最早由 Huang[6]首先提出，并将其用于解决存在模型中的区间不确定性问题，该方法可以直接处理目标函数与约束条件中所包含的不确定性，在不需知道参数概率分布信息的条件下求解模型，并得到一系列可行解，在解的区间范围内调整决策变量值，可获得备选决策方案，为优化决策提供科学依据。

Huang 通过分析目标函数和约束条件、区间参数和决策变量关系，运用较为简单的求解方法——交互式算法，来求解目标函数最优值，模型求解主要分两步进行，一是将模型转化成两个确定性模型分别为上限子模型和下限子模型(分别符合目标函数的上界 f^+ 和下界 f^-)；二是分别求解上、下限子模型，并将模型解整合成区间形式的结果。对于求解目标函数最小值的模型则需先求下限子模型，对于上限子模型则在下限子模型解的基础上求解；同理当求解目标函数最大值的模型时需要先求解目标函数上限子模型，再通过上限子模型结果求解下限子模型。

3) 模糊数学规划(FMP)

模糊数学规划是利用模糊集的理论来处理存在于优化配置模型中的模糊不确定问题。分析模糊规划的不同表现形式，将其分为模糊弹性规划和模糊可能性规划。模糊弹性规划是通过隶属度函数来表示目标函数或者约束条件的可信程度，经过转化后求解；模糊可能性规划是模型需要引入间接模型才可求解，并且求解过程复杂烦琐，应用较少。

3. 灌区水资源优化配置实例

为了更清楚地表述灌区水资源优化配置方法，本节系统介绍赵丹[7]等针对干旱半干旱地区的水资源配置的研究成果。该成果研究针对干旱半干旱地区日益严重的水资源短缺和生态环境问题，以系统分析的思想为基础，建立了面向生态和节水的灌区水资源优化配置序列模型系统，提出了综合考虑节水、水权、生态环境等因素的多目标多情景模拟计算方法，并以南阳渠灌区为例，得出了比较合理的水资源优化配置方案。介绍如下：

1) 灌区水资源优化配置的序列模型

A. 灌区内的水资源优化配置数学模型

根据可持续发展理论，干旱半干旱地区的水资源优化配置必须以满足生态环境最小需水量为前提。为此，建立了式(2-11)灌区生态环境用水与农村经济用水分配数学模型：

$$\begin{cases} W_{ek} = \min\left[U_k, \max(0, W_k - E_{ck})\right] \\ W_{ck} = W_k - W_{ek} \end{cases} \tag{2-11}$$

式中，W_{ek}，E_{ck}，W_{ck} 分别为灌区经济用水的供给量、最小生态环境需水量、生态环境供水量；U_k 和 W_k 分别为灌区计划用水量和实际供水量。

B. 灌区内不同渠系间水资源公平分配模型

为了保证灌区内部渠系之间水权分配公平，实现渠系之间均衡节水与经济发展，需要根据各渠系灌溉系统的作物种植结构、灌溉面积、当地水资源及其利用情况、灌溉渠道防渗、生态环境需水格局等节水和生态需水措施规划实施情况等，建立综合考虑上述因素的灌区内不同渠系间水资源分配模型。由于西北灌区作物结构比较单一，区内当地地表水和地下水都很缺乏，各渠系节水措施与用水效率也基本一致，故可根据各渠系控制灌溉面积进行不同渠系间的水资源公平分配。具体数学关系模型如下：

$$G_{k,j} = \frac{F_j}{\sum_{i=1}^{m} F_j} \cdot W_{ak} \tag{2-12}$$

式中，$G_{k,j}$ 为在 k 时刻各干、支渠的水资源分配量；F_j 为第 j 条干、支渠的控制面积；m 为各干、支渠的数量和；W_{ak} 为 k 时刻的农业用水供给量。

C. 灌区内不同用水户之间保障优先水权的水资源分配模型

为了地区人口的饮用水问题，促进乡镇企业、民营经济与农业生产的协调发展，利用优先水权原理，在灌区水资源分配过程中，优先满足城乡居民生活用水，其次是乡镇企业等民营经济用水和农业用水。

2) 实例计算

A. 灌区基本情况[8]

南阳渠灌溉工程位于甘肃省东乡族自治县，控制面积 300 km²，主要解决东乡、和政、临夏 3 个县 24 个乡 17.99 万人的生活、灌溉和生态环境用水问题，是甘肃省东乡族自治县的扶贫工程。整个工程包括牙塘水库水源工程和总干渠、干渠、支渠及田间配套等灌溉工程。牙塘水库位于河政县广通河上游支流牙塘河柳眉滩附近，为接近年调节水库，控制流域面积 72 km²，多年平均降雨量 1000 mm，蒸发量 590 mm，径流量 5046 万 m³，总库容 1920 万 m³，兴利库容 1752.39 万 m³，死库容 20 万 m³。汛期 5～9 月，相应的汛限水位为 2509.28 m，相应库容为 1635.17 万 m³。南阳总干渠全长 56.667 km，控制灌溉面积 81.4 万 hm²，设计引水流量 4.0 m³/s。南阳渠灌区基本情况及灌溉系统概化网络如图 2-5 所示。

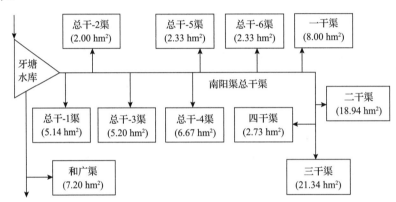

图 2-5 南阳渠灌区灌溉系统概化网络(括号内为灌溉面积)

B. 灌区需水量分析预测

根据灌区农作物种植种类与甘肃省半湿润区和半干旱区灌溉试验资料等，采用彭曼公式对各种作物节水灌溉制度进行计算，求得灌区农业灌溉需水量，并根据当地提供的基础数据和城市化发展规划，计算工业及城乡生活需水量。

此外，根据南阳渠灌区当地生态环境及其用水现状调查分析，建议该灌区有必要将现有水资源的 30% 留作生态环境用水，以防止灌区经济发展对生态环境的破坏，促进人与自然、水与经济的协调发展。具体计算结果见表 2-1。

表 2-1 不同水平年灌区各部门需水量　　　　　(单位：万 m³)

典型年	农业需水量	工业需水量		城乡生活需水量		最小生态需水量	合计
		城镇	乡镇	人口	牲畜		
现状年	4707.0	19.2	185.8	33.3	637.4	1603.4	7186.1
2010 年	4707.0	44.1	427.4	54.2	1060.9	1603.4	7897.0
2030 年	4493.0	165.5	1643.1	84.3	1295.8	1603.4	9285.1

C. 牙塘水库模拟调度计算

根据上述灌区需水量预测结果，在考虑渠道输水损失后通过推算，得到灌区需要水库下泄水量过程，并根据主管部门提供的 1967～1997 年共 31 年入库径流资料，应用上述模型对牙塘水库进行长系列模拟调度计算，可得在不同来水保证率 P 情况下的水库实际供水过程以及不同水平年现状、2010 年和 2030 年的水库供水量，见表 2-2。

表 2-2　牙塘水库不同水平年调度运行计算成果　　　（单位：万 m^3）

典型年	来水量			下泄水量			损失水量		
	$P=25\%$	$P=50\%$	$P=75\%$	$P=25\%$	$P=50\%$	$P=75\%$	$P=25\%$	$P=50\%$	$P=75\%$
现状年	5500.2	5344.7	4339.0	5291.4	5641.5	5642.3	220.0	213.8	173.6
2010 年	5500.2	5344.7	4339.0	5667.0	5796.7	5767.5	220.0	213.8	173.6
2030 年	5500.2	5344.7	4339.0	6145.6	5657.2	5269.0	220.0	213.8	173.6

典型年	年初蓄水量			年末蓄水量			蓄水量变化		
	$P=25\%$	$P=50\%$	$P=75\%$	$P=25\%$	$P=50\%$	$P=75\%$	$P=25\%$	$P=50\%$	$P=75\%$
现状年	1752.4	1254.6	1752.4	1741.2	744.0	275.5	−11.2	−510.6	−1476.9
2010 年	1602.3	1066.8	1752.4	1215.5	401.1	150.3	−386.8	−665.8	−1602.1
2030 年	1168.8	526.2	1103.5	303.4	20.0	20.0	−865.4	−506.3	−1083.6

D. 灌区水资源优化分配计算

根据上面水库调度计算所得下泄水量过程以及上述模型，运用模拟技术进行灌区水资源优化分配计算，可得灌区生态环境供水量以及不同渠系的优化配水量和不同用水户的供水量。在此仅列出供水保证率为 50%情况下的灌区各部门水资源优化分配成果，见表 2-3。由表中可见，现状年、2010 年和 2030 年分别为工农业及城乡生活提供水资源量 5641.5 万 m^3、5796.7 万 m^3 和 5657.2 万 m^3，缺水量则达到 1544.6 万 m^3，2100.3 万 m^3 和 3627.9 万 m^3。

表 2-3　供水保证率为 50%情况下的灌区水资源优化分配成果　　　（单位：万 m^3）

典型年	供水量						缺水量					
	农业	工业		城乡生活		最小生态	农业	工业		城乡生活		最小生态
		城镇	乡镇	人口	牲畜			城镇	乡镇	人口	牲畜	
现状年	3162.4	19.2	185.8	33.3	637.4	1603.4	1544.6	0	0	0	0	0
2010 年	2606.7	44.1	427.4	54.2	1060.9	1603.4	2100.3	0	0	0	0	0
2030 年	1868.0	165.5	640.2	84.3	1295.8	1603.4	2625.0	0	1002.9	0	0	0

结果表明，在西北灌区控制各方面用水需求，大力推行工业、生活和农业节水措施，实行污水、洪水等的资源化利用，建立节水型社会势在必行。同时，随着西北地区生态用水与经济用水之间的矛盾日益突出，为保持灌区人与自然的协调，实现可持续发展，灌区内最小生态用水与经济用水的分配比例保持在 3∶7 是非常必要的，同时建议利用污水、农田排水资源化等措施满足生态环境用水需求，置换现在的清洁水源，以维持经济社会发展对清洁水资源的需求[7]。

2.2　灌区灌排水系及水质模型

灌区灌排水系是决定灌区农作物分布结构、粮食高产稳产、居民生活用水等的骨干工程，灌溉系统能保证水体输送到农田和用户，排水系统能及时排出农田和用户多余与使用后水体。为科学布水和有效排水，人们构建了系列不同类型的灌排水系统。本节在梳理传统灌区灌排水系的基础上，分析灌溉水利用效率的影响因素，探讨提高水利用效率的途径，建立灌区水系水质模型，为灌区生态和节水目标实现提供支撑。

2.2.1　灌溉水系

灌区灌溉用水可以是从水库、河流引来或用水泵提取的地表水，也可以是用水泵从井提取的地下水。灌溉水从水源地进入渠道系统，并向下游输送，最终要把水输送到灌区最远的农田或地区，实现对灌区农作物的有效灌溉或灌区中生产和生活用水的满足。从灌溉水源到最远的输水端，其输水的渠系就构成了灌区的灌溉水系。

一般而言，在大中型灌区中，由于面积较大，灌溉水系较为完整，包括渠首工程、输水干渠、支渠、斗渠、农渠和毛渠，渠系清晰，输水通畅。在中小型或者小型灌区中，因为灌区服务面积较小，灌溉的水系可以不必像大中型灌区水系一样完整，只要满足输水要求，并且分配科学合理，满足灌溉要求即可。

1. 灌溉水系构成

灌区的灌溉水系主要由渠首工程和灌溉渠系组成。其中，灌溉渠系由各级灌溉渠道组成。灌溉渠道按其使用寿命分为固定渠道和临时渠道两种：多年使用的永久性渠道称为固定渠道；使用寿命小于一年的季节性渠道称为临时渠道。按控制面积大小和水量分配层次又可把灌溉渠道分为若干等级：大、中型灌区的固定渠道一般分为干渠、支渠、斗渠、农渠四级；在地形复杂的大型灌区，固定渠道的级数往往多于四级，干渠可分成总干渠和分干渠，支渠可下设分支渠，甚至斗渠也可下设分斗渠；在灌溉面积较小的灌区，固定渠道的级数较少；如灌区呈狭长的带状地形，固定渠道的级数也较少，干渠的下一级渠道很短，可称为斗渠，这种灌区的固定渠道就分为干、斗、农三级。农渠以下的小渠道一般为季节性的临时渠道。

在大型灌区渠系中干、支、斗、农、毛渠中，低一级的渠道通水间隔时间长，来水后损失相对越严重，跑水、弃水等浪费也就越多。所以，提高末级渠道灌溉范围内的灌溉水利用率是个不容忽视的一个重要环节。例如，内蒙古河套灌区的农渠采用混凝土整浇 U 形渠道[9]，毛渠采用未衬砌梯形断面，灌溉方式为畦灌。且河套灌区的地面坡度较小，田间布置主要是横向布置，毛渠一般为单向控制和双向控制畦田。因此，为对其末级渠系进行优化改造，主要提出了两种布置形式：毛渠单向控制横向布置和毛渠双向控制横向布置。

1）毛渠单向控制横向布置模式

该模式下，毛渠只控制一侧的灌水沟、畦田，向一侧灌水沟、畦田供水，灌水方向与农渠平行，毛渠布置和灌水沟、畦垂直，灌溉水从农渠→毛渠→灌水沟、畦，如图 2-6 所示。这种布置方式省去了输水渠，缩短了田间渠系长度，可以节省土地和减少田间水量的损失，毛渠一般沿等高线方向布置或者与等高线有一个较小的夹角，使灌水渠、畦和地面坡度方向大体一致，有利于田间灌水。该模式适用于土地资源较丰富，地面坡度较小，坡向一致的地区。

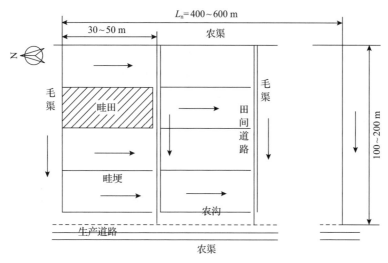

图 2-6　毛渠单向控制横向布置模式

2）毛渠双向控制横向布置模式

该模式相对于上述模式，毛渠同时向两侧的畦田灌水，可以节省毛渠的数量，进而提高土地的利用率，当毛渠长为 100～200 m 时，畦长为 30～50 m，畦宽为农业度的整倍数，毛渠的间距为 60～100 m，农渠间距为 100～200 m。该模式布置图如图 2-7 所示。该模式适用于土地资源较紧缺，地面坡向一致、平坦的地区。

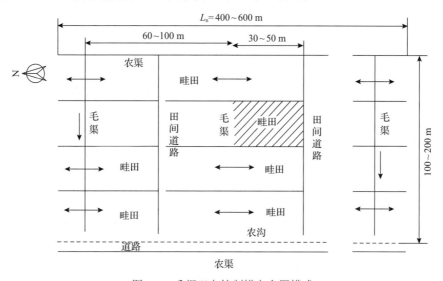

图 2-7　毛渠双向控制横向布置模式

对于不同的渠系布置，在相同的参数条件下，所得到的单位面积年费用也会不同，就某一个灌区来说，渠系布置形式的依据就是要达到年费用最小，渠系工程占地面积最小等，使农民的收入最大化。从土地利用来说，双向控制模式较单向控制模式好。因此，有必要对各种布置模式进行对比，选择出最优的布置模式。

2. 灌溉水利用系数

灌区在灌水时，灌溉水除一部分被灌溉的农作物耗用外，还有一部分水量是在输水、配水和灌水过程中损失掉，没有被农作物利用，这部分水量也称为非生产性水量损失。这些损失主要有：①渗漏损失，包括各级输水渠道渗漏和田间深层渗漏；②蒸发损失，渠道中的水面蒸发，一般仅占渗漏损失的 1/20～1/50；③田面流失，由于灌水流量过大，与灌水渠、畦规格不相适应，水稻田的田埂不坚固，或采用不合理的灌水方法，流失到灌溉地以外的水量；④泄水损失，由于配水与田间灌水不协调，或控制建筑物不完整及不良的灌水习惯，流失到排水沟或灌区以外的水量；⑤跑水损失，因工程质量不好，引起渠堤决口跑水造成水量损失。

灌区灌溉水利用系数是渠首的总引进水量扣除了损失水量后，能够被农作物利用的净水量与渠首的总引进水量的比值，可用下式表示[10]：

$$\eta_g = W_j / W_m \tag{2-13}$$

式中，η_g 为灌区灌溉水利用系数；W_j 为灌溉时能够被农作物利用的净水量；W_m 为渠首引入的总水量。

1）确定灌区灌溉水利用系数的传统方法

灌溉水从水源引入贮存到作物根层供作物吸收利用，是通过灌区各级渠道输水至田间，均匀地分配到指定的灌溉面积上，贮存在作物根层土壤中转化为土壤水来实现的。因此，灌溉水在这个过程中的水量损失，可分解成渠系输水损失和田间灌水损失两部分。渠系水利用系数是衡量渠系输水利用程度的指标；田间水利用系数是衡量田间灌溉水利用程度的指标。

A. 渠系水利用系数的确定

渠系水利用系数用扣除各级渠道输水损失后，进入田间的净水量与渠首引水量的比值来表示。因此，要确定渠系水利用系数应首先确定各级渠道的渠道水利用系数[10]。

渠道水利用系数是同时期放入下一级渠道的流量(或水量)之和与该级渠道首端进入的流量(或水量)的比值，可通过下式计算：

$$\eta_q = \sum Q_s / Q_m = \sum W_s / W_m \tag{2-14}$$

式中，η_q 为渠道利用系数；$\sum Q_s$、$\sum W_s$ 分别为同时期放入下一级渠道的流量、水量；Q_m、W_m 分别为渠道首端进入的流量、水量。

渠道水利用系数的测定方法可分为动水测定法和静水测定法。

(1)动水测定法。根据渠道沿线的水文地质条件，选择有代表性的渠段，其长度应符合：①流量小于 1 m³/s 时，渠道长度 $L \geqslant 1$ km；②流量为 1～10 m³/s 时，$L \geqslant 3$ km；③流量为 10～30 m³/s 时，$L \geqslant 5$ km；④流量大于 30 m³/s 时，$L \geqslant 10$ km。中间无支流，观测上、下游两个断面同时段的流量，其差值即为损失水量。

（2）静水测定法。选择 1 段具有代表性的渠段，长度 50～100 m，两端堵死，渠道中间设置水位标志，然后向渠中充水，观测该渠段内水位下降过程，根据水位变化即可计算出损失水量。用上述两种测定方法测定渠段的水量损失后，换算成单位长度水量损失率，即可用下式计算出渠道水利用系数：

$$\eta_{\mathrm{q}} = 1 - \sigma L \tag{2-15}$$

式中，σ 为渠道单位长度水量损失率，%/km；L 为渠道长度，km。

渠系水利用系数是在一轮灌水期间或一定时期间末级固定渠道供给田间的总水量与渠首从水源引入的总水量之比值。可用下式计算：

$$\eta_{\mathrm{c}} = W_{\mathrm{t}} / W_{\mathrm{m}} \tag{2-16}$$

式中，η_{c} 为渠系水利用系数；W_{t} 为在一轮灌水期间末级固定渠道供给田间的总水量；W_{m} 为渠首从水源引入的总水量。

渠系水利用系数也可以用各级渠道水利用系数连乘的方法求得，如下式所示（以 4 级固定渠道为例）：

$$\eta_{\mathrm{c}} = \eta_{\mathrm{g}} \eta_{\mathrm{y}} \eta_{\mathrm{d}} \eta_{\mathrm{n}} \tag{2-17}$$

式中，η_{c} 为渠系水利用系数；η_{g} 为干渠渠道水利用系数；η_{y} 为支渠的加权平均渠道水利用系数；η_{d} 为斗渠的加权平均渠道水利用系数；η_{n} 为农渠的加权平均渠道水利用系数。

计算某级渠道的加权平均渠道水利用系数时，应用同级各条渠道实测的正常流量值与各条渠道的渠道水利用系数的乘积求取。

$$\eta_{0} = \sum_{i=1}^{n} (Q_{i} \eta_{i}) / \sum_{i=1}^{n} Q_{i} \quad (i = 1, 2, \cdots, n) \tag{2-18}$$

式中，η_{0} 为某级渠道的加权平均渠道水利用系数；Q_{i} 为某级渠道的某条渠道正常流量；η_{i} 为某级渠道的某条渠道的渠道水利用系数。

B. 田间水利用系数

田间水利用系数用扣除灌溉水从渠系末端进入田间过程中的水量损失后，贮存到作物计划湿润层中的净水量与从渠系末端进入田间水量的比值来表示。

（1）计算方法可用下式表示：

$$\eta_{\mathrm{t}} = W_{\mathrm{j}} / W_{\mathrm{t}} = A_{\mathrm{j}} M_{\mathrm{j}} / W_{\mathrm{t}} \tag{2-19}$$

式中，η_{t} 为田间水利用系数；W_{j} 为灌后贮存到作物计划湿润层中的净水量；W_{t} 为从渠系末端进入田间的水量；A_{j} 为灌区净灌溉面积；M_{j} 为灌溉前后实测作物计划湿润层土壤水分得出的灌水定额。

(2)测定方法。在灌区中选择有代表性的灌溉地块，通过实测灌水前后(1～3 天内)土壤含水量的变化，计算净灌水定额，用下式算出田间水利用系数：

$$\eta_t = 10^2 (\beta_2 - \beta_1) \gamma H A / W_t \tag{2-20}$$

式中，β_1、β_2 分别为灌水前后作物计划湿润层的土壤含水率(以干土重的百分数表示)，%；γ 为土的干容重，t/m^3；H 为作物计划湿润层深度，m；A 为灌溉面积，hm^2；其他符号意义同前。

水稻如采用旱作栽培，则田间水利用系数的计算和测定方法同上；如采用淹灌，则净灌水定额为灌后达到田面设计水层深度增加的水量与稳定渗漏量之和，测定和计算方法可参照有关规范。

C. 灌溉水利用系数

(1)对于渠灌区可用下式计算：

$$\eta_g = W_j / W_m = \eta_c \eta_t \tag{2-21}$$

(2)对于井渠结合灌区可用下式计算：

$$\eta_g = \frac{\eta_z w_z + \eta_q w_q}{w_z + w_q} \tag{2-22}$$

式中，η_z 为井灌水利用系数；w_z 为灌溉时地下水用量；η_q 为渠灌水利用系数；w_q 为灌溉时渠首引进的水量。

而对于传统的灌区，灌溉水利用系数的传统确定方法存在着以下的问题和难点：测定工作量很大；测定所需的条件难以保证；测定计算的系数准确性较差；不能反映当年灌溉水利用的情况；难以与灌区节水改造工作相协调。

2)确定灌溉水系的新方法

传统的确定灌区灌溉水利用系数的方法，是先通过测定计算求出灌区渠系水利用系数和田间水利用系数，然后两者相乘得出灌区的灌溉水利用系数，其中测定难度最大的是渠系水利用系数。确定灌溉水利用系数的简易方法的思路是[10]：灌溉水利用系数既然是反映灌区灌溉水有效利用程度的指标，则不必测定计算灌溉水输、配水和灌水过程中的损失，而直接用最终达到的结果来确定，即只测定灌区渠首引进的水量和最终贮存到作物计划湿润层的水量，以此求得灌溉水利用系数。这样，可绕开测定渠系水利用系数这个难点，减少了许多测定工作量。

A. 用净灌水定额推求灌区灌溉水利用系数

在灌区中根据自然条件、作物种类的不同，选择典型灌溉地块，测定灌区每次灌水时，渠首引进的水量和作物净灌水定额以及实灌面积，用下式计算每次灌水的灌溉水利用系数：

$$\eta_g = \sum_{i=1}^{n} m_i A_i / W_m \tag{2-23}$$

式中，m_i 为不同作物的净灌水定额；A_i 为不同作物的实灌面积；n 为灌区作物种植种类；其余符号意义同前。

求出灌区每次灌水的灌溉水利用系数后，可用下式求得灌区该年的灌溉水利用系数：

$$\eta_{gy} = \sum_{i=1}^{n} \eta_{gi} W_{mi} / \sum_{i=1}^{n} W_{mi} \tag{2-24}$$

式中，η_{gy} 为灌区全年的灌溉水利用系数；η_{gi} 为灌区某次灌水的灌溉水利用系数；W_{mi} 为灌区某次灌水渠首总引水量；n 为灌区全年灌溉次数。

B. 用灌区年度灌溉净用水总量推求灌区灌溉水利用系数

灌区年度灌溉净用水总量等于灌区内该年度所有种植作物的总灌溉定额之和。因此，可在灌区中选择典型区域通过灌溉试验确定各种作物的总灌溉定额。旱作物的总灌溉定额 M 包括两部分，如下式表示：

$$M = M_1 + M_2 \tag{2-25}$$

式中，M_1 为作物生育期前（播种前）的灌溉定额；M_2 为生育期内的灌溉定额。

播种前灌溉往往只进行一次，所以 M_1 即播种前一次的灌水定额，可用下式计算：

$$M_1 = 100(\beta_{\max} - \beta_{fro})\gamma H_{\max} \tag{2-26}$$

式中，$\beta_{\max}$ 为土壤最大保水率，以占干土重的百分数计；β_{fro} 为灌水前 $H_{\max}$ 土层内的平均含水率，以占干土重的百分数计；γ 为深度为 $H_{\max}$ 土层内的平均土壤容重；$H_{\max}$ 为全生育期内土壤计划湿润层的最大深度。

生育期内的灌溉定额 M_2 可用下式计算：

$$M_2 = E - P_0 - \Delta W = E - P_0 - (W_0 - W_m + K) \tag{2-27}$$

式中，E 为作物需水量；P_0 为作物生育期内的有效降雨量；ΔW 为生育期内作物自土壤中获得的水量；W_0 为播种前 $H_{\max}$ 土层中的原始储水量；W_m 为作物生育期末 $H_{\max}$ 土层中的储水量；K 为作物在全生育期内所利用的地下水量。

淹灌水稻田的总灌溉定额 M 可用下式表示：

$$M = M_1 + M_2 + M_3 \tag{2-28}$$

式中，M_1 为泡田期的灌溉用水量（泡田定额）；M_2 为生育期的灌溉定额；M_3 为考虑降低水温所需的换水量。

M_1、M_2、M_3 的测定和计算方法可参照有关工具书。通过测定灌区渠首年度总引水量、各种作物的实灌面积，即可用下式计算灌区该年度的灌溉水利用系数：

$$\eta_y = \sum_{i=1}^{n} M_i A_i / W \tag{2-29}$$

式中，η_y 为灌区年度的灌溉水利用系数；M_i 为灌区某种作物的总灌溉定额；A_i 为灌区某种作物的实灌面积；W 为灌区渠首年度总引水量；n 为灌区年度种植作物数目。

2.2.2 排水水系

1. 灌区排水系统的作用

灌区排水主要来自灌区灌溉用水后的排水、灌区范围的降雨或灌溉补给条件下从排水系统中流失的地表水和地下水，也包括灌区范围内部分企业废水、生活污水及畜禽水产养殖业废水排放等。农田水分长期过多或地面长期积水，会使土壤中的空气、养分、温热状况恶化，造成作物生长不良，甚至窒息死亡。土壤水分过多，地下水水位及地下水矿化度过高，排水不良等因素，常常引起土壤的沼泽化和盐碱化。因此，要使农作物具有良好的生长环境，获得较好的作物收成，不仅要重视解决灌溉防旱问题，而且要重视解决排水防涝渍的问题。

水稻生产区虽然是喜水性作物，但如果长期淹水或淹水过深，也会造成土壤空气缺乏、微生物活动困难；有机质分解缓慢、有毒物质增加；根系生长不良、吸收能力减弱；茎秆细长软弱、容易倒伏等问题；形成容易发病的条件，进而造成产量低下等。为此，在广大水稻种植区采用排水措施，使农田保持一定渗漏强度，以改善水稻根区的土壤环境，起到了很好的作用。因此在水稻种植区进行灌溉的同时，也必须采取一定的排水措施。

农田的排水对农作物的产量有很重要的影响，在合适的时间进行农田排水有助于农作物生长。农田排水可以对土壤理化性质、农作物生长、地下水动态产生影响。排水对土壤理化性状的影响主要有以下几个方面：改善土壤结构，排除有毒物质，降低土壤含水量、改善土壤热状况，改善土壤通气状况，提高氧化还原电位，降低土壤含盐量、改良土壤盐碱化。农田排水对作物生长的影响主要在两个方面：一方面排水会对根系生长产生影响，另一方面排水对作物植株生长及产量产生影响。原因是排水改善了根区通气条件，营造了适宜的土壤含水率，促进根系的生长发育，增强了植物对养分、水分的吸收，进而促进植物生殖器官的生长发育。农田排水对地下水产生的影响是由于排水沟对地下水具有调控作用。距离排水沟越近，其控制作用越强；远离排水沟处，其控制作用越弱，且在两沟中间一点形成地下水位最高点。此外，将农田内水排出，也会对地下水水位产生影响。

排水系统不仅肩负排除田间多余水量的任务，而且还要消除灌区洪涝灾害的发生，排水系统的建成提高了灌区抵御特大暴雨的能力，保证了灌溉渠道暴雨、洪水发生时的运行安全。

灌区排水中通常含有一定数量的养分、盐分和其他化学物质，尽管其中的养分和一些微量物质对作物生长发育有利，但含有过量的盐分和其他化学物质将对下游承泄区的水体产生潜在的污染威胁。目前，我国既面临着灌溉水源不足的问题，又承受着水体被排水污染的威胁；干旱的频率和强度正在增加，对灌溉农业造成经济损失。同时，农田排水如果回用于灌溉，既可节省水资源，实现排水中氮、磷等养分的高效重复利用，又可以减少往下游排放污染物，减轻对下游的环境影响，对提高农田水肥利用效率和保护水环境都具有重要的意义。

2. 灌区排水系统

灌区排水系统由田间排水工程、排水沟、排水建筑物、排水容泄区四部分组成，如图 2-8 所示。其中，田间排水工程分为毛沟、小沟、墒沟等，排水沟分为干沟、支沟、斗沟、农沟，排泄容泄区分为河流、湖泊、大江、大湖、大海等。灌区排水系统按空间位置可分为水平排水和竖井排水两大类。水平排水即在地面开挖沟道或在地下埋设暗管进行排水；竖井排水即用抽水打井的方式进行排水，以降低地下水位。排水系统设计过程中不仅要考虑排水问题，同时也要重视排、蓄、用的有机结合及排水的再利用，这样才能使排水系统实现最大程度的利用。

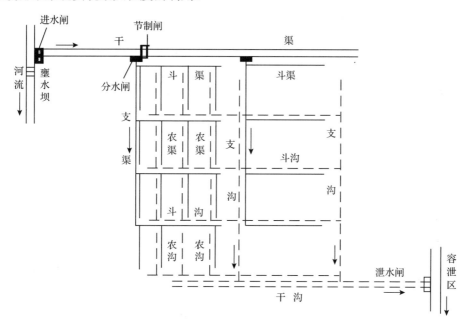

图 2-8 灌区排水系统示意图

根据田间排水方式不同，田间排水系统有明沟排水系统、暗管排水系统和竖井排水系统三种方式。

1) 明沟排水系统

明沟排水系统是一种传统的、在我国被广泛采用的田间排水方式，如图 2-9 所示，它与田间灌溉工程一起构成田间工程。明沟排水就是建立一套完整的地面排水系统，借助排水明沟把地上、地下和土壤中多余的水排走，控制适宜的地下水位和土壤水分。布置时应与田间灌溉工程结合考虑，其布置方式还应根据各地的地形和土壤条件、排水要求等因素，因地制宜地拟定合理的布置方案，从而达到有效地调节农田水分状况的目的。

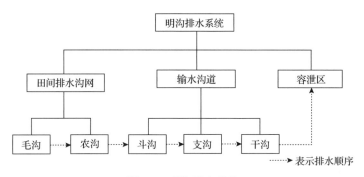

图 2-9　明沟排水系统

明沟排水的特点是排水速度快(尤其是排地面水)、排水效果好,但明沟排水也有工程量大、地面建筑物多、占地面积大、沟坡易坍塌,同时不利于交通和机械化耕作等缺点。按照排水任务的不同,明沟排水也可分为除涝(排地面积水)、防渍和防止土壤盐碱化(控制地下水位)等 3 种明沟排水系统。田间排水沟是明沟排水系统的末级沟道,具有排除地表水,降低田面淹水深度,控制地下水位上升高度,减少作物淹水时间,排除田间农药、化肥的残留,建立生态净水等作用,在农业增产增收和粮食安全保障中发挥着重要作用。

2)暗管排水系统

暗管指的是在地下埋设的管壁有多孔或缝隙的管道,主要处理对象是“水”和“盐”。依靠暗管排除的过剩水包括两部分,即“地表残留水”和“土壤中的重力水”,地表残留水是指贮存在坑凹外的地表水,靠地表自然排水方法无法排除的水,过去认为暗管排水的主要作用是排除壤中水,但经过大量的调查研究,人们逐渐认识到暗管排水作用更重要的排除地表残留水。

暗管排水系统一般由吸水管、集水管(或明沟)、检查井和出口控制建筑物等几部分组成,有的还在吸水管的上游设置通气孔。吸水管是利用管壁上的孔眼或接缝,把土壤中过多的水分,通过滤料渗入管内;集水管则是汇集吸水管中的水流,并输送至排水明沟排走;检查井的作用是观测暗管的水流情况、在井内进行检查和清淤操作;出口控制建筑物用以调节和控制暗管水流。暗管的常见形式有瓦管、灰土管、塑料管、土暗沟、鼠洞等,如图 2-10 所示。暗管排水系统的特点是排水速度快、排水效果好。

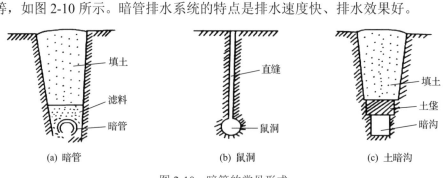

(a) 暗管　　　　　　　　(b) 鼠洞　　　　　　　　(c) 土暗沟

图 2-10　暗管的常见形式

A. 暗管排水优点

第一，与明沟和相比，暗管有助于地下水位的控制。由于暗管埋设较深，可将地下水位控制在与作物的根系相适宜的埋深之下，使作物免受渍害。第二，与明沟相比，管道受外界条件的影响小，减轻了维修和管理的工作量。明沟的造价较低，受外界影响大，排水沟边坡坍塌现象十分普遍，维修养护任务重，而暗管排水无坍塌和长草等问题，易于管理，节省劳力。土方工程少，便于机械化施工，尤其对于黏土区，具有更广阔的使用前景。第三，与明沟相比，暗管排水可减少耕地占用，提高土地利用率，有利于机械化作业。第四，在遇到水平不透水的隔层时，暗管也能有效地排水。第五，在有条件的地区，可利用暗管排水系统，根据农田需要控制地下水位，实行倒灌，达到地下灌溉的目的。第六，暗管排水能有效改善土壤通气性，提高土温，促使土壤微生物活动，有助于提高作物产量。

B. 暗管排水缺点

暗管排水的不足之处是：只能排地下水，不能同时排地表水；一次性投入很大，施工要求高；暗管排水的同时降低了土壤的速效养分，氮元素流失严重，已经得到关注；管径小，间距大，外包装老化、破损等原因易造成暗管堵塞，排水慢，易造成农田淹水，还要求有较大的坡降。

3) 竖井排水系统

我国北方在地下水埋深较浅，水质又符合灌溉要求的许多地区结合井灌进行排水，不仅提供了大量的灌溉水源，同时对降低地下水水位和除涝治碱也起到了重要作用。实践证明，井灌井排是综合治理旱、涝、碱的重要措施，在北方易旱易涝易碱地区，具有广阔的前途。竖井排水系统具有如下几个特点：

A. 降低地下水位，防止土壤返盐

水井的排水作用增加了地下水人工排泄，地下水水位显著降低，有效地增加了地下水埋深，减少了地下水的蒸发，因而可以起到防止土壤返盐的作用。

B. 防涝防渍，增加灌溉水源(调控地下水库)

在地下水矿化度较小的井灌区，大量抽取地下水灌溉，不仅开发利用了地下水，而且使地下水位显著降低，到汛前地下水水位达到年内最低值，这样就可以腾空含水层中土壤容积，供汛期存蓄入雨水之用，增加了地下水提供的灌溉水量。同时，地下水水位的下降，增加了大田蓄水能力，可以防止田面积水形成淹涝和地下水位过高造成土壤过湿，达到除涝防渍的目的。

C. 促进土壤脱盐和地下水淡化

竖井排水在水井影响范围内形成较深的地下水水位下降漏斗。地下水水位的下降，可以增加田面的入渗速度，因而为土壤的脱盐创造了有利条件。在有灌溉水源的情况下，利用淡水压盐可以取得良好的效果。在地下咸水地区，如有地面淡水补给或沟渠侧渗补给，则随着含盐地下水的不断排除，地下水将逐步淡化。

竖井排水除可以形成较大降深，有效地控制地下水位外，还具有减少田间排水系统和平整土方工程量，占地少和便于机耕等特点。

它的不足在于消耗能源，运行管理费高，需要有合适的水文地质条件，在地表土层渗透系数过少或下部承压水压力过高时，均难以达到预期的排水效果。

排水系统设计过程中不仅要考虑排水问题，同时也要重视排、蓄、用的有机结合及排水的再利用，这样才能使排水系统实现最大限度的利用。

3. 排水系统建筑物规划布置

灌区排水沟一般分为干沟、支沟、斗沟、农沟四级。在地形复杂的大型灌区，排水沟道往往多于四级，如灌区呈狭长的带状地形，固定沟道的级数也较少，干沟的下一级沟道很短，可称为斗沟，这种灌区的固定沟道就分为干、斗、农三级。农田退水系统是指农沟及其以下的沟道，其作用是聚集排水地段上、土壤内或地面上多余的水，并向下一级渠道输送。农田退水系统是最基础的工程，直接关系到农田灌、排、降效益，控制面积在 250 亩①以下，其配套建筑物是保证灌排自如、排水通畅、人机下田的重要设施。

1) 斗沟、农沟的规划原则和要求

斗、农沟的规划和农业生产要求关系密切，应满足下列要求：①遵守灌溉沟渠规划原则；②适应农业生产管理和机械耕作要求；③便于配水和灌水，有利于提高灌水工作效率；④有利于灌水和耕作的密切配合；⑤土地平整工程量较少。

2) 斗沟的规划布置

地形的变化对斗沟的长度和控制面影响较大。山区、丘陵地区的斗沟长度较短，控制面积较小。平原地区的斗沟较长，控制面积较大。我国北方平原地区一些大型自流灌区的斗沟长度一般为 3000～5000 m，控制面积为 3000～5000 亩。

斗沟的间距主要根据机耕要求确定，也要和农沟的长度相适应。

3) 农沟的规划布置

农沟是末级固定渠道，控制范围为一个耕作单元。农沟长度根据机耕要求确定，在平原区通常为 500～1000 m，间距为 200～400 m，控制面积为 200～600 亩。丘陵地区以农沟的长度和控制面积较小。在有控制地下水位要求的地区，农沟间距根据农渠间距确定。

4) 灌排相间布置

在地形平坦或有微地形起伏的地区，宜把灌溉渠道和排水沟道交错布置，沟、渠都是两侧控制，工程量较省。这种布置形式称为灌排相间布置，见图 2-11。在地面向一侧倾斜的地区，渠道只能向一侧灌水，排水沟也只能接纳一边的径流，灌溉渠道和排水沟道只能并行，上灌下排，互相配合。这种布置形式称为灌排相邻布置。

---

① 1 亩≈666.7 m²。

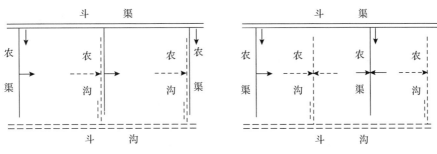

图 2-11　沟渠配合方式

5) 灌排合渠

灌排合渠的布置形式,只有在地势较高、地面有相当坡度的地区或地下水位较低的平原地区才适用。在这种条件下,不需要控制地下水位,灌排矛盾小。图 2-12 为地面坡度较大地区的灌排合渠布置形式。在这种情况下,格田之间有一定高差,灌排两用渠沿着最大地面坡度方向布置(可根据地面坡度和渠道坡降,分段修筑跌水)控制左右两侧格田,起到又灌又排作用,可以减少占地面积并节省渠道工作量。

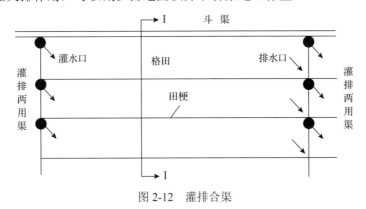

图 2-12　灌排合渠

6) 干、支渠道的末端应设排水沟道

排、泄水沟道包括渠首排沙沟、中途排水沟和渠尾排水沟,其主要作用是定期冲刷和排放渠首段的淤沙、排泄入渠洪水、退泄沟道剩余水量及下游出现工程事故时断流排水等,达到调节渠道流量、保证渠道及建筑物安全运行的目的。

2.2.3　灌区水质模型

水质模型是一种根据物质守恒原理利用数学语言来描述水体中水质变量迁移转化规律的数学模型,是进行水质模拟与水污染控制的有力工具。水质模型既模拟水动力学状况,也模拟水质状况。水动力学和水质是独立而又相互联系的子模型,这些模型应用水的质量守恒方程和水中污染物输移转化过程的方程。它的发展在很大程度上取决于污染物在水环境中的迁移、转化和归宿研究的不断深入,以及数学手段在水环境研究中应用程度的不断提高。

水质模型提供了一种预测自然过程和人类活动对江河湖库和海域系统中水的物理特

性、化学特性和生物特性影响的方法，广泛应用于评价来自各种点源和非点源污染物负荷的影响。

曹德君等[11]以长江下游岔河小流域为研究对象，根据物质守恒定律在一维水质模型的基础上建立灌区排水沟道系统水质模型，探讨农业非点源污染在排水沟系统中不同级别沟道间传递关系及迁移转化规律，通过野外原位监测、室内化验分析对所得模型进行验证。运用模型推求满足灌区出口水质的沟系排水的水质与水量关系，分析农田排水对灌区出口水质的影响，以期为灌区水环境控制提供理论依据。

1. 沟道污染物迁移模型

排水沟道中污染物在进入水体后可以在很短的距离内进行均匀地混合，且污染物主要沿沟道纵向迁移变化，横向变化很小，污染物浓度分析适宜采用一维水质模型，基本公式为：

$$C_x = C_0 \exp\left(\frac{-Kx}{u}\right) \tag{2-30}$$

式中，C_x 为流经 x 距离后的污染物浓度，mg/L；C_0 为初始断面的污染物浓度，mg/L；K 为污染物综合降解系数，s^{-1}；x 为排水沟道的纵向距离，m；u 为排水沟道断面的平均流速，m/s。

1) 农沟

农沟直接汇集沿线农田排水，设排水方式为单侧排水，且排水量及污染物浓度均匀分布（图 2-13），则出口流量及污染物浓度分别为：

$$Q_n = q_0 L \tag{2-31}$$

$$S_n = \int_0^L S_o \exp\left(-K_n \cdot \frac{L-x}{u_n}\right) dx = \frac{u_n S_o}{K_n}\left[1 - \exp\left(-K_n \cdot \frac{L}{u_n}\right)\right] \tag{2-32}$$

式中，Q_n 为农沟出口排水流量，m^3/s；q_0 为农沟沿程排水量，$m^3/(s \cdot m)$；L 为农沟长度，m；S_n 为农沟出口处污染物浓度，mg/L；S_o 为农田汇入农沟污染物浓度，mg/L；K_n 为农沟污染物综合降解系数，s^{-1}；u_n 为农沟排水平均流速，m/s。

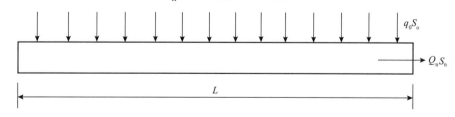

图 2-13　农沟污染物迁移示意图

2) 其他各级排水沟

除农沟外，灌区内其他固定排水沟道一般不直接接纳地表径流，污染物迁移过程如

图 2-14 所示。

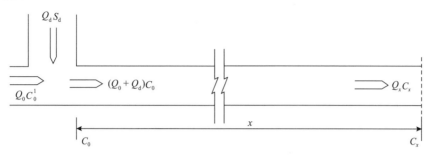

图 2-14　沟道内污染物混合迁移示意图

针对小型排水沟道，污染物在汇入下级沟道时在横向和垂直方向可以迅速地进行均匀混合，在断面处的污染物是均匀的。故根据污染物均匀混合公式，可求得混合后污染物浓度为：

$$C_0 = \frac{Q_0 C_0^1 + Q_d S_d}{Q_0 + Q_d} \tag{2-33}$$

式中，Q_0 为沟道上游初始流量，m^3/s；C_0^1 为上一级排水沟污染物汇入前的沟道内污染物浓度，mg/L；Q_d 为上一级排水沟出口流量，m^3/s；S_d 为上一级排水沟出口污染物浓度，mg/L；其他符号同上。

将式(2-31)代入式(2-33)整理后得：

$$C_0 = \frac{Q_d S_d \exp\left(\dfrac{-Kx}{u}\right) - Q_d C_x}{C_x - C_0^1 \exp\left(\dfrac{-Kx}{u}\right)} \tag{2-34}$$

当整个沟道内有数个上级排水沟汇入时，其距离出口长度分别为 x_1，x_2，x_3，…，x_n，排水负荷分别为 $Q_1 S_1$，$Q_2 S_2$，$Q_3 S_3$，…，$Q_n S_n$（n 为汇入的上一级排水沟数目）。此时，按照递推关系有：

$$C_0 = \frac{\sum_{i=1}^{n} Q_i S_i \exp\left(\dfrac{-Kx_i}{u}\right) - C_x \sum_{i=1}^{n} Q_i}{C_x - C_0^1 \exp\left(\dfrac{-Kx}{u}\right)} \tag{2-35}$$

假设上一级排水沟排水量及所含污染物浓度相等为 $Q_d S_d$，则上式可化为：

$$S_d = \frac{Q_0 \left[C_x - C_0^1 \exp\left(\dfrac{-Kx}{u}\right) \right] + n Q_d C_x}{\left[\sum_{i=1}^{n} \exp\left(\dfrac{-Kx_i}{u}\right) \right] Q_d} \tag{2-36}$$

沟道在一定的时间段内，式(2-36)中相关参数：Q_0、K、n、u 等可以确定为某一数值，初始污染物浓度 C_0^1 为该河段上游功能区污染物限定值。对于某一特定排水沟道，根据其沟道本身几何参数，水体参数，上一级排水沟分布情况等，可以分析排水沟排水量与污染物浓度之间的规律。

2. 研究实例

1) 研究区状况

南京市溧水县的岔河灌区，流域内排水设施完善，具有良好的封闭性且排水出口唯一，农田排水最终汇入岔河，沟道内主要污染源为农田非点源污染。试验所研究沟道整治段长 1.166 km，设 4 个断面。L1、L2、L3 断面处有支沟汇入，支沟间距依次为 430 m、399 m、337 m(图 2-15)。3 条支沟控制面积基本相等，所接纳的上级沟道排水负荷相近。

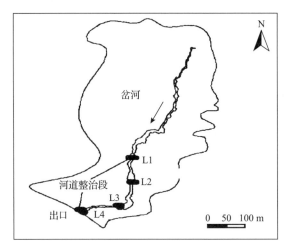

图 2-15　研究区域概况图

根据排水沟道特征共布置 7 个监测断面：L1、L2、L3 断面上下方各有一处以及 L4 断面，同时监测 3 个上一级排水沟出口处的水体。为减少误差，各监测断面的采样时间保持同步，并且每个断面的采样点均设置 3 个，即该断面的两端和中心，实验结果取均值。

2) 模型应用

模型中综合降解系数 K 取值较为复杂，本次研究采用公式：$K=u(\ln C_0-\ln C_x)$ 进行计算取值，根据各控制断面实测流量、污染物浓度数据，对岔河整治段的平均综合降解系数进行率定，求得：$K(TN)=0.422(l/d)$，$K(NN)=0.209(l/d)$，$K(AN)=0.273(l/d)$。利用实验监测资料和分析所得数据对模型进行验证。

表 2-4 为监测数据，其中，Q_d、S_d 为 3 条支沟出口测量值的平均值，u 为沟道整体的均匀流速。将各项数据代入式(2-36)等式右侧进行验证，结果见图 2-12 和表 2-5。

由图 2-16 和表 2-5 可知，三类污染物浓度模拟值基本分布 1：1 连线上，说明模拟值与实测值吻合较好，其泊松相关系数均在 0.85 以上，在显著性水平 $\alpha=0.05$ 时，检验统计量 $|t|$ 均小于临界值 $t_{\alpha/2}$，最大相对误差均小于 15%，三类污染物模拟成果均是合理

的。结果表明所建立水质模型适用于岔河农田排水沟道系统。

在农田日常灌溉排水的管理中，为了满足灌区排水沟道出口处水质要求，使之小于某一限定值 C_x，应在农田灌溉排水管理中在满足作物对水分需求的前提下，通过适当地控制排水强度减少农田径流氮素流失负荷，控制区域非点源氮污染。将模型应用于岔河日常排水管理，以总氮（TN）、硝态氮（NN）、氨氮（AN）为例。根据功能区水质标准，其中排水干沟出口处污染物浓度限值为 C_x（TN、NN、AN）依次为 0.5 mg/L、0.1 mg/L、0.5 mg/L，其他参数取值为：C_0^1 依次为 0.5 mg/L、0.1 mg/L、0.5 mg/L，初始流量 Q_0=0.4 m³/s，沟道平均流速 u=0.036 m/s，其他参数同上。

表 2-4　沟道数据

采样时间	分析项	C_0^1/(mg/L)	C_x/(mg/L)	Q_0/(m³/s)	S_d/(mg/s)	Q_d/(m³/s)	u/(m/s)
2013-06-23	TN	1.757	1.76	0.586	3.713	0.023	0.05
	NN	0.471	0.472		0.663		
	AN	0.657	0.685		1.254		
2013-07-11	TN	1.606	1.61	0.552	3.525	0.019	0.049
	NN	0.408	0.411		0.612		
	AN	0.607	0.612		1.196		
2013-07-20	TN	1.219	1.221	0.425	2.965	0.014	0.045
	NN	0.287	0.289		0.465		
	AN	0.455	0.456		0.764		
2013-08-11	TN	1.322	1.326	0.463	3.023	0.015	0.046
	NN	0.311	0.314		0.598		
	AN	0.487	0.492		0.965		
2013-09-15	TN	1.445	1.45	0.512	3.286	0.017	0.048
	NN	0.351	0.352		0.521		
	AN	0.536	0.541		1.043		

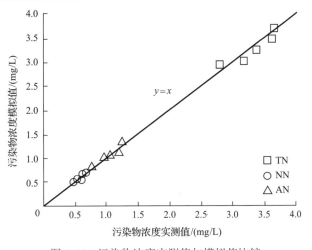

图 2-16　污染物浓度实测值与模拟值比较

表 2-5   污染物浓度模拟值与实测值误差分析

分析项目	模拟与实测值泊松相关系数	检验统计量 $\lvert t \rvert$	临界值 $t_{a/2}$	最大相对误差/%
TN	0.915	0.871	2.57	7.36
NN	0.852	0.505	2.31	10.94
AN	0.954	0.768	2.57	9.26

将利用模型推求得到的多组计算值拟合得到岔河小流域支沟 TN、NN、AN 三类污染物浓度阈值与控制排水水量的控制关系依次为(图 2-17)：$S_d=0.0831Q-0.499\,d$、$S_d=0.0658\,Q-0.499\,d$、$S_d=0.0963Q-0.499\,d$。可以逐级往上递推求得农田控制排水水量与上述三类污染物浓度阈值的控制关系。

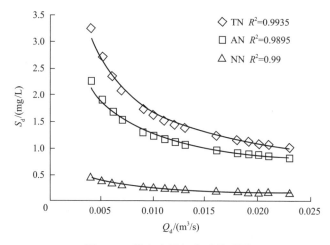

图 2-17   排水水量与水质关系图

运用模型模拟分析岔河小流域排水沟系统污染物迁移规律，得到 TN、NN、AN 三类污染物浓度阈值与排水水量呈幂函数关系。为满足水功能区二类水要求，随着排水量的增大，污染物浓度控制阈值逐渐变小最终接近固定值。

2.3   灌溉水系干支斗农毛生态化建设模式

灌溉水系中的干渠、支渠、斗渠、农渠、毛渠在输水能力保障方面发挥着重要作用。为保证输水效率，近年来，依托灌区更新改造工程，灌区管理者一般通过工程措施，将渠道护岸甚至渠道底部进行硬质化，降低其糙率，提升渠道输水能力，减少沿程水体渗透。但是渠道的硬质化阻断了河流水体与沿岸土壤系统的交流和联系，带来灌区生态环境问题，极大地减少水生生物的多样性，降低水体自净能力，给灌区水环境质量及生态环境造成潜在影响，甚至存在小孩落水无法爬上硬质护坡岸上的情况，近年来每年我国均有几十起儿童从灌区硬质护坡渠道落水而死亡的事故发生。如何科学合理地规划灌区灌溉水系各级渠道的建设模式，在发挥渠道输水效率的前提下，构建生态环境友好型输水渠道护岸模式，具有非常重要的实践价值。

2.3.1　干支斗农毛渠系化模式

灌溉渠系由各级灌溉渠道组成，依据灌区控制面积和水量分配层次可把灌溉渠系分为若干等级，包括干渠、支渠、斗渠、农渠、毛渠。具体布置方式参见 2.2.1 节内容。

我国现有灌溉设施大部分建于 20 世纪 50 年代到 70 年代，许多工程只建了渠首和干支渠，支渠以下渠道和建筑物并不齐全。经过长期使用，约有 1/3 的工程和设备老化损坏。由于不配套无法控制用水，只能大水漫灌。但水资源短缺的现实要求我们必须杜绝大水漫灌，严格控制和高效利用水资源。这就要求我们坚持不懈地搞好农田水利基本建设，加快现有灌区水利设施的修复和完善，改革灌溉方式。迄今为止，理想配套模式是干支斗农毛各级渠道都经过防渗处理，各级调控建筑物一应俱全。但是，这在现实灌区中很少见到。一般斗渠以下调控建筑物配套程度差，而末级渠道难见到闸门。这是个长期没解决的难题。也反映了一个现实，那就是我国田间灌溉的地块较农业耕作机械化发达国家小，从而渠道密度大且过水流量小，一年里过水时间很少，如果都进行防渗处理，都安装闸门，不仅投入大而且很难维护。因此，我国如何配套是急待研究解决的问题。在大型灌区渠系中干、支、斗、农、毛越是末级渠道通水间隔时间长，来水后损失相对越严重，跑水、弃水等浪费也就越多。所以，提高末级渠道灌溉范围内的灌溉水利用率是个不容忽视的重要环节。也就是常说的解决灌区输水"最后一公里"问题。

末级渠系水利用系数是评价末级渠系布置的一个重要指标，其值是田间水利用系数、毛渠水利用系数和农渠水利用系数的乘积。末级渠系水利用系数的高低直接影响着灌溉需水量和农民投入的多少。根据以往经验，末级渠系水利用系数随着畦长的增大而减小，但单向布置模式较双向布置模式的渠系水利用系数低，当畦长为 30～50 m 时，双向比单向控制的渠系水利用系数提高 0.16%～0.35%。高渠系水利用系数可以减小灌溉水在输水过程中的损失，节约灌溉用水量，减少农民的负担。从渠系水利用系数考虑，末级渠系布置应选择双向布置模式为宜。

2.3.2　干支渠道化与斗农毛管道化模式

1. 干支渠道化模式

灌区的干、支渠道等骨干工程是灌区的动脉，对整个灌区起着主导作用。它的运行状况和效率，直接关系到全灌区的运行安全和效益发挥，关系着沿线的农业发展和生态平衡。但对于目前的干、支渠道化模式建设，还需要注意以下几点。

1) 干支渠道防渗漏

渠道防渗是我国目前应用最为广泛的节水工程技术之一，渠道防渗方法主要有土料防渗、水泥土防渗、砌石防渗、膜料防渗、沥青混凝土、混凝土防渗几种形式。渠道防渗工程的研究要有针对性，南方主要是渠道土基的冲刷塌陷产生破坏，北方渠道破损的主要原因为土的冻胀，针对不同成因要采用不同的措施，做到因地制宜。还有一个问题就是渠道主体材料是混凝土，混凝土施工必然要有伸缩缝，而渠道护坡的伸缩缝又是水分渗漏的一个主要途径，所以混凝土渠道的伸缩缝是必须解决的问题。

就渠道输水防渗问题，以南水北调输水渠道工程为例进行防渗漏分析，该工程采用大块薄板混凝土，直接用混凝土防渗漏，下面不铺膜。这种大块薄板混凝土防渗的前提条件是混凝土必须具有抗裂、抗冻胀、耐久性高这几个条件。最终采用的这种高性能混凝土具有高减水率和高抗压性。这个缝就采用一种双组分聚硫胶填缝，防渗效果较好。但这种防渗措施工程投资大，在灌区渠道工程中难以采用。

2) 干支渠道防冻胀

渠道防渗材料具有一定的吸水性，这些吸入到材料内的水分在负温下冻结成冰，体积发生膨胀。当这种膨胀作用引起的应力超过材料强度时，就会产生裂缝并增大吸水性，使第 2 个负气温周期中结冰膨胀破坏的作用加剧。如此经过多次冻结-融化循环和应力的作用，使材料破坏、剥蚀、冻酥，从而使结构完全受到破坏而失去防渗作用。所以在低温地区要采取防冻胀措施。

可以使用换填的沙砾垫层防冻胀。渠基冻胀是因为粉粒和黏粒较高，粉粒和黏粒含量高容易含水分，有水分才冻胀。换填的沙砾料是非冻胀性的材料，可以排水，再就是可以阻止渠基的地下水往上走。如果渠基上含有一些渗水，可顺着这个沙砾垫层往下流。

3) 干支渠道防扬压

地下水位高于渠底时，防渗层存在承受扬压力的问题。所以必须在防渗层下设排水设施。工程中解决防扬压问题的主要方法是将防扬压与渠道衬砌技术结合在一起，在渠道高性能混凝土表层下，用沙砾垫层做渠基，整个渠基的沙砾垫层是相通的，渠坡与渠底结合部设有排水盲沟，排水盲沟实际上是一条由土工布包裹的石子组成的带状结构。如果地下水位高渗入渠坡，水可以沿沙砾垫层流向这条排水盲沟，石子间的空隙实际上就是一条排水通道。这层土工布实际上起的是反滤的作用，避免从渠坡上流下来的水流将泥土颗粒带到渠基里，因为泥土是冻胀性材料，会引起渠基冻胀。另外在渠道表面安装有逆水阀，当渠道内没有水时，排水盲沟里的地下水可以通过逆水阀排到渠道里。因为是逆水阀，当渠道有水时阀门是自动关闭的。

2. 斗农毛管道化模式

所谓的管道输水，是指以管道代替明渠的一种输水工程措施，通过一定的压力，将灌溉水由分水设施输送到田间，可直接由管道分水口分水进入田间沟、畦。系统主要由水源、输水管道、分水闸(阀)及终端田间农(毛)渠或移动灌溉软管组成。我国目前所采用的管道输水一般是指低压管道输水系统，其特点是出水口流量较大，出水口所需压力较低。管道输水具有节水、省时、省工、省地、灌水及时、增产增效、省电、便于管理和机耕的特点。

管道输水系统根据其结构组成方式可分为开敞式、半封闭式和封闭式。

1) 开敞式

开敞式一般是指在上下游高差不太大的一些部位设有自由水面调节井槽的管道系统形式。调节井槽除具有调压作用外，一般还兼有分水、泄水的功能。如图 2-18 所示。

2) 半封闭式

半封闭式是指在输水过程中，管道系统不完全封闭，在适宜的位置保持自由水面或使用浮球阀控制阀门启闭的一种输水形式。如图 2-19 所示。

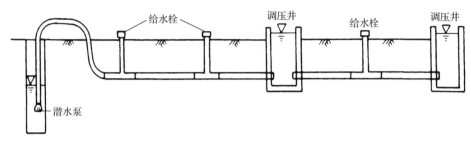

图 2-18　开敞式管道输水系统示意图

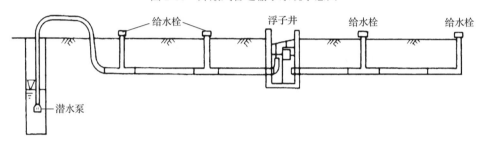

图 2-19　半封闭式管道输水系统示意图

3) 封闭式

封闭式是指水流在全封闭的管道中从上游管端流向下游管道的末端。输水过程中管道系统不出现自由水面。如图 2-20 所示。

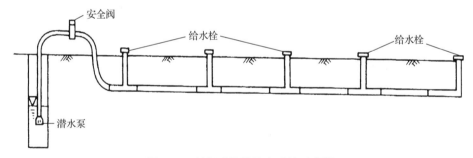

图 2-20　封闭式管道输水系统示意图

在低压管道输水灌溉面积中，移动软管部分所占比例逐渐下降，半固定式、固定式部分所占比例在快速上升。移动软管是在灌溉发展初期，技术和管理水平较低、农民急需抗旱情况下发展起来的，优点明显，但寿命较短，管理不便。对于能够适应低压管道输水灌溉的管材主要有塑料硬管、水泥预制管、现浇混凝土管及各种软管。其中塑料硬管以其重量轻、易搬运、内壁光滑、输水阻力小、耐腐蚀和安装方便，在井灌区得到了广泛应用。

3. 干支渠道生态化建设

干支渠道是灌区灌溉水系中的骨干输水渠道工程，一般渠道较大，过流流量和流速也较大，特别是大型灌区的干渠，其工程建设不仅要保证渠道边坡稳定和防止水体渗漏，而且也是灌区水生生物和水陆生物连通的生态系统重要组成部分，对其进行生态化建设是生态节水型灌区的重要需求。干支渠道生态化建设主要围绕两个方面进行，一是构建渠道滨水植物带，其植物宽度和密度以不影响渠道输水效率为原则，这种植物带为水生生物栖息和微生物附着提供条件。二是构建沿渠道绿色生态廊道，该廊道不仅要建设绿色植被生态护坡工程，而且还要建设沿渠道绿色林木植物生态廊道，为水生生物和陆生动物的沿渠道纵向和横向连通提供通道，形成灌区生态系统的整体连片，避免生境破碎化现象。例如，江苏省的苏北灌溉总渠就是典型的特大型输水渠道生态化建设示范工程，该总渠两侧不仅有 20～150 m 不等的复式平台挺水植物(以芦苇为主)滨水带和绿色草皮或灌木生态护坡，而且沿渠道大堤均生长树木森林，形成了西起洪泽湖边的高良涧，东至扁担港口入海的大型人工 168 km 长的苏北灌溉总渠绿色生态廊道，不仅引水灌溉了 360 多万亩农田，而且成为苏北重要的人工生态系统的生物连通通道。

2.3.3　不同模式优缺点分析

1. 渠系化模式

传统的斗农毛明渠输水系统模式最主要优点是工程建设直接投资小，最大的缺点是水资源浪费和占据土地资源。但渠道中水的渗漏会间接地造成取水量增加，促使渠道建筑物尺寸、渠道的总工程量相应增加，同时，渠系水的损失使得灌溉效益降低，给农民造成了水费负担，导致了水资源浪费和地下水位升高的问题。因此，传统斗农毛明渠输水系统，必须对渠系的配套设备加以改进、重视维修和养护、科学用水、提高管理水平，并做好渠道的防渗工作。主要包括以下几个方面：

(1)增大渠道中水的流速，减少输水所用时间，使灌溉更有效率。

(2)降低地下水位，防止浸害，改良沼泽地、盐碱地，使得生态环境得以改善。

(3)减小渠床的糙率，提高输水能力，进而使渠道的断面和相应建筑物尺寸相对减小，达到节省投资、节约土地、增加耕地的目的。

2. 管道化模式

与传统明渠输水方式相比，低压管道输水模式的节水率比较高，节水效果一般达30%。利用低压管道输水灌溉技术，一方面可以有效增加耕地的耕种面积，另一方面可以节约水资源。据权威机构调查结果显示，灌区使用低压管道输水灌溉技术，我国每年的节水量可达 380 亿～760 亿 m^3。并且该模式适用性强、维护简单，可最大限度地降低管理、灌溉成本，尤其对于水资源匮乏的地区具有非常深远的意义。

2.4　灌区排水系统生态化建设模式

农田排水系统是面源污染控制的重要组成部分，如何构建排水模式是形成生态净污体系的重要途径。我国传统灌区规划设计和建设排水系统主要原则是快排方式，即田间退水和降水快速排出农田，防止农作物涝渍减产。这种模式导致水体在灌区排水沟道系统滞留时间短，面源污染物净化能力弱，水资源重复利用率低。为此，近年来，人们不断探求既能确保农田水体及时排出而使农作物免受涝渍影响的方式，又能截留净化农田面源污染物和实现水资源循环利用的新型排水模式。

2.4.1　毛农沟+湿地+河流排水模式

毛农沟+湿地+河流排水模式主要是田间退水或降水经农田排水毛沟进到农沟，再由农沟排到水塘人工湿地，水体经过湿地系统调蓄净化后尽量循环再灌溉农田回用，多余部分排放至下级河流。同时，在农田排水沟内设置生态净污装置或植物净污带状湿地，农田排水流经排水沟内的生态净污单元从而得到净化。但由于我国很多灌区的农田直临河流，而处于农田排水沟末端的农田距离河流较近，该部分农田的排水在排水沟内的流经时间较短，生态净污系统对其基本起不到净化作用，净化效果较差。尤其到了雨季或排水期，污染物会直接进入河流。因此，毛农沟+湿地+河流排水模式就特别适合于农田直临河流的应用。

为了解决直临河流农田排水面源污染问题，同时又不对农田排水产生影响，王超等发明了一种直临河流农田排水岸边湿地净化方法，实现了毛农沟+湿地+河流排水模式的有效应用。通过在农田排水沟与排水河道连接处的过渡区域利用排水沟与排水河道之间的水位差，建立梯级人工湿地系统，从而构建了一种毛农沟+湿地+河流排水的模式。直临河流农田排水首先流入梯级人工湿地系统中的第一级人工湿地前端的调蓄池，再经调蓄池中的溢流坝进入第一级人工湿地，第一级人工湿地的水生植物将农田排水中的氮磷等污染物质及其根部和基质上附着的微生物膜吸收转化，然后再经过溢流坝跌水至第二级人工湿地，依次往复最终得到有效净化流入排水河道。如图 2-21 所示。

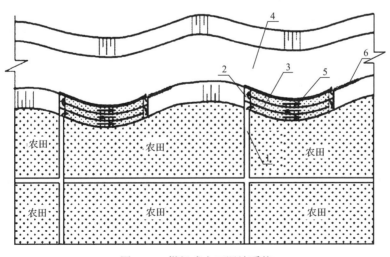

图 2-21　梯级式人工湿地系统

1-农田排水沟；2-蓄水池；3-梯级人工湿地；4-排水河道；5-岸边护墙；6-木头桩

该发明通过层与层之间的跌水过程，增加了人工湿地中溶解氧的浓度，提高了梯级湿地的净化效果，并通过在农田排水沟与排水河道连接处的过渡区域设置人工湿地系统，有效地节约了土地资源，解决了农田排水沟内生态净化技术不能很好净化直临河流农田排水的问题。

2.4.2　毛农斗支沟+湿地+河流排水模式

毛农斗支沟+湿地+河流排水模式主要是田间退水或降水经农田排水毛沟进到农沟，再由农沟排到斗沟，由斗沟汇集到较大区域的湿地系统，水体经过湿地系统净化后尽量循环再灌溉农田回用，多余部分排放至下级河流。在农田排水毛农斗支沟系统内设置生态净污装置或植物净污线状和带状湿地，农田排水流经排水系统内的生态净污单元得到净化。该模式适用于排水系统较全的大中型灌区。近年来，为了净化灌区排水水质，经常采用在灌区排水沟中设置人工湿地的技术手段。然而在排水沟设置常规的人工湿地来净化灌区排水，一方面排水沟式人工湿地的水生植物对过水面积的占用，大幅度削减排水沟的过水面积，对灌区排水沟最基本的排水功能造成严重影响；另一方面，由于排水沟中流速过大，灌区排水在人工湿地中的水力停留时间较短，污染物质(主要是氮、磷等)与人工湿地中起到净化功能的植物、微生物膜等的接触时间不足，以致不能较好地吸收转化污染物，最终导致人工湿地的净化效果不理想。

为此，王沛芳等[12]发明了一种灌区排水沟水质净化湿地构建系统(图2-22)，其结构包括石笼、挺水植物区、沉水和浮叶植物区及砾石堆，其中挺水植物区、沉水和浮叶植物区依次在石笼的两端，挺水植物区与沉水和浮叶植物区的中间是砾石堆。排水经灌区排水沟通过石笼、挺水植物区、沉水和浮叶植物区和砾石堆进入受纳水体。

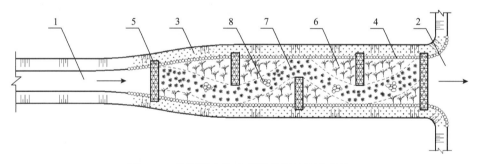

图 2-22　灌区排水沟水质净化湿地构建系统

1-灌区排水沟；2-受纳水体；3-植物护坡；4-木头桩；5-石笼；6-挺水植物区；7-沉水和浮叶植物区；8-砾石堆

该发明通过加宽排水沟及原有排水沟的弯曲化，有效增加了灌区排水的水力停留时间，保证了湿地系统对灌区排水的净化效果。并且通过排水沟加宽和原有排水沟深度、宽度的保持，增加了灌区排水沟的过水面积，不影响汛期行洪，管理维护方便。

2.4.3　排水与灌水合一河道模式

排水与灌水合一河道是在特殊条件下灌区中采用一种模式。该模式在设计时首先要满足其作为河道排涝行洪功能的需要，即按河道的治理标准(如 5 年一遇除涝、20 年一遇防洪)确定河道断面、水力要素、除涝水位、防洪水位、堤顶高程等，其次是要满足灌溉的要求，灌溉要求主要指水量、水位和水质。水质要满足《农田灌溉水质标准》(GB 5084—2005)

的要求；可利用水量满足所服务灌片用水的需要；水位方面的要求，尤其是自流灌片，要求灌溉输(引)水水位到达自流入田间的高度。一般河道的除涝流量大于灌溉流量，按除涝要求治理过的河槽断面较大，致使灌溉季节过灌溉流量时水位较低，不能满足灌溉需求，此时可在河道上修建拦河闸(坝)以拦蓄水量、壅高水位，来满足灌溉的需要。也就是说，通过工程配套使这些排灌合一的河流沟道具备干旱能灌溉、洪涝能排水的双重功能。

灌区排灌合一的河道在运行管理时宜区别汛期和非汛期，在非汛期以灌溉为主，汛期以防洪除涝为主。但仍需注意在非汛期蓄水补充地下水(或节制过水)时，要监视地下水位变化，防止渍害、次生盐碱化；在汛期灌溉时需根据天气和洪水预报实行实时调度，在洪水来临前尽量泄空，在洪水消退末期则开始蓄水，将末期洪水变为可利用水资源。

排灌合一的河道模式主要有以下优点：①减少渠道工程，减少占地，缩短建设周期，节省大量投资；②沿河沟两岸农户可直接提水灌或井灌，减少了面上配套工程，还可尽早发挥灌溉效益；③节约水资源河沟可接纳区间降水、径流和灌溉渗水、漏水、弃水等回归水，同时井灌和提灌水利用系数高，可多方面节约利用水资源。

河道排灌合一的利用方式在节省投资、节约水资源方面具有显著的优越性，但是对管理要求较高。目前，全国大型灌区信息化系统建设正在进行中，建成后对排灌合一利用的河道提供了管理方便、运行可靠的保障。

2.5　灌区排水循环利用模式

灌区排水循环利用是指利用蓄水设施蓄积由降雨或灌溉引起的排水，并进行再灌溉利用的一种水资源高效利用配置模式，该模式不仅有效地节约水资源，而且降低农田水肥药流失造成水环境质量恶化的压力。本节系统介绍灌区灌溉、排水和湿地系统之间水循环利用模式，分析干渠与河流之间水循环利用方式，评述灌排水循环利用的生态效应。

2.5.1　灌溉与排水系统水循环利用方式

近年来水资源相对丰富的我国南方地区也从局部的季节型干旱逐渐演变成区域性干旱，导致了占全国 40%种植面积和粮食产量的水稻作物的灌溉需水量显著提高。而南方汛期频繁地大量灌溉或降雨又易产生灌溉回归水、地表或地下排水，甚至会造成洪涝灾害。这种水旱交替频发的现象及普遍存在的沟渠塘堰的水资源调蓄功能强化了在南方灌区实行排水循环灌溉的必要性和可行性。

汪跃宏[13]发明的自然水资源微循环灌溉系统，结构简单，设计合理，可以有效地将种植区和调节仓之间的自然水循环利用，为农业灌溉提供水源，如图 2-23 所示。该系统包括种植区底部及内侧四周铺设截渗膜层，截渗膜层上铺设细沙层和种植土层，种植区一侧固定设置电磁阀，电磁阀上连接第一进水管，第一进水管伸入调节仓内进行供水，调节仓位于种植区地表下方，内设水泵，水泵连接着出水管，出水管的另一端伸入种植区中为种植区供水。

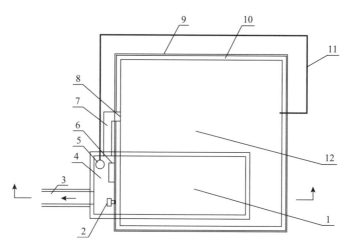

图 2-23　自然水资源微循环灌溉系统

1-调节仓；2-电磁阀；3-排水渠；4-孔盖；5-水泵；6-手电两动水位控制器；7-第二进水管；8-溢水口；

9-截渗膜层；10-空心砖层；11-出水管；12-种植区

该系统指利用单位面积土地上的雨水、雪水、冰雹等自然水资源，无须水库、地表径流、地下水等其他水源灌溉，是一种现代化旱涝保收的雨养农业，有效地取得了增产、节水、节地、节肥、环保、生态、养殖及防洪等效益。

王沛芳等[14]发明了一种自循环生态节水型灌溉排水体系及排水方法(图 2-24)。其特征是外河与积水湿地区间是内外水控制闸，积水湿地区内设置抽水泵站，排水湿地农沟与积水湿地区相通，抽水泵站接地下灌水管，地下灌水管接配水池，配水池接进水口，进水口上设分水头，积水湿地区接排水湿地农沟，排水湿地农沟接排水毛沟，排水湿地毛沟与田间是田埂。

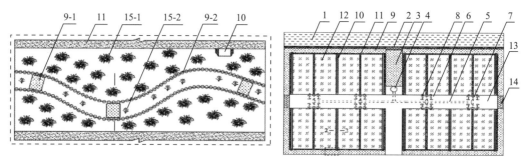

图 2-24　自循环生态节水型灌溉排水体系

1-外河；2-内外水控制闸；3-积水湿地区；4-抽水泵站；5-地下灌水管；6-配水池；7-"T"形分水头；

8-进水口；9-排水湿地农沟(9-1-石笼；9-2-木桩)；10-排水毛沟；11-田埂；12-田间；13-机耕道路；

14-农桥；15-植物(15-1-水上植物；15-2-沉水植物)

该系统保证了农作物的生长所需的水质，提高了农田灌水利用率，实现了水体的充分交换，有效节约了水资源，提高了农作物的产量，并且施工简便，不需要大量基建工程。

2.5.2　斗农毛渠+毛农斗沟+湿地水循环模式

近年来，我国的节水灌溉技术得到了大面积的推广应用，以提高排水再利用为理念的控制技术也得到了一定发展。然而化肥的投入量过大且利用率较低，农业成为河流和湖泊的第一污染源。为可以更好地实现农业可持续发展，学者们开始对生态灌区的构建模式进行了研究，主要从水资源循环利用、灌区空间布局、沟渠形态构建等方面进行探讨。实践证明，生态灌区的建设可以有效提高水资源利用率，它已成为我国农业生产的必需工程技术，但如何将先进的肥料管理模式、节水灌溉技术和排水技术相结合，实现生态灌区的"节水、高产、控污"是迫切需要解决的问题。

王沛芳等[15]构建了一种斗农毛渠+毛农斗沟+湿地水循环模式，主要在排水农沟与斗沟相接处建立节点净污湿地净污单元，由多个节点净污湿地单元建成湿地净污系统。农田灌溉水通过灌水渠道进入农田，田间排水则由单块农田流入排水毛沟后，依次流经排水农沟、导流槽、节点湿地净污单元、生态石笼坝，最后进入斗沟。如图 2-25 所示。

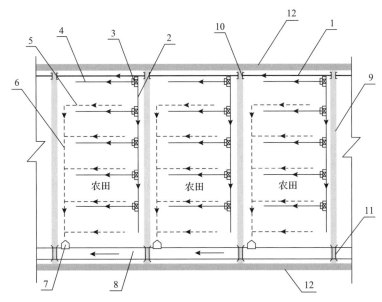

图 2-25　生态型灌区排水系统湿地净污方法
1-灌溉斗渠；2-灌溉农渠；3-调节闸门；4-灌溉毛渠；5-排水毛沟；6-排水农沟；
7-节点净污湿地单元；8-排水斗沟；9-机耕路；10-渠桥；11-沟桥；12-道路

该发明通过在农沟与斗沟相接处构建净污湿地，既可以有效去除农药、重金属等有害物质和氮、磷等营养物质，又可以将湿地出水循环回用于灌区灌溉用水，节约了水资源，减少了污染物外排。进一步在灌水毛渠入口处设置闸门，可以对灌水量进行调节控制，节约灌水量，提高了灌水效率。其中，湿地面积和植物种植密度可根据农田排水面积、排水量及污染物浓度确定。

2.5.3　干渠+河流系统水循环利用模式

为了提高灌区灌溉水保证率，广泛开辟水源，做到多引水、多蓄水，实行引蓄并举，增加水量，变死水为活水，变提水为自流，做到"闲时蓄水，忙时灌田"，"春雨积水，夏早灌溉"，保证农作物丰收和水资源高效利用，实施干渠+河流系统水循环模式利用十分必要。

该模式的指导思想是利用原有跨河暗渠，增加"截、集、引"工程措施，将河水借入渠道使其得以充分利用。在非灌溉季节将河水引蓄到渠尾的水库，灌溉季节直接引水浇灌下游农田。具体可以分为两种方式：串联式的结瓜方式和并联式的结瓜方式。

1. 串联式的结瓜方式

串联式的结瓜方式是干渠直接穿过被连的水库。它有施工简单、省工、省钱、见效快的优点。但从多年运行情况看，存在较多的问题：一是每次向下游放水时，必须首先放水充满库塘，然后才有水进入下游渠道，这就延长了输水时间，影响了向下游及时供水，尤其是当库塘干枯时影响更为严重；二是库塘的蓄水位是随渠水位的高低而定的，完全失去了调蓄的作用，也无法进行养殖；三是不仅水面大，蒸发量大，而且增加了渠道汛期的防洪负担，如果库塘的堤坝质量不好，则渗漏严重，防洪负担更重。

2. 并联式的结瓜方式

并联式的结瓜方式主要有三种：一是库塘高，干渠低，干渠从库塘下游通过，有专门的引水渠道通入干渠。这种形式只能调蓄库塘自身集雨面积上的来水，补充灌溉水源。经验证明，如果库塘容积小，集雨面积小，补充调蓄的作用就不大。二是库塘低，干渠高，干渠引入的溪水及渠间地面径流，补充库塘蓄水，并通过库塘的涵管放水灌溉农田。三是受引水高程的限制，两者相差不大，可在干渠上游设闸引水充库、塘，再借坝下埋管放水灌溉下游的良田。多年来的实践比较，并联式是一种比较理想的结瓜方式，可以广为采用。

实践证明，渠道借流工程是一项结构简单、施工方便、投资小、见效大的小型水利工程，它在保持原有渠道输水、灌溉功能的前提下，为下游渠道提供了新的水源，有效地缓解了农田用水紧张的局面，解决了水库多年蓄不满水的难题。所以，在水资源日趋紧张的今天，推广应用渠道借流工程具有非常重要的现实意义。

2.5.4 灌排水耦合的水循环利用模式

目前，在国内外灌区建设和演变的基础上，学者们开始从灌排系统水资源循环利用模式、灌区景观布局、沟渠空间形态构建、沟渠防渗技术及生态化形式及灌区调蓄塘库形态等方面，对生态节水型灌区的构建模式进行了探讨。例如在输水渠道中采用生态护岸技术，减少水流冲击和水体入渗提高水资源的利用率；构建田间排水沟和积水塘以构建屏障，对农业面污染进行截留。然而这些技术仅仅单独针对节水灌溉或减污排水工程，缺乏耦合两者的综合性工程方法研究。

王超等[16]发明了一种平原地区灌排耦合生态节水型灌区水循环利用的节水减污方法，见图 2-26。该方法将灌区分为两个时期：灌区排水期和灌区需水期。其中灌区排水期是将田间排水通过排水沟进入循环调节湿地水库，灌区需水期是由抽水泵站将循环调节湿地水库内水体抽取并通过灌水渠分配至灌区农田。排水沟由排水干沟、排水支沟和排水斗沟组成,灌水渠则由灌溉干渠、灌溉支渠和灌溉斗渠组成。

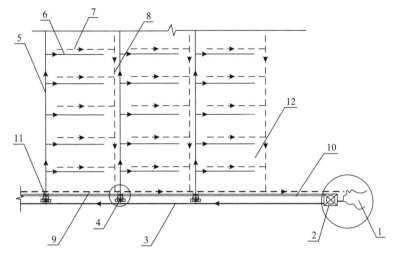

图 2-26　平原地区灌排耦合生态节水型灌区水循环利用的节水减污方法
1-循环调节湿地水库;2-提升泵站;3-灌水干渠;4-计量控制闸;5-灌溉支渠;6-灌溉斗渠;
7-排水斗沟;8-排水支沟;9-排水干沟;10-田埂道路;11-渠桥;12-灌区田地

该方法将节水灌溉和减污排水进行耦合,减少了农田面源污染物外排对河湖水体造成的影响。重要的是该技术实现了灌区排水的循环利用,即通过抽水泵站将循环调节湿地内水体由灌水渠分配至灌水农田,提高灌区水资源及化肥的利用效率。既提高了灌区经济效益又保护生态环境,为平原地区生态节水灌溉的建设提供可靠的技术支持。

上海市崇明区三星镇玉海棠生态农业园区,经过科学规划设计将 450 亩稻田建设成为"灌溉-排水-湿地-养殖-再灌溉"水循环利用的节水减污和水产养殖综合示范区。该区具有完备的灌溉排水系统,对灌排工程沟渠进行了生态化改造,并经过规划计算,建设了 22 亩的积水人工水塘湿地,稻田排水和降水经田间毛沟进入农沟,再流入水塘湿地,水塘湿地调蓄积存区域排水,设计确定 20 年一遇洪水不外排。当稻田需要灌溉时,由泵站抽至灌溉渠系进行灌水,达到区域水循环利用和减少污染物外排,形成灌排耦合的水循环利用和节水减污系统。为了提高 22 亩土地占用经济效益,上海玉海棠生态农业科技有限公司在水塘湿地内养殖了高经济效益的"跑步鱼",实现了水体循环、生态节水、减排控污和经济收益的多目标共赢,为生态节水型灌区建设积累了经验。

2.6　灌区综合节水减污模式

节水减污是我国灌区建设的重要任务,其核心是通过灌区农田少灌溉用水或节约用来减少排水,农田水少排水,相应的化肥农药等污染物也就少被水体带出农田,从而减少污染物对灌区内外水环境质量的影响。本节详细介绍田间节水减污和区域水循环节约用水减污模式,实现灌区建设的节水与生态环境保护综合目标。

2.6.1 节水减污的总体指导思想

牢固树立和贯彻落实创新、协调、绿色、开放、共享的发展理念，紧紧围绕"节水优先、空间均衡、系统治理、两手发力"的新时期治水方针，坚持以水定城、以水定产、以水定地、以水定人的发展理念，走节水增效、节水增粮、节水减排、节水减污的发展路子，实现农业生产用水负增长、工业生产用水零增长、生活用水慢增长、生态用水稳增长。正确处理治理开发与保护的关系，加快形成引领水利可持续发展的体制机制和发展方式，统筹推进防洪减灾、水资源综合利用、水资源与水生态环境保护、流域综合管理四大体系建设，为如期全面建成小康社会提供全面的水利支撑与保障。

2.6.2 田间节水减排模式

田间节水减排是灌区节水减排的主要部分，农田区域是灌区中最大面积的区域，其田间的节水对于污染物减排贡献很大。特别在长江以南的大部分灌区以种植水稻田为主，用水量和排水量均较大，是影响区域水环境的重要因素。

水稻是我国主要的粮食作物，我国年均稻谷产量 1.88 亿 t，水稻平均单产 6.45 t/hm²，水稻种植面积和总产量均居世界第一位。水稻又是我国灌溉用水量最大、化肥消费量最多的农作物。一方面，我国是个缺水大国，水资源紧缺，人均年占有水资源量只有 2200 m³，仅为世界平均值的 1/4，且水资源时空分布极不均匀，地区差异大，而占全国总用水量 70% 的农业，其农田灌溉水利用率仅为发达国家一半左右。现代工业化和城市化进程的加快进一步加剧了农业用水的供应紧缺，农业水分供应量的不断减少将威胁到农田生态系统的生产力，因而必须采取措施来节省稻田的用水量。另一方面，肥料作为作物增产的主要因子，我国化肥产量及用量均居世界首位，并且化肥消费量还在逐年增长。化肥的大量输入伴随着极低的利用效率，造成了肥料浪费严重，而且多余的氮肥随水土侵蚀、氨挥发、反硝化、地表径流和地下淋溶等多种途径流失，最终会导致土壤退化(尤其是土壤酸化)、水体富营养化、地下水污染及温室气体的排放加剧等问题，给生态环境带来了严重的污染和破坏。因此对耗水和用肥量最大的水稻作物开展节水灌溉与优化施肥的水肥管理，对于提高稻田水分和肥料利用率，建立区域性高产、节水、省肥、减排的高效水稻种植模式，缓解不合理的灌溉与施肥造成的环境污染及节约资源和保护环境具有重要意义。

以下借助我国陕西省中部关中灌区的节水减排措施，简要阐释灌区田间节水减排的主要方法[17]。关中灌区主要包括西安、宝鸡、铜川、渭南和咸阳 5 个地区，该区多年平均降水量在 530～713 mm 之间，多年平均水资源量为 35.72 亿 m³，人均水资源量仅为 380 m³，相当于全国平均水平的 1/8。该区缺水 18.7 亿 m³，缺水程度达 25.8%。为了提高田间水利用率，关中灌区从土地平整、田间畦长控制、波涌灌溉技术、喷灌技术、微灌技术五个方面研究适宜推广的田间节水减排模式。

1. 土地平整

农田土地平整是地面灌溉系统的重要组成部分。平整的土地可以减少灌溉时间和灌水量，为作物提供均匀的土壤水环境，使作物生长能更为一致，并具有节约化肥用量等优点。节水灌溉技术中的灌溉区土地平整，通常是将田块平整为沿某一方向水平，沿另一方向具有一定坡度的条田。平整的农田表面有利于进地水量和灌水深度分布的变化相对均匀，使根区内水分入渗保持具有较好的均一性，起到改善田间地面灌溉效率和灌水均匀度的作用。

农田的土地平整程度一般用土地平整精度表示。土地平整精度一般用畦田内观测点的地面高程标准偏差值 S_d 表示，S_d 值越大，说明地面平整精度越低，反之该值越小，说明地面平整精度越高。土地平整精度对灌溉水利用系数和灌水均匀度(DU)的影响很大，如图 2-27 所示。

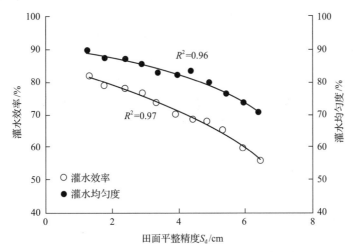

图 2-27　不同田面平整精度下畦田灌水效率和灌水均匀度

从图 2-27 可以看出，灌水均匀度随 S_d 值的增加而逐渐降低。当 S_d 值从 6.4 m 降低到 1.3 cm 时，灌溉效率提高了 40%以上，灌水均匀度提高了 70%以上。考虑到灌水均匀度的降低会显著影响产量，降低 S_d 值同时将大大增加田间的施工成本，因此建议地面平整精度参数 S_d 值取 3 cm。

不同田面平整精度条件下农田的灌溉水量和水分利用效率见图 2-28。

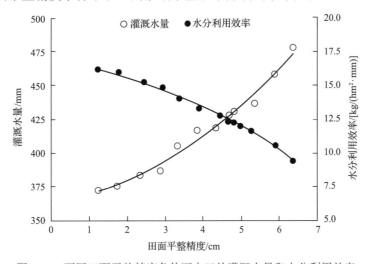

图 2-28　不同田面平整精度条件下农田的灌溉水量和水分利用效率

2. 田间畦长控制

关中平原农业灌溉是以畦灌形式的地面灌水为主，据调查，该区畦长一般在 100~300 m 之间。为了节约灌溉水量，需要将引至田间的灌溉水，尽可能均匀分配到指定的灌溉面积上并转化为可被作物吸收利用的土壤水分。畦田长度对次灌溉水量有显著影响，如图 2-29 所示。灌溉水量一般随着畦长的增加而显著线性增加。当畦长分别为 50 m、100 m、150 m、200 m 和 300 m 时，灌溉水量分别为 645 m³/hm², 960 m³/hm², 1290 m³/hm², 1605 m³/hm² 和 2265 m³/hm²。根据关中灌区的实际情况，确定当地灌水定额为 1200~1350 m³/hm²，灌溉定额大致为 3300~4200 m³/hm²。利用灌水定额和畦长的关系可知，当灌水定额在 1200~1350 m³/hm² 时，畦长约为 150 m。若将畦长从 150 m 改为 100 m 和 50 m 时，次灌溉水量分别减少了 330 m³/hm² 和 645 m³/hm²，减少百分比分别为 25% 和 50%，减少的水量可增加约 50%~100% 的灌溉面积。因此，采用长畦改短畦、大水漫灌改为沟畦灌等，可显著增加灌水均匀度，减少灌溉水量。

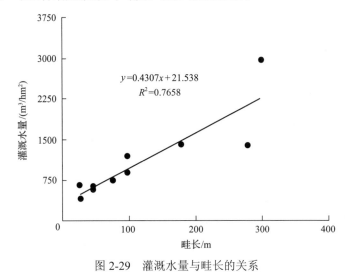

$$y = 0.4307x + 21.538$$
$$R^2 = 0.7658$$

图 2-29　灌溉水量与畦长的关系

3. 波涌灌溉技术

波涌灌溉是一种新型的地面节水灌溉技术，一般通过间歇性向土壤中供水，使得土壤的吸湿和脱湿过程产生交替变化，促使土壤结构发生变化，表层土壤形成致密层，导致湿润段土壤入渗能力降低和田面糙率减小，增加下次水流推进速度并减少水分在已经湿润段的入渗。因此，与传统地面灌溉相比，波涌灌具有节水、保肥、减少深层渗漏、提高灌水效率、改善灌水均匀度等优点。由于我国的农业灌溉还以地面灌溉为主，因此，波涌灌对于提高我国灌区的田间灌溉效率和灌水均匀度，以及提高产量和作物水分利用效率具有重要的作用。

影响波涌灌溉效果的技术要素包括：单宽流量、灌水周期时间(波涌灌的一个供水和停水过程称为一个灌水周期，在一个周期内，放水时间与停水时间之和称为周期时间)、灌水周期数(完成波涌灌全过程所需放水/停水过程的次数)和循环率(放水时间与周期时间之比),其中,灌溉周期数对波涌灌水效果的影响较大。从图 2-30 中可以看出:3 个灌溉周期数的灌水定额比同条件下的 2 个周期的灌水定额小,平均减小 9.61%。当畦长为 176 m 和 202 m 时,3 个灌溉周期的灌水定额平均减小约 6%;当畦长为 307 m 时,3 个灌溉周期的灌水定额减小约 10%。4 个灌水周期与 3 个灌水周期的灌水定额数值接近,说明节水率也接近。

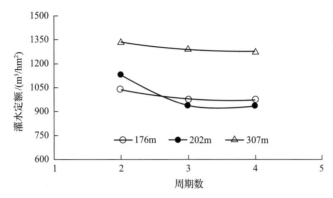

图 2-30　不同畦长条件下灌水周期数与灌水定额的关系

4. 喷灌技术

喷灌是一种适用于大田作物的节水灌溉技术,具有灌水均匀度高、自动化程度高、可实现施肥灌溉,以及具有对土壤团粒结构破坏较小、调节地面小气候、受地形限制较小等优点。同时,喷灌条件下,土壤水分主要分布在 80 cm 以上。由于水肥同时运动,这时养分也集中分布在土壤表层的主根区内,利于作物吸收利用。目前,我国的喷灌范围现已发展到小麦、果树、茶树等作物上。

5. 微灌技术

微灌包括滴灌、微喷灌和涌泉灌等。微灌技术可高度控制灌溉水量,灌水均匀度高,具有较显著的节水增产作用。目前世界上微灌技术主要应用在经济作物上,各类作物所占比例为:果树为 55.4%,蔬菜(包括大田和温室)为 12.5%,大田作物(包括棉花、甘蔗等)为 7%,花卉(包括苗圃和温室)1.5%,其他作物(包括玉米、花生、药材等)为 23.6%。

我国一些学者对微灌在不同作物和果树上的应用进行了相关研究,并比较了微灌条件下灌溉水量和作物耗水量等。此外,地下滴灌技术是一种更为高效的节水灌溉技术,由于滴头位于地面以下,减少了土面蒸发,并可根据作物根系分布调整滴头埋深,使之与作物根系吸水协调,有利于作物节水高产。综上所述,滴灌、小管出流等微灌技术对多种果树和棉花等作物均有较好的节水增产效果,节水率一般可达到 30%~50%。

2.6.3　区域水循环减排模式

人工控制水资源在区域内的流动和分配,包括人工引水、输水、用水、排水与自然大气降水，经植被冠截留、地表洼地蓄积、地表径流、蒸发蒸腾、入渗、壤中径流和地下径流等迁移转化过程彼此联系、相互作用、相互影响，形成鲜明的天然-人工复合水循环系统，见图 2-31，其特点有：第一，灌区中人类活动频繁，强烈的人类活动改变了灌区天然水循环过程。其表现特征为地表水经主干渠道进入分支渠道，以农田为排泄区，而不同于天然产汇流和天然径流通过支流汇集水分到干流，以湖泊或海洋为排泄终点的逆汇流过程，此后一部分地表水经过转化后通过分支排沟汇集到主干排沟后进入河道，最后重新进入自然循环过程。第二，人工灌溉-蒸散过程成为重要的水文过程，与此同时，工业、生活、生态等人工水循环系统在整个水循环机制中也处于不能忽视的地位。人工取用排水所形成的以"取水—输水—排水—回归"为基本环节过程，尤其在降水较少的干旱半干旱地区已起到主导作用，自然产汇流水循环过程处于次要地位。第三，水循环结构和参数特性发生了变化。土壤含水率、地下水位的变化与灌溉息息相关。灌区用水制度、种植结构、灌溉面积、引排水沟渠布置及深度等要素对区域蒸发入渗、产流汇流、地表水、土壤水和地下水相互转化关系产生重要影响。概括而言，灌区水循环系统整体表现三大效应：一是循环尺度变化，主要表现区域大循环减弱，局地小循环增强；二是水循环输出方式变化，主要表现为水平径流输出减弱，垂向蒸散发输出增强；三是降水的转化配比发生了变化，具体表现为区域径流性水资源减少，而有效利用的水分增加。

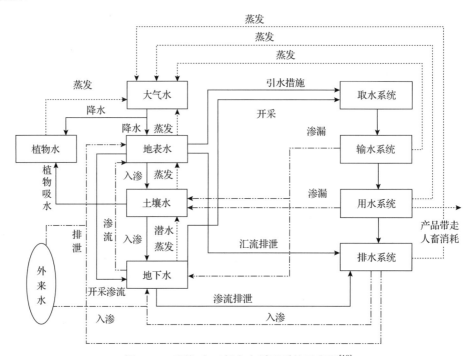

图 2-31 天然-人工复合水循环系统示意图[18]

虽然通过现有的节水灌溉控污减排工程模式，实现了对氮、磷等污染物的削减，但经处理之后的尾水实际进入自然水体的污染物总量仍然较大。究其原因，一是现有的节水控污工程采取的都是单向处理模式，即：生态排水沟净化—人工湿地处理—生态河道排放，并未实现灌区内部的水循环处理，导致仍有大量污染物外排；二是区域内农业尾水污染物总量早已超出水环境承载力，虽实现了总量的削减，但仍然无法完全将其控制在区域水环境承载力范围内，因此，对整体的水环境质量的提升贡献有限。

例如，昆山是太湖流域典型的低洼圩田平原，对圩区和灌区的划分十分清晰，灌排水利工程设施相对完备，为灌区的水循环生态处理提供了有利条件。针对昆山市圩内低田(半高田)封闭和圩外高田开放两种类型的灌区，构建了两种生态处理水循环运转模式，通过灌溉站的水动力驱动，持续削减区域内农业和养殖业尾水中的氮、磷等污染物，并将净化处理后的水作为灌溉用水和养殖补水，完成对水资源和营养物质的循环利用。

1. 圩内低田(半高田)封闭灌区水循环模式

圩内低田(半高田)封闭型灌区地处低洼地带，为保障区域防洪排涝安全和正常农业耕作，全年排涝站的进水闸门和出水闸门基本处于关闭状态，为水循环创造了条件。通过构建"灌溉站—农田—田间排水沟—尾水小型湿地—圩内生态河道—灌溉站"的水循环系统(图 2-32)，使灌溉用水通过农田作物吸收和田间排水沟自然吸收，再经尾水小型湿地二级净化，最后排入封闭圩区内的生态河道进行深度处理，而河道各处的灌溉站则利用净化后的尾水循环灌溉农田，从而实现水资源和营养物质的循环利用。

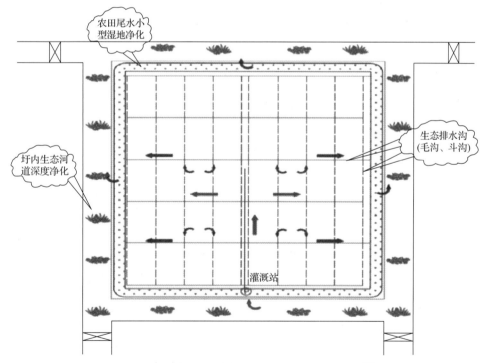

图 2-32 圩内低田(半高田)封闭灌区水循环模式[19]

"田间排水沟+尾水小型湿地+圩内生态河道"组成的净化系统具有节水、防污双重功能，对灌区水循环系统十分必要。系统通过构建三级净化，分层次削减以氮、磷为代表的农田面源污染：第一级净化——田间排水沟的节水减污作用。由于渗漏与地表排出的水量减少，随水流出的污染物量减少，可削减氮、磷约15%~25%。第二级净化——尾水湿地。通过水生动植物、微生物的转化和生物吸收等作用，可削减氮、磷约40%~60%。第三级净化——圩内生态河道。也可将其视为另一种带状形式的湿地，可削减氮、磷约15%~25%。通过以上三级净化处理，氮、磷污染物总量可减少70%以上，循环利用后的多余水体(洪水)外排时不会造成明显地水环境污染问题。

2. 圩外高田开放灌区水循环模式

圩外高田开放灌区由于地势较高，区域内防洪排涝压力较小，为保障水系畅通，排涝站的进水闸门和出水闸门一般保持开启状态，相比圩内封闭型灌区，开放型灌区构建水循环系统的难度较大。因此，笔者提出在排水支沟末端设置防污型溢流闸门，将尾水湿地出水引入灌区内改造后的沟渠塘堰，使其成为尾水湿地出水的"蓄水池"和"净化池"，替代完成封闭型灌区圩内生态河道的功能，以形成封闭水环境，从而构建"灌溉站—农田—生态排水沟—尾水湿地—沟塘湿地—灌溉站"的水循环处理模式，见图2-33。通过人工生态改造，使沟渠塘堰变为净化能力强、蓄水容量大的沟塘湿地，同时，利用灌区各个位置、不同方位的沟渠塘堰，可以搭配改造成多种形式、多样水生植物优势种的沟塘湿地，有条件的灌区还可把各个沟塘湿地疏通连接起来，形成生物丰富多样的区域性人工湿地，进一步增强蓄水调节和生态净化功能。

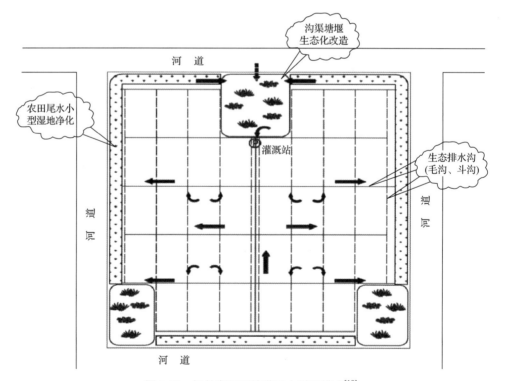

图2-33 圩外高田开放灌区水循环模式[19]

"田间排水沟+尾水小型湿地+沟塘湿地"组成的净化系统同样具有节水、防污双重功能，其通过构建三级净化，对氮、磷污染物总量的削减效果明显。另外，在沟塘湿地构建时可以考虑结合当地水产养殖业，通过引入周围水产养殖尾水，丰富水体中营养物质种类，使水生动植物形成一个完整的食物链，也为农业尾水和养殖尾水治理创建一个完整的具有经济效益的循环系统。

2.7　灌区面源污染整体防控模式

灌区面源污染防控是灌区控污的重要组成部分。面源污染防控与点源污染治理有非常不同的方法和途径，点源可以通过污水处理厂进行专门治理，在一个地点和一套工艺流程就能使污水水质达到地表水水质排放标准，不会对受纳水域环境造成污染。而面源来源广泛，很难通过污水处理厂来处理达到排放标准，特别是灌区排水更没有可能由某一地点和一套工艺流程处理。因此，必须寻求灌区面源污染治理的新途径。我们根据灌区排水系统的特点和国内外面源污染治理研究成果及工程实践经验，提出构建灌区面源污染整体防控的四道防线模式，实现通过灌区面源污染物逐级截留净化的整装成套技术系统来改善水环境质量的目标。

2.7.1　灌区源头减污第一道防线

灌区源头减污的第一道防线是对于田间水肥药的综合调控。我国农田化肥与农药使用量大且利用率比例低，如稻田氮肥的利用率只有30%～35%，农药的利用率不超过5%。作为从源头上减少面源污染物排放的重要管理措施，田间水肥药综合调控通过"浅、湿、晒"三结合灌溉、间歇灌溉、中后期无水层灌溉等方式，减少了排入毛沟和农沟水体的农田用水量，与传统的长期淹灌技术相比，浅湿灌、间歇灌与中后期无水层灌溉的灌溉用水量可分别降低8%～19%、13%～25%与30%～50%，多数情况下最大节水在20%～30%范围内，同时，田间节水灌溉减少了氮、磷流失，据统计流失的氮、磷负荷的削减幅度达20%～40%，减轻了因化肥随水体流入环境水体而导致的自然水体富营养化问题，也实现了从源头上减少面源污染物排放的目的。另一种源头减污是对农作物水肥药进行精准施用，根据农作物生长过程的水和肥需求规律，以及农作物虫害发生特点，进行水肥药适时适量施用，尽可能减少无效水肥药进入田间，从而降低水肥药向毛沟或农沟排放，实现源头减污更为直接有效的方式，当然农作物水肥药精准施用能否实现跟农民种植管理水平有关，可以通过地方政府的农业管理科技人员统一布置和指挥实施。

2.7.2　灌区带状湿地截污第二道防线

灌区带状湿地截污第二道防线主要是利用田间毛沟，承接田间地表排水、地下渗漏水而将其引入下级农沟、斗沟或水塘湿地等，对田间排水进行净化。田间毛沟是指种有适宜野生植被的地表排水沟渠。由田间排出的氮、磷等面源污染首先进入田间毛沟，经田间毛沟滞留、植物过滤和渗透的作用，氮、磷等面源污染得以有效去除，实现养分再利用，减少水体污染物质。

2.7.3 灌区面状湿地净化第三道防线

湿地具有良好的污染物去除和生态修复功能，由于其建设和运行费用低、处理效果好，而得到广泛应用。湿地作为灌区面源污染控制的第三道防线，主要是通过灌区范围内规划布置的人工湿地系统对毛沟、农沟排入水体中污染物的有效净化，湿地的几何形态、水流结构、基质状况、水生植物和微生物之间物理、化学和生物一系列相互作用，进一步去除水体中总氮、总磷、农药等面源污染物，形成面状湿地净化去除系统。

2.7.4 灌区骨干沟道和河流滨水湿地净化第四道防线

灌区范围内的骨干排水沟道和河流，通过对现有的生态改造和功能强化，利用物理、化学和生物的多重作用对面源污染物净化形成第四道防线，实现水体污染物灌区体系内的最后净化去除。灌区排水沟道系统中的植物带可以减缓水流的速度，增加滞留时间，提高植物对污染物吸收降解的接触时间，增强了水体的净化能力。骨干沟道和河流由于水体流量大，滞留时间难以过多延长，即使对沟道和河流进行生态化改造和生态修复，但净污能力是有限的。因此，第四道防线在灌区面源污染整体防控占据较小比例，灌区规划设计时应注重这一点。通过灌区"四道防线"的整体模式构建和协同运行(图 2-34)，实现对面源污染物的逐级截留净化和综合去除，从而系统解决灌区面源污染的难题。

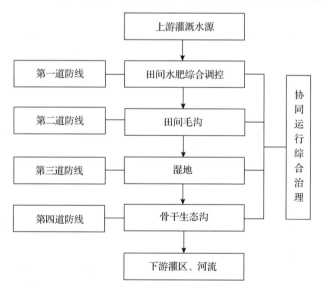

图 2-34　灌区"四道防线"构建和协同运行对面源污染物的综合净化系统

参 考 文 献

[1] 王旭升, 杨金忠. 大型灌区陆地水循环模式的参数化方案: LWCMPS_ID[J]. 地学前缘, 2005(S1): 139-145.

[2] Belmans C, Wesseling J G, Feddes R A. Simulation model of the water balance of a cropped soil: SWATRE[J]. Journal of Hydrology, 1983, 63(3): 271-286.

[3] Downer C W. Identification and modeling of important stream flow producing processes in watersheds[J]. Dissertation Abstracts International, 2002, 63(4): 1760.

[4] 章学仁. 线性规划[M]. 上海: 上海交通大学出版社, 1988.

[5] 张磊. 不确定条件下的水资源系统优化模型研究[D]. 哈尔滨: 东北农业大学, 2015.

[6] Huang G H, Moore R D. Grey linear programming its solving approach and its application[J]. International Journal of Systems Science, 1993, 24(1): 159-172.

[7] 赵丹. 红兴隆管理局水资源系统恢复力测度及驱动机制研究[D]. 哈尔滨: 东北农业大学, 2015.

[8] 赵丹, 邵东国, 刘丙军. 西北灌区水资源优化配置模型研究[J]. 水利水电科技进展, 2004, (4): 5-7+69.

[9] 王海宏, 龚时宏, 王建东, 等. 内蒙古河套灌区末级渠系改造模式优化研究[J]. 灌溉排水学报, 2016, 35(1): 89-93.

[10] 李英能. 浅论灌区灌溉水利用系数[J]. 中国农村水利水电, 2003, (7): 23-26.

[11] 曹德君, 张展羽, 冯根祥, 等. 灌区排水沟系水质模拟分析[J]. 中国农村水利水电, 2014, (8): 58-61.

[12] 王沛芳, 王超, 钱进, 等. 灌区排水沟水质净化湿地构建系统: CN104724836A [P]. 2015.

[13] 汪跃宏. 自然水资源微循环灌溉系统: CN102362574A [P]. 2012.

[14] 王沛芳, 王超, 钱进, 等. 自循环生态节水型灌溉排水体系及排水方法: CN104895027A [P]. 2017.

[15] 王沛芳, 王超, 钱进, 等. 生态型灌区排水系统湿地净污方法: CN104628143A [P]. 2015.

[16] 王沛芳, 王超, 钱进, 等. 平原地区灌排耦合生态型灌区水循环利用的节水减污方法: CN104591395A [P]. 2015.

[17] 杨会颖, 刘海军, 王会肖. 陕西省关中灌区田间节水模式研究[J]. 节水灌溉, 2011, (11): 1-4+8.

[18] 裴源生, 张金萍. 平原区复合水循环转化机理研究[J]. 灌溉排水学报, 2006, (6): 23-26.

[19] 虞英杰, 张凌玲, 何岩. 昆山地区农业面源污染区域性"零排放"模式研究[J]. 江苏水利, 2015, (8): 12-14.

第3章　灌区农田污染物源头防控与资源化技术

灌区农田农作物生长需要施用充足的氮肥、磷肥、钾肥等，这些肥料施用后，部分被农作物吸收，部分持留于土壤，部分转化为气态进入大气，还有相当大部分在田间排水或降雨径流带动下，向灌区排水系统及区外的河道输送，或进入地下水，造成水体的氮磷污染，形成水体富营养化。同时，农田中农作物在生长阶段会出现各类病虫害，必须通过定期和不定期地喷洒药物来杀虫灭灾，这些药物仅有少部分被植物吸收和杀灭虫害，还有大部分被吸附在土壤表层、散失到空气中，或者直接随农田排水系统排出，造成灌区及江河湖库水体的农药类污染。因此，如果要降低灌区内和外排水体的污染物质含量，就必须从源头防控抓起，把控农田中化肥农药的施用量和施用时间，摸清污染物的产生量和产生过程，制定科学的源头削减和综合防控方案，构建灌区源头污染物减量控制方法和排出治理关键技术系统。同时，针对灌区中产生的大量秸秆等农作物废弃物，提出资源化利用的途径和方法，降低灌区对水、土、大气环境的污染压力，实现灌区生态节水的总体目标和可持续发展。

本章在分析农田污染物产出的基础上，综述了当前水肥药一体化精准施用的技术方法和相关设备，阐述了灌区污染物源头防控的田间减量和农田首级排水净化去除技术，并对各类农作物秸秆的还田、粉碎、堆肥等资源化技术进行介绍，构建灌区农田污染物防控减量系统，形成生态节水型灌区建设农田农村源头防控减量第一道防线体系的重要组成部分。

3.1　农田污染物产出分析

农田污染物产出主要与人们在农田中开展的生产活动和灌溉水源水质有关，主要包括农田施用的各种肥料、各类农药、水土流失、农业秸秆和灌溉水水质，当然也有一些灌区还会降落酸雨或灌区农田附近存在矿场而产生重金属类污染物等。农田污染物产出分析就是把握农田化肥农药施用过程和排出规律，同时分析农田水土流失状况和农作物秸秆类型，为灌区农田污染物源头防控技术研发提供支持。

3.1.1　农田化肥施用及产出影响分析

化肥的施用是一种在农业生产活动中获得高产的重要手段，可以有效补充农作物生长需要的营养元素，以保证农作物的连续高产，为农业带来巨大的经济效益。据调查，在 20 世纪末至 21 世纪初，施用化肥对我国粮食产量的贡献率高达 56.81%[1]。我国常用的化肥主要是氮肥、磷肥、钾肥和复合肥，包括碳酸氢铵、尿素、氯化铵、过磷酸钙、钙镁磷、氯化钾和氮磷钾复合肥等人工合成肥料。

随着我国人口的逐步增长，为了满足粮食需求，促进粮食作物的高产，化肥施用量巨大，在世界上处于最高的水平，并总体上还呈现持续增加的趋势。当然，国家农业农村部提出要限制化肥用量增加趋势，制定了化肥总用量"零增长"规划方案，但并不能改变也难以改变我国化肥使用总量巨大的现实。造成我国化肥用量大主要有两大因素，首先我国是农业大国，农田种植面积大；其次是我国化肥利用率低。据有关统计分析，近年来全世界化肥平均施用水平为 121.5 kg/hm^2，而我国平均施用水平高达 455.9 kg/hm^2，是世界平均水平的 3.75 倍，远远超过了发达国家 225 kg/hm^2 的安全上限，是世界上亩均化肥用量最大的国家。造成亩均用量最大的主要原因是我国化肥有效利用率非常低，只有大约 1/3 左右化肥被农作物吸收来供应种物产量，超过 65% 的化肥流失到环境之中。据统计，我国氮肥、磷肥和钾肥当季的利用率分别仅为 30%～35%、10%～20% 和 35%～50%，低于发达国家 10%～20%[2]。

化肥利用率低，不仅会造成养分流失，带来巨大经济损失，增加农民种地成本和经济负担，而且对环境造成十分严重的影响，在很多地区，农业化肥已经成为当地水环境污染的主要原因。化肥长时间的大量使用，会导致土壤酸化、理化性质恶化、生产力降低和有害重金属活化，引起有毒物质的释放，危害土壤中微生物等有益生物的生存，从而将致使作物减产。氮肥和磷肥的大量使用会造成水体富营养化，破坏地表水和地下水生态系统。另外，在施用的氮肥中，氨的挥发增加了大气中的氮含量，硝化及反硝化反应生成的 N_2O 会造成温室效应，破坏臭氧层，甚至引起人和动物的皮肤病[3]。

3.1.2　农田农药施用及产出危害分析

化学农药施用可控制危害农作物的有害生物，在很大程度上提高了农产品的产量，挽回粮食损失。我国耕地面积仅占世界的 7%，养活了世界 22% 的人口，每年因为病虫害导致粮食减少 15% 左右，为保证我国农产品在量上达到需求标准，很大程度上依赖农药保障农产品的增产，因此，化学农药的防治对确保粮食安全具有重大意义。化学农药类型很多，按照农药施用防治对象的不同，主要可分为杀虫剂、杀菌剂、杀线虫剂、杀螨剂、除草剂和植物生长调节剂等；按照农药原料来源可分为矿物源农药(无机农药)、化学农药(有机合成农药)、生物源农药(微生物农药、昆虫剂激素、植物源农药等)等；如果按照农药加工剂类型分类，又可分为可溶性粉剂、乳剂、乳油和浓乳剂等。

在我国农业生产中，存在农药的施用量大，但施用效率低的问题。近年来，国内外学者针对农药施用率提高的分析方法和相关技术开展了研究，包括随机前沿分析(SFA)[4]、数据包络分析(DEA)[5] 和兼具前两者的技术(一步法)[6]。冯探等[7] 改进了一步法技术，对 2002～2012 年我国各省份的农药施用进行了分析。结果显示，我国的农药施用率处于 30%～60% 的低水平，意味着每年有 40%～70% 的农药散失到环境中。同时，在我国各省之间，农药施用率也存在明显差异，2010 年以来，上海成为农药年均施用率最高的地区，2012 年高达 91.26%；江苏、宁夏、陕西的农药施用效率提高很快，分别提高了 7.2%、5.9% 和 5.7%；但北京和天津的年均农药施用率呈下降趋势。这意味着我国北方小麦主产区，农药的施用率处于较低的水平。

农药的大量施用和流失，产生系列的生态环境问题。农药的过量施用及过低的施用效率，导致农作物和土壤农药残留超标，催生了毒大米和毒大蒜等低品质农产品问题。同时，农药的生物活性对农作物生长发育会产生不良影响，造成农作物产量和质量的损失，耕地有机质含量降低，土壤质地退化，保水保肥能力下降。另外，农药随着灌溉水或者雨水进入水体，对水体造成严重污染，从而对土壤、动植物以及人类的健康造成危害。同时，农药在喷洒过程中直接漂浮在大气之中，对大气环境造成严重的影响。更值得注意的是，接触农药对人体皮肤存在危害，农产品中残留的农药在人体内长期积累会诱发众多疾病，如神经紊乱、糖尿病、癌症和免疫缺陷症等，还存在孕妇传递新生儿现象，这对人类生存和繁衍造成了严重危害，引起人们对农药污染和食品安全问题的极大关注。

3.1.3　农田水土流失分析

农田水土流失问题一直受到世界各地的关注。水土流失不仅导致大量泥沙进入水体，淤积河流，抬高河床，加快河流、水库和湖泊衰亡，给水生态环境安全带来严重威胁，而且流失泥沙都是优质土壤，不断流失会造成土壤肥力下降和土地板结，对灌区农业可持续发展造成极大影响。研究发现[8]，2016 年前全球由于水土流失已经造成了大约 20 亿 hm² 的耕地农业减产和土地退化，造成直接经济损失达 1000 亿美元。我国农田水土流失现象也十分严重，是整个水土流失的主要来源，农田水土保持是我国治理水土流失的关键。

2016 年《中国水土保持公报》显示，在水利部开展的 59.51 万 km² 的监测面积(包括 16 个国家级水土流失重点预防区和 19 个国家级水土流失重点治理区)中，共有水土流失面积 26.01 万 km²，约占 43.71%。2014 年的数据显示，全国 11 条大江大河(长江、黄河、海河、淮河、珠江、松花江、辽河、钱塘江、闽江、塔里木河和黑河)的土壤侵蚀量，与多年(1950~1995 年)平均值(1.1×10^7 t)相比，除了钱塘江侵蚀量(2014 年 3.01×10^7 t)有所增加以外，其他流域均低于平均值。与 2013 年的侵蚀量相比，2014 年淮河、钱塘江和闽江有所增长，其他均有所降低。

东北的黑土区作为典型的粮食产区，是我国重要的商品粮生产基地。黑土自然肥力高，具有深厚的腐殖质层，是宝贵的土壤资源，但是其水土流失情况非常严峻。主要土壤侵蚀类型为水力侵蚀，加上逐年增大的耕地利用度和降雨集中等因素，加速了黑土区的水土流失。据 2015 年水土保持公报，东北黑土地治理检测区土地总面积为 72627.63 km²，区内水土流失面积 24838.65 km²，占检测区土地总面积的 34.20%。主要原因是水力侵蚀，轻度、中度侵蚀面积分别占总水土流失面积的 69.45% 和 18.85%。水土流失外在表征为黑土层变薄，据第二次全国土壤普查，黑龙江、吉林两省黑土层小于 30 cm 的更低面积占 39.8%，而《东北黑土区耕地质量主要性状数据集》(2013~2015 年)则显示为黑土耕层平均厚度仅有 22.1 cm。

3.1.4　农业废弃秸秆污染物分析

农业发展必定带来农作物秸秆的产量迅速增加，如何解决秸秆造成的水体和大气环境污染问题已成为我国农业生产可持续发展的主要任务之一。国内外对农作物产量的数据库早在 20 世纪 60 年代左右就已经建立,但是关于农作物秸秆产量的数据记录非常有限。我国的主要农作物秸秆种类约有 20 多种,其中,主要农作物秸秆来自水稻、小麦、玉米、大豆等,我国水稻、小麦和玉米作物产量一般分别占全球产量的 28%、18% 和 23%,导致作物秸秆量也占全球很大的比重,因此,如何解决我国农作物秸秆问题对环境治理和生态文明建设意义重大。例如,水稻秸秆(稻草)是我国产量最大的农作物秸秆,但其分布较零散、运输成本较高、经济利用性较差,导致大量稻草未能被利用,造成的环境污染十分严重。

农作物秸秆的含碳量较高,能源密度可达 14.0~17.6 MJ/kg,因此,秸秆又被定义为重要的生物质能源。在中国,1989 年秸秆利用率 34.8%,而到 2005 年则下降到 17.1%[9]。但近年来,由于国家的高度重视,特别是生态环境保护的刚性约束,农作物秸秆利用又得到了迅速发展,秸秆还田、生物饲料、秸秆发电、秸秆造纸和光电发酵制氢等新方法、新技术、新产品不断创新,保障了秸秆利用的科技需求。但是,利用秸秆处置的投资成本较高,导致治理秸秆的投入远高于产出。因此,秸秆就地焚烧仍然是一种比较方便的处置方式。然而,焚烧秸秆会产生大量的二氧化硫、一氧化碳等,造成严重的大气污染,更对人体呼吸道产生危害,给人们的生命安全造成了威胁。另外,焚烧秸秆会使表层土壤中的微生物锐减,降低 70% 多,破坏了土壤的生态平衡。因此,我国政府采取一系列有效措施,发布了行政文件禁止秸秆焚烧,同时,制订奖励政策,鼓励农民回收秸秆,减少环境污染,尽可能进行资源化或能源化利用。

3.2　农田化肥精准施用技术

化肥施用是支撑我国粮食安全的主要手段,同时也是灌区造成水环境质量恶化和水生态系统退化的重要原因。如何科学合理地施用化肥,是直接决定生态节水型灌区建设的源头控污的关键。

3.2.1　农田施肥技术分析

合理的施用化肥不仅能有效地提高粮食作物产量和农业投入成本,而且能够显著地降低排出水体营养水平,避免水生态环境恶化。但是从 20 世纪 90 年代以来,由于施肥技术条件落后及毫无节制地生产和销售化肥,为追求粮食产量和节省因有机肥施用的体力劳动,农民施用化肥出现盲目性和随意性,出现了一系列施肥不当引起的问题。

我国传统的施肥方法存在众多问题,肥料搭配结构存在不合理现象,如氮磷肥投入远远超过钾肥,钾肥的缺失导致不能满足农作物正常生长的需要,同时,由于施用便利,当代农民更偏爱工业化肥,轻视有机肥的重要性,造成有机肥投入相对不足。微量元素肥料施用不足,农作物出现病状,比如小麦缺少铜会引起麦穗畸形等。另外,施肥方法也存在不足,在太湖流域地区的水稻种植区,多数农民一般施两次肥,第一次是施基肥,再追加一次氮肥。而且追肥不及时,控制不好数量,对农作物的质量与产量构成严重危害。

多年来,我国广大人民在实践中不断积累,形成了多种农作物基肥施用方法。例如,在北方旱作土壤耕地时,将基肥施用与犁地过程结合,一边进行犁沟,一边进行基肥施用。当每段犁沟犁出时，随即将农作物所需的基肥均匀地施到犁沟沟底，下一轮用犁耕翻出的土壤自然覆盖上一轮的犁沟。此方法适用于旱作土壤农作物基肥的施用，而且实施起来方便、简单。而对于作物生长期肥料的追加，Lukina 等[10]根据分蘖后期的植被覆盖指数(NDVI)与小麦成长时间的耦合度，预测小麦生长过程中的氮肥及时添加，用小麦分蘖期冠层红绿光反射经过数据累积，计算作物在生长时的化肥需求量。

近年来，根据土壤特性和作物需肥规律进行肥料施用的方法被广泛关注和推广应用，这种方法称为测土配方施肥技术。它是综合土壤的特性、作物需肥的规律、肥料的效应，由专家提出科学肥料配方，农民照此合理施用的一种技术。这种技术首先要对土壤中的有效养分进行测试，了解土壤基本特性和元素组成，掌握农田土壤养分含量的状况；然后根据拟种植的农作物及预期产量，估算该田块的农作物的需肥规律，并综合土壤养分及作物的需肥规律，计算作物生长各个时期所需肥料及用量；最后就是把所需的肥料进行基肥、种肥和追肥的合理规划及科学施用[11]。这种方法的优点一是将有机肥料与无机肥料相结合，重视有机肥料的投入；二是微量元素要与其他元素协调施用，可满足作物的生长需求和产品质量。

杨清兰[12]等提出了一种利用测土配方施肥技术提高大豆产量的方法，解决了大豆生产过程中存在产量低的技术问题。选用了高蛋白大豆产品徐豆 16 号，进行了实际应用实验研究。第一步是土壤样品采集，用取土钻取土壤样品，下钻用力均匀，保持土钻与地平面垂直，去除完整的耕层 20 cm 深的土壤。将土样倒在干净的模板或者塑料布上，将土块捏碎，用镊子夹去土壤中的植物根系和昆虫等杂物，风干后过筛进行四分法缩分处理。第二步是测量土壤样品的有机质含量、土壤酸碱度、碱解氮、速效磷和速效钾土。第三步是根据测量出的这些指标，决定后期的施肥情况，其中需要考虑目标产量，肥料养分利用率，确定每生产 100 kg 产品，作物所需吸收氮磷钾数量。第四步是播种以及施肥。

然而，测土配方技术在应用过程中仍存在很多问题，比如土肥技术人员少，我国土地广阔，种植又多以家庭分散式经营为主，难以投入足够的技术人员进行指导。农民传统的施肥习惯导致他们接受测土配方技术过程缓慢，加之农民的技术水平和相关技术推广人员对测土配方技术宣传力度不够，此外，技术推广过程中缺乏运作模式和机制手段创新，导致资金支持和推广力度达不到预期目标。因此，为了先进技术更好地应用于农业生产，需要农民、技术人员和政府等多方的支持协作，将测土配方技术应用到位，解决农作物的产量与品质问题。

3.2.2　水肥一体化精准施用技术

我国多地灌区的农业生产面临着水资源短缺、水肥浪费严重、水环境恶化和劳动力不足等突出问题。传统的灌区农业生产技术较为简单、人力投入大、管理环节多，不能适应现代农业机械化发展、生态环境条件制约、精简化作物种植及灌区信息化智慧管理的需求，严重制约了农业现代化的进一步发展。水肥一体化技术(fertigation)是将可溶解肥料与水或者液体肥料混合，按照土壤墒情、养分情况和作物需肥规律，配成合适的肥料溶液，通过外界压力，借助田间管网系统准确地输送到作物根系邻近土壤，达到根系土壤始终保持有适宜水分养分和疏松状态，这种节约型灌溉施肥技术，可以实现节水灌溉、水肥高效利用和污染物减排等生态节水型灌区建设中源头节水减排的重要目标。

水肥一体化技术在以色列、约旦、印度等水资源短缺国家应用较早，以色列在温室、大田、果园等地全面应用了水肥一体化技术，在灌溉农田采用喷灌和滴灌等工程体系的基础上，实现水和肥料的利用率分别提高了 40%～60% 和 30%～50%。美国是世界上微灌面积最大、技术发展最快的国家，25% 的玉米、60% 的马铃薯和 33% 的果树均采用了水肥一体化技术。施肥设备也在逐步发展，从需手动调节的肥料罐到自动化控水控肥设备及现在的施肥机系统，将计算机与电导率仪等仪器连接，对肥料用量进行更精确的控制，著名的水肥一体化设备有 Netajat 自动灌溉施肥系统和 Fertijet（Eldar SHANY 公司）[13]。与此同时，灌溉技术也在快速发展，比如膜上灌溉技术、膜下灌溉技术和衡量灌溉技术等。我国从 20 世纪 80 年代开始实施水肥一体化技术研发和实际应用，发展到今天已经取得了明显进步。一些科研单位与企业合作，因地制宜，研发出多种水肥一体化施肥设备装置和技术产品，包括压差施肥罐、文丘里施肥器、移动式灌溉施肥机、自重压差施肥法、泵吸施肥法、施肥综合控制系统、膜下滴灌施肥技术、痕量灌溉技术等，在灌区农业生产活动中得到广泛应用，并取得了显著的成效。

陈利[14]研发了一种水肥一体化喷灌系统（图 3-1），包括供水系统、供肥系统、水肥拌合系统、水肥喷灌装置和能量供给系统。供水系统由蓄水池、水井、净水装置、供水管道、节水阀、流量计和加压泵组成；供肥系统由肥料罐、投料口和供肥管道组成；水肥拌合系统由电机、搅拌桨、水肥拌合罐和水肥输出管道组成；水肥喷灌装置由流量计、喷灌水管和喷罐头组成。在使用时，供水系统的蓄水池或水井向喷灌系统进行供水，水经过净水装置进行过滤沉淀，并通过供水管道达到供肥系统的肥料罐。水和肥料到达水肥拌合系统时，开启电机，由搅拌桨将水肥拌合均匀，拌合后的水肥通过供肥管道经过流量计由喷灌水管和喷罐头向植物进行喷灌。此系统节水、节肥效果明显，充分发挥水肥耦合作用，提高了水肥利用效率，降低了地表水蒸发和肥料消耗，减轻了对环境的污染。除此之外，系统性能稳定，占地空间小，不影响作物收获、土地耕作和作物换机播种等其他机械作业。

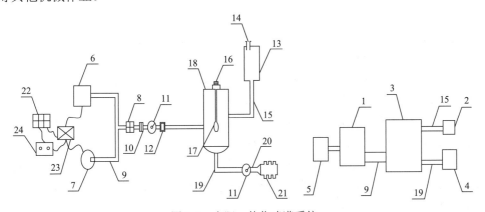

图 3-1　水肥一体化喷灌系统

1-供水系统；2-供肥系统；3-水肥拌合系统；4-水肥喷灌装置；5-能量供给系统；6-蓄水池；7-水井；8-净水装置；
9-供水管道；10-节水阀；11-流量计；12-加压泵；13-肥料罐；14-投料口；15-供肥管道；16-电机；17-搅拌桨；
18-水肥拌合罐；19-水肥输出管道；20-喷灌水管；21-喷罐头；22-太阳能板；23-蓄电池；24-控制柜

　　随着农村经济发展和蔬菜种植的专业化水平提高,蔬菜大棚设施农业得到快速发展。针对蔬菜大棚作物种植,林代炎等[15]提出了一种蔬菜大棚水肥一体化装置(图 3-2)。其配肥池经给水管与滴灌系统水路连接,所述的滴灌系统包括与给水管水路连接且平设于大棚四周部的水压平衡管和若干平行设置,两端分别与水压平衡管水路连接的滴灌软管。此一体化装置只要在滴灌系统的基础上,增设四周水压平衡管,就可以避免传统滴灌系统因单边供水造成的水头、水尾浇水不均的问题,并实现水肥一体化运行,增加少量投资就可节省劳动力投入,能提高浇水和施肥的均匀性效果,而节约用水和肥料,并提高产品的品质和产量,具有广泛的应用前景。

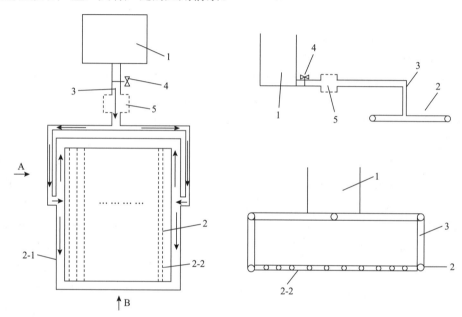

图 3-2　蔬菜大棚水肥一体化装置

1-配肥池;2-滴灌系统(2-1-水压平衡管;2-2-滴灌软管);3-给水管;4-带闸阀;5-管道泵

　　水肥一体化精准技术在应用中,展现出许多优点[16]:

　　(1)灌溉施肥肥效快,水肥利用率高,避免了肥料在干土层溶解慢、挥发多等问题,减少了肥料的施用,降低了生产成本。

　　(2)精确调节养分数量、种类和比例等,一体化技术可以根据地区气候、土壤情况和作物生长阶段养分需求,精确调整养分施用。

　　(3)有利于保护环境,一体化精准技术,降低了氮肥的施用量,避免了氮肥地表挥发引起的环境问题,减少了施肥过多导致水体污染的现象。

　　(4)保护土壤结构,传统的灌溉技术,对土壤侵蚀、冲刷作用明显,破坏了土壤自身的结构,发生土壤板结现象。滴灌技术则有效地减少了这些问题,避免了水土流失,保持土壤疏松,提高经济效益和社会效益。

　　目前,我国水肥一体化精准技术推广迅速,主要有滴灌、微喷灌和膜下滴灌水肥一体化三种技术,但在推广应用中还存在很多问题需要解决:一是农业技术力量薄弱,水肥一体化精准技术集合了土壤水分养分测定、农作物生长过程中水肥需求、水肥调配输送灌溉控制等先进技术,我国相关的技术人员对技术掌握能力不足,人员数量较少;二是设备质量、安装人员技术不高,无法解决实际的设备故障问题;三是水溶肥质量标准不严格,影响技术应用的综合效率;四是对水肥一体化技术中的化肥精确施用量等研究不够,缺乏相关指标参数准确数值范围和控制全过程技术标准;五是推广技术相关部门协作不够,农民应用的积极性尚不够高,政府和农民共同投入机制和多方协同运管模式需进一步探索。

3.3　农田农药施用技术

农药施用是支撑我国农作物避免虫灾草害,保障粮食安全的主要手段,同时也存在灌区造成水生态系统安全和人们健康繁衍最主要毒性危害的风险。如何科学合理地施用农药,同样是决定生态节水型灌区建设的源头控污能否实现的关键。

3.3.1　农田农药施用技术分析

农药施用可以防治、消灭或控制危害农作物病虫草害。19 世纪中叶,农药使用初期,采用刷子泼洒,19 世纪 80 年代左右,研制出了简单的喷洒工具,之后雾化喷头就被广泛研制与开发。我国的农药施用主要还是采用喷头紧贴农作物喷洒,尚未完全雾化的药液以高速喷至作物,难以在作物表面附着,极易流失。手动喷雾器是常见的施药器械,人工手动将农药雾化,高压液体通过小孔经过一段距离的空气阻力才可以完全雾化。这种方法最常见的问题就是喷头堵塞,需要清理或者更换喷头。

随着科技的发展,现代化的施药技术研究与应用也取得了显著进步,我们借助相关资料[17,18]进行总结分析,为实施应用提供支持。

(1)烟雾施药技术。将农药分散成烟雾状态,为防止环境污染,一般用于密闭空间如大棚、果园。可分为熏烟施药技术(燃烧烟剂农药),热烟雾施药技术(利用内燃机排气管排出的废气热能使农药形成烟雾微粒),常温烟雾施药技术(压缩空气使药液在常温下形成烟雾状微粒)和电热熏蒸施药技术(利用电恒温加热使农药升华、气化成微小粒子,均匀沉积在靶标位置)。

(2)防飘喷雾施药技术。利用防飘装置产生的特定轨迹使记忆飘失的细小雾滴定向沉积在农作物上。大致分为罩盖和导流板两种方法,主要应用于大田作物的病虫害防治。

(3)航空施药技术。利用有人驾驶施药机、无人施药机和固定三角翼施药机等飞行器将农药从空中均匀地使用在目标区域。航空施药技术具有效率高、应急能力强、不受地形限制以及对施用者危害小等特点,适用于大面积果园、单一农作物区等。

(4)风送施药技术。利用风机吹出的高速气流将喷头喷出的雾滴二次雾化,使雾滴更细小、均匀。气流作用可以将作物叶片翻动,增强雾滴的穿透能力,可以抵达作物外围、内部、叶背、叶面,对密植作物中、下部的病虫害有很好的防效。此技术是国际公认的仅次于航空喷雾的高效施用技术,自动化程度高、防治效果好、环境污染少、适用范围广、应用前景好。

(5)静电施药技术。利用高压静电在喷头和靶标间建立静电场，农药经喷头雾化后，带上电荷，形成群体荷电雾滴，在静电场力和其他外力的作用下，雾滴做定向运动，吸附在靶标上。静电施药技术产生的雾滴符合生物最佳粒径理论，增加了雾滴与害虫等的接触概率，雾滴在作物上的吸附作用强，耐冲刷，药效更持久，同时也减少了农药的飘移，提高了农药利用率，降低了对环境的危害。

(6)精准施药技术。精准施药技术将农药施用技术与地理位置信息系统、定位系统、计算机控制等装置有效结合，实现对受害地区按需定位喷雾的施药方法。目前主要有基于实时传感和卫星地图两种精准技术。

除以上技术之外，还有一些新技术，如通道式喷雾技术、丸粒化施药技术、药辊涂抹技术和植株根茎施药技术等。

以上提到的农药施用技术一般主要依赖人工作业，危险系数大，因此自走电动注入施用设备得到了研究与发展。王秀等[19]开发了一种自走电动注入施用装备(图 3-3)，能在电池驱动下进入地里进行自走自动识别障碍物，自动定位并进行行走作业，根据障碍物分布情况自动土壤施药注射，极大减少人工操作，对土壤自动化施药具有非常重要的作用。此装置包括：自走机身、控制器、超声传感器、激光传感器和药液注射单元。自走机身上设置有蓄电池和发电机，蓄电池为所述自走机身提供动力，发电机对蓄电池进行充电且为所述自走机身提供备用动力，控制器控制蓄电池和发电机之间的动力转换，药液注射单元设置在自走机身的底部，超声传感器设置在自走机身的左右侧，用于对准靶作物区域，激光传感器设置于自走机身的前后端，用于定位障碍物。该设施通过各个器件之间的协同作用实现精确化的无人注射作业，电动自走注入式土壤农药施用装置到达地头后，调好方向，按下自动按钮后，开始进入地里进行作业，行走过程中不断将计算的结果代码发回控制中心，对于作物茂盛稠密的地块，传感器可以自动提高信号背景滤波等级，保证对于大多数不影响作业的枝叶信号的自动屏蔽，减少运算量同时提高运算精度。

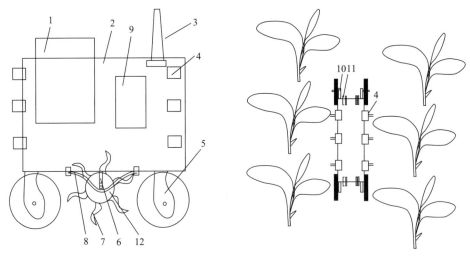

图 3-3　自走电动注入施用装备

1-发电机；2-自走机身；3-信号收发器；4-超声传感器；5-电驱动行走轮；6-深度控制单元；
7-注射头；8-复位减振弹簧；9-控制器；10-行走驱动电机；11-激光传感器；12-注射轮

3.3.2　农田灭虫技术分析

病虫害是导致农作物损失的一个重要原因，据调查，虫害会造成 20%～30%的粮食损失，包括减少农作物的营养成分，导致农作物低发芽率及农作物重量不足等。威胁农作物生长的害虫高达上千种，通过吸食、蛀入和分泌等方式危害农作物的正常生长。

农田灭虫主要是采用施用农药杀虫剂的方式，杀虫剂分为化学杀虫剂、植物杀虫剂、光活化杀虫剂、微生物杀虫剂、昆虫拒食剂[20,21]。

(1)化学杀虫剂是全世界范围内长期用来控制虫害的主要方法,这些杀虫剂通常不能生物降解，具有高毒性，并且对于非靶标生物比如有益昆虫、两栖动物、鱼类、鸟类和人类都存在较大的危害。化学杀虫剂可以分为以下类别：有机磷杀虫剂，对以乙酰胆碱酯酶为神经传导介质的生物都具有杀伤作用，有些品种还具有急性毒性过高和神经毒性特点。氨基甲酸杀虫剂，其危害比有机磷农药低，但是同样对乙酰胆碱酯酶具有抑制作用，对人类健康和环境存在直接和潜在的威胁。拟除虫菊酯杀虫剂，具有广谱、残效期长和有效控制蜱螨等特点。烟碱类杀虫剂，通过选择性控制昆虫神经系统烟碱型乙酰胆碱酯酶受体，阻断昆虫中枢神经系统的正常传导，导致害虫麻痹死亡，可去除已经对传统杀虫剂产生抗药性的害虫，对哺乳动物毒性低。昆虫生长调节剂，专一性地干扰昆虫的某一生长或者发育阶段，使其正常生长发育阻断或者发生异常，甚至导致死亡。除此之外，还有含腙结构杀虫剂、吡唑类杀虫剂和沙蚕毒类杀虫剂。

(2)植物杀虫剂是从具有杀虫特效的植物中提取有效成分制成药剂，相比于化学杀虫剂具有以下优点：不会造成环境污染(成分均为天然的植物物质)，害虫难以产生抗药性(杀虫组分比较多元化)，不伤害有益生物。

(3)光活化杀虫剂是在受光激发后形成毒素分子，对非标靶生物毒性极低的农药。作用机制分为光诱发毒性和光敏化氧化过程两种。一个光敏化剂每分钟能产生成千的活性氧，破坏对应数目的靶标分子，效率远高于传统农药。

(4)微生物杀虫剂是一种利用对害虫存在致病作用的微生物活体进行虫害防治的技术。白僵菌是一种昆虫专性寄生菌，可防治 40 多种害虫，对目标害虫专一，没有副作用，在作物上不残留，是良好的生物农药。苏云金杆菌是由芽孢和伴孢晶体蛋白组成的微生物杀虫剂，对昆虫和鼠类等哺乳动物具有毒性作用，但是害虫对它产生了抗药性，未能普及使用。多杀菌素和弥拜菌素都是良好的微生物杀虫剂，对脊椎动物的毒性非常低，应用广泛。

(5)昆虫拒食剂是一种是害虫丧失进食能力的行为调节物质，直接作用于昆虫感受器，在低浓度下活性和药效依旧明显，无毒无异味代谢物，价格低廉，贮藏稳定。常见的有百里酚、水蓼二醛和筋骨草昔等。

除了使用农药杀虫剂，一些更加环保无污染、高效的灭虫技术也得到了广泛的研究与应用。比如，太阳能灭虫灯将太阳能光伏板与汞灯等组合，针对大部分害虫昼伏夜出的特点，将白天储存的太阳能转化成电能，引诱害虫扑向灯的光源，达到灭虫的目的。除此之外，为了更绿色环保、高效去除农田灭虫，一些有关射频灭虫、纳米技术灭虫和植物皂苷灭虫等的技术研发相继开展，并不断在实际工程中应用。冯萍[22]等公开了一种农田灭虫网(图 3-4),在网架上设置纵横排列的网线,网线上设置有不干粘胶,结构合理,制作简便用,灭虫效率高,不会污染。

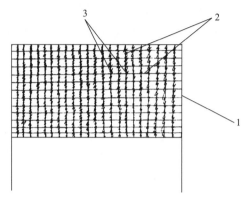

图 3-4　农田灭虫网

1-网架;2-网线;3-不干粘胶

吴文龙等[23]提出了一种利用太阳能的农田灭虫灯(图 3-5),其灯体包括上盖、下盖、金属支撑杆和紫外诱虫灯,上盖和下盖之间连接金属支撑杆,紫外诱虫灯装在上盖的下方,金属支撑杆外面套有玻璃绝缘管,玻璃绝缘管外设高压合金丝网,下盖的一端连接固定架,灭虫灯通过固定架固定顶杆上。此灯将原有的普通照明灯换成紫外诱虫灯吸引昆虫,并在紫外诱虫灯外设高压合金丝网灭杀昆虫,兼具美观与实用性。

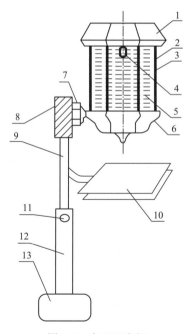

图 3-5　农田灭虫灯

1-上盖;2-金属支撑杆;3-玻璃绝缘管;4-紫外诱虫灯;5-高压合金丝网;6-下盖;7-固定架;
8-顶杆;9-支架;10-太阳能电池板;11-固定元件;12-筒杆;13-底座

　　虽然农药对保障农作物生产、防止病虫害等具有重要作用，但大多数农药是有直接毒害的，施用不当对人们、畜禽、水生生物等都带来安全隐患，为解决一家一户农民技术水平参差不齐及病虫治理不当等问题，需积极推广统防统治技术。该技术就是以村或乡为集体，由农技员统一诊断病虫害，统一选配农药，统一喷洒施用，达到统防统治的目标。

3.3.3　农田水肥药一体化精准施用技术

　　水肥药一体化技术是一项将灌溉、施肥、用药融为一体的现代化农业设施技术，按照农作物不同时期的不同生长需求，将可溶性固体肥料、农药与灌溉水混合在一起，借助压力灌溉系统，准确地输送到需要的土壤，发挥水、肥、药间的协同效应。该技术可以精确调控作物的灌水量、施肥量、施药量、灌溉频率和时间等，可以有效缓解农业缺水、肥料农药利用率低和农药污染等问题。水肥药一体化系统主要是由灌溉、施肥、施药、混合和控制等多个系统组成，将各种设备与计算机程序组合，可严格控制 pH 和电解率等指标。

　　以色列、美国、法国、日本等发达国家是水肥药一体化技术研究和应用较为普遍的国家，特别是以色列，由于灌溉技术的先进性，90%以上的农田实现了水肥药一体化施用技术。我国于 1974 年从墨西哥引进了农业滴灌设备，水肥药滴灌技术在大部分地区得到广泛地推广应用。应用研究表明，在黄瓜种植中应用水肥一体化技术节约的水资源、肥料成本费、农药费和人工投入成本分别为 52%、46.4%、42%和 17.5%，而黄瓜的产量会增加 20%，纯收益增加 35.5%。在辣椒中应用该技术可以降低 19.5%的辣椒根部发病率，辣椒产量提高 25%[24]。

　　水肥药一体化技术灌溉方式以滴灌为主，按照不同的分类形式可分为固定式灌溉系统和半固定式滴灌系统两种。固定式灌溉系统的各个组成部分都有固定的位置，无法调节位置，管道和滴头一般埋在土壤的下方，毛管固定在土壤上方，适用于果树和蔬菜等植物，装置不易损害。半固定式滴灌系统的毛管和滴头具有一定的移动性，滴头可随着植株生长变化高低和季节变化进行移动，增加了系统的工作面积，减少了毛管和滴头的数量，相比于固定式滴灌系统节约了 60%的投资成本[24]。如果按照系统布置方式又可分为地面固定式、地下固定式和移动式三种。地面固定式通过地面上的固定装置将毛管和滴头固定于地面上，安装与维护便捷，方便观察土壤湿度和水流量等。地下固定式将所有的灌溉管道埋在地面下，不需要在作物种植和收获前后拆卸毛管，延长了设备的寿命，但是维修困难，不便于观察流量等。移动式在灌溉完成后可将毛管和滴头移动至另一个位置，提高了设备的利用率，降低了投资成本，但是操作麻烦，管理运行费用高。

　　采用水肥药一体化精准技术，可以节约水资源、节约肥料、节约农药，而且可以轻松控制水肥药施用均匀性和精准性，增加作物产量，高效生产，节约水肥药，减少肥药外排，改善水生态环境，提高经济效益。水肥药一体化精准灌渠施用技术应是生态节水型灌区建设的重点应用和发展方向。

　　在实际应用中，王胜[25]提出了一种新型的水肥药一体化灌溉系统(图 3-6)，包括供水系统，供水系统包括雨水收集池和储水池，储水池内设有的供水管依次安装有节水阀、净水装置、流量计、过滤装置、加压泵，在供水管的末端连有施药装置和水肥灌溉装置，在流量计和过滤装置之间设有水肥药供给系统；水肥药供给系统包括水肥一体罐和配药罐，水肥一体罐的罐体两侧分别连有第一进水支管和水肥液输出管，在水肥输出管上设有第一开关；配药罐的罐体两侧分别连有第二进水支管和药液输出管，药液输出管设有第二开关；第一进水支管和第二进水支管通过三通阀与进水主管相连接，进水主管连通供水管。可以达到节水、节能、降低劳动强度，并且保证施肥均匀的效果。

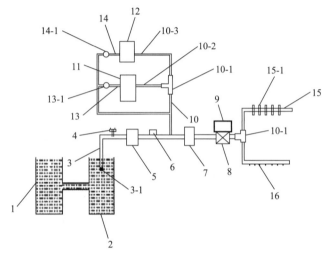

图 3-6　一种新型的水肥药一体化灌溉系统

1-雨水收集池；2-储水池；3-供水管(3-1-过滤网)；4-节水阀；5-净水装置；6-流量计；7-过滤装置；8-加压泵；9-太阳能动力装置；10-进水主管(10-1-三通阀)；10-2-第一进水支管；10-3-第二进水支管)；11-水肥一体罐；12-配药罐；13-水肥液输出管(13-1-第一开关)；14-药液输出管(14-1-第二开关)；15-施药装置(15-1-微喷头)；16-水肥灌溉装置

　　王东等[26]针对现有喷灌技术需要的设备多，成本高，难以利用现有的节水灌溉或植保喷雾设施和技术实现水肥药一体化的管理等问题，提出了一种水肥药一体化灌溉系统(图 3-7)。此系统通过创新水肥药一体化作业平台，将水肥管理和植保施药结合在一起，通过一套设备可实现灌溉、施肥、喷药三种功能，减少了管理环节，提高了工作效率。其移动高架牵引装置结构简单、性能稳定、拆卸方便，贴近地面安装，占地空间小，既不影响作物收获等机械作业，还可与深松、少耕、免耕技术相适应，不影响土地耕作和作物换季播种等机械作业，一次安装，可长期固定使用，而且作物全生育期水、肥、药的管理均无须燃油动力牵引机械或人力进地作业，相比传统的水肥管理方式，显著减少劳动用工数量和拖拉机进地的数量，尤其便于智能化操作。智能控制系统可依据即时监测的田间含水量及水压、流量等数据，计算灌水量、施肥量和施药量，自动控制潜水泵开关和供水水压、自动控制喷雾系统的启闭，自动控制水喷头和雾喷头的水平移动速度及注肥流量，实现水肥药精准化、自动化管理。

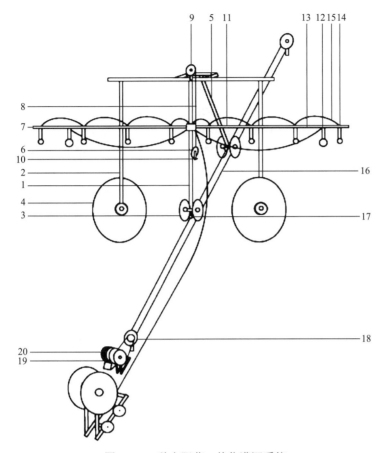

图 3-7　一种水肥药一体化灌溉系统

1-中立柱；2-侧立柱；3-小车轮；4-大车轮；5-斜拉杆；6-钢索卷扬轮；7-升降滑块；8-升降钢索；9-滑轮；10-摇把；11-喷杆；12-水喷头；13-水管；14-雾喷头；15-药管；16-回形钢索；17-固定套环；18-凹槽轮；19-驱动轮；20-钢索驱动电机

3.4　农田首级排水水质强化净化技术

农田首级排水是指灌区范围内旱地、水地由田间直接向排水系统排放的水体，它是田间与毛沟交界处，也是本书界定的农田源头区，毛沟之后的沟道河流作为排水系统。为此，本节将田间向排水系统排放的交界处截留净污确定为首级水质强化净化，并纳入到灌区源头控污范围，毛沟之后的排水系统污染物质截留净化技术将在第 5 章详细介绍。

3.4.1　旱地首级排水水质强化净化技术

旱地农田排水主要分为过湿防渍田间排水和盐碱地排水，旱地普遍存在田间排水沟，排水中含有较高的泥沙、氮、磷、农药以及其他有机污染物质。太湖地区农业科学研究所调查表明，太湖区域小麦地(旱地)施氮量为 225 kg/hm^2 时，被雨水淋洗损失的总氮为施氮量 30%。旱地排水水质强化净化是污染物源头减量的重要方面，主要技术方法是在田埂排水口处设置首级人工湿地和生物膜法等，实现对田间排出污染物的首级截留净化。

(1)旱地田间排水首级人工湿地。首级人工湿地是在田间向毛沟排水的田埂排水口处设置的净污单元，该湿地单元体积较小，但基本原理与较大型人工湿地相同，由特定的土壤基质和水生植物组成，利用物理、化学和生物三者之间的协同作用，通过过滤、吸附、植物吸收和微生物分解等作用达到污染物截留净化的目的。首级人工湿地单元去除氮肥的途径包括物理过程(含氮颗粒的沉淀、氨挥发等)、化学过程(吸附、离子交换等)和生物过程(氨化作用、硝化与反硝化作用、固氮等)。其中微生物过程起到了主要的脱氮作用，植物将空气中的氧通过自身的茎叶输入到根部，使根系周围形成交替的好氧区和厌氧区，给微生物的硝化和反硝化作用提供良好的反应环境，从而起到更好的脱氮效果。首级人工湿地去除磷肥主要也是通过物理、化学和生物三种过程，其中基质对磷的吸附是主要的去除途径。由于旱地主要依靠天然降水，首级退水以氮、磷为主，水量变化较大而且不稳定，需选择潜流人工湿地。但是潜流人工湿地基质更换困难，使得该技术的推广存在一定的困难。

(2)旱地田间首级排水生物膜法。该法是在田间向毛沟排水田埂排水口处设置微生物附着填料载体装置，填料的微生物吸收分解污染物质，使田间排水得到净化。生物膜上的微生物种类丰富，适应能力强，存活时间长，当季节更替或不排水期间，可以更换生物膜或库存载体装置，确保使用时生物膜装置高效运行，管理方便。王沛芳等[27]提出了一种用于处理旱地排水的首级水质强化净化装置(图3-8)。该技术克服了现有技术所存在的旱作物农田首级排水污染控制问题，通过在旱作物田间排水口与毛沟连接处设置水质强化净化装置，实现削减田间排水中氮、磷浓度，降低受纳沟道水体污染负荷，田间排水经塑料网开口进入强化净化装置后及时排出，同时排水中较大杂质被塑料网口拦截，排水在竖直管段跌落曝气，增加溶解氧，然后经过生物填料球氮、磷营养元素和有机污染物等负荷能有效降低，达到净化水质目的。净化装置运行一段时间生物净化球上的生物膜老化，可方便地将铁丝网箱打开对生物净化球进行处理与更新。所设置的检修盖板，可定期打开检修防止堵塞，保证排水通畅。

3.4.2 水地首级排水水质强化净化技术

水地主要是指有水源保证和灌溉系统的稻田、藕田、菇田等农田，能通过正常的灌溉作物和定期排水晒田的农用地。水地退水强化净化技术主要有首级人工湿地、田间水塘生物浮床、生物填料装置和田间水塘调蓄再利用等。

(1)水地田间退水首级人工湿地。人工湿地主要利用植物对退水中的氮、磷进行吸收，达到去除污染物的目的。在南方水田中，可有效利用农田区域现有的水塘洼地系统，构建强化净污的人工湿地，实现对面源污染物首级的高效截留净化。

(2)田间水塘生物浮床技术。田间水塘生物浮床技术是通过水地中间拥有的水塘来构建生物浮床，这类水塘往往是调控水地田间含水湿度和土壤水分，水塘不仅能够有效降低田间灌溉水量，节约水资源，而且能减少田间退水和净化污染物质。在水塘水面上，构建生物浮床系统，借助浮床植物生长过程中对水中氮、磷等元素的吸收利用，直接将水体中的无机营养物从水体中去除。植物根系和浮床基质等对水体中悬浮物具有较高的吸附能力，可以富集水体中的悬浮物质，释放大量利于微生物活动的分泌物，从而加速

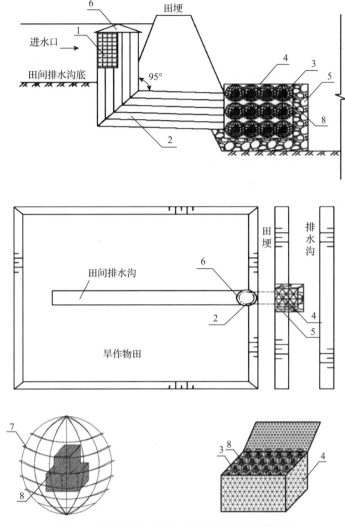

图 3-8　旱作物农田排水首级水质强化净化装置

1-塑料网；2-塑料波纹管；3-生物填料球；4-钢丝网箱；5-碎石；6-检修盖板；7-凸起骨架；8-生物填料

有机污染物的降解。水塘生态浮床中的浮体装置浮力大、承载力强、耐水性好、不易老化，可以固定植物根系，保证植物生长需要的水分、养分等。按照植物和水体接触与否可以分为干式和湿式两种，干式植物不接触水体，不能有效去除水体中的氮、磷，湿式可以解决干式的缺点，并且构建材料选择性也更多。按照浮床构建材料，生物浮床可分为化工材料浮床、生物秸秆浮床和无机材料浮床，浮床上可以种植具有经济价值的作物，实现浮床对污染物质净化和一定的经济效益，更好地调动农民群众养护的积极性，促进这一技术更为广泛的应用。

(3) 水地田间退水首级生物填料装置。水地田间退水首级生物填料技术原理和结构箱装置与旱地排水首级生物技术相同，但布置方式不同。旱地排水主要是由于降雨在田间形成地表径流涝水或是降低土壤含水率防止农作物受渍水，这类排水大多数是渗流式排出农田，故此，旱地排水是由导管导入到田埂外侧布置的生物填料箱，实现排水水质的有效净化。而水地田间退水一般是径流式，即田间具有一定水深，通过退水来降低水深，这样退水量较大且频次较高，因此，我们提出将生物填料箱安装于农田田埂上，在控制田间适宜水深的田埂开口处布置生物填料箱。田间退水直接通过填料球过滤净化后，排入到毛沟或农沟之中，再由排水沟道系统逐级截留净化农田污染物。这种装置可以与水地田埂上的水体控制排水闸结合使用，也可以设计成整体闸控和净污多功能联合装置。

(4)田间水塘调蓄再利用。水地退水资源再利用，不仅可以从源头上减少农田用水的取水量，给农作物提供具有养分的水资源，降低农田灌溉水费和作物施肥(部分减少施肥量)的经济成本，而且更重要的是可以缓解水资源供需矛盾，减少对水环境的污染。另外，在我国很多灌区对农田退水进行资源利用和多种经营。例如，利用水稻田进行河蟹养殖，通过在田间开挖水塘或深水水域，不仅调蓄了稻田水体再利用，而且养蟹不需要添加饲料，田间水体养分能满足河蟹的正常生长需求。还有利用稻田养鱼，稻田退水水塘养殖经济效益高的"路步鱼"等，实现了稻田水资源循环利用、营养类污染物不外排、耦合水产养殖农民增效的综合目标。

3.5 农作物秸秆废弃物处置技术

秸秆指除农作物主产品之外的农作物副产品，包括杆、茎、叶、壳、芯等。我国五千多年农业文明，包括各类农作物秸秆的文明资源化综合利用，祖先们从来没有为农作物秸秆犯愁，他们把所有秸秆都进行了资源化利用。每年农作物收获后，将秸秆堆放在房前屋后，作为农民生火做饭的主要燃料，绝对不会随意焚烧和放弃。水稻秸秆还被用作冬季农耕牛的饲料，农民建房屋顶防漏和土墙表面防雨冲刷，稻秆还被用来编织草地、草包和草袋等用品，山芋、玉米等秸秆粉碎或切段后更是猪、羊等畜禽饲料，还利用稻秆、麦秆等造纸，常称为"草纸"。20世纪七八十年代人们又建设许多小造纸厂，其主要原料就是农作物秸秆。但随着社会经济发展和人们生活水平的提高，现代农村农民都使用上了天然气、液化气或电烧饭，畜禽养殖都用上复合饲料，住房都是砖、瓦和混凝土结构，小造纸厂因污染严重和经济效益而不复存在。农作物秸秆的传统出路全部堵死，农民采用了一种废弃和简单省力的手段进行了相当长时间的秸秆田间焚烧，造成严重的季节性大气污染。我国每年秸秆量中，灌区农作物秸秆占绝对高的比例，如何处置秸秆这种被称为"放错地方的资源"，是生态节水型灌区建设的重要源头控污方面。下面综合总结介绍我国秸秆处置的主要技术方法，为生态节水型灌区建设总体目标的实现和农田污染物源头防控与资源化提供技术支撑。

3.5.1 水稻秸秆处置技术

水稻的秸秆(稻草)在我国农业秸秆中所占的比例较大，产出量较高。同时，水稻秸秆富含纤维素，还含有钾、钙、磷等多种化学元素，利用不当是一种严重影响生态环境的污染物，但如能合理利用又是重要农业资源。水稻秸秆的常见处置技术主要分为焚烧、还田和固化三种方式。

1. 焚烧

焚烧是水稻秸秆传统的处置方式，水稻收割之后，直接在田间将秸秆露天焚烧，焚烧时地面温度高达 400℃左右，对农田土壤造成严重危害。同时，秸秆焚烧对大气环境也会造成严重的危害，产生大量的有毒物质，进而危害人体健康。焚烧秸秆形成的烟雾，含有大量的二氧化碳、甲烷、二氧化硫、氮氧化物等，降低空气质量。在过去几年，每年 9～10 月，秸秆焚烧形成的烟雾造成高速公路不能行驶，机场飞机不能起降，农村城市均笼罩在烟雾之中。近年来，国家严禁秸秆焚烧，空气质量出现了好转。除此之外，秸秆在农田焚烧时还会破坏土壤结构，造成农田质量下降，地表中的微生物被烧死，腐殖质、有机质被矿化，改变了土壤的物理性状，加重了土壤板结，加剧了土壤的干旱程度。

2. 还田

水稻秸秆还田是综合利用秸秆的主要途径，也是我国目前采用和鼓励采用的有效方法。该方法不仅解决了秸秆的出路，避免焚烧造成大气污染问题，同时借助秸秆富含的有机质来肥沃土壤，减少化肥施用量，保持土壤肥力，提高资源利用效率。稻秆还田技术主要有反转灭茬和条耕联合作业技术两种[28]。

1）反转灭茬技术

反转灭茬技术的执行机具是反转灭茬机，其旋耕刀片由土壤的约束区向非约束区运动，表茬先于土壤落地，增加旋切深度，同时还可以使茬草掩埋和覆土得到加强，可获得较好的稻秸秆还田效果。

2）条耕联合作业技术

条耕联合作业技术是先将秸秆切碎后进行条形局部耕作。条形耕作区域耕深一般为12～16 cm，区域面积占总面积的 1/5，在区域内进行施肥播种，秸秆堆放在未耕区域，最终形成秸秆切碎、条耕、施肥和播种联合作业的还田模式。

3. 固化

水稻秸秆固化是指在一定条件下，将松散细碎且具有一定粒度的秸秆挤压成质地致密、形状规则的棒状、块状或者颗粒状的技术。秸秆的堆积密度一般为 100～110 kg/m³，秸秆固化成型燃料的密度为 1.0～1.3 t/m³，体积缩小为原来的 1/10 以下。秸秆固化成型工艺流程如图 3-9 所示。

图 3-9　秸秆固化成型工艺流程

3.5.2 小麦秸秆处置技术

小麦秸秆处置技术与稻秆类似，主要焚烧、还田、固化和堆肥等，其中还田技术存在一些不同之处。小麦秸秆还田技术分为秸秆机械粉碎还田技术、秸秆整秆还田技术和留高茬还田技术。

1. 秸秆机械粉碎还田技术

小麦在收割机收割过程中，秸秆经粉碎后均匀抛撒到地面，然后用重型拖拉机翻压还田。若麦秸过长，可以用旋耕机切碎，然后耙平、播种。播后出苗前，喷施除草剂除杂草，作物生长过程中及时追加氮肥等。保证土壤湿润，利于麦秸腐烂，此方法操作简单、节省劳动力和成本，增产交易显著。当然，麦秆粉碎还田需要特别注意田间排水造成的水体污染问题。在我国南方地区，麦田收割的后下一茬农作物大多数为种植水稻，麦秆粉碎撒到田间后，经灌溉水体浸泡，麦秸腐烂，田间水体会像"酱油汤"一样受到污染，水体中污染物种类多且浓度高，此时的田间水排放到河流，会形成十分明显的污染带，造成河流水环境质量恶化。因此，麦秆还田浸泡期间，应禁止泡田水外排。

2. 秸秆整秆还田技术

小麦收割之后，将麦秸清理到田边，在田地里施加适量的氮素和磷肥，及时耕翻整地播种。为了下茬作物出苗，麦收之前一周内浇水造墒。播种后出苗前，喷施除草剂去除田间杂草，适量追加氮素，在作物行间覆盖麦秸 $3.0\sim4.5$ t/hm^2，实现小麦秸秆整秆还田利用。

3. 留高茬还田技术

小麦收割时一般留茬 $20\sim40$ cm，要做到边割边翻，降低养分的损失，也利于秸秆腐解，顺行耕翻，一次耕翻入土，耕深要求在 26 cm 以上，然后用耙进行土地平整，避免空松，影响后续作物的生长。

3.5.3 玉米秸秆处置技术

玉米秸秆通常采用焚烧、堆肥和还田等技术进行处置，其中还田技术按粉碎类型的不同又可以分为机械化切碎和半机械化切碎两种技术。

（1）机械化切碎：摘穗、机械直接切碎抛撒秸秆、补氮、重耙或旋耕灭茬、深耕整地、播种。玉米成熟后趁秸秆青绿及时摘穗，并连苞叶一起摘下。秸秆青绿(含水量30%以上)时，及时用秸秆粉碎机切碎秸秆。切碎后秸秆长度不大于 10 cm，茬高不大于 5 cm，防治漏切。然后补施氮肥，将玉米秸秆碳氮比调增为合适的比例。用重耙或旋耕机作业一遍，在切碎根茬的同时将碎秸秆、化肥与表层土壤充分混合。用拖拉机牵引型深耕土地，压实、耢平，消除因为秸秆导致的土壤架空现象，为播种创造条件。

（2）半机械化切碎：摘穗、割倒堆放、人工喂入切碎、补氮堆沤、机械灭茬或者人工刨茬、人工铺撒、耕翻整地、播种。

3.5.4　其他作物秸秆处置技术

作物焚烧、堆肥和固化等技术差异性较小，因此本小节主要讲述棉花秸秆、大豆秸秆和甘蔗秸秆的还田技术。

1. 棉花秸秆

棉花秸秆机械化还田技术是指棉花收获后，用棉花秆粉碎机将直立于田间的棉花秸秆和根茬进行直接粉碎，并均匀混拌在地上的一项综合配套技术。由于棉花秸秆部坚固，皮层纤维组韧，且根茬尺寸较大，因此局部堡块较大，容易影响下熟作物的播种，同时使耕作的阻力成倍增加，因此棉秆的还田作业以粉碎后再破根茬旋埋秸秆为最佳。

2. 大豆秸秆

在大豆成熟后，收获大豆时采用联合收割机粉碎机，秸秆经过粉碎后直接放入田里，秸秆粉碎后的长度约为 5～6 cm，均匀地铺盖在田地里，在播种下一作物前，用拖拉机翻耕至 18～22 cm 的土壤中。大豆秸秆中含有纤维素、半纤维、蛋白质和糖，经发酵、腐烂和分解转化为有机质，使土壤更加肥沃，丰产性能提高。

3. 甘蔗秸秆

甘蔗叶的氮、磷和钾含量分别为 0.70%、0.31% 和 2.20%，而且含有丰富的有机质和甘蔗生长所需的多种营养元素。20 世纪 80 年代以来，我国先后研制了一些甘蔗叶粉碎还田机械，按收拾方法的不同，可分为自捡式和带专用捡拾机构两种。自捡式甘蔗叶粉碎还田机是利用高速旋转的甩刀及其产生的负压共同作用将甘蔗叶捡起并卷入机内打击切割粉碎。带捡拾机构甘蔗叶粉碎还田机同自捡式相比多了一个捡拾机构，甘蔗叶首先由捡拾机构捡起，再由甩刀带入机壳内切割粉碎。

3.5.5　菜地废弃物处置技术

菜地废弃物主要包含蔬菜产品在收获过程中产生的无商品价值的根、茎、叶以及在收获、贮存、加工及运输过程中产生的虫咬、瘀伤、腐烂等蔬菜。我国是粮食大国，蔬菜产量逐年增加，蔬菜废弃物中有机质含量较高，平均占干物质质量的 70% 左右，有机成分中纤维素和木质素含量也较高，分别为 28.5% 和 10.98%。传统的处置方式主要是将菜地废弃物田间随意堆放或就地晒干焚烧。由于菜地废弃物含水率较高，容易腐烂发臭，随意堆放会滋生蚊蝇，为病害微生物的繁殖与传播提供良好的条件，其所含的矿质元素经地表径流冲刷、渗漏等途径污染地表水及地下水，直接影响后茬物的生长，也造成景观环境恶化。除以上传统两种方式之外，菜地废弃物更应该采用直接还田和堆肥等方法。

1. 直接还田

蔬菜废弃物的碳氮比较低，比大田作物秸秆更适宜于直接还田，还田后经过一段时间的发酵，会改善土壤的理化性状，进而改善作物品质及产量，还田技术方法与秸秆类似。

2. 堆肥

堆肥可以将蔬菜废弃物转换为稳定的腐殖质，是良好的土壤改良剂和有机肥料。好氧堆肥温度较高，通常为 50～65℃，可以最大限度地杀灭病原菌，达到无害化的目的。张静等[29]以蔬菜废弃物和破碎树枝为原料采用条垛式堆肥工艺，提出了适合我国农村应用条件的最优控制方案。李剑[30]等将蔬菜废弃物和畜禽粪便与适量的粉碎秸秆进行堆肥，获得腐熟度较高的堆肥。进行多种物料的联合堆肥对于优化堆肥条件、提高堆肥品质具有重要意义，不仅能同时处理几种不同的有机废弃物，还能通过综合利用多样化的废弃物性质增强堆肥质量。

3.6　农作物秸秆资源化利用技术

农作物秸秆资源化利用是解决秸秆问题的主要方向和长远目标。前面介绍过我们祖先都是将农作物秸秆进行资源化利用的，但随着时代发展和现代科技进步，新时期农作物秸秆资源化必须紧扣还田增肥、养殖饲料、物质能源、生物菌种、生态净污、建筑材料和工艺编织等方面多途径开发利用，通过新方法、新技术、新工艺、新设备和新产品不断研发和创新，实现农作物秸秆的资源化，从根本上解决农田源头秸秆转污问题。

3.6.1　稻秆资源化利用技术

稻秆是我国产量最大的农作物秸秆，是一种木质纤维素产量较高的资源，主要由纤维素、半纤维素、木质素、灰分等组成。其资源化利用技术较多，包括还田、用作肥料、制作饲料和生物质能源等。

1. 秸秆还田

让水稻秸秆在田间腐烂，当作肥料滋养土地。通常采用旋耕灭茬、翻耕埋茬、覆盖地表三种主要方式。旋耕灭茬主要是利用旋耕机碎土能力强的特点，将水稻秸秆切碎与土壤混合。翻耕埋茬则是将整株水稻秸秆翻埋入土，将地表的秸秆剩茬与杂草、虫卵、细菌等埋入土壤中，达到除草灭虫、提高土壤肥力的目的。覆盖地表相比于前两种更加方便，直接将前期收集处理好的秸秆铺于已耕作好的土壤表面，对粮食种子起到保温的作用。

2. 用作肥料

将水稻秸秆收集，采用沤肥或者堆肥的方法，使有机质经过腐熟，生成腐殖质增强土壤的肥力，还可以产生供农作物吸收利用的营养物质如氮、磷、钾等。为土壤中的微生物提供大量营养，促进其快速繁殖，进而改善土壤微生物多样性和活性。沤肥是水分较多的情况下，物料在淹水时发酵，属于嫌气性常温发酵，在我国南方尤其普遍，如湖南的凼肥和苏浙一带的草塘泥等。凼肥制作简单，就地取材，选址要求不严格，但是肥水流失严重，容易对周围水体和环境造成污染。堆肥是将秸秆等堆放在地表或者坑池中，使物料保持适量的水分。

3. 制作饲料

利用水稻秸秆制作饲料的方法可分为物理、化学、生物三大类。物理方法即切短、粉碎、浸泡等简易方式。化学方法是利用氨化或者简化处理，改变水稻秸秆的性质，增加适口性，提高营养价值等。生物方法可细分为青贮技术、酶制剂发酵和微生物方法。青贮技术主要是通过乳酸菌发酵，将青贮原料中的可溶性碳水化合物(主要是糖类)分解成有机酸(主要是乳酸)，产主的酸性条件可抑制各种微生物的繁衍，从而有效保存秸秆饲料。微生物方法是指在秸秆中加入特定的活性菌种，如木霉素、曲霉素等真菌，芽孢杆菌属、类芽孢杆菌等细菌，利用微生物的生命活动对秸秆进行发酵的过程[31]。

4. 用于发电

稻秆燃烧的热值为 13.98 kJ/g，其结构松散，密度较小，可挥发性成分高，比煤炭更容易引燃和燃烧。直接燃烧稻秆技术分为层燃、流化床和悬浮燃烧三种。稻秆中的氯离子含量较高，烟气在高温时(450℃以上)具有较高的腐蚀性，对管道损伤较大。将秸秆与其他燃料进行混合燃烧发电称为混合燃烧技术，按混合方式分为直接混合燃烧技术、间接混合燃烧技术和并联燃烧混合技术三种[32]。直接混合燃烧是指将预处理过的秸秆直接送入燃煤锅炉，与煤同时燃烧，生产蒸汽，带动汽轮机发电。间接混合燃烧是指秸秆气化之后，将产生的秸秆燃气输送至锅炉，与煤共同燃烧。并联燃烧是指秸秆在独立的锅炉内燃烧，产生的蒸汽传给发电机组。秸秆气化也是一种发电方式，在气化炉内将秸秆气化，生成可燃气体，会掺杂着灰分、焦炭和焦油等，需净化过后供给内燃机，带动发电机发电。

5. 生成沼气

将水稻秸秆作为原料制取沼气，既能将秸秆合理利用起来，又能产生沼气作为燃料供给，是当前新农村建设的一种重要方式。秸秆中蕴藏有通过光合作用积累的生物能，利用微生物发酵的原理，使生物能通过沼气这种可燃性气体释放出来，同时秸秆中的微量元素在微生物的分解下，可形成新的活性物质，使得剩余的沼液、沼渣等形成有机肥料。

6. 生产生物质能源

秸秆可用于制作生产生物乙醇，固体成型燃料等。将秸秆收集后，通过物理、化学、生物等技术方法，将秸秆水解、发酵，再通过纤维素酶把水稻秸秆中的纤维素转化成葡萄糖，并进一步制作生产出生物乙醇。但是，秸秆制作生产生物质能源对技术设备要求高，制作困难，成本较高。

7. 编织制品加工技术

秸秆可以用来编织各式各样的编织品，如草帘、草包和草苫等，可用作保温材料和防汛器材，还可编织草帽、草垫和精密席面等工艺品和日用品。生产加工秸秆制品成本很低，但需要一定的手工编织技术或加工设备。

8. 其他用途

陈万国[33]公开了一种水稻秸秆加气砖，由以下质量份的原料组成，页岩 20～30 份、改性水稻秸秆 15～20 份、水泥 25～28 份、玻璃微珠 8～10 份、黏结剂 5～8 份、快干剂 10～12 份、聚乙烯胶粉 6～7 份、十二烷基苯磺酸钠 3～5 份、脲醛树脂 3～4 份，改性水稻秸秆是将晒干、粉碎后的秸秆粒放入改性剂中得到，该发明以废弃物为原料制成的空心砖，旨在解决现有空心砖由水泥及黏土制成消耗资源大、成本高的问题，同时具有防裂作用，不容易损坏。章云等[34]提出了一种改性水稻秸秆蓝藻处理剂，由下列重量份的原料制成：聚丙烯酰胺 30～35 份、阳离子淀粉 20～25 份、花露水 14～17 份、酒石酸 19～21 份、柠檬酸铁 18～20 份、硫酸铝 17～19 份、水稻秸秆 16～18 份、葡萄籽 19～22 份、蛇床子 1～3 份、佩兰 2～4 份、连翘 3～5 份、茵陈 2～5 份；该发明成本低，操作方便，能实现蓝藻水华安全处置和资源化利用；利用中草药的杀菌、抗病菌性能对水稻秸秆改性制得的蓝藻处理剂，能去除目前常用水处理剂难以处理的重金属离子、放射性物质、致癌物质、蓝藻等污染和有害物质，具有显著的脱色、脱臭、脱水、脱油、除菌等多种功效。

3.6.2　麦秆资源化利用技术

小麦稻秆中有机物含量很高，具有生物质能源化利用的潜力。麦秆与稻秆资源化技术类似，都可以粉碎直接还田、堆肥还田、燃烧发电和气化供给农户使用。每千克麦秆可产生 $2\sim3\ m^3$ 的气体，燃烧成本约 0.11 元/m^3。除此之外，小麦秸秆还可以用作生物质炭、工业原料和纸筋生产等。

1. 制备生物质炭

刘娟丽等[35]将麦秆原材料置于陶瓷坩埚中装满压实，置于马弗炉中炭化一定时间，然后分别用蒸馏水、无水乙醇洗涤，真空干燥得到生物质炭。实验证明，这种生物质炭存在大量的—COOH 和—OH 等有机官能团，在碱性条件下带负电，可以吸附阳离子染料亚甲基蓝等。具有炭材料吸附能力强、化学性质稳定和再生能力强等特点。生物质炭包含微晶炭，具有发达的孔隙结构，较高的比表面积，因此对金属离子及有机化合物具有较高的吸附能力。采用新型设备将秸秆制造成秸秆成型炭，可以变废为宝，增加农民收入。秸秆生物质的灰粉、硫含量明显低于煤炭，其燃烧产生的污染物排放少，比煤清洁，在加热、烧烤、取暖等方面应用广泛。而且不易自熄，无烟无臭，热值高，保护环境。

2. 用作工业原料

与木材原料相比，麦草原料的纤维细而短，非纤维细胞较多。而且麦秆质地柔软，适合制作各种工艺品。将氯化镁等添加剂溶解于水并稀释制成黏合剂，或者使用异氰酸酯类等胶黏剂，加入麦秆搅拌，使其干湿均匀。然后再压入指定的木框模具内，加热干燥成型。此外，麦秆还可以用机械打碎成浆造纸和一次性餐盒等。将麦秆粉碎干燥，加入苯酚、硫酸等高温反应制成液化产物，再向液化产物中加入环氧氯丙烷，加热搅拌并滴加氢氧化钠溶液，减压蒸馏得到黑褐色的环氧树脂黏合剂。

3. 纸筋生产

纸筋是耗量较大的建筑材料，用以提高墙体韧度、连接性能等。将麦秆加入 20% 左右的生石灰进行软化，然后带水粉碎，即可制成纸筋。然后再向纸筋中加入适量的石灰搅拌成糊状，即可制成纸筋灰，用于防治墙体抹灰层裂缝等。据估算，每 500 kg 麦秆可制成 470 kg 的纸筋，效果明显。

4. 制成工艺品

麦秆常用于制作各种画，安全环保，形象生动逼真，具有很高的艺术价值、欣赏价值和收藏价值。有艺术家将优质木材与麦秆为主要原材料制作了一种木质家具麦秆画，经过精选、剖开、熨平和晾干等步骤，将制作好的麦秆画粘在各种家具上。还有人将麦秆与黑陶结合，发明了一种具有麦秆画的黑陶盘，把黑陶器皿当作画布，将麦秆画粘贴在上面，两者有效结合，既能呈现两种艺术的原有效果，又形成了新的艺术形式，将麦秆画"镶嵌"在黑陶器皿上，又可以在日常生活中使用，便于两种艺术形式的推广传播。

3.6.3　玉米秸秆资源化利用技术

玉米秸秆化学成分主要为碳、氮、磷和钾等，碳水化合物占 30% 以上，有机质含量约为 15%，基本组织结构为纤维素、中纤维素和木质素。而且玉米秸秆热值高，每公顷玉米秸秆平均可产热能 1.26×10^7 kJ，相当于 3.8 t 煤产生的热量[36]。与稻麦秸秆类似，玉米秸秆可以用于造纸、制造人造板和生产一次性餐具等。常见的玉米秸秆资源化技术有保护性耕作技术、生物秸秆反应堆技术、生产食用菌、青贮养畜技术和玉米秸秆制颗粒技术等。

1. 保护性耕作技术[37]

保护性耕作技术是指取消铧式耕翻土壤，将玉米秸秆和残茎覆盖耕地表面，具有蓄水和保墒效果，可减少土壤风蚀和水蚀，提高土壤有机质含量，培肥地力，并且抑制农田表面扬尘。采用保护性耕作技术能明显提高产量，降低农业生产成本，有利于保护生态环境和促进农业可持续发展。

2. 生物秸秆反应堆技术[38]

生物秸秆反应堆技术是采用生物技术将玉米秸秆转化为作物生长所需的热量、CO_2、营养物质和抗病孢子的生态农业新技术。秸秆反应堆技术可以提高温室内 CO_2 浓度，促进作物光合作用；还可以提高地温，减轻病虫害，使温室蔬菜提早上市 10 天左右，且品质得到明显改善。

3. 生产食用菌[39]

在粉碎后的玉米秸秆中按比例加入磷肥、氮肥石灰及水，堆闷发酵，保持料内温度控制在 60～65℃，每 2～3 天翻一次，保证原料发酵均匀。发酵约半个月后，用发酵好的熟料装袋生产食用菌(如平菇、蘑菇等)，其生物转化率可达 70%～100%，且用后的肥料可作为农家肥还田。

4. 青贮养畜技术[40]

玉米秸秆青贮养畜技术是指利用玉米秸秆制成粗饲料，贮存发酵后喂养牲畜。一般在 4 片绿叶以上收割秸秆，保证秸秆含水率在 60%～70%，然后用揉丝机破坏与玉米秸秆表面的角质层和茎节，将其加工成软的、适口性良好的絮状饲草。然后向饲草中添加菌种，可以抑制有害微生物，促进发酵过程，防止秸秆损失营养或者腐烂，保证青贮饲料的质量。压实喷洒添加剂后的秸秆，排出预料之间的空气，尽可能避免秸秆的氧化，同时还可以节省贮存空间。青贮饲料营养物质丰富，可长时间保存，其芳香酸味可以提高饲料的消化率。

5. 玉米秸秆制颗粒技术

玉米秸秆制颗粒技术是指使用秸秆制造颗粒设备将秸秆压缩成长方形或圆柱形的块状颗粒。颗粒可用作饲料喂养牛羊，或者代替煤炭、石油等能源燃烧，不产生二氧化碳、清洁环保、热效高。

6. 制成建筑材料

丁岩等[41]将规格相似的玉米秸秆，按设定尺寸剪裁成等长度玉米秸秆材料，再将剪裁好的玉米秸秆材料平铺在模具内,铺满一层后在第一层的上表面上涂上 PVP 环保胶(市购产品)，形成单片玉米秸秆板，采用粗细颠倒的方法使单片玉米秸秆板更加平整。然后再在第一层单片玉米秸秆板上层按同样方法制成第二层单片玉米秸秆板，依次类推制成设定规格的玉米秸秆板(图 3-10)。将其用于建筑物特别是框架一体式建筑物的前、后墙板之间的充填物，使建筑物具有良好的隔凉、隔热、隔音效果，特别是降低了建筑物的造价，并使玉米秸秆得到良好的应用，有利于改善生态环境，具有十分重要的社会和经济效益。

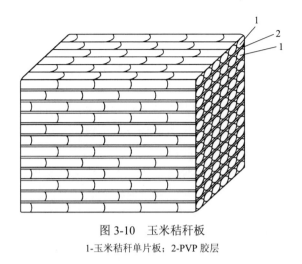

图 3-10　玉米秸秆板

1-玉米秸秆单片板；2-PVP 胶层

3.6.4　秸秆废弃物堆肥资源化利用技术

堆肥技术是农村秸秆废弃物重要的资源化利用技术。作物秸秆的有机成分含量高，有害成分较少，适用于堆肥还田。秸秆堆肥是将植物残体在好气条件下堆腐而成的有机肥料。堆制过程中产生的高温可以杀灭寄生虫卵以及各种病原菌、杂草种子等，达到无害化的效果。

堆肥的基本原理是使粗有机物质在微生物作用下经过分解、腐熟形成优质肥料，通常可以分为 4 个阶段。

1. 发热阶段

堆肥初期，由于旺盛的微生物活动，堆温由常温上升到 50℃ 左右，微生物由中温好气性为主转为好热性占多数，肥堆内简单的糖类、淀粉、蛋白质等被大量分解。

2. 高温阶段

此阶段的温度在 50～70℃ 之间，好热性的真菌、防线菌、芽孢杆菌和梭菌等占优势地位，矿物质过程和腐殖质化过程在此阶段相继发生。纤维素、半纤维素和果胶类物质可以被有效地分解，同时产生大量的热量。微生物活动较为剧烈时，堆温上升至 70℃ 以上，好热性微生物大量死亡或者进入休眠状态，然后导致产热量小于肥堆散热量，温度下降至 70℃ 以下，休眠的好热性微生物恢复生命活动，使肥堆处于可以自行调节的高温状态。

3. 降温阶段

当高温阶段持续一段时间以后，由于纤维素、半纤维素和果胶物质等残留量逐渐减少，以及水分散失和氧气供应不足等因素，微生物活动减弱，产热量减少，进入降温阶段。中温性微生物重新取代好热性微生物成为优势菌种，腐殖化过程成为主要过程。降温阶段时，通常需要翻堆，将肥堆中腐熟程度不同的堆层进行位置交换，适当补充水分，提高堆肥质量。

4. 后熟保温阶段

此阶段进行缓慢的矿质化和腐殖质化过程，肥堆内的植物大部分腐解，腐殖质明显增加。

农作物秸秆氮磷含量较低，木质素等难降解物质多，易分解物质少。因此，需要采取各种措施调节肥堆的成分和条件，给微生物提供可以正常进行生命活动的条件，包括适量的水分、通气量、温度、养分和酸碱度。

堆肥按堆制材料和堆制方式的差异可分为普通堆肥和高温堆肥两大类；普通堆肥是在嫌气条件下腐熟的，高温阶段不明显，腐熟时间较长；高温堆肥是在好气条件下腐熟的，加入动物粪便接种好热性纤维分解菌，高温阶段明显，腐熟时间较短。按堆放的方式一般有地面式、地下式和半坑式。

目前的秸秆堆肥技术操作烦琐、用工量大，大多停留在粗放式流程工艺中，大多采用露天或是半封闭的堆肥车间进行简单的秸秆翻堆，依靠自然腐熟，不但效率低，腐熟工期长，而且腐熟后的秸秆绿肥肥效差，各批次生产的绿肥品质参差，标准性差，给秸秆堆肥技术的推广应用造成了很大的障碍。难以在农村大面积推广，因此寻找操作简易、堆腐效果好的秸秆堆肥技术至关重要。

针对以上问题，国内外学者和科研工作者针对堆肥技术进行了不断的研究与创新。例如，何传龙等[42]提出了一种堆肥方法，包括堆沤和堆腐两个阶段，在堆沤阶段，建堆沤坑，然后将秸秆放入堆沤坑中，每50 cm厚秸秆加薄层土，将秸秆堆至高出地面1.5～2m，形成堆顶四周高、中间凹的秸秆堆，然后从秸秆堆顶浇水，至秸秆堆体下面的坑内水满；然后顶部加土覆盖，堆沤时间为45～70天；在堆腐阶段，将坑内堆沤秸秆翻至地面，堆成堆，进行半好气堆腐至腐熟堆腐时间为30～50天；秸秆变成褐色至黑褐色，秸秆残体湿时柔软易断，风干时一碰就碎，即为堆肥产品。该堆肥技术分前期堆沤，后期堆腐两个阶段。秸秆堆沤使秸秆充分吸水和减少堆肥体积，并通过沤制将不吸水的秸秆蜡质层酯键打开，促进秸秆的腐解；后期半好气腐熟，生成腐殖质类物质，确保堆肥质量。张官亮[43]提出了一种秸秆堆肥系统(图3-11)，包括秸秆粉碎车间和秸秆堆肥车间，

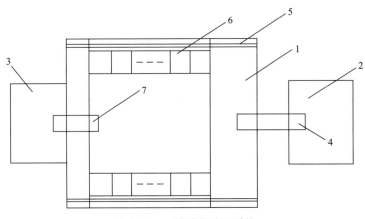

图 3-11　一种秸秆堆肥系统

1-秸秆堆肥车间；2-秸秆粉碎车间；3-生活垃圾分选车间；4-皮带传送机；5-天车；6-发酵池；7-皮带传送机

秸秆堆肥车间设置有若干发酵池。在系统中，包括秸秆粉碎、秸秆注水搅拌、生活垃圾粉碎、生活垃圾分选、勾兑、秸秆腐熟等工艺流程。不仅能处理秸秆，还能有效地处理生活垃圾。

参 考 文 献

[1] 王祖力, 肖海峰. 化肥施用对粮食产量增长的作用分析[J]. 农业经济问题, 2008, (8): 65-68.

[2] 陈换美, 郭振华. 变量施肥技术的发展与分析[J]. 新疆农机化, 2017, (5): 24-29.

[3] 黄国勤, 王兴祥, 钱海燕, 等. 施用化肥对农业生态环境的负面影响及对策[J]. 生态环境, 2004, 13(4): 656-660.

[4] Battese G E, Coelli T J. A model for technical inefficiency effects in a stochastic frontier production function for panel data[J]. Empirical Economics, 1995, 20(2): 325-332.

[5] Wang H J, Schmidt P. One-step and two-step estimation of the effects of exogenous variables on technical efficiency levels[J]. Journal of Productivity Analysis, 2002, 18(2): 129-144.

[6] 李小青, 吕靓欣. 董事会社会资本、群体断裂带与企业研发效率——基于随机前沿模型的实证分析[J]. 研究与发展管理, 2017, 29(4): 148-158.

[7] 冯探, 王朋朋. 我国农药施用效率的区域差异及其影响因素[J]. 贵州农业科学, 2016, 44(3): 76-82.

[8] Prosdocimi M, Tarolli P, Cerdà A. Mulching practices for reducing soil water erosion: A review[J]. Earth-Science Reviews, 2016, 161: 191-203.

[9] Chen X G. Economic potential of biomass supply from crop residues in China[J]. Applied Energy, 2016, 166: 141-149.

[10] Lukina E V, Freeman K W, Wynn K J, et al. Nitrogen fertilization optimization algorithm based on in season estimates of yield and plant nitrogen uptake[J]. Journal of Plant Nutrition, 2001, 24: 885-898.

[11] 王迎春. 寒亭区测土配方施肥技术推广现状及对策研究[D]. 泰安: 山东农业大学, 2014.

[12] 杨清兰. 利用测土配方施肥技术提高大豆产量的方法: CN103039230A [P]. 2013.

[13] 王雅芳. 一种全自动水肥一体化系统的设计与实现[D]. 石河子: 石河子大学, 2015.

[14] 陈利. 水肥一体化喷溉系统: CN107258484A [P]. 2017.

[15] 林代炎, 吴飞龙, 黄贤贵, 等. 蔬菜大棚水肥一体化装置: CN203435483U [P]. 2013.

[16] 陈永顺, 李敏侠, 董燕, 等. 水肥一体化新技术要点及其优势[J]. 现代农业科技, 2011, (19): 298, 316.

[17] 王俊伟. 几种现代施药技术(上)[N]. 河南科技报, 2015-8-11 (B02)

[18] 王俊伟. 几种现代施药技术(下)[N]. 河南科技报, 2015-8-14 (B02)

[19] 王秀, 马伟, 苏帅, 等. 一种设施电动自走注入式土壤农药施用装置: CN204811659U [P]. 2015.

[20] 范峰, 王岩丽, 杨微, 等. 农用杀虫剂综述(上)[J]. 世界农药, 2005, 27(6): 25-29.

[21] 范峰, 王岩丽, 杨微, 等. 农用杀虫剂综述(下)[J]. 世界农药, 2005, 28(1): 21-29.

[22] 冯萍. 农田灭虫网: CN201878653U [P]. 2011.

[23] 吴文龙, 黎莹. 一种农田灭虫灯: CN205196790U [P]. 2015.

[24] 杨晓宏, 严程明, 张江周, 等. 中国滴灌施肥技术优缺点分析与发展对策 [J]. 农学学报, 2014, 4(1): 76-80.

[25] 王胜. 一种水肥药一体化灌溉系统: CN204968498U [P]. 2015.

[26] 王东, 谷淑波. 一种水肥药一体化灌溉系统: CN104756662A [P]. 2015.

[27] 王沛芳, 王超, 钱进, 等. 旱作物农田首级退水水质强化净化装置: CN103964566A [P]. 2014.

[28] 孟海兵, 许飞鸣. 秸秆还田及综合利用技术[M]. 北京: 中国农业科学技术出版社, 2008.

[29] 张静, 何晶晶, 邵立明, 等. 分类收集蔬菜垃圾与植物废弃物混合堆肥工艺实例研究[J]. 环境科学学报, 2010, 30(5): 1011-1015.

[30] 李剑. 蔬菜废弃物堆肥技术参数的优化研究[D]. 上海: 上海交通大学, 2011.

[31] 邱进, 吴明亮, 方友祥, 等. 水稻秸秆利用研究现状与发展趋势[J]. 当代农机, 2015, (4): 72-75.

[32] 何张陈, 袁竹林. 农作物秸秆发电的各种技术路线分析与研究[J]. 能源研究与利用, 2008, (2): 29-33.

[33] 陈万国. 水稻秸秆加气砖: CN104355572A [P]. 2014.

[34] 章云, 张彬, 章飞云. 一种改性水稻秸秆蓝藻处理剂及其制作方法: CN104030398A [P]. 2014.

[35] 刘娟丽, 曹天鹏, 王黎虹. 秸秆生物质炭的制备及吸附性能研究[J]. 工业安全与环保, 2016, 42(1): 1-3, 7.

[36] 马俊卿, 韦竹立, 吴俐莹, 等. 广西农作物秸秆处理现状及建议[J]. 现代农业科技, 2018, (3): 180-183+185.

[37] 李常广. 玉米秸秆综合利用技术推广研究[J]. 农业科技与装备, 2012, 9(219): 78-79.

[38] 周伟艳, 高占文. 辽宁省玉米秸秆综合利用现状及建议[J]. 农业科技与装备, 2015, 1(247): 70-71.

[39] 刘丽玲. 玉米秸秆皮瓤叶分离试验研究[D]. 哈尔滨: 东北农业大学, 2011.

[40] 吴鸿欣, 曹洪国, 韩增德, 等. 中国玉米秸秆综合利用技术介绍与探讨[J]. 农业工程, 2011, 1(3): 9-12.

[41] 丁岩, 马殿清. 一种玉米秸秆板材: CN204819818U [P]. 2015.

[42] 何传龙, 朱宏斌, 郭志彬. 一种秸秆堆肥方法: CN104355714A [P]. 2014.

[43] 张官亮. 一种秸秆堆肥系统: CN203144303U [P]. 2013.

第4章 灌区农村居民和养殖污染源头防控技术

灌区中的污染源不仅是覆盖面积最大的农田排水，而且还包括分散在灌区的农村居民生活污水及生活垃圾、乡村企业的生产废水、畜禽养殖废水及粪便、水产养殖业排放等。这些污染源的污染物主要包括有机物、氮、磷等营养物，还有为促进禽类鱼类等生长的激素、抗生素和消毒药剂等。这类污染源大多数是间断式较高浓度排放，如果不进行有效处理，会对灌区水环境质量造成严重影响。而灌区生活污水、乡村企业废水、畜禽水产养殖排水等排放规模一般比较小，分散在灌区的不同区域，如果采用集中处理，需要布设过长管道进行收集。由于农村地区地形复杂、沟河众多，过长收集管道的经济合理性和运维技术性都是不可行及不可取的，只能采用适合的就地分散处理的方式。同时，农村的实际条件决定，选用的处理工艺要简单，日常的管理维护要简捷，建设运行的成本要低廉。本章在分析灌区居民生活和养殖污染源特点的基础上，对各种污染源的处理处置方式进行了分类介绍，阐述适合农村污染源治理的关键技术，构建灌区农村污染物防控减量系统，与第3章介绍的灌区农田污染物防控减量系统，共同形成生态节水型灌区建设农田农村源头防控减量第一道防线体系。

4.1 农村居民生活污水处理技术

农村生活污水主要是指生活在农村居民的粪尿污水、生活杂排水(包括洗衣水、洗碗水、洗浴水、清洗水及厨房用水)等，其排放量的大小跟居民的地域区位、气候条件、水资源可供量、生活习惯、用水量和经济状况等有直接关系。我国灌区大多数均位于各个地方的经济发达或较发达地区，灌区内农民居住人数相对较多，农村生活污水排放量相对较大，源头如果不处理控制这些污水，对灌区水系水环境质量会产生重要影响。本节在总结分析农村生活污水常规处理技术的基础上，重点介绍农村生活污水湿地净化、生物+生态复合处理工艺和一体化处理技术，并通过典型实例来说明农村生活污水处理效果。

4.1.1 农村生活污水传统处理方法和技术选择

在农村地区，大多数卫生设施不健全或无卫生设施，无完整的生活污水收集系统，生活杂排水和粪尿污水大都是独立流，生活杂排水随处泼洒，粪尿污水则存于旱厕内。还有部分农户仍保留着粪便还田的好传统。我国的太湖流域地区，水系发达，河网密布，除了约80%的大部分居民沿河、路呈带状相对集中居住外，还有约20%的居民分散居住。这些分散居住的居民生活杂排水排放去向有村河、地表下渗、沟渠道等。据课题组承担的项目调查发现，在太湖入湖小流域地区，约有24%的农户生活废水选择了直接排入村河，50%的农户排水采用排入屋后及地表渗入地下。

灌区农村居民的生活污水特征通常表现为出水量较大但浓度相对较低或出水量较小

但浓度相对较高，农村生活污水排出具有间断性，它与农民生活用水关系紧密。另外，不同地区的农村生活污水水质还具有一定的差异性，有些地区污水 C/N 比失调，这类污水处理不利于采用生物脱氮方法。因此，在选择处理方式时，应着重考虑符合地区污水特点，成熟可靠，低耗高效，管理运行简单的污水处理技术。现阶段农村生活污水处理的技术呈现多样化，但都是来自不同单元处理工艺的有效组合。例如在经济相对发达的长江三角洲和珠江三角洲地区，灌区地形平坦，河网交错，村落周围具有可用的坑、塘及废弃洼地，具备生态处理的条件。因此可以因地制宜，选择适合的技术方法和处理工艺，达到处理效果好、节省土地、低能耗、运行维护简便、经济可行的灌区污废水处理目标。

4.1.2　农村生活污水处理生物膜法

生物膜法是污水处理技术中成熟的方法之一，在城镇集中式污水处理厂也是常用的技术。在农村生活污水处理中经常使用生物膜法，根据农村污水的特点，通常包括曝气生物滤池、生物转盘、生物接触氧化法等。由于附着于载体表面上的微生物对污水的水质和水量变化有较强的适应性，运行时无污泥膨胀，即使增殖速度较慢的微生物也能生息，在生物膜内形成较长的生物链，从而构成稳定的生态系统。生物膜法运行较为稳定，管理方便，因此农村生活污水处理常会选用生物膜法作为处理工艺。

1. MBR 技术

该模式的原理是将活性污泥法与膜分离技术有机结合，并以膜组件代替传统污水生物处理技术中的二次沉淀池，通过膜组件的高效截留作用使泥水彻底分离(图 4-1)。由于 MBR 中活性污泥浓度较高及高效菌种(尤其是优势菌群)的作用，大大提高生化反应速率，减少剩余污泥产量，从而解决传统生物技术存在的突出问题。

图 4-1　MBR 技术流程图

2. 梯式生态滤池

为充分利用山地、丘陵等地形优势而研发出一种梯式生态滤池处理技术。该工艺通过厌氧预处理有效降低有机污染物浓度，减轻生态滤池接触氧化阶段的负担；梯式生态滤池为整个工艺的核心单元，相比普通生物滤池，引入了植物生态系统。在好氧段通过溅水充氧以及滤池底部自然通风充氧，达到有效去除有机物的目的，引入的植物主要为了去除污水中的氮、磷等营养盐。如图 4-2 所示。

梯式生态滤池处理技术可充分利用地形优势，无须消耗动力。将好氧滤池与缺氧滤池交替串联，好氧硝化与缺氧反硝化得到结合，提高了脱氮效果。溅水充氧与滤池底部自然通风充氧相结合，显著增强供氧能力。在生态滤池上部种植植物，去除营养物质的同时，还可以产生一定的经济效益与景观效益。

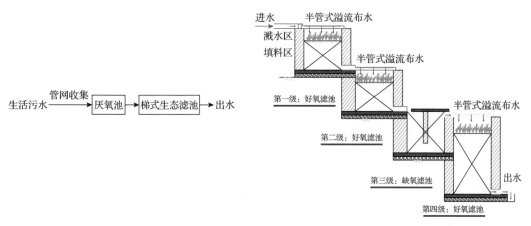

图 4-2　梯式生态滤池工艺流程图

3. STCC 污水处理技术

陈志德等[1]研发了 STCC 污水处理技术。该技术是一种新型的以碳系材料制成多种介质填料的"改进型曝气生物滤池技术"，如图 4-3 所示。整套工艺模仿大自然在物质循环过程中的自净功能，利用自然生物净化的原理，将天然材料和废弃材料进行改性加工，制成具有自净功能的"不饱和炭"、"脱氮材料"和"除磷材料"等多种介质的填料，组成复合填料床。通过为微生物提供最佳的生息繁殖生态环境，强化自然微生物对污水的净化作用，同时通过特殊的曝气系统在填料床中形成厌氧、兼氧和好氧交替的环境，达到硝化、反硝化脱氮和生化除磷的目的，从而对污水进行深度净化处理。

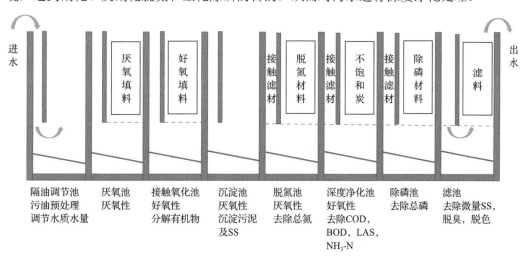

图 4-3　STCC 污水处理工艺流程图

该工艺不但处理效率高，运行稳定，而且操作管理简单，耗电量小，占地面积省，不投放药剂，运营成本只有传统工艺的 50%，另外设施的外观可设计与周围的景观环境相协调，作为草坪、人行道、停车场等，既节约能源又促进中水循环利用，是"资源节约型""环境友好型"社会鼓励发展的先进技术。

4.1.3 农村生活污水湿地净化技术

灌区拥有众多的水池、水塘、水坑和断头河等洼陷结构，运用这些洼陷结构来构建湿地系统是就近和经济简便地解决农村生活污水的重要途径。农村生活污水所要求的湿地处理系统主要包括湿地土壤（基质）、水生植物和微生物组成的单元。湿地土壤（基质）是湿地植物的直接支撑者，是湿地化学物质转化的介质，也是湿地植物营养物质的储存库。湿地土壤含有丰富的有机质，离子交换能力较强，这样污水中的某些污染物可通过离子交换得到转化，并且氮的转化也会因提供的能源以及适宜的厌氧条件得到加强。此外，土壤颗粒对磷酸盐的吸收是磷的一个重要转化过程，黏土矿中铁、铝、钙的存在或者土壤有机质的束缚将会影响其吸收能力。除吸收过程外，磷酸盐也可同铁、铝和土壤组分一起沉降。湿地土壤主要是通过沉淀、吸附和吸收、离子交换、氧化还原及代谢分解等作用途径实现对污水中污染物的净化。

湿地植物在其生长过程中可以吸收污水中的无机氮、磷等营养物质，供其生长发育。植物可直接摄取污水中的氨氮，合成植物有机氮，然后通过收割植物去除。而污水中的有机氮、无机磷则多通过微生物的降解和植物的吸收及同化作用转化为植物的有机成分，然后通过收割植物去除。此外植物还可对氧气进行运输、释放和扩散，为根部好氧区微生物输送氧气。植物的根和根系对介质具有穿透作用，减少了介质的封闭性，增强了疏松度，加强并维持了介质的水力运输，提高了土壤渗透率。湿地植物还具有过滤和抑藻等效应。这些独特作用使其对污水中许多污染物都有很好的去除效果。

湿地中的微生物主要包括菌类、藻类、原生动物和病毒。它不但维持着生态的平衡，还对污染物的净化有着重要的促进作用。在处理污水时，湿地微生物的活动使得有机物的降解和转化得以完成，同时这也是污水中有机物降解的基础机制。丰富的微生物资源为污水湿地处理系统提供了足够的分解者。

农村生活污水湿地处理是模拟天然湿地的结构，人为选择适合在污染环境条件下生存的生物种类来构建湿地生态系统，利用其生态功能来处理污水的一项技术，通过过滤、吸附、沉淀、离子交换、植物吸收和微生物分解等作用，实现对农村生活污水的高效净化。与常规的污水处理相比，人工湿地污水处理技术具有净化效果好、去除氮磷能力强、工艺设备简单、工程基建和运行费用低、运转维护管理方便、能耗低、生态环境效益显著、可实现污水资源化等优点，不过它也存在着占地面积大、易受气候因素影响等缺点。这些优点对灌区农村生活污水处理都是十分重要的，而有关缺点又是农村可以避免和接受的。因此，农村生活污水湿地处理是应该得到大力推广的适用技术。

目前，人工湿地污水处理系统按照其污水的流动方式，一般可分为 3 种：表面流人工湿地、潜流人工湿地和垂直流人工湿地。

表面流人工湿地与自然湿地最为接近，污水在坡度为 2%～5%的基质表面漫流，水深约为 0.1～0.4 m，水面与空气之间可发生快速的气体交换，绝大部分有机物的去除是由植物水下茎、秆上形成的生物膜来完成，氧主要来自水体的表面扩散、植物根系的传输和植物的光合作用，见图 4-4。这类人工湿地投资少、操作简便、运行费用低，但占地面积较大、水力负荷率较小、不能充分利用填料及植物根系的去污作用，存在夏季滋生蚊蝇、冬季表面结冰的现象，净化能力相对较弱。在灌区农村生活污水处理时，表面流人工湿地处理场地尽量远离村庄，在靠近排水沟道附近的低洼荒地处实施，避免气味和蚊蝇等影响人们生活质量。

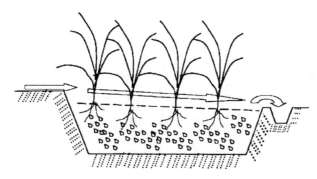

图 4-4　表面流人工湿地示意图

潜流人工湿地是由沟槽或湿地床组成，挺水植物生长在床内的基质中。污水水平流经基质内部，床底设有防渗层，防止污水下渗，见图 4-5。与表面流人工湿地相比，潜流人工湿地的水力负荷和污染负荷较大，对生化需氧量(BOD)、化学需氧量(COD)、悬浮物(SS)、重金属等污染指标的去除效果较好，少有恶臭和滋生蚊蝇的现象，但控制相对复杂，脱氮除磷效果不如垂直流人工湿地。潜流湿地可以选择在灌区农村居民居住附近的水池、水塘、水坑、断头河等为基础，进行人工湿地改造建设，湿地的面积大小、净水容量、植物搭配、植物密度和水体持留时间等需要科学计算、精心设计、精准施工和智慧管理。针对农村生活污水出水水量不均匀和水质变化波动大等特点，应考虑在湿地前进行污水调节或与湿地耦合建设，形成相对稳定的污水处理系统。

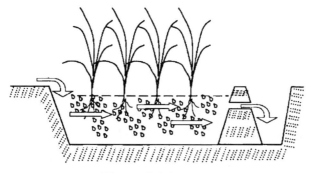

图 4-5　潜流人工湿地

垂直流人工湿地的污水从湿地表面纵向流向填料床的底部，床体处于不饱和状态，氧气可通过大气扩散和植物传输进入人工湿地系统，见图 4-6。垂直流人工湿地的硝化能力高于水平潜流湿地，可用于处理氨氮含量较高的污水，其缺点是对有机物的去除能力不如水平潜流人工湿地系统，淹水时间较长，容易出现堵塞现象控制相对复杂。垂直流湿地对处理农村生活污水是一种有效方法，与表面流和潜流湿地相比较垂直流湿地占地较小，湿地基质渗滤作用发挥充分，但依靠渗滤处理污水，水量小和易堵塞等问题需要借助新载体材料研发来解决。近年来，随着纳米材料和高效菌群附着多孔载体制备和净污装置的关键技术突破，为农村生活污水处理提供了重要技术支持，完善农村生活污水湿地处理技术系统。

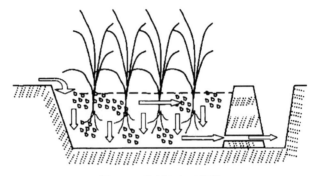

图 4-6　垂直流人工湿地

4.1.4　"生物+生态"处理技术

目前，"生物+生态"的协同组合工艺在农村生活污水处理中应用较多，组合单元的生物技术能有效去除生活污水中有机物和部分氮磷，保证出水 COD 达标；组合单元的生态技术的主要功能为去除 N、P，进一步改善水质，使得 COD、N、P 全面达标。但是，"生物+生态"的协同组合工艺较为复杂，建设及运行成本高，为了解决此问题，吕锡武等[2]研发了"厌氧+跌水充氧接触氧化+人工湿地"组合型农村生活污水处理技术。该技术是将厌氧沼气池、跌水充氧接触氧化池、人工湿地三个单元集成组合，各个单元分工明确，有利于发挥各自特点，厌氧沼气池担负预处理、有效降低有机物浓度的功能，跌水充氧主要功能是去除有机物，人工湿地主要担负去除氮、磷营养物质，并进一步降低有机物浓度功能，保证出水水质达标排放。

跌水充氧接触氧化池有多级，污水提升进入第一级跌水充氧接触氧化池后，经过出水堰和出水挡板跌落于多孔跌水挡板跌水充氧后，进入下一级跌水充氧接触氧化池，与池内填料附着生物膜接触，吸附降解污水中的有机物和氮磷等营养物质，隔板将每级接触氧化池分成两格，形成下向流和上向流的推流形式。根据生活污水水质的差异，接触氧化池分二池到五池串联运行，逐级跌水；每池又可以选择不同的跌水高度，在跌水高度上设置一级或多级挡板以提高污水分散程度及与空气的接触时间。工艺流程如图 4-7 所示。

该工艺是一种低能耗生物处理与生态处理相结合的新工艺，通过厌氧及好氧生物处理过程完成有机物降解及部分生物脱氮，利用人工湿地等生态工程进一步去除氮、磷污染物。可构建景观模式，美化环境，实现农村生活污水处理的田园化、生态化、景观化。

郭飞宏等[3]则在普通的生态滤池基础上，研发了一种塔式蚯蚓生态滤池处理技术，充分利用了蚯蚓与微生物的协同作用，以及蚯蚓的增加通气性、分解有机物等功能，能够更有效地进行污水处理。蚯蚓在滤池内降解有机物，还可通过其砂囊研磨与肠道的生物化学作用，以及与微生物的协同作用，促进碳、氮、磷转化与矿化。

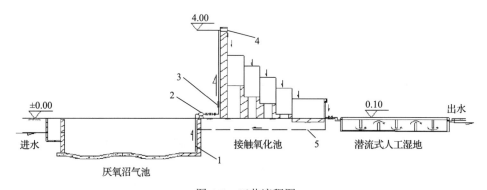

图 4-7　工艺流程图

1-液位控制器；2-自吸式水泵；3-转子流量计；4-高位水箱；5-污水回流管

塔式蚯蚓生态滤池由多个塔层组成，每个塔层有 30 cm 左右的以土壤为主的滤料层，是蚯蚓活动区域也是主要的处理生活污水的区域，土壤层下是不同粒级的填料，以大鹅卵石、小鹅卵石、细砂组成为承托过滤层。每个塔层下面布有均匀的出水分配孔，塔层与塔层之间有 40 cm 左右的空间，有通风孔可以良好地通风，整个塔层以格栅(水泥或钢板)承托。每个塔层土壤内装有从最上塔层到最下塔层依次减少的适量蚯蚓。如图 4-8 所示。

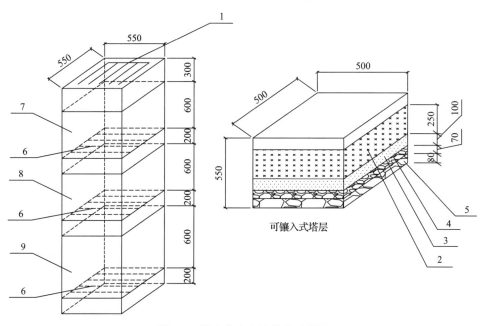

图 4-8　塔式生态滤池结构示意图

1-塔顶布水器；2-滤床层；3-沙层；4-小卵石层；5-大卵石层；6-格栅；7-第一塔层；8-第二塔层；9-底层塔层

塔式蚯蚓生态滤池在工艺原理上采用了先进生物生态的污水处理理念。在生物过滤器中引入蚯蚓后，蚯蚓与微生物协同作用。污水出户后先进入改造好的三格式化粪池，化粪池出水再流入污水收集管道，重力自流进入集水井或调节池，再用泵提升进入塔式蚯蚓生态滤池处理系统(图 4-9)。蚯蚓生态滤池的出水可进入人工湿地系统，进行二次处理。塔式蚯蚓生态滤池有效解决充氧、反硝化阶段碳源、土壤板结、污泥消化、有机物降解矿化等问题，与传统的二级处理工艺相比，节省了工艺建筑的费用，操作管理也得到了简化。

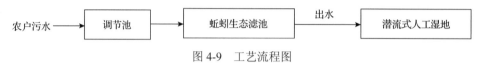

图 4-9　工艺流程图

　　针对农村分散农户的生活污水处理问题，采用毛细管渗滤系统处理是经济适用的，如图 4-10 所示。农户排出的生活污水首先进入化粪池，化粪池的上清液经 PVC 穿孔管或陶土管自流至渗滤沟。在配水系统的控制下，经布水管，分配到每条渗滤沟中，通过砾石层的再分布，沿土壤毛细管上升到植物根区，污水中的营养成分被土壤中的微生物及根系吸收利用，同时得到净化。

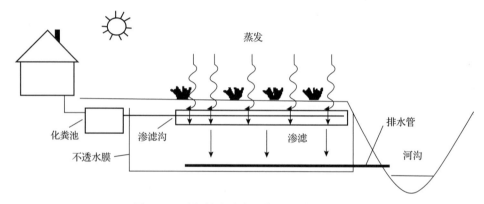

图 4-10　毛细管渗滤沟土壤净化系统示意图

　　待毛细管渗滤系统建成后，在其表面种植各种蔬菜，利用蔬菜的蒸腾作用将水分充分吸收和消耗。这样既可实现农户生活污水零排放，又为农民提供稳定的蔬菜肥力来源。

　　该渗滤系统污水收集管网投资小，处理装置的建设成本低。另外不使用附加能源，维护方便，环保高效，与环境有极好的生态相容性，其处理效果可满足低浓度的分散式居住农户生活污水处理。

　　另外，还有将生物滤池与生态单元结合的处理工艺，如"脱氮池-脉冲多层复合滤料生物滤池-生态单元"处理工艺(图 4-11)，污水首先进入脱氮池，再由自吸泵提升到高位水箱，经自动虹吸布水装置喷洒进入脉冲多层复合滤料生物滤池，出水由下部沟道排放到生态净化系统进行深度处理。生态净化系统结合当地可资利用的池塘、低洼地，分别采用生态塘、人工湿地等生态工程工艺；生态净化系统还可以考虑将村落地表径流接入，与生活污水一起处理，并预留通道在农灌期将处理水直接排入农灌渠道进行农田回用。

　　脉冲多层复合滤料生物滤池采用虹吸脉冲布水方式，维持滤池以低负荷运行，在布水时瞬间冲刷掉部分老化的生物膜，可解决传统的生物滤池易于堵塞和生长池蝇、产生臭味的问题。污水流经滤料，生物滤料附着生物膜完成有机物吸附降解及硝化过程。填料层中设置"废石膏充填区"可有效去除磷，滤池底部设有沉淀区，污水靠重力作用汇集至沉淀区。在沉淀区中污水中的悬浮物沉淀下来，上清液由集水装置收集后排出。

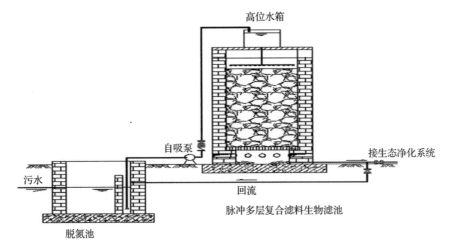

图 4-11　工艺流程图

　　该工艺设备简单，仅用一台进水泵，能耗低，易管理。脉冲多层复合滤料生物滤池出水回流，降低生物滤池进水浓度，无臭气散发，呈塔状占地面积小，适用于污染物浓度较低的农村污水处理。

　　李彬等[4]研发的"自回流立体网框生物转盘+水耕蔬菜"组合型农村污水处理技术。该技术通过生物转盘的好氧过程，完成有机物的降解及部分脱氮，然后利用水耕蔬菜槽进一步去除氮、磷等污染物。通过新型填料及其充填率调整，组合成新型生物转盘，大大提高微生物量和接触面积，有效解决了传统的生物转盘存在比表面积小、挂膜性能差、处理效率低等问题。转盘分三级，其生物相分级现象明显，更有利于微生物的生长繁殖及降解污染物。本工艺通过转盘转动过程的提升作用，将第三级生物转盘末端的处理水用转盘上悬挂的 PVC 提升管提升，并回流到脱氮池实现脱氮功能，改变了传统生物转盘不能自动回流脱氮的问题。

　　水耕蔬菜槽是一种在床体中充填砾石或其他滤料的新型人工湿地，其净化原理是在水耕蔬菜槽中种植多种食用或观赏型水生植物，通过植物过滤、微生物降解、水生植物吸收及清除底泥来去除污水中的有机物及营养物。它的特点在于首先通过选择茎秆和根系发达的水生植物，高效地将水中的悬浮性污染物过滤作用去除，然后由微生物对形成的污泥沉积物(底泥)中的有机物、氮磷营养物等通过微生物降解作用去除，同时通过植物的吸收作用去除水中及底泥中部分氮磷营养物，形成了一个由水生植物、水生动物及微生物构成的高效生态净化系统，实现了物理过滤和生物处理相结合的处理方式。具有处理能力大，效率高的特点，同时还可以生产出具有很高经济价值的水生蔬菜，并可通过生物堆肥发酵技术将具有高有机物含量的底泥转化成高效有机肥，以达到资源的可循环利用。

　　工艺流程如图 4-12 所示。

　　该组合工艺通过生物转盘完成有机物降解、硝化及脱氮功能，利用水生蔬菜及附着的微生物、微小动物进一步去除水中的氮、磷等污染物。水生蔬菜可以产生经济效益，符合可持续发展的原则。

图 4-12　工艺流程图

　　李先宁等[5]研发了一种地埋式一体化拔风溅水充氧生物滤池+人工湿地处理农村污水的装置。该装置完全埋于地下，能耗设备仅为一台小型提升水泵，通过溅水充氧实现好氧生物处理，无须曝气，能耗及运行费用低廉。该装置(图 4-13)前置缺氧池用于去除部分有机物，减小进入滤池的有机物负荷，从而降低滤池生物需氧量，有利于维持滤池内溶解氧浓度以及回流硝化液进行生物脱氮。装置的核心部分溅水充氧滤池利用水头落差，通过两层溅水盘的分散作用，形成水滴和水膜进行充氧满足滤池生物需氧量的要求，在滤池内部通过拔风管强制拔风，进一步提高充氧效果。整个装置仅设一台出水提升泵，实现了大幅度节能条件下的好氧生物处理。

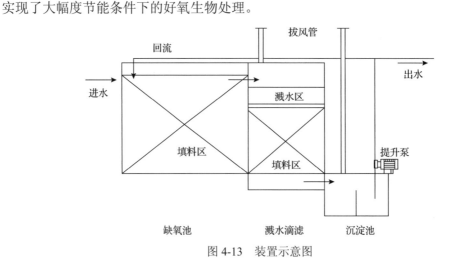

图 4-13　装置示意图

4.1.5　农村生活污水一体化处理装置

　　考虑到农村的经济实力及技术水平难以与城市相比，农村生活污水处理技术选用必须与农村条件相匹配。近年来，一体化处理装置出现就是符合农村实际条件的先进方法，该装置集预处理、生物处理、沉淀、消毒等为一体，占地面积小，简单实用，效率高，管理方便，建设投资少，运行成本低，并可以有效地进行脱氮除磷，适宜广大农村地区。
　　王沛芳等[6]发明了一种灌区生活污水活性铁-厌氧微生物耦合强化脱氮除磷装置，通过隔板依次设置厌氧滤床槽、活性铁-厌氧微生物耦合反应槽、接触曝气槽，沉淀槽和消毒槽，以及曝气装置和反洗装置，工艺流程图和结构平面图如 4-14 所示。铁是微生物生长的必需元素之一，对槽内微生物的生长具有促进作用。该装置利用活性铁与微生物耦合反应，可产生氮气，并且反应速率远大于微生物单独作用，反应产生的 Fe^{2+} 和 Fe^{3+} 均可与磷发生共沉淀，同时还可形成一系列不同形态的多核络合物，能够迅速有效地通过电性中和、吸附架桥及卷扫作用使胶体微粒、悬浮物等凝聚、沉淀。装置为一体化的净化槽，整体结构紧凑简单，采用自埋式，不占地面空间，制造安装容易，成本低。

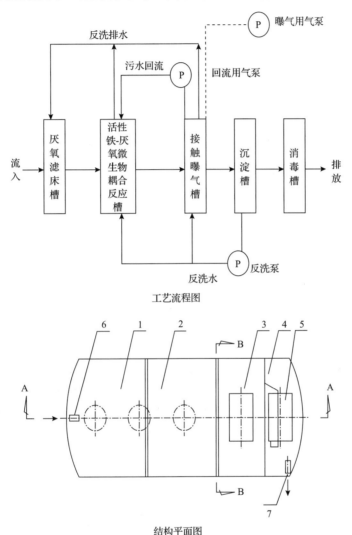

工艺流程图

结构平面图

图 4-14　一种灌区生活污水活性铁-厌氧微生物耦合强化脱氮除磷装置

1-厌氧滤床槽；2-活性铁-厌氧微生物耦合反应槽；3-接触曝气槽；4-沉淀槽；5-消毒槽；6-进水管；7-出水管

　　侯俊等[7]发明了一种灌区生活污水零价铁/微生物复合渗滤墙净化系统。该系统利用岸坡系统在岸坡上挖设多个污水处置单元，通过输水管道系统将灌区生活污水收集至污水处置单元进行处理，处理后的生活污水排入集水沟后进入水生植物沟进行深度净化，最后排放进入河道，系统示意图如图 4-15 所示。该发明通过零价铁和微生物的协同作用提高了处理效率，强化了出水水质；多级处理系统结合水生植物湿地技术能够更加有效地去除污水中的污染物，进一步改善出水水质；并对岸坡系统进行充分利用，不需要占用其他土地资源。整套装置位于地下，没有异味；零价铁反应箱容易更换，便于管理与维护；同时该系统可以就地取材，成本低廉。

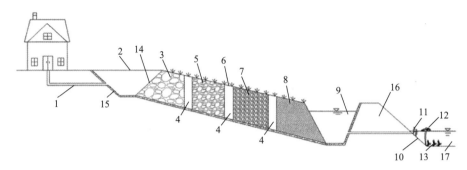

图 4-15　系统示意图

1-生活污水收集管道；2-厌氧发酵池；3-20～30 mm 圆形砾石生物滤料池；4-零价铁渗滤墙；5-10～20 mm 中等砾石生物滤料池；6-植生砖；7-5～10 mm 碎小砾石生物滤料池；8-2.5～5 mm 石英砂生物滤料池；9-集水沟；10-滨水植物带；11-挺水植物；12-浮水植物；13-沉水植；14-可渗透无砂砼；15-无砂混凝土砌块；16-岸堤；17-河道

　　江苏裕隆环保公司采用了先进的污水处理工艺技术，将传统生物处理与 MBBR 工艺相结合，研制出了新一代污水处理装置——EGA 净化槽。该反应器集去除 BOD、COD、氨氮、TN 于一体，处理效果理想，自动化程度高，操作简单，维护管理方便，广泛应用于分散式农村污水处理领域。EGA 净化槽在反应器的生化工艺阶段采用 MBBR 生物处理技术，通过在生化池内投加悬浮活性生物填料，大大增加了反应器内的微生物量及微生物种群，使污水内的各种污染物得到彻底降解和去除。工艺流程如图 4-16 所示。

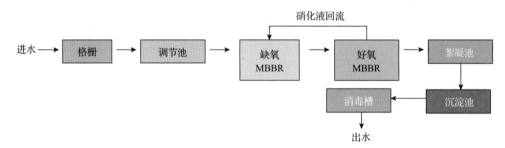

图 4-16　工艺流程图

　　该装置的技术参数如表 4-1 所示。它以 YL 生物填料为核心载体，使生物技术与材料技术完美结合，并强化了硝化反硝化功效，抗冲击负荷能力强，占地面积小。对于污水能够进行就地处理，就地达标排放，省去了长距离管网输送，节约了费用。

表 4-1　产品技术参数

指标	设计进水	设计出水
BOD/(mg/L)	150～250	≤10
COD/(mg/L)	300～350	≤50
SS/(mg/L)	150～300	≤10
氨氮/(mg/L)	30	≤5
总氮/(mg/L)	50	≤15
总磷/(mg/L)	3	≤0.5
pH	4～9	4～9

力鼎环保公司在总结国内外污水处理的基础上，针对出水一级 A 标准或敏感水源地排放标准而定制研发了 LD-S 系列一体化污水处理设备，如图 4-17 所示。该设备主要采用了净化槽、A/O 技术、缺氧和好氧的生化处理工艺，依靠微生物的作用消解水中的有机污染物。

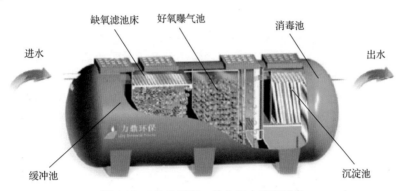

图 4-17　LD-S 系列一体化污水处理设备

设备第一单元是缓冲槽，亦称预脱硝池，缓冲高浓度污水对后续 A/O 槽的负荷冲击。中清液经流量调整部流至第二单元缺氧滤床池，将硝态氮转化成氮气，同时通过兼氧微生物的作用将污水中的有机氮分解成氨氮，有效提高污水可生化性。第三单元好氧曝气池，通过设定的管路系统和自主研发的高效曝气系统将空气均匀定时地注入水中，在微生物的降解作用下，把有机物分解成无机物，去除污染物。同时好氧曝气槽在硝化除氮及好氧除磷方面发挥了较大的作用。第四单元沉淀池内，采用的是混凝沉淀技术，污染物质被吸附沉淀下来，从而达到净化水质除磷的功效。其工艺流程如图 4-18 所示。

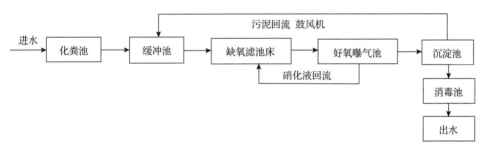

图 4-18　工艺流程图

该设备的占地面积小，能耗低，噪音小，出水水质稳定，最高可达 1 级 A，自动化程度高，使用寿命长，能够切实解决不同区域农村污水治理的问题。

由于农村生活污水一体化处理装置的相关工艺流程是浓缩型，处理污水时，水体在各个单元的持留时间相比于城市大中型污水处理厂相应单元要短，单元的阶段作用发挥受到限制，这就导致一体化处理装置的总体效果受到影响，处理后的出水水质可能达不到国家《城镇污水处理厂污染物排放标准》（GB 18918—2002）一级 A 标准。因此，我们认为在农村生活污水一体化处理装置出水处，建议利用农村的水塘、水坑等洼陷结构设置人工湿地，进一步净化水质，同时还可调蓄水体，为水资源再利用提供条件。因一体化处理装置处理能力相对较小，人工湿地可以接纳几个或十几个一体化装置的出水，从而实现符合地方实际的农村生活污水处理体系。

4.1.6　典型实例

崇明岛是我国第三大岛，也是上海市唯一的大型灌区所在地。近年来，上海市着力打造生态崇明，规划把崇明岛建设称为世界闻名的生态岛。为适应把崇明岛建成世界生态岛的发展战略需要，把灌区建设成为生态节水型灌区是必由之路。在推进生态节水型灌区建设进程中，崇明区政府对灌区农田污染物减量、灌溉排水系统沟渠河流生态化建设、城镇生活污水处理等方面进行了卓有成效的工作，近年来又高度重视灌区农村生活污水的治理，并取得了显著成效，为生态节水型灌区建设的源头减污的实践起到了示范效应。

1. 灌区概况

1) 地理地形地貌

崇明岛灌区位于长江入海口，隶属中国上海市，灌区面积 1269.1 km²，地势平坦，地面高程一般在 3.2~4.2 m(吴淞基面，下同)，约占总面积的 64.88%。崇明岛由长江泥沙历年淤积围垦而成，沿岛东部、北部滩涂发育，仍在不断淤涨成陆，整个岛屿形似卧蚕，东西距离长，南北距离短，东西长约 80 km，南北宽约 13~18 km，是世界上最大的河口冲积岛，素有"长江门户、东海瀛洲"之称。全岛三面环江，一面临海，西接滚滚长江，东濒浩瀚东海，南与浦东新区、宝山区及江苏省太仓市隔水相望，北与江苏省海门市启东市一衣带水。

2) 气象特征

崇明属亚热带季风性气候，空气温和湿润，四季分明，盛行偏北风，雨水丰沛，光热资源充裕。多年平均气温 15.3℃，极端最高气温为 37.3℃，极端最低气温为−10.5℃。平均无霜期 220 天，初霜期一般为 11 月 15 日，终霜期为 3 月 30 日。多年平均日照小时数为 2129.5 h，日照率为 48%，日照最少月份为 2 月份，为 134.5 h，最多月份为 8 月份，为 256.7 h。多年平均降水量 1049.3 mm(指面雨量，以下同)，但年际变化很大，最大年降雨量 1482.6 mm(1991 年)，最小年降雨量 649.2 m(1997 年)，降雨量季节性变化较为明显，全年降雨多集中于汛期(5~9 月)，约占年总量的 61.9%，平均值为 656.1 mm，最大日雨量为 160.3 mm(1991 年 8 月 7 日)。

3) 水文概况

长江潮位：历史最高潮位(堡镇水文站，下同)6.02 m，历史最低潮位−0.19 m；年平均高潮位 3.31 m，年平均低潮位为 0.88 m，年均潮差 2.43 m；涨潮历时 4 小时 88 分，落潮历时 7 小时 38 分。

内河水位：根据《上海市崇明岛引淡除涝规划》，崇明岛内河正常水位一般控制在 2.6~2.8 m，升降变幅不大；最高控制水位在 3.75 m；突击预降水位控制在 2.1 m，引水最高控制水位 3.00 m。崇明岛内河网完全由人工开挖，纲目分明，排列有序，分布在居民区域的横河、竖河、引水河、泯沟，总体上都是与农业化生产的格子化、机械化和田园化的要求相适应的。崇明区内水位保持在 2.6~2.8 m，年平均降雨量为 1022 mm。

4) 水质状况

崇明属沿海平原感潮河网地区，水质受潮汐和长江径流量影响较大，而且南北支水域水质有着明显的不同。南支水域枯水期和汛期，水中含盐度完全不同。枯水期受上游径流和潮汐的影响，盐度变化较大，且变化的趋势和潮汐相近。河道水中的含盐度跟咸潮入侵的程度、季节有关，每年的 2、3 月份是含盐度最高的季节，严重超过用水标准；4 月份含盐度开始下降，5 月份随着长江径流量的增大，其水质基本上与长江水质一致。北支水域中氯化物的平均值，枯水期超标 10 倍以上，汛期也超标 2~7 倍，比南支更为严重。目前岛内水资源主要靠南沿水闸从长江引水。

崇明区内河水质总体评价为Ⅲ~Ⅳ级。水质总的来说是：南部好于北部，西部好于东部。

5) 河道水系特征

根据崇明区水务局提供的资料，崇明区共有沿江水闸 25 座；共有河道(湖泊)15923 条，包括 1 条市级河道，28 条区级河道和众多镇(乡)、村级河道，基本形成了南引北排、东西贯通的河道网络，这些河道担负着全岛引水、排涝、城乡居民生活用水及工农业用水的重任。崇明岛内河网水系布局最大特征是岛内河网完全由人工开挖，纲目分明，排列有序，除南横引河、北横引河基本贯通全岛外，还有均匀分布全岛的竖河、横河、灌溉机口引水河与泯沟。以东西向环岛运河和 28 条南北向竖河为骨架，连接了 568 余条、长度 1426 km 的镇级河道，15326 余条、长度 7370 km 的村级河道构成的河网输水和调蓄系统，2018 年河面率为 9.8%。

2. 灌区农村生活污水分析

1) 农村生活污水特点

A. 水量特点

根据崇明村落调查结果，农户生活用水主要来自井水、河水和自来水，来自不同水源对污水处理系统的处理负荷有较大影响。崇明区自来水公司售水量资料显示，崇明区 2017~2018 年日均售水量为 14.1~14.4 万 m^3/d，污水产生量按 90%用水量，并考虑 10%的地下水渗入量，折算出 2017~2018 年崇明区日均污水量约为 13.1 万~13.4 万 m^3/d。崇明区农村生活用水变化的主要特征之一是早晚高峰用水，下午的用水量较小，在晚上 10 点后至次日早上 6 点之间，基本无用水。这主要是由农村居民生活劳作内容及性质决定的，其生活规律和习惯较为一致，使用水的时间和排水时间也较为集中。季节性变化也是农村生活污水排放的主要特征之一。夏季月人均用水量要高于冬季人均月用水量，主要是因为夏季洗浴次数、洗涤次数用水较冬季多。

B. 水质特点

农村居民生活产生的污水，主要包括洗涤、淋浴和厨厕等排放的污水，不包括混有工业废水或规模化养殖废水的污水。排放的生活污水主要以有机污染、氮磷污染、微生物污染及大量的悬浮物等为主。从生活污水分类的构成分析，冲洗厕所水排放的悬浮物浓度较高，厨房排水中还含有动植物油、有机物、食盐、洗涤剂等。除此之外的各类排水污染程度相对较轻，且排放水量占生活污水的60%～70%。

2) 农村生活污水处理现状

A. 建设情况

经过多年农村环境综合整治工程、美丽乡村等农村生活污水治理工作，2009～2018年已完成18个乡镇269个行政村27.38万户（含农村户籍户数、公益性单位折算户数、农家乐折算户数等）农村生活污水治理工作，设计处理污水量7.24万 m^3/d，建设农村污水处理站及净化槽共计21641座。其中已实施生活污水治理工程中污水纳管户数2.40万户，就地处理户数为24.98万户。农村生活污水处理率达到96%，已建就地处理87%，已建纳管处理9%，大大改善了原先农村地区乱排乱放的现象。截止到2018年12月底，崇明区现存农村生活污水处理设施共21641座，其中已完工验收（2009～2016年）的有472座，服务户数为3.59万户（就地处理3.56万户，纳管0.03万户）；在建（2017～2018年）有21169座，服务户数21.34户。已完工验收设施内报废停用的设施有4座（其中1座报废设施因农户拆迁，2座因崇明大道拆迁，现不考虑其污水出路；另外1座因厌氧池塌陷，现已报废停用），服务户数为334户；更新改造的设施有1座，服务户数为161户；正常在用的设施有467座，服务户数为35085户。对于已完工验收投入运行的设施中，2008～2012年建成运行的设施服务户数为295户；2013～2016年建成运行的设施服务户数为177户。

B. 出水水质标准

2009～2016年已实施的集中式农村生活污水处理设施出水水质标准，执行上海市地方标准《农村生活污水处理排放标准》二级标准，2017～2018年已实施的集中式污水处理设施出水水质标准为上海市地方标准《农村生活污水处理排放标准》一级A标准。

C. 处理模式

经过多年的生活污水治理工作，崇明区秉持生活污水纳管为主、就地处理为辅的模式进行治理建设。其中对位于城镇污水市政管网覆盖范围内、符合高程接入要求的村庄污水按纳管模式处理；距离城镇污水管网覆盖范围以外，或者接入城镇污水管网所需要铺设的污水干管投资较大、高程上不适合污水提升的村庄，受限制性因素影响严重的村落零散宅基地等规划进行拆并的村庄，采用就地处理的模式。

D. 污水处理工艺

崇明区农村生活污水处理工艺较多，主要采用生物滤池-人工湿地、复合生物滴滤池-人工湿地、综合型自流增氧人工生态床、组合型生物滤池、接触氧化池-人工湿、净化槽+接触氧化槽+活性生物滤床、净化槽+生物滤池、综合生物处理+过滤+吸附除磷一体化处理装置等一体化可移动式处理设备和组合式处理设备，一方面考虑各个工艺的优缺点、处理效果等，同时也避免了后期乡村撤并等的投资浪费。

3) 存在的主要问题

第一，已建农村生活污水处理工艺及模式有待改善。近年来，崇明区结合世界级生态岛建设规划，开展了水环境治理专项行动计划、黑臭河道综合整治工程及农村生活污水治理工程等，这些项目的实施促使崇明区水环境质量得到较大程度的提高，显著改善农村人居环境质量。根据崇明区相关规划的要求，区域规划范围内的农村生活污水需采用纳管处理模式，但村庄分布、居民生活观念、用水习惯、外来人口导入为项目推进增加了难度，为改善农村人居环境的同时兼顾远期规划建设，崇明区基本采用就近处理的灵活性处理形式，无法达到生活污水全纳管的要求。

第二，已建农村生活污水处理设施运行效果有待加强。经现场调研，现状污水处理设施亟须改造与维修，现状农户化粪池暂未全面实施三格式化粪池改造，未达到相应有效的净化效果；部分管道设计参数和管道铺设路径可进一步优化，管材可进一步提高；处理工艺具有可提升空间。

第三，已建农村污水处理设施尚未形成行之有效的运营管理模式。目前，崇明农村污水处理设施的运营管理采用的模式主要是政府引导，第三方运行维护单位现场服务。由于农村生活设施呈分散、面广、量大、直排等特点，运营公司在人员组织、现场问题发现的及时性和有效性方面存在不足与困难，造成已建污水设施堵塞、坏损等情况时有发生。因此，对于已建污水处理设施首要任务为加强进一步的运行维护工作，保证处理设施的正常运行。

第四，已建农村污水处理设施处理工艺标准偏低。崇明区 2009～2016 年已完成农村生活污水治理工作，其出水水质标准为二级标准，根据崇明区世界级生态岛的发展定位需要，原生活污水排放标准满足不了现行需求。

3. 净化槽处理工艺分析

中车山东机车车辆有限公司上海分公司根据崇明岛实际情况和政府要求，选择采用净化槽为主体的工艺系统进行农村生活污水处理。净化槽，又称一体化生物接触氧化装置，是一种人工强化生物处理的分散式农村生活污水处理装置，其处理规模为 $1～10 \text{ m}^3/\text{d}$，净化槽主要由夹杂物去除槽、厌氧滤床槽、载体流动槽、沉淀槽和消毒槽组成，如图 4-19 所示。该装置将农村生活污水进行就地处理，就地排放，其处理效果与城镇污水处理厂相同，这对农村人口分散的灌区来说，成本上是有利的。净化槽设置地点不受地形的影响，在排水管不能覆盖、污水无法纳入集中处理设施进行统一处理的地区推广使用。同时，主体设备由工厂生产线批量生产，品质稳定。设备外壳采用树脂材料加工而成，寿命很长，安装简单，一周左右即可完成施工，通过简单的维护管理，可以稳定地进行污水的处理。

针对崇明岛灌区的出水要求，工程在净化槽处理设备后面增加活性生物滤床模块，主要工艺为净化槽设备+活性生物滤床。净化槽里存在各种类型的微生物(细菌和原生动物)，利用这些微生物对污染物质进行分解，达到处理污水的目的。净化槽采用玻璃钢增强塑料(FRP)材质，在工厂批量生产，现场安装。

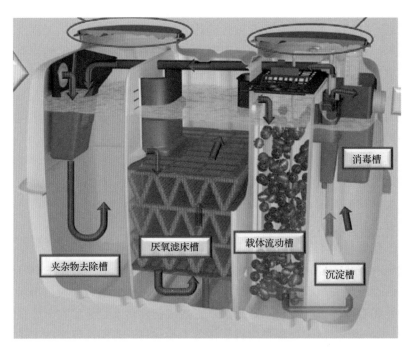

图 4-19　净化槽示意图

　　入流污水首先进入夹杂物去除槽,分离污水中的固形物、夹杂物和油脂,贮留部分污泥。经分离后的污水进入厌氧滤床槽,继续分离污水中的固形物,贮留污泥,同时,厌氧/缺氧微生物分解污水中的有机物,进行反硝化反应,实现除碳脱氮。污水继续进入载体流动槽,附着在槽内载体上的微生物分解污水中大部分可生物降解的有机物,硝化菌群通过硝化反应,将氨氮转化为硝态氮。污水继续进入沉淀槽,沉淀分离,上清液通过溢流堰进入消毒槽,消毒后排放。同时通过设置在沉淀槽内的气提装置将一部分硝化液回流入夹杂物去除槽,进一步促进反硝化反应,提高脱氮效果。

　　净化槽是以 A/O 及生物接触氧化等生化工艺为主,集物理沉降、生物降解、氧化消毒等技术于一体的生活污水处理设备。该工艺是以结构紧凑、占地少、全部设置于地下、运行经济、抗冲击负荷能力强、处理效率高等特点为主的一种高效污水处理工艺。活性生物滤床是由基质-微生物构成的生态系统,该系统集物理、化学和生物的综合作用,使污水得到净化。该工艺具有出水水质好、脱氮除磷能力强、运行维护方便、使用寿命长等优点。该工艺优质的填料增强了系统的截留能力,可以保障系统良好的除磷效果;多种厌氧微生物相互依赖及协调作用组成的微生态系统,可以实现对污水中硝态氮的反硝化处理及有机物负荷的去除。

　　4. 污水处理系统的运行效果

　　1)净化槽的进水情况

　　根据现有 105 台净化槽的实际进水水质统计分析,净化槽实际进水水质 COD、NH_3-N、TN、TP 均值分别为 423.09 mg/L、80.84 mg/L、88.53 mg/L、7.92 mg/L,见图 4-20。净化槽实际进水量均值为 252.91 L/d,见图 4-21。

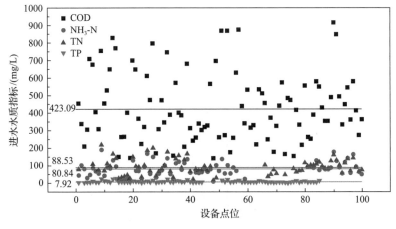

图 4-20　进水水质变化图

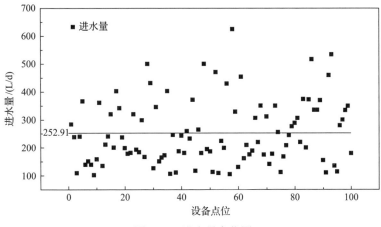

图 4-21　进水量变化图

2) 原水与夹杂物槽水的关系规律

对崇明现场得到的原水与净化槽夹杂物去除槽水的水质数据进行分析，得出以净化槽夹杂物槽浓度来推断原水浓度时：①对于 COD 指标，原水 COD 浓度等于夹杂物去除槽 COD 浓度的 4 倍。②对于 NH_3-N 指标，原水 NH_3-N 浓度等于夹杂物去除槽 NH_3-N 浓度的 9 倍。③对于 TN 指标，原水 TN 浓度等于夹杂物去除槽 TN 浓度的 3 倍。

3) 净化槽出水的波动情况

如图 4-22 所示，净化槽在少量进水(97~128 L/d)、中等进水(225~270 L/d)、较多进水(640~758 L/d)情况下，净化槽出水 NH_3-N、TN、TP 波动性均较小，净化槽出水 COD 有一定的波动性。

4) 污水处理达标率

A. 按进水浓度分级考察达标率

按照进水浓度分类，根据不同标准级别考察达标率，达到《城镇污水处理厂污染物排放标准》(GB 18918—2002)一级 A、一级 B 和二级标准。设备及站点达标情况见表 4-2。

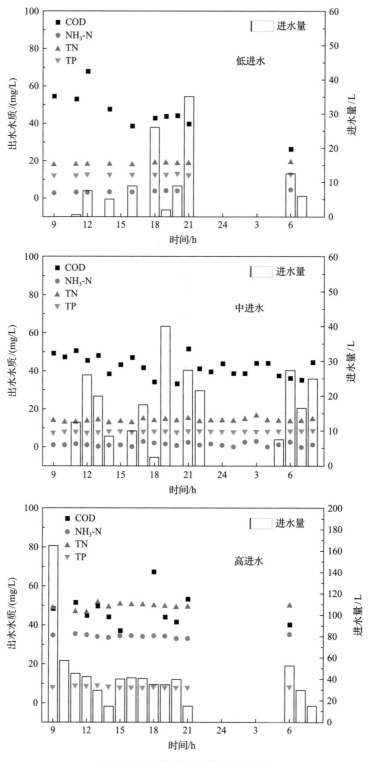

图 4-22　净化槽出水的波动情况

表 4-2 各项指标削减量达标率

	浓度范围	总设备数	一级 A 达标率(50)	一级 B 达标率(60)	二级达标率(100)	去除率(80%)	不考核
COD /(mg/L)	≤300	18	88.9%				
	300~350	8		87.5%			
	350~500	10			90.0%	90.0%	
	>500	12					100.0%
	浓度范围	总设备数	一级 A 达标率(8)	一级 B 达标率(15)	二级达标率(25)	去除率(80%)	不考核
NH₃-N /(mg/L)	≤30	12	100.0%				
	30~45	2		100.0%			
	45~60	1			100.0%	100.0%	
	>60	15					100.0%
	浓度范围	总设备数	一级 A 达标率(15)	一级 B 达标率(25)	二级达标率(/)	去除率(40%)	不考核
TN /(mg/L)	≤45	16	87.5%				
	45~60	3		100.0%			
	60~75	3			100.0%	100.0%	
	>75	15					100.0%
	浓度范围	总设备数	一级 A 达标率(1)	一级 B 达标率(2)	二级达标率(3)	去除率(40%)	不考核
TP /(mg/L)	≤7	68	91.2%				
	7~8	15		93.3%			
	8~9	15			86.7%	100.0%	
	>9	57					100.0%

B. 按污染物削减量考察达标率

按照污染物削减量计算达标率,根据积累数据计算,设备及站点达标情况见表 4-3。

表 4-3 各项指标削减量达标率

	浓度范围	总设备数	一级 A 达标率(50)	削减量达标率(250)
COD/(mg/L)	≤300	18	88.9%	
	>300	30		100.0%
	浓度范围	总设备数	一级 A 达标率(8)	削减量达标率(22)
NH₃-N/(mg/L)	≤30	12	100.0%	
	>30	18		100.0%
	浓度范围	总设备数	一级 A 达标率(15)	削减量达标率(30)
TN/(mg/L)	≤45	16	87.5%	
	>45	21		100.0%
	浓度范围	总设备数	一级 A 达标率(1)	削减量达标率(6)
TP/(mg/L)	≤7	68	91.2%	
	>7	87		93.1%

4.2 农村居民生活垃圾处理技术

灌区农村居民生活垃圾是农村对水环境污染的又一重要方面，农村垃圾的随意堆置和甩弃，经降雨雨水的冲、滤和渗等将垃圾中有毒有害和营养物质带入附近的环境水体，形成以农村生活垃圾为主体的水体污染源。农村居民生活垃圾成分十分复杂，因单户或几户农民垃圾产生量相对较少，难以进行分类筛选。同时，农民长期生活习惯决定农村生活垃圾难以像城市垃圾那样进行规模化处理，必须寻求符合灌区农村特点的处理技术。

4.2.1 常规垃圾处理技术分析

农村居民产生的生活垃圾人均日产生总量 0.20 kg/(人·d)，大致变幅范围 0.18～0.31 kg/(人·d)；其中，食品废物人均日产生量 0.14 kg/(人·d)，大致变幅范围 0.10～0.22 kg/(人·d)；包装类垃圾人均日产生量 0.06 kg/(人·d)，大致变幅范围 0.03～0.09 kg/(人·d)。

生活垃圾的物理组成如图 4-23 所示。

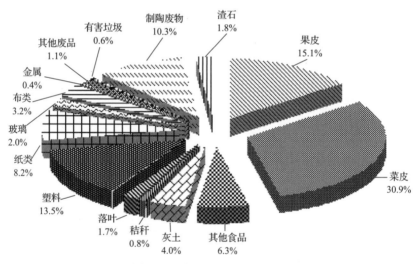

图 4-23 生活垃圾的物理组成

农村生活垃圾处理是指通过物理、化学、生物等加工过程，将农村生活垃圾转变成适于运输、利用、贮存、处理或处置的过程。目前生活垃圾处理处置的方法基本上是卫生填埋、焚烧、堆肥、综合利用 4 种，此外还有一些新的工艺方法，如蚯蚓堆肥法、太阳能-生物集成技术、垃圾衍生材料等。

1. 农村生活垃圾处理常规技术

1) 卫生填埋技术

这是目前我国城市垃圾最为常用的一种垃圾处理技术。主要是通过防渗、铺平、压实、覆盖等一系列措施将垃圾埋入地下，垃圾经过一系列的物理、化学、生物作用而达到稳定，并被压实减小其占地体积。对垃圾中的气体、蝇虫、渗沥液进行治理后对填埋现场最终封场覆盖，从而大大降低垃圾产生的危害。

垃圾填埋技术已经较为成熟，有着较为简便的操作管理模式，可处理所有种类的垃圾。若不考虑土地成本及后期维护费用，则其建设投资和运行成本相对较低。此外还可利用垃圾填埋气发电，从而实现经济循环发展。但考虑到我国垃圾有着较高的含水量和有机物含量，填埋法无法做到真正的无害化，填埋场产生的甲烷气体也会严重导致全球变暖。并且在土地资源日益紧张的今天，垃圾填埋场因需要大量土地而使得建设成本不断增加。随着经济技术的发展，卫生填埋技术最终被边缘化。同时，在我国灌区广大农村地区，要实现垃圾全部填埋比较困难，主要是分散垃圾的收集和科学填埋方面难以落实到位。

2) 焚烧技术

农村生活垃圾中的可燃物较多，具有很高的热值。采用科学的焚烧方法将垃圾作为固体燃料送入垃圾焚烧炉中，从而在高温下被氧化热解转化为高温的可燃气和少量性质稳定的固体废渣。

目前生活垃圾处理的有效措施之一就是垃圾焚烧。垃圾焚烧技术处理效率很高，有效地减少了垃圾的数量，节约了填埋场占地。随着焚烧尾气净化技术不断进步，也并不会给周边环境带来危害。但我国的焚烧设备和尾气净化装置都是依靠国外引进，国内的垃圾却并没有做到像国外一样进行分类收集，导致不仅投资大，且处理效率低，需要更多的辅助燃料，增加了尾气的处理难度和污染控制的成本。对于范围大和产量分散的农村地区，要做到生活垃圾焚烧处理是十分困难，除非纳入到附近城市一体化焚烧处理，但农村生活垃圾收集和转运成本会很高。

3) 堆肥技术

考虑到在一些经济较为发达的农村地区，生活垃圾的有机组分(瓜果皮、植物残本等)可达到 80%以上，便可采用堆肥法进行处理。堆肥法就是通过一定的工艺将可被生物降解的有机物转化为稳定的腐殖质，并利用发酵过程中产生的热量杀死微生物达到无害化处理的生物化学过程。堆肥可分为好氧堆肥和厌氧堆肥，其中好氧堆肥单位质量的有机质降解产生的能力强，且不容易发出臭味，因此应用较为广泛。

堆肥技术工艺简单，适合易腐有机质含量较高的垃圾处理，可以将垃圾资源化，且投资低于卫生填埋和焚烧技术。堆肥技术在欧美起步较早，目前达到了工业化应用的水平，有着非常好的发展前景。但在国内，其产品质量由于垃圾未能很好地分类收集，垃圾成分的日趋复杂而受到影响，会造成类似重金属残留等潜在污染，而缺乏与普通工业肥料的竞争力。在我国广大农村地区，堆肥技术是十分重要的处理农村生活垃圾的技术，20 世纪七八十年代，广大农村在农业学大寨中，就十分常见的采用生活垃圾与水生植物、草皮和河塘底泥混合堆肥，取得非常好的效果。近年来没有继承的主要原因是劳动力投入较大，农民积极性不高，但随着新农村建设和生态文明的要求，政府需要通过政策机制和经济手段来鼓励农民实施生活垃圾的堆肥处理。4.2.2 节将专门介绍农村生活垃圾集中堆肥处理技术实施细节。

4) 综合利用

综合利用是实现垃圾资源化、减量化的最重要手段之一。在生活垃圾进入环境之前对其进行回收利用，可大大减轻后续处理处置的负荷。综合利用的方法有多种，主要分为以下 4 种形式：再利用、原料再利用、化学再利用、热综合利用。在农村生活垃圾处理过程中，应尽量采取措施进行综合利用，以达到垃圾减量化、保护环境、节约资源和能源的目的。根据农村生活垃圾的特点，建议农村垃圾应分类收集，分类处理(图 4-24)。4.2.3 节将专门介绍农村生活垃圾综合处理技术装置。

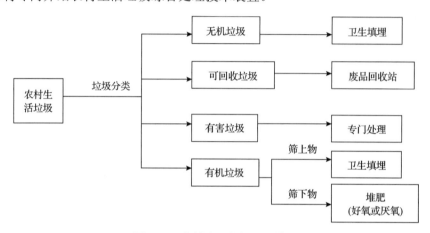

图 4-24　农村生活垃圾处理模式

2. 农村生活垃圾处理新技术的发展

1) 蚯蚓堆肥法

所谓蚯蚓堆肥，是指微生物的协同作用下，蚯蚓利用自身丰富的酶系统(蛋白酶、脂肪酶、纤维酶、淀粉酶等)将有机废弃物迅速分解、转化成易于利用的营养物质，加速堆肥稳定化过程。用蚯蚓堆肥法处理农村生活垃圾工艺简单、操作方便、费用低廉、资源丰富、无二次污染，而且处理后的蚓粪可作为除臭剂和有机肥料，蚯蚓本身又可提取酶、氨基酸和生物制品。因此该技术在农村有广阔的应用前景。

2) 太阳能-生物集成技术

宁波大学建筑工程与环境学院研制成功的"生活垃圾太阳能-生物集成技术处理反应器"采用了太阳能-生物集成技术。此技术是利用生活垃圾中的食物性垃圾自身携带菌种或外加菌种进行消化反应，应用太阳能作为消化反应过程中所需的能量来源，对食物性垃圾进行卫生、无害化生物处理。在处理过程中利用垃圾本身所产生的液体调节处理体的含水率，不但能够强化厌氧生物量，而且能够为处理体提供充足的营养，从而加速处理体的稳定，在处理过程中产生的臭气可经脱臭后排放。当阴雨天或外界气温较低时，它能依靠消化反应过程中产生的能量来维持生物反应的正常进行。而该反应器实现农村生活垃圾中的可堆腐物转变为改良土壤的有机肥料，既可大幅度减少农村生活垃圾的清运量，又可变废为宝，使资源得到再生利用。

3) 垃圾衍生材料

垃圾衍生材料(RDF)一般指生活垃圾经破碎、筛选出不燃物后所得到的以废塑料、纸屑等可燃物为主体的废弃物，或将可燃废弃物进一步粉碎、干燥成型而制得的固体燃料。其工艺流程如图 4-25 所示。

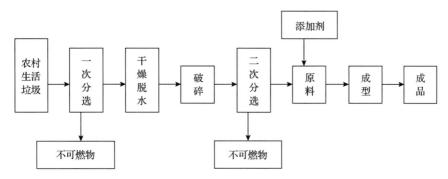

图 4-25　农村生活垃圾制备 RFD 工艺流程图

RDF 具有如下优点[8]：①较高的热值、均匀的燃烧特性；②能量回用、综合效率高；③烟气中重金属含量低、烟气净化成本低、灰分少，进一步减少处理费用。农村生活垃圾制备 RDF 工艺过程可回收热能用于农村供热和发电等，且 RDF 运输、储存比较方便，但其燃烧过程会产生有害气体(CO、HCl 等)和温室气体。因此，该技术在农村生活垃圾处理中应用前景广阔，但仍需要加强研究开发工作。

4.2.2　农村生活垃圾集中堆肥技术[9]

对于垃圾减量化、无害化和资源化的处理是堆肥技术的一大特点，并且投资成本相对较低，堆肥产品还可作为有机肥料提高农作物的产量，因此堆肥是目前农村生活垃圾资源化处理最有前景的发展方向。

生活垃圾中可堆肥垃圾(食品垃圾、不可分物)成分及理化性质如表 4-4 所示。

表 4-4　生活垃圾中可堆肥垃圾理化性质分析结果

项目	Cu/(mg/kg)	Zn/(mg/kg)	Pb/(mg/kg)	Cd/(mg/kg)	Cr/(mg/kg)	Ni/(mg/kg)	EC/(mS/cm)
数值	60.66	212.93	61.51	ND	32.98	50.90	1.58

项目	水分/%	pH	有机质 (以 C 计)/%	全氮 (以 N 计)/%	全磷 (以 P_2O_5 计)/%	全钾(以 K_2O 计)/%	
数值	71.78～81.10	5.6～8.14	15.79	1.7～3.8	0.37～0.70	1.12	

堆肥按有氧状态分为好氧堆肥和厌氧堆肥。好氧堆肥就是在有氧条件下，利用好氧微生物对垃圾中的有机废物进行处理，使其转化为腐殖质的一种方法；厌氧堆肥则是在无氧条件下将有机物料分解为甲烷、二氧化碳和许多低分子量中间产物的方法。由于厌氧堆肥单位质量有机质降解产生的能量少，容易发出臭味，因此多采用好氧堆肥进行处理。

在进行堆肥化处理时，堆肥的温度、水分、通气量、C/N 和 pH 是影响堆肥的关键因素。

(1)温度。温度对于微生物的活性和堆肥工艺过程有着重要的影响。堆肥过程中微生物在分解有机物的同时释放热量,使得温度快速升高。当堆肥以55℃高温持续3天或者以50℃高温持续5～7天时,便可杀死堆肥中所含的致病微生物和害虫卵。高温期结束后,堆肥中的中温微生物又继续开始对残余有机物进行分解,最后堆肥进入降温和腐熟阶段。

(2)水分。水分是影响堆肥腐熟速度的一个重要参数。有机生活垃圾分解是在垃圾颗粒表面的一层液态薄膜中完成的,水便是微生物分解垃圾的媒介。水可以溶解有机物,参与微生物的新陈代谢;水分在蒸发的过程中会吸收热量,可以调节堆肥温度。水分的含量不仅能影响堆肥温度,还会影响堆肥生物活性和有机垃圾分解速度,甚至决定好氧堆肥工艺的成功与否。水分含量过高,缩小堆体空隙,形成厌氧;水分含量过低,则会停止细菌的代谢作用。

(3)通气量。许多微生物在生长过程中需要氧气产生能量并消耗更多的材料。正确的通风方式可以保证堆肥过程中有适宜的氧浓度,促进好氧菌生长。

(4)C/N。C/N 影响着微生物的生长速度。C/N 最好处于微生物自身 C/N 为 25：1～35：1 的范围内,过高或过低都不利于好氧菌的繁殖。

(5)pH。微生物能否有效发挥作用需要适宜的 pH。在有机废弃物发酵过程中适宜的pH 为 6.5～7.5,过高或过低都会对微生物降解速度产生影响,使堆肥效率变慢。

4.2.3　农村生活垃圾综合处理装置

传统的垃圾收集站存在着很多问题,脏、乱、气味恶心,甚至病毒细菌滋生,特别是臭气是最令人头疼的。人们不愿走进垃圾收集站,就会将垃圾随手扔在路边、水沟、桶外等,会造成更严重的环境污染和社会影响。

垃圾收集站在长期使用后,由于垃圾内含有部分水分以及冲刷清洗设备产生大量污水,若不经处理而排入下水道,则会对周围环境和地下水质造成严重损害。

为了克服现有技术的不足,王克文等[10]发明了一种生活垃圾综合处理装置。该处理装置包括工作平台、支撑框架、顶盖、压缩装置、渗滤液处理装置、臭气处理装置,工作平台上部设有支撑框架,支撑框架上部设有顶盖,顶盖下部设有压缩装置,其结构如图 4-26 所示。

该垃圾处理装置在压缩装置的上部设有吸气罩(图 4-27),吸气罩通过管道连接臭氧发生器,臭氧发生器通过管道连接着除尘塔,使得在垃圾压缩过程中产生的废气能够被收集、除味和除尘,最后通过离心风机将净化气体排出,改善了周边环境。该装置还能够对垃圾内含有的部分水分和冲刷清洗设备产生的大量污水进行集中处理,及时杀害细菌,对垃圾进行有效的压缩,防止渗滤液外泄造成二次污染。

混合垃圾的破袋、分类与回收问题是制约垃圾资源化的主要问题,其中如何快速处理含水率高、黏度大的厨余垃圾尤为重要。李维尊等[11]依托微生物降解技术,开发了生活垃圾破袋发酵一体化装置。该装置由进料口、菌液输送管道、雾化喷头、破碎仓、发酵仓、滚动装置、出料仓、热空气管道和滚动轨道组成,如图 4-28 所示。

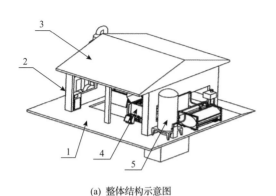
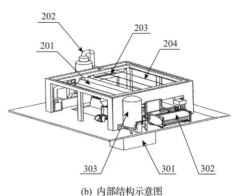

(a) 整体结构示意图

(b) 内部结构示意图

1-工作台；2-支撑框架；3-顶盖；4-压缩装置；
5-渗滤液处理装置

201-吸气罩；202-除尘塔；203-紫外线灯；204-加湿器；
301-储液池；302-发酵罐；303-储气罐

图 4-26　生活垃圾综合处理装置示意图

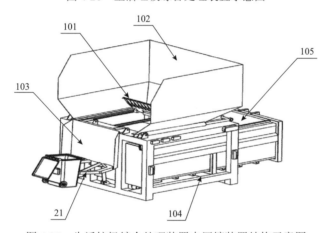

图 4-27　生活垃圾综合处理装置中压缩装置结构示意图

21-上料机构；101-锯齿状压头；102-包围板；103-托板；104-机架；105-垃圾箱

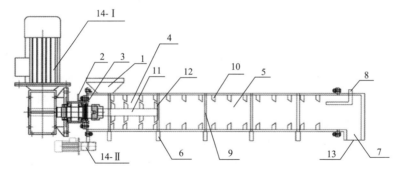

图 4-28　生活垃圾破袋发酵一体化装置结构示意图

1-进料口；2-菌液输送管道；3-雾化喷头；4-破碎仓；5-发酵仓；6-滚动装置；7-出料仓；8-热空气管道；9-滚动轨道；
10-定刀；11-破碎轴；12-动刀；13-出料口；14-Ⅰ-破碎轴电机；14-Ⅱ-滚动轴电

该装置是通过在破袋前喷入复合微生物菌液，利用破袋、发酵不间断过程实现物质的快速降解，从而保证易腐败的有机物质在该过程中被快速转化，大幅降低臭气对环境的影响，同时发酵过程能够大幅降低残余固体的黏度，提高资源化效率达到 35%以上，降低资源化成本达 10%以上。

鉴于生物反应器技术已经成为当前生活垃圾处理技术的热点，文国来等[12]研制了一套农村生活垃圾处理设备，集稳定化堆肥、生物抽风除臭和生物滤池处理垃圾渗滤液于一体，实现垃圾减量化、无害化和资源化。装置如图 4-29 所示。

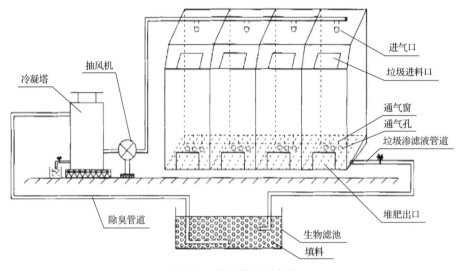

图 4-29　堆肥装置示意图

该装置主体由不锈钢材料组成，两层不锈钢材料之间夹有保温棉，顶部为透明玻璃，可适当利用太阳能。分 4 个小仓，对有机生活垃圾的处理，其减容率达 40%左右，整个过程无二次污染，发酵周期短，投资省，运行管理方便，堆肥产品质量好。

4.2.4　典型实例[13]

里山镇位于杭州富阳市东部、富春江下游南岸，是个典型的山多地少乡镇，以茶叶种植、农产品加工为主要经济产业。该镇垃圾处理场原料收集自这 5 个行政村，总量近 7 t/d，由农户投放、村收集、乡镇统一运输至处理场。由于当前农村生活垃圾中有机物组分含量很高，约占 60%左右，如果仅采用卫生填埋或焚烧等处理方式，不仅会流失大量有机资源，更容易带来处理工艺复杂、成本高昂等问题。处理场对农村生活垃圾进分类预处理后，对其中的有机垃圾采用了序批式干态水解-液态产沼工艺进行深度处理。

里山镇垃圾处理场收集的农村生活垃圾组分如表 4-5 所示，其中有机垃圾达到 58%。于是结合以往工程经验采用序批式干态水解-液态产沼工艺对这部分有机垃圾进行资源化利用，每日处理量为 4 t，并用投菌剂强化干态水解阶段的堆沤效果，处理后的有机肥料肥效满足商品有机肥料标准（NY 525—2002）。

表 4-5　农村生活垃圾组成比例

组分	有机垃圾			无机垃圾					有害垃圾
	厨余	瓜果皮壳、秸秆类	家畜粪便等	塑料	金属	纸类	陶泥、渣石	玻璃等	废旧电池、灯管等
百分比/%	52	5	1	13	1	12	6	8	2

序批式干态水解-液态产沼处理工艺主要分为四个阶段：预处理阶段、干态水解阶段、液态产沼阶段和产物处理。如图 4-30 所示，农村生活垃圾经农户投放和村一级的收集后，被运输到处理场，进行人工细分拣。对有害垃圾进行收集存储，由相关部门统一处理，无机垃圾外运焚烧、卫生填埋，有机垃圾则通过半湿粉碎机破碎处理后送入发酵房进行干态水解堆沤。在人工装填入发酵房过程中需逐层洒喷腐秆剂，用以提升堆沤速度和腐熟质量。通过小试测定，一般在前 20 天左右时间内，堆体温度会逐步上升并保持在 50℃以上 10 天，外观颜色则由浅入深，呈现为黑褐色，体积缩小约 1/6，并伴有少量棕红色汁液渗出，可认定，达到工艺的阶段效果。实际操作中，考虑到装填时间差，将干态水解阶段的时间定为 30 天。有机垃圾经过前期处理后达到一定的腐熟程度，对其进行沼液浸没处理，垃圾浸出液作为原料进入沼气池厌氧发酵，用以提取沼气能源，沼液再回喷于堆体，进一步促进有机垃圾水解腐熟。有机垃圾经工艺处理后成为稳定的有机肥料，出售回用于附近茶山、农田。沼气池以及发酵房内厌氧产生的沼气经脱硫净化后用于附近敬老院炊事用能。沼液大部分根据工艺需要回喷至发酵房，以提高堆肥的效率，少部分开展农作物灌溉等综合利用。

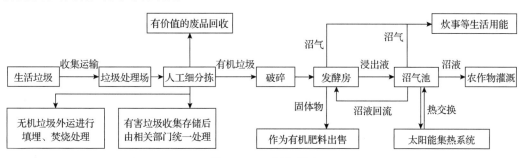

图 4-30　工艺流程图

该垃圾场的主要构筑物包括预处理作业场地、发酵房、沼气池，太阳能集热器等。工程运行后对液态产沼阶段中试显示，有机垃圾浸出液中 COD_{Cr} 的溶出在前 3 天最多，随着厌氧浸泡时间增加，浸出液中 COD_{Cr} 的浓度、COD_{Cr} 净溶出量逐渐减少，在 18 天后趋于稳定，考虑有机垃圾腐熟质量要求，液态产沼阶段用时 30 天，期间每吨有机垃圾能溶出 COD_{Cr} 的总量为 5.33 kg。沼气池对有机垃圾溶出的 COD_{Cr} 转化为沼气的处理效果较好，产气率(产气量/COD_{Cr} 去除量)保持在 0.2 左右，即每去除 1 kg COD_{Cr}，可产沼气 0.2 m^3。该处理场每日经预处理并装填的有机垃圾量为 4 t，因堆体的堆积密度不大，发酵房单池的装填时间为 10～11 天，完成 6 个单池的总时间恰好满足第一批次有机垃圾干态水解、液态产沼、出料的总时间，在运行上，能实现序批式工艺的无缝对接，最大限度地提高处理场的运行效率。工程中安装了太阳能集热系统作为有益尝试，对沼气池厌氧发酵过程增温，在一定程度上保证菌种的活性，促进水质降解，增加沼气产量，也能改善冬季菌种活性低、发酵产气缓慢的问题；而另一方面，经增温后富含活跃菌种的沼液回喷至堆体，能进一步促进其水解腐熟。经过 60 天处理，有机垃圾完成了稳定转变的过程。

序批式干态水解-液态产沼处理工艺对有机垃圾进行资源化利用，有效减轻了其对周边环境的污染，节约了能源资源和环境空间，实现了农村生活垃圾的减量化处理、无害化处理及资源化利用的目标。在实际操作中，垃圾分类收集是有机垃圾处理工程中的重要环节，故在强化工艺的同时，要不断引导和加强农民群众对农村生活垃圾资源回收的意识，提高分类收集的积极性，这不仅能提升此工艺的处理效率，也能为其他农村生活垃圾的处理工艺比如焚烧、填埋等带来便利。

4.3　农村畜禽养殖污水处理技术

随着灌区农村社会经济不断发展，农民以种植粮食为主的同时还多种经营地进行畜禽养殖，提高农民的经济收入。随着不断对畜禽养殖业生产方式进行转变，我国的畜禽养殖业正逐步走向规模化和集约化，并向城郊集中，但在许多农村地区依然是以农户为单元的分散式养殖为主。农村畜禽养殖产生的废水对水环境质量影响很大，未来会越来越大，要实现生态节水型灌区建设的源头控污目标，就必须要加强农村畜禽养殖业污水处理。

4.3.1　常规畜禽养殖废水处理技术分析

农村畜禽养殖业污水排放量大，例如统计得出：一只猪 180 天能够排放粪 398 kg，尿 656.7 kg，BOD_5 25.98 kg，COD_{Cr} 26.61 kg，NH_3-N 2.07 kg（NH_3 2.51 kg），TN 4.51 kg，TP 1.7 kg 等。一只猪 BOD_5 排放量相当于 13 个人，由此得出我国猪的养殖量相当于 80 亿人排量，因此污染物量十分巨大。

畜禽养殖产生的污染物的处理成本较高，缺乏良好的设备设施与技术支持，且大部分农村居民未有良好的粪污处理意识，因此畜禽养殖在带来经济效益的同时也导致了严重的环境污染，是农村的面源污染和水体富营养化的主导因素。

畜禽养殖污水主要由畜禽尿液、部分粪便和养殖舍冲洗水构成，其特点是化学需氧量（COD）、悬浮物（SS）浓度、氨氮（NH_3-N）含量高，水质水量变化大，有致病菌并有恶臭等。因此，畜禽污水的排放可导致灌区水体的严重污染和水体富营养化，水体生态环境功能恶化，水生动植物死亡，严重时水体会发黑发臭，造成持久性污染。污水长时间渗入地下还会导致地下水水质恶化，水体溶解氧含量减少，硝态氮或亚硝态氮积累，有毒成分增多。此外，高浓度养殖污水排放到土壤系统还导致土壤孔隙堵塞，造成土壤透气、透水性下降及板结、盐化，严重降低土壤质量。特别是现代畜禽养殖饲养中含有激素和抗生素等，经污水排放后会对水生生物等产生潜在和长期的影响。

对于畜禽养殖污水的处理技术的研发和实践相对比较少，总结起来主要包括还田利用，物化处理和生物处理等三个方面。

1. 还田利用

畜禽废水经粪坑调节还田方法是我国具有悠久历史的一种传统的处置方法。该方法不仅将畜禽废水中营养物作为资源进行再利用，减少农田化学肥料施用量，而且还能促进土壤结构的改善，提高农业可持续发展。我国广大农村地区的散户因其资源化效果，节省农业投资成本，因而大多选用这种方法。但在还田利用的处理中，废水中的大量致病微生物未能有效处理，含有的高浓度氮磷、激素、抗生素及重金属元素等污染物会给地表水和地下水带来污染，改变土壤结构，影响农作物生长，同时也存在着传播畜禽疾病病原的危险。因此，农村畜禽养殖污水直接还田并不是最理想方法。

2. 物化处理

1) 固液分离

畜禽养殖废水通常含有较高浓度的悬浮颗粒物，而悬浮物质是养殖废水中有机负荷的主要来源之一，过高的悬浮物浓度往往会影响到后续工艺的处理效果。因此，通常采用格栅、筛网、滤网、离心、沉淀等固液分离技术对畜禽养殖污水进行预处理，分离去除其中的大颗粒物质或易沉降物质，降低污水的污染负荷。一般利用滤网过滤等固液分离设施可去除其中 40%～65%的固体悬浮物，降低 25%～35%的生化需氧量(BOD)。

2) 固相吸附

固相吸附通常是采用具有较大吸附容量的固相材料对废水进行吸附处理，其特点是可以根据污水中污染物种类的不同选择不同的固相吸附剂，可以达到专门除去某种污染物的目的。

3. 生物处理

1) 自然处理系统

自然处理系统包括氧化塘、土地处理系统和人工湿地等，其中人工湿地是目前应用较为广泛、技术较为成熟的一种处理工艺。人工湿地的净化机制主要是依靠基质的吸附交换、植物的摄取、微生物的代谢，以及植物与根际微生物的共生、基质与表面附着微生物的协作等。田静思等[14]研究了种植旱伞草、芦苇、美人蕉和菖蒲 4 种植物的矿化垃圾填料湿地对畜禽养殖污水的处理效果。结果表明，不同植物种类对去除率的影响较小，不同植物湿地系统对 COD、SS、NH_3-N 和 TP 的平均去除率分别为 41.3%～52.5%、55.2%～72.1%、44.2%～76.7%和 40.1%～68.0%。

2) 生物反应器

通常应用于畜禽养殖污水处理的生物反应器包括厌氧处理、好氧处理以及厌氧-好氧处理等不同处理系统。膜生物反应器(MBR)则是由膜分离技术与生物反应器相结合的新型生物化学反应系统。陈蕊等[15]比较研究了好氧颗粒污泥膜生物反应器和普通活性污泥膜生物反应器对畜禽污水的处理效果。结果表明，好氧颗粒污泥膜生物反应器对 COD 和 NH_3-N 的平均去除率比普通活性污泥膜生物反应器分别高 5.8%和 28.8%，前者具有更为稳定、良好的出水水质。

4. 新型养殖环保技术

为了应对养殖场污染，改变人们的养殖观念，提高养殖环保意识，相关研究提出了一种生物活性垫料养殖技术。这种新型养殖环保技术以锯木、谷壳等有机物作为垫料(图 4-31)，在垫料中加入生物活性菌，内含高活性的有益菌群和微量元素及有益中草药，诱导猪在圈舍内拱料觅食的天性，猪的运动、翻拱和嚼食使猪粪尿与垫料进行及时混合，在垫料中有益菌群的作用下，对猪粪尿进行及时发酵、分解，可长期保持栏舍内干爽清洁，不需冲洗。可增加猪群的运动量和营养物质的吸收，有利于免疫力的提高和肉质的改善。垫料可使用 1.5 年以上，猪出栏后，垫料可制成优质的有机肥，真正实现生猪养殖无粪尿臭味排放，免冲洗舍内清洁。

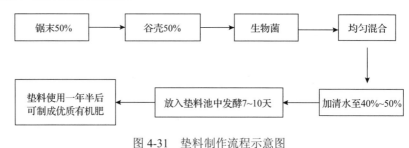

图 4-31　垫料制作流程示意图

5. 全过程综合治理技术

对于规模化养殖场，可以采用全过程综合治理技术处理污染物，包括建设雨污分离污水收集系统，采用干清粪方法收集粪便，污水厌氧处理，沼液经生化处理或多级生态处理后达标排放，粪渣和沼渣通过堆肥发酵制取颗粒有机肥或有机复混肥。该技术处理工艺主要包括前处理、厌氧消化处理和后处理三部分，工艺流程如图 4-32 所示。前处理主要是实现干清粪，严格地控制雨污分流，将污水进行固液分离后流入发酵池进一步处理。在厌氧消化处理阶段对产生的沼渣、沼液和沼气进行资源化利用，沼渣用于生产有机肥料；沼液进入贮液池沉淀后优先通过布设的管道供给菜园、果园利用，余下部分通过氧化沟进入氧化塘进一步处理后实现达标排放；沼气用于猪场生产和职工生活燃料，剩余部分供应周围农户使用。后处理阶段则是对氧化塘和生物氧化塘进行清淤维修。

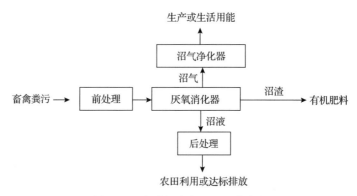

图 4-32　全过程综合治理工艺流程

4.3.2　畜禽养殖污水资源化利用技术

畜禽养殖废水的资源化处理利用，主要包括"沼气、沼液、沼渣的综合利用""处理水的种植业回用""生物协同方式的资源化利用"三方面。目前成熟的治理模式主要包括种养结合模式、清洁回用模式、达标排放模式和多级循环经济模式。

种养结合模式是将养殖污水和部分固体粪便进行厌氧发酵、氧化塘等处理,在养分管理的基础上将沼渣、沼液或肥水应用于大田作物、蔬菜、果树、茶园、林木等,执行《禽粪便还田技术规范》、《畜禽粪便安全使用准则》及《沼渣、沼液施用技术规范》。对于灌区农村来说,经过厌氧发酵、氧化塘等处理后还田是非常有优势的方法,通过规模养殖场的沼气发酵为纽带将养殖业与种植业结合起来,形成具有生态效应的循环模式。

清洁回用模式的回用指污水处理要达到回用的要求,处理后的水主要用于场内冲洗粪沟和圈栏等,且无废水排放。该模式特点是养殖全程节水,可减少养殖业的水资源消耗,废水产生量减少,降低处理成本,通过再生利用增加收入,促进畜牧业可持续发展。

达标排放模式是在大型规模养殖场(小区)采取机械干清粪、干湿分离等节水控污措施,控制污水产生量和污染物浓度;污水通过氧化塘、人工湿地等自然处理,厌氧-好氧生化处理及物化深度处理,出水水质达到国家排放标准和总量控制要求。其中的自然处理方式运行管理简单,费用低;但占地面积较大,气候影响处理效果,存在污染地下水风险。好氧处理及厌氧-好氧处理占地面积小,处理效果稳定;但投资高,运行管理复杂,产生泥污量大,运行费用昂贵。物化处理占地面积小,出水水质好;但投资运行管理复杂,运行费用高昂。

多级循环经济模式是将污水及污水中的营养元素、有机物质的转化利用和技术处理环节相结,围绕沼-水-肥耦合构建的一种多级循环经济模式(图 4-33),在畜禽养殖场的污水处理上利用生物、生态的集成技术,如高效厌氧 UASB 生物反应器、好氧 SBR 反应器和快速脱氮技术等进行 BOD、COD 的降解和消化,同时将水体的 N、P 等营养物质,利用水生植物、稳定塘、农业经济作物进行合理的吸收、转化利用,厌氧消化液作为水肥用于果园、蔬菜、粮食作物的灌溉与生产。对污水中的有机物质利用水解酸化及二级、三级的厌氧消化池进行深度处理,产生的沼气用于养殖企业、区域村落的农业生产及生活活动,沼液沼渣用于进一步的处理和生物转化。此处理工艺 COD 去除率在 90% 以上,NH_3-N 和 TN 去除率均达到 90%,适用于家庭养殖规模在 500 头以上及大中型养殖规模的企业。

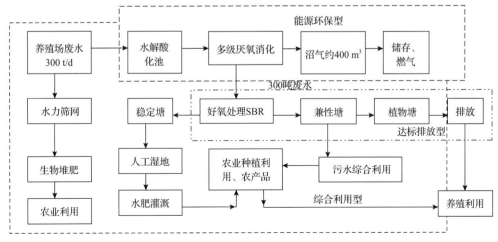

图 4-33　畜禽养殖污水处理过程沼-水-肥耦合循环经济模式

4.3.3　畜禽养殖污水新兴污染物去除技术

随着社会发展与人们物质需求的不断提高，在广大灌区农村的集约化、规模化畜禽养殖业蓬勃发展。集约化养殖场与传统的饲养方式相比具有规模大、数量多、密度高等特点，发生的疾病也越来越复杂，高密度的养殖环境为传染病的发生和流行提供了条件，一旦疫病侵入，就会传播蔓延，造成巨大的经济损失。因此，铜(Cu)、锌(Zn)等重金属元素及四环素类、氟喹诺酮类等抗生素被广泛用于畜禽养殖，在预防和治疗疾病、促进动物生长及提高饲料利用效率等方面发挥了显著的作用，成为现代畜禽养殖业不可或缺的因素。但若不处理或处理不当就排放于环境或作农用，会造成局部地区水体与农田污染。大量的畜禽污水排放，是构成抗生素和重金属面源污染的主要原因之一。

目前规模化养殖污水处理中人们主要考虑对常规污染指标[化学需氧量(COD)、生化需氧量(BOD)、总氮(TN)和总磷(TP)等]的削减和控制，而极少关注废水中的抗生素、重金属等其他污染物的去除。中国是兽用抗生素与重金属微量元素使用的大国，养殖水体抗生素与重金属污染问题尤为严重。

1. 养殖废水抗生素的去除

1)化学氧化法

化学氧化是指通过氧化剂本身与抗生素反应或产生羟基自由基等强氧化剂将抗生素转化降解。常用的氧化剂主要有 O_3、$KMnO_4$、ClO_2 等。李文君等[16]采用 UV/H_2O_2 联合氧化法处理养殖污水，发现在一定条件下，5 种磺胺类抗生素去除率均达到 95%以上。可见，UV/H_2O_2 能有效氧化降解畜禽养殖废水中的抗生素。化学氧化法具有处理所需时间相对较短，对抗生素降解比较彻底，但运行费用相对较高，药剂控制要求严，一般农村畜禽养殖污水处理难以全面应用。

2)吸附法

吸附法是指利用多孔载体吸附废水中某种或某几种污染物，以回收或去除污染物，从而使污水得到净化的方法。常用的载体有活性炭、活性煤、活性污泥、腐殖酸类、吸附树脂等。不同种类抗生素的结构各不相同，其中所包含的官能团或取代基不同决定了它们吸附行为存在一定差异。在常用的抗生素中，吸附性大小顺序为四环素类＞大环内酯类＞氟喹诺酮类＞磺胺类药物，吸附性越强的去除率越高。该方法可以畜禽养殖污水处理中应用，但成本较高。

3)膜技术法

在一定压力下，当原液流过膜表面时，膜表面密布的细小微孔只允许水及小分子物质通过而成为透过液，而原液中体积大于膜表面微孔的物质则被截留在膜的进液侧，成为浓缩液，因而实现对原液的分离和浓缩的目的。朱安娜等[17]利用纳滤膜对含洁霉素污水进行的浓缩试验，结果表明，经历 60 h 水样中的抗生素浓度浓缩了 9 倍以上，污水中洁霉素的去除率可达 95%。吸附与絮凝、膜技术等只是把抗生素从一种状态变成另一种状态，并没有把抗生素破坏。这些抗生素有可能还会再次回到环境中，污染环境。而电解法、高级氧化法操作较复杂，运行成本较高，难以实际大规模运用。

4）生物修复法

生物修复是指利用微生物、植物和动物吸收、降解、转化水体中的污染物，使污染物的浓度降低到可接受的水平，或将有毒有害的污染物转化为无害物质的一种环境污染治理技术。一般可分为微生物修复、植物修复和动物修复 3 种类型，微生物修复和植物修复是水污染治理中常用的生物修复措施。与传统水体净化方法相比，生物修复法克服了费用高、净化不彻底、易产生二次污染、危害养殖功能、破坏生态平衡等缺点，能使被破坏的生态系统得以尽快恢复。Hijosa-Valsero 等[18]研究了人工湿地污水处理系统对污水中抗生素的去除效率，发现强力霉素、甲氧苄啶、磺胺甲噁唑等抗生素去除率在 59%～96%，去除效率因植物类型、流速及设计特征不同而异，总体比传统污水处理系统效率要高。

2. 重金属的去除

常见的水体重金属污染修复方法主要有物化法和生物修复法。物化法主要包括沉淀、絮凝和吸附法。生物修复主要利用水生植物对重金属离子进行吸收、容纳、转移，从而使水体得到净化，大量研究结果表明植物对重金属污染水体具有良好的修复作用。

4.3.4 典型实例[19]

山东省畜牧业历史悠久，规模庞大。特别是近几年来，山东畜牧业保持了持续健康发展的态势，全省畜牧业产值、肉蛋奶总产量、畜产品出口创汇等主要经济指标均位居全国前列。与畜牧业的规模化发展相伴而生的是环境问题。畜禽养殖场每天排放大量的养殖污水，这些未经处理的污水中含有大量污染物质，其污染负荷很高，见表 4-6。养殖污水中还含有大量的氮、磷等营养物，排入鱼塘及河流中会造成水体富营养化，使水生生物死亡，严重时会导致鱼塘及河流丧失使用功能。养殖污水长时间存放还会渗入地下，使地下水中的硝态氮或亚硝态氮浓度增高，地下水溶解氧含量减少，水体有毒成分增多，导致水质恶化，危及周边生活用水水质。经过长期的探索和发展，山东省规模化养殖场所采用的畜禽粪便、污水的处理和利用的技术路线已逐步发展为能源生态型和能源环保型两种模式。能源生态型的突出特点是粪污经厌氧处理后能够作为有机肥料回收利用，而能源环保型则是将污水经厌氧及其他一些方式处理，达标后排放。

表 4-6 畜禽粪尿排泄系数

项目	粪	尿	BOD	氨氮	TP	TN
	g/(头·d)				kg/(头·a)	
生猪	2200	2900	203	37.5	1.7	4.51
蛋禽	75	—	6.75	0.9	0.115	0.275
肉禽	150	—	13.5	1.8	0.115	0.275
牛	30000	18000	805	12	10.07	61.1

1. 能源生态型

"能源生态型"是指畜禽养殖场污水经厌氧消化处理后作为农田肥料利用的处理利用工艺。能源生态型沼气工程以高浓度畜禽污水为原料，以消化畜禽粪便的同时产生再生能源为目的。畜禽粪尿同时进入厌氧罐发酵，其产气率远远高于环保型沼气工程，产生的再生能源也多。同时，该模式工程投资少、运行费用低，所以这种模式的收益相对较高、投资回收期短、投资利润率也高。

枣庄祥和乳业有限责任公司采用"奶牛—沼气—沼渣—有机肥—沼液—牧草"生态循环模式。山东祥和乳业有限责任公司将奶牛养殖、粪污处理、沼气发酵、沼渣有机肥生产、沼液喷灌牧草等环节有效衔接，实现了清洁生产和资源循环利用。

2. 能源环保型

"能源环保型"是指畜禽养殖场的畜禽污水处理后达标排放或以回用为最终目标的处理工艺。能源环保型沼气工程在厌氧发酵后增加好氧处理设施以实现达标排放，处理的废水以达标排放为最终处理目的，所以需尽量降低初始污水浓度，将粪便和其他固体物质与液体分离，其池容产气率相应降低，产沼能力低。同时，其投资额比生态型沼气工程高，每年的运行成本高于产生的收益，不产生利润。该工艺优点在于，进水水质污染物浓度相对较低，经好氧处理后，污水水质达到《畜禽养殖业污染物排放标准》，可以直接排放。且该模式具有工艺处理单元效率高、工程规范化、管理及操作自动化水平高、适用范围广等优点。

东营力大王农畜产有限公司年出栏 2.1 万头商品猪，日产污水 200 m³，污水处理采用"固液分离+两级厌氧+好氧"三级深度处理系统。处理工艺流程图见图 4-34。废水首先经过细格栅井去除较大的漂浮物，然后由离心排污泵进入固液分离器，去除大部分的猪毛和残余的猪粪。固液分离后的污水进入调节 A 池。调节池的水经泵送至 AE 厌氧罐进行厌氧发酵。AE 厌氧罐出水进入斜板沉淀池，沉淀的污泥运至污泥干化场。沉淀池出水经调节 B 池后由提升泵提升至 UASB 反应器(升流式厌氧污泥床)。UASB 反应器内部设有布水系统、三相分离系统、出水堰。厌氧反应器出水进入 A/O(厌氧好氧工艺)系统，

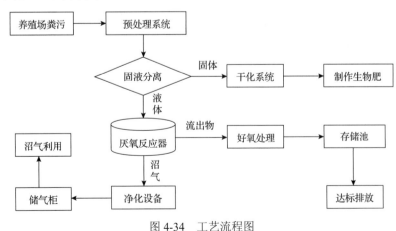

图 4-34　工艺流程图

A/O 硝化反硝化系统由缺氧段与好氧段组成，具有生物脱氮功能。净化后废水经平流沉淀使活性污泥与废水分离，上层出水排放进入气浮系统。分离浓缩后的污泥一部分返回曝气池，以保证曝气池内保持一定浓度的活性污泥，其余为剩余污泥由系统排至污泥干化场。在污水进入气浮系统时投加絮凝剂，使分散的细微悬浮物质、胶体物絮凝成较大的絮状物而分离出来。处理后废水通过清水池，排放至场区西侧坑塘中进行荷花养殖，同时经沉淀过滤之后，由北侧荷花池塘向南流，进行无公害饲养草鱼，使水资源循环利用，最后用于有机蔬菜种植。此举措不但节约了水资源，而且降低了生产成本。

4.4　农村畜禽养殖废弃物处置技术

畜禽养殖废弃物主要包括畜禽粪便、养殖过程中废饲料、散落的羽毛、恶臭气体及病死畜禽尸体等，其中畜禽粪便还包含一些可利用物质和 N、P 等营养物质，同时，畜禽粪便和废饲料成分复杂，包含较多的污染物质，如臭气、致病菌、沉积物、悬浮物、抗生素及 Cu、Zn 等重金属。农村畜禽养殖废弃物如果不经处理，随意堆置和摆放经雨水冲、滤和渗等将污染物带入水体，对灌区水环境质量产生严重影响。因此，必须对农村畜禽养殖业废弃物进行有效处理，阻断影响灌区水质的这类污染源头，实现灌区源头控污的全面落实到位。

4.4.1　常规处理技术分析

据 2016 年农业部统计，我国每年产生的畜禽养殖废弃物已达到 38 亿 t，在如此巨大的产量下综合利用率却不到 60%，无害化率更低，不足 50%。因此对于农村畜禽养殖废弃物的无害化处理十分重要。

1. 干燥法

干燥法是处理畜禽粪便常用的方法，通过自然或者机械干燥，将畜禽粪便混配制成颗粒肥或者制取高蛋白饲料。干燥法可以分为物理干燥、化学干燥和生物干燥。物理干燥通过沉淀、离心、过滤、高温烘干等技术强制脱水进行干燥；化学干燥主要是絮凝干燥，$FeCl_3$ 和 $Al_2(SO_4)_3$ 是常用的絮凝剂；生物干燥是利用微生物分解作用减少粪便中的水分达到干燥目的，相对于物理和化学干燥具有成本低、养分损失少等优点。干燥法主要用于鸡、鸭等禽类的粪便处理，由于禽类的肠道较短，很多营养成分未经吸收直接随着粪便排出，粪便中含有大量营养物质，制成肥料或者饲料营养成分也较高。有研究表明鸡粪在干燥过程中含水量可以由 70%～75% 下降至 8% 以下。但该方法在大批量处理中仍会有臭气产生，杀灭致病菌方面效果也较差，并且干燥温度越高，肥效越差，同时不适用于其他饲料化价值不高的畜禽粪便，因此该方法的推广使用受到制约。

2. 堆肥处理

堆肥处理是目前处理畜禽粪便较为有效的方法之一，是集处理和资源循环再生利用于一体的生物方法。堆肥按照是否有氧参与可分为厌氧堆肥和好氧堆肥两种，在臭气处理和 COD 控制方面好氧堆肥效果比厌氧堆肥更好。按照原料的发酵状态分为发酵仓式堆肥和无发酵仓式堆肥，国内外使用发酵仓式堆肥较普遍，发酵仓式堆肥又分为立式、卧式、槽式发酵仓堆肥等，由于槽式堆肥对恶臭气体和渗滤液处理效率相对较高，自动化程度高，目前在生产实践中应用最多。通过堆肥可将畜禽粪便制成有机肥料或土壤改良剂，同时堆肥过程中产生的高温可杀灭致病菌和虫卵，降解部分残留的抗生素和降低重金属活性。张树清等[20]通过猪粪和鸡粪的高温堆肥研究显示，在添加专门菌剂的情况下，对猪粪的四环素、土霉素和金霉素的去除率分别为 81.46%、59.36% 和 66.85%，相应的鸡粪去除率分别为 73.73%、46.62% 和 53.02%，猪粪的降解效果优于鸡粪。刘浩荣等[21]研究表明猪粪在堆肥处理后会使 As、Zn、Cu 等重金属向低活性方向转变，进而降低重金属的毒性。堆肥处理基本可以实现畜禽粪便的无害化，但堆肥占地面积大，臭气控制难度大、要求高，一定程度上限制了堆肥技术的广泛应用。

3. 厌氧发酵处理

厌氧发酵是在无氧条件下通过微生物作用，将粪便中的有机物转化为 CO 与 CH_4。厌氧发酵按照操作条件和运行方式的不同，按照温度不同分为常温、中温和高温厌氧发酵，由于中温厌氧发酵介于低温和高温之间，发酵条件易控制、产气稳定、操作相对简单，能耗适中，是目前厌氧发酵的主要方式；按照固体含量多少分为湿式厌氧发酵（TS＜15%）和干式厌氧发酵（TS 为 20%～30%）；按发酵阶段数可分为单相厌氧发酵和两相厌氧发酵。厌氧发酵可产生沼气，是一种理想有效的处理畜禽粪便和资源回收利用的技术，畜禽粪便沼气化也是目前应用最多的处理方法。

4. 综合处理技术

对于规模小又分散的畜禽养殖场来说，废弃物产量小，收集困难，处理成本高，无法规模化无害化处理。为此，有关专家研究开发了小型或分散型畜禽养殖废弃物综合处理方法。该方法将畜禽养殖废弃物经过预处理和固液分离，固体部分粪便与村庄有机垃圾进行混合，制作土壤改良剂或好氧堆肥。该方法通过协同处理几种有机垃圾，避免了小型或分散型畜禽养殖废弃物产量小、处理难、成本高的问题，提高了畜禽养殖废弃物的资源化利用程度，同时实现减量化和无害化处理，有效地降低了农村畜禽养殖废弃物排放对水环境污染问题。

4.4.2　畜禽养殖废弃物农用技术

以畜禽养殖废弃物的生态化、资源化处置利用为中心的循环农业发展模式，其核心是基于可持续发展的思想，实现农业由单向式资源利用向循环梯级利用、集约高耗型向节约高效型转变，拓展和延伸农业产业链条，推进农业生产清洁化、农村废弃物资源化。

利用农作物、土壤动物、微生物、水生生物的吸收转化和消解畜禽养殖废弃物，在养殖场内部及周边的生产区域构建了一种多元结合的高效集约新型农业循环经济模式。该模式结合区域独特的地理、自然资源优势和农业产业结构，采用养殖规模与土地承载力之间的匹配技术，养殖废弃物适地养分肥田技术体系，既解决了废弃物的处理降解问题，又生产出符合环保、绿色要求的多种农副产品。

浙江蓝天生态农业开发有限公司[22]构建了一种猪-蚓-鳖-草/稻-梨-羊循环经济模式；将生态猪养殖区-生态鳖养殖区-湖羊养殖区-水稻牧草轮作区-大棚蔬菜区-周边辐射区有机结合，以废弃物处理利用为纽带构建了多元-高效-循环农业生态结构，形成了物流高效循环利用网络(图 4-35)。在循环经济模式中把清洁生产、干湿分置、污水厌氧预酸化、猪粪蚯蚓养殖、废弃物农业利用等单项技术进行了合理的优化组合，降低了投资和运行费用，实现了废弃物完全资源化利用，零排放。

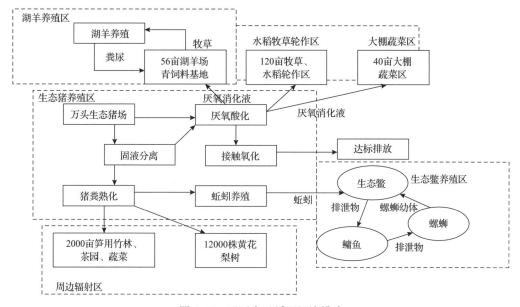

图 4-35　五区多元循环经济模式

4.4.3　典型实例[23]

北京顺义区某村被誉为"京郊养猪第一村"，全村农业土地面积 268.53 hm^2，其中 66.67 m^2 为种养结合的生态养殖园区，其余为苗木基地、果园、林地和玉米试验田。目前养猪业已成为该村农业中的主导产业，近三年来年均出栏生猪超过 5 万头。根据《畜禽养殖业污染物排放标准》(GB 18596—2001)中有关集约化规模化畜禽养殖场所分类标准，该村的种猪场和生态养殖园分属典型的"集约化畜禽养殖场"和"集约化畜禽养殖区"。这种集约化方式在提高该村生猪养殖生产力的同时，使得猪粪及污水等废弃物大量集中产生，给当地生态环境带来了巨大的压力。

为减轻和控制养猪业发展所带来的环境污染，改善农村生活环境和农业生态环境，推动集约化养猪业的可持续发展，该村采取了一系列污染治理和环境保护措施，对废弃物处理并开展资源化利用，取得了一定的效果。

(1)园区化的集约饲养。生态养殖园区共占地 66.67 hm^2，其中农田面积 26.67 hm^2，猪舍占地 26.67 hm^2，道路及服务区等占地 13.33 hm^2。猪舍内建沼气池，猪舍前种植玉米、白菜等作物。实施规范化的工厂式管理，动物粪便每天由专人定时地进行统一的收集并运送到沼气工程进行集中化处理。

（2）现代化的处理设施。为有效解决养猪废弃物问题，引进了多种生物处理技术和工程技术来处理猪场粪便。养猪场及养殖生态园区的猪粪便的收集均采用"干清粪"工艺，减少氨气的挥发，减少猪舍及周围的恶臭气味。同时在养殖园区，一些农户还引入并实施了发酵床技术，进行生态化养猪，减少环境污染。

（3）资源化的废物利用。该村从引入和实施污染治理和环境保护技术出发，逐步提升治污理念，走上了实行农牧结合、开展资源利用和发展循环经济的道路。利用沼渣及多余粪便进行堆肥化加工处理，制成符合国家标准的有机肥料并进行市场化销售。在生态养殖园区内，每户都建有沼气池用于贮存粪便，在作物生长需要期直接施用于猪舍前的耕地，真正实现"种养结合"。

该村集中化的猪粪便处理和资源化利用方式取得了较好的成效，取得了良好的环境效益和经济效益，但是由于多种因素的影响，仍存在着有机肥过量施用、处理设施建设缺乏整体规划等问题。因此考虑到该村沼气工程与果园正好毗邻，假若能将沼液直接引入附近的果园或苗木中心，则能够更好地提高资源利用的经济性。根据当地实际，该村需要在今后发展过程中从系统整体角度出发，有效整合资源，建立起以生态养殖为基础，以"沼气工程"为纽带，生物资源和农业资源循环利用，实现养殖业与种植业、菌木种养以及居民生活耦合的良性生态循环生产体系，如图4-36所示。

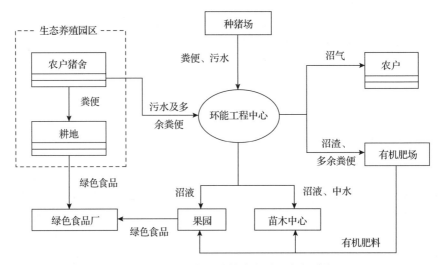

图4-36　北京顺义区某村生态循环生产系统

北京顺义区某村在治理集约化养猪污染和进行废弃物资源化方面的实践，为我国更有效地实施集约化畜禽养殖业的环境管理提供了一些可供参考的经验，也为生态节水型灌区建设和推进"环境友好型，资源节约型"畜禽养殖业带来了有益的启示。

4.5　农村水产养殖排水水质改善技术

灌区水产养殖在保障国家粮食安全方面发挥着重要作用，是农村多种经营提高农民致富的重要途径。农民利用水田、水池、水塘、水库、河道、湿地等水域(一般简称池塘)养殖鱼、虾、蟹、甲鱼等经济水产,不仅提高了农民经济收入,而且还为人们提供了丰富的食物。当前,我国在水产养殖中普遍采用池塘高密度养殖方式,为了提高水产产量和防止有害微生物毒害鱼虾等,农民在水产养殖中施用各种饵料和消毒药剂,这种方式在提高水产养殖产量的同时也带来了许多问题和弊端,人工合成饵料和药剂部分被养殖鱼虾等吸入利用,但还有部分留于水体或沉降底泥中,恶化池塘养殖环境,造成养殖品暴发性疾病和大面积死亡事件,这促使农民频繁更换池塘水体。当养殖水域进行水体置换时,滞留于水体中的饵料和药物等就成为影响水环境质量的污染物,这些污染物随水体置换排放进入灌区水系,造成灌区水生态环境恶化。因此,生态节水型灌区建设中必须从源头控制和治理水产养殖业污染物的排放。

4.5.1　水产养殖排水分析及排换水规律

1. 水产养殖排水分析

影响水产养殖水体的因素较多,但主要还是集中于饵料、消毒药剂、水体交换流动少而产生的有毒病菌等,水体中主要存在以下几种物质:一是有机物,养殖水体中的有机物主要由残饵、浮游生物的代谢产物及养殖动物的排泄物分解产生,水体中有机物含量过高时常造成水质恶化,导致鱼类生长缓慢,甚至死亡或泛池。二是氨氮,各种水产养殖系统中,以饵料或营养元素的形式投入到养殖水体中的氮和磷分别只有 1/4～1/2 被养殖品吸入和同化,这表明养殖水体中氮的负荷是由养殖品吸收氮以后的排泄物和没有被消耗的饵料降解引起的,造成水体恶化,对养殖品产生毒性。三是亚硝酸盐,对鱼类有很强的毒性,亚硝酸盐的存在导致鱼、虾血液中的亚铁血红蛋白被氧化成高铁亚铁血红蛋白,而后者不能运载氧气,从而抑制血液的载氧能力,造成组织缺氧,水生动物摄食能力降低,甚至死亡。

2. 水产养殖排换水规律

水产养殖排换水主要是由于养殖池塘原水体时间长或外来物质添加多而造成水体变质,还有池塘水体排干晒露底床或因降雨水量增加泄洪等,出现这些状况都需要从池塘排出水体。为了有利于掌握排水带入到灌区水系的污染物质总量和处理净污技术选择,我们需要把握池塘排换水规律和制定科学的排换水方式。一般来说,农民日常换水是按照前期少换,中后期相对多换,水好少换或不换,水开始有恶化多换的原则进行的,具体排换水时,做到以下几方面,既能提高养殖品生长环境,又能有效控制少排水和少产污,减少对灌区水系水质的影响。

(1)尽量保持水源的盐度与池塘水一致或大致相符,换入的水体要保持清新。

(2)控制换入水体的总量,换水过少则不能有效优化池塘水,换水过多,则会过多地降低池塘内浮游生物等密度,也会引起水温大幅变化。

(3)换入的水体,要抽取水源中上层的水,这样的水体沉积物少,溶氧含量高,水温也与池塘水接近。

(4)换入的水体,应沿池塘水的上层水平线平缓冲入或出水口垫平板缓流,切忌从高处直接落下,以免过度引起底部沉积物、腐殖质泛起引发事故。

(5)换水时应先排原池塘的老水,尤其是底层水,排水视池塘口情况(如形成环流)可快且能携带"部分污染物"出去,换水新水的进水口必须用密网过滤,严防野杂鱼、敌害生物等进入水体。

(6)换入新水后,增加或保持合适的透明度,如果透明度过高,可适当少量多次补肥、微量元素。

(7)掌控排换水的时间,比如选择在凌晨加水,光合作用微弱,起到一定的增氧作用,除非必要,白天应少加水。

4.5.2 水产养殖排水传统处理方法

水产养殖排水处理主要有两种途径,一方面是在池塘内处理净化,这方面处理净化,不仅改善了池塘养殖环境,确保养殖品高产稳产,而且也降低了更换排出水体的污染物浓度,减少对灌区水系水质影响;另一方面是在池塘更换排出水体进行去除处理,截留净化污染物。

对于水产养殖排水在池塘内处理技术研发一直被重视,采用的方法主要是曝气、施药、排出水体底床晒干、化学品杀菌、微生物作用等。例如采用微生物处理池塘养殖废水,主要有三种方式:一是微生物制剂,是一些对人类和养殖对象无致病危害并能改良水质状况、抑制水产病害的有益微生物。常用于改善养殖水质的有光合细菌、放线菌、芽孢杆菌、硝化细菌、氨化细菌、硫化细菌等,它们能够有效地降低氨氮和硫化氢等有害物质含量,改良池塘水质。二是固定化微生物技术,一般是经过富集、培养、筛选得到高密度生化处理混合菌,然后通过一定的包埋方式将菌种固定在一个适宜繁殖、生长的微环境中(如海藻酸钠、PVA 等凝胶材料)的技术,从而达到有效降解养殖排水中某些特定污染物的要求。三是生物膜法,通过生长在滤料(或填料)表面的生物膜来处理废水,已广泛应用于养殖水处理,对受有机物及氨氮轻度污染的水体有明显的净化效果。目前使用较多的类型有生物滤池、滴滤池、生物转盘、生物接触氧化池和生物流化床等。

水产养殖排水排出的传统处理方法相对较多,主要包括物理方法、化学方法、生物过滤方法和人工湿地方法。

1. 物理方法

由于养殖排水中的残饵和养殖生物排泄物等大部分以悬浮态大颗粒形式存在,因此采用物理过滤技术去除是最为经济、快捷的方法。常用的过滤方法有栅栏、筛网、沉淀、气浮、过滤、曝气、吸附、紫外线照射等。在实际处理过程中,机械过滤器(微滤机)是应用较多、过滤效果较好的方式。常用的过滤设备有机械过滤器、压力过滤器、砂滤器等。用砂滤器能很好地去除悬浮物,但是去除氮和磷效果不佳。石英砂反应器,兼有过滤和吸附功能,利用沸石的吸附作用,除去多种污染物。

2. 化学方法

在较早使用的化学方法中，包括硫酸铜、漂白粉、孔雀石绿等水质改良剂，虽然能对养殖排水排出进行一定的处理，但由于这些方法会对环境产生二次污染，并且有的方法还会对人体造成伤害，现在已被禁止使用。目前国内外规模化水产养殖废水采用比较多的化学处理方法是臭氧处理技术。

(1)臭氧处理。臭氧可去除氨、亚硝酸盐等有害物质，并具有很好的杀菌效果。采用臭氧消毒由于养殖生物在水中产生许多可变因素，使用方法也因养殖对象不同而改变，除使用时对处理装置的结构有所要求外，还要掌握好臭氧含量在水体中的安全浓度。为了避免水体中剩余臭氧对水生动物产生不良作用，可以采用以下方法对残留臭氧加以去除，一是利用活性炭进行吸附，二是配置鼓风曝气设备等。

(2)电化学方法。用电化学法去除排水中溶解的亚硝酸盐和氨氮效果较好，亚硝酸盐去除的时间和能耗随着传导率的增加而降低，在酸性条件下有利于亚硝酸盐的去除，碱性条件下有利于氨的去除，氨的去除速度低于亚硝酸盐的去除速度。

3. 生物过滤法

生物过滤处理技术是利用微生物、植物等的吸收、代谢作用，达到降解排放水体中有机物和营养物质的目的，主要去除溶解态污染物。该方法对环境友好，费用低，不会造成二次污染。目前针对养殖排水采用较多的生物过滤方法，包括植物过滤、微生物过滤。

(1)植物过滤。排水通过大型水生植物带对污染物的吸收、降解和转移等作用，达到减少或最终消除水产养殖环境污染。

(2)微生物过滤。利用微生物附着于多孔载体，并安装于排放口，排水通过载体渗滤来吸收和降解去除水体中的有机物、氨氮、亚硝态氮等，达到排放废水的净化目的。

4. 人工湿地法

人工湿地系统应用水产养殖排水排放，主要是将池塘排放口排出的水引入到专门设置人工湿地，借助湿地微生物降解、基体过滤沉降和植物吸收等去除水体污染物。养殖废水通过微生物降解去除可溶性有机物，通过基质的吸附、过滤、沉淀及氮的挥发、植物的吸收和微生物的硝化、反硝化作用去除氮，通过湿地中基质、水生植物和微生物的共同作用去除磷。水生植物在去除氨、亚硝酸盐、硝酸盐、磷酸盐、悬浮物等方面间接或直接地起着重要作用。水产养殖排水人工湿地系统易受自然及人为活动的干扰，易堵塞，因而在设计时要因地制宜，需要与其他水处理技术相结合，控制管理技术要求较高，这样才能长期维持高效运行。

4.5.3　水产养殖排水水质强化净化技术

随着生物技术及先进渔业设施设备的大量使用，水产养殖产量和效益也越来越高，但也不可避免地采取大量投喂饵料、大量使用鱼药等手段，导致池塘水质恶化，加上鱼类自身代谢物大量累积，加重了鱼类病害频发。工业化、城市化进程的加快，也使得水源质量严重下降，尤其是 2007 年太湖蓝藻事件爆发后，大部分地区开始积极推广池塘水循环养殖。要实现池塘循环水，首先水要循环，关键是水质要净化，净化效能高低直接决定养殖成败。

王荣林等[24]发明了一种多接触式池塘水质净化装置及其净化方法，如图 4-37 所示。该装置自上而下依次分布石块层、石子层及活性物质层，此外还设置了犬牙交错的阻拦墙，使得生物处理完的水不能直接通过，增强了水的活性和能量，提高了水体溶解氧，降低氨氮、亚硝酸盐、硫化物等有害物质，大大降低了水生生物的发病率。

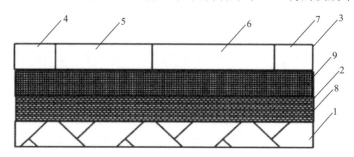

图 4-37　多接触式池塘水质净化装置

1-石块层；2-石子层；3-活性物质层；4-鹅卵石层；5-沸石层；6-麦饭石层；7-活性炭层；8-第一石子分层；9-第二石子分层

高红亮等[25]发明了一种修复养殖池塘生态环境的人工浮床，如图 4-38 所示。该装置包括设置于水面上的植物栽培浮床以及在植物栽培浮床下面的微生物菌剂固定化填料装置。植物栽培浮床包括托架和浮床单元，微生物菌固定化填料装置包括微生物菌剂和固定化填料。植物的根部在水中能够吸收养殖生物的排泄物、氮、磷等作为营养物质，微生物能够降解水中的有机物、氨氮、硝态氮、有机磷、无机磷和其他污染物，改善水质，实现生态养殖。

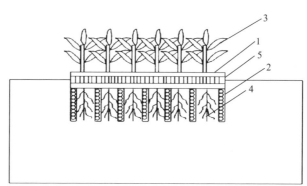

图 4-38　一种修复养殖池塘生态环境的人工浮床整体结构示意图

1-浮床单元；2-微生物菌剂固化填料装置；3-种植植物；4-植物根系；5-托架

西安天浩环保科技有限公司研发设计生产出了一种养殖循环水处理设备，该设备采用了模块化组合技术，将增氧溶氧、精密过滤、生物反应功能结合，使用高强度 UPVC 无毒材料生产，充分保证设备处理功能、水处理效果的同时，减少了占地面积和设备重量。

该设备是 TH-RAS 循环水养殖系统的重要组成部分。TH-RAS 循环水养殖系统由生化反应系统、水质过滤系统、消毒杀菌系统、水质检测及温度控制系统组成。养殖池水在生化系统中，通过生化法去除亚硝酸盐、大部分氨氮、磷等有毒有害物质，经过低功率循环水泵，把水送入设备曝气系统中，经过融氧后进入生物接触氧化池进行生化沉淀反应生化系统过滤后，自流到过滤系统，过滤完成后进行二次曝气，完成后的水回到主水管，然后进行消毒后，通过主水管自流回池内，完成一系列的循环、曝气融氧、复合慢滤、生化滤床、自动反冲洗、消毒等程序。

4.5.4 典型实例[26]

上海松江现代农业示范园区五库示范区位于太湖流域东部、上海黄浦江上游水资源保护区。目前，五库农业园区内水产养殖排放水量大、污染负荷高，直接排入下游河道，造成水域污染。为改善农业园区的水质环境，采用"边坡人工湿地+水生植物塘"集成技术对五库园区花卉路南首若干虾塘的排水加以处理作为示范工程。在不增加土地占用的前提下，对养殖排水进行污染物削减，使有机物、氮磷等污染物削减强度需达到 20%～30%，因此生物方法由于成本低、适应性广、具有生态效应等优点而更具优势。其中，人工湿地技术具有成本低、投资省、操作维护简单、用途广等优点，用于水产养殖废水处理效果良好，能有效去除水中氮磷等营养元素，还能去除一定的有机物和悬浮物。同时，水生植物技术通过在水体中直接种植水生植物以降低水体污染强度，达到修复水体的目的，一般以净化塘的形式实现水体污染物的削减，适用于大面积、低污染浓度的水产养殖排水。

对于松江五库农业园区水产养殖排水处理采用水平潜流人工湿地与浮萍植物塘联用的集成技术，一方面可以利用湿地基质的吸附及过滤作用去除一部分污染物，降低进入水生植物净化塘的污染负荷；另一方面通过湿地水流状态及流向的调整，使出水均匀地分布到水生植物净化塘中，并通过在水生植物净化塘中种植浮萍，构建绿色水产养殖模式。

边坡人工湿地+水生植物塘集成净化工艺主要利用养殖塘边坡设置湿地，利用排水河道设置水生植物塘，减少了良田占用，节约了土地成本以及土建费用。并且在工程设计的时候较好地利用了当地水产养殖塘与排水河道的水位差，在养殖塘小引小排时无须依靠水泵便能运行。此外湿地能够拦截去除大量不溶性有机物和氮磷，而可溶性的氮磷可以通过植物吸收作用加以利用，从而提高总的净化效率。

参 考 文 献

[1] 陈志德, 陈美杉, 陈林虎, 等. STCC 污水处理及深度净化技术——运用新型填料"不饱和炭"的污水深度净化技术[J]. 环境保护, 2007(8): 61-64.

[2] 吴磊, 吕锡武, 李先宁, 等. 厌氧/跌水充氧接触氧化/人工湿地处理农村污水[J]. 中国给水排水, 2007, 23(3): 57-59.

[3] 郭飞宏, 方彩霞, 张继彪. 塔式蚯蚓生态滤池——人工湿地系统对农村生活污水的处理研究[C]. 水环境污染控制与生态修复高层技术论坛, 2010.

[4] 李彬, 吕锡武, 宁平, 等. 自回流生物转盘/植物滤床工艺处理农村生活污水[J]. 中国给水排水, 2007, 23(17): 15-18.

[5] 李先宁, 李孝安, 吕锡武. 溅水充氧生物滤池处理农村污水的研究[J]. 环境工程学报, 2008, 2(2): 175-179.

[6] 王沛芳, 侯俊, 王超, 等. 一种灌区生活污水活性铁——厌氧微生物耦合强化脱氮除磷装置: CN104761107A[P]. 2015.

[7] 侯俊, 王沛芳, 王超, 等. 灌区生活污水零价铁/微生物复合渗滤墙净化系统: CN104773929A[P]. 2015.

[8] 薛嘉韵, 孙水裕, 源亮君. 城市垃圾处理技术分析及对策研究[J]. 能源研究与利用, 2006, (4): 11-13.

[9] 李清飞, 何新生, 孙震宇, 等. 农村生活垃圾好氧堆肥技术探讨[J]. 农机化研究, 2011, 33(6): 186-189.

[10] 王克文, 吴志海, 臧建彬, 等. 一种城镇生活垃圾综合处理装置: CN105921487A[P]. 2016.

[11] 李维尊, 鞠美庭, 张东昇, 等. 一种城市生活垃圾破袋发酵一体化装置及应用: CN106378349A[P]. 2017.

[12] 文国来, 王德汉, 李俊飞, 等. 处理农村生活垃圾装置的研制及工艺[J]. 农业工程学报, 2011, 27(6): 283-287.

[13] 屠翰, 虞益江, 竺强. 序批式干态水解-液态产沼工艺在农村有机生活垃圾处理中的应用[J]. 农业环境与发展, 2013, (4): 87-90.

[14] 田静思, 张后虎, 张毅敏, 等. 矿化垃圾湿地处理畜禽养殖废水的研究[J]. 生态与农村环境学报, 2011, 27(2): 95-99.

[15] 陈蕊, 王晓丽, 傅学起, 等. 好氧颗粒污泥膜生物反应器与普通膜生物反应器处理模拟畜禽废水的比较[J]. 农业环境科学学报, 2007, 26(2): 759-763.

[16] 李文君, 蓝梅, 彭先佳. UV/H_2O_2 联合氧化法去除畜禽养殖废水中抗生素[J]. 环境污染与防治, 2011, 33(2): 25-28.

[17] 纪树兰, 朱安娜, 彭跃莲. 纳滤膜浓缩回收制药废水中洁霉素的试验研究[J]. 环境科学学报, 2001, (S1): 135-138.

[18] Hijosa-Valsero M F G, Schluesener, Michael P. Removal of antibiotics from urban wastewater by constructed wetland optimization[J]. Chemosphere, 2011, 83(5): 713-719.

[19] 侯世忠, 闫茂鲁, 杨景晁. 山东省畜禽养殖污水处理模式及案例分析[J]. 当代畜牧, 2013(27): 51-53.

[20] 张树清, 张夫道, 刘秀梅, 等. 高温堆肥对畜禽粪中抗生素降解和重金属钝化的作用[J]. 中国农业科学, 2006, 39(2): 337-343.

[21] 刘浩荣, 宋海星, 荣湘民, 等. 钝化剂对好氧高温堆肥处理猪粪重金属含量及其形态的影响[J]. 生态与农村环境学报, 2008, 24(3): 74-80.

[22] 洪生伟, 白植标. 标准化与农业循环经济发展[J]. 上海标准化, 2009, 11(11): 25-30.

[23] 陆马薛, 马永喜, 薛巧云, 等. 集约化畜禽养殖废弃物处理与资源化利用——来自北京顺义区农村的政策[J]. 农业现代化研究, 2010, 31(4): 488-491.

[24] 王荣林, 李文群, 何尧平, 等. 多接触式池塘水质净化装置及其净化方法: CN103613216A[P]. 2014.

[25] 高红亮, 常忠义, 王亭芳, 等. 一种修复养殖池塘生态环境的人工浮床及其实现方法: CN102329003A[P]. 2012.

[26] 李怀正, 章星异, 陈卫兵, 等. 边坡人工湿地/水生植物塘集成技术处理水产养殖排水[J]. 中国给水排水, 2011, 27(24): 56-59.

第5章　灌区带状和面状湿地构建技术

灌区农田污染物具有排放的广泛性、随机性、扩散性，以及发生时间、浓度和发生源的不确定性等特征，因此，农田面源污染的治理不同于工业企业废水和城镇生活污水的治理，只能采用源头减量控制和全过程逐级截留净化技术思路来实现水环境质量改善。全过程逐级截留净化技术是指农田污染物在灌区排水系统输移过程中，通过物理、生物、生态工程方法对污染物进行全过程截留阻断和强化净化，减少和去除污染物对水环境质量的影响。针对灌区产生的污染物去除问题，总体分为两大类技术手段，一类是灌区源头控污，即在农田范围内减污和排出口截留净化，这一类技术在第3章已经进行了详细技术介绍；灌区农村居民生活污水、乡村企业废水、畜禽水产养殖废水和垃圾、秸秆等的源头处理技术，在第4章也进行了系统技术阐述。另一类是污染物从农田农村排放后，在灌区排水系统输移中进行截留净化。灌区排水系统截留净化技术的核心是构建具有较强净污能力的多形态湿地系统和开发基于新材料及微生物附着载体装备。

灌区中广泛分布的排水沟道系统，包括毛沟、农沟、斗沟、支沟和干沟，像一条条细长的条带，承担着灌区农田排水向区域外输移的作用。利用这些条带状的沟道，设置技术可行、净污作用明显及汛期排水通畅的近自然人工湿地系统，借助湿地中设置的多孔透水材料吸附、附着生物膜降解、植物吸收及根系微生物净化等综合作用，形成对农田面源污染物的逐级净化和截留去除，称为灌区带状湿地构建技术。另一方面，灌区中还分布着一些水塘、水坑、断头河等洼陷结构，通常在降雨量较大时承接灌区的涝水。这些洼陷结构具有一定的水面，可以有效地发挥蓄洪滞涝的作用。同时，如果对这些坑塘洼地进行合理的规划设计，也可形成高效净污的半自然湿地系统，对灌区面源污染物进行进一步的强化去除，这类湿地就称为灌区的面状湿地。本章将对生态节水型灌区排水系统污染物截留净化的第二道防线带状湿地及第三道防线面状湿地构建技术方法进行系统介绍，并通过实例分析其净污效果，旨在为灌区面源污染控制提供技术支撑和方法借鉴。关于灌区第四道防线骨干沟道、河流及河口滨水湿地净化技术的内容，本章将介绍相关河流生态廊道截留净化和生态景观技术，还有部分技术已在"十一五"国家规划重点图书《流域水资源保护和水质改善理论与技术》[1]的第四章和第五章中详细介绍，本书不再叙述。

5.1　排水沟带状湿地构建技术

灌区排水沟系是农田面污染源截留净化的第二道防线，农田施用的化肥农药随地表径流或田间退水首先进入排水沟，然后再排入水塘湿地系统或骨干沟道和河流。因此，灌区排水沟生态湿地系统如何构建，直接影响灌区面污染源截留净化效果。

一般在正常的灌溉时期，灌区中的排水沟道中水量并不大，并且这些沟道通常地势低洼，沟内流速较缓，具备利用人工净污载体及水生植物来截留净化农田面源污染物的条件，所以在灌区中构建排水沟带状湿地系统是完全可行的。

5.1.1　毛沟带状湿地技术

毛沟广泛存在于灌区农田之中，是农业生产中重要的水利设施，也是与农作物最接近的排水沟道，具有统筹农田排水的水利功能和生态功能。然而，大量开挖型毛沟因为边坡不稳定，造成水土流失，不仅对排水有阻滞作用，而且也影响毛沟的生态净污效果。因此，近些年来，为增强毛沟的排水除涝能力，灌区在续建改造中，很多地方对毛沟进行了混凝土衬砌，以达到快速排水的效果。但也由此阻隔了排水毛沟中水与沿岸土壤和农作物的联系，降低了毛沟对化肥和农药的截留净化能力，也阻断了生态系统的联通性，影响了生态功能的发挥。因此，为发挥毛沟在农田面源污染控制及生态系统良性循环方面的作用，利用毛沟特性构造毛沟带状湿地系统，具有重要的实践意义。

一般而言，毛沟的农田排水中氮磷及农药和抗生素等污染物浓度较高，因此选择的生态净污技术需要具有较强的截留净化效应。当前，在毛沟带状湿地构建方面，常见的技术包括：一类是提高毛沟排水的水力停留时间，增加污染物与净污载体、植物和微生物的接触反应时间，提升其降解净化能力；另一类是在毛沟中合理地种植水生或湿生植物，增强毛沟系统对污染物的吸收净化能力，同时改善毛沟与沿岸土壤的生态连通度，改善生态环境，促进良性循环。

不过，毛沟带状湿地构建时，要特别注意两方面的问题：一是在农田排水期，构造的湿地不能影响毛沟的输水泄水能力，应确保灌区农田的排水通畅；二是在农田排水间歇期，毛沟内的水位有较大降低，甚至干枯，难以维持湿地植物等用水需要，影响湿地净化系统净化效果及后续维护，这些问题在工程设计时一定要充分考虑。

目前常见的毛沟带状湿地构建技术主要包括：

1. 毛沟梯级平底湿地构建技术

在传统农田毛沟设计时，为了让农田排水在毛沟中形成重力流，都将毛沟纵向建设成沿水流方向的斜底坡，底坡坡降与毛沟水力坡降相关。这种毛沟排水的水体滞留时间短，污染物与沟床微生物接触时间不足，所以，传统毛沟净污能力弱。为此，王沛芳等[2]提出了一种稻田排水沟带状净污湿地系统，如图 5-1 所示。该带状湿地构建技术是将农田毛沟的纵向斜底坡改造为逐段梯级下降的平底湿地，即由连续斜坡下降改造为平底陡降的间断式，沟道首尾落差相同。每级平底湿地用半透水石笼隔开，排水通过透水石笼进入梯级平底湿地，每级平底湿地的长度设置为 50～150 m 并在其中设置湿地净化系统，具体间隔长度依据毛沟长度和所在农田面积形状等因地制宜地确定。透水石笼分为两区，下半部为不透水区，上半部为透水区，不透水区部分的高度设置是考虑在排水间歇期，维持平底湿地沟内具有一定水深，以此保障湿地植物的生态需水量，该高度一般为石笼总高度的 1/2～2/3。石笼厚度一般取为石笼高度的一半左右，长度为其两端与排水沟边壁接触之间的距离。

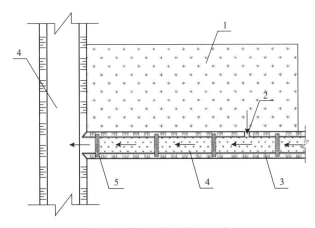

图 5-1　毛沟梯级带状湿地

1-稻田；2-稻田排水口；3-稻田排水沟；4-平底湿地；5-半透水石笼

利用毛沟梯级平底湿地构建技术构建的带状湿地，在农田排水不同时期的运行工况主要有：农田排水总体由农田排水口流至毛沟平底湿地净化系统，农田排水逐级流过毛沟平底湿地净化之后，再流到下一级的排水农沟内。在农田排水期，当毛沟排水量较小时，石笼下部的不透水区将阻止水体快速下泄，为湿地植物提供生长水体，维持"湿地植物"在枯水期的生态系统需水要求；当农田正常排水时，石笼上部的透水区起到透水排水作用，由于透水区石头间空隙间隔较大，适合微生物膜生长，这些微生物能够净化通过孔隙的水体，降解污染物质。当农田排水沟排泄水量较大时，如暴雨期，农田排水则从石笼上部溢流而过，不会影响毛沟排泄雨洪涝水。毛沟带状湿地净化系统内的水生植物可选择水稻、水芹菜等农作物，因为农田排水沟数量多，总体占地面积较大，利用毛沟内的湿地净化系统中的水生植物，能够在净化农田排水的同时增加经济收入。在农田排水间歇期，毛沟梯级平底带状湿地能够截留部分农田排水，进一步深度净化截留下来的水体，同时能够维持湿地系统的生态系统健康，保证净化效果，减少湿地维护工作。

这种毛沟梯级平底带状湿地，一方面保证增加农田排水在带状湿地中的水力停留时间，提高农田排水净化效果，另一方面能保证带状湿地在排水间歇期的植物用水需求。同时，带状湿地中种植经济作物，补偿了因增加排水沟断面面积占用的农田，提高了农田排水沟的综合效应。

2. 灌区农田毛沟串联湿地构建技术

王沛芳等[3]提出了灌区农田毛沟串联湿地净污系统构建技术，如图 5-2 所示。灌区农田毛沟串联湿地净污系统主要是传统的排水毛沟上，构建面积稍大于沟宽的圆形或方形湿地净污池，田间排水由田埂排放口排入毛沟，经毛沟上设置湿地净污池进行水质净化。在每块农田排水口下方均设置湿地净污池，同时水体还要流经下游湿地净污池截留净化，形成"珍珠链"式灌区农田毛沟串联湿地净污系统的连续净化后，进入毛沟末端的农沟。

湿地净污池的结构是在节点处挖半径为农沟底宽 1.25～1.5 倍的柱体，圆形直径尺寸由对应排水沟而定，在排水沟的基础上再挖深 300～400 mm，池壁用碎石笼叠置而成，并用碎石笼砌成碎石笼驳岸，在湿地净污池的中间及前后设置相应碎石笼透水挡墙，并在墙顶种植挺水植物，在湿地净污池底部填置吸附基质并种植水生植物。

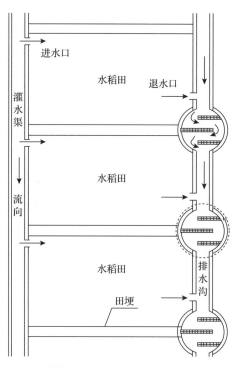

图 5-2　农田毛沟串联湿地

通过采用在农田排水沟串联湿地净污池来处理农田排水的方法，既不影响排水沟正常排水功能，在洪涝期间亦可正常排水；又具有水质净化效果好的特点，能有效降解氮磷和农药等污染物。另外，在湿地净污池内，设置透水碎石笼交叉墙，这样排放水体绕流透水石笼，可增加水体停留时间，也加大悬浮物沉淀；当水流流经碎石笼透水墙时，一方面可使石笼各表面的生物膜发挥最大功效，拦截悬浮物，吸收净化污染物等，另一方面，透墙水体与绕流水体汇合形成错流，使水体充分交换，不存在水体流动死角；底部吸附基质可大量吸附污染物质；水生植物亦可截留吸收净化污染物质。在大流量时段，来水能顺利通过净污池并得到净化；在小流量时，来水可蓄在净污池内，得到净化。该技术施工安装便捷，不需大量基建工程，易推广实施应用。

3. 置于毛沟的便携式人工湿地净化箱构建技术

为增加毛沟在农田排水中对氮磷及农药等污染物的截留净化能力，在已经建好的自然护岸的毛沟中，每隔一定距离放置便携式净化器，起到对排放水体中污染物质的强化净化作用。钱进等[4]发明了便携式复合人工湿地净化箱，如图5-3所示。该净化箱是由钢筋、塑料板、铁丝网等构建的单体便携式复合人工湿地净化箱框架，框架箱内分区设置包括微型人工湿地区、生物净化球区和活性炭吸附区，单体便携式复合人工湿地净化箱侧面设计为可开启式，方便定期更换箱内填料。该装置尺寸较小，可方便地放置于农田排水沟内，搬运更换方便。多个便携式复合人工湿地净化箱串连放置于农田排水毛沟内，可以有效地净化农田排放水体。当水体由净化箱入水口处进入，依次经过生物净化球区下部、活性炭吸附区、生物净化球区上部、微型人工湿地区得到净化处理。

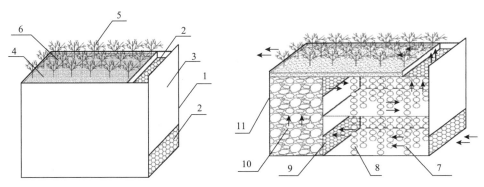

图 5-3　便携式复合人工湿地净化箱

1-ϕ10 钢筋；2-钢丝网；3-塑料板；4-基质；5-水生植物；6-微型人工湿地区；7-生物净化球挂件；
8-生物净化球；9-塑料丝网；10-活性炭；11-活性炭吸附盒

类似地，饶磊等[5]研发了一种置于农田排水口和毛沟的便携式农药截留净化器，如图 5-4 所示。在农业生产中，对农作物喷洒的农药残留于农作物茎叶和土壤表面，在降雨和灌溉时随着水流汇集到田块排水毛沟中形成高浓度农药污水。将此装置放置于每块农田的排水口和毛沟交界处，并调整支撑脚的高度，使得截留净化器的底面与田块排水沟平齐，同时设置太阳能电池板，为间歇启闭装置提供能源。

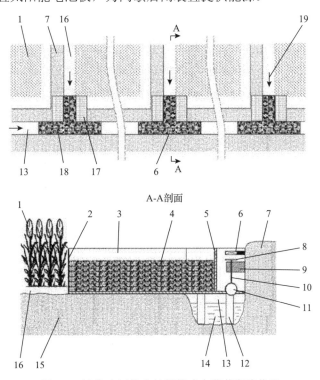

图 5-4　净化农田排水的便携式农药截留净化器

1-农作物；2-过滤网；3-截留器外壳；4-药芯；5-导流板；6-电磁铁；7-田埂；8-吸盘；9-支座；10-导杆；11-密封球；
12-支撑脚；13-排水毛沟；14-农田排水；15-农田土壤；16-田块排水沟；17-太阳能电池板；18-截留器；19-水流方向

当电磁铁处于通电状态时，下方的吸盘被吸起，从而使得下方漏水孔处于开启状态。

此时截留净化器内的水通过漏水孔流入下方排水毛沟中，田间排水通过过滤网进入到净化器内。过滤网可以防止砂石及植物茎叶等杂质进入截留净化器。当电磁铁处于断电状态时，密封球、导杆和吸盘在重力作用下将底部漏水孔堵住，此时进入到截留净化器内的水停留在装置内不会流出，药芯浸泡在受污染水体中，其中的有效药物成分溶出并与排水中的农药成分发生作用，使排水中的农药成分有效降解或发生转化。

该项技术采用太阳能电池板和蓄电池电源交叉供电，白天或天气好的日子可通过太阳能装置供电，夜间或阴雨天可自动切换至蓄电池供电，保障该装置可不间断运行。

4. 沉水植物生态毛沟构建技术

灌区毛沟中的植物，主要包括湿生植物和沟底的水生植物，这些植物在生长过程中吸收毛沟水体的氮磷营养物质，并利用这些营养物质满足自身生长的需求，同时起到净化农田排水中的污染物作用。同时，由于植物根系的生长，其根际也形成了有利于污染物净化的微生态环境，加强了污染物的截留净化去除能力。因此，在毛沟中种植植物来构建毛沟带状湿地，是灌区毛沟改造的重要内容，茆智院士将其称为"草沟"。晃建颖等[6]公开了一种沉水植物生态毛沟构建技术，如图 5-5 所示。利用农田现有沟道改造而成，包括沟道主体、设置在沟道主体的进水口处的栅格、设置在沟道主体内的沉水植物带及设置在沟道主体的出水口处的半透水坝。沟道主体的长度以沟道主体的底部坡降计算，一般沟底纵向坡降 20 cm 设置一座半透水坝。格栅为水泥浇筑而成，格栅间隔为 10～15 cm，格栅用以拦截农田秸秆等大型农业废弃物，为减少成本，格栅尺寸与原农田排水口断面尺寸相同。沉水植物带种植的沉水植物为殖草、苦草、篦齿眼子菜，以等密度混合栽种。以沉水植物为主体的生态沟道，具有对农田排水的生态净化能力。

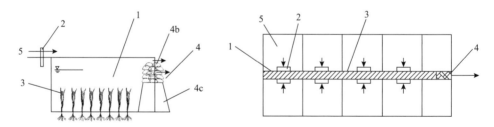

图 5-5 沉水植物生态毛沟构建技术

1-沟渠主体；2-格栅；3-沉水植物带；4-半透水坝(4a-不透水层；4b-透水层)；5-农田

5. 基于水生植物的生态沟道系统构建方法

优选适合的水生植物搭配种植在毛沟两侧，不仅可以有效吸收农田排水中的氮磷营养物质和农药等污染物，而且很好地促进了毛沟的生态系统联通性。因此，这类技术在毛沟生态建设中应用广泛。

郑向群等[7]公开了一种基于水生植物种植的生态沟道系统的构建方法，如图 5-6 所示。该沟道系统主要包括沟道本体，沟道本体的底部为凹凸相间的多段式结构，多段式结构内种植有景观植物、水生蔬菜和净水植物等，沟道本体的侧壁上种植植物和水生蔬菜。在该生态沟道系统中，由于沟道本体的底部设置为凹凸相间的多段式结构，因此能够增加沟道本体的垂向蜿蜒性，延长水力停留时间，提高生态毛沟系统对氮磷营养元素的吸收效率。由于多段式结构内种植有景观植物、水生蔬菜和净水植物，且毛沟本体的侧壁上种植有护坡植物和水生蔬菜，因此能够优化群落结构的布局，使生态沟道系统能够同时兼具经济实用、生态景观和水质净化等多种功能，水生蔬菜可以被采摘食用，同时还能够避免沟道本体内因植物枯萎而引发的二次污染问题。生态沟道系统中沟道本体的多段式结构依次包括有第一段部、第二段部、第三段部、第四段部和第五段部。第一段部和第五段部均种植有景观植物美人蕉和千屈菜，第二段部和第四段部均种植有水生蔬菜可以是水芹，第三段部种植有净水植物狐尾藻。沟道本体的侧壁由上至下依次包括有第一侧壁部和第二侧壁部，一侧壁部种植有护坡植物，二侧壁部种植有水生蔬菜；沟道本体的两个侧壁均为台阶状结构，台阶状结构的上部为第一侧壁部，台阶状结构的下部为第二侧壁部。

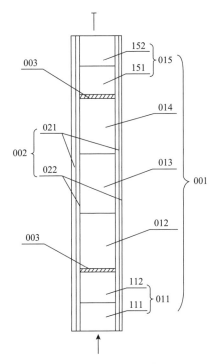

图 5-6　生态沟道系统

001-沟渠本体；002-侧壁；003-水量控制装置；011-第一段部；012-第二段部；013-第三段部；014-第四段部；
015-第五段部；111-第一区；112-第二区；151-第三区；152-第四区；021-第一侧壁部；022-第二侧壁部

　　然而，利用水生植物构建的生态毛沟，在雨季汛期农田常发生渍涝问题，而且种植的水生植物经过一段时间生长后会布满整条沟道，易发生排水不畅、加剧农田渍涝的问题。

　　鉴于此，卓慕宁等[8]提出了一种农田毛沟减少氮磷流失的生态沟系统构建技术，如图 5-7 所示。该生态毛沟系统包括设置于农田毛沟的基质框或铺设于基质框底部的混合基质和在混合基质中种植的水生植物。混合基质包括上下两层，下层为铺设于基质框底部的砾石层，上层为铺设于砾石上的混合基质层。将基质框按一定的间隔安置在农田排水毛沟中，以科学控制生态沟道中水生植物的分布格局，基质框的周边或底部设置便于沟道水流正常通过的孔隙。一方面通过水生植物及土壤基质中生物炭对沟道水体氮、磷的吸收、吸附作用，降低沟道水体中的氮、磷浓度，从而达到减少土壤氮、磷流失的目的；另一方面又可避免沟道水生植物生长过于茂密，从而保持沟道水流通畅。

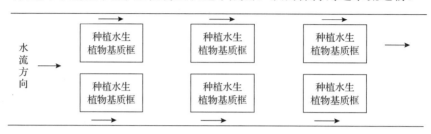

图 5-7　农田毛沟减少氮磷流失的生态沟系统

6. 一种菌草耦合的生态毛沟构建技术

黄燕等[9]研发了一种菌草耦合的生态毛沟构建技术，如图 5-8 所示。该沟道包括沟壁上部、沟壁下部和沟底，沟壁上部和沟壁下部是以枯水期水位为界，沟壁上部由中部具有孔的生态混凝土预制板块排列而成，沟壁下部和沟底用碎石或卵石铺设，在沟壁上部的生态混凝土预制板块的孔和生态混凝土预制板块之间的空隙处、沟壁下部和沟底的碎石或卵石之间的空隙处填充耕作土，然后在渠沟壁上部、沟壁下部和沟底的耕作土上种植挺水植物，在沟底养殖浅水水产品，沿沟道水流方向在沟道侧壁每隔一定距离设置生态阶梯连通沟底和沟顶，生态阶梯的阶梯平面上具有凹槽，凹槽中具有耕作土，在耕作土上种植浅水水底菌藻，在沟道沿水流方向每隔一段距离拦有生态混凝土制成的生态板，其高度略低于丰水期水位，生态板的上部具有若干个生态孔，其高度略高于枯水期水位，在生态板顶端设有凹槽，凹槽内具有种植土，在种植土上种植有挺水植物，形成植物栅栏。种植于沟壁上部、下部以及沟底的挺水植物为具有经济价值的蔬菜。将植物合理搭配种植，充分利用有限空间，增加生物量，不仅能有效净化排水水质，还能增加经济收入。浅水水产品为螺蛳、鲫鱼、泥鳅等水底生物，它们是湿地生态系统的一部分，它们的存在有利于沟道湿地生态系统的稳定，促进沟道排水污染物的净化。生态阶梯一方面能减缓局部水流速度，促进对排水污染物的吸附、降解，为菌藻提供营养物质，另一方面有利于青蛙、蛆蚓、蛇等沟底动物迁移。

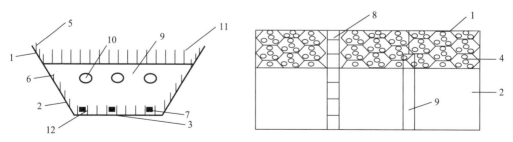

图 5-8　菌草耦合的生态型沟道

1-渠壁上部；2-渠壁下部；3-渠底；4-生态混凝土预制板块；5-渠壁上部的挺水植物；6-渠壁下部的挺水植物；
7-浅水水产品；8-生态阶梯；9-生态板；10-生态孔；11-植物栅栏；12-渠底的挺水植物

7. 冬季保温型生态毛沟构建技术

吕伟娅等[10]公开了一种强化冬季削减农田面源污染的保温型生态毛沟的构建方法，如图 5-9 所示。该毛沟能够在冬季对农田排水水质有效净化，其构建方法主要包括以下步骤：首先用板材模拟建造生态毛沟，纵向从上至下分为三层，上层土壤层，为植物种植区中层填料层，为火山石填充区下层垫层，为砾石填充区，每层之间用土工布分隔，将生态毛沟沿长度方向用隔板均分为个隔间。之后，对生态毛沟进行保温处置用厚泡沫保温材料粘贴于毛沟四周及底部外表面在毛沟四周罩上加厚白色透明农膜，顶部农膜高出浅沟，农膜与地面接触处的缝隙用木板压实，每日中午温度较高时揭开农膜对毛沟换气，下午 3 点后重新覆盖，如此循环。

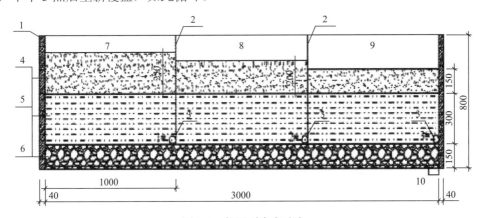

图 5-9　保温型生态毛沟

1-泡沫保温材料；2-隔板；3-取水样口；4-土壤层；5-填料层；6-垫层；
7-万年青种植区；8-美人蕉种植区；9-菖蒲种植区；10-排放口

该项技术的保温型生态毛沟可在冬季使土壤表层气温保持在 10℃以上，与未保温的普通生态毛沟相比，植物生长相对活跃，根系相对发达，植物根系处的微生物数量明显增加，在试验时段内，保温型生态毛沟对有机物、总氮、总磷的去除率比普通生态毛沟的去除率提高很多，植物根系处的细菌总数浓度大幅度上升。

8. 适用于旱地农田的高效生态拦截沟构建技术

单立楠等[11]公开了一种旱地农田的高效生态拦截沟道构建技术，如图 5-10 所示。沟道横断面为梯形，沟道两侧的沟壁表面铺设有带孔洞的水泥板，水泥板采用钢筋混凝土结构，水泥板表面间隔均布一个孔洞，孔洞中种植香菇草。孔洞的形状为矩形、菱形、圆形、三角形任一种或几种的组合。沟道的沟底铺设有植草砖，植草砖的形状为"8"字形，草砖内种植有聚草。

沟道内设置有拦截过滤网，此过滤网设置在沟道起始端，可对农田径流水进行初步截留过滤，且可降低水体流速。沟壁带空洞水泥板及沟底植草砖能够有效降低因降雨而引起的沟道水土流失，沟壁及沟底种植的大量植物，既可以直接从水体和自身拦截的颗粒物中吸收生长所需氮、磷等营养元素，又可以起到减缓水流，延长水力停留时间的作

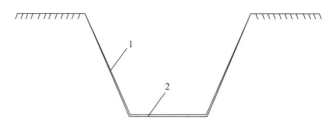

图 5-10　旱地农田的高效生态拦截沟道

1-渠壁；2-渠底

用，从而进一步促进植物自身对氮、磷的吸收。另外，生态沟道中植物能够有效拦截经雨水冲刷带走的农田土壤颗粒，此部分土壤颗粒沉积在沟道底部，对氮、磷等营养元素也有一定的吸附作用。因此，此生态沟道对农田径流水氮、磷素表现出很强的截留去除能力。

5.1.2　农沟带状湿地技术

灌区农沟主要是承接毛沟排水的下一级沟道，其过水断面比毛沟大，单位时间的排水量也更大。因此，灌区中农沟系统对灌区内面源污染物的净化具有进一步的截留净化能力，但也因为断面流速较大，其净污的效应发挥也更有挑战。如何在满足区域排水能力的情况下，最大限度发挥农沟系统截留净化能力，是灌区污染物削减的重要组成部分。因此，必须因地制宜合理规划，制定科学方法，构造具有较强净污能力的农沟带状湿地系统。

目前常见的农沟带状湿地构建技术主要有以下几种类型：

1. 生态农沟构建技术

李乃稳等[12]提出了一种用于净化农业面污染源的生态农沟及其构建技术，如图 5-11所示。该方法主要包括修建用于去除氮磷的沟道结构，沟道结构包括 A 段、B 段和 C 段。在 A 段中，铺设 A 段填料层，A 段填料层由沟底至上分为填料层 1 和填料层 2，C 段毗邻 A 段末端，C 段为阻隔墙，其高度不低于 A 段填料层的高度，B 段与 C 段顺接，B 段与 A 段之间的水位跌落差不低于 5 cm，按重量份计，在 B 段中铺设由 30～40 份粗砂、40～50 份碎石和 5～15 份铁屑组成的混合层，粗砂的粒径为 1～3 mm，碎石的粒径为 1～3 mm，铁屑的粒径为 1～3 mm。同时对的 COD、TSS 的截留率大幅度上升。

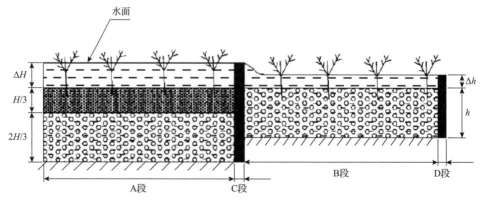

图 5-11　生态农沟构建技术

2. 基于水力停留时间调控的农沟水质渗滤净化技术

如何在农沟中构造带状湿地系统，有效调控水流的水力停留时间，并通过布设于带状湿地农沟中的渗滤净化装置，对进入农沟的污染物截留净化。陈娟等[13]发明了一种农田排水沟自动翻板式水质渗滤净化器，如图 5-12 所示。该装置不仅通过排水农沟水量调控来增加水力持留时间，提高沟道带状湿地净污能力，而且更重要的是农沟水体向下游输移时通过闸门板的多孔载体及高效净污材料渗滤净化，实现渗滤体对污染物的强化净化。同时，闸门是通过高水位水压开启和低水位水压消退闸门弹回的水力作用来实现闸门启闭，不需要电力和人为调控，节省人力和能源。

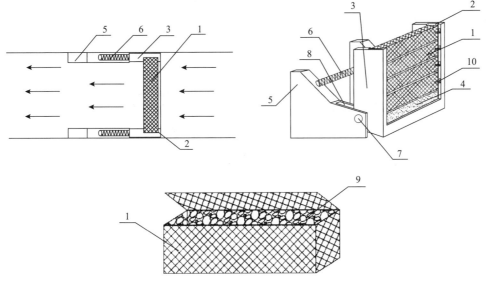

图 5-12　一种农田排水沟自动翻板式水质渗滤净化器
1-渗滤箱；2-滤箱固定槽；3-滤墙支撑架；4-配重块；5-支撑墩；6-支撑弹簧；
7-转轴；8-支撑架固定槽；9-净污材料；10-固定卡扣

该翻板式水质渗滤净化器主要是利用农田排水沟道内的水位高度而产生的水压力及与闸门门体净污材料、渗滤箱、滤墙支撑架和配重块的总重量相互制衡，来达到自动开启、闭合的目的。当降雨或洪水时期，农田排水农沟内的水体水量增加、沟道水位增高，农沟发挥行洪功能，此时动水压力对转轴支点的力矩大于净污材料、渗滤箱、滤墙支撑架、配重块的总重及支撑弹簧产生的阻力对支点的力矩时，墙体自动开启到一定倾角，直到该倾角下动水压力的力矩等于墙体总重对支点的力矩，达到该流量下的平衡，流量不变，倾斜角度也不再发生变化；当排水沟渠内流量逐渐减小，水位下降，使墙体对支点的力矩大于动水压力的力矩时，在支撑弹簧伸张弹力和配重块的重力作用下，墙体可自行关闭，旋转回原始垂直状态，此时农田退水水流将流经渗滤箱，箱内的净污材料对水体污染物进行微生物或光催化降解，以达到净化农田退水水质的目的；所述支撑弹簧在墙体开启时对墙体产生阻力，避免墙体开启角度过大，在墙体回转时对墙体产生拉力，避免墙体回转过度。

该装置基于微生物和光催化材料降解技术，在农田排水沟道中安装自动翻板式水质渗滤装置，装置的核心单元是负载功能微生物和光催化纳米材料的净污多孔载体。当农田排水时，水体流经渗滤箱，污染物经微生物降解或光催化材料降解去除；当遇降雨时节或洪水期，沟道水体流量增大，装置闸门在高水位压力下自动开启，流过闸门，有效解决了沟道行洪时装置堵塞排水路径的问题；当水量减小时，装置闸门在门体自重作用下自动闭合，有效延长农沟中污染物的水力停留时间，高效发挥水体渗滤净化和农沟中湿地植物对污染物净化作用。

3. 生态袋砌筑护岸的生态农沟构建技术

对于农沟边坡稳定性要求较高的地区，彭尔瑞等[14]公开了一种采用土工织物生态袋砌筑护岸的除涝排渍的生态农沟，如图 5-13 所示。采用土工织物生态袋砌筑护岸的除涝排渍农沟主要包括梯形沟体、地下水通道、土工织物生态袋、黏土覆盖层。

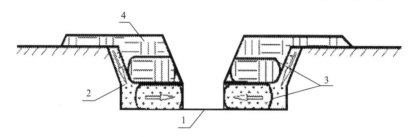

图 5-13　土工织物生态袋砌筑护岸的除涝排渍农沟
1-梯形沟体；2-地下水通道；3-土工织物生态袋；4-黏土覆盖层

由于上层土工织物生态袋中填装的是当地的黏土，土工织物生态袋不影响植物的生长，还为黏土中种子提供了一个易于生长的环境，使得护岸更加美观、更加生态环保。沟体构建采用三角受力的方式来堆砌土工织物生态袋，以形成除涝排渍农沟的护岸，并在除涝排渍农沟中设置地下水通道，地下水通道中填满碎石粗砂，这样通过装填碎石粗砂的土工织物生态袋加固了护岸的稳定性，并且通过碎石粗砂还对地下水进行过滤渗透，有效地防止了泥土、沙尘等随地下水进入到农沟内，保证了农沟的流畅度与清洁度。

4. 植物护壁型生态沟构建技术

毛妍婷等[15]公开了一种植物护壁型生态沟构建技术，如图 5-14 所示。该生态沟体为硬化沟道或者土沟，在清理干净的硬化沟道的沟体中通过固定支架安装好护壁板和护底板，所采用的护壁板、护底板采用塑料或橡塑等材料预制而成，可在沟道中快速安装和卸除。然后在护壁板与沟体的侧壁之间及护底板与沟体的底壁之间填充基质，在沟体两侧的基质中种植挺水植物，在沟体底部的基质中种植沉水植物，种植不同的水生植物可以提高农田尾水处理效果、丰富农田生物多样性、提高污染物自净能力，种植挺水植物和沉水植物为经济作物，可以提升经济价值。

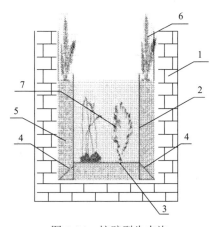

图 5-14　护壁型生态沟

1-沟体；2-护壁板；3-护底板；4-固定支架；5-基质；6-挺水植物；7-沉水植物

5. 应用于农沟带状湿地中的强化净污技术

农沟的过水能力较毛沟增大，断面宽度也较大，在灌区的排水中起着重要的作用。近年来，课题组在农沟排水水质强化净化方面做了大量的研究，开发了多种类型的带状湿地技术，目标是提升农沟对灌区排水中污染物的去除效率，强化其净污作用。具体介绍如下：

1）回流式生态净化池构建技术

饶磊等[16]提出了一种适用于灌区排水沟的回流式生态净化池，如图 5-15 所示。该净化池主要包括闸门、回流进水渠、净化池、回流出水渠、分水墙和生态净化箱。净化池对称地开设于农田排水沟的两侧，并通过回流进水道和回流出水道与农田排水沟连通。闸门安装于回流进水道入口处的农田排水沟道上，并在闸门上游侧的排水沟中心设置一个契形分水墙，通过调节闸门的开启度，使得农田排放水体在农田排水沟、回流进水道、净化池和回流出水道中进行动态循环流动，以达到多次净化的目的。

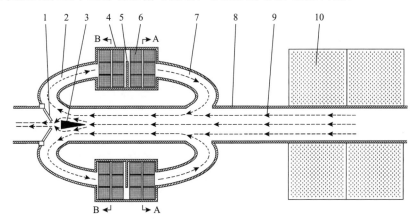

图 5-15　回流式生态净化池

1-闸门；2-回流进水渠；3-分水墙；4-净化池；5-绕流墙；6-生态净化箱；
7-回流出水渠；8-农田排水渠；9-水流方向；10-农田

该回流式生态净化池，采用的回流式结构能显著地延长排放水体在净化池中的平均水力停留时间，提高水质净化效率，具有占地面积小、水力停留时间长、维护方便、净化效果好等优点。能够非常有效地净化从农田中排出的富营养水，降低农业面源污染对下游水体的污染，同时能有效地解决目前净化方法的汛期阻水问题。

2) 多层溢流式生态净化池构建技术

饶磊等[17]公开了一种适用于农田排水沟的多层溢流式生态净化池，如图 5-16 所示。该多层溢流式生态净化池主要包括净化池、进水槽、净化槽、隔水墙、净化箱、闸门、抽水泵、进水管。净化池与农田排水沟连通，隔水墙将净化池分隔成为两个进水槽和若干个深度不同的净化槽，净化箱布设在各个净化槽中。净化槽采用分级串联结构，农田排水通过抽水泵和进水管进入进水槽后，水在自身压头的作用下逐级流过各个净化槽，经过净化处理后的水最终回到农田排水农沟中。

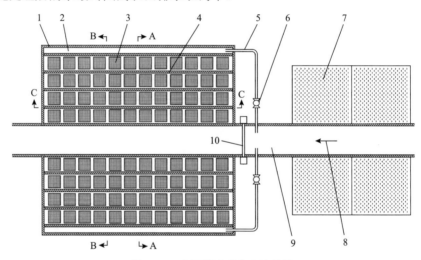

图 5-16　多层溢流式生态净化池

1-净化池；2-进水槽；3-净化箱；4-隔水墙；5-进水管；6-抽水泵；7-农田；8-水流方向；9-农田排水沟渠；10-闸门

该农田排水沟的多层溢流式生态净化池能提高净化池的有效容积率，延长农田排放水体在池中的水力停留时间，具有占地面积小、水力停留时间长、维护方便、净化效果好等优点。通过净化池的净化作用，有效地降低了农田排水中氮磷营养物和农药的含量，阻止了农田排放的污染物向外界的输移扩散，同时还可以有效地解决目前净化方法的汛期阻水问题。

3) 可移动组装式农沟水质净化器

王沛芳等[18]研发了一种可移动组装式农沟水质净化器，如图 5-17 所示。该排水沟水质净化器是根据农田排水水体污染程度和沟道内水流流速大小情况在原有沟道旁开挖一或两个分流沟道，分流沟道与原有沟道大小相同，这样能显著降低水流流速、大幅度增加水力停留时间。用钢筋和钢丝网制作成单体水质净化箱，可根据农田排水沟道断面尺寸合理选择不同尺寸的单体水质净化器组合摆放以充满整个沟道，使尽量多的农田排水流经水质净化器得以净化处理。通过该净化器的净化作用，可以降低农田排水污染物对受纳水体富营养化影响程度和生态风险，一定程度地吸附农田排水中难以生物降解的农药残留物和有机物。

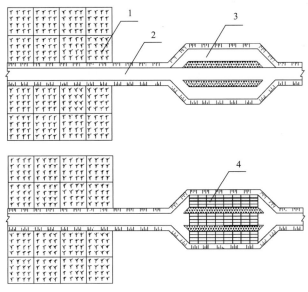

图 5-17　可移动组装式农田排水沟水质净化器

1-农田；2-农田排水沟渠；3-分流渠道；4-单体水质净化器

4) 排水沟道的间歇式生态净化池构建技术

饶磊等[19]研发了一种适用于农田排水沟的间歇式生态净化池，如图 5-18 所示。采用若干隔水墙将净化池分隔成为外池和内池，外池和内池的底部河床为台阶结构，深度沿水流方向逐步增加。外池开设在排水农沟中，内池位于外池的中部，内池与外池之间的水流通道为排涝通道，在汛期可快速排出农田中的积水。内池中设置生态净化箱，生态净化箱为透水结构，包括网箱盖和网箱体，并且在生态净化箱内放置有大量生物填料球和多个活性炭过滤层。

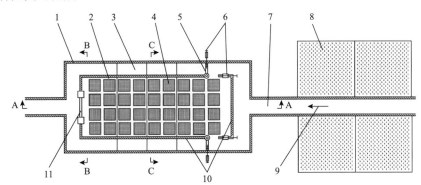

图 5-18　间歇式生态净化池

1-外池；2-内池；3-排涝通道；4-生态净化箱；5-排涝闸门；6-闸门栓；
7-排水沟渠；8-农田；9-水流方向；10-隔水墙；11-排水闸门

在日常运行中，排水沟的水流量较小，水位较低，旋转并锁定排涝闸门至排涝通道关闭位置，此时内池的进水口打开，同时内池中的排水闸门。在闸门控制器和电动机的控制下按预设的净化停留时长间做歇式的开启和关闭运动。在排水闸门关闭期间，排水可进入并停留在内池中，生物填料球中的生物膜可截留和吸附农田排水中容易生物降解的有机物，而活性炭过滤层能部分去除水体中的重金属元素、游离氯、酚等难降解有机物，同时还可滤除水体中的藻类及部分颗粒悬浮物。经过设定净化停留时间后，排水闸门开启，此时净化池内水位高于下游水位，内池中已被净化的水通过排水闸门排出。这种间歇式排水方式保证了污水与生态净化箱有充分的接触时间，极大地提高了沟道水体中的污染物质的交换与去除效率。在雨季，农田和排水沟道中的水位快速上涨，此时旋转并锁定排涝闸门至排涝通道打开位置，此时内池的进水口被关闭，进入净化池的外池中的水可以通过两侧的排涝通道直接流出净化池，布设在内池中的净化箱不用取出，净化池对原有的农田排水沟的过流能力没有影响，同时也保护了内池中的净化箱内的生物膜结构免受大水流冲击而脱落破坏，在汛期过后能立即恢复其净化功能。

　　5) 排水农沟的迷宫式生态净化池构建技术

　　饶磊等[20]研发了一种适用于农田排水农沟的迷宫式生态净化池，如图5-19所示。净化池开设在农田排水沟道中，并与农田排水沟连通。净化池内布设有若干隔水墙，隔水墙将净化池分隔成回转迷宫式水流通道，净化箱放置于水流通道的前段，生态浮床布设于水流通道的后段。生态浮床通过绳索固定隔水墙之间，出水通道与下游的排水沟连通，出水通道中不布设任何净化装置，排涝闸门设置在净化池入口处的隔水墙的中部，其安装位置正对着出水通道和排水沟。

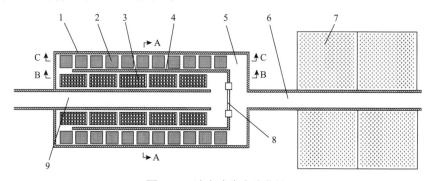

图 5-19　迷宫式生态净化池

1-净化池；2-净化箱；3-生态浮床；4-隔水墙；5-水流通道；6-排水沟渠；7-农田；8-排涝闸门；9-出水通道

　　在日常运行中，排水沟的水流量较小，水位较低，排涝闸处于关闭状态。排水沟中的水进入到净化池中，并在净化池内沿水流通道流动。水流首先通过位于水流通道前段的净化箱，生物填料球中的生物膜可截留和吸附农田排水中的容易生物降解的有机物，而活性炭过滤层能部分去除水体中的重金属元素、游离氯、酚等难降解有机物，同时还可滤除水体中的藻类及部分颗粒悬浮物。通过净化箱的水继续进入到水流通道后段的生态浮床区域，生态浮床的水生植物根系和浮床基质对污染物的吸附、富集以及植物根系附着微生物的分解代谢作用，能进一步对水体中营养物质和污染物进行截留和固定。经过两级净化后的水通过出水通道流出净化池。在雨季，农田中的水位快速上涨，此时开启排涝闸门，进入净化池中的水可以通过排涝闸门直接流入出水通道并流出净化池，布设在净化池中的净化箱和生态浮床不用取出，对原有的农田排水沟的过流能力没有影响，同时也保护了净化池中的净化箱和生态浮床的生物膜结构不受损坏。

6) 基于光催化的多层转筒式光催化净化池构建技术

近年来光催化技术在水环境领域应用越来越广泛，为提高农田排水中污染物的净化效率，最大限度地降低面源污染，王沛芳等[21]利用纳米 TiO_2 粉末具有化学稳定性高、耐光腐蚀的优点，依照纳米 TiO_2 需要在紫外光条件下进行化学反应，并且根据水体中一些难以降解的化合物在光辐射条件下，可以通过 TiO_2 的光催化作用降解为 H_2O 和 CO_2 这一原理。开发了一种适用于农田排水沟道的光催化净化装置——多层转筒式光催化净化池，如图 5-20 所示。其结构包括净化池、支撑座、旋转净化笼、光催化陶瓷颗粒、紫外线灯管和同步驱动装置，其中旋转净化笼通过转轴平行固定于支撑座，光催化陶瓷颗粒置于旋转净化笼内，紫外线灯管固定于旋转净化笼之间，旋转净化笼连接同步驱置。装置采用了表面涂覆纳米 TiO_2 光催化薄膜的陶瓷颗粒作为填料，比表面积大，而且净化效率高。在运行过程中，旋转净化笼一直处于缓慢旋转状态，其内部的光催化陶粒不断地被搅拌和翻转，有利于陶瓷颗粒表面的纳米 TiO_2 光催化薄膜充分接受紫外光照射并激活，有效地避免了内部陶粒无法接受紫外光照射的问题，进一步提高催化反应效率。光催化陶粒在水中翻动过程中，沉积于陶粒表面的泥土等杂质容易脱落分离，从而提高了纳米 TiO_2 光催化薄膜的有效暴露面积，延长其使用时间，在使用中可免维护。该装置是由多个旋转净化笼组成的立体整列结构，这种组合空间利用率高，对净化池内各层的水均能达到较好的净化效果。

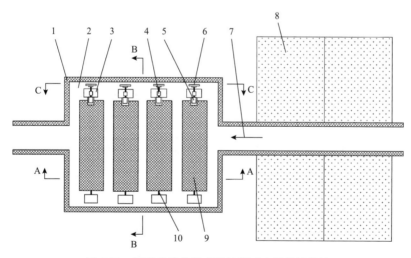

图 5-20　基于光催化的多层转筒式光催化净化池

1-池壁；2-净化池；3-支撑座；4-减速箱；5-电机；6-同步轮；7-水流方向；8-田块；9-旋转净化笼；10-转轴

5.1.3　毛沟与农沟交接处的强化净污系统构建技术

1. 农田排水生态净化系统构建技术

侯俊等[22]提出了一种构建农田排水生态净化系统的方法，如图 5-21 所示，通过在农田排水毛沟末端、农田排水进入农沟的涵管之前设置椭圆形生态缓冲区，在生态缓冲区内种植易吸收、营养元素的水生植物，在农田排水涵管内放置农田排水生态净化筒，生态净化筒上设置生物净化环。农田的排水通过农田排水沟道首先通过生态缓冲区，通过在生态缓冲区停留一段时间，沉淀和截留一些悬浮态污染物，起到初步净水效果及控制流速和停留时间的作用。农田排水进入生态净化筒前，净化筒前端的铁丝网进一步截留较大的悬浮杂物，保证净化筒内不发生堵塞，弹性生物填料滤球具有较大的比表面积，容易附着生长大量微生物形成生物膜。农田排水流经生态净化筒时，氮磷营养盐、有机物等污染物质在弹性生物填料滤球表面生物膜的作用下得到截留净化，因而对农田排水具有较好的净化效果，有利于农沟水环境质量的改善。洪水期时，为使排水通畅，可直接将农田排水生态净化筒从农田排水涵管中取出以利于排水。该净化系统运行一段时间后，如果弹性生物填料滤球上的生物膜老化，也可方便地将生物净化环取出后对生物填料进行处理和更新。

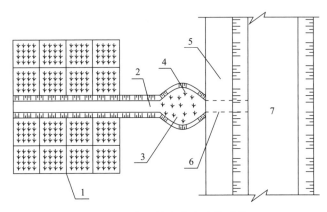

图 5-21　农田排水生态净化系统

1-农田；2-农田排水沟道；3-生态缓冲区；4-缓冲区植物；5-道路；6-农田排水涵管；7-河道

该系统比传统的农田排水系统增加了截留净化氮磷营养物质的功能，实现了净化农田排水污染，而且相比一般的生态沟道系统处理效果更加明显，可利用已有农田沟道系统特别是排水涵管，不需要基建工程，现场安装方便，可直接应用于沟道中对农田排水进行生态净化，维护管理方便。

2. 去除农田排水农药的活性炭与微生物耦合装置

陈娟等[23]研发了一种去除农田排水中农药的活性炭与微生物耦合装置，如图 5-22 所示。该装置的结构包括透水安装槽、粗栅格拦截网、嵌入式过滤墙和固定桩；透水安装槽设有卡槽和窄槽，透水安装槽的底部和透水安装槽平行于农田沟道长度方向的两面分别由底部挡板和侧面挡板封闭，透水安装槽通过固定桩固定于农田排水沟道中卡槽内有嵌入式过滤墙；窄槽内插有粗栅格拦截网。

装置在使用时，首先根据水流方向将粗栅格拦截网插入透水安装槽前段或末端窄槽中，然后将若干嵌入式过滤墙分别对应插入透水安装槽的卡槽中，安插数量和间距根据农田排水量、水流速度等条件确定。可以将本装置放在农田排水毛沟与农沟交界处，水

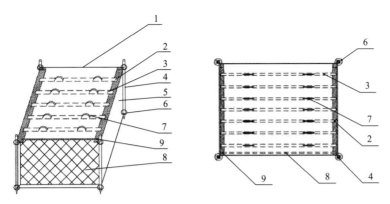

图 5-22　去除农田排水农药的活性炭与微生物耦合装置

1-透水安装槽；2-卡槽；3-嵌入式过滤墙；4-固定桩；5-侧面挡板；6-固定环；7-手把；8-粗栅格拦截网；9-窄槽

体经过活性炭与微生物耦合装置时，大颗粒杂质首先被粗栅格拦截网拦截，然后依次经过若干层嵌入式过滤墙，其内部填充的活性炭-微生物耦合载体将水体中农药吸附并高效降解，装置运行一段时间，将嵌入式过滤墙从透水安装槽抽出，打开不锈钢闭合盖，将内置活性炭-微生物耦合载体从顶部倒出处理并更换。下雨期间或洪水期农田排水流量大时取出粗栅格拦截网和嵌入式过滤墙，或者减少嵌入式过滤墙插入数量，以避免堵塞沟渠，保障农田沟渠水流通畅。

5.1.4　斗沟带状湿地构建技术

利用种植有水生植物的生态沟道，对农田排水中的氮、磷进行截留净化已是一种较常用的生态工程，即在斗沟中种植水生植物，通过吸附、吸收、沉淀、过滤与微生物降解等多种方式，达到原位消减排水中部分氮、磷污染物的目的。斗沟带状湿地的构建就是通过在斗沟里种植各种对氮、磷净化效率较高的水生植物，并且对排水斗沟进行一系列生态化改造，从而达到进一步净化农田排水的目的。

目前常见的斗沟带状湿地构建技术如下所述。

1. 生态型斗沟通道构建技术

周超等[24]公开了一种生态型斗沟通道构建技术，如图 5-23 所示。该生态斗沟主要包括硬质基底、硬质基底上铺设的砾石层、砾石层上面铺设的透水砂土层、砂土层上铺设的植草格、植草格内填充种植土并在种植土上种植有低矮水生植物层。在确保沟道行洪设计要求和农田排水的前提下，在沟道底部种植水生植物，不仅能够保证在汛期行洪的需要，同时还可以在枯水期构建生态系统，净化水质，改善沟道景观环境，调节局部气候。

2. 土工格室型生态斗沟构建技术

王晓龙等[25]公布了一种土工格室型生态沟道，如图 5-24 所示。该沟道的横截面呈梯形，沟道的边坡上覆盖一层镀塑铁丝网，镀塑铁丝网上覆盖有网状格室，在网状格室内栽种护坡植物，沟道底部栽种湿生植物。护坡植物可任选高羊茅、狗牙根、看麦娘、野胡萝卜中的一种或几种，湿生植物可任选水芹、荆三棱、慈姑、美人蕉中的一种或几种。

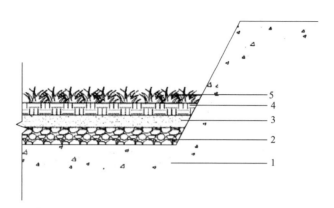

图 5-23　生态型斗沟通道构建技术

1-硬质基底；2-砾石层；3-砂土层；4-植草格；5-低矮水生植物层

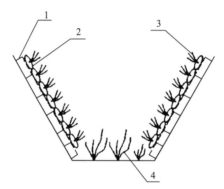

图 5-24　土工格室型生态斗沟

1-镀塑铁丝网；2-网状格室；3-护坡植物；4-湿生植物

土工格室型生态沟道具有极好的护坡固土效果，能有效避免土壤流失，防止沟道崩塌；该生态沟道施工方便，安装快捷，后期维护简便，高强度的宽带构成的土工格室性能稳定，抗紫外线、耐酸碱腐蚀、抗磨压，可发挥长期护坡效果；同时可适用于各类型的沟道土工格室可避免表土剥蚀，蓄积土壤养分，有利于植物生长繁衍，能有效保持生态系统多样性；生态沟道植物优化后可种植部分经济植物与景观植物，提供沟道利用价值，美化周边景观环境，提供植物生长平台，净化水质。

3. 拦截消纳稻田流失氮、磷排水斗沟构建技术

李华等[26]公开了一种拦截消纳农田流失氮、磷排水斗沟构建的方法，如图 5-25 所示。该排水斗沟由"水生植物组合吸收区"和"基质组合吸附区"组成。沟道的前段为"水生植物组合吸收区"，设有若干生物过滤箱呈形排列于沟底，箱内填充基质，在沟道水面与生物过滤箱内种植高吸收氮、磷的水生植物组合；沟道后段为"基质组合吸附区"，底部铺设有粉煤灰与蛭石的混合物。沟道末端安装调控稻田排水流速的闸门。

该沟道较常规种植单一水生植物的沟道对氮、磷的去除率可提高 30%以上；同时，水生植物通过组合筛选后，在种植密度较单一植物降低 20%的条件下，仍可达到单一水生植物对氮、磷的去除效果，且由于根系与茎叶呈错层分布，更利于沟道的排水。"水

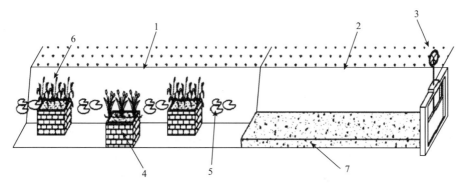

图 5-25　拦截消纳稻田流失氮、磷排水斗沟

1-水生植物组合吸收区；2-基底组合吸附区；3-排水闸门；4-生物过滤箱；5-水生植物水浮莲；
6-水生植物常绿鸢尾/再力花；7-粉煤灰与蛭石组合

生植物组合吸收区"通过在该区沟道底部设置呈形分布的生物过滤箱、箱内填充对氮、磷具较强吸附能力的蛭石作基质及在沟道水面与生物过滤箱内种植对氮、磷具有较强吸收能力的水生植物组合。既可通过生物过滤箱的阻挡作用增加水流在沟道内的停留时间，又可利用材料的吸附作用、植物的吸收作用与微生物的降解作用，消纳农田排水中的部分氮、磷。"基质组合吸附区"通过将两种分别对氮、磷具有较高吸附性能的基质进行优化比例组合，可大量吸附农田排水中的氮、磷与颗粒物，进一步降低沟道排水中的氮、磷浓度。

4. 一种适用于斗沟的控制氮、磷污染的生态沟道构建技术

杨波等[27]公开了一种控制氮、磷污染的生态沟道系统构建技术，如图 5-26 所示。生态沟道系统主要包括沟道本体和遮挡部、沟道本体内种植有护坡植物和净水植物、遮挡部包括地基和靠近地基设置的支架、支架上生长有攀爬植物、遮挡部位于沟道本体的上方、用于为护坡植物和净水植物遮挡阳光，避免夏季因阳光直射造成护坡植物死亡的现象。遮挡部能够为护坡植物提供适宜的生长环境，且不会影响沟道本体内净水植物的生长，同时净水植物能够吸收水体中的氮磷元素。

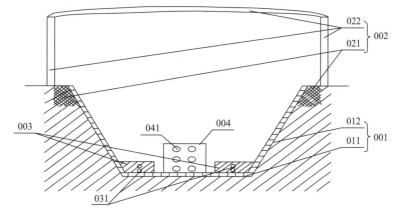

图 5-26　控制氮、磷污染的生态斗沟

001-沟渠本体；002-遮挡部；021-地基；022-支架；003-缓冲部；031-排水孔；
004-拦截部；041-孔状结构；011-底部；012-侧壁

为了保证在沟道本体内实现既减缓水流的速度，又减小水流对缓冲部的冲击作用的效果，该生态沟道系统中，缓冲部中设置有排水孔，排水孔用于使流顺利通过缓冲部。当水体流经缓冲部时，缓冲部对水流有阻挡作用，能够有效减缓水流的速度。同时由于缓冲部中设置有排水孔，因此当水体流经缓冲部时，能够避免因缓冲部的阻挡面直接与水流相冲的表面面积过大而造成水流对其冲击过大的问题，既保证减缓水流速度，又避免了对缓冲部造成损害，最终更有利于植物充分吸收水体中的氮磷营养物质。沟道本体内还设置有拦截部，拦截部包括箱体、基质和水生植物，箱体内填充基质，水生植物种植在基质上，且水生植物的根上部分位于箱体的上部。拦截部能够有助于拦截流出沟道本体的水流，减缓水流的速度。此外，拦截部内填充的基质能够对水体中的氮磷营养物质进一步吸附，从而避免流出沟道水体中氮磷含量过高而造成水体富营养化的污染现象。

该项技术构建的生态沟道系统既能够为沟道本体内的植物提供适宜的生长环境，又能够有效改善南方地区作物种植过程中氮磷元素流失量大、周边水体富营养化严重的现象。

5. 一种适用于斗沟的可循环利用的沟道构建技术

王小军等[28]研发了一种农田生态排灌沟道构建技术，如图 5-27 所示。生态排灌沟道主要包括土质沟道和过水系统，土质沟道表层为生态层过水系统由至少两根工程管道与土质沟道延伸方向垂直且两两相对设置，工程管道一端外露在土质沟道内槽，另一端嵌入土质沟道内部与农田相连，工程管道两端分别设置水阀，工程管道两端出水口处包覆过滤部件。该农田生态排灌沟道能够排出农田多余水分，积蓄雨水和农田排水，在需要的时候可进行补充灌溉，实现农田排水和雨水再利用，通过沟道径流分散储存雨水的方式，减少洪灾发生的可能性。土壤和野灌草秸秆能够形成稳定的生物群落，氮磷营养物质直接在沟道中被淤泥、植物、微生物所吸附，避免使农田所排出的水产生面源污染，进而影响到周围区域。排灌生态沟道使得生物、土壤、水等几个部分形成一个整体，增加生物多样性，对建立和维护区域生态平衡有积极作用。

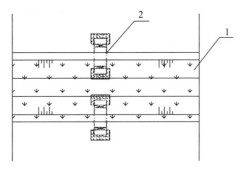

图 5-27　灌区生态排灌沟

1-土质沟渠；2-过水系统

5.1.5　农沟与斗沟交接处水质强化净化技术

1. 农沟与斗沟相接处建节点净污湿地净污单元构建技术

王沛芳等[29]提出了一种在排水农沟与斗沟相接处建节点净污湿地净污单元的水质强

化净化技术，如图 5-28 所示。它是由多块节点净污湿地单元并联建成湿地净污系统；田间排水由单块农田流入排水毛沟后，依次流经排水农沟、导流槽、节点湿地净污单元、生态石笼坝，最后进入斗沟。主要是针对灌区田间排水对受纳水体的污染，并根据排水面积、排水量和污染负荷调节湿地面积和植物种植密度，用以对灌区面源污染进行有效净化。通过实践证明，该湿地净污系统能有效去除农药、重金属等有害物质和氮、磷营养物质，可以减小对受纳水体的危害。该系统的湿地面积和植物种植密度根据农田排水面积和排水量进行确定，节省农田用地、节约建设成本。

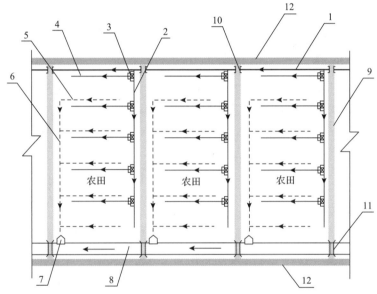

图 5-28　排水农沟与斗沟相接处建节点净污湿地净污单元

1-灌溉斗渠；2-灌溉农渠；3-调节闸门；4-灌溉毛沟；5-排水毛沟；6-排水农沟；
7-节点净污湿地单元；8-排水斗沟；9-机耕路；10-渠桥；11-沟桥；12-道路

2. 具有水质净化功能的闸堰一体化装置构建技术

饶磊等[30]发明了一种具有水质净化功能的闸堰一体化装置，如图 5-29 所示。该装置主要包括闸门框、控制柜、净化堰装置、闸门机构、闸门提升装置和堰体提升装置；闸门框设置于沟床上，用于支撑堰体和闸门净化堰装置包括堰体和堆放在堰体内的生物填料球；闸门机构包括中间闸门和外侧闸门，中间闸门与直壁板、中间闸门和外侧闸门之间均通过 T 形螺栓和 T 形槽滑动连接控制柜、闸门提升装置和堰体提升装置设置在闸顶上，通过钢丝绳与下方闸门及堰体连接。

当该装置为净化工作状态时，沟道在日常上流水位低的状态下，堰体提升装置将堰体沿导向槽放置在沟床上，中间闸门和外侧闸门均位于底板上。堰体拦截了上游的来水，当水位达到直壁板顶部高度时，水从直壁板顶部溢流进入堰体的内，水流流过堰体内的生物填料球时，生物填料球中的生物膜可截留和吸附排放水体中易生物降解的有机物，并能部分去除水体中的重金属元素、游离氯、酚等难降解有机物，同时还可滤除水体中

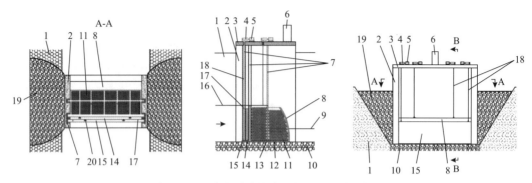

图 5-29　具有水质净化功能的闸堰一体化装置

1-护坡；2-闸门侧壁；3-闸顶；4-滚筒；5-减速电机；6-控制柜；7-导向槽；8-堰体；9-下游水位；10-渠床；11-生物填料球；
12-漏水孔；13-过水孔；14-中间闸门；15-外侧闸门；16-上游水位；17-拉环；18-钢丝绳；19-侧墩；20-T 形螺栓

的藻类及部分颗粒悬浮物。堰体前部区域的水通过中心肋板底部的过水孔进入到堰体的后部区域，生物填料球继续对水进行净化处理，当堰体后部的水位达到弧形板顶部高度时，将从弧形板顶部流出，并沿着弧形板的弧形外壁平缓流下，水在沿壁面流动过程中可卷入一定量的氧气，从而提高了水中的含氧量。

当本装置为水位调节工作状态时，在上游水位高于外侧闸门的高度时，根据水位通过减速电机带动滚筒运动从而提升外侧闸门的高度，当上游水位达到外侧闸门顶部高度时才能进入堰体内，从而达到控制上游水位的目的。

在干旱期时，该装置可切换至闸门关闭工作状态，以完全拦截和保持上游的水。启动闸门提升装置提升外侧闸，当外侧闸门底部的限位板接触到中间闸门的形螺栓时，中间闸门将随外侧闸门一起提升至最高位置。此时上游的来水将被外侧闸门和中间闸门拦不能流入下游河渠中。

在排涝期，上游来水量大，沟道需要快速的排水，此时该装置可切换至闸门全开状态。启动堰体提升装置和闸门提升装置，将堰体、中间闸门和外侧闸门同时提升至最高位置。在堰体提升过程中，滞留在堰体内的水可通过漏水孔流出，以减轻堰体的重量。此时该装置将不会产生阻水作用，沟道中的水流可快速通过该装置。

5.1.6　排水河道净污容量提升与带状湿地构建技术

灌区支沟和干沟，一般过水断面和流量均较大，实际上已经属于灌区区域中的河道，是灌区水生态系统的重要载体，也是各种水生生物生存和繁衍的主要空间。灌区河道形态的多样性与生物群落多样性有着密切的关系，河道纵向上的蜿蜒性，横向断面上的多样变化，深潭和浅滩的交替出现，急流和缓流的变化，均为生物创造了多样的环境，适宜不同的生物生存，增加了生物群落的多样性。但由于人们对灌区建设的认识不足，长期以来，更多地强调排水河道的泄洪排水能力，很多采取了"顺直化""光坡化""硬质化"等一系列破坏河道生态系统多样化的人工措施，致使自然河道消失，灌区河道净污能力削弱，水生态系统严重退化，排水河道的综合生态功能被弱化。

通常灌区排水河道的断面形式主要有"U"形断面、梯形断面、矩形断面、复式断面和双层断面五种类型。"U"形断面为近自然河道断面，它是由水流常年冲刷自然形成的非规则断面，具有一定的多样性特点。梯形和矩形是灌区人工开挖常见的规则断面形式，结构比较单一，是灌区排水河道采用最多的断面形式，该断面形式难以满足河道洪水和枯水落差之间的景观生态效应。复式断面综合考虑洪水和枯水期的过流和水位要求，分为主河槽和行洪断面两部分，同时满足了行洪功能和枯水期景观生态效应，是灌区排水兼行洪要求的河道中较为理想的断面形式。双层护岸河道分为上下两层，上层采用天然材料，构建多自然型河道，下层采用混凝土结构，主要用于行洪和排涝，适用于既有行洪、排涝的功能，又要满足生态性景观性、亲水性要求。

灌区骨干性排水河道在汛期一般均需排泄洪水，河道水流较为急速；在正常情况下，水体流动较为缓慢。灌区水位较大变化的河道较多，平水期和枯水期河道水位较低，丰水期河道水位较高，形成变幅较大的河道。

灌区排水河道可以通过植物、动物和微生物等的生理过程来吸收降解污染物质，对水体污染物具有自然的净化能力。通过对河道中自净机理的研究，可以通过构造适宜的河道条件，来强化相应的自然净化过程，增强河道的自净能力，降低灌区农业面源对周边水环境质量的影响，特别是入湖流域灌区对湖泊水体富营养化的影响。

1. 排水河道滨水生态净污带构建技术

滨水带是介于陆地及水体的中间地带，为河岸区域一条具有生命力的绿色缎带，由不同绿色植物组成，连接了陆地与湿润的水域滩地，并且控制两者之间的水分、沉淀物与有机营养物的传递。在此区域内生长的植物称为滨水带植物，它们都是亲水类型的。由于滨水带在土壤保持、生物多样性和水生生态系统中扮演十分重要的角色，因此在生态学、环境工程、水利工程及区域规划等方面都被高度重视，滨水带有许多形式，像是草地、林地、湿地，甚至可以是无植物地带。在有些文献和术语中，它也可以被近似地描述成滨水林地、滨水森林、河岸缓冲带或者河岸地带滨水带是自然的，也可以是经过人工加工或者恢复过的。研究表明，它是重要的生物自然净化区域，弯曲的河流结合滨水带中植被以及它们的根系形成的系统，可以耗散水流的能量，减少水土流失以及洪水过后对土壤的侵害，被截留的沉积物还可以减少水体的总悬浮颗粒物，增加水体透明度，滨水带对于改善地表径流和地下水流的水质也有着非常重要的作用，同时它还可以降低农田排放水体中氮磷对水环境质量的影响，对于保护河流生态系统和维护人类健康有着重要的作用。

滨水带是一种水陆生态交错带，两种异质生境交汇，使环境趋向复杂多样，由此产生群落时空格局多样性，增加了滨水带特有种和边缘种的丰富性。滨水带可以同时为水生和陆地的动物提供食物和栖息地，同时周围茂密的植被遮阴也有助于调节水温。对于滨水地区来说，滨水带的生态环境质量对整个灌区生态性有着举足轻重的作用。从社会学角度来看，滨水带可以提供舒适的环境和美丽的风景，并且可以配套沿河流的供游人散步的小径及行车道，增加景观娱乐和实用性，也可以建设一些场地用来给人们钓鱼、游泳或者停留船，提高人们乡村游的品位和兴趣。从人文方面，滨水带因江、河、湖、海冲蚀作用，形成沱、坝、滩、泪、洲、矶、渚等特殊形态的地貌，在自然景观方面有着独特优势。利用滨水带"水陆相依"的特色来发展生态旅游，在地域文化得到交流的同时，也给人们带来一种"人与自然和谐"的美感，有利于在人们心中树立和谐自然的理念。

1) 滨水带构建技术

滨水带主要包括从水陆交界处至河水影响消失为止的全部地带，是生态交错带的主要类型之一，具有滞纳净化污染物、防止河岸侵蚀、改善空气质量、维持水分循环、保护植被群落沟通系统连接、为动植物提供栖息场所等功能，具有极高的生态价值。因此，对滨水带进行生态修复有助于实现滨水景观功能与水质净化功能协调的目标。

A. 滨水芦苇带构建及修复技术

受损滨水带的生态修复，需要用近自然的治理方式进行修复。芦苇带的构建与修复是相当重要的一种方法。

芦苇是禾本科多年生草本植物，世界广布种，在自然生境中，以根状茎繁殖为主，能适应不同的生态环境，能够正常生长发育，形成群落，是构成河岸植物群落的代表植物种。芦苇对营养元素有较强的截留净化能力，主要截留以亚表层潜流方式进入湿地的营养元素，同时还可以为动植物、微生物提供生息生存空间。芦苇在景观美化和农业区生态系统恢复方面都是一种非常重要的植物，其作为绿化浅水带和滨水带的植物材料已在世界各地广泛种植。但是由于人类活动对生态环境的严重干扰，河岸防护的混凝土硬质化，导致芦苇自然群落正在大面积减少，其具有的环境保护作用在不断丧失。

王超等[1]借助江苏省如泰运河农村河段和城区河段现场观测试验研究分析表明：河道沿岸水生植物(芦苇等)对氨氮具有很强的吸附和截留作用，氨氮通过河道两岸的芦苇带时，浓度显著降低，模拟模型的衰减系数是无芦苇生长的混凝土护坡河段的 3 倍左右，氨氮的削减量也为无芦苇生长河段的 2 倍左右。另外，衰减系数与芦苇生长过程和水体污染物浓度有关：芦苇生长旺盛期，吸附氨氮能力强，芦苇生长枯萎期，吸附氨氮能力弱；污染物浓度越高，芦苇吸附氨氮量越大，浓度低，吸附氨氮量越小。因此，为有效地控制氨氮对江河湖库水环境质量的影响，应大力提倡河流水生态系统的良性循环，修复因水利工程建设而造成的河道湿地退化现象。

王沛芳等[31]为保护芦苇的发芽和生长，同时控制其过量繁殖，研发出一种河流滨水带无砂混凝土净化槽系统。运用生态混凝土净化槽将挺水植物限制在槽内生长，利用所构成的滨水带湿地系统对河水进行直接净化，特别适用于大量挺水植物生长的河流滨水带。其优点和效果在于：解决了滨水带挺水植物容易迅速蔓延生长和侵占河道、影响航运和行洪功能的问题；形成的滨水带湿地系统在减轻流水对岸坡的侵蚀、利用其根系稳定边坡、形成绿色植物景观和为水生动物提供栖息场所的同时，具有较强的净化河流水体功能；可以形成预制件和在产业上大批量生产，现场施工生态、经济、方便。具体实施过程是在河道的河流滨水带岸坡坡角上按一定间隔打入两排桩，其上部覆盖土工布，土工布上面铺垫碎石垫层，之上设置生态混凝土槽；生态混凝土槽的高端面向岸坡一侧以挡土，低端面向河道一侧，生态混凝土槽内填装土壤、砂石等填料，并种植挺水植物，形成河流滨水带生态混凝土净化槽。当污染水体进入生态混凝土净化槽内，部分悬浮物被填料和挺水植物根系截留，挺水植物吸收氮磷等营养物质，植物根茎、生态混凝土和填料等表面生物膜吸附污染物并通过同化、异化作用清除；植物根系对氧的传递释放使其周围微环境中依次出现好氧、缺氧和厌氧交替环境，保证了氮、磷可以通过硝化、反硝化作用及微生物对磷的过量积累作用去除；通过对填料进行定期更换和收割植物，最终把污染物从河道系统中彻底清除掉。试验研究和现场观测表明，该技术对河道水体污染物质 COD_{Mn}、TN 和 TP 的净化率可达 13.9%、25.9% 和 48.9%。

杨洪金[32]采用植物生长基盘作为芦苇植物的生长条件，植物生长基盘由两个固定框架为一组并接平铺配置，组成一个可填充土壤等物质的装置。植物生长基盘可多个连接使用，两端植物生长基盘的开口用抛石封住，以防止植物生长基盘内的填充物外漏，在设计上采用力学构件(抛石、石笼)与植物构件相耦合的生态工程方法来恢复库岸植物群落。研究表明，采用生态工程方法构建的植物生长基盘，可以为植物提供生长基质和生存所必需的养分，芦苇可以生长繁殖和扩张，同时，植物生长基盘也能够为铺地黍等其他物种的侵入提供良好条件，最终形成良好的水陆交错带植物群落。这为水陆交错带各种生态功能的发挥提供了前提和保障。

B. 复合挺水植物带构建及修复技术

a) 水生植物(复合)护岸

水生植物护岸是种植芦苇、香蒲等挺水植物在滨水带形成保护型的岸边带。一般这种方法适用于水深 0～1.0 m，流速不大的河道中。水生植物复合护岸是利用块石、无砂混凝土槽和水生植物综合进行岸坡防护的护岸技术。在坡脚堆以块石护坡脚，在常水位种植水生植物，可以很好地兼顾防侵蚀和植物生长。也可在坡脚利用无砂混凝土构建挡土槽体，在槽中种植水生植物，并填充卵石，可以起到较好的水质净化效果。随着多孔载体制备技术和装置的不断发展，采用多孔载体代替块石来堆置于河道坡脚，这样构建的水生植物护岸更能提升污染物质净化能力。

b) 椰植卷护岸技术

椰植卷为由椰子外壳的纤维与其卷成的细绳所构成的圆筒构造物，可防止边坡冲蚀，并创造沉积环境，以利于椰纤里的植物生长，一般直径 30 mm、长度 6 m，通常用当地的残枝或生根植物作为木桩固定于坡脚，当复育河岸时需要适当坡脚稳定性时，可用此法。椰植卷可在临水处提供植物极佳的生长介质，其易曲性能符合弯曲的河岸，可以种植挺水植物在其中。椰植卷会产生浮力，需固定于河岸。缺点是成本较高。能维持 6～10 年的寿命。

c) 木桩栅栏护岸技术

通过向岸坡底部和坡面上打入木桩，在木桩上按一定间距钉上木条或木板以形成岸边木桩栅栏，在栅栏与不规则岸坡之间的所夹的空间中填充从河床上清理出来的淤泥，也可以填充砾石，并种植水生植物，栅栏之上坡面铺以草坪。近年来，王超等在江苏宜兴陈桥村农田排水区的斗沟治理中，采用多形态(圆球体、圆柱体、正方体、长方体、三棱体等)的多孔载体填充栅栏与不规则岸坡之间的所夹的空间，经监测，由于孔隙率增加，护岸的净污能力提高 10%～20%，水生生物量提高 25%～37%，植物量也有所增加。

d) 植生型砌块复合型护坡

植生型砌块护坡是以人工预制混凝土砌块作为护面层单元的一种铺砌式岸坡保护结

构，主要通过规则的块型和一定的铺砌方式，使相邻砌块相互作用共同防护岸坡，砌块开孔及砌块间的缝隙给植物生长提供条件。植生型砌块护坡在实现保护岸坡稳定安全这一基本目标的同时，最大限度地兼顾生态、环境、景观和经济要求，因此在欧美和日本等发达国家及我国河流治理中得到了广泛的应用，已形成工业化规模。德国的北海、耐卡尔河和诺伊斯港护坡，荷兰的海堤护坡，美国马里兰州搭接护坡及我国的淮河干流蚌郊段堤防加固工程，等等，都采用了这种形式。

C. 其他挺水植物带构建及修复技术

挺水植物即植物的根、根茎生长在水体和底泥之中，茎、叶挺出水面。常分布于 0.15 m 的浅水处，其中有的种类生长于潮湿的岸边，这类植物在空气中的部分，具有陆生植物的特征；生长在水中的部分（根或地下茎），具有水生植物的特征。除了芦苇之外常见的挺水植物还有蒲草、荸荠、水芹、茭白、莲、石菖蒲等，挺水植物带的构建与修复技术，目前主要以滨水湿地的构建为主。

(1) 因地制宜地实行基底修复，保护挺水植物的最低水位要求，如香蒲至少需要 10～20 cm，并保证在春季萌发期不能淹水，保证土壤通气性，可以提高芦苇等植物的发芽繁殖能力，随植物的生长则可以逐渐升高水位，通过基地修复可达到湿地植物对水位的要求，同时也可以通过一些湿地植物的促淤作用，加速泥沙淤积，这样使湿地中部分区域升高，这些升高的区域可以恢复芦苇湿地，并且保护了一些较深的区域，维持这些较低区域的水位，达到湿地形态多样性与物种多样性的效果。

(2) 开展梯田式湿地子系统建设，根据不同植物对水位的要求，利用水体涨落规律通过调控湿地的淹没频率调整各湿地子系统的水位及水分状况，营造出多种植物错落有致、生物多样性丰富的生态景观。

(3) 通过河道连通湿地子系统，利用自然水体的涨落，既保证了湿地子系统对水分的需求，又避免了长期淹水对部分挺水植物的伤害，有利于湿地子系统的健康运行)。

2) 浮水植物带构建技术

浮水植物带主要是构建在干沟和河流两侧可被控制的范围内。浮水植物带主要利用悬浮于水面上的植物，抑制藻类生长，破坏藻类的生长代理功能，迫使藻类死亡，提高水体透明度，改善水质。特别是一些生长快速的浮水植物如凤眼莲、浮萍等被用于降低水体氮、磷水平，从而逐步恢复沉水植物及整个生态环境。但是凤眼莲繁殖速度惊人，对其生活的水面采取了野蛮的封锁策略，挡住阳光，导致水下植物得不到足够光照而死亡，其生长需要吸收氧气，从而导致水生动物因缺氧而死亡，破坏水下动物的食物链。同时，凤眼莲会堵塞航道，导致船只无法通行。因此，对于滨水带修复时，浮水植物带的构建要格外小心，必须控制在河道两侧，否则会对河流输水、行船产生负面影响。

3) 垂直驳岸滨水湿地系统构建技术

现存的自然的河流滨水带很多被钢筋混凝土所构建的垂直驳岸所替代，特别是灌区干沟或河流通过城镇时，很多地方均采用钢筋混凝土重力式挡土墙或浆砌石垂直驳岸，实现了河道护岸稳定和占地少的目的。这种硬质垂直驳岸，岸边水深也比较深，导致灌区干沟和河流滨水带的植被破坏，生物多样性下降，水质恶化，景观美学价值降低，严重破坏了生态环境。

王超等[33]研发出一个垂直驳岸滨水湿地系统构建技术，如图 5-30 所示。该技术主要是在灌区干沟或河流垂直驳岸旁的水域构建滨水湿地带，形成具有净污能力、动物栖息、美化景观的沿河植物混合带。为了构建不受水流波浪影响区域，在沿岸适当范围建设石笼墙，该范围大小需要经过河流断面行洪能力的核算。对于作为边界的石笼，采用镀锌、喷塑铁丝网做成，网眼采用正多边形，石笼的网眼大小一般根据填充材料的尺寸大小进行调节。在石笼中填放碎石、肥料和适合于植物生长的土壤，这样可以在石笼上种植相应的植物；石笼用木桩固定在河床上，木桩维持一定间距，这样可以有效地保证石笼的稳定性。石笼设置二排；在靠近驳岸的一排石笼上种植柳树，形成柳树绿色植物带，这样可以利用柳树的美化环境的和净化水质的作用；在离岸略远的石笼上种植挺水植物，形成挺水植物带，以通过挺水植物净化水质；在石笼的迎水侧装入具有净水作用的球状填料，球状填料用聚乙烯、聚烯烃塑料等材料制成，滤球内部为放射状的聚乙烯细丝，以获得具有较大的比表面积，容易附着生长大量微生物形成生物膜，可有效净化水体；二排石拢形成一个滨水湿地。在石笼的两侧填放抛石，从而进一步稳固石笼，并且当河

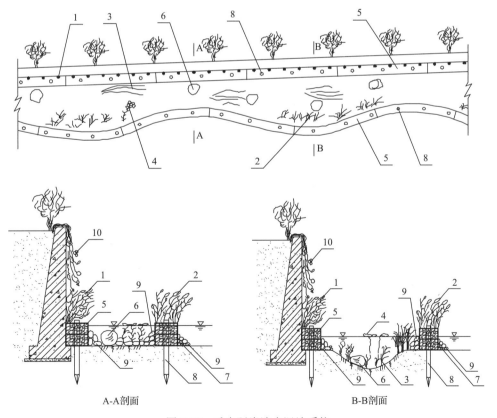

图 5-30　垂直驳岸滨水湿地系统

1-植物带；2-挺水植物带；3-沉水植物带；4-浮水植物带；5-石笼；6-置石；7-球状净水填料；8-木桩；9-抛石；10-护岸植物

道中的泥沙沉积的时候，沉积下来的泥沙和抛石可以形成一个很好的微生物系统，从而增加净化效果在滨水湿地中种植沉水植物，形成沉水植物带如黄丝草、伊乐藻等和浮水植物，形成浮水植物带如水龙草，萍蓬草等从而构建成一个整体，成为复合的生态系统在湿地比较窄的部分，如图 5-30 所示，水流会比较急，通过投放置石，以改变水流形态。在驳岸上可以种植迎春花，形成迎春花丛，这样既美观又实用，还增加了生物的多样性，与整个系统形成一个复合的生态系统。

该项技术解决了河流滨水带被钢筋混凝土所构建的垂直驳岸带来的原河流滨水带的植被破坏、生物多样性下降、水质恶化、景观美学价值降低等缺陷。并且截留净化水体中的污染物，沉积水体携带的泥沙，改善水质和景观效应，为鱼类提供了栖息空间，增加了生物多样性。

2. 排水河道边坡生态化构建技术

灌区排水河道边坡生态化建设主要有两个目的，首先是保护河道沿岸边坡，防止流水冲击，毁坏边坡，确保边坡稳定；其次是灌区河道衬砌护岸，防止水体入渗，影响水资源的利用率。长期以来，灌区排水河道建设普遍采用"硬质化"护岸技术，虽然有效地提高了边坡安全稳定性和水资源的利用率，但破坏了原有河岸净化水质、生态转换、生物栖息地和绿色景观等功能。因此，如何协调边坡安全、防渗、净污、景观和生境条件等方面的因素是灌区排水河道建设的重要内容。

利用天然材料作为排水河道边坡保护的素材，结合工程、生物与生态的观念进行生态型护岸建设，不再仅仅强调护岸的抗冲刷力、抗风浪淘蚀强度等，而是强化安全性、稳定性、景观性、生态性、自然性和亲水性的完美结合。护岸的构造型式、材料的选择，应依水体理化特性，单用或兼用植物、木料、石材等天然资材，以保护河岸，并运用筐、笼、抛石等材料以创造多样性之孔隙构造，以创造出适合植生、昆虫鸟类、鱼类等生存之水边环境。

生态型护岸有许多种分类方式，较常见的是分为自然原型护岸、自然型护岸和多自然型护岸，或根据使用的主要护岸材料分植物护岸、木材护岸、石材护岸和生态混凝土护岸。根据不同的应用条件和特殊的功能，将生态护岸的构建技术进行了如下重新分类整理。

1) 灌区骨干性河道防边坡侵蚀生态化构建技术

灌区骨干性排水河道在汛期一般均需排泄洪水，河道水流较为急速，岸坡侵蚀较大，单纯利用草皮、柳树和芦苇等活体材料进行护岸容易遭到破坏，因此，利用土工材料、石料、木桩等坚固材料，结合绿色景观和生态效应的要求，解决护岸的稳定性、抗侵蚀性和景观生态问题是非常必要的。

灌区骨干性排水河道防边坡侵蚀生态护岸技术主要有利用三维网垫、混凝土框格、混凝土砌块的植草护坡，利用粗木桩、石笼、铁丝固定的柳树护岸，利用石块、混凝土槽的水生植物护岸，还有直接以木材和石材为主的木桩、木格框护岸，抛石砌石、植岩互层、石笼护岸等等。

A. 网垫植被复合型护坡

网垫植被护坡属于轻型护坡结构，一般用于坡度不陡于 1∶1.5，且天然重力稳定的坡面防冲刷保护。它的主要材料是由聚乙烯或聚丙烯等高分子材料制成的网垫。网垫护坡具整体性和柔韧性，既能抵御水流动力牵拉，又能适应地基沉降变形网笼垫内填充的石料、种植土和草籽等。它综合了土工网和植物护坡的优点，在坡面构建了一个具有自身生长能力的防护系统，植物的根系可以穿过网孔均衡生长长成后的草皮使网垫、土壤和植物牢固地结合在一起，有效抑制暴雨径流对边坡的侵蚀，增加坡面的抗剪切强度，减小孔隙水压力和坝体自身重力作用，大大提高了边坡的安全性和稳定性。

B. 框架覆土复合型护坡

框架覆土护坡一般适合高水位的护岸要求。坡底采用天然石材垒砌，上部采用混凝土框架护坡，框架内覆土，以种植护坡植被。护坡植物可根据水淹频率的高低进行选择，交互种植，以达到错落有致的景观效果。

C. 柳桩梢捆护岸

柳树杆护岸利用木桩固定截柳枝杆，利用柳树迅速扎根并发芽的特点来修复河岸冲刷区和保护新建河岸。首先在坡脚和坡顶处各打入一排柳树桩，然后将柳树杆松散地横向放入前排木桩，在坡顶木桩与坡脚木桩之间用粗铁丝固定树杆位置，最后上覆回填土。该护岸适用于水流流速较大、冲刷严重的堤岸保护。

D. 柳排梢捆护岸

柳排护岸结构是用铁丝将柳树梢扎成圆筒状柳梢捆(直径 100～150 mm，内部为死的柳树梢，外围为活的柳树梢)，用铁丝将其捆扎，分两层相互垂直叠置成木排形状，放置在河岸底部，用木桩或石块固定，可保护坡岸下部免受高速水流或行船激浪所引起的冲刷。

E. 木桩柳梢篱笆护岸

木桩柳枝篱笆护岸结构是在坡脚沿线处打入直径 50～70 mm 的柳杆桩，用柳树梢围绕柳桩编织成篱笆状，然后回填岸坡整修时挖出的土料，柳树梢与柳杆桩生根发芽后，其根将伸入挡土篱笆后面的回填土中，进一步固土护坡。该护岸结构适用于空间上不容许坡脚向前延伸，且水流流速中等、冲刷一般的近垂直断面。

F. 石笼柳杆复合护岸

石笼柳杆复合护岸结构是将略短于石笼长度的柳树杆置于石笼的顶面和临水面，石笼的其余部分填充砾石，石笼上部覆土，柳杆生根发芽后可起到固土护坡美化环境和净化水质的作用。这种复合式护岸结构属于长期的天然护岸，适用于水流流速较大，对岸坡冲刷严重的岸坡保护。

G. 水生植物复合护岸

水生植物复合护岸是利用块石、无砂混凝土槽和水生植物综合进行岸坡防护的护岸技术。在坡脚堆以块石护坡脚，在常水位种植水生植物，可以很好地兼顾防侵蚀和植物生长。也可以在坡脚利用无砂混凝建挡土槽体，在槽中种植水生植物，并填充卵石，可以起到较好的水质净化效果。

H. 木材护岸

自然界坚硬的木头如果建于水下岸坡底部，可完整地保持约 5～10 年，在水面上可保持时间更长。与柳树等活体植物不同，由于此类木材不会发芽，所以一般应在使用的同时配以植被恢复措施。

树根扎捆护岸是利用已砍伐的或已经死了的木材进行岸坡防护，通常把树木的根置放在岸坡的冲蚀区，在坡脚和坡顶打桩后用铁丝捆绑固定，然后用砾石等填充可以起到很好的效果。荆棘是用得最多的木质材料之一，它可以保持约30年后才完全腐烂，广泛地被应用于需排水的护岸。一般在秋季开始砍伐荆棘，用绳子捆成长1 m，直径为300 mm的柴束，按1 m间距3捆与岸坡正交的方式单一层厚铺放，每一层上覆土150 mm厚之后再铺设另一层柴束，每3层用树桩固定。

I. 石材护岸

石材是自然界最广泛的天然材料，在护岸保护中具有成本低廉、来源广泛、抗冲刷能力强、经久耐用的特点，其粗糙的表面可为微生物提供附着场所，石块之间也可成为水生植物和鱼儿等水生动物的生存空间。其护岸方式多种多样，有半干砌石、植生抛石、石张、石笼等护岸形式。其中，植生抛石护岸采用天然石材（如卵石、砾石、流石等）堆积而成的护岸结构，其堆积方法可配合周围的景观制定。利用护岸石缝生长植物，借助植物的根系使护岸与其后的土壤更为紧密而形成稳定效果。石材之间的空隙可作为天然鱼巢，为多种鱼类提供栖息和繁衍场所，也为水生植物提供了生存空间，从而大大增加了水体及水陆交错带的生物多样性。石张护坡一般为低水位护岸，主要是从生态角度考虑，以恢复水陆交错带的多种生物为目的，坡底用天然石材垒砌，既可为水生生物提供栖息场所，又可加固堤防：坡面采用木桩和各种框架加固，并覆有植被网，种植护坡草皮。

J. 石笼护岸

植生石笼是堆置填塞小至中型石块与土壤的方形铁笼，形成结构性坡脚或边墙，并在缝隙中插置活性树枝，待其根系长成时，不但可固结蛇笼，更能借助根系的延伸，将石笼锚定于河岸。适用于受到冲蚀、淘刷或承载较大的河岸陡坡，当需要特定结构物、当地石块小于设计所需尺寸或者其他工材不易取得时，不失为具有成本效益的方法。当边坡需要维持较陡坡度时，其可作为稳固坡脚的低矮结构物，并降低边坡整体坡度。但无法抵抗较大的横向土压力，需要有稳固基础安置与更换的成本较高。石笼材质以镀锌钢或乙烯基包裹的金属丝为较佳，因其耐久性较好。在石笼中填充卵砾石，净水填料，种植水生植物，还可以利用水生植物和微生物的活动吸收降解污染物质，起到净化水质的效果。该类护岸结构可用于坡度较大、水质较差的岸坡保护。

尹洪斌等[34]提出了一种拦截磷流失的抗冲刷型生态干沟构建技术，如图5-31所示。该技术依据自然地形地貌，开挖或改良自然沟道形成干沟，干沟包括沟壁和沟底，沟道的沟壁由正六边形脱碱水泥预制块排列形成，形成抗冲刷的沟壁，沟底用碎石铺设。为使沟道壁中能够着生植物，并确保其中营养物质能够被及时吸收，预制块内部中空，且底部带有筛网状分布的孔结构。筛网孔可以为圆孔、方孔或条形孔。用耕作土覆于碎石表层将固磷基质与耕作土混合均匀后覆于沟壁的预制块中，在沟底和沟壁中播种着生植物，并在沟底放置多个小型生态拦截器。生态拦截器可由拦截箱体、固磷基质、耕作土以及着生植物构成，拦截箱体为脱碱水泥制成的四周具备小孔的箱体，箱体内填充固磷基质与耕作土，植物着生在拦截箱体上。生态拦截器的一个作用是弥补沟道中其他结构单元对于水体营养物质吸收不完全,其中的固磷基质和植物可以吸收水体中的营养物质,以达到生态沟道多方面拦截营养物质的效果。另一个作用是适当对丰水期中的水流速度进行阻挡,以降低流速,进一步提高沟道的抗冲刷能力。

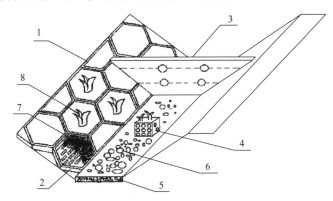

图 5-31 拦截磷流失的抗冲刷型生态干沟

1-沟壁;2-正六边形脱碱水泥预制块;3-水泥拦截坝;4-小型生态拦截器;5-沟底;6-碎石;7-耕作土;8-着生植物

生态干沟可按照当地的实际情况和地势落差,在干沟上设置水泥拦截坝,拦截坝坝高应该在该区域最大水深线以上用来蓄积水源和拦截水流,对于具有较大落差地势的富磷地质背景区,可有效提高生态干沟的抗水力冲刷能力。在拦截坝上应具备多孔的排水孔,下方排水孔要高于当地枯水期水深高度,而上方排水孔要略低于当地丰水期水深高度。水泥拦截坝之间的距离通常设计为 1 m。

该生态干沟,通过对干沟的形态、构造的设计,能够有效提高干沟抗水力冲刷的能力,特别适合于在高水位落差条件。通过生态干沟工程对面源污染物进行截留净化,干沟的多个结构单元均具有对氮磷等营养物的截留、吸收和净化功能,通过植物吸收、底泥截留和固磷除氮基质多种技术手段对纳污水体中的氮磷污染快速、有效地进行截留净化。

2) 灌区骨干性水位变幅较大排水河道边坡生态化构建技术

灌区水位较大变化的河道较多,平水期和枯水期河道水位较低,丰水期河道水位较高,形成变幅较大的河道。如果采用单一断面形式会造成许多不协调方面,不仅对景观和防洪不利,而且对土地资源利用、人水相亲建设等难以实现。因此,构建灌区水位变幅较大河道的生态护岸系统十分重要。

A. 复式河道生态护岸

在水位变化较大的河道中,由于水位的巨大落差常不利用生物的繁衍生长,并造成不和谐的景观效果。复式护岸由主河槽和河漫滩构成,在这两部分分别构建生态型的护岸形式,枯水期流量较小时,水流在主河槽中流动,洪水期水位抬高进入河漫滩,这样既不影响枯水期生物生长和景观效果,也利于洪水期的行洪。

B. 栅栏阶梯护岸

栅栏阶梯护岸是木桩栅栏护岸的一种演化,以各种废弃木材(如间伐材、铁路上废弃的枕木等)和其他一些木质材料为主要护岸材料,逐级在岸坡上设置栅栏,栅栏以上的坡面植草坪植物并配上木质的台阶,形成阶梯状的护岸形式这样的护岸形式不受水位涨落的影响，始终能保持生态的护岸结构，实现了稳定性、安全性、净污性、生态性、景观性与亲水性的和谐统一。

3）灌区骨干性排水河道边坡的生态化构建技术

灌区骨干性排水河道在正常情况下，水体流动较为缓慢，在缓流水体，岸坡侵蚀较小的河段，对岸坡的坚固程度要求较低，可以直接利用草、芦苇、柳树等天然的植物材料进行岸坡防护，它们都是亲水的，在潮湿环境中能茁壮成长，可以在保护岸坡的同时创造出丰富的岸边自然生态环境。植物在护岸工程中的功能主要体现在：①拦阻：树冠及地面残枝腐殖层可吸收雨水的能量，防止雨滴直接冲击地面，造成土壤飞溅流失；②抑制：植物的根系可以抓住土壤，提供力学上的稳定，如土壤与根系间的凝聚力，提高土壤的抗蚀力，其高于地面之茎、叶及根部也可滤除水流中的沉淀物；③迟滞：植物的茎叶增加地表粗糙度，造成水流的障碍，可迟滞水流之流速，也因此以较低的能量冲击河岸土壤；④渗入：植物根系深入地层，造成孔隙，增加降雨入渗、涵养水源、降低洪峰流量；⑤净化：植物与土壤及微生物构成的系统可以通过吸附、吸收和降解作用截留流入河道的污染物质，同样也可以净化河道水体；⑥栖境：有植物生长的岸坡可以为众多生物提供栖息之地，是生物生长、繁殖和迁移的绝佳场所。

A. 草皮护坡

草皮是生态型护岸工程技术中最常用的材料，可以通过在岸坡上铺设草坪增加坡面覆盖度，防止水土流失，改善生态环境。常见的护坡草种类型有：狗牙根、结缕草、地毯草、百喜草、野牛草、白三叶、假俭草、香根草、寸草苔、多年生黑麦草、高羊茅、高羊茅、扁穗冰草，单纯的草皮护坡一般只适用于坡度较小的岸坡，对较陡的岸坡或混凝土的坡面往往不适用，因为较陡的岸坡上地表径流大，草皮植物容易被冲走，而混凝土坡面的覆土种植也会发生塌滑现象。

B. 柳树护岸

柳树是河畔特有的植物，有杨柳、垂柳、白柳、杞柳等众多种类。柳树自古以来就被作为天然的护坡材料，因其抗水冲击力强，生长又快，所以无论是在恢复自然环境还是在防洪上，都是被广泛使用的树种。

C. 湿生植物护岸

以芦苇、香蒲、灯心草、蓑衣草等为代表的水生植物可通过其根、茎、叶系统在沿岸边水线形成一个保护性的岸边带，消除水流能量，保护岸坡，促进泥沙的沉淀，从而减少水流中的挟沙量。水生植物还可直接吸收水体中的有机物和氮、磷等营养物质，为其他水生生物提供栖息的场所，起到净化水体的作用。一般水生植物的适用于水深 0.5～1.0 m，流速不大的河道中。

4）灌区面源污染较严重河道的边坡生态化构建技术

农业面源污染物随农田排水或经过降雨径流的冲刷进入河道，成为灌区干沟、河道水体的一个重要污染来源，一般的河道护岸对面源的入河考虑较少，或者有的护岸对面源污染具有一定的截留功能，但由于其材料和结构的限制，效果有限。通过在河岸构建多级阶梯式、潜流型、表面流型人工湿地护岸系统，综合解决岸坡稳定和面源污染的问题。

A. 景观型多级阶梯式人工湿地护岸

景观型多级阶梯式人工湿地护岸是作者团队率先研发并实施应用的截污护岸技术，该技术以无砂混凝土桩板或无砂混凝土槽为主要构件，在岸坡上逐级设置而成的护岸形式。通过在桩板与岸坡之夹格或无砂混凝土内填充土壤、砂石、净水填料等物质并从低到高依次种植挺水植物和灌木，从而形成岸边多级人工湿地系统。通过系统内植物-填料-微生物的协同作用，可以起到很好的截留入河面源污染的效果，对河道水体也同样具有一定的净化效果。种植的茭草、芦苇和灌木等植物，也美化了河道岸坡，呈现出层层阶梯式绿色景观。

B. 潜流型和表面流型人工湿地护岸

潜流型人工湿地护岸在坡顶设置截水横沟，岸坡上叠堆复合基质滤床(基质为砾石、蛭石、泥炭、粉煤等)，至坡顶横沟处放置渗滤坝，横沟与渗滤坝之间铺设多孔弹性材料制成的可再生滤垫，同时在坡脚铺设多孔水泥板，沿岸坡设置挺水植物带和沉水植物带。面源污染物质流向河道时，以潜流的形式依次由横沟、滤垫、渗滤坝、滤床、多孔水泥板向河道内渗流。在此过程中，填料基质和水生植物将发挥净化作用，从而截留进入河道水体的污染物质。表面流人工湿地护岸则以表面流的形式，主要通过水生植物及其根系系统截留面源污染物质。

C. 植生型砌块复合型护坡

植生型砌块护坡是以人工预制混凝土砌块作为护面层单元的一种铺砌式岸坡保护结构，通过规则的块型和一定的铺砌方式，使相邻砌块相互作用共同防护岸坡利用砌块开孔及切块间的缝隙生长植物，植生型砌块护坡在实现保护岸坡安全这一基本目标的同时，最大限度地兼顾截污、经济、环境和景观要求。

5) 灌区已有混凝土边坡河道生态化改造工程

灌区部分靠近城镇村庄河道的两岸一般可利于空间较小，大多为垂直驳岸，且防洪要求较高，因此，大多采用直立浆砌石挡土墙和混凝土挡土墙，其单一的结构形式光滑坚硬的表面对灌区景观和生物栖息造成了极大影响，然而许多生态型护岸由于占地面积等限制并不适用于城镇村庄，景观净污型混凝土组合砌块护岸是适用于城镇村庄河道护岸的一种较佳形式，在继承现有砌块坡护特点的基础上，通过一定形式的预制混凝土砌块组合可以节省用地，通过组合砌块内种植植物，有利于生物栖息生长，砌块内生长的"植物-土壤-微生物"系统对污染物质具有去除效应，可以达到对入河面源污染物的截留去除效果，并形成了多层次的"生态景观"。根据不同的坡度应用条件，可分为应用于垂直岸坡的景观净污型组合实体砌块护岸和应用于倾斜岸坡的景观净污型组合空心砌块护岸。

混凝土护岸对河道生态及景观效果造成了负面影响，但对于现有的混凝土护岸来说，其防御洪水稳定岸坡的功效是不容否定的，若完全拆除风险性太大，且经济上行不通。因此，此类河道的生态型护岸建设，应在原有护岸的基础上，利用生态工程方法对其改造。

A. 桩板护岸绿化技术

对于以混凝土桩板防护的河岸，可以在桩板的迎水面设置柴排梢栅，在桩板与柴排梢栅的木桩之间插入柳梢把，利用柳树的生长，就能使桩板护岸前柳枝繁茂水边绿树成荫。

B. 新槽开挖及辊式植被技术

在日本横滨市南部境内岫川的改造中，以原15 m宽河床为基础开挖46 m、深700 mm的新河槽，在新槽的岸边生长辊式植被，对易受冲刷的河段及辊式植被的背水面，加盖了植被网。在水边和河滩上，栽种了石菖蒲、菱角、蓑衣草、香蒲、水芹、立柳等植物。改造后约2年草皮已经成活，植被也已生根，河滩变稳定了，自然的河道景观得以再现。

C. 新槽开挖及抛石技术

同样在日本横滨市南部境内的岫川，沿新开挖的河槽岸边，将直径为100～200 mm的卵石均匀地铺成缓坡，并在石缝及河滩上种植水生植物。整治后河岸稳定，水土流失较小，河道恢复了多样的生态景观。

D. 坡面打洞及回填技术

原有的混凝土表面护岸打设孔洞或凹巢，并回填碎石与土壤，以提供植物生长所需的环境，并提供孔洞作为昆虫及两栖动物栖息藏匿的场所。由于孔洞间有相通的水道，可以达到养分分布、物种流通的小生态环境的效果。

E. 利用原有护岸材料技术

对于拆除混凝土护岸的工程，可以利用原有的硬质护岸材料，将拆除的混凝土砌块或干砌石砌筑成隐蔽护岸，然后在其上覆土，从而构建稳定自然的生态型护岸。

3. 排水河道水域净污技术

目前，河流受污染水体的净化技术主要可分为异位净化技术和原位净化技术。污染水体的异位净化技术是指河流中的污染水体引向外部湿地系统进行净化，此方法净化效果明显，但净化处理水量十分有限，只适用于特小型的沟道和污染很严重的水体，对大中型河流整体水质改善贡献甚微，由占地面积大、投资额度高、管理复杂等因素所决定。污染水体的原位净化技术是指在河流内直接对污染水体进行净化的技术，主要包括物理净化法如引水稀释、底泥疏浚等，化学净化法如化学药剂、凝聚沉淀等，生物-生态净化法如投菌技术、水生植物技术、生物载体技术、滨水湿地技术等。其中物理净化法工艺设备简单、易于操作，处理效果明显，但工程量比较大，易造成二次污染，治标不治本。化学净化法易于操作，配合其他方法处理效果明显，但不适合流速较快水体，治理费用较高，易造成二次污染，治标不治本。生物-生态净化法利用水生生物的生命活动以及氧气等自然生态因素，对水体中污染物进行转移、转化和降解，从而使水体得到净化，其处理效果明显，投资省，不需耗能或低耗能，且利于河流自净能力和生态系统的逐渐恢复，因而逐渐成为灌区排放的污染水体原位净化的热点技术。

1) 河床沉水植物功能分析

沉水植物在其大部分的生长周期中，植株沉于水中生长，根生于底质中，是典型的水生植物生长型。它们的根有时不发达或退化，植物体的各部分都可吸收水分和养料，通气组织特别发达，有利于在水中缺乏空气的情况下进行气体交换。这类植物的叶子大都为带状或丝状，如苦草、金鱼藻、狐尾藻、黑藻等，沉水植物的功能主要有以下几种。

A. 氮磷污染物净化与富营养水体修复

沉水植物的根可以吸收底泥中的氮、磷，叶可以吸收水体中的氮、磷，所以比其他水生植物有更强的富集氮、磷的能力。相关研究表明：沉水植被恢复后，水体透明度提高，溶解氧增加，各主要形式的氮、磷及浮游植物叶绿素 a 浓度均明显降低，原生动物多样性也显著增加。正是因为沉水植物能较好地减轻和控制水体富营养化，所以恢复以沉水植物为主的水生植被是合理有效的水质净化和生态系统恢复的重要措施。

同时，沉水植物对某些藻类的生长具有抑制作用，这主要是因为在水生生态系统中，沉水植物和藻类同属初级生产者，均以水体中营养盐、光照和生长空间为生长资源，两者之间通过竞争相互影响。例如篦齿眼子菜对栅藻和微囊藻也有一定的化感作用；金鱼藻抑制浮游植物生长，改变浮游植物结构，导致浮游藻类减少；轮藻可释放出抑制鱼腥藻生长的物质；狐尾藻可释放出抑制微囊藻生长的化感物质。

B. 重金属及抗生素等污染水体的修复

水体中的沉水植物通过吸附和吸收，可以迁移和转化过量的重金属和抗生素等污染物，降低水体浊度和重金属浓度；另外，沉水植物本身也需要摄取一些重金属元素维持其生命活动，沉水植物对重金属的吸收明显比漂浮植物多，植物对重金属的去除有明显效果。狐尾和金鱼藻具有从溶液中移除重金属 Zn、Pb 和 Cu 的能力，可以用于从水体中去除重金属，植物对重金属和抗生素等的富集作用与土壤背景值有关，沉水植物穗花狐尾藻和黑藻对多数重金属元素具有较强的吸收能力，在一定的范围内，其吸收的质量与水体中重金属和抗生素等浓度成正比。

C. 污染水体的监测

沉水植物具有对水体污染种类和污染程度敏感的特点，应用沉水植物监测水质能够反映较长时间内的污染状况，并能直接反映污染物对水生生物的影响。以云南省洱海为例，不同种类的沉水植物对水质有一定的指示作用。①严重污染：各种高等沉水植物全部灭亡；②中等污染：敏感植物如海菜花、轮藻等消失，篦齿眼子菜等敏感植物稀少，抗性强的如红线草、狐尾藻等相当繁茂；③轻度污染：敏感植物渐趋消失，中等敏感植物和抗污植物均有生长；④无污染：以上植物均能够正常生长，沉水植物的种群动态以及群落结构与功能的变化能够直接或者间接地反映水体的水质状况及其发展趋势。

D. 景观作用

沉水植物作为观赏性水草的一种，其观赏作用不容忽视。例如苦草、金鱼藻等都是很好的观赏性水草，经常与岩石、沉木、鱼类搭配于一体，构成水族缸内的自然景观。在景观的营造中，沉水植物可与挺水植物、浮叶等艺术性搭配，再结合瀑布、喷泉、观赏性鱼类等形成极具美感的水体景观。

2) 排水河道生态型河床构建技术

A. 生态型河床构建目标和要求

河床是水生态系统的重要载体，是各种水生生物生存和繁衍的主要空间。但人们由于认识上的不足，采取了"裁弯取直""渠系化""硬质化"等破坏河相多样化的整治工程，这些工程必将隔断陆地和水生两大类生态系统之间的相互联系，改变自然河流的生态功能和生态工程，从而产生一系列生态学问题。因此，生态工程技术应根据河道的断面形式，重新构建和修复被损坏的河床，恢复河道形态多样性，创造适宜的生物栖息环境，增强河道水体的自净能力。

B. 河床生境条件构建

a) 底泥污染物控制与固定化技术

受污染河道的河床底泥基质中富含污染物质，对河道生物的生长有较大影响，在一定条件下还会从底泥中溶出造成水体污染。当底泥中污染物浓度过高时应考虑环保疏浚，疏浚的方式主要有机械疏浚、水力疏浚和爆破等，包括挖、推、吸、拖、冲和爆等6种施工方式。疏浚时应首先了解底泥的特征和分布规律，控制好疏浚深度，避免疏浚后发生二次污染。底泥覆盖是在污染的底泥上放置一层或多层覆盖物，使污染底泥与水体隔离，从而防止底泥污染物向水体中的迁移。采用的覆盖物主要有未污染的底泥、沙、砾石或一些复杂的人造地基材料等。

近年来，关于底泥疏浚的影响研究也比较多，认为底泥疏浚会破坏河床水生植被和微生物栖息地，大部分对污染物具有吸收、降解能力的水生植物和底泥表面菌种也一并被清走，河床微生态系统遭到严重破坏。因此，结合国家水专项课题研究，进行污染底泥的功能微生物复合菌群固定化和河床基地微生物生态修复的研究和应用不断发展。

b) 蜿蜒河道的构建技术

自然河道由于弯道环流作用和横向输沙不平衡的影响，弯道凹岸不断冲刷崩退，凸岸则相应发生淤长，形成了蛇形河槽。但由于防洪输水的需要，往往河流被"裁弯取直"。这种结果，一方面，导致过水能力增强，输水入海路径被人为缩短，减少了行洪和高水受涝时间；另一方面，河槽被裁弯取直后，水体中原有的不同流速带消失，导致部分水生生物灭绝。此外，河床的人为缩短，也使附着在其上的微生物的数量减少，大大削弱了水体的自净能力。因此，应把经过人工改造的河流修复成保留一定自然弯曲形态的河道，重新营造出接近自然流路和水流形态的河道，保持水域生态系统的生物多样性，增强水体的环境容量。

在河流蜿蜒形态构建时，需要考虑的主要因素和方案可以包括：①河流断面面积是否满足输水流量的需求，能够在需要的时间内顺利地通过设计的水量，不引起壅水现象，不造成水位上涨；②河流局部断面形态改变，但过水能力变化不明显，一段时间内的平均流量满足输水行洪的设计要求，不会引起河段水位的明显抬高，但通过河流形态的变化，增加了河流水生生境的多样性空间，为微生物附着、底栖生物栖息和浮游生物生长提供了一定的空间和水流条件，提高了生物多样性，增加了水体自净能力；③基于河流生物多样性的形态构建方案，为对河段的过流能力不产生明显影响，可考虑对占据河道断面的另一侧河岸断面进行适当的补偿，以满足河流断面对输水流量的需求。

基于此，课题组在无锡市新吴区古市桥港进行了蜿蜒河道的设计实施，对排水河流的生态恢复及水质改善起到了重要的作用。

Ⅰ. 古市桥港河道现状

古市桥港是太湖流域调水引流工程中骨干性河流望虞河西岸控制区中的中型河流，属于4级河道。河道起讫点为荷典桥河至望虞河，河道长4.5 km，底高程为1 m，河底宽10 m，河口平均宽度25 m。河流位于农业区，但河网连通无锡新吴区城区和工业区，污染成分复杂，属于复杂污染型河流。近年来，无锡市新吴区对古市桥港进行了裁弯取直，废弃了部分原有的老河道，新开挖部分河道。河道断面以梯形断面半衬砌护坡为主。

新开挖的古市桥港流经的区域主要是农业区，两岸农田为主，很多田块没有田埂直接与河道岸坡相连，面源影响严重。新开挖的古市桥港河道为单一的梯形断面，岸坡也是单一的草皮护坡，对两岸的污染物截留及水体污染物的净化能力较弱，生物多样性也较低。按照河流自然形态的规划设计方法，课题组采用河流纵向蜿蜒形态进行生态化改造，岸坡增加滨水植物截留带和湿生植物带，实现对面源污染物的截留净化。以下重点介绍河流蜿蜒形态构建技术及效果分析。

Ⅱ. 古市桥港蜿蜒形态构建方案

示范工程河段总长约为 1260 m，其中西岸长约 617 m，东岸长约 643 m。波浪形蜿蜒净污湿地构建技术的布置方式见图 5-32。利用木桩在河岸人工构建波浪形蜿蜒形态(人工锤入土层后木桩露出水面)。全单波长 8 m(两波峰间距)，波峰至波底高 2 m，波浪峰谷分别间隔种植挺水植物和沉水植物，形成小型净化湿地系统。示范河段东、西两岸波浪形态交错排列，共计约有 150 个"波浪"形净水湿地系统。正常水位下，河道两岸呈现蜿蜒形态且过水有效断面面积没有减小，而在行洪水位下，波浪形净水湿地系统被淹没，经核算，对行洪输水没有产生明显的影响。

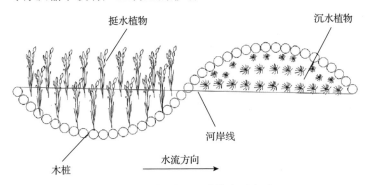

图 5-32　蜿蜒净污湿地的布置方式

种植的沉水植物包括苦草、竹叶眼子菜、黑藻等，种植面积约为 2.7 m²，种植密度约为 40 株/m²。将波谷形净污湿地中平整的土壤铺设置波峰形净污湿地中，并种植挺水植物，主要有芦竹、芦苇、美人蕉等。单个波峰湿地中挺水植物种植面积约为 2.7 m²，种植密度约为 40 株/m²。同时，在凸出河岸的湿地底部放置多孔净污材料，用以微生物的附着及强化净污。

Ⅲ. 蜿蜒河道构建实施效果

i) 主要监测断面设置

古市桥港净污容量提升示范工程于 2019 年 5 月 20 日左右开工，2019 年 6 月 10 日左右完成。蜿蜒河道共设 5 个采样点，示范工程河段设 3 个采样点，在示范工程河段上游设置 1 个采样点，示范河段下游设置 1 个采样点，示范河段河水从 1 号采样点流向 5 号采样点。示范工程实施前采样时间分别为 2019 年 1 月、3 月、4 月和 5 月，示范工程完成后采样时间 6 月、7 月 3 日、7 月 12 日、7 月 21 日、7 月 31 日、8 月 12 日和 8 月 26 日。

ii) 蜿蜒河道建设后河段水质变化

由图 5-33 可以看出，示范工程实施前，各采样点总氮含量均超过地表水 Ⅴ 类标准，总氮含量较高。示范工程完成后，示范河段 2～5 号采样点处总氮含量的均值及中位数均低于上游 1 号采样点处总氮含量。

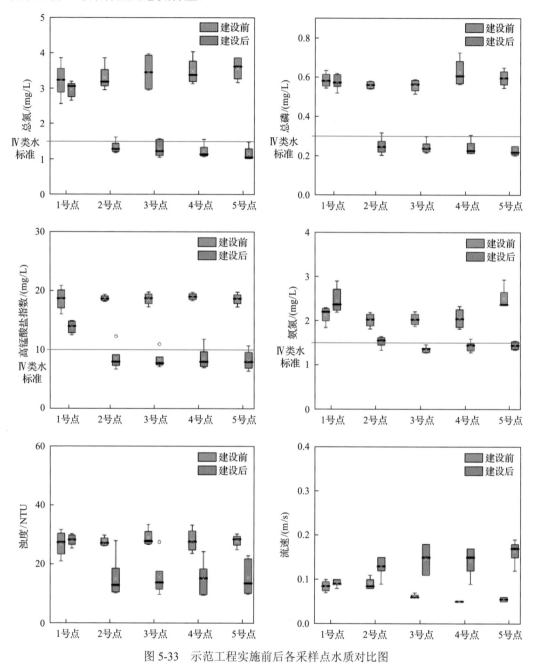

图 5-33　示范工程实施前后各采样点水质对比图

示范工程实施前，各采样点氨氮含量绝大多数时间超过地表水 V 类标准，氨氮浓度较高。示范工程完成后，示范河段 2～5 号采样点处氨氮含量大多数时间低于地表水 V 类标准，而与之对比的上游 1 号采样点处氨氮含量有降低。

示范工程完成后，示范河段 2～5 号采样点处总磷含量的均值及中位数均略低于上游

1 号采样点处总磷含量。

示范工程实施前，各采样点高锰酸盐指数绝大多数时间处于地表水Ⅳ类标准与Ⅴ类标准之间。示范工程完成后，示范河段 2~5 号采样点处高锰酸盐指数大多数时间低于地表水Ⅳ类标准，低于上游 1 号采样点处高锰酸盐指数。

综上，示范工程实施后，河段水质明显得到改善，主要污染物浓度均有所下降。

iii) 示范工程实施前后底栖动物对比

1 号点是上游对照断面，5 号点是下游对照断面，2~4 号点是示范工程影响断面，如图 5-34 所示。示范工程实施前，用于反映底栖动物多样性的 Shannon 指数低于 2，底栖动物较为单一，多样性较差。示范工程完成后，示范河段底栖动物 Shannon 指数高于2。而与之对照的上游顺直河段底栖动物 Shannon 指数依然低于 2，下游顺直河段底栖动物 Shannon 指数比上游顺直河段高，但低于蜿蜒河段。蜿蜒河道示范工程建设改善底栖动物多样性，从而保障河流生态系统稳定。

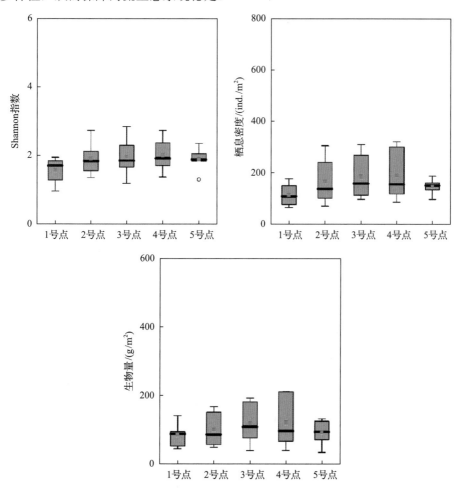

图 5-34 示范工程完成后各采样点底栖动物对比图

示范工程实施前，底栖动物栖息密度较低，底栖动物较为稀疏。蜿蜒河段建成后，底栖动物的栖息密度得到改善，蜿蜒河段底栖动物栖息密度与上下游顺直河段相比有明显提高。6 月 19 日示范工程完成后的第 9 天，由于示范工程刚刚完成，底栖动物栖息密度依然较低，但随着时间的增加，蜿蜒河段底栖动物栖息密度有明显提高。3 个蜿蜒河道断面与 2 个对照断面底栖动物栖息密度如表 5-1 所示。

表 5-1　不同采样点底栖动物栖息密度　　　　　　（单位：ind./m²）

时间	3 月 23 日	4 月 20 日	5 月 24 日	6 月 19 日	7 月 31 日	8 月 26 日
上游顺直河段	75.2	148.8	116.8	64.0	176.0	96.0
蜿蜒河段	96.0～116.8	164.8～196.8	107.2～132.8	68.8～116.8	240.0～299.2	304.0～320.0
下游顺直河段	96.0	160.0	132.8	139.2	160.0	187.2

示范工程实施前，底栖动物生物量较低，底栖动物生长状况较差。蜿蜒河段建成后，底栖动物生物量得到提升，蜿蜒河段底栖动物生物量与上下游顺直河段相比有明显提高。6 月 19 日示范工程完成后的第 9 天，由于示范工程刚刚完成，底栖动物生物量依然较低，但随着时间的增加，蜿蜒河段底栖动物生物量有明显提高。

iv) 示范工程实施前后浮游动物对比

示范工程实施前，浮游动物 Shannon 指数在 3 左右，浮游动物多样性较差，群落结构较为单一。示范工程完成后，浮游动物 Shannon 指数升高到 4 左右。而与之对照的上游顺直河段浮游动物 Shannon 指数依然在 3 左右，下游顺直河段浮游动物 Shannon 指数比上游顺直河段高，但低于蜿蜒河段，如图 5-35 所示。3 个蜿蜒河道断面与 2 个对照断面浮游动物 Shannon 指数如表 5-2 所示。

示范工程实施前，浮游动物生物量较低，浮游动物生长状况较差。蜿蜒河段建成后，浮游动物生物量得到提升，蜿蜒河段浮游动物生物量与上下游顺直河段相比有明显提高。6 月 19 日示范工程完成后的第 9 天，由于示范工程刚刚完成，浮游动物生物量依然较低，但随着时间的增加，蜿蜒河段浮游动物生物量有明显提高。3 个蜿蜒河道断面与 2 个对照断面浮游动物生物量如表 5-2 所示。

c) 设置人工落差

在河床存在较大比降的情况下，可人工设置落差。落差的设置，一方面可增加水体的复氧能力，从而增强水体中溶解氧的含量，提高自净能力，而且易于鱼类迁徙，也有利于水流形成多种变化，保持生物的多样性；另一方面也具有一定的景观效果。但在设置落差时，最大设计落差不得超过 1.5 m。落差过大，会影响鱼类的上溯。对比降过大的河段可设置成多段落差，形成阶梯状。这样，一方面有助于鱼的上溯；另一方面也有利于水流和河相形成多种变化，不仅有利于保持生物的多样性，而且抬高部分河段水位，减少河床坦露，改善景观环境。

d) 粗柴沉床

粗柴沉床是为保护河床免受水流侵蚀作用，以及保持水体中水生生物多样性的又一重要的生态工程技术。粗柴沉床最早是由荷兰技师发明的。它以粗柴(长度大约 3 m，直径为 2～3 cm 的野生树木的嫩枝)为主要材料，将其扎成捆再组合成格子，格子间内敷上

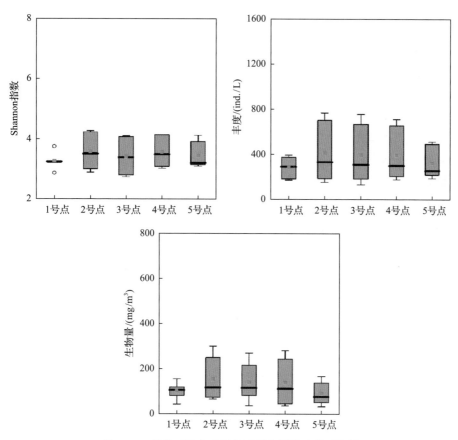

图 5-35　示范工程完成后各采样点浮游动物对比图

表 5-2　不同采样点浮游动物生物量　　　　　　　　（单位：mg/m³）

时间点	3.23	4.20	5.24	6.19	7.31	8.26
上游顺直河段	43.6	81.0	94.3	119.0	116.8	155.9
蜿蜒河段	36.6~66.2	45.8~81.9	87.5~107.0	117.9~144.7	217.0~249.5	270.7~300.9
下游顺直河段	32.7	52.0	74.3	80.3	139.5	168.1

卵石或砾石，进一步加固河床，防止水流对河床的侵蚀。此外，沉床所用的粗柴如小橡树、青冈栎、辛夷、枫树、钓樟、菖蒲等，有的极具韧性，有的极其柔软，从而使沉床的具有较长的使用寿命。

3）河床沉水植物修复

河床沉水植物修复的主要问题是沉水植物生长所需的光照问题。可应用生物沉床技术，将沉水植物种植在有基质材料的沉床载体上，通过固定桩将沉床在水体中固定，针对水深和水下光照强度对沉水植物生存的限制作用，可以结合河道水质的特点，利用调节环调节沉床在水体中的相对位置，控制沉床上沉水植物的生长深度小于水体的补偿度，使沉水植物生存区间内的光照能够满足植物生长的需要。

应用沉水植物对河道进行生态修复还会面临着植物鲜体移植时会漂浮在水面，这种情况在那些底泥沉降不均，清淤后底泥缺乏的水域尤为明显，一种底质或无游泥条件下的沉水植物种植方法便应运而生，它通过网袋将植物鲜体约束固定，配重石子使其与底紧密接触，便于沉水植物扎根的同时可以促进浮泥沉降，该方法成本低廉，可广泛在底质硬化较为严重的河道中得到应用。

4) 河床深槽构建

自然界中的浅滩和深沟是由河流的淤积或冲刷引起的，浅滩地带，水流速度较快，进河水充氧，在细粒被水流冲走之后，剩下的干净石质底层便成为很多水生无脊椎动物的主要栖息地，也是鱼类觅食的场所，深沟地带，水流缓慢，是鱼类的保护区和缓慢释放到河流中的有机物储存区，浅和深沟的形成可人工通过挖掘和垫高的方式来实现，也可以采用植石(也可称为埋石)和浮石带来形成浅滩和深沟，以形成浅滩和深沟。植石一般适用于比降大于 1/500，水流急且河床基础坚固的地区，浮石带是将既能抵抗洪水袭击又可做鱼巢的钢筋混凝土框架与植石结合起来的一种方法，它一般适用于那些河床为厚砂层、平时水流平缓、洪水来时凶猛的地区。

5) 复式河床湿地系统净污技术

王超等[35]研发了生态净污型复式河床湿地系统，如图 5-36 所示，即在河床上构造人工湿地系统，利用人工湿地净污原理有效地净化河流水体。该系统工程实施建设前，必须在充分论证河流行洪期防洪标准不降低的基础上，确定建设工程实施方案。通过将河床断面形态改造成浅滩与深槽并存的复式河床结构，以及在河流纵向上蜿蜒交错布设河床湿地系统，使河流在横向上和纵向上形成多样化环境，有利于水生生物栖息生长和河流生物多样性，且不影响河流原有功能，实现净污与生态功能的统一。

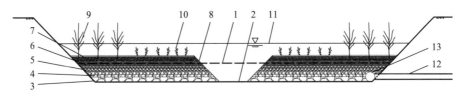

图 5-36　复式河床湿地系统

1-原河床；2-新河床；3-30～60 mm 圆形砾石；4-12 mm 中等砾石；5-6 mm 砾石；6-粗砂；7-土壤；
8-生态砼板；9-挺水植物；10-沉水植物；11-枯水位；12-污水厂达标尾水排放管；13-布水器

开挖改造原河床，在新河床上由底至上逐层填充 30～60 mm 圆形石、12 mm 中等砾石、6 mm 砾石、粗砂和土壤等基质，形成复式河床。复式河床浅滩顶部位于河流的枯水位之下，浅滩的土壤层上种植水生植物。复式河床深槽斜坡以生态混凝土护砌，形成生态净污型复式河床湿地系统。河宽不小于 50 m 的河流中，在河流的纵向上两岸内侧连续布设生态净污型复式河床湿地系统，系统宽度不一、边缘呈流线型；河宽大于 10 m、小于 50 m 的河流中，在河流的纵向上两岸内侧交错间隔布设生态净污型复式河床湿地系统，每个系统呈圆弧形；河宽不大于 10 m 的河流中，在河流的纵向上两岸外侧交错间隔布设生态净污型复式河床湿地系统，每个系统呈圆弧形，在每个河床湿地系统上游设置抛石拦堰和深潭形成跌水，并利用跌水控制水流方向，使水流沿较佳角度进入河床湿地系统。在河床湿地系统的砾石层铺设布水器，污水厂达标排放尾水通过布水器均匀布入河床湿地系统。

生态净污型复式河床湿地系统成型后，砾石、粗砂和土壤等基质和植物根系表面将生长大量微生物并构成生物膜，形成"植物基质-微生物"综合处理系统。当河流水体或污水厂达标排放尾水进入河床湿地系统时，水中的 SS 被砾石、粗砂和土壤及植物根系阻挡截留，有机质通过生物膜的吸附及同化、异化作用而得以清除；植物根区作用和河流水位的变化使得河床湿地系统中的生物膜保持"厌氧—好氧"交替运行，保证了水中的氮、磷不仅能被植物及微生物作为营养成分直接吸收，而且还可以通过硝化、反硝化作用及微生物对磷的过量积累作用从水中去除，达到净化水中污染物的目的和效果。然后，对填料进行定期更换和收割植物，最终把污染物从河流系统中彻底清除掉。此外，河床湿地系统的构建将在河流中形成浅滩和深槽并存的复式河床结构，使河流横向上的水生生物栖息环境变得更为多样化，河床湿地系统在河流纵向上蜿蜒交错布设，也将在河流纵向上形成适宜水生生物栖息生存的多样化环境，这都将有利于河流生物多样性和生态系统健康。

生态净污型复式河床湿地系统的优点为：在河流中构造河床人工湿地系统，形成"植物基质-微生物"综合处理系统，可以强化河流的自净能力，有效地净化河流水体，改善河流水环境质量；将原河床改造为复式河床，使河流在横向上形成浅滩和深沟并存的多样化环境，有利于水生生物栖息生长；根据河流不同尺度特点对河床湿地系统在河流中进行布设，营造了河流纵向蜿蜒形态和多样化环境，有利于生物多样性和生态系统健康；在生态净污型复式河床湿地系统的砾石层铺设布水器，将污水通过布水器均匀布入河床湿地系统，可以有效地对排向河流的污水厂达标尾水进行深度处理；系统不影响河流原有功能且构造简单，施工方便，功能稳定，造价低廉，使用方便。

4. 排水河道生态廊道构建技术

1) 河道生态廊道系统构建目标和原则

A. 河道廊道景观系统构建目标

河道廊道不仅具有自然生态廊道功能，还具有社会价值廊道功能。根据美国环保署的描述，河道廊道的景观构建应该着重于对现有河道廊道的特点及构建后我们所希望河道廊道所具有的政治、经济、文化、社会、生态价值进行整体规划和评估。河道廊道景观构建的目标应该要能代表所有生态参与者的共同目标，这种目标符合河道的整体生态目标，并且使河道系统达到一种近自然的平衡构建，最终与社会、政治、经济、文化、生态上的价值观融为一体，形成"水安全、水资源、水环境、水生态、水景观、水文化、水经济、水管理"八位一体的水系统格局。

河道廊道景观系统构建的总体目标应该由政府决策者、媒体舆论、多学科的技术团队和其他参与者共同来制定，这些目标必须要有两个重要的因素综合而成，即未来我们所期望的生态基准状态和社会、政治、经济、文化的价值。

在总体目标下，可以有主要和次要的目标，以保证总目标的实现。构建景观系统的主要目的应该要来自于对河道目前存在问题的识别和分析，并且能反映工程计划的约束条件，如几何尺寸、基础数据的收集、实施的预算和人类对于河道自然资源的要求以及特别需要确定保护的对象或濒危的物种。初阶段的目标通常是整个构建工程的开始，它可能着重于诸如岸坡固定、底泥的处理、河岸土壤及水源保护、防洪措施，改善水生动植物和陆生动植物的栖息地和美学的规划，而次要的目标则是应该直接或者间接地去支持主要阶段目标的发展，它应该提供一种定量的衡量标准去检测景观构筑的效果对于河道生态以及周围人文等的融合是否是成功的，以保证河流廊道的构建是可实现的并且是基于该地区现有的能力的，而不是过度地去开发当地的自然潜力。

B. 河道生态廊道构建原则

对河道生态廊道的构建需要运用景观生态学及其他相关学科的知识和方法，进行河道景观生态规划，不断调整后构建出最合理的景观格局。

a) 遵从自然的原则

把握人与自然的设计主题，在保护原有自然景观的基础上，充分发挥自然环境优势，通过维持自然过程及功能的连续性、整体性，努力恢复河道的自然过程的自我调节能力，强化生态廊道地域特征，保护廊道自然生境和物种，维护周围地域的生态安全，特别要重新划定和保护好生态脆弱区，防止资源遭破坏和自然灾害的发生，对历史文化等环境敏感地区，不能一味追求形式美，或因局限于工程要求，用简化的人工设施代替河岸自然景观。

b) 兼顾以人为本的亲水性原则

灌区排水河道的生态廊道地带是人类活动的密集区域，要充分重视作为社会主体的人，满足人类活动的需求，把河道廊道系统建设成集休闲娱乐于一体的休闲娱乐空间。

c) 注重整体性及生态环境修复优化原则

河道生态廊道应该是完整的、连续的，增加廊道的连续性是增强自然景观整体性的主要内容，修复人类活动对自然生态板块造成的破碎化。美国在 1910～1913 年期间修建的 Iowa 河的大坝，阻断了河流的鱼道，导致河道生态的急剧恶化，在进行部分拆除，恢复鱼道后，河道重现生机。因此我们在规划时应该充分考虑规划项目可能产生的生态影响，尽可能减少对自然景观的破坏，强化对生态功能的保护。

d) 符合经济适宜性原则

在景观构建的时候都要以经济基础作为支持，规划的系统以及技术最好能是投入产出型的，要充分利用场地条件减少工程量，考虑廊道景观系统的经济效益。

e) 结合河道流域的历史文化特色并予以延续和活化的原则

应将自然景观与当地文化、风土人情有机结合，注重规划独具特色的具有地域性的生态区景观，赋予景观以历史与地方文化内涵，并且注重规划区与原有地区的有机融合，延续当地的文化特色，充实规划区域的新功能，使两者有机地融为一体。

2) 河道生态廊道的植物群落构建

植物是河道生态廊道的重要控制因素。栖息环境、通道、过滤/截留、水源和沉降等生态功能的实现都与植物的数量、质量和状况密切相关。修复设计应保护现存的天然植物，并恢复其结构以满足毗邻的相关河流的要求。植物种类的选择，是基于期望为一种有利害关系的特殊物种提供生长环境。河道生态化构建的总体趋势是应用多物种的方法来实现生态系统的良性循环。

A. 河道岸边植物缓冲带建设

岸边植物缓冲带是河道生态修复的重要组成部分。植物缓冲带具有许多重要的生态功能：植物带的截留、过滤和净化作用能促使地表径流携带的沉积物和其他污染物沉淀；滨水植物带生长能够吸收水体中的营养物质，降低河道的营养负荷；岸边植物带能提供岸边野生生物的栖息环境，能保护鱼类的栖息环境，维持两栖类动物的食物网；植物能稳固河岸，阻止岸坡塌陷和滑坡，减少雨水和地表径流引起的土壤侵蚀；植物提供的荫凉能够夏季降低水体的温度，以便为河道中的水生生物提供良好的生长环境；植物缓冲带还提供了一个有吸引力可供观赏的绿带。尽管缓冲带的价值十分明显，但要确定它的规模大小还很困难，还需要加强相关研究。

B. 现有河道植物的保护

在河道综合治理和生态修复中，应像保留木屑和残桩一样，最大可能地保留现有植物，这些植物除了提供栖息场所、防止侵蚀、控制泥沙外，它们还是物种的来源和各种微生物的避风港。木桩和单独的成荫的大树，只要优势物种是天然的或在天然植物群中不会成为竞争者，都应通过修复设计保存下来。

C. 护岸连通性

连通性是河道功能的重要评估参数，它体现着生物栖息地、能量和生物传输通道及污染物的过滤或阻抑过程。排水河道的生态化构建设计应把生态系统功能之间的关系最佳化，并通过强调倾向性和相似性的修复理念把相邻的生态系统耦合到河流系统，进而加强栖息地和传输通道的功能。

3）生态廊道生物栖息地构建

栖息地是河道生态构建必须要考虑的因素，只有保持较充足的栖息地，动物、微生物等才能得到较为理想的繁衍和生长。河流生态廊道生物栖息地构建较多考虑河道浅滩湿地、深潭、洼地和生态岸坡的建设。一方面为河流中底栖动物、浮游动物等小型动物提供栖息生境，另一方面要为较大型的水鸟、鱼类等提供食物和生存环境。同时，也要为滨水、挺水、浮水、沉水植物的单体生长及群落的自适应生长提供多样性的空间。

4）灌区排水河道廊道的生态化建设

A. 排水河道自然景观系统

纵横交错的排水系统及河道构成了灌区河流廊道系统，除了考虑防洪、排水外，还应考虑到河流廊道景观系统的构建。自然生长的树木和植被构成了灌区河流廊道的自然景观系统，植被搭配应以地方优势种为主，草本、灌木和高大乔木层次组合，因此在河流廊道的修复过程当中应该着重于近自然的修复方法，遵循自然规律，保护廊道的自然性，从保护河流风景的特色。

B. 抗冲防洪景观河流廊道系统

对于农村河道而言，河流的防洪功能同样重要，同时抵抗河流对于沿岸土地的侵蚀在某些地区也是相当重要的，因此恢复当地的生态植被，使其在保持水土的同时也可以给河道廊道增添景观。

C. 截污景观型河流廊道系统

灌区河流所受的影响主要来自于农业面源污染，而河流廊道两边的植被和土壤可以通过渗透、过滤、吸收、截留等作用来削弱地表或地下径流对河流造成的影响，从而构成了截污景观型河流廊道系统。

河道滨水带的洼地系统，可应用于截污景观型河流廊道系统，其能限制雨水冲刷的沉积物直接排入深水区域从而改善河流水质。在河道两侧的雨水交汇区设置洼池区域，通过借鉴自然湿地的净化原理对排入洼池内的径流进行处理，当洼池内的水位高于常水位时通过溢水管流入深水区域，有效地提高了深水区域内的水质；同时护坡底部还设置雨水出水管，有利于将路面积水排入洼池区域。

5) 河道廊道景观综合系统构建

①河流廊道中的植物群落不仅可以净化水质还可以形成一定的绿化景观，因此河流廊道综合系统的建设一定要提高河流两岸的绿化率，尽量拓宽河流廊道的宽度，以充分利用绿化带中土壤、动植物等生态条件的生态服务功能。②根据相应的绿色河流廊道功能和结构，增加河流廊道植被配置种类，以提高生物多样性和优化景观格局，建设生物多样性高的河流廊道综合系统。尽量减少河路廊道沿岸的人工景观建筑，以降低人工化对廊道系统的影响。③在灌区建设河流廊道景观系统中，可以将与农田生态系统统一考虑，在河道周边大力发展种植业和特色林果业，不仅增加了生物多样性还发挥了生态经济效益。

5.1.7　典型实例——江苏省宜兴市大浦林庄港生态型河道构建

本节依托作者承担的国家"863"项目"河网区面源污染控制成套技术"专题"河网水质强化净化与水体修复技术及示范工程"，选择江苏省宜兴市大浦镇的林庄港作为试验河道，进行生态型河道的工程建设和试验研究。

1. 林庄港河道现状

1) 地理位置与河道概况

林庄港试验河道位于江苏省宜兴市大浦镇，宜兴位于太湖西岸，东濒太湖，西临滆湖，北为平原，南为丘陵山区。大浦镇位于宜兴市东部的平原圩区，水网密布区域内共有大小河道 40 多条，属太湖水系。该地区年平均日照时数为 1941.9 h，平均气温 15.6℃，平均降雨量 1197.3 mm，全年约 48.5%的雨量集中在汛期的 6～9 月，为 581.4 mm。

林庄港试验河道东起林庄港闸，西至溪西河口，长度 1818 m。林庄港上游河宽 10 m，深 1 m，两岸一边路一边房屋，不便拓宽。林庄港桥处河宽 4～5 m，深 1 m，水不流动；水中有船、渔网；岸堤高 2～3 m，两岸一边为鱼塘，一边为路，路边为农田。林庄港下游河宽 6 m，深 2 m，河道无堵塞，可行船，有一条小沟汇入，两岸为大片鱼塘。林庄港口闸位于入太湖口处，闸宽 4 m，两岸为鱼塘，太湖边上有防护林。

2) 林庄港河道的主要问题

A. 面源污染负荷量大，河道环境污染严重

经调查估算，林庄港附近地区内的生活污水排放总量约为 2500 m^3/d，垃圾产生量约为 8～10 t/d，畜禽粪便排泄量大约 8～12 t/d，农田施氮量 540～600 kgN/($hm^2 \cdot a$)。

该地区近几年的研究资料表明，约有 20%～25%的氮随降雨径流和渗漏排出农田。经估算，各种面源污染源排入环境的氮、磷总量分别高达 380～400 t/a 和 40～50 t/a，生活污水和垃圾基本未加处理，直接倾倒入水体中；家庭圈养畜禽的排泄物虽有部分堆积成厩肥，进入农田，但相当部分动物排泄物随流水进入河流；河道上停泊大量渔船和运肥船，也是重要的污染源。

B. 水环境质量差，河道自净能力弱

宜兴市环境监测站提供的资料表明，林庄港附近地区地表水环境质量为Ⅳ～Ⅴ类。根据课题组近几年对该地区各种其他地表水(农田，沟渠、水塘等)采样监测数据，水体 TN、TP 含量多数超过《地表水环境质量标准》(GB 3838—2002)Ⅳ类水质标准值，河道水体溶解氧浓度和透明度很低，自净能力很弱。

C. 水生植物蔓延，严重侵占水面

河道两岸水生植物无法控制，疯狂生长，严重侵占河道水面，原本 10 m 宽的河道仅剩下 1 m 多宽的水面。河道过水能力减弱，水体流动受阻，严重影响了河道行洪和行船能力，冬季植物死亡腐烂在水体里，对水环境造成了很大不利影响。

D. 河道淤积严重，河床底部抬高

河道缺少维护、清理，河道内泥土多年沉积，水生植物死亡残体常年累积和沿途生活垃圾的随意丢弃，造成河道严重淤积。不仅影响河道的输水能力，而且底泥中的污染物质也成为河道水体的一个重要内污染源。

E. 护岸遭到损坏，沿岸种植菜地

林庄港河道除部分紧靠居民的河段为浆砌石护岸外，其他大部分为自然土坡护岸，浆砌石护岸不利于生物的生长繁衍，而且阻隔了河道水体与地下水的交换。自然土坡护岸大部分已被居民利用，有的被用来种植蔬菜，有的被用来堆放垃圾，菜地的肥料和垃圾的淋溶液进入河道，造成了污染。河道驳岸残缺，部分出现坍塌。

F. 生态系统失衡，群落物种单一

林庄港河道生态系统已处于非健康状态，水体质量、护岸和河床遭到损害，河道流量过小，水体溶解氧水平低下，营养盐浓度偏高，导致初级生产力过高，水花生等大型水生植物和藻类大量繁殖生长，生态系统失衡。据对鱼类和底栖动物的调查，物种绝大部分为耐污的鲫鱼、螺类、蚌类、颤蚓类和摇蚊类。

因此，应对林庄港进行生态型河道的建设，通过生态河床和生态护岸的工程措施，构建出多种形式的河道断面、适宜的河床基质、良性的护岸结构、合理的水生植被，从而改善水体环境质量，重建河道健康水水体系统。

2. 林庄港生态型河道构建

根据河道的原始断面形态及河床、河岸的相对高差，并密切联系河道沿岸的土地利

用情况，选择适宜的生态河床和生态护岸形式对林庄港进行生态型河道构建。

1) 生态河床构建

A. 河床断面形式

根据河道水位流量情况、断面形态特征和两岸土地利用情况，构建了自然型、矩形、梯形和复式，以及对称和非对称等多种断面形式。

溪西河闸—桥 4：矩形非对称断面形式。北岸地势平坦，设为直立式木栅栏石笼护岸，岸边留有 3 m 缓冲带；南岸紧靠居民房屋，挡土功能要求高，设为直立式砌石护岸。南北两岸均以块石堆护坡脚。

桥 4—桥 3：梯形非对称断面形式。北岸靠着小路，有一定的坡度，设为自然式斜坡护岸；南岸紧靠居民房屋，挡土功能要求高，设为直立式砌石护岸。

桥 3—桥 2：梯形对称断面形式。南北两岸均有一定坡度，两岸边均为农田，设为自然式斜坡护岸。

桥 2—支流：梯形对称断面形式。北岸建有民舍，所以除北岸民舍前河段稍作修整外，其余南北岸均为自然斜坡护岸，坡脚均为生态混凝土净化槽。

支流—林庄港闸：复式非对称断面形式。此段河道两岸均为农田，两岸可利用空间较大，由于河道常年冲淤，闸口河段狭窄，过水能力低，故采用常水位下矩形过水断面，常水位以上为自然梯形护岸，主河槽宽 10～12 m，以生态混凝土净化槽挡土。

B. 河床生态清淤

对林庄港试验河道进行了河床生态清淤，对河底沉积污染物较多的表层进行了清理，其中西溪河口至桥 2 之间河段清淤厚度为 0.4～0.5 m，桥 2 至桥 1 下游支流之间河段清淤厚度为 0.6～0.7 m，支流至湖口之间河段清淤厚度约为 1.8 m。清淤总长 1818 m，清淤土方 29000 m³，并清理了沿岸的大量垃圾废物。

C. 重建水生植物群落

根据对林庄港水生植物群落的调查，选用土著物种进行河道水生植物群落的重建，如表 5-3 所示，选定的挺水植物为芦苇和菱草，沉水植物为菹草和金鱼藻，当地浮水植物主要为水花生和浮萍，这些植物生长过快，容易蔓延侵占河道水面，不利于水体的大气复氧和光照，且影响了河道正常的行洪和景观功能，故在水生植物群落的重建中不予以考虑。

表 5-3　各河段水生植物群落修复情况表

河段	长度/m	选用物种	种植面积/m²	种植密度/(株/m²)
溪西河闸—桥 4	245	菹草	3000	15
桥 4—桥 3	220	—		
桥 3—桥 2	335		3800	15
桥 2—桥 1	273	—		
桥 1—支流	225	菱草	500	40
支流—林庄港闸	520	芦苇/菱草	740/300	25/40

D. 卵砾石生态河床

在桥 2 至桥 3 之间河段构建卵砾石生态河床，如图 5-37 所示。该河段对护岸没有特殊要求，因此采用梯形断面和自然草皮护坡，坡度约 1∶2；河底以卵砾石铺垫，宽 6 m，厚约 0.5 m。

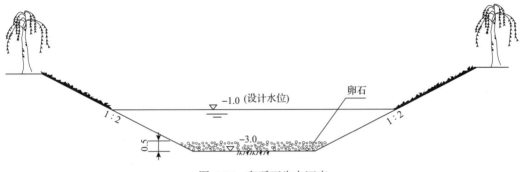

图 5-37 卵砾石生态河床

E. 仿生植物生态河床

在桥 3 至桥 4 之间的 60 m 河段构建仿生植物生态河床，在河道中根据水流形态布设仿水生植物填料，如图 5-38 所示。轮藻的茎用仿生的支杆(ABS 材料)代替，轮藻的节用仿生的中心扣环(聚烯烃材料)代替，轮藻的叶用仿生的填料丝(聚烯烃材料)代替；中心扣环和填料丝构成填料片；中心扣环固定连接在支杆上，填料丝穿过中心扣环，其中间与中心扣环连接，两端向两侧呈辐射状均匀展开，通过仿生的支杆、中心扣环、填料丝构成仿生植物。仿生植物支杆底端连接在网格底架上，将网格底架固定放置在河床底部，从而构成仿生植物生态河床。

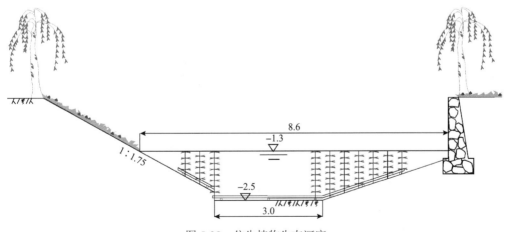

图 5-38 仿生植物生态河床

仿生植物直立在河床中，表面粗糙的填料丝表面容易附着大量微生物，形成生物膜后可以吸附降解水中污染物质，净化河道水质。仿生植物柔软且韧性好，可在河流水体中自动摆动，不会影响河道行船功能。

2) 生态护岸构建

A. 木栅栏砾石笼生态护岸

溪西河闸—桥 4 河段穿过村庄，北岸坡多被住户利用于种菜，岸边临一条 1～2 m 宽的小路。北岸正常水位下采用砾石笼护岸，并以堆石护坡脚，按矩形断面施工，河宽 9 m，北岸为砾石笼和杉木桩挡板组合结构，木桩直径约 0.2 m，长 3 m，两木桩间隔约 1 m，如图 5-39 所示。

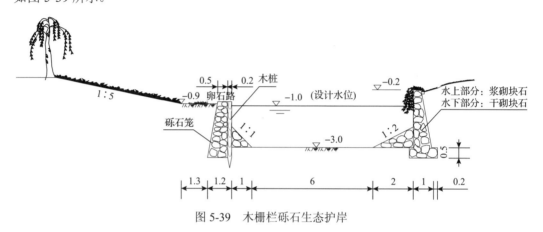

图 5-39　木栅栏砾石生态护岸

B. 半干砌石护岸

溪西河闸—桥 3 南岸紧邻河道大多建有民房，并间隔有亲水石阶但部分残破散乱，需重新修整，部分河段已由住户建设了直立式混凝土平台。南岸采用直立式浆砌石护岸，水面以上浆砌块石结构，水下部分为保持生态系统完整性，为干砌块石，并以堆石护坡脚。在满足护岸强度的情况下保持了河流生态系统的完整性，为滨水带生物的生长、繁殖提供条件。

C. 自然草皮护岸

桥 4—桥 3 北岸和桥 3—桥 2 两岸。坡度大约为 1：2，坡面经过平整种草。北岸紧靠小路，南岸边为农田，岸坡上的草皮能够对降雨径流面源污染起到截留缓冲的作用。

D. 滨水带生态混凝土净化槽护岸

支流—林庄港闸。坡角为无砂混凝土槽，板厚 0.2 m，槽宽 0.6 m，槽内种植芦苇和菱草，下面打有两根杉木桩，间距 0.7 m，木桩直径 0.15 m，长 4 m。在常水位淹没 15 cm 处建设了滨水带水生植物生长的生态混凝土槽，如图 5-40 所示。按照对河道水体环境和生态修复具有良好作用并适合河流水体特征的原则，选择种植了芦苇、菱草，宽 0.7 m，密度 10～15 棵/m^2。

3. 生态型河道建设对林庄港水质与生态特征的影响

1) 生态型河道建设前后形态变化

生态型河道建设后，林庄港各个河段状况均发生了较大的改善，整个河道看起来更加美观整洁，河道水面开阔，河岸稳固自然，水体清洁透明。

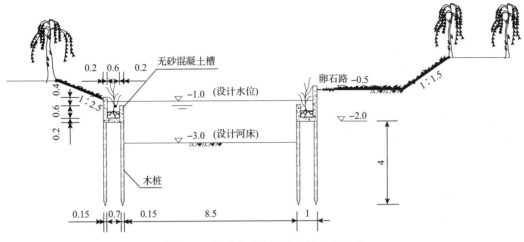

图 5-40　滨水带生态混凝土净化槽护岸

2) 生态型河道建设前后水质对比

林庄港生态型河道于 2004 年 4 月开始施工,6 月结束。施工前进行了两次水质监测,分别为 2 月 29 日和 3 月 11 日,采样点位于 1-1 断面、2-2 断面、3-3 断面的河道中心水面以下 0.5 m 处。1-1 断面、2-2 断面、3-3 断面分别位于试验河段的河段Ⅲ、河段Ⅱ和河段Ⅰ,因此,施工后的水质选取此三个河段上、中、下游断面监测值的平均值,与施工前相应河段断面的水质进行对比。

从图 5-41 中可以看出,溶解氧浓度施工前为 1.15～1.83 mg/L[劣Ⅴ类,《地表水环境质量标准》(GB 3838—2002),下同];施工后浓度升高,于 7 月 15 日升高到 4.4～4.9 mg/L(Ⅳ类)。COD_{Mn} 浓度施工前为 8.32～9.23 mg/L(Ⅳ类);施工后于 9 月 16 日降至最低,4.00～4.86 mg/L(为Ⅲ类);其他时期均在 8.00 mg/L 以下(Ⅳ类)。硝氮浓度施工前为 1.49～3.37 mg/L;施工后于 7 月 15 日降至最低,0.03～0.16 mg/L。氨氮浓度施工前为 0.67～1.67 mg/L(Ⅲ～Ⅴ类),施工后于 6 月 28 日较前升高(Ⅴ类);之后都较施工前降低(Ⅰ～Ⅲ类)。总氮浓度施工前为 4.1～6.82 mg/L(劣Ⅴ类);施工后初期一直降低,于 7 月 15 日降至 0.71～0.89 mg/L(Ⅲ类),之后在 8 月 2 日和 12 月 2 日升高至劣Ⅴ类,其他时期维持在Ⅰ类,总磷浓度施工前为 0.60～2.41 mg/L(劣Ⅴ类);施工后基本稳定在 0.20 mg/L 以下(Ⅰ～Ⅱ类)。

由分析可知,生态型河道施工前主要是溶解氧、总氮和总磷超标,水体呈富营养化状态。治理工程实施后,林庄港河道水体质量普遍比施工前改善,水质指标等级明显提高,可以看出生态型河道建设使河道溶解氧水平得到了较大提高,增强了河道对污染物质的截留能力。氨氮浓度施工结束初期比施工前有所升高,可能是因为河道生态系统刚重新建立,此时氨化作用占主导地位,水生植物与微生物系统大量分解氨化水体和底泥中的有机氮物质,产生的氨氮未能有效通过硝化反硝化作用得到去除,从而导致氨氮浓度的暂时升高,当河道生态系统趋于稳定时,氨化、硝化和反硝化作用趋于平衡,水体中氮的形态转化也达到了平衡。

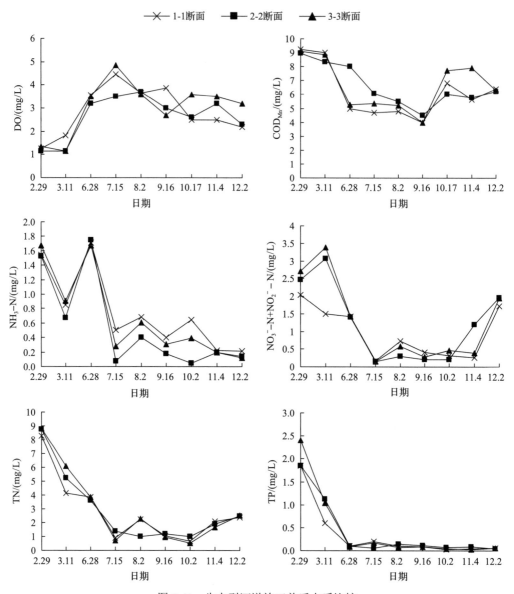

图 5-41　生态型河道施工前后水质比较

　　同时注意到，各河段溶解氧、COD$_{Mn}$、硝酸盐氮和总氮等水质指标在 10 月以后出现降低的现象。一方面，可能是由于水生植物开始衰败，其光合作用，吸附和吸收能力开始下降，同时微生物处于生长衰减期，其降解污染物质以及硝化反硝化的能力减弱，造成了河道系统对污染物质的截留效应降低；另一方面，水生植物在水体中的衰减数也会释放出那分生源物质，从而导致其浓度增高。

5.2　灌区面状湿地构建技术

　　灌区面状湿地构建主要是指在灌区范围内人为建设或改建一系列不同尺度和形态的

农田排水汇积、净化和调蓄回用的湿地系统。面状湿地与带状湿地的主要载体、作用、功能都不完全相同，带状湿地主要是密切结合于农田排水沟道系统，其主体作用是在排水过程中逐级截留净化污染物质，主要功能是排水、净污和生物通道等；而面状湿地主要是依附于水塘水坑等洼陷结构体或人工构建体，其主体作用是调蓄水体、截留净化污染物，主要功能是蓄水回用、净污、生物栖息等。灌区面状湿地与人们定义的大尺度自然湿地的作用和功能有所差异，大尺度湿地定义是不论其为天然或人工水深不超过 6 m 的水域，此外还包括邻接湿地的河湖沿岸、沿海区域以及湿地范围的岛屿或低潮时水深不超过 6 m 的沿岸带水区。大尺度湿地因在涵养水源、调节气候、蓄洪防旱、降解污染、净化环境、生物栖息等方面的作用，而被人们誉为"自然之肾""物种的基因库"等，如果这种湿地在灌区范围内，也应归类于面状湿地范畴。

利用灌区已有或人工构建面状湿地的净化功能去除农田排水中的污染物质是灌区水质改善的重要途径，并逐渐成为人们解决灌区水环境问题的重点。本节介绍灌区面状湿地截留净化技术系统，构建灌区农田污染物逐级截留净化的面状湿地第三道防线。

5.2.1　灌区面状湿地类型

农田周边的面状湿地不仅可以在灌溉期积蓄农田排水，非灌溉期补给农田用水，还可以有效消减农田排水中化肥和农药等污染物，起到了非常重要的水质净化作用，减少污染物向灌区外排放而造成的水环境污染问题。

灌区面状湿地系统的水量除受雨水影响外，还与农田灌溉期灌溉用水和排放水量有密切关系，这就造成了灌区面状湿地的季节性变化较为明显。每年的 5～10 月是灌区主要的灌溉期和雨水集中期，此阶段整个灌区水量充沛，面状湿地的调蓄水量、水面面积和数量均最大。而在每年的其他月份是灌区非灌溉期和雨水较枯期，此时的面状湿地调蓄水量、水面面积和湿地数量也相应减少，很多甚至干涸。

依据灌区面状湿地形成的原因、湿地水源补给和水源排泄情况，将面状湿地分为以下几种类型：①农田灌溉退水补给—自然蒸发排泄型湿地；②农田灌溉退水补给—人工调控排泄型湿地；③灌区农田排水汇积—水塘水坑洼地型湿地；④农田排水积蓄回用—人工构建污染物截留净化型湿地；⑤地下水自然补给—自然蒸发排泄型湿地；⑥养殖旅游开发积水—人工改造构建型湿地；⑦河道侧渗以及排水廊道型湿地；⑧灌水渠和排水沟缓冲带型湿地。

1) 农田灌溉退水补给—自然蒸发排泄型湿地

此类湿地是灌区最为常见的湿地类型，其面积范围较大和多年形成的区域，水文特征是地势平坦、低洼。多处在灌区的下游，有明显的进水通道，但无出水沟道，进入湿地水体主要是靠水面自然蒸发和植物蒸腾蒸发耗损来的。整个湿地内有一个或数个常年积水的明水面。其水面面积的大小受年度气候和季节性降水的影响较大。同时，也受到当年灌溉排水调控的影响。这类湿地对农田排放的污染物截留净化效果十分有效，进入该湿地的农田污染物一般不会对灌区外产生影响，属于污染物质的"汇"。

2) 农田灌溉退水补给—人工调控排泄型湿地

该类湿地与Ⅰ型湿地不同的是进水相同和出水差异，其水文特征是既有明显的进水通道，又有明显的排水沟道。灌溉季节农田排水沿上游排水沟道系统流入湿地。经湿地后由下游排水沟道泄出。在上、下游进出口处建设水体控制的节制闸调控，这类湿地具有明显的蓄水和调水功能，水面大小除受气候和自然降水影响外，主要受控于人工蓄、排水调度。这类湿地对农田排放的污染物截留净化效果也十分有效，污染物质净化效果与湿地大小即与水体滞留时间有关。但湿地出水水体中还会含有污染物输出，达不到污染物质"零"排放。

3) 灌区农田排水汇积—水塘水坑洼地型湿地

该类湿地主要是利用灌区内原有存在的水塘水坑洼地改造而建成的，在农田中的水塘水坑等洼陷结构主要是农村进行土地平整、道路构筑、农民建房屋基、断头河道、泉水冲蚀、地面沉陷等用土开挖或外力作用形成的，其积水来源有多种途径，主要包括农村地表径流、农田退水、地下水渗入、农民生活排水等。很多水塘水坑等的水文特征是有明显的进水和出水通道，将其构建为农田排水积蓄和水质净化湿地，对灌区水资源循环利用和面源污染物截留净化具有重要作用，在灌区规划建设中，应将水塘水坑等洼陷结构纳入到灌区农田面状湿地系统中。

4) 农田排水积蓄回用—人工构建污染物截留净化型湿地

在灌区农田排水系统中人工构建污染物截留净化面状湿地，对农田面源污染防控削减意义重大。该湿地通常有排水表面流、潜流、垂向流和综合多流态形式，其形态、大小和结构组成单元跟农田排水范围有关。生态节水型灌区建设提倡在农田不同汇水范围，构建或改建不同尺度的面状湿地，汇水农田通常有几十亩、几百亩、几千亩和上万亩等尺度的相应人工湿地，这些人工湿地主要用来汇积调蓄相应的农田灌溉水的田间排放水体，排放水体化肥和农药等污染物浓度高，需要通过人工湿地来净化去除。工程实践证明，经过人工面状湿地截留净化的农田排水，水质一般都比较好，不会造成明显的水环境问题。同样，人工面状湿地水体也可以回灌农田，作为灌溉农作物的补充水源。在构建不同尺度人工面状湿地时，为了节省土地资源，尽量减少降水地表径流进入人工面状湿地。

5) 地下水自然补给—自然蒸发排泄型湿地

该类湿地多位于我国西北部地区的有关灌区，处于起伏的沙地中间或周边沙化比较严重的地段。其水文特征是没有地表进水和出水沟道，没有明里的与周边农田或沟道的直接联系，入水补给主要来自于天然降水后沙丘向丘间低地的渗漏，出水则主要靠自然蒸发。该类湿地对天然降水较大而携带农田面源污染物的地表径流具有显著的截留净化作用，农田灌溉水体在田间产生的污染物质经田间土壤和地下渗滤过程中得到有效净化，渗透到湿地的水体水质均比较好。

6) 养殖旅游开发积水—人工改造构建型湿地

该类湿地主要建设目的是农村多种经营实施的水产养殖和乡村旅游而构建或改造的

水域湿地。其主要来源于较大面积的取土坑、挖深和改造的鱼塘、旅游休闲场所等。例如，江苏省张家港市利用高速公路填高取土形成的 2 km^2 左右土坑，改造成具有农田排水接纳、地表径流汇集、景观旅游开发、生态湿地示范、水上娱乐亲水、经济商业经营于一体的综合功能的暨阳湖生态湿地区，取得了显著的生态环境和经济社会效益。江苏省阜宁县利用商业采沙而形成的 7 km^2 左右土坑，改造成农田排水接纳、地表径流汇集、水上旅游开发、体育运动训练、生态湿地示范、经济商业经营于一体的综合功能的金沙湖生态湿地园。这类面状湿地水文特征因地而异，出、入水通道因人为需要而设置和改造，属于人工构建的湿地系统。

7）河道侧渗以及排水廊道型湿地

该类湿地多出现在河流（沟道）与道路之间所形成的廊道地段。这类湿地的水文特点往往是沿河流（沟道）走向有一条自然形成或人工开挖的排水沟。沿沟形成了宽窄不一的廊道型湿地。其入水除有天然降水汇集而来或来自于农田灌溉退水。

8）灌水渠和排水沟缓冲带型湿地

灌区另一类湿地为其纵横交错的农田灌溉渠道和排水沟道系统。因防洪需要，河流及较大的灌水渠一般在其主干行水道与堤坝间有一段面状缓冲地带（防洪堤内土地）。此面状缓冲带偶尔水淹，常年水分条件较好，形成了特殊缓冲带型面状湿地。

5.2.2　适宜湿地面积估算方法

灌区排水面状湿地对农田排水中氮磷和农药等污染物截留净化效率是随着湿地面积的增加而增加的，随着流量增加而减小。在土地资源日益紧张的形势下，灌区排水面状湿地方案设计越来越重视湿地面积估算的科学合理性，在实现排水面状湿地效应的同时能够做到保护和合理利用土地资源。

农田排水面状湿地面积的估算主要是根据农田排水的水力负荷、排出水体的氮磷和农药等污染物浓度、所在区域湿地植物吸收污染物能力、拟采用湿地类型及净污能力等进行估算。

由于我国灌区类型较多，分布于不同地域，自然条件和种植植物不同，施肥用药方式和数量也不同，因此，要求排水湿地对农田污染物净化的作用也不相同。各个灌区适宜湿地面积，应根据当地水资源概况及农业污染特性，进行广泛的现场观测和实验研究，确定排水面状湿地方案设计，其中湿地面积估算是影响湿地规模和湿地净化效果的关键因素。

5.2.3　灌区面状湿地的植物浮床/浮岛技术

1. 浮床/浮岛种植净污技术

水生植物浮床/浮岛种植技术是目前应用较为广泛的水质净化技术。中国水稻所在 20世纪 90 年代初期的水上种稻专利技术中开创了国内水生植物浮床/浮岛种植工作，水生植物浮床/浮岛种植不仅在营造水面景观方面有重大突破和特殊价值，近年来在水环境治理、生态修复方面也得到了广泛应用。植物浮床可有效抑制蓝藻水华等的大量滋生,可防止景观水体的水质季节性变化过大,对水质有很好的净化效果。但生态浮床至少需要5%以上的覆盖面积以保证净化效果,且需要对浮床植物进行一定的维护管理。水生植物浮床/浮岛的形式多种多样,种植技术的关键是浮力设施、种植平台、植物选择和固定方法。

1)浮力设施

最初的浮力产生式采用塑料泡沫,它和种植平台融为一体,优点是种植面积大,浮力大,造价成本较低,便于管理。缺点是物理性能差,极易破损;布局呆板,泡沫属环保部门列出的易产生二次污染的材料。现在使用较多的是由竹、木等自然材料作浮力材料和框架,其优点是取材容易,造价成本较低;缺点是床体自重大,易吸水,易腐,汛期易阻水,景观布局呆板。近年来也多采用 PVC 管材、废弃轮胎等,这些材料如 PVC管材购买材料方便、成本较低、制作简单、二次污染少;缺点是浮岛管理不够方便,应用时应因地制宜。

2)种植平台

可将水生植物种于营养钵(或花盆)中,再把营养钵置于塑料泡沫板做成的种植穴中。这样种植主要是为景观需要,但水质效果方面不尽如人意。种植穴还可选择秸秆、无纺布等,还有的用大孔径穴盘,如蝴蝶兰穴盘等。

3)植物选择

用于景观布置的,应多从美观角度来选择植物。用于水质净化、生态修复的,则要根据污染源和污染物种类,选择相应对这些污染物富集、降解效果好的植物。在水生植物选择时还要考虑一个重要因素,那就是水体的营养程度,适应水体富营养的种类多一些;但当水体贫营养时,许多喜肥植物长势不好。通常情况下,刚开始做植物浮岛时水体营养丰富,植物长势良好,随着水质的逐渐改善,水体的营养不断下降,植物的长势越来越弱。相对较耐贫营养的植物有细叶莎草、花叶芦竹、美人蕉、黄菖蒲、水禾、聚草、旱伞草、千屈菜、香菇草、红莲子草、大花皇冠、小香蒲等,相对不耐贫营养的有再力花、慈姑、野芋、海寿花、欧洲大慈姑。

4)固定方法

为了获得浮床/浮岛单元设计的空间配置,浮床/浮岛单元连接后形成的浮床/浮岛植被基的固定是非常重要的。人工浮床/浮岛单元易于移动,易于调整空间配置形式,其固定有 3 种基本方法:重力型、锚定型和杆定型。

2. 适用于面状湿地的浮床技术

在灌区排水面状湿地中,应用人工浮床/浮岛技术的构建设计,主要需要注重五方面:①稳定性:应避免强风浪和各单元之间的撞击引起的破坏;②持久性:应选择适当的浮体和固定材料,物种选择合理;③景观协调性:既能形成优美的景观,也能使其与周围的景观相协调;④费用:要进行费用效益评价,尽量减少工程费用;⑤施工和后期的维护:浮岛单元应易于构建、连接、移动和维护。

1）固定式自升降浮床

根据面状湿地缓流水体的动力学特性及污染物分布特点，以往人们提出的人工生态浮床法、化学沉淀法、生物接触氧化法等能在一定程度上改善水体的污染现象。其中人工生态浮床法由于具有净污效果好、运行及维护成本低且具有较好的景观效果等优点，在静水水体的水污染控制及治理中得到了广泛的应用。然而，由于人工生态浮床的吸附净化能力具有一定的作用范围，应用于静水水体中时，对于表层水体具有较好的净化作用，但对底部水体的净化能力非常弱。这使得其应用受到了很大的限制。

饶磊等[36]提出了一种适用于静水湖泊的自动升降式水质净化装置，如图 5-42 所示。该净化装置在农田排水面状湿地的水面也同样适用，通过可自动升降式的生态净化箱及水底曝气技术对不同深度的水体进行全面净化，有效地克服了现有固定净化装置应用于静水水体中净化效率不高的缺点与不足，提高水质净化效率。

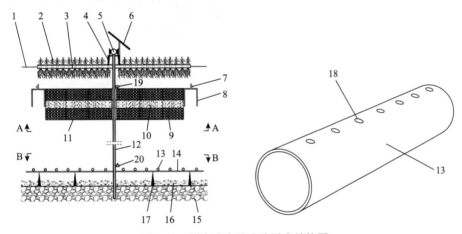

图 5-42　固定式自动升降浮床结构图

1-水面；2-水生植物；3-浮岛基体；4-支架；5-空气泵；6-太阳能板；7-排气口；8-浮槽；9-生物填料球；10-活性炭；11-生态净化箱；12-输气管；13-曝气管；14-支撑管；15-湖床；16-底泥层；17-支撑脚；18-曝气孔；19-上限位开关；20-下限位开关

该发明将植物吸收、微生物降解、物理过滤吸附、充氧曝气这四种水质净化技术集成于一体，充分发挥各种技术对水体中污染物去除的优势，形成多元互补型净化，可有效地降低水中的各类污染物的浓度，提高水质净化效率，处理效率高。同时，针对静水水体中对流强度低、污染物分层的现象，发明的生态净化箱可在水体中缓慢往复升降运动，从而对不同深度水体进行净化处理。同时生态净化箱在水下运动，上方设有浮岛，不影响环境美观，而且，装置的底置式的多孔曝气管可向水体中均匀注入空气，有利于增加水体含氧量，从而提高生态净化箱及水生植物根系表面的微生物对污染物的分解效率，还促进了水体上下层间的对流，有效地进行全水域不同水深的污染物净化。另一方面，装置采用浮槽储存和排出空气，为生态净化箱的升降提供动力，具有结构简单、运动平稳缓慢、运动速度可调的优点，并且对底泥的整体扰动较小，有效地拟制底泥的再悬浮，并提高水体的净化效率。

基于研发的轻质多孔载体制造了具有高吸附效率的净污浮床，并在宜兴市野外实验基地进行了现场布设试验。布设条件为：实验基地的独立半封闭水域(280 m³)；浮床布设量：18 块浮床，环形布设；轻质多孔载体总体积：10.8 m³；植物种植量：972 株。浮床布设如图 5-43 所示。从浮床布设后，每月对其作用区域进行多点采样，采样频次为 2~3 次/月。采样点分布：水平方向(6 个点，间隔 2 m)，深度方向(3 个点，间隔 0.5 m)。

图 5-43　固定式自动升降浮床布设

图 5-44 为水质变化规律，由图分析可知试验区域的水质变化规律为：靠近浮床区域水质改善较为明显，浮床植物的影响并不明显，多孔载体吸附截留和微生物降解的作用更为显著，季节变化对部分水质指标有一定影响。

徐波等[37]也公开了一种生态浮床构建技术，如图 5-45 所示。矩形浮床通过金属环上的浮床的固定杆固定在农田排水沟的堤顶，在堤顶的一端插入土内起固定作用，并可通过控制埋入堤顶的深度，来控制浮床的高度，从而使浮床不受水的冲击而移动。金属环与矩形铝片框架之间填充泡沫填充物以增加浮床的浮力，同时在浮床下面挂有仿生型生物填料，用其去除水中的部分污染物，改善水质。泡沫填充物上设有若干个用于存放标准化植物篮的空洞。配备有标准化的活动植物篮，可以根据需要进行选择在室内先期进行培养栽植到所需的阶段再安放到浮床上。生态浮床的泡沫填充物从内至少分为 3 个植物换新区，植物篮上种植的植物种类相同，但各个植物区之间的种植的植物种类不同，可分别安装种植不同高度植物的标准化花篮，使生态浮床更为美观。

2) 挂箱式组合浮床

饶磊等[38]公开了一种挂箱式组合浮床构建技术，如图 5-46 所示。该挂箱式组合浮床包括浮床基体、若干个生物净化箱和若干个吊挂机构。浮床基体漂浮在水面上，若干个吊挂机构分别位于浮床基体的下方固定连接浮床基体，吊挂机构上分别固定连接若干个生物净化箱，生物净化箱包括网箱体和净化物质，网箱体为透水结构，净化物质位于网箱体内。

首先根据目标水域的大小、形状及水底形态设计浮床的组合形状及各块浮床基体下方串挂生物净化箱的数量，然后将串挂好生物净化箱的浮床基体通过扣紧槽相互连接，并旋转限位板将相邻的浮床基体锁紧，组合好的浮床通过绳索固定于岸边。水流通过浮床底部的生物净化箱群时，生物填料球中的生物填料可截留和吸附污水中的氮、磷等容易生物降解的有机物，而活性炭过滤层能部分去除水体中的重金属元素、游离氯、酚等

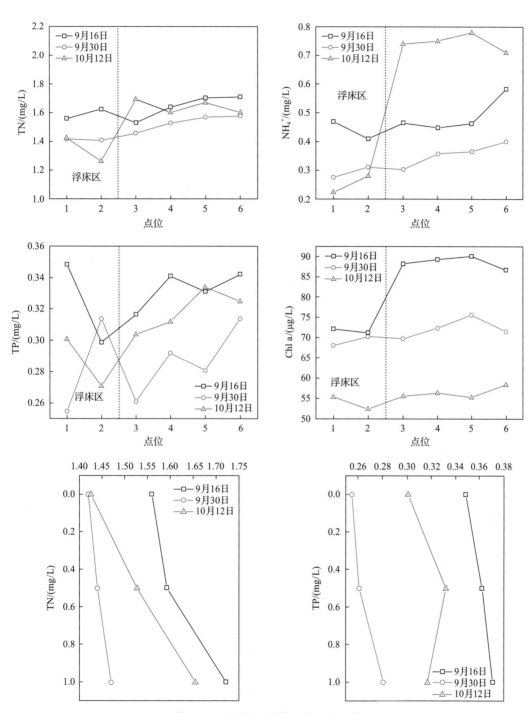

图 5-44　水体中污染物浓度变化规律

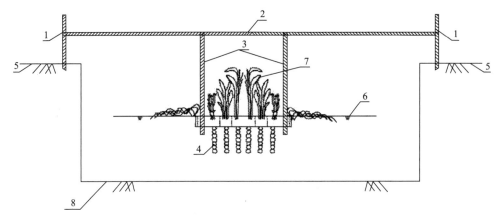

图 5-45　自动升降式生态浮床

1-第一竖杆；2-横杆；3-第二竖杆；4-仿生型生物填料；5-农田排水沟的堤顶；6-排水沟水位；7-植物篮栽种的植物；8-沟底

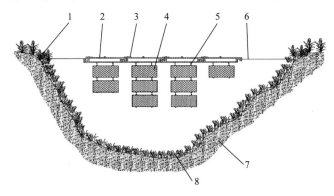

图 5-46　挂箱式组合浮床

1-河岸植物；2-浮床基体；3-限位板；4-生物净化箱；5-尼龙绳；6-水面；7-渠床；8-沉水植物

难降解有机物，同时还可滤除水体中的藻类及部分颗粒悬浮物，从而达到净化水质的目的。由于生物净化箱具有一定的阻水作用，水流在浮床底部的生物净化箱群内的流速减慢，延长了净化区域的水力停留时间，提高了净化效率。同时，当水流量较大时，柔性串接的生物净化箱可以随水流摆动，从而减小对水流的刚性阻碍，提高了过流量。

3) 漂浮型生态浮床构建方法

饶磊等[39]发明了一种可漂浮于水面的轻质多孔生态砖，如图 5-47 所示。重量轻、密度低、比表面积大，不但可漂浮于水面上作为水生植物的生长载体，而且孔表面形成的生物膜具有较好的水质净化效果，结合植物根系的吸收净化作用，水质净化效率可达普通水生植物净化的 2~3 倍。利用该轻质多孔生态砖替代浮床框架，制造的漂浮型生态浮床，可以显著增加传统浮床对污染物的吸附降解能力，达到更高的净污效应。

该生态砖采用聚氨酯泡沫浸渍法制备的轻质多孔生态砖具有较高的孔隙率和比表面积，且混凝土包覆层表面易形成牢固的生物膜。同时轻质多孔生态砖具有较高的开孔率，水可进入砖体内部，水-固接触面积大，水力停留时间长，可有效地降低水体中氨氮等富营养物质的含量，具有较高的净化效率。采用聚苯乙烯发泡颗粒镶嵌于多孔基体中的方法，使得所制备的多孔砖不但保持较高的开孔率，而且还可漂浮于水面上，适合作为水

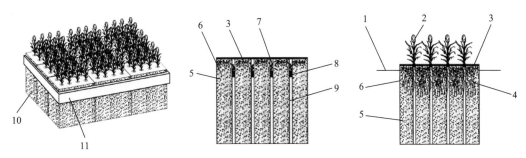

图 5-47　一种可漂浮于水面的轻质多孔生态砖

1-水面；2-苦草；3-保护层；4-苦草根系；5-多孔基体；6-发泡颗粒；7-种子；8-棉团；9-种植孔；10-多孔生态砖；11-边框

生植物的承载基体。同时，水生植物的根系可在轻质多孔生态砖内生长，使得该轻质多孔生态砖同时具备生物膜净化和植物根系吸收的双重功能，具有较高的水质净化效率。将植物种子预置于砖体内部，使用时可将轻质多孔生态砖直接投放到水体中，种子遇水后可自然成长，无须人工干预，节省了人工维护成本，且使用方便。而且植物种类可根据环境需要选择不同的，在水质净化的同时兼具水体景观功能，适用性强。

5.2.4　微生物强化净污技术

1. 直接投菌技术

直接投菌技术是指向面状湿地水体直接投加一种或多种外源性污染物降解微生物菌种，这种外源菌具有强大的降解功能，能强化水体自净过程，通过它们的迅速增殖，强有力地控制有害微生物的生长和活动，从而消除湿地水域中有机污染物和营养物质。最常用的投菌技术有光合细菌(photosynthetic bacteria，PSB)、集中式生物系统(central biological system，CBS)、高效复合微生物菌群(effective microorganisms，EM)、基因工程菌(genetic engineering bacteria，GEB)等。

1) 光合细菌

光合细菌是一类在厌氧光照下进行不产氧光合作用的原核生物的总称，它在厌氧光照及好氧黑暗条件下都能以有机物为基质进行代谢和生长，因此对有机物有很强的降解转化能力，同时对硫、氮元素的转化也起了很大的作用。

2) 集中式生物系统

集中式生物系统是美国 CBS 公司开发研制的一种微生物系统。CBS 系统是一个良性循环的微生物生态系统，含有多个属，几十种具备各种功能的微生物，主要包括光合菌、孔酸菌、放线菌、酵母菌等构成了功能强大的“菌团”。CBS 系统中的生物菌团能使淤泥脱水，让水和淤泥分离，然后再消灭有机物，达到硝化底泥、净化水资源的目的。同时 CBS 还能有效促进水体中原有微生物的大量繁殖，加速分解水中有机物，促进氮的反硝化反应。

3) 高效复合微生物菌群

高效复合微生物菌群是日本琉球大学比嘉照夫教授等于 20 世纪 80 年代初期研制出

来的一种新型复合微生物制剂,20 世纪 90 年代初 EM 技术被引入我国。EM 由光合菌类、醋酸杆菌类、放线菌类、乳酸菌类、酵母菌类等五大菌群 10 属 125 种对人类有益的微生物复合培养而成的, 是一种由好氧和厌氧微生物群组成的互利共生体,各种微生物通过相互间的协同、共生和增殖,形成一个组成复杂、结构稳定、功能广泛的生物菌群 EM 在生长过程中能迅速分解污水中的有机物,代谢出抗氧化物质,抑制有害微生物的生长繁殖,激活水中具有净化功能的水生生物,通过这些生物的综合效应从而达到净化和修复水体的目的。

4) 基因工程菌

基因工程菌是指采用基因工程技术,将降解性质粒转移到一些能在污水中生存的菌体内定向地构建高效降解难降解污染物的工程菌。对比传统的处理工艺,利用基因工程菌对水体生物进行修复具有处理费用低、操作简便、二次污染小、生态综合效益明显、处理效果显著等特点。

2. 土著微生物促生技术

微生物促生技术是指直接向面状湿地水体中投加能促进微生物快速生长的营养物质(促生剂),唤醒或激活土著微生物,恢复其自净功能。目前在生物修复工程中大多应用土著微生物,其原因一方面是由于土著微生物生物降解的巨大潜力,另一方面是接种的微生物在环境中难以保持较高的活性,此外工程菌因其安全性等原因应用受到较严格的限制。

微生物的投放方式除直接投放之外,还可以借助微生物投加装置。例如谢冰等[40]研发出一种向水体污泥投加微生物菌剂的多点投加装置,把传统的投加装置的注射头的下端封闭,注射孔开在注射头的管壁上,在投加装置的活塞管和注射头之间跨接一根导流管,即导流管的上管壁和下管壁分别与活塞管的底端和多个相互平行注射头的上端连接,活塞管、导流管和注射头三者内部连通。该投加装置能一次向多点水体污泥投加微生物菌剂投加操作省工省时,效率高。

1) 固定化微生物技术

固定化微生物技术使用化学或物理手段,将游离细胞或者酶定位于限定的区域,使其保持活性并可反复利用的方法。例如选用某些有机物,按照一定的比例混合,在适当的温度和适当剂量射线的辐照下聚合成固定化载体,然后采集、驯化形成具有某种净化能力的优势菌群,再使之固定在载体。固定化载体构成了一种适宜于菌种生长、增殖的"微生态"环境,使得菌种对外界条件有很强的适应性。对于污染物浓度较低、空间分布区域广、水力条件变化不显著的缓流或静止地表水体而言,固定化微生物技术无疑具有特殊的技术优势和光明的应用前景。固定化微生物技术主要可分为吸附法、包埋法、共价法和交联法四大类。

2) 微生物生态床载体净化技术

微生物生态床载体净化技术是把光合菌类、乳酸菌类、酵母菌类等三大菌群的多种本土有效微生物和特种生物碳形成的多孔微生物载体有机地结合起来,通过发酵工艺将上述好氧及厌氧微生物混合培养，各微生物在其生长过程中产生有用物质及其分泌物，形成相互生长的基质和原料，通过相互共生、增殖关系在特种生物碳形成的多孔微生物载体内形成一个结构稳定、功能广泛的具有多种多样微生物群落的生物菌群。

　　3）生物膜载体接触氧化技术

　　生物膜载体（即填料）接触氧化技术净化污染水体是指在湿地开辟一处生化反应区作为接触氧化区，直接将生物填料布置在湿地内，利用面状湿地内原有的生物群落进行填料的生物富集，然后利用湿地的流动性，使微污染水体缓缓流过填料，水体中的污染物质通过与生物膜的接触，进行物质和能量的转换，从而实现对污染水体的强化净化，其实质是对湿地自净能力的强化。当流水通过其表面时，流水中的有机物就会被生物膜吸附，进而氧化分解，填充填料，是利用填料比表面积大，附着微生物种类多、数量大的特点，人为加大湿地中可降解污染物质的微生物的种类和数量，从而使湿地的自净能力成倍增长。附着在填料上生物膜降解污染物质的过程一般可分为四个阶段：①污染物质向生物膜表面扩散；②污染物在生物膜内部扩散；③微生物分泌的酵素与催化剂发生化学反应；④代谢生成物排出生物膜，生物膜由于固着在填料上，因此能在其中生长世代时间较长的微生物，如硝化菌等。另外，在生物膜上还可能大量出现丝状菌、轮虫、线虫等，使生物膜净化能力增强的同时还有脱氮除磷的作用。该方法由于没有引入外来菌种，所以没有改变湿地原有的生态系统。

　　在面状湿地中，由于水面相对较大，水深较深，且流速较低。可以根据湿地的具体特点，充分利用微生物降解和光催化净化相结合，发挥对农田面源污染物的深度净化。鉴于此，陈娟等[41]公开了一种分层悬浮式水体原位净污装置，如图 5-48 所示。其结构包括固定锚、下牵引绳、主支架、套环、侧支架、功能微生物净化体、仿生水草净化体、光催化净化体、上牵引绳、浮球；其中，固定锚的上端通过下牵引绳与主支架的下端连接，主支架的上端通过上牵引绳与浮球连接，主支架上套有若干套环，每个套环的侧面接有若干侧支架，不同的侧支架上分别分布有功能微生物净化体、仿生水草净化体、光催化净化体。这种分层悬浮式水体原位净污装置，其特征是所述功能微生物净化体为负载功能微生物的净污载体；其中功能微生物为人工筛选获得的、对特定污染物具有高效降解效果的降解菌；用于负载功能微生物的净污载体优选高分子载体、活性炭、陶粒等多孔生态材料，负载方法优选包埋固定法，负载功能微生物的净污载体可集中放入净化球或净化网袋等透水容器中，然后悬挂于下层的侧支架上；仿生水草净化体用连接绳系成簇状并悬挂于位于中层的侧支架上。装置运行一段时间后，水体中的土著微生物可在这些仿生水草净化体表面上形成生物膜，进而降解水体污染物；装置中的光催化净化体为负载纳米光催化剂的净污载体，其中纳米光催化剂优选纳米二氧化钛，用于负载纳米光催化剂的净污载体可为多孔玻璃、玻璃纤维等，若负载纳米光催化剂的净污载体为分散小块，将其放入净化球或净化网袋等透水容器后再用连接绳悬挂在位于上层的侧支架上，即悬挂于上层套环侧面连接的侧支架上；若负载纳米光催化剂的净污载体为形状规则平整的块状，则直接悬挂于上层侧支架上，即直接悬挂于上层套环侧面连接的侧支架上；光催化净化体置于装置上层，以便充分接触光照，对污染物进行光催化降解。

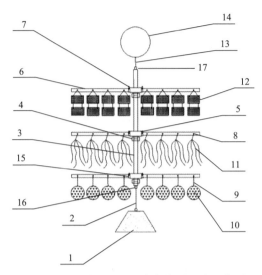

图 5-48　一种分层悬浮式水体原位净污装置

1-固定锚；2-下牵引绳；3-主支架；4-主支架连接头；5-套环；6-侧支架；7-固定螺钉；8-侧支架连接孔；9-连接绳；
10-功能微生物净化体；11-仿生水草净化体；12-光催化净化体；13-上牵引绳；14-浮球；15-侧支架连接头；
16-下主支架连接孔；17-上主支架连接孔

5.2.5　水质强化改善与资源回收利用的几种典型湿地系统

1. 漫流式排水调蓄净化湿地

排水调蓄净化湿地是灌区面状湿地的重要形式，在水量调蓄和水质净化方面起着重要的作用。王沛芳等[42]发明了一种漫流式排水调蓄净化湿地，如图 5-49 所示，漫流式排水调蓄净化湿地在排水期，田间排水以漫流式依次流经石笼式田埂、植物隔离带和调蓄净化池塘湿地，水体中的氮磷营养物、农药残留物有害物质可得到有效截留和净化；降雨期，调蓄净化池塘湿地可对灌区内的雨水地表径流进行有效调控，减少受纳河道的洪水压力；灌溉期，调蓄净化池塘湿地中的水体可以进行回用，提高水资源利用效率。

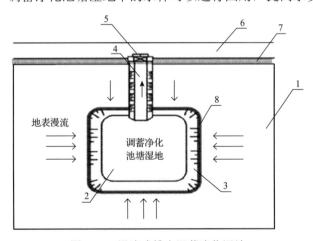

图 5-49　漫流式排水调蓄净化湿地

1-旱田；2-调蓄净化池塘湿地；3-生态护坡；4-排水沟；5-节制闸；6-受纳河流；7-道路；8-石笼式田埂

石笼式田埂由天然材料如卵石、砾石、木枝构成，天然材料中添加果壳活性炭、陶粒等净水填料；排水经过石笼田埂时，水中的污染物与石笼上附着的生物膜接触、沉淀，进而被生物膜吸附、分解，从而使水质得到改善。植物隔离带由多种植物混合种植而成，种类根据水淹频率的高低进行选择，交互种植，从高到低依次种植灌木和芦苇；调蓄净化池塘湿地为浮水植物带、挺水植物带和沉水植物带结合的生态系统，是由大量存在的水塘或洼地改造而成，减少缓冲区等小型工程区的建设，保持灌区的完整性，便于推广。调蓄净化池塘湿地与受纳河流相连，在排水口处设有节制闸，增加水体停留时间和净化处理效果，减轻对受纳水体的污染。漫流式排水调蓄净化湿地使灌区农田直临湿地系统，便于施工和推广；同时具有水质净化和洪水调蓄功能，能较好地管理灌区旱田的漫流式排水过程，在减少田间排水造成的面源污染的同时，能对雨水径流和洪水资源进行科学的调控与利用。

2. 灌区水田四周定点排水湿地构建系统

灌区水田排水较为集中，同时灌区内存在大量的天然池塘和洼地，如将其改造为湿地系统可以高效减少农田排水对受纳水体的污染。王沛芳等[43]发明了一种灌区水田四周定点排水湿地构建系统的技术，如图 5-50 所示。该构建系统的结构包括溢流式水田、阶梯式净化湿地、生态池塘湿地和生态护坡，其中生态池塘湿地和生态护坡在涉溢流式水田中，生态池塘湿地和生态护坡的四周上等分设有阶梯式净化湿地。在作物的不同生长阶段，根据田间需水量调节溢流堰的高度；田间排水中的重金属、化肥农药残留物等污染物可由阶梯式湿地得到初步净化；排水进入池塘湿地后，其中的挺水植物岛和沉水植物区可对排水进行二次净化；排水经净化后集中由排水沟流入受纳河流；池塘湿地的植被护坡可抑制暴雨径流对边坡的侵蚀，并能对雨水径流和生活污水进行一定程度的净化。

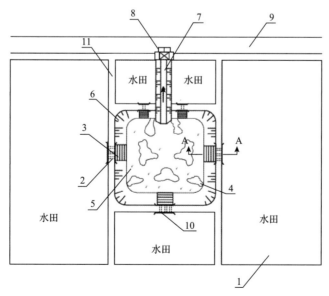

图 5-50　灌区水田四周定点排水湿地构建系统
1-水田；2-溢流式排水口；3-阶梯式净化湿地；4-挺水植物岛；5-沉水植物区；6-植被护坡；
7-排水沟；8-节制闸；9-受纳河流；10-堰桥；11-田埂

该净化系统是根据田间需水量调节溢流堰的高度,而且田间排水可自由排出,减少了人力资源的投入。同时,它利用水田退水较为集中的特点,将灌区内大量存在的自然水塘或洼地改造为池塘湿地,并利用水塘的边坡构建边坡湿地净化污染物,提高水体停留时间和净化处理效果。此外,该净化系统能够利用阶梯式净化湿地和生态池塘湿地对灌区田间排水进行多重净化减污,减小农田面源污染物外排对河流和湖泊造成的影响。生态池塘湿地的植被护坡可对灌区内的生活污水和雨水径流进行一定程度的净化,减小它们对受纳河湖造成的污染。

3. 生态池塘灌区面源污染减排增收技术

徐俊增等[44]研发了一种灌区面源污染减排增收技术,如图5-51所示。该项技术重点关注在截留污染物的同时,增加农田的收入。设计灌区的农田、种植生态排水沟、养殖生态排水沟、生态池塘(即面状湿地)、网格栅、拦水闸等。要点在于种植生态排水沟和养殖生态排水沟位于农田下游,承接农田排水,养殖生态排水沟深于常规排水沟,且出水口高于沟底,保证常年蓄水,以供养殖的水生动物活动及其饵料正常生长。同时,生态池塘(即面状湿地)与养殖生态排水沟连通,且深度与常规鱼塘深度相当,便于鱼类沉入水底躲避高温。为了防止养殖的动物逃逸,种植生态排水沟与养殖生态排水沟的水域连接处、养殖生态排水沟尾均设置网格栅。种植生态排水沟与养殖生态排水沟的水域连接处设置拦水闸,在农田向排水沟排放含残留农药的水时,则关闭此处拦水闸,使含残留农药的农田排水不直接进入养殖生态排水沟,避免危害水产养殖。种植生态排水沟与养殖生态排水沟内还可加入有效微生物来帮助加速降解残留农药和吸收固定水中的营养成分。

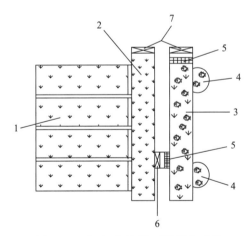

图 5-51 灌区面源污染减排增收系统

1-农田;2-种植生态排水沟;3-养殖生态排水沟;4-生态池塘;5-网格栅;
6-拦水闸(种植、养殖排水沟间);7-拦水闸(排水沟尾)

该项技术通过利用承接农田排水的两种排水沟,在种植排水沟内种植经济水生作物,养殖排水沟内种植常用天然饵料并投放养殖的水生动物,通过系列工程手段或预测手段,保证其不受残留农药危害。经济水生作物与天然饵料吸收固定农田排水中的肥料,减少灌区对下游的面源污染，经济作物的收获能提高灌区收入，以天然饵料为食的水产品更是健康无公害，不仅可以捕捞销售增加收入，还可以借此打造集生产、观光、休闲为一体的现代化生态旅游灌区。

4. 沟塘集成系统构建技术

方涛等[45]提出了一种控制农业面源污染和净化河水的沟塘集成系统构建技术，如图 5-52 所示。该集成系统包括生态沟渠、沉淀塘、氧化塘、稳定塘和河道，沉淀塘、氧化塘和稳定塘可被作为面状湿地系统的三个单元。沉淀塘的入水口分别与生态沟渠的出水口和河道的出水口相连，沉淀塘的出水口与氧化塘的入水口连接，氧化塘的出水口与稳定塘的入水口连接，稳定塘的出水口分别与河道的入水口和农田连接。

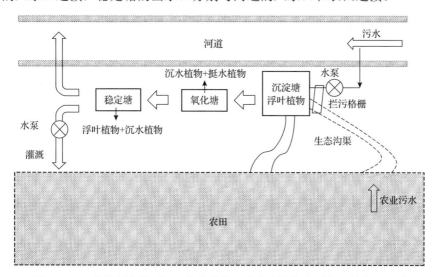

图 5-52　一种控制农业面源污染和净化河水的沟塘集成系统及其使用方法

该水塘面状湿地集成系统兼具农业面源污染拦截与净化受污染河水功能，同时还可以为农田灌溉提供清洁水源。当农田水流量足够时，农业污水经生态沟道净化后，进入沉淀塘进行沉淀，经过氧化塘和稳定塘的处理，排入河道。当农田排水量较小时，农田退水进入沉淀池进行沉淀，经过氧化塘和稳定塘处理，排入河道，达到净化河道水体的功效。在农业面源污染较轻时，系统能原位净化河道水体，保证沉淀塘、氧化塘和稳定塘长期运行，有利于维持沟塘系统净化水体效果的稳定性。农田干旱时，河道中的水进入沉淀池进行沉淀，经过氧化塘和稳定塘处理，用于农业灌溉。该项技术中稳定塘优选通过水泵将水体输送入农田。

5.3　基于灌排模式创新的面源污染净化湿地构建技术

5.3.1　灌排耦合生态型灌区水循环利用的节水减污系统

王超等研发的平原地区灌排耦合生态型灌区水循环利用的节水减污技术，一方面提出了灌区中灌排耦合进行水循环利用的灌溉模式(这部分内容在本书的第2.5节进行了介绍);另一方面,该项技术的核心突破还体现在构建了循环调节水库面状净水湿地,该面状湿地是由自然水塘或洼地改造而成,可单独存在或者由多个改造系统串联而成,主要包括沉水植物带和生态湿地净化岛系统。沉水植物带由狐尾藻、殖草等构成,定期对水生植物进行收割生态湿地净化岛上种植芦苇、首蒲等挺水植物,其形状和位置不规则,增加水流绕行,提高水体停留时间和处理净化效果生态湿地净化岛之间设有石笼坝,其表面形成的生物膜可拦截悬浮物、净化有害物质。循环调节湿地水库与受纳河湖相连,在排水口附近设有节制闸,排水期闸门关闭,水体经净化处理后方排出或进行再利用,水库中央堆石坝的设置可便于形成水体主流向。灌溉干渠入口处设有抽水提升泵站,抽取处理后水体进入灌区农田进行再利用。泵站前端设有围栏格栅,用以去除动植物残体、作物秸秆、生活垃圾等废弃物。这种节水减污方法运行期分为灌区排水期、灌区需水期两个时期。在灌区排水期,将田间排水通过排水沟进入循环调节面状湿地水库,通过沉水植物带和生态湿地净化岛系统对泥沙和农药、重金属有害物质进行截留、净化,并对其中氮、磷营养物质进行处理,减小外排对河湖水体的危害。在灌区需水期,由抽水泵站将循环调节湿地水库内水体抽取分配至灌区农田,提高水资源利用效率,其中残留的氮、磷营养物质也可供作物生长部分所需。

与现有技术相比,该项技术能够利用循环调节湿地水库对灌区田间排水进行净化减污,减小农田面源污染物外排对河流和湖泊造成的影响并通过对水体的处理再利用,提高灌区水资源及化肥的利用效率。灌水干渠通过渡槽进入支渠,与排水沟不干扰计量控制闸可以调节、控制水量,节约水资源。

5.3.2　自循环生态节水型灌溉排水体系构建技术

王沛芳等发明的一种自循环生态节水型灌溉排水体系,不仅是对灌区灌溉排水体系进行的创新(这部分内容已在本书2.5节"灌区排水循环利用模式"进行了介绍),同时,该体系的创新意义还体现于在农田系统中修建积水湿地区,在积水湿地区和外河之间修建内外水控制闸,用于干旱和汛期调节积水湿地区中的水量。排水湿地农沟分为两层,底层排水兼石笼净化,上层为植物净水排水湿地农沟采用纵向蜿蜒形态构建,用木柱一围封河道岸坡两侧,形成新河床,在两排木桩之间放置石笼,在岸坡上种植坡面植物,在常水位以上种植水上植物,常水位以下种植沉水植物以达到更好的净水效果。排水毛沟为生态草沟,钢丝镀锌网护坡上种植坡面植物,常水位以上种植水上植物,常水位以下种植沉水植物。排水毛沟沿程取一定程度的倾角,以便于排水。在积水湿地区中的灌溉水体通过抽水泵站提升水头至地下灌水管网输送入每块田对应的配水池中;再由"T"形分水头分水由进水口进入田间,在田间排水先排至排水毛沟,再汇流到排水湿地农沟。水体通过湿地植物净水,最后汇入湿地积水池,形成方框型排水和积水系统。

该项独立的自循环灌溉排水体系,即使是干旱和汛涝期都可正常运转,保证了农作物的生长所需的水环境提高农田灌水利用率,有效节约了水资源,提高农作物产量。本体系采用的自循环灌溉排水有效地对农田中排出的富营养化水分,例如氮磷化合物进行生态吸收和循环利用。农田排水在湿地排水农沟中水流绕行增加了停留时间,也增加沉淀效果，石笼表面的生物可拦截悬浮物，吸收同化有机物，透过石笼的水体和绕流水体形成错流，使水体充分交换。

5.3.3　圩区灌排功能相结合的生态净污系统构建技术

王沛芳等[46]研发了一种圩区灌排功能相结合的生态净污系统，如图 5-53 所示。它的结构包括水源调蓄面状湿地、双向抽水泵站、调节池、灌排干渠、灌排节制闸、灌排支渠、普通水闸、圩区农田。其中圩区农田设灌排干渠，灌排干渠上装若干个灌排节制闸，每个灌排节制闸上装有灌排支渠，多个灌排支渠间是平行设置，每个灌排支渠接普通水闸，灌排干渠的端部接调节池的一端，调节池的另一端接双向抽水泵站的一端，双向抽水泵站另一端接水源调蓄面状湿地。

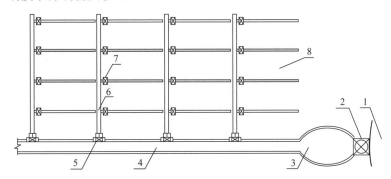

图 5-53　圩区灌排功能相结合的生态净污系统

1-水源地；2-双向抽水泵站；3-调节池；4-灌排干渠；5-灌排节制闸；6-灌排支渠；7-普通水闸；8-圩区农田

在圩区农田需要排水时，启动灌排节制闸将整个好区农田排水由灌排支渠汇集到灌排干渠，再启动双向抽水泵站将排水抽送到水源调蓄面状湿地。圩区农田需要灌溉时，使用双向抽水泵站将水从水源调蓄面状湿地抽入灌区灌排干渠，再启动灌排节制闸将水分配到整个好区农田。另外，该项技术在灌排干渠与支渠交接处设置灌排节制闸，通过在灌排节制闸内部构建生态透水石笼，生态透水石笼内填充比表面积较大的碎石，比表面积较大的碎石表面有利用生物膜的生长，通过生物膜的降解吸附作用，一定程度减少了农田排水中氮、磷等污染物，减少了圩区农田面源污染对受纳水体的污染。同时也提高了圩区水资源循环利用率，实现节水减排目标。

参 考 文 献

[1] 王超，王沛芳，侯俊，等. 流域水资源保护和水质改善理论与技术[M]. 北京：中国水利水电出版社，2011.

[2] 王沛芳，王超，钱进，等. 灌区稻田排水沟带状湿地净污系统：CN104773834B[P]. 2017.

[3] 王沛芳，王超，钱进，等. 灌区稻田排水沟串联湿地净污系统：CN103803760A[P]. 2014.

[4] 钱进，王沛芳，王超，等. 农田排水沟便携式复合人工湿地净化箱：CN103288312A[P]. 2013.

[5] 饶磊，王沛芳，郭翔，等. 一种用于净化农田水的便携式农药截留器：CN106745632A[P]. 2017.

[6] 晁建颖，杭小帅，庄巍，等. 一种农田沉水植物生态沟渠：CN206089200U[P]. 2016.

[7] 郑向群，张春雪，杨波，等. 一种生态沟渠系统：CN205776123U[P]. 2016.

[8] 卓慕宁，李定强，谢真越，等. 农田沟渠减少氮磷流失的生态沟系统：CN205773639U[P]. 2016.

[9] 黄燕，程炯，刘晓南，等. 一种控制农业面源污染提高农田 N、P 利用率的生态沟渠：CN103086513A[P]. 2013.

[10] 吕伟娅, 刘翠云, 严成银. 强化冬季减农田面源污染的保温型生态浅沟的构建方法: CN103723833A[P]. 2014.

[11] 单立楠, 何云峰, 陈英旭, 等. 适用于旱地农田的高效生态拦截沟渠: CN203256709U[P]. 2013.

[12] 李乃稳, 刘超, 李龙国, 等. 一种用于治理农业面污染源的生态沟渠及其修建方法: CN106904748A[P]. 2017.

[13] 陈娟, 王沛芳, 王超, 等. 一种农田排水沟自动翻板式水质渗滤净化器: CN108178336B[P]. 2018.

[14] 彭尔瑞, 尹亚敏, 代兴梅, 等. 一种采用土工织物生态袋砌筑护岸的除涝排渍农沟: CN204825785U[P]. 2015.

[15] 毛妍婷, 雷宝坤, 陈安强, 等. 一种护壁型生态沟: CN205024653U[P]. 2016.

[16] 饶磊, 王沛芳, 侯俊. 一种适用于灌区排水沟渠的回流式生态净化池: CN104326552A[P]. 2015.

[17] 饶磊, 王沛芳, 陈宇, 等. 一种适用于农田排水沟渠的多层溢流式生态净化池: CN104310572A[P]. 2014.

[18] 王沛芳, 钱进, 侯俊, 等. 一种可移动组装式农田排水沟水质净化器: CN103319005A[P]. 2013.

[19] 饶磊, 王沛芳, 欧阳倩, 等. 一种适用于农田排水沟渠的间歇式生态净化池: CN104129884A[P]. 2014.

[20] 饶磊, 王沛芳, 汪双君, 等. 一种适用于农田排水沟渠的迷宫式生态净化池: CN104003574A[P]. 2014.

[21] 王沛芳, 饶磊, 王超, 等. 一种适用于农田排水沟渠的多层转筒式光催化净化池: CN104973650A[P]. 2015.

[22] 侯俊, 王沛芳, 王超, 等. 一种构建农田排水生态净化系统的方法: CN102145957A[P]. 2011.

[23] 陈娟, 王沛芳, 王超, 等. 一种去除农田退水农药的活性炭与微生物耦合装置: CN107176698A[P]. 2017.

[24] 周超, 刘平平, 吴梅玲, 等. 一种生态型沟渠通道: CN106904748A[P]. 2012.

[25] 王晓龙, 丁士明, 钱子俊. 一种土工格室型生态沟渠: CN203034430U[P]. 2013.

[26] 李华, 傅庆林, 景金富, 等. 利用排水沟渠拦截消纳稻田流失氮、磷的方法: CN103435165A[P]. 2013.

[27] 杨波, 张春雪, 郑向群, 等. 生态沟渠系统、控制氮磷污染的沟渠: CN106284245A[P]. 2017.

[28] 王小军, 陈凤, 李鸿雁, 等. 一种农田生态排灌沟渠及其施工方法: CN106400754A[P]. 2017.

[29] 王沛芳, 王超, 钱进, 等. 生态型灌区排水系统湿地净污方法: CN104628143A[P]. 2015.

[30] 饶磊, 王沛芳, 王超, 等. 一种具有水质净化功能的闸堰一体化装置: CN1061206A[P]. 2016.

[31] 王沛芳, 王超, 侯俊. 河流滨水带生态砼净化槽: CN2767433Y[P]. 2005.

[32] 杨洪金. 人工构建芦苇群落修复亚热带水陆交错带的生态实验研究[D]. 长春: 东北师范大学, 2009.

[33] 王超, 钱进, 王沛芳. 垂直驳岸河湖滨水湿地系统及构建方法: CN102219305A[P]. 2011.

[34] 尹洪斌, 范成新. 一种用于拦截磷流失的抗冲刷型生态沟渠: CN102249418A[P]. 2011.

[35] 王超, 王沛芳, 侯俊, 等. 生态净污型复式河床湿地系统成型方法: CN101219834[P]. 2008.

[36] 饶磊, 王沛芳, 王超, 等. 一种适用于静水湖泊的自升降式水质净化装置: CN105858905B[P]. 2018.

[37] 徐波, 高琛, 许伟健. 一种适用于农田排水沟净化生态浮床: CN206570092U[P]. 2017.

[38] 饶磊, 王沛芳, 郭翔, 等. 一种挂箱式组合浮床: CN107055808A[P]. 2017.

[39] 饶磊, 王沛芳, 王超, 等. 一种可漂浮于水面的轻质多孔生态砖及其制备方法: CN105776561A[P]. 2016.

[40] 谢冰, 徐亚同, 戴兴春. 一种向水体污泥投加微生物菌剂的多点投加装置: CN1636897A[P]. 2016.

[41] 陈娟, 王沛芳, 王超, 等. 一种分层悬浮式水体原位净污装置: CN107986457A[P]. 2018.

[42] 王沛芳, 王超, 钱进, 等. 灌区旱地漫流式排水调蓄净化湿地构建系统: CN104790698A[P]. 2015.

[43] 王沛芳, 王超, 钱进, 等. 一种灌区水田四周定点排水湿地构建系统: CN104773835A[P]. 2015.

[44] 徐俊增. 灌区面源污染减排增收模式: CN107117711A[P]. 2017.

[45] 方涛, 鲍少攀, 唐巍. 一种控制农业面源污染和净化河水的沟塘集成系统及其使用方法: CN107055805A[P]. 2017.

[46] 王沛芳, 王超, 钱进, 等. 圩区灌排功能相结合的生态净污系统: CN104711959A [P]. 2015.

第6章 灌区智能化网络监控技术

我国虽然水资源总量丰富，但人均占有量少。当前还有很多耕地和灌区缺水严重，极大地影响了我国农业生产的持续发展。摆脱目前水资源匮缺的困境、保持我国农业丰产丰收的根本途径，需要进一步开发和保护水资源，对水资源进行科学管理及合理高效利用和保护。一方面要重视节水农业先进技术的开发和引进，加强对灌区用水进行有效的控制和精确的量测；另一方面，按照农作物不同生长过程和不同降水条件，对水资源进行智能化网络控制，实施农田水-肥-药一体化精准灌溉管理，确保灌区高效生产和最大节水减污的实现。要实现水资源高效利用和节水管理，灌区灌溉用水的准确计量和自动控制就显得十分重要：一是量水建筑物及仪器必须计量准确、可靠，满足精度要求，为利用率等指标考核提供依据；二是为满足灌区信息化建设的需要，水量计量装置还应满足量水测水自动化的要求，能够及时准确地传送灌溉用水信息。

本章在归纳整理国内外当前用于灌区管理的智能化网络监控技术的基础上，分析了灌区水量计量和控制的技术途径与装置，概述了灌排系统闸、泵、管自动控制设备与技术，阐释了灌区智能化网络控制系统远程信息采集、控制软件、多目标决策平台的实施过程，并介绍了近年来课题组在灌区精准灌溉方面开发的系列连续式和离散式精准计量及自动化控制设备，以及灌区管理方面应用的智能化软件系统，为生态节水型灌区建设的智能化网络监控实施提供技术支撑。

6.1 灌区水量计量技术和装置

水量计量是灌区水资源高效利用的一项基础而又关键性的技术，是灌区实现"总量控制"、"定额管理"和"节水减排"的重要基础性工作，是合理调配灌溉水资源和计量收费的依据。通过灌区水量计量，实行计划用水和精确引水、输水、配水来推进农业节水，实现节水减排，改善灌区水环境。灌区量水是通过灌区水量计量技术和装置来实现的，灌区水量计量技术和装置是实现计划用水和控制灌水质量的基本措施，是实行按量收费、促进节约用水的必要工具和手段。

6.1.1 灌区量水技术与设备发展现状

量水技术和设备研究最早始于 19 世纪 20 年代，经过水力学学科的相关专家研究，量水堰和量水槽在灌区量水中得到了初步的应用。我国从 20 世纪 50 年代就开始灌区量水技术的研发，但受资金和技术投入的限制，50～60 年代兴建的大中型灌区均未进行量水规划，直到 1985 年 7 月国务院发布《水利工程水费核订、计收和管理办法》后，灌区量水才引起了重视。20 世纪 80 年代末，我国大量引进国外量水技术，特别是适用于中小型渠道的特设量水设备进展很快。20 世纪 90 年代末，国家将"灌区量水新技术"作为"九五"攻关内容之一，经过几年的研究，相继研制了一批实用的观测仪表，在U形渠道测流设施等方面有所创新，大大缩短了与国外技术的差距。经过70多年的发展，我国灌区量水方法在型式、适用性、精度等方面得到逐步提高，目前使用的量水设备达100多种。但我国灌区众多，工程类型、管理水平千差万别，对量水设备的要求差异较大，量水技术均不能完全满足灌区量水工作的要求，加之经济能力的限制，到目前为止灌区量水设备的配套率还较低。

6.1.2　灌区灌溉系统水量计量技术

灌溉系统水量计量是灌区量水工作中的一个重要环节，研发并推广经济实用、可靠性高的量水设施十分重要。目前我围灌区水量计量技术方法可分六大类型：①利用水工建筑物量水；②利用流速仪测流；③利用特设的量水建筑物；④利用浮标量水；⑤利用水尺量水；⑥量水仪表。

1. 水工建筑物量水

利用水工建筑物量水主要是指通过量测建筑物进、出水侧的水位，根据测定的建筑物的流量系数及上下游水位差，推求通过建筑物的流量和累计水量。水工建筑物量水的类型可以分成两类：一类是普通水工建筑物；另一类是定型设计的装配式建筑物。普通水工建筑物量水主要是利用过水建筑物，附加水量的计算，这类建筑物通常不是为了量水目的而建造的，按量水要求其施工较粗糙，规格尺寸不统一，进、出口水流的边界条件差异较大，各个建筑物流量系数不能预先确定，再加之野外困难较多，所以其流量误差一般很大。而对于配套齐全的灌区，渠系上有各种类型的建筑，如启闭式涵闸、跌水口、拱涵放水口、渡槽、叠梁式闸门、倒虹吸管等，这些水工建筑物只要出流符合一定的量水水力学条件，都可用作量水设施。这种方法较为经济、简便，不但可减少设置量水设施产生的水头损失，而且可节省大量附加量水设备的建设费用，尤其对于自流灌区骨干渠系量水，是较为经济简便的量测方法。因此在有可能用水工建筑物量水的地方，经校核达到一定精度，应优先考虑使用。

此外，用作量水的建筑物应具备下列条件：①建筑物本身尺寸正确，完整无损，调节设备良好；②建筑物前后无泥沙淤积及杂物阻水的现象；③不受附近其他建筑物引水导致的水流不稳的影响；④符合水力计算的要求，水头损失不小于5 cm，当水流呈潜流状态时，其潜没度不得大于0.9[1]。因而这种方法适用于建筑标准较高的干、支渠的量水，若增加水位、闸位传感器和数据采集系统，即可对水位、闸位自动采集，并将转化成的信息码输入计算机，对信息进行智能处理，从而得到通过水工建筑物的水位、流量、水量等参数，实现采集—传输—处理—显示等一系列自动化量水过程。

定型设计的装配式建筑物量水就是根据量水要求，在渠系适当位置，专门设置各种形式的装配建筑物，以此来量测水量。这种方式量测水量精度优于普通水工建筑物量水，但要专门增设工程，投资增加，对输水水头也会有损失。因此，在骨干性渠道中，一般不采用专门设置量水建筑物来量水。

2. 流速仪

利用流速仪量水，就是通过量测标准渠道断面的水位及断面特征点的流速，推求过水断面面积及过水断面的平均流速，再以此计算渠道过水流量及累积水量。这种方法量测精度较高，但由于过水断面的特征点位置受渠道断面型式、尺寸及水位的影响较大，即不同的断面型式、尺寸及同一渠道在不同水位下，施测的过水断面的特征点位置是不同的，这就造成了施测和计算极为烦琐。此外，流速仪易受泥沙冲击及杂物缠绕而失准，甚至损坏。流速仪费人费时，施测计算繁杂，未经培训人员无法核实监督，难以取得用户信任，在一定程度上影响灌溉用水的用户缴纳水费的积极性，所以只在少数灌区骨干渠道上应用测流和率定。因而这种测流方法多在无水工建筑物及特设量水设备可资利用的情况下使用，其测水地点应选在渠段顺直、断面整齐、水流无旋涡及回水影响的位置。

为了改变流速仪测流施测和计算较为烦琐的缺陷，国内相关科研单位进行了积极的探索和研究。南京水利水文自动化研究所研制的 LBX-6 型[2]浑水流量计便是一例。该流量计由流速仪与量水涵洞两部分组成，量水涵洞使得渠道内的无压流成为有压管流，从而大大简化了施测和计算的复杂程度，但其水头损失大、涵洞建筑的工程量较大等缺点也非常明显。

3. 特设量水设备

现有的特设量水建筑物主要有量水堰、量水槽和量水计三大类。这类量水建筑物理论与技术均较为成熟。用特设量水设备这种量水方法量水一般是在渠道中建造量水堰或量水槽，通过量测堰上水头或槽中水位来推求过流流量和累计水量。这种方法量测计算比较简单，只需要量测堰上水头或槽中水位，大多数采用堰上刻度来记录水位变化情况，然后通过查表或配置的数据采集系统，能方便地得到过流流量，成果比较精确，但设备费用相对较高。一般在没有水工建筑物或现有水工建筑物不能用以量水时，才采用这种特设量水设备。

特设量水设备的过水能力与渠道输水能力及水位相适应，在减少或加大引水时，均能发挥其量水作用。特设量水设备可做成固定式或活动式两种。固定式特设量水设备要现场施工布置在输水渠道，工程质量受到限制，且投资较大，量水精度比较高；活动式特设量水设备可按标准批量生产，现场装配，能保证优良的建造质量，量测精度也能得到保证。

1) 量水堰

量水堰主要有薄壁堰、三角剖面堰、平坦 V 形堰等。在明渠水流测量的国际标准和我国水利部颁布的堰槽测流规范中，已对这些堰的结构和安装作了明确的规定，流量可直接按规范给定的方法计算，流量系数一般不需要率定。

A. 薄壁堰

用于灌区量水的薄壁堰通常是三角形薄壁堰(图 6-1)和梯形薄壁堰(图 6-2)。这类量水堰结构简单、造价低廉、量测方便，当量测小流量时，量测精度较高。因此，薄壁堰常作为实验室和野外率定其他量水设施的量水工具。但是薄壁堰水头损失较大，壅水较高，一定程度上会增加渠道的土方工程量，而且通过泥沙、水草漂浮物能力差。所以，它们适用于比降大、含沙量小的渠道，在实际灌区量水中应用较少。

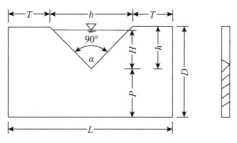

图 6-1   三角形薄壁堰

α-堰口角；H-堰顶水头；p-堰高；b-堰口上部宽度；L-堰行近渠道宽度；h-三角堰口高；D-总高；T-堰口两旁宽

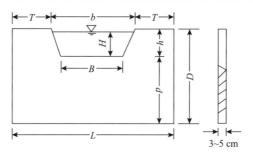

图 6-2   梯形薄壁堰

H-堰顶水头；b-堰口上部宽度；h-梯形堰口高；B-梯形堰下部宽度；p-堰高；D-总高；T-堰口两旁宽

B. 三角剖面堰

为了改变薄壁堰的这一弊端，三角形剖面堰(图 6-3)得以应用。其基本原理是通过在堰上游一定距离处设置测压孔量测上游水头，在堰顶附近的下游堰面上设置堰顶测压孔，量测该处压力水头，并以此压力水头与上游水头的相对大小反映淹没程度，通过计算得到过流流量。

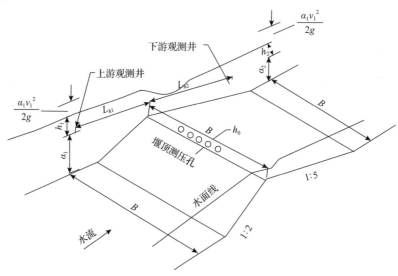

图 6-3   三角形剖面堰

α_1-上游堰高；α_2-下游堰高；h_1-上游水头；h_2-下游水头；L_{h1}-上游观察断面距堰顶距离；
L_{h2}-下游观察断面距堰顶距离；B-水流宽；h_0-堰顶高

　　三角剖面堰的纵剖面呈三角形，堰项为水平直线，其上、下游坡度分别为 1：2 和 1：5。三角剖面堰的优点是易于施工，同时在适用范围内，流量系数稳定，是一种很可靠的量水建筑物。除大颗粒的推移质外，一般泥沙不易沉积。缺点是堰面宽度较大而水头较小时，测流精度较低。

　　C. 平坦 V 形堰

　　平坦 V 形堰主要是堰顶横断面呈坡度平缓的 V 形，如图 6-4 所示。其横向坡度不陡于 1：10，常采用 1：10，1：20，1：40 三种。堰的纵剖面皆为三角形，其上下游坡度与三角剖面堰相同，常采用 1：2/1：5。这种堰的特点是水流在 V 形缺口内时，可精确地测量小流量，而通过大流量时，水流漫过 V 形缺口，保持着三角剖面堰上游壅水较小的优点。然而，其堰体在横向和纵向都有坡度，因此其施工较为复杂。

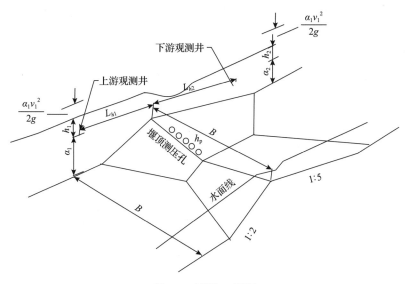

图 6-4　平坦 V 形堰

α_1-上游堰高；　α_2-下游堰高；　h_1-上游水头；　h_2-下游水头；　L_{h1}-上游观察断面距堰顶距离；
L_{h2}-下游观察断面距堰顶距离；　B-水流宽；　h_p-堰顶高

2）量水槽

　　量水槽是在宽顶堰的基础上，根据管道文丘里流量计的测流思想设计成的量水建筑物，一般包括长喉道量水槽、短喉道量水槽和无喉道量水槽。这类量水装置一般具有水位跌差小、不易淤积、容易建造、测流精度较高等优点。

　　A. 长喉道量水槽

　　长喉道槽一般由上游收缩段、喉道段和下游扩散段组成。为了保证喉道段的水流几乎与槽底平行，水深近似为临界水深，喉道段的长度应大于 1 倍的测流槽上游最大水头。长喉道槽的研究成果比较全面、系统，长喉道量水槽与其他堰类、槽类量水设施相比，主要有如下一些优点：①结构简单，施工方便；②行近渠道断面、喉道断面可为任意形状，适应性强；③自由出流时，上游水头与流量的关系稳定，流量率定计算表的误差在5% 以内测流精度高；④上游壅水小；⑤水头损失小，且可以精确计算；⑥流量率定表可根据现场已建量水槽的具体尺寸计算确定，率定工作简便可靠；⑦不易产生泥沙淤积、漂浮物阻塞。长喉道量水槽是一种简便、可靠、实用的灌区量水工具。长喉道槽缺点是喉道长、尺寸大。

B. 短喉道量水槽

短喉道和长喉道量水槽一样有上游收缩段、喉道段和下游扩散段组成，区别在于长喉道槽具有足够长的进口段（上游收缩段）、喉道段和出口段，以使收缩段的水面曲率较小，喉道段的水流几乎与槽底平行，水深近似为临界水深。而短喉道槽的喉道长度较短，尺寸较小，其收缩段的槽底是水平的，喉道的槽底为正坡，而扩散段的槽底为负坡。短喉道槽因喉道短，喉道上的水面曲线明显弯曲，水压力不按静压分布，因此流量 Q 不再与 $H^3/2$ 成比例。它们的流量公式虽然也常采用指数形式，但其系数和指数都是个别率定的。

短喉道槽中最常见的是巴歇尔量水槽，如图 6-5 所示。巴歇尔量水槽（短喉道量水槽）应按现场条件选用最接近要求的型号（共有 22 个标准设计）。为保证精度，必须严格按照标准尺寸修建，不能随意改变或按比例缩放标准设计中给定的尺寸，这既是短喉道量水槽的缺点（缺乏灵活性），也是它的优点（可以定型设计）。对于一些尺寸较小的短喉道量水槽，甚至可以批量生产，只需运到现场按要求安装即可。短喉道段造价较低，比较适用于在流量较小的河道上测流，适合大范围推广使用。

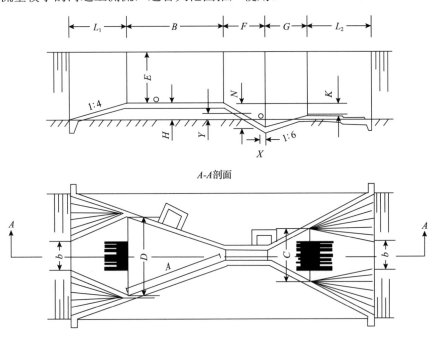

图 6-5 巴歇尔量水槽

L_1-上游护底长度；B-收缩段长度；F-喉道长度；G-扩散段长度；L_2-下游护底长度；E-收缩段水头；H-水槽底高；Y-下游护底高；X-导水管直径；K-下游护底到水槽底高度；N-水槽总高；b-上游入水口宽度；C-扩散段槽底宽度；D-束窄渠道宽度

C. 无喉道量水槽

无喉道槽是因无喉道段而得名，如图 6-6 所示。它是在巴歇尔量水槽的基础上，取消喉道而改制的量水设备，其优点是结构简单、工程经济、水头损失小、不易淤积，适用于流量 0.003～10.0 m^3/s 的清、浑水渠道,现已用于矩形、梯形和 U 形渠道。

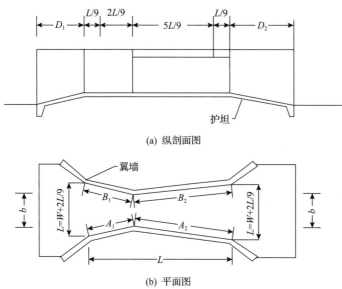

(a) 纵剖面图

(b) 平面图

图 6-6　无喉道量水槽

D_1-收缩段长度;D_2-扩散段长度;L-无喉道量水槽长度;b-入水口宽度;B_1-收缩段右翼墙长;
B_2-扩散段右翼墙长;A_1-收缩段左翼墙长;A_2-扩散段左翼墙长

堰槽流量公式的实质都是流量与堰槽宽度及水头的某次方成正比,在自由出流条件下,精度较高;在淹没出流条件下,测量精度急剧下降。在自由出流条件下明渠式堰槽的流量与上游水头的 n 次方($n>1.5$)成正比,测流范围较大。

D. 半圆柱简便量水槽

2000 年由 Z. Samani 和 H. Magallanez 提出的半圆柱简便量水槽,结构简单、新颖,如图 6-7 所示。这种新型量水槽集中了无喉道槽和圆形量水槽的一些优点。短喉道槽、

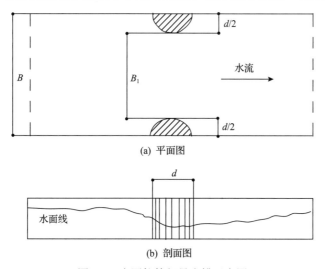

(a) 平面图

(b) 剖面图

图 6-7　半圆柱简便量水槽示意图

d-半圆柱直径;B-渠道宽度;B_1-喉口宽度

无喉道槽的收缩控制断面二侧锐缘边角，对过流有显著影响，在水中泥沙、杂物的摩擦碰撞作用下易摩圆而造成测流系统误差，为提高测流精度，需不定期对量水槽进行现场或实验室模型率定，半圆柱简便量水槽克服了这一缺点。

野外现场试验结果表明，计算流量与实测流量的误差小于5%。试验还测得量水槽的临界淹没比可达80%。半圆柱简便量水槽的最大优点是制作、安装方便。可将适当管径的PVC管直接安装在渠道两侧，构成量水槽，无须改变被测渠道的外形，非常适合在已建小型渠道上使用。

3) 仪表类流量计

仪表类流量计主要是基于水力学原理开发出来的测流仪表，这类仪表经工厂统一生产和精准校验，在安装、测读、计量、管理等方面具有明显优点。但其在性能、流量系数方面的研究不及经典堰槽成熟，价格较昂贵，量水范围亦不如建筑物和特设量水设施大，一般被应用于面广量大的斗农渠测流。

A. 农用分流计

农用分流计主要由文丘里管(主管)和装有水表的支管组成，支管出口设在主管喉段处，进口与上游水体连接，使得主支管的压差相等。农用分流计对上下游水流稳定条件及护砌段的要求不高，量水精度较高；测读简捷，易为农民掌握；灵敏度高，结构简单，建造安装容易，小型分流计可制成全套预制件安装。

B. 旋杯式流量计

旋杯式流量计是目前平原灌区量水应用较多的新型量水设备，它安装使用简便、造价低、可连续测流，并能有效解决平原灌区渠道坡降平缓、含沙量高、漂浮物多、流量不稳定等技术难点。

C. 转轮式量水计

转轮式量水计由转轮、水槽和计数器三部分组成，其工作原理是当量水计上、下游形成一定的水位差时，转轮在水头的作用下旋转，计数器记录下某一时段的转数，再根据一定的工作范围内，转轮每转所通过的水量，即可确定某一时段通过的水量。

D. 矩形箱涵量水计

在明渠顺直段且水流平稳之处，横跨渠道建造矩形量水涵洞，涵洞按照水力学短管有压淹没流理论设计。量水计安装在固定基座上，其连接板底面与洞顶齐平，其下面为导流罩，旋杯转子的半个锥体部分突出在其外部，用以感测水流流速，由于流经有压量水涵洞的水流流态基本稳定，流速符合一定的分布规律，据此确定洞顶一点流速与断面平均流速的关系，实现水量的计量。

E. 分流旋翼式流量计

分流旋翼式流量计主要由旋翼水表、测流管及导压管三部分组成，用于测量流经主管管道内的流量。该计量表安装在主要管路的旁路上，不影响主管的流量，具有流通能力大、阻力小、功耗低、不易堵塞等技术特点。

F. 电磁流量计

电磁流量计主要由传感器和转换器组成。其工作原理是根据法拉第电磁感应定律制成，当水流流过该磁场时，切割磁力线，安装在该管段管壁上一个特定位置的电极将产生电动势，其电势的大小与水流流过的速度成正比。由于电磁流量计具有压力损失小、测流范围广、没有转动部件、没有阻水(插入式除外)物体、对流体的适应性很强等一系列优点，近年来，在灌区量水工作中得到了较为广泛的应用。

G. 超声波流量计

超声波流量计主要由超声波换能器、电子线路板及流量显示和累积系统三部分组成。超声波发射换能器使电能转换为超声波能量，并将其发射到被测的流体中，被换能器接收后转换为代表流量并易于检测的信号，这样就可以实现流量的检测和显示。

根据对信号检测的原理，目前超声波流量计常用的测量方法为传播速度差法、波束偏移法、多普勒法、相关法、空间过滤波法、噪声法等类型。传播速度差法又包括直接时差法、相差法和频差法。时差式超声波流量计的工作原理是利用超声波换能器接收、发射超声波，通过测量超声波在介质中的顺流和逆流传播时间差来间接测量流体的流速，再通过流速及断面情况来计算流量。

H. 涡轮流量计

涡轮流量计由传感器和能记录脉冲信号的流量积算仪配套组成，用于测量流体的瞬时流量和总水量。传感器主要由壳体、前导向架、叶轮、后导向架、紧圈和带放大器的磁电感应转换器等组成。当被测介质流经传感器时，推动叶轮旋转，叶轮即周期性地改变磁电感应系统中的磁阻值，使通过线圈的磁通量发生变化而产生电流脉冲信号，经放大器放大后，传送至二次仪表，实现流量测量。

I. 微功耗电子水位流量计

电子水位流量计为由一次传感器和二次仪表组成的自动测水装置，以量水建筑物水位-流量关系为依据，即通过测量水位高度，间接测量出流量大小。电子水位/流量计的工作原理是：利用水位轮、压力膜片、超声波、激光、开关等感应水位或水压的变化，再通过一定的信息处理与转换技术，触发计数器，存储、记录和显示测量数据。当需要测定流量时，这类仪表一般都需要与定型的量水堰槽配套使用。同时，随着电子技术的发展和通信手段的提高，这类仪表一般可提供多种有线或无线数据提取方式。考虑灌区水情测点的能源状况，这类仪表一般均采用微功耗技术，以利于设备的长期野外工作。

J. 浑水流量计

浑水流量计是由流速传感器和流量累计计数器两部分组成。它的测量原理是灌溉渠道中的水流从前部挡水墙进入测流涵洞，水流作用到旋杯转子，使转子旋转，流速越大，其转速越快。配套建筑物，即量水涵洞，由涵洞体、前后挡水墙、前后八字墙及仪器保护室等组成。浑水流量计误差小，精度高，很容易被群众所接受。

K. 分流式量水计

江苏省沙河灌区水利科学研究所研制的分流式量水计。分流式量水计由主管(文丘里管)和装有水表的支管组成，如图 6-8 所示。支管的进口与上游水体相通，出口接入主管，进出口的压差使得支管中产生流量，带动水表转动。由于主管与支管的压差相等，该压差与主、支管流量的平方均成正比，因而主、支管的流量比值 M 为常数，只要记录水表读数，乘以 M 值就可得到总的水方量。

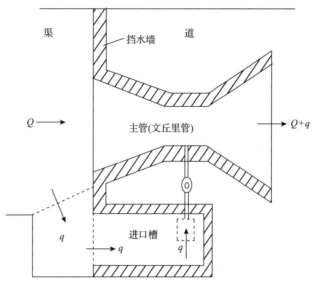

图 6-8 渠用分流式量水计(渠中式)

Q、q 分别为主、支管的流量

L. 动量式流量计

动量式流量计是一种以拦水栅为测流装置、以动量守恒为原理的量水装置。动量式流量计由矩形断面拦水栅、二次仪表和传感器三大部件构成[3]，如图 6-9 所示。关键部件为一可置于渠道内的矩形断面拦水栅，矩形断面拦水栅上设有一组栅条，栅条的数量和每根栅条的宽度可根据水流的具体情况来确定。在拦水栅的上部和下部分别设有压力传感器，在水流作用下栅条可对压力传感器产生压力，压力传感器带有远传接口，可以接收并传送栅条在水流作用下产生的压力，并与可进行数据接收、处理、储存和输出的二次仪表连接。二次仪表为数据接收、处理、储存和输出装置，它接收压力传感器的信息，根据该信息推算渠道中水流的速度和深度，并根据流量公式计算渠中流量，根据流量和

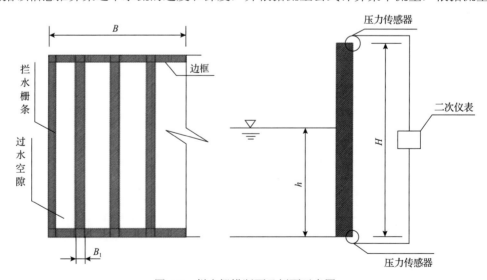

图 6-9 栏水栅横断面及侧面示意图

时间计算各个时段的用水量，根据水量和水价计算水费，并将上述信息和计算处理结果储存起来，根据需要输出或远传。二次仪表可与打印输出设备连接，将所需数据打印出来。根据不同类型渠道可以将拦水栅设计成相应的结构形式。现场应用证明了动量式流量计具有测流简单、结构简单、造价低廉、适应性广、量测精度较高、成本低的优点。动量式流量计可以满足一般中小渠道量水需要。通过现场测试及用户实践应用发现，动量式流量计在中小型农田渠道量水中有着广阔的应用前景。

M. 适用于农毛渠及田间的可自动控制的精准量水仪

课题组近年来围绕灌区精准水量计量方面进行了深入的研发，获得了系列可实现自动化控制的水量计量和控制装置，对于灌区田间精准水量控制具有重要的作用。其中利用仪表进行水量计量和自动控制的装置包括一种跌水冲击式灌溉水量计量及自动闸门一体化装置、一种适用于灌溉沟渠的倾角式水量计量装置和一种自翻斗式灌溉水量计量装置等。

a) 一种跌水冲击式灌溉水量计量及自动闸门一体化装置

一种跌水冲击式灌溉水量计量及自动闸门一体化装置[4]如图 6-10 所示。主要包括过水箱、入水闸门、出水管、稳流装置、冲击力检测装置、电磁锁和控制器。过水箱安装于沟渠护坡中，入水侧安装有入水闸门，出水侧安装有“L”形出水管，内部安装有消波板和稳流板。凹面承水盘安装于出水管口的正下方，压力传感器安装于凹面承水盘的下方，压力传感器可将凹面承水盘受到的水流冲击力转换为电信号输入到控制器中，控制器可将水流冲击力换算为过水量。过水箱上方安装有电磁锁，控制器可控制其开启或关闭从而实现入水闸门的开启或关闭。

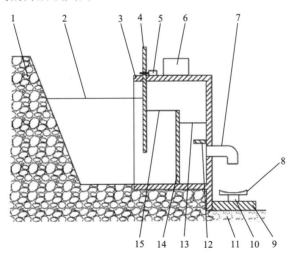

图 6-10　跌水冲击式灌溉水量计量及自动闸门一体化装置
1-沟渠护坡；2-水面；3-过水箱；4-入水闸门；5-电磁锁；6-控制器；7-出水管；8-凹面承水盘；9-基座；
10-压力传感器；11-田块；12-稳流板；13-后段水位；14-消波板；15-中段水位

该项技术发明具有结构简单、量程覆盖范围大、计量精确、易实现远程自动控制等优点，尤其适合实现对田间灌溉用水量的精确计量及控制。具体优点包括：①此发明采用在相同管径和跌水高度条件下的水流冲击力与水流通量的对应关系，通过连续测量水流冲击力的方式来计量过水量，原理简单、计量准确、计量范围宽。②由入水闸门、消波板和稳流板共同构成过水稳流结构，可以最大限度地减小沟渠内流速波动对出水流量的影响，提高水量监测精度。③此发明具有一定的过水阻力，在沟渠中大量安装条件下，有利于保持沟渠网络内的水头稳定，从而有效地避免上游和下游田块灌溉水量分配不均衡的问题。④此发明采用水量计量和闸门控制一体化结构，当实际过水量超过预置过水总量时，通过触发电磁锁关闭入水闸门，从而自动停止灌溉，有效地避免了水资源的浪费。⑤此发明易于实现远程网络自动控制，从而对灌溉用水进行合理配置，大幅度提高水资源的使用效率。

b）一种适用于灌溉沟渠的倾角式水量计量装置

适用于灌溉沟渠的倾角式水量计量装置[5]目的是对沟渠过水量进行精确计量，从而实现对灌溉沟渠水量的统一管理，如图 6-11 所示。主要构造包括过水箱、挡水门装置、角度传感器和控制器。过水箱安装于沟渠中，过水箱内部安装有挡水门装置。挡水门装置包括挡水门、转轴和配重块，挡水门可绕转轴转动。角度传感器安装于过水箱的顶部，并与转轴连接，角度传感器通过信号线与控制器连接，控制器可将挡水门的开启角度转换为过水量并无线传输到控制终端。

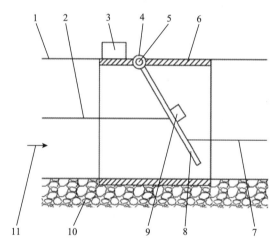

图 6-11　倾角式水量计量及自动闸门一体化装置

1-沟渠护坡；2-上游水面；3-控制器；4-角度传感器；5-转轴；6-过水箱；7-下游水面；
8-挡水门；9-配重块；10-渠床；11-水流方向

该项技术发明具有结构简单、实时响应性好、测量范围大等优点，尤其适合于对灌溉沟渠中过水量的实时计量和远程监控。具体包括：①装置的挡水门倾角随着过水箱内水流量变化，实时响应性好，对不稳定水流也可获得较高的测量精度。②通过调节配重块重量可调节不同流量下挡水门的开启度，以适应在具有不同流量的沟渠中使用。③水流阻力小，可以保障较沟渠具有较好的过流能力。④适应性强，水流中泥沙等杂物不会影响到计量的准确性。⑤易于实现远程网络自动控制，从而对灌溉用水进行合理配置，大大提高水资源的使用效率。

c）一种自翻斗式灌溉水量计量装置

自翻斗式灌溉水量计量装置[6]，如图 6-12 所示。主要包括过水箱、翻斗、进水闸门、计量系统。过水箱为两侧透空的中空长方体结构，安装于沟渠护坡中，进水侧下部设置有进水挡板。翻斗为顶部开口式双水槽结构，包括前斗和后斗，翻斗通过底部转轴与过水箱连接并可绕转轴转动。进水闸门安装于过水箱的进水侧，闸门顶部通过尼龙绳与翻斗连接。计量系统包括行程开关和控制器，行程开关安装于过水箱的出水侧底部，控制器与行程开关电连接。利用翻斗内水量变化造成的重心移动，使得翻斗进行倾翻和复位动作，并通过累计倾翻次数获得实际过水量。

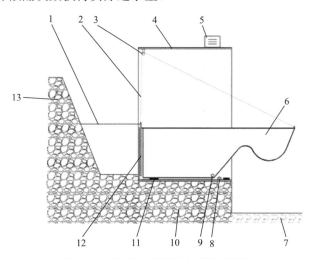

图 6-12　自翻斗式灌溉水量计量装置

1-水面；2-尼龙绳；3-滑轮；4-过水箱；5-控制器；6-翻斗；7-农田；8-行程开关；
9-转轴；10-渠底；11-缓冲垫片；12-进水闸门；13-渠壁

该项技术发明具有结构简单、计量精确、维护方便等优点，适用于农田灌溉水量的精确计量。具体包括：①采用非平衡式翻斗机构进行间歇式过水控制，触发动作迅速，且每次触发倾翻动作的水量均保持一致，通过对倾翻次数的累计可精确计量指定时间内的过水量，测量精度高。②间歇过水方式可有效地稳定沟渠中的水位高度，在大量使用的条件下不会造成沟渠上游和下游出现明显的水位波动，适应性强。③采用的全机械式触发结构，使得装置计量精度不易受灌溉水中携带的泥沙等杂质的影响，同时进水侧设置的进水挡板可有效地阻挡沟渠底部泥沙进入，保证了装置的长期稳定工作，具有较好的免维护性。④结构简单，制造和维护成本低，且具有较好的便携性，既适合于农田灌溉用水量的长期运行管理，也适用于临时水量计量控制，具有较好的适应性。

4. 利用浮标、水尺量水

利用浮标测水量经济简单，但是精度低，同时也需要辅助水位测量，可在精度要求不高的情况下采用。利用浮标测水量，首先选择测流渠段及测流断面之后进行流速施测，最后计算流量。

利用水尺量水一般做法是在断面稳定均直、没有回水影响的渠段内设置水位尺，利用水位流量关系测水，或安设经过换算制成的流量尺，直接测读流量。利用水尺测水量是在没有条件利用水工建筑物、特设量水设备和仪器测流的地区采用，该方法简便易行，设备费用低，但精度稍差。

利用浮标进行水位控制从而实现水量计量和控制，是当前应用在灌区农田中毛沟和农沟中常用的一种便利方式。为此，课题组研发了系列浮标式水量计量装置，而且可以实现灌溉时的自动化控制，包括一种适用于田间灌溉的栅板式水量计量及控制装置、一种比流量式灌溉水量计量及控制装置等。

1) 栅板式水量计量及控制装置

田间灌溉的栅板式水量计量及控制装置[7]如图 6-13 所示。主要包括过水箱、入水闸门、透水栅板、消波板、水位检测装置、电磁锁和控制器；其中过水箱安装于沟渠护坡中，入水侧安装有入水闸门，出水侧安装有透水栅板，过水箱内部安装有消波板。直线位移传感器安装于过水箱出水侧的顶部，下部与浮标连接，过水箱上方安装有电磁锁，控制器固定在过水箱的顶部并与直线位移传感器和电磁锁连接，控制器接收直线位移传感器的信号，还能控制电磁锁的开启和关闭。

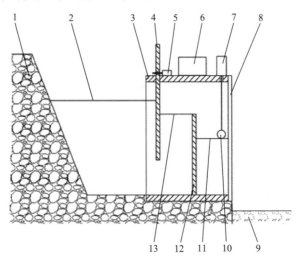

图 6-13　一种适用于田间灌溉的栅板式水量计量及控制装置

1-沟渠护坡；2-水面；3-过水箱；4-入水闸门；5-电磁锁；6-控制器；7-直线位移传感器；
8-透水栅板；9-田块；10-浮标；11-后段水位；12-消波板；13-中段水位

该技术发明具有结构简单、计量精确、量程覆盖范围大、易实现远程自动控制等优点，尤其适合实现对田间灌溉用水量的精确计量及控制。具体包括：①通过连续测量透水栅板对水流的阻滞高度来计量过水量，原理简单、计量准确、计量范围宽。②通过更换具有不同透水率的栅板，可使该发明适用于各种水流量的场合，适应性强。③由入水闸门、消波板和稳流板共同构成过水稳流结构，可以最大限度地减小沟渠内流速波动对出水流量的影响，提高水量监测精度。④具有一定的过水阻力，在沟渠中大量安装条件下，有利于保持沟渠网络内的水头稳定，从而有效地避免上游和下游田块灌溉水量分配不均衡的问题。⑤采用水量计量和闸门控制一体化结构，当实际过水量超过预置过水总量时，通过触发电磁锁关闭入水闸门，从而自动停止灌溉，有效地避免水资源的浪费。⑥易于实现远程网络自动控制，从而对灌溉用水进行合理配置，提高水资源的使用效率。

2) 比流量式灌溉水量计量及控制装置

比流量式灌溉水量计量及控制装置[8]如图 6-14 所示。主要包括过水箱、入水闸门、消波板、流量控制装置、水位测量装置、电磁锁和控制器。其中过水箱安装于沟渠护坡中，入水侧装有入水闸门，出水侧装有挡水板，内部装有消波板。挡水板底部装有细出水管和粗出水管，渗流板固定于过水箱中并将过水箱后段分隔为两个等体积流量池。两个直线位移传感器安装于过水箱出水侧的顶部，下部与浮标连接，过水箱上方安装有电磁锁，控制器固定在过水箱的顶部并与直线位移传感器和电磁锁连接，控制器接收直线位移传感器的信号，还能控制电磁锁的开启和关闭。

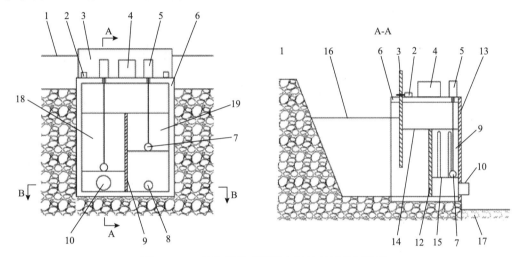

图 6-14　一种比流量式灌溉水量计量及控制装置

1-沟渠护坡；2-电磁锁；3-入水闸门；4-控制器；5-直线位移传感器；6-过水箱；7-浮标；8-细出水管；9-渗流板；10-粗出水管；11-渗流缝；12-消波板；13-挡水板；14-中段水位；15-后段水位；16-沟渠水位；17-农田；18-大流量池；19-小流量池

该发明具有结构简单、计量精确、易实现远程控制等优点，尤其适合对田间灌溉用水量的精确计量及控制。具体包括：①通过连续测量大、小流量池内的水位差值来计量过水量，原理简单、计量准确、动态响应时间短。②由入水闸门、消波板共同构成过水稳流结构，可以最大限度地减小沟渠内流速波动对出水流量的影响，提高水量监测精度。③具有一定的过水阻力，在沟渠中大量安装条件下，有利于保持沟渠网络内的水头稳定，从而有效地避免上游和下游灌溉水量分配不均衡的问题。④采用水量计量和闸门控制一体化结构，当实际过水量超过预置过水总量时，通过触发电磁锁关闭入水闸门，从而自动停止灌溉，有效地避免了水资源的浪费。⑤易于实现远程网络自动控制，从而对灌溉用水进行合理配置，提高水资源的使用效率。⑥装置结构简单，便于安装，非灌溉期可以方便取走。

5. U 形渠道量水设备

目前大多数灌区实施"斗口计量"的方法，而对从斗渠、农渠至毛渠的末级渠系水量的量测很少，所以在大尺度上水量计量较为精确，分散到农户的水量却难以准确量测。灌区末级渠系已基本实现了 U 形化，U 形渠道以其占地少、工程量小、耐冻胀及其优越的水力条件已在灌区广泛应用。但是缺少既方便又快捷的满足量水精度要求的 U 形渠道流量测量技术和方法。国内大量应用的是底弧为圆弧、侧墙直线段外倾的标准 U 形渠道，这种小型 U 形渠道数量多，过水时间短，修建固定式量水槽，利用率低且易遭破坏；使用测量精度高、价格昂贵的精密仪器，推广应用不切实际。为此，张志昌等[9]针对小型 U 形渠道测流研究开发抛物线形移动式量水堰板和便携式量水槽，两种量水设备具有测量误差小、使用方便、构简单等优点，适合灌区小型 U 渠道的测流要求。

抛物线形移动式量水堰板是由塑料板制成抛物线形喉口[10]，在上部留横挡以维持强度，将其放置在 U 形渠道中专门刻制的横槽中，堰板喉口底端与渠底齐平，不改变渠底坡度，如图 6-15 所示。便携式量水槽由短喉道段和两端过渡段构成，短喉道段的上部为矩形，下部为三角形底，如图 6-16 所示。

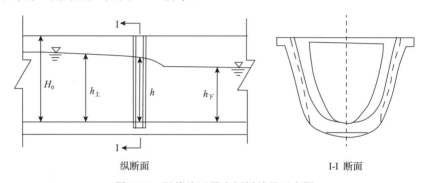

纵断面   I-I 断面

图 6-15 抛物线形量水堰板结果示意图

H_0-U 形渠道的衬砌深度；$h_上$-上部喉头水头；$h_下$-下部喉头水头；h-喉头的总水头

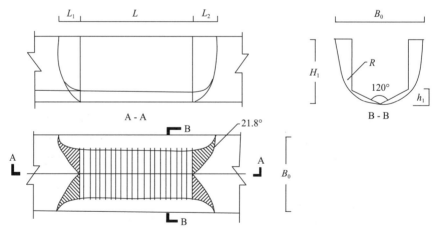

A - A   B - B

图 6-16 便携式量水槽结构示意图

L_1-短喉道段过渡段；L_2-短喉道段过渡段；L-短喉道段长；H_1-水槽总深度；
B_0-短喉道段宽；R-短喉道段底部半径长；h_1-短喉道段下部底深

通过对两种量水设备的比较，两种量水设备的量水精度均可满足灌区测流要求。抛物线形量水堰板的适应性显然要优于便携式量水槽，便携式量水槽临界淹没度较低，容易造成淹没出流，另外，由于它测流范围较小，因此其渠道适应性一般。虽然抛物线形移动式量水堰板临界淹没度也较低，但因其测流幅度大，其收缩比可根据渠道比降有较大的选择范围，可满足不同比降的各类小型渠道的测流要求，因此渠道的适应性较好，是灌区小型 U 形渠道量水的首选设备。不过,在可以适用的缓坡渠道条件下,便携式量水槽壅水高度小,可选便携式量水槽测流。

6. 离散式精准计量和自动控制量水技术

灌溉水量的计量是一项基础而又关键的技术,传统巴歇尔量水槽、U 形量水槽等水量测定装置只适合于干渠、河道等大水量的测定,用来实现地表水灌区明渠输水的测量。而一些大型精密流量设备,如超声波流量计、红外线流量计等虽然具有较高的测量精度,但是它们投资成本较高、安装复杂且维护成本较高,增加灌区农民的负担。

针对目前我国灌区农田灌溉特点,研发实现精准灌溉、结构简单、成本低、计量精度高的田间灌溉水量计量装置十分重要,这种装置可以为灌溉用水定额管理及合理调配创造条件,以提高我国农业节水灌溉管理水平。

近年来,课题组在田间精准灌溉计量设备的开发方面进行了大量的研究,开发了多种量水装置。其中,基于离散式的计量方法和控制技术,由于采用分段间歇计量方法,通过累计水箱单次过水量和过水次数来计算总过水量,计量精度高于连续式计量装置。并且,间歇过水方式,可有效地稳定沟渠中的水位高度,在同一沟渠中大量使用时下不会造成沟渠上游和下游出现明显的水位波动,适应性强。这类离散式精准水量计量和自动控制装置包括自升降式灌溉水量精确计量及控制装置、滑动杠杆式灌溉水量计量及控制装置、差力触发型精准灌溉水量计量装置、间歇触发式农田灌溉水量计量装置、内筒限位型灌溉水量计量装置、一种旋转式启闭式灌溉水量计量装置等。举例如下:

1) 自升降式灌溉水量精确计量及控制装置

自升降式灌溉水量精确计量及控制装置[11]如图 6-17 所示。其构造包括过水箱、升降

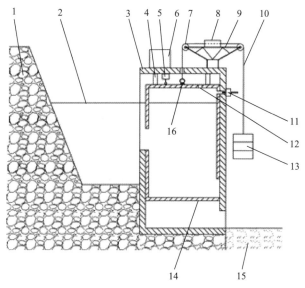

图 6-17　自升降式灌溉水量精确计量及控制装置

1-沟渠护坡;2-水面;3-过水箱;4-定位杆;5-行程开关;6-控制器;7-滑轮;8-小惯量阻尼器;9-滑轮支架;10-钢丝绳;11-电磁锁;12-排气孔;13-配重块;14-升降水箱;15-田块;16-挂钩

水箱、升降控制装置、行程开关、电磁锁和控制器。过水箱安装于沟渠护坡中，内部安装有升降水箱，升降水箱顶部安装有挂钩和定位杆。滑轮支架固定于过水箱顶部，滑轮支架两端安装有滑轮，钢丝绳穿过小惯量阻尼器并分别与挂钩和配重块连接，升降水箱可在过水箱中上下运动。行程开关固定于过水箱顶部内侧，电磁锁固定于过水箱侧壁，所述控制器固定在过水箱的顶部并与行程开关和电磁锁连接，用于接收行程开关的触发信号，还能控制电磁锁的开启和关闭。

该项技术发明具有结构简单、计量精确、易实现远程自动控制等优点，尤其适合实现对田间灌溉用水量的精确计量及控制。具体包括：①采用离散式水量计量方法，通过累计升降水箱单次过水量和升降次数来计算总过水量，计量精度高于普通连续式计量装置。②通过更换不同重量的配重块，可调节升降水箱单次过水量，从而使本发明适用于各种水流量的场合，适应性强。③装置中升降水箱的进水口和出水口交替开启，这种离散式过水方式对水流具有一定阻力，在沟渠中大量安装条件下，有利于保持沟渠网络内的水头稳定，从而有效地避免上游和下游田块灌溉水量分配不均衡的问题。④采用水量计量和过水控制一体化结构，当实际过水量超过预置过水总量时可自动停止灌溉，从而实现灌溉过程的水量监控及自动控制，有效地避免了过度灌溉带来的水资源浪费。⑤装置适应性强，水流中泥沙等杂物不会影响到计量的准确性。⑥结构简单，便于安装，非灌溉期还可以方便取走。

2) 内筒限位型灌溉水量计量装置

内筒限位型灌溉水量计量装置[12]如图 6-18 所示。主要采用水位滞后式内筒升降机构实现定量间断过水，并获得过水总量的计量装置，包括过水箱、水位控制机构和水量计量装置。所述过水箱由上箱和下箱组成，上箱密闭，下箱敞口，下箱还被隔水板分成左

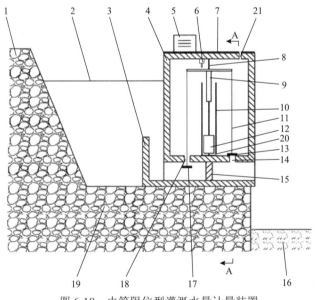

图 6-18　内筒限位型灌溉水量计量装置

1-护坡；2-水面；3-挡泥板；4-过水箱；5-控制箱；6-行程开关；7-太阳能板；8-导向杆；9-T 形杆；10-内筒；11-拉杆；12-浮筒；13-排水塞；14-排水孔；15-隔水板；16-农田；17-进水塞；18-进水孔；19-渠床；20-泄水孔；21-透气孔

右两个不连通区域，上箱底部开设有进水孔和排水孔并分别与下箱左右两侧连通。所述内筒垂直固定于上箱内，内筒底部开设有泄水孔。导向杆固定于内筒芯部，所述浮筒和 T 形杆均穿于导向杆上，浮筒位于 T 形杆下方并可在内筒内垂直滑动。所述进水塞和排水塞分别通过拉杆与 T 形杆两端连接。行程开关固定 T 形杆上方并与控制箱和太阳能板电连接。

该装置具有结构简单、计量精确的优点，可用于实现对灌溉水量的精确计量。具体优点包括：①采用间歇式水量计量方法，通过累计水箱单次过水量和排水次数来计算总过水量，计量精度高于普通连续式水量计量装置。②采用水位滞后式内筒升降机构控制进出水过程互锁，从而实现循环进水和排水，且单次过水水位由内筒高度控制，触发动作迅速，控制精度高，单次过水量稳定性高。③所采用的间歇过水方式，可有效地稳定沟渠中的水位高度，在同一沟渠中大量使用时不会造成沟渠上游和下游出现明显的水位波动，适应性强。④结构简单，制造和维护成本低，且具有较好的便携性，既适合于农田灌溉用水量的长期运行管理，也适用于临时水量计量控制，具有较好的适应性。

3）一种旋转启闭式灌溉水量计量装置

这种旋转启闭式灌溉水量计量装置[13]如图 6-19 所示。主要包括过水箱、摆动机构、浮筒限位机构和水量计量装置。其过水箱安装于护坡中，上箱左侧为半圆筒形，壁面上开设有进水口和出水口，右侧为方形，下箱为排水通道。摆动机构和浮筒限位机构固定于上箱中，通过箱内水位变化间歇触发弧形摆动块的转动，并采用限位销对转盘进行间歇转动限位，从而交替启闭进水口和出水口，实现对过水量的离散计量。该装置具有结构简单、计量精确的优点，可用于实现对农田灌溉水量的精确计量。

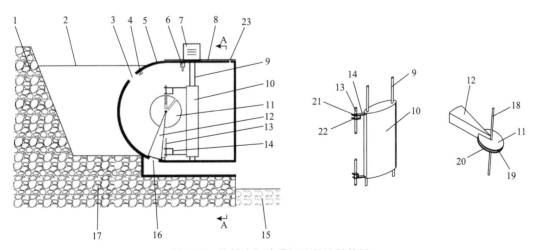

图 6-19　旋转启闭式灌溉水量计量装置

1-护坡；2-水面；3-进水口；4-挡块；5-过水箱；6-行程开关；7-控制箱；8-太阳能板；9-导杆；10-浮筒；11-转盘；12-摆动块；13-止动销；14-支架；15-农田；16-出水口；17-渠床；18-转轴；19-限位孔；20-凹槽；21-螺母；22-弹簧；23-透气孔

该项技术发明提供一种旋转启闭式灌溉水量计量装置，采用间歇过水离散计量方法进行水量计量,具有结构简单、计量精确的优点,可用于实现农田灌溉水量的精确计量。具体包括:①装置采用间歇式水量计量方法,通过累计水箱单次过水量和排水次数来计算总过水量,计量精度高于普通连续式水量计量装置。②采用浮动销孔互锁机构及摆动阀门机构实现循环进水和排水,触发动作迅速,控制精度高,单次过水量稳定性高。③采用的间歇过水方式,可有效地稳定沟渠中的水位高度,在同一沟渠中大量使用时不会造成沟渠上游和下游出现明显的水位波动,适应性强。④结构简单,制造和维护成本低,且具有较好的便携性,既适合于农田灌溉用水量的长期运行管理,也适用于临时水量计量控制,具有较好的适应性。

6.2　灌区闸、泵、管自动调控技术

灌区灌溉排水系统不仅由众多的渠道和沟道组成,而且还由各类水闸、抽排水泵站及配水管道组成。渠道起输送灌溉水体作用,沟道具有排泄农田退水和雨洪涝水功能。而各类水闸起到控制水体输送和排放的作用,抽排水泵站能将低水位处水体提升到高水位处,配水管阀门同样具有控水配水功能。因此,自动控制灌区系列闸、泵和管对水资源配置及水环境保护具有重要价值。

6.2.1　灌区水闸自动调控技术

目前,我国大部分灌区输水系统中使用的还是传统分水闸和节制闸门,而且多采用单闸门的离散手动操作和开环控制,灌溉方式粗放,渠道输水过程中经常出现"退水"现象,水流失十分严重。实现灌溉渠系稳定精确地配水,需要使渠系水位、特别是某些控制工程如进水闸、分水闸及跌水前的水位经常保持稳定。另一方面,随着计算机技术、通信技术和控制技术的飞跃发展,特别是随着"无人值班,少人值守"这一控制模式的提出,为灌区内可靠性高、性价比高的水闸自动控制系统的实施提供了可靠的技术条件和保障。

1. 闸门远程信息化自动控制技术

闸门远程自动控制技术可实现渠道系统的全面信息化。通过系统的智能化全自动调节,取代了人工计划、调度和闸门控制,快速有效地稳定渠道水位异常波动,使渠道始终保持最佳运行状态,水资源浪费最小化,并消除传统系统中不可避免的渠道剩水及退水。通过闸门的远程自动控制,可实现对闸门开关、上下游水位及目标流量的实时控制,达到按计划和需求进行配水,节约用水,同时可改善生态环境,促进农业乃至社会经济的可持续发展,具有重大的社会经济及生态环境效益。

这类闸门的自动控制系统,一般由主控级系统(上位级)及现地控制单元组成,现地控制单元的传感器把渠道中的水位值和各闸门的开度值等经转换后送给编码器,编码器对水位及闸门开度信号进行编码,在通过避雷器将编码信号传给数据采集仪,数据采集仪将数据进行初步加工和处理后由无线调制解调器传给上位机,上位机即系统主站,可分别与不同的子站建立联系，查询各测点的数据，并按照用户的要求对各闸门进行控制，下位机中的控制箱接收到此信息，经过计算，发出控制信号自动控制闸门到一定的开度，达到自动控制的目的[14]。另外根据自动控制系统的方式不同，闸门远程信息化自动控制技术还发展了分散闸门的远程集中自动控制系统[15]、一体化测控闸门自动化系统[16]等，可实现对灌区中各级闸门的自动开启和自由调整开启度，达到有效节约水资源的目标。

2. 不同动力驱动的闸门自动控制技术

目前我国多数农田排水沟道中使用人工控制闸门。人工控制闸门可通过闸门开启度调整沟道水位，但需要人工控制，对暴雨期的突发性水位变化响应不及时，容易造成农作物被淹时间过长而导致减产损失。这种方式同时也限制了大量的劳动力，不仅费时费力，而且如果灌溉水量过多，便会排到排水沟里，造成了水资源的浪费。为此国外的农田沟道排水闸门中大量地使用计算机进行控制，可实时监控农田及排水沟道的状态，但建设和运行成本较高，不适用我国大面积灌区推广。因此，开发出结构简单、能方便地调节沟道水位高度，且在农田水位过高时能自动开启进行排涝的安全闸门具有很好的应用价值。

因此，除了信息化控制系统以外，灌区闸门的开启控制的动力驱动技术研究应用也取得重要进展。下面介绍几种类型的技术。

1) 利用水力的闸门自动控制技术

王沛芳等[17]公开了一种适用于农田排水沟渠的可调式自排涝安全闸门，如图 6-20 所示。通过调节闸门倾斜角度来调节水渠的水位，并在沟渠水位高度达到设定临界高度时自动开启闸门，以达到快速排涝的目的。

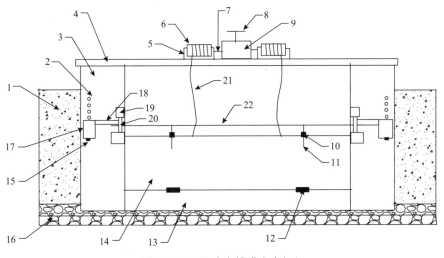

图 6-20　可调式自排涝安全闸门

1-水渠边坡；2-透水管；3-闸墩；4-横梁；5-滚筒支架；6-滚筒；7-轴；8-手轮；9-减速箱；10-可调铰链；11-支撑杆；12-铰链；13-底堰；14-活动闸门；15-配重块；16-渠床；17-水箱；18-转轴；19-支座；20-摆杆；21-拉索；22-横杠

该闸门由闸体、闸门、闸门开启装置和闸门复位装置组成。闸体包括闸墩和横梁，闸墩上安装有透水管。闸门包括底堰、活动闸门、铰链、横杠、支撑杆和可调铰链，底堰与活动闸门通过铰链连接，支撑杆通过可调铰链与活动闸门连接。闸门开启装置包括水箱、配重块、摆杆和支座，摆杆通过转轴固定于闸墩上。闸门复位装置包括滚筒、滚筒支架、减速箱、手轮和拉索，减速箱与滚筒支架通过输出轴连接，滚筒和活动闸门通过拉索连接。该项发明适用于农田排水沟渠的日常水位控制，在农田遭受洪涝灾害时闸门能自动开启进行排涝。发明构造简单，维护方便，易于实施。

通过水力驱动实现闸门板的启闭，是灌区沟渠系统中较常用的自动控制技术类型。刘春花等[18]设计了一种自动控制闸门，如图 6-21 所示，特别适用于中、小型水库或水渠的应用。其特征是在水力堤坝上，分隔有控制、泄洪和灌溉水道，在控制水道内装设有控制机构。包括泄洪、控制水道、阀门、水轮、水轮轴和阀门控制装置，泄洪水道内装有闸门机构，在水道的框架上装设有传动系统。因此能控制其泄洪和蓄水，完全不需要人力和物力控制，充分利用了水利资源有利于防旱抗旱，消除洪水带来的危害。

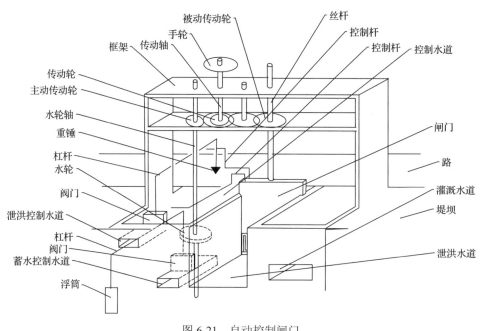

图 6-21　自动控制闸门

陈灵仙[19]公开了一种水位自动控制闸门，如图 6-22 所示。它由框架、隔水板等组成，其特点是利用一根与浮子相连的连杆来控制轴的转动，并借助弹簧的弹力来达到控制隔水板的目的，该闸门能够有效调控下游水位，使用方便，结构简单，能够根据下游水位的变化而自动开闭，可以控制下游水位，因而对于农业灌溉有一定的利用价值。

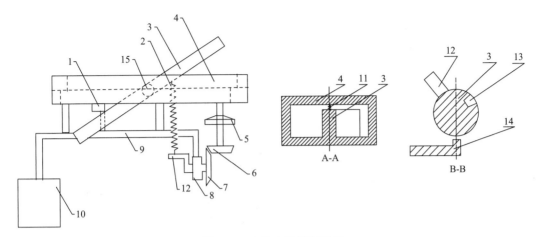

图 6-22　水位自动控制闸门

1-锁销；2-弹簧；3-隔水板；4-框架；5-叶轮；6,7-齿轮；8-转轴；9-连杆；10-浮子；

11-弹簧；12-转轴屈臂；13-孔位；14-末端连杆；15-转动轴

2) 利用太阳能的闸门自动控制技术

太阳能作为一种绿色能源，将其作为灌区闸门运行能源，不仅节能环保，而且经济安全。邓升等[20]公开了一种自动控制灌区闸门启闭的装置，包括启闭装置以及发电装置，如图 6-23 所示。所述启闭装置包括闸门、启闭机、第一压力感应器、第二压力感应器、压力控制电磁阀和开关，所述启闭机连接着闸门顶端，以便控制闸门的升降，所述第一压力感应器和第二压力感应器分别安装在闸门的顶部和底部中央位置，均用于感应渠道的水位，所述压力控制电磁阀安装在闸门侧面的混凝土挡墙上，并用电线与压力感应器相连接，所述开关位于压力控制电磁阀上部，并与压力控制电磁阀相连接。对于渠道水量的灌排，根据第一和第二压力感应器来控制压力电磁阀，从而控制启闭机对闸门进行升降，有效地实现灌区渠道水量的灌排。另外，本装置的工作原理全自动化，结构设计合理，减免人工操作，具有稳定性，安全性能好，有利于广泛推广。

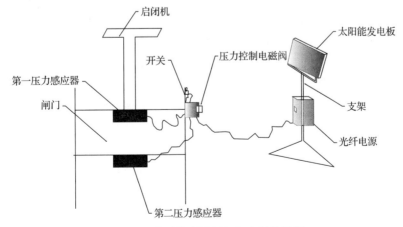

图 6-23　自动控制灌区闸门启闭的装置

进一步，陈国杰等[21]研发了一种结构简单，可靠性高，操作方便，可根据水稻各阶段的生长情况调整水位，实现智能化控制，耐腐蚀，使用寿命长的智能型太阳能供电水稻田水位自动控制闸门，如图 6-24 所示。

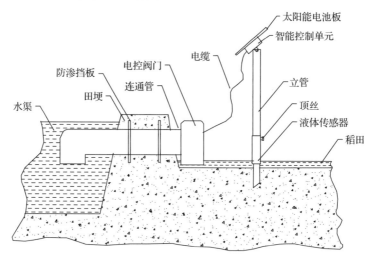

图 6-24　太阳能供电水稻田水位自动控制闸门

该智能型太阳能供电水稻田水位自动控制闸门有一系列有益效果，它采有液位可调的液位传感器，根据水稻各阶段生长情况，可对液位进行相应调节，并且通过智能控制单元对灌溉进行智能化控制和管理，操作方便，大大提高灌溉效率，促进水稻生长。整体结构简单，可靠性高，耐腐蚀，使用寿命长。由太阳能电池板供电，采用绿色能源，不增加电网负载。

6.2.2　泵站自动化控制技术

1. 大型泵站自动化控制技术

大型泵站通常担负着灌溉、排涝、航运补水、城市供水、发电等多方面任务，泵站安全、经济运行是管理目标。应用计算机对泵站主机、变电所、辅机设备等进行自动监测、控制，可以提高泵站运行的安全性、可靠性，提高泵站运行和管理的科学性，充分发挥泵站的效益，促进泵站管理工作的现代化是灌区建设实际需求。

大型泵站是指主泵所配电机为同步电动机，站变合一的大型泵站。我国目前大型泵站有数百座，部分为人工操作的运行方式，部分已经实施上位机自动化控制。

随着新设备的不断被使用，新技术的逐渐深入，合理利用自动化系统，充分发挥泵站工程效益，将越来越被重视。

由于对计算机在大型泵站的应用研究不够，因而大型泵站运行中存在诸如标准不统一等一些问题。为此，唐鸿儒等[22]从系统设计总则、类型与结构、功能、硬件技术、软件技术、二次接线、信号标准、电源、接地、屏蔽几方面提出了泵站计算机综合自动化系统的设计要求。泵站计算机综合自动化系统设计要求应该适用于新建、改造、扩建的大、中型泵站；应该采用新技术、新设备、新标准，顺应自动化技术的发展需要；应简单可靠、经济实用和操作方便；其系统结构、技术性能和指标要求应与泵站规模、泵站在防洪、灌溉中的地位相适应；应该符合泵站建设的有关标准。

大型泵站自动化测控系统可分为调度层、泵站层和现地控制层三层。调度层安装在管理机构或指挥中心，泵站层在泵站控制室、现地控制单元主要对各种设备进行现场控制。开放的分层分散式控制模式是当前测控系统的主流，这种结构的主要特点是将系统分为若干相对独立的单元和层次，各层次通过网络连接，根据系统实时性要求，将系统任务分解到各层次，越靠近设备层，系统实时性要求越高；分层分散式控制的另一优点是将某一环节出现的问题对系统造成的影响减少到最低限度。调度层配置双机系统，泵站层根据要求可以配置成单机和双机系统，大型泵站多采用双机系统，现地单元控制层按被控对象由一台或多台现地控制单元装置组成。

陈虹等[23]提出的大型泵站综合自动化系统是集监督测量、控制、保护、信号、管理等于一体的计算机综合自动化系统，它包括对变电所、泵站主机运行参数的测量、控制、保护，相应的辅机设备、节制闸的控制调度，以及水情数据的收集处理，实现主控室内集中数据显示、分析、处理，现场分散控制和保护，取消常规显示仪表和报警光字牌，并能够通过计算机网络将泵站运行数据和状态实时、真实地展示在各级管理人员面前。这个系统提高大型泵站运行的安全性和可靠性，预期可实现对泵站主机、变电所及辅机设备等的集中监控、控制、保护，以及水情数据的收集处理等功能。

泵站计算机综合自动化系统设计，采用以计算机为主、常规为辅的计算机监控系统。综合自动化系统采用分层分布结构，即控制和保护按对象分布设置，监测按功能分布设置。继电保护采用微机型单元结构，保证运行可靠并便于维护。机组自动化和辅助控制操作均采用可编程控制器(PLC)，采用先进的网络结构(IEEE802.3 标准)和网络操作系统(WindowsNT)。中控室可进行微机自动操作和监视，并可在模拟返回屏上进行必要的手动操作。

2. 小型泵站自动化控制技术

泵站主要任务是承担其所在灌区其一片区的防洪除涝、调水灌溉以及生活供水等任务，小型泵站广泛应用于灌区农田灌溉排水工程中，面广量大。小型泵站自动化控制技术对我国生态节水型灌区建设非常重要。小型泵站自动化控制技术具有节省人力，提高工作效率，并且应用方便，有利于增加灌区农作物高产稳产等特点。

我国南方有大片的水稻种植基地，在多雨的湿润季节，水稻田里的水位上升超过水稻生长所允许的最高极限水位，水稻田里需要排水，而在相对比较干旱的季节，水稻田里的水位下降低于水稻生长所要求的最低极限水位，这时，水稻田里需要从其他水源进行抽水。

刘文程[24]公开了一种水稻田抽排自动控制水泵系统，主要包括抽水泵、抽水泵与控制箱相连，控制箱与水位计相连，抽水泵与水管相连。用水位计作为控制开关来控制水泵的转向，实现了水稻田抽排水的机械化。该项技术与相应的科学研究结合可以一定程度上增加水稻的产量且造价低，实用方便。

利用太阳能驱动光伏水泵进行提水在农业灌溉方面具有广阔的应用前景,对利用太阳能、节约水资源有着十分重要的意义。近年来,随着太阳能光伏发电技术的不断发展,光伏水泵的应用也越来越普遍。在现有的技术中,对太阳能光伏水泵的控制,多数的直接控制方式,不能很好地高效利用太阳能光伏水泵。

汪义旺[25]公开了一种太阳能光伏水泵自动控制装置,如图 6-25 所示,采用了智能控制技术,可以大幅提高装置的自动化水平和使用效果。太阳能光伏控制电路通过控制算法实现对太阳能光伏发电的最大功率控制,水泵输出控制电路可以实现最佳的电压和频率输出,保证水泵最大出水量,主控制器电路可以实现装置的传感器数据采集、控制算法,时钟定时电路提供装置定时工作的实时时钟,土壤湿度传感器检测电路提供土壤的湿度参数信息,供主处理器电路调用水位传感器检测电路,提供水位信息,充电输出电路可以充分利用太阳能光伏发电的发电量。该发明具有多种工作模式,具有较好的智能性,能最大限度地利用太阳能,扩展了光伏水泵的适用范围。

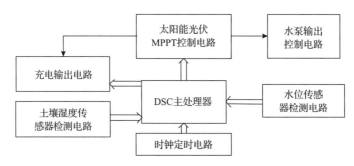

图 6-25　太阳能光伏水泵自动控制装置

目前,水稻田灌溉机井的控制主要以人工按动启动开关和按动停止开关操作控制方式为主,极少数的部分农业科研院所采用手动遥控控制方式。为此,宋士合等[26]研发了一种水稻田水泵开闭自动控制系统。该系统包括水泵及与水泵相连通的进水管、出水管,导线将水泵与配电箱连接,在配电箱内配装传感器信息处理器和水泵开闭控制器,传感器导线将高低水位传感器与传感器信息处理器连通,水泵开闭控制器通过导线分别与传感器信息处理器和配电箱连通。该系统实现了对灌溉机井的自动控制,具有自动化程度高、使用可靠、节省电力和水的特点。

农作物产生干旱之后,首选的处理措施就是浇灌,对于大面积农作物或林地而言,为提高效率,都是采用机械化喷洒。目前的喷水机在高度宽度都是固定的,面对不同高度的作物以及各种宽度,喷水机都无法直接有效地进行行走喷水。贾新[27]公开了一种升降式农用自动水泵,如图 6-26 所示,喷涂速度快,能够大批量喷涂,工作效率高,而且能够调节高度,能适应不同高低场合的需要。这种升降式农用自动水泵(图 6-26),包括支撑架,支撑架顶部设有放水桶,放水桶顶部设有农水输入口,支撑架一侧设有电机,支撑架另一侧设有控制单元,支撑架底部设有负压装置,负压装置一侧与放水桶相连且另一侧与农水输送管道相连,负压装置底部设有旋转轴,旋转轴上设有机械手,机械手与农水输送管道相固定,农水输送管道底部设有雾化喷头。该种升降式农用自动水泵,通过控制单元的控制,达到了进液、压缩液、旋转、喷涂于一体,实现了自动化。

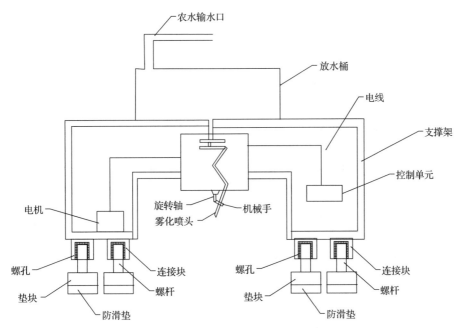

图 6-26　升降式农用自动水泵

水稻的种植大多采用传统的淹水种植模式，但该种植模式在具体实施时，需要专人值守灌溉，费时费力。针对这个问题，梁新强等[28]发明了一种淹水稻田自动控制泵站灌溉简易装置，如图 6-27 所示。该自动控制泵站灌溉简易装置是根据稻田水位将农渠内灌溉水自动灌入稻田或切断灌水，包括连通器水位测量部分、无盖水箱内部动作传递部分和电气控制部分用一根测量水管连接淹水稻田与无盖测量水箱，且测量水管置于稻田水面的一端安装了过滤网，在无盖测量水箱的内侧壁上安装摇臂座，摇臂的两个力臂固定在摇臂座上，摇臂的上端力臂连接限位开关，下端力臂连接空心浮球，限位开关在无盖水箱外侧的一端连接泵站的控制电路。这项技术取材容易、造价便宜、操作方便、维护方便、可靠性高，有效解决了淹水稻田灌溉需专人值守灌溉，费时费力的问题。

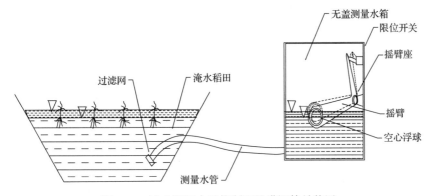

图 6-27　淹水稻田自动控制泵站灌溉简易装置

随着信息技术在各行各业的使用，水利工程的自动化和智能化越来越受到水利行业的重视，特别是泵站工程自动化程度的提高，能大大提高运行的可靠性，减轻运行人员的劳动强度，从而进一步提高设备利用效率。

6.2.3　灌区管灌系统自动调控技术

管道灌溉供水是近年来开始推广应用的农业灌溉水利设施，由于其具有管道的下埋设不占用耕地、节约农田、节水效果好，且与地面混凝土明渠相比地下管道耐腐蚀老化、使用年限长等诸多优点，被水利部门和农业部门逐渐接受，并推广应用。

在适宜机泵提灌的地方，使用新型管灌节水系统能顺利实施高效灌溉和自动调控。例如，金桥灌区的泵站自动控制系统针对占用水量 80%的农业灌溉研制[29]，如图 6-28 所示。该管灌节水系统主要包括机房机泵、金桥装置、调控水池、自动调控装置、PVC 双壁波纹管网、出水斗、节水阀、冲淤排气栓等构件。整个管灌节水系统实用性强，调控灵活，是高效节水的新型管灌系统。

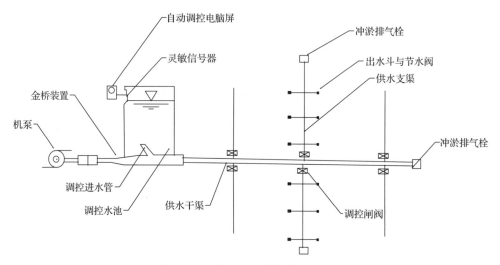

图 6-28　泵站自动控制金桥灌溉系统

目前，我国的地面灌溉大都采用传统的灌水方法，即畦灌和沟灌等，灌溉时畦首或沟首渗漏严重，造成深层渗漏，致使水肥浪费而往往畦尾、沟尾处所得到的水分不足，致使灌溉均匀度低，水的利用效率低。同时，大面积的农田施肥借助农民自己的经验进行施用，存在着施肥盲目和过量现象，既形成大量的肥料浪费，又造成环境污染等问题。

对此，王春堂等[30]开发了一种以渠道内灌溉水为动力的大田水肥一体化自动渠槽管灌溉系统，如图 6-29 所示。包括田间渠槽管系统、水动力系统和药肥系统三部分组成。田间渠槽管系统包括供水管、渠槽管、牵引绳、滑轮、塞阀和闸阀田间渠槽管系统利用渠槽管来作为农田的"田埂"，利用相邻的两条渠槽管形成"畦田"，渠槽管可在作物播种后，需要灌溉时放置在田间，放置后，渠槽管可一直留在田间，也可以移动到其他地块作为田埂重复使用水动力系统，包括水轮、水轮支架、水轮轴、传动带、从动轮、变速箱和动力输出轴药肥系统包括药肥罐、药肥管道和药肥管道闸阀。使用该项技术进行农田灌溉，以灌溉水为动力，可实现自动灌溉、施肥、施药，而且对水质的没有特殊限制，可以对灌溉技术参数及施肥药参数的调控。

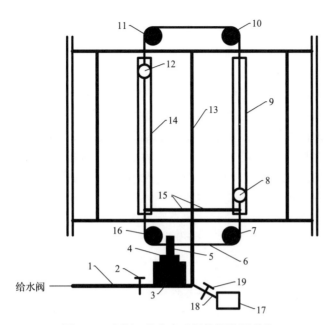

图 6-29　水肥一体化自动渠槽管灌溉系统

1-供水管；2-闸阀；3-水轮支架；4-变速箱；5-动力输出轴；6-牵引绳；7-滑轮；8-塞阀；9-渠道管；10-滑轮；11-滑轮组；
12-塞阀；13-支杆；14-渠道管；15-固定杆；16-滑轮；17-药肥装置；18-药肥管道；19-药水管道阀闸

　　宋士合等[31]公布了一种农田管道灌溉自动控水系统，如图 6-30 所示。该系统属于农田灌溉水利设施在输水主管进水端部上安装主管电动阀门，在输水主管上、位于主管电动阀门两端部位处分别安装主管水压差传感器，主管水压差传感器通过导线与主管电动阀门连接，在输水分管进水端部上安装分管电动阀门，在输水分管上、位于分管电动阀门两端部位处分别安装分管水压差传感器，分管水压差传感器通过导线与分管电动阀门连接，在输水支管末端出水口部位上安装支管电动阀门，支管电动阀门通过导线与水位深度检测器连接。这项技术自动化程度高，作业同步性好，节水效果良好，使用可靠。

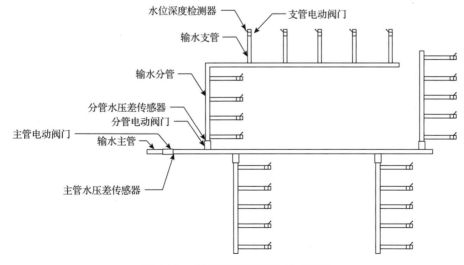

图 6-30　农田管道灌溉自动控水系统

水利灌溉管道系统是现代农业中的重要灌溉设备，不但灌溉方便，并且能够节约用水。现有技术中的灌溉水利管道系统通常采用水泵将水源直接通过管道直接输送给喷洒装置进行喷洒灌溉或直接输送至农作物下方，这样容易导致灌溉管道中产生淤泥堵塞的情况，现有技术中也有采用过滤槽的，但是其过滤槽不容易清理，过滤槽中的淤泥需要进行人工清淤，很不方便。鉴于此，刘俊立等[32]公开了一种灌溉用水利管道系统，如图 6-31 所示。包括水源供给泵、过滤槽、主输送管和喷洒管，水源供给泵和过滤槽通过管道固定连接，过滤槽和主输送管固定连接，喷洒管与主输送管固定连接，过滤槽包括槽体、可更换多层过滤板和清洗搅拌叶轮，清洗搅拌叶轮与槽体的底部转动连接，可更换多层过滤板位于槽体侧边并与其固定连接。

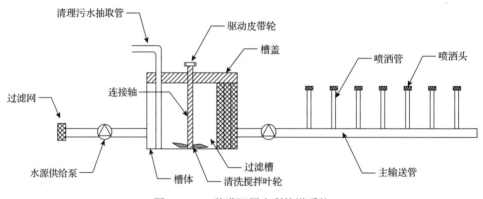

图 6-31　一种灌溉用水利管道系统

该项技术可以通过在过滤槽的侧边设置可更换多层过滤板，在需要进行清洗更换过滤板时，只需将最外层的拆去即可，减少了设备维护的成本。通过在过滤槽的槽体的底部设置清洗搅拌叶轮，在需要进行清淤泥时只需通水搅拌，并通过清理污水抽取管将混合有污泥的污水抽去即可，清污方便，无须人工清淤。

低压管道输水灌溉技术是目前应用最广泛的节水灌溉工程技术措施之一，它具有成本低、节水明显、管理方便等特点，但普通的灌溉管道在防堵塞技术、分水量水等方面还存在许多问题，其中管道淤积堵塞问题已成为制约管道输水灌溉发展的关键因素，其包括漂浮物淤积堵塞，如作物秸秆、柴草、垃圾等，以及泥沙淤积堵塞，长期堵塞运行会大大降低灌溉效率，严重时甚至使灌溉系统瘫痪。由此，徐燕等[33]公开了一种农业水利用的农田灌溉管道，如图 6-32 所示。管道本体内固设有一组过滤网，这些过滤网沿水在管道本体内的流向从前往后设置，且过滤网的边沿与管道本体内部固定每个过滤网前侧对应设有一个阀门、一个压力传感器和一个流量传感器，阀门装在管道本体上的安装孔中，且阀门上装有电磁开关压力传感器和流量传感器装在管道本体内壁上，每个压力传感器和流量传感器上均设有以太网网络接口在管道本体外面安装有配电箱，该配电箱内设置有电源和通信控制器。这项技术不仅可以解决低压管道的淤积堵塞问题，还能较为准确地找到堵塞淤积点，便于作业人员及时发现问题，并实时掌握水流状态，通过可拆卸的过滤网设置便于过滤网的及时更换。

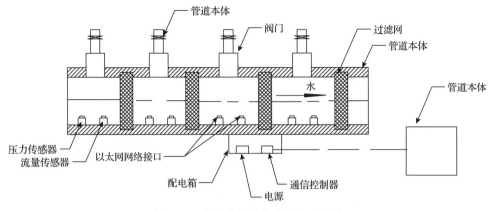

图 6-32　农业水利用的农田灌溉管道

6.3　灌区多目标优化决策平台

人类改造自然的方案规划与设计过程总体上反映了最大化效益、最小化成本这一基本优化原则。最大化效益、最小化成本实质上是一个多目标的优化问题。效益可能包括多种效益，如经济效益、政治效益与社会效益等；成本或损失也可能包括生产成本与非生产成本，或与此相关联的其他目标如环境污染等方面损失。一般说来，科学与工程实践中的许多优化问题大都是多目标的优化与决策问题。灌区水资源合理调度过程也是一个多目标优化决策问题。其一，通过合理调度灌区水资源以尽可能满足工业用水、农业用水以及生态用水，实现工业经济效益、农业经济效益以及生态效益等多目标；其二，通过对有限的农业灌溉用水进行优化分配，实现灌区抗旱、防涝、治碱、改碱等多目标，使灌区农业生产效益达到最大化；其三，通过灌区节水控制来减少污染物排放，实现灌区生态环境质量改善。

6.3.1　灌区多目标优化配水

灌区中水资源的配置目标，除了考虑农作物在不同生长期的需水量外，还需要对不同农作物种类、同一种类不同区域的水量进行科学合理的规划与配置，同时，生态节水型灌区还需要考虑节水减排、面源污染控制及水量的循环利用等因素。因此，灌区现代化管理的多目标优化决策系统与平台建设非常重要。

近年来很多学者和应用部门也进行了大量的尝试，特别在水量的优化配置方法方面。高伟增[34]改进了灌区水量优化配置方法，以冯家山灌区为研究对象，进行了灌区优化配置理论和计算机管理决策系统研究。以提高水量优化配置效果为目的，深入研究了灌区水量优化配置的理论、优化配置模型、灌区用水管理评价、遗传算法和自由搜索算法对水量优化配置的应用。针对遗传算法的局限性，采用自由搜索算法克服了传统基因编码方法容易陷入局部最优解的缺陷，扩大了算法的搜索空间，提高了基因序列的质量，对水资源在灌区各行业间用水进行合理调配，实现使有限的水资源在经济、农业、生态和生活的综合效益最大，将水量优化调配和生产效益有机地结合起来，建立了灌区多目标条件下的各行业配水量模型并进行了实际验证。对灌区用水管理评价时采用主观法确定权重、多元相关分析法客观调整权重，并预测参数的数值分布区间，最后用综合距离法对指标进行综合评价。赵丹等[35]针对干旱半干旱地区日益严重的生态环境和水资源短缺的问题，利用系统分析的思想，建立了以满足生态环境最小需水量为前提的南阳渠灌区生态环境用水与农村经济用水分配数学模型，提出了考虑水权、节水、生态环境因素的多目标、多情景模拟计算方法。分析计算出现状年、2010 年和 2030 年的工业、农业及城乡生活提供水资源量为 $641.5 \times 10^4 \mathrm{m}^3$、$5796.7 \times 10^4 \mathrm{m}^3$ 和 $5657.2 \times 10^4 \mathrm{m}^3$，缺水量分别为 $544.6 \times 10^4 \mathrm{m}^3$、$2100.3 \times 10^4 \mathrm{m}^3$ 和 $3627.9 \times 10^4 \mathrm{m}^3$，所得结果对灌区规划与发展具有重要参考价值，最终提出了比较合理的南阳渠灌区水资源优化配置方案，最大限度地利用了当地水资源。马金珠等[36]针对灌区内多种作物并存并且不同类作物有其各自的生长规律和需水要求，以水量分配和经济效益为决策目标，建立多种作物间灌溉水资源最优化分配的双层动态规划(DDP)模型。第一层为单项作物在生长季的水量分配；第二层为多种作物间水量的分配。以甘肃省景泰川一期灌区为例，应用双层动态规划的迭代方法，把各种作物的种植面积经济系数、生长规律、需水规律和生育阶段缺水的相对敏感程度结合于灌溉决策机制中，对模型进行模拟和校正，该方法在理论上和技术途径上是正确可行的，对解决生产实际问题具有指导意义。胡敬鹏[37]提出了基于优化各种植物灌溉定额以实现全灌区非充分灌溉的建模思想，在模型寻优中通过对基本遗传算法的改进提高了遗传算法的寻优功能，获得了更好的寻优效果，采用系统的计算流程对寻优结果进行处理得出了最终配水量。结果显示优化法配水比传统经验法配水在农业经济效益上取得了更好的效果，在一定程度上缓解了灌区水资源供需矛盾，提高了水资源利用率，具有一定的参考应用价值。周必翠[38]在充分分析灌区水资源供需平衡的基础上，构建了宿迁市灌区水资源投入、产出表，研究了灌区各行业的用水定额以及耗水程度，并将建立的投入、产出模型与线性规划算法相结合建立了新的投入、产出宏观经济模型，以灌区供水经济效益最大和污染物最少为目标，结合水资源约束，建立了水资源多目标规划模型，预测了 2010 年灌区各行业用水情况。灌区 2010 年总用水量为 $15.6 \times 10^3 \mathrm{m}^3$，产生污染总负荷为 65727 t。

在考虑指标约束方面，徐建新等[39]采用系统科学的原理和方法，选择了 22 个对灌水技术应用有较大影响的因子，建立了节水灌溉技术评价体系，提出了灌水技术选择中，重要因素一票否决的观点。引入水资源巨系统和半结构多目标模糊优选理论，研制了节水灌溉技术模糊优选专家系统，解决了节水灌溉规划设计的难题，进行非充分灌溉并以模拟技术为手段，以控制作物不同生育期土壤最低含水率的方法结合降水的随机性进行灌区优化配水过程设计及可实施自修正的灌溉决策软件研制。陈晓楠等[40]针对灌区水资源优化配置模型存在等式约束的特点，在分析粒子群算法寻优策略的基础上，建立了基于粒子群的大系统优化模型。同时，提出有效的控制粒子速度大小的方法，克服了粒子因速度过大易逃出约束空间而造成程序中断的不足，成功地将粒子群优化算法应用于作物灌溉制度的寻优中。利用此模型将有限的水资源分配到灌区中的不同子区、子区中的不同作物以及作物的各生育阶段，取得了较好的效果。

赖明华[41]以灌区水资源优化配置模型为基础，对江苏射阳五岸灌区水资源优化配置进行了实例研究。根据大系统理论建立了灌区水资源优化配置模型，提出了基于分解协调技术与遗传算法相结合的模型解法。该模型以综合效益最大为目标，确定水资源的水质与水量的优化配置方案，同时以作物水分生产函数为基础，确定灌溉水在作物间和作物各阶段的最优配置过程。

6.3.2 灌区决策支持系统

1. 智能型灌区用水决策支持系统

智能型、网络型灌区用水、配水决策支持系统是灌区用水决策支持系统的发展趋势。灌区管理单位决策中可用数学模型表达解决结构化程度高的问题，但是还有很多参数、变量无法进行定量表示，灌区用水、配水决策支持系统同时具有计算的定量功能和定性功能，还可高度融合定性与定量的分析表达。处理同时含有定量和定性问题的图例策略，是解决灌区用水决策问题的理想途径。知识的表达方式是 IDSS 研究的一个重要课题，专家系统和网络模型对灌区用水知识的表达机制是灌区用水 IDSS 值得研究的方向。

2. 分布式多目标灌区用水群决策支持系统

开发灌区多目标决策支持系统，保证了灌区水资源多重功能的多目标利用。多目标群决策支持系统的灌区决策支持系统保证了灌区内水资源多个地区、行业和部门的利益，使多个决策者共同做出决策，是比较适合当前我国的灌区集体决策方式。随着计算机网络的日益发展，分布式 DSS 也是一种重要趋势。决策过程、决策模式、不同群体的数据库、知识库和模型库的设计和相互接口都是进一步研究的课题。

3. 集成式灌区用水决策支持系统

综合决策支持系统集成了多种方法、知识、工具集成化的系统，是解决单一基于信息、单一基于模型、单一基于知识的系统都无法解决或满足复杂水资源决策的需要的高级系统，是解决灌区用水问题的理想途径。集成式灌区用水决策支持系统具有数据自动采集和处理、分析、评价、综合信息预警、紧急情况报警和系统监控等功能。当前灌区具体情况不同，用水决策所需的数据量大、类型多，采集数据的类别较多，需要实时性较强，因此各种类型通信系统特别是各种计算机网络通信技术的发展将促进灌区用水决策支持系统，采集数据的准确性的问题也将得到进一步重视。灌区用水决策支持系统需要开发应用各种数据库管理、计算机图形软件、网络开发平台技术通用软件和友好界面的集成系统。为灌区的管理节省很多编程工作，未来用户友好界面如语言识别、图像识别将进一步推动灌区用水决策支持系统的发展。

6.3.3 灌区多目标优化决策软件系统实例——净污型生态多孔丁坝智能优选评价系统

灌区中农田排水沟系统是以排水为目的，具有截面小、路径长的特点。在汛期和灌溉后，农田中剩余的水量沿着排水沟排到区域外的河道，保护农作物免受淹水和涝渍。因此，大量灌区的排水沟采用混凝土浇筑而成，浇筑后的沟道造成了水与土壤连通性打断，生物栖息场所减少，水体的自净能力也大大减弱。同时，灌区中使用的农药化肥，利用率低，大量的污染物质残留在水体中或下渗到地下水中，随着农田排水沟排入到河道中，导致了河道中污染物超标，对灌区居民的生活质量产生了严重的影响。

生物技术主要利用植物和微生物及生物对水体中的污染物吸附降解、迁移转化，从而达到水体净化的效果。其中用于原位强化净化的微生物技术在河道水质净化和生态修复中受到国内外一致的认可。不过，大量生长的微生物需要附着在载体表面生长。当前的载体种类众多，主要分为柔性载体、半柔性载体和刚性载体，人工水草、砾石、填料球等都是常用的填料，而生态浮床、石笼等是利用这些填料在河道中使用的生物修复技术，但这些技术采用的填料在沟渠中放置空间有限，导致生物有效挂膜比表面积小，微生物量少，沟渠净化效果不佳。

本节介绍的多孔透水砌块是课题组近年来在多孔材料的研发结果，它一种采用水泥、石子、水和减水剂等制备而成的砌块，其内部充满了连通的孔隙，并经过骨料尺寸和孔径大小的试验等因素，选择对水体中氮去除能力较高的多孔透水砌块。将砌块按照一定的丁坝方式应用在灌区的排水沟中，进行材料数量、输水能力、阻水作用和水质净化能力的多目标决策，系统分析了多孔透水丁坝的透水性能及其在沟渠中布设参数(孔隙率、厚度、间距和断面占比)对丁坝流场的影响规律，对比分析了各参数对水体中氨氮去除率的影响效应，基于 BP 神经网络建立了流速、孔隙率、厚度、间距和断面占与氨氮去除率之间预测网络模型，进一步采用粒子群优化算法进行了各参数优化，建立了净污型丁坝智能优选评价软件系统[42]，以期获得最优丁坝应用方案。

"净污型生态多孔丁坝智能优选评价系统 V1.0"主要包括七大模块：①沟渠初始参数设置；②神经网络模型参数设置；③智能优化计算模块；④优化结果显示；⑤水体净污效能评价；⑥操作历史查询；⑦用户管理。这七个模块共同维护一个数据库文件，可进行实时数据共享。

1. 排水沟道基本参数

沟渠初始参数设置界面包括两大部分，分别为沟渠初始参数设置和计算参数的设置，该参数主要为神经网络模型的计算和智能优化提供基础数据。

采用实验室自主设计的循环水槽进行了水槽实验，具体的水槽装置如图 6-33 和图 6-34 所示。

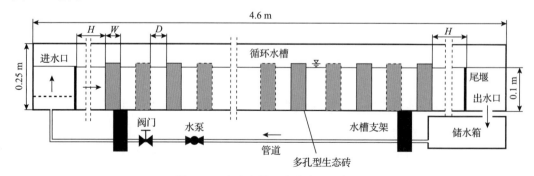

图 6-33　实验水槽及砌块布置示意图

图 6-34　水槽装置示意图

室内模拟实验采用了尺寸为 4.6 m×0.3 m×0.25 m 矩形断面循环水槽，水槽被固定在倾斜角为 1°的钢架底座上，电机驱动器和辅助阀共同控制着水槽中流量大小，在储水池中注入水后，通过入口堰流入到水槽中起到水流调节的作用，同时在水槽出口处，利用尾堰控制水槽水位。

1）砌块

本节所用多孔透水砌块采用石子、水泥、水和减水剂等制备，如图 6-35 所示。材料搅拌均匀后放入到尺寸为 0.12 m×0.1 m×0.06 m 的模具中振捣压实，放置 3 天后硬化成型，拆除模具，喷水养护 5 天。

(a) P=15.73%　　　　(b) P=21.84%　　　　(c) P=26.25%

图 6-35　多孔透水砌块

2）多孔砌块丁坝摆放方式

本节实例选择丁坝的摆放方式为：多孔透水丁坝沿着水槽的两侧交替排列，丁坝的间距为 D，宽度为 W，H 为前后丁坝距离堰的距离，排列方式包括垂直护坡式、离散岛和交错式丁坝 3 种，如图 6-36 至图 6-38 所示。

图 6-36　垂直护坡布设示意图

图 6-37　离散岛布设示意图

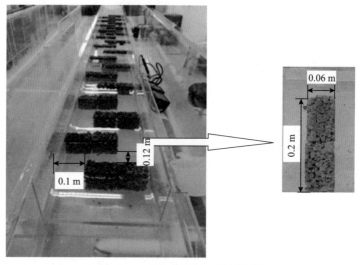

图 6-38　交错式丁坝布设示意图

本部分用户主要输入沟渠的两大部分信息，分别为沟渠的基本示意图和沟渠初始参数设置。而沟渠初始参数设置中包含了基本信息和计算参数。基本示意图 6-39 中主要包含了沟渠的相关的示意信息，流速、水深、宽度等以及图片上传选择。基本信息中包括了 8 个输入部分，分别为：沟渠名称、编号、沟渠长度、归属地、管理人、护坡材料、坡底类型和主要农作物。计算参数中包括了 4 个输入部分，分别为：断面平均流量、断面平均水深、沟渠平均宽度和材料投放率。其中，断面的平均流量指 24 h 中沟渠中的平均的流量；材料投放率指材料投放的体积量与整个渠道的体积之比。

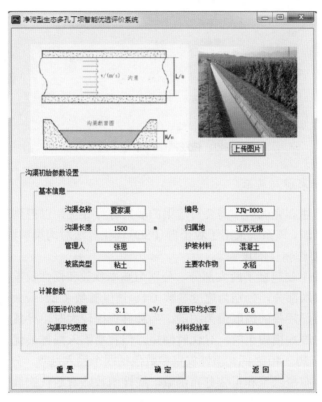

图 6-39　初始参数界面

2. 丁坝 BP 神经网络网络模型的建立

输入变量为流速、孔隙率、厚度、间距和断面占比，输出变量为氨氮去除率，分别考虑了外部流场、材料自身特点和丁坝的摆放方式对去除率造成的影响。采用 40 组作为训练样本，同时采用 10 组作为训练后 BP 神经网络模型准确性的测试样本。神经网络模型参数设置部分主要包含 8 个输入部分，分别为：隐含层层数、隐含层节点数、迭代次数、学习率、目标误差、动量因子、初始权值变化和函数权值变化。其中，学习率参数数值越小，则精度拟合的精度越高，但时间相对较慢；反之，学习率参数数值越大，则精度拟合的精度越低，但时间相对较块。

BP 神经网络样本输入的界面如图 6-40 所示。

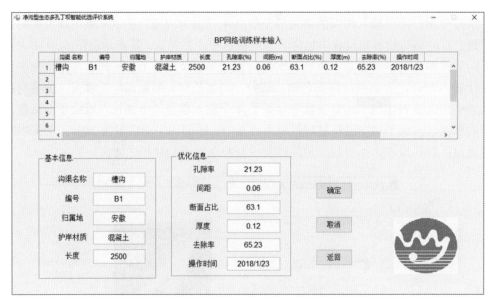

图 6-40　神经网络样本输入的界面

3. 优化模型的求解与展示

神经网络模型建立完成后，需要对沟渠的参数进行寻优，以得到最佳参数使得沟渠整体的去除效果最佳。该系统采用了粒子群(PSO)优化算法对沟渠参数进行了优化求解，对 PSO 的参数需要作相关的设置。

PSO 参数设置主要包括了两大部分，分别为基本参数和惯性权重参数。基本参数中主要包括了五个输入部分，分别为速度参数 C1、速度参数 C2、最大速度、迭代次数和种群规模，其中种群规模的选取最为关键，当种群规模较大时，寻优时间长，容易找到全局最优解，当种群规模较小时，寻优时间短，但容易陷入局部最优，因此，对于种群规模的选取一般在 20~40 之间。惯性权重参数包括四个输入选项，分别为线性函数、非线性函数、高斯分布型函数和正弦分布函数。线性函数随着迭代次数的增加，权重将减小。迭代开始时，较大的惯性权重有利于全局搜索，在迭代后期，较小的惯性权重可以加强局部搜索能力；非线性函数非线性递减使算法在初期有较强的全局搜索能力，在后期较小惯性权重，有利于提高局部搜索能力；高斯分布型函数对单峰值函数的搜索能力、收敛速度及执行效率有明显改善，但对多峰值函数的搜索性能上无明显改善；正弦分布函数粒子先在其自身附近作局部寻优，接着进行全局寻优，最后让最优粒子进行局部搜索，系统智能寻优过程如图 6-41 所示。

整个智能优化计算结束后，点击主界面上的"优化结果显示"，便能够得到该沟渠的最优结果以及沟渠的相关信息。优化结果显示中主要包括了两个显示部分，分别为河道信息和当前结果。河道信息主要包括六个显示部分，分别为：沟渠名称、编号、归属地、管理人、护坡材料和主要农作物。当前结果包括了五个显示部分，分别为孔隙率、间距、断面占比、厚度和去除率。其中前四个为沟渠中生态多孔丁坝自身材料和摆放的特征，去除率为在该种摆放情况下的污染物的去除效。如图 6-42 所示。

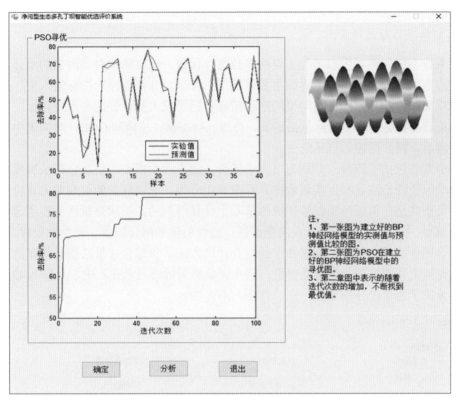

图 6-41　系统智能寻优过程图

图 6-42　系统智能寻优结果图

4. 水体净污效能评价

该系统不仅能够对生态多孔丁坝的参数进行优选，同时能够对该沟渠的水体净污效能和生态系统进行评价。净污界面主要包括了三部分，分别为净污指标输入框、评价方法选择项和评价结果显示框。沟渠的净污指标包括了三大类，分别为水质指标、生物指标和沟渠物理指标。水质指标包括氨氮、总氮、硝态氮、总磷和COD，对沟渠中净化的水质监测后，将数据输入到系统中。

评价方法包括了四种，分别为单因子评价、综合污染指数、层次分析法和模糊综合评价。单因子评价法是利用实测数据和标准对比分类，选取最差的类别即为评价结果。综合污染指数是在单项污染指数评价的基础上计算得到的。层次分析法主要通过建立层次结构模型、构造对比阵、计算权向量并做一致性检验和组合向量一致性检验综合评价。模糊综合评价法是一种基于模糊数学的综合评价方法。该综合评价法根据模糊数学的隶属度理论把定性评价转化为定量评价。整个评价结果最终显示在框中，见图 6-43。评价的等级分成了四个，分别为优、良、合格、不合格。

图 6-43　水体净污效能评价界面

5. 用户查询与管理

系统具有查询功能，点击主界面上的"操作历史查询"，进入界面。选定操作的日期，点击查询，显示出操作记录。操作记录中包括了沟渠的所有的基本信息和优化的结果信息。用户可以通过点击主界面上的用户管理系统的密码进行修改，用户需要输入原始用户名和原始的密码，以及新密码和新密码确认，见图 6-44。然后用户就可以计入到净污丁坝的智能优选评价系统中,进行使用,见图 6-45。

图 6-44　用户登录界面

图 6-45　净污型生态多孔丁坝智能优选评价系统主控界面

6.4　灌区智能化软件系统

为实现生态节水型灌区的科学管理,课题组针对性地开发了灌排、施肥、施药等高效、实时、智能的监测、控制和调配系统,包括农田灌区水量监控及调配信息系统、农田灌区水量计量及远程控制系统、灌区农田肥力及土壤温湿度自动监控系统和农田灌区面源污染监控及预报系统。

6.4.1　农田灌区水量监控及调配信息系统[43]

1. 水量监控及调配信息系统说明

灌区是由水库、渠道、农田和农作物组成的一个综合体，是一个半人工的生态系统。对灌区中水量的合理分配与管理能够有效地提高灌区的生产效率和水平，同时也提高了水资源的利用率。该软件的主要功能是对灌区内渠网中的水流状态及闸门运行情况进行长周期监控，能在监控终端上实时的显示灌区渠网所有监控点的水位、水流速度及水流量数据，当灌区中的某个监控点出现水量变化趋势异常时，系统会自动发出预警提示。同时软件采用远程数据传输及闭环控制技术，对灌区内的自动闸门进行远程控制，有效地提高了灌区内水量的调配效率。该软件具有水文变化情况的统计分析功能，可绘制监控周期内渠网中水位、流速和流量的变化曲线，并可自动生成分析报告供管理人员进行总体分析与预测。由于监控数据量巨大，该软件采用集中数据库技术对多监控点水文状态进行存储，并使用结构化查询语言(SQL)对数据库记录进行快速归类管理及查询。基于数据库技术及信息采集和控制技术，该软件可对灌区内的水量分配状态进行及时、准确的反馈和预测，为灌区管理部门提供科学的决策依据，有效地提高灌区管理水平和生产效率。同时，对灌区水量进行预报，为灌区管理提供实时决策依据。

2. 水量监控及调配信息系统构成

"农田灌区水量监控及调配信息系统 V1.0"主要包括五大模块：监控区域及监控点配置模块，采样数据输入模块，闸门控制模块，历史数据查询模块，数据统计及分析模块。各个模块共同维护一个数据库文件，可进行实时数据共享。

由于软件著作权信息内容过多，本节仅提供该信息系统首页及代表性界面，如图 6-46 至图 6-48 所示。

图 6-46　灌区水量监控及调配信息系统主界面

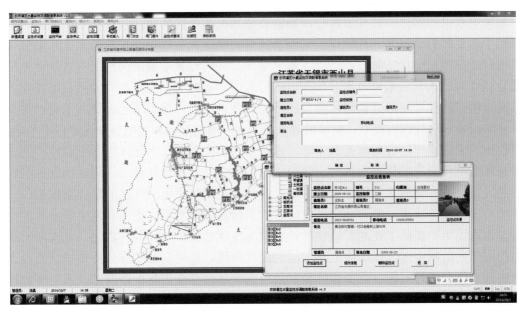

图 6-47　灌区基本信息输入界面

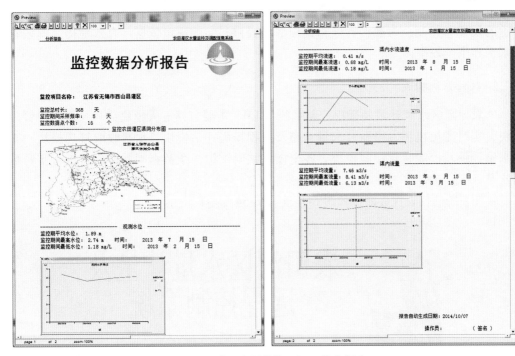

图 6-48　灌区水量监控及调配信息报告

6.4.2　农田灌区水量计量及远程控制系统[44]

1. 农田灌区水量计量及远程控制系统功能说明

灌区是由水库、渠道、农田和农作物组成的一个综合体，是一个半人工的生态系统。

对灌区中水量的实时监控与远程控制能够有效地提高灌区的生产效率和水平，同时也提高了水资源的利用率。该软件的主要功能是对灌区内各级渠道设置的水量计量装置及闸门运行情况进行实时监控，能在监控终端上实时地显示灌区渠网所有水量计量装置监测到的过水量、水位及水温数据，同时每隔一定时间把这些实时监测数据保存入数据库中。软件采用远程数据传输及闭环控制技术，对末级渠道上设置的水量计量及自动闸门装置进行远程控制，能够通过水量预置、闸门开启和关闭等方式进行电子化、科技化的灌溉操作，有效地提高了灌区内水量的调配效率。当灌区中某个监控点的过水量或者沿程损失变化出现异常趋势时，系统会自动发出预警提示。同时该软件可根据灌区田块中安装的具有固定编号的水量计量及控制装置返回终端的监测数据生成水费缴纳清单，并能通过提前预缴水费的方式来预置灌溉水量，提高灌区生产效率的同时也为农民用户提供了便利。该软件具有水文变化情况的统计分析功能，可实时绘制监控周期内渠网中过水量、水位和水温的变化曲线，并可自动生成分析报告供管理人员进行总体分析与预测。由于监控数据量巨大，该软件采用集中数据库技术对多监控点水文状态和闸门状态进行存储，并使用结构化查询语言(SQL)对数据库记录进行快速归类管理及查询。基于数据库技术及信息采集和控制技术，该软件可对灌区内各监控点的过水量进行及时、准确的反馈、分配和数据存储，对监控点的闸门状态进行及时、准确的反馈和控制，为灌区管理和调控部门提供科学的决策依据，有效地提高灌区管理水平和生产效率。

2. 软件系统构成

"农田灌区水量计量及远程控制系统 V1.0"主要包括五大模块：登录及用户管理模块、实时监控模块、渠网过水量分布及沿程损失评估模块、水费收取管理模块、末级水量计量及控制装置控制模块。各个模块共同维护一个数据库文件，可进行实时数据共享。

软件系统的代表性界面，如图 6-49 至图 6-54 所示。

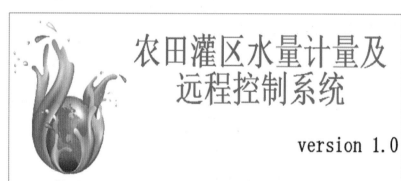

图 6-49　农田灌区水量计量及远程控制系统页面

图 6-50 农田灌区水量计量及远程控制系统主界面

图 6-51 农田灌区水量计量及远程控制监控点布置示意图

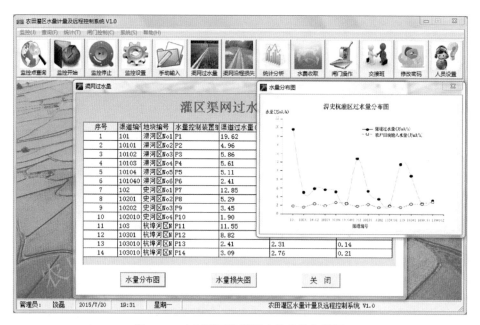

图 6-52　农田灌区沟渠基本信息输入界面

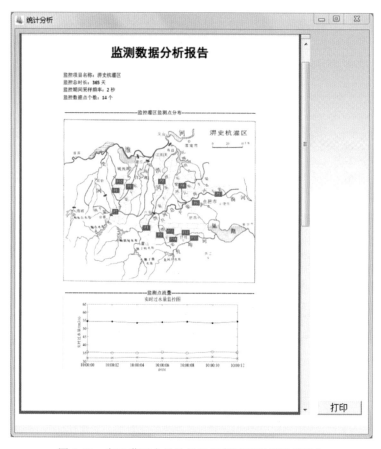

图 6-53　农田灌区水量计量及远程控制系统结果报告

图 6-54 农田灌区水量计量及远程控制系统用户管理

6.4.3 灌区农田肥力及土壤温湿度自动监控系统[45]

1. 自动监控系统功能说明

该软件是在 Windows 操作系统上开发的软件，是一款独立运行的软件。该软件的主要功能是对灌区农田的运行状态进行集中监控及数据统计分析。针对灌区农田土壤肥力运行状态，该软件能对农业主要肥力元素氮(N)、磷(P)、钾(K)的土壤中含量进行周期性监控，并对这三种元素的变化趋势进行分析，当农田中出现肥力不足或由于气候原因造成营养元素短期内大量流失时，系统会及时提出预警。基于农田中布设的温湿度传感网络，软件能自动全天候监控田间温度及湿度状态，并对温湿度数据进行匹配分析和越界报警。使用该软件的监控功能，能有效地减少农田因温湿度异常或肥力不足出现的减产损失。该软件可对设定农田进行长周期全天候监控，对监控周期内的温湿度数据、肥力元素含量进行统计分析，基于相关性数学模型对农田运行状态给出评级，并自动形成分析报告，为农业生产人员优化资源配置、提高劳动生产率提供指导。

2. 农田肥力及土壤温湿度自动监控系统构成

"灌区农田肥力及土壤温湿度自动监控系统 V1.0"主要包括四大模块：监控显示主模块，数据采集及输入模块，历史数据显示模块，数据统计及分析模块。各个模块共同维护一个数据库文件，可进行实时数据共享。

主界面和代表性界面，如图 6-55 至图 6-57 所示。

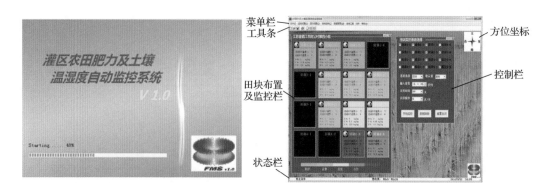

图 6-55　农田肥力及土壤温湿度自动监控系统主界面

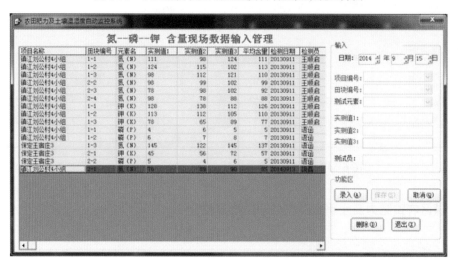

图 6-56　农田肥料施用基本信息输入界面

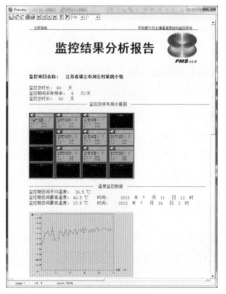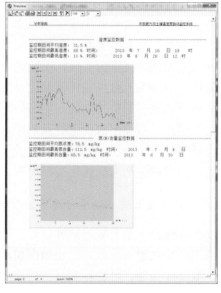

图 6-57　农田肥力及土壤温湿度自动监控系统结果报告界面

6.4.4　农田灌区面源污染监控及预报系统[46]

1. 农田灌区面源污染监控及预报系统功能说明

农田灌区在施肥灌溉后，一部分营养物质被农作物和农田土壤吸收，一部分营养物质随排水排放进入临近河湖坑塘等地表水体。这部分排水中含有大量的氮磷等营养物质，对下游水体造成严重污染。因此对灌区农田中的水体污染状态及其扩散趋势必须进行常态化监控。该软件的主要功能是对大型灌区中的水体污染状态进行长周期监控，并对灌区内污染物变化及迁移状态进行统计分析。软件采用多窗体图形化操作界面，用户可方便地对大面积灌区中的水体实施多点监控，针对农田灌区水体中的总磷(TP)、总氮(TN)、氨氮(NH_3-N)、硝态氮(NO_3^--N)、正磷酸盐磷(PO_4^{3+}-P)、有机物(COD_{Mn})等污染物的含量，软件采用统一的数据库对多监控点的污染物浓度采样数值进行存储，并使用结构化查询语言(SQL)对数据库记录进行快速归类管理及查询。软件能对监控周期内污染物浓度变化进行统计分析，当灌区中的某个监控点出现污染物浓度超标或浓度上升趋势异常时，系统会自动发出预警提示。该软件基于相关性数学模型对农田运行状态给出评级，并自动形成分析报告，为农业生产及环境保护人员优化资源配置、降低水环境污染提供指导。

2. 农田灌区面源污染监控及预报系统构成

"农田灌区面源污染监控及预报系统 V1.0"主要包括四大模块：监控区域及监控点配置模块，采样数据输入模块，历史数据查询模块，数据统计及分析模块。各个模块共同维护一个数据库文件，可进行实时数据共享。

主界面和代表性界面展示，如图 6-58 至图 6-61 所示。

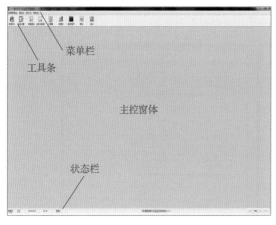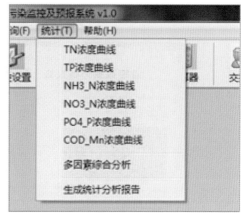

图 6-58　灌区面源污染监控及预报系统主界面

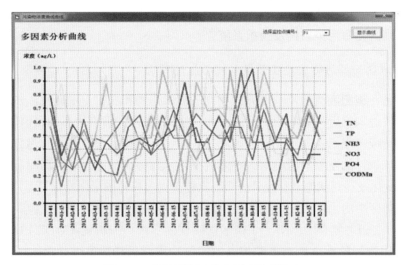

图 6-59　灌区面源污染多因素结果输出

图 6-60　灌区面源污染监控及预报查询系统

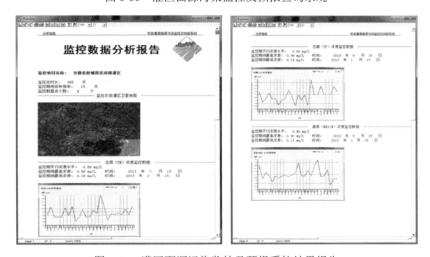

图 6-61　灌区面源污染监控及预报系统结果报告

参 考 文 献

[1] 左东启, 顾兆勋, 王文修. 水工设计手册(8)[M]. 北京: 水利电力出版社, 1984.

[2] 陈毓陵, 王靖波. 灌区量水方法及应用对策[J]. 水利水电科技进展, 2000, 20(6): 39-42.

[3] 张华, 陈凤, 黄勇, 等. 基于动量守恒原理的量水设施——动量式流量计的研制[J]. 节水灌溉, 2012, (2): 5-8.

[4] 王沛芳, 饶磊, 王超, 等. 一种跌水冲击式灌溉水量计量及自动闸门一体化装置: CN104895028A [P]. 2015.

[5] 饶磊, 王沛芳, 钱进, 等. 一种适用于灌溉沟渠的倾角式水量计量装置: CN104913820A [P]. 2015.

[6] 饶磊, 王沛芳, 王超. 一种自翻斗式灌溉水量计量装置: CN108548581A [P]. 2018.

[7] 王沛芳, 饶磊, 王超, 等. 一种田间灌溉的栅板式水量计量及控制装置: CN104897216B [P]. 2015.

[8] 王沛芳, 饶磊, 王超, 等. 一种比流量式灌溉水量计量及控制装置: CN105010095B [P]. 2017.

[9] 李银才, 周喜忠, 吕麟, 等. U 形渠道简易测流方法研究[J]. 农业科学研究, 2012, 33(3): 41-43.

[10] 戚玉彬, 张月云, 罗江海. 小型 U 形渠道适宜量水设备浅析[J]. 中国农村水利水电, 2007(12): 71-73.

[11] 王沛芳, 饶磊, 王超, 等. 一种自升降式灌溉水量精确计量及控制装置: CN104881051B [P]. 2017.

[12] 饶磊, 王沛芳, 王超. 一种内筒限位型灌溉水量计量装置: CN109060062B [P]. 2020.

[13] 饶磊, 王沛芳. 一种旋转启闭式灌溉水量计量装置: CN1091152B [P]. 2020.

[14] 张日勇. 灌区闸门远程自动化控制系统[J]. 中国新技术新产品, 2011, (2): 39.

[15] 霍仲四. 闸门自控系统在灌区的应用[J]. 吉林水利, 2012, (5): 33-35.

[16] 曾国雄. 一体化测控闸门自动化系统在疏勒河昌马灌区的应用[J]. 水利规划与设计, 2014, (5): 41-45.

[17] 饶磊, 王沛芳, 欧阳倩, 等. 一种适用于农田排水沟渠的间歇式生态净化池: CN104129884B [P]. 2016.

[18] 刘春花, 彭渐华. 自动控制闸门: CN2147264 [P]. 1993.

[19] 陈都灵. 水位自动控制闸门: CN2137000 [P]. 1992.

[20] 邓升, 余雷, 孔琼菊, 等. 一种自动控制灌区闸门启闭的装置: CN205804304U [P]. 2016.

[21] 陈国杰, 周大奇, 王建中. 智能型太阳能供电水稻田水位自动控制闸门: CN203188189U [P]. 2013.

[22] 唐鸿儒, 刘丽君. 泵站计算机综合自动化系统设计要求研究[J]. 水利信息化, 1999, (2): 29-31.

[23] 陈虹, 唐鸿儒. 大型泵站综合自动化系统方案研究[J]. 中国农村水利水电, 1998, (8): 32-34.

[24] 刘文程. 一种水稻田抽排自动控制水泵系统: CN205714699U [P]. 2016.

[25] 汪义旺. 太阳能光伏水泵自动控制装置: CN103775323A [P]. 2014.

[26] 宋士合, 明道军, 刘传贵, 等. 水稻田水泵开闭自动控制系统: CN203982217U [P]. 2014.

[27] 贾新. 一种升降式农用自动水泵: CN106286250A [P]. 2017.

[28] 梁新强, 李亮, 毛文俊, 等. 一种淹水稻田自动控制泵站灌溉简易装置: CN104025978A [P]. 2014.

[29] 周久先. 自动高效新型管灌节水系统[J]. 中国农村水利水电, 2000(12): 6-7.

[30] 王春堂, 王世夔. 管灌区田间水肥一体化自动渠槽管灌溉系统: CN205142866U [P]. 2016.

[31] 宋士合, 刘传贵, 刘晓辉, 等. 农田灌溉自动控水系统: CN202340558U [P]. 2012.

[32] 刘俊立, 刘晓燕. 一种灌溉用水利管道系统: CN206402832U [P]. 2017.

[33] 徐燕, 仲兵兵, 陈宗桥, 等. 一种农业水利用的农田灌溉管道: CN206517921U [P]. 2017.

[34] 高伟增. 灌区水量优化配置理论及计算机管理决策系统研究[D]. 咸阳: 西北农林科技大学, 2008.

[35] 赵丹, 邵东国, 刘丙军. 灌区水资源优化配置方法及应用[J]. 农业工程学报, 2004, 20(4): 69-73.

[36] 马金珠, 高前兆. 西北干旱区农业灌溉水资源优化分配的DDP模型[J]. 兰州大学学报(自然科学版), 1998, (3): 145-150.

[37] 胡敬鹏. 都江堰灌区渠首水资源优化配置研究[D]. 成都: 四川大学, 2006.

[38] 周必翠. 宿迁市沿运灌区水资源投入产出与优化配置模型研究[D]. 扬州: 扬州大学, 2008.

[39] 徐建新, 冯跃志, 黄强, 等. 季节性河道引水灌区优化配水研究[J]. 灌溉排水, 2000(2): 23-26.

[40] 陈晓楠, 段春青, 邱林, 等. 基于粒子群的大系统优化模型在灌区水资源优化配置中的应用[J]. 农业工程学报, 2008(3): 103-106.

[41] 赖明华. 灌区生态需水及水资源优化配置模型研究[D]. 南京: 河海大学, 2004.

[42] 河海大学, 软件著作权, 净污型生态多孔丁坝智能优选评价系统 V1.0, 2018.

[43] 河海大学, 软件著作权, 农田灌区水量监控及调配信息系统 V1.0, 2016.

[44] 河海大学, 软件著作权, 农田灌区水量计量及远程控制系统 V1.0, 2016.

[45] 河海大学, 软件著作权, 灌区农田肥力及土壤温湿度自动监控系统 V1.0, 2016.

[46] 河海大学, 软件著作权, 灌农田灌区面源污染监控及预报系统 V1.0, 2016.

第7章　生态节水型灌区综合管理

生态节水型灌区建设目标任务明确，要实现制定的目标，不仅需要基础理论指导、技术设备支撑和信息智慧调控，而且需要符合社会经济发展水平和现实体制机制的综合管理。本章在介绍我国传统灌区管理模式和特点的基础上，分析生态节水型灌区运行特点和管理要求，提出生态节水型灌区管理体制和运行机制，建立科学合理高效的管理模式，并给出管理效益的评估方法，为生态节水型灌区有效管理提供支持。

7.1　传统灌区管理模式和特点

灌溉在中国农业生产中的地位十分重要，每年灌溉面积上生产的粮食占全国总量的3/4，生产的经济作物占90%以上。灌溉事业取得的巨大成就，为保障中国农业生产、粮食安全以及经济社会的稳定发展创造了条件。长期以来，我国一直在探求灌区的管理模式，通过完善灌排系统，改进灌溉管理模式，不断完善灌区节约用水和高效用水，保障我国农业生产的稳产高产。

7.1.1　我国传统灌区管理模式

1. 灌溉行政管理体制

我国灌区的灌溉管理在行政上是由各级政府的水行政主管部门负责。水利部是中央一级的水行政主管部门，主要负责全国农业灌溉的行业指导和灌区规划建设的宏观管理。市(地区)水利局或县水利局负责大多数灌溉工程的管理，受益范围跨两个市以上的大型灌溉工程直接由省水利厅管理。我国的大中型灌区大多数采用专业管理与农民集体管理相结合的管理形式[1]，如图7-1所示，即由同级人民政府成立灌区专管机构，如灌区管理局等，负责支渠(含支渠)以上的工程管理和用水管理；支渠以下由受益户推选出来的支斗渠委员会或支斗渠长进行管理，支斗渠委员会或支斗渠长受灌区专管机构的领导和业务指导；小型灌区基本上采取农民集体管理，即由受益户直接推选管理委员会或专人进行管理。

2. 灌区的民主管理

灌区在专业管理机构的统一领导下，实行民主管理。灌区经过民主协商选举代表，成立灌区代表会，代表中一般包括用水户代表、管理单位代表、地方政府代表和有关部门的代表，代表一般任期3~5年。灌区代表会是灌区最高权力组织，每年至少召开一次会议，听取专管机构工作汇报，审查灌区的长远规划、年度计划、经费预、决算等重大事项。灌区代表会通过协商产生灌区管理委员会，是灌区代表会闭会期间的权力机构，

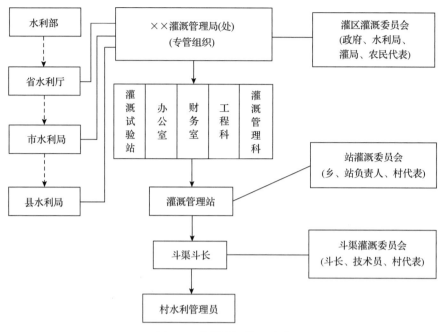

图 7-1 我国灌溉管理形式

代行灌区代表会的一切职权。支渠以下至田间的灌溉工程管理由灌溉管理站、斗渠斗长及灌溉委员会负责。乡、村集体管理的小型灌区则由受益户直接推选委员会进行管理；农户自建自用或几户农民合作兴建和使用的小塘、池、井等工程，由农户自己管理。这些民主管理形式与国际上受到重视的用水户参与灌溉管理有相似之处。但由于过去我国长期受计划经济影响，造成灌区管理权力过多地集中在专管机构，灌区管理委员会作用没有得到充分发挥，农民参与程度较低。

3. 自主管理排灌区模式

针对以往主要由政府参与灌区管理出现很多管理方面的不足，我国又推行了自主管理排灌区(SIDD)的模式[2]，如图 7-2 所示，即让广大用水户参与到灌区管理中来。SIDD包括供水公司(WSC)和农民用水者协会(WUA)两个基本元素，SIDD 通过组建供水公司(WSC)和农民用水者协会(WUA)，实行"公司+协会+农户"的组织形式，建立符合市场机制的供用水管理制度，实现用水者自主管理灌区水利设施和有偿用水，保证农业水资源的可持续发展和灌区的良性运行。供水公司按企业机制运行，自负盈亏；农民用水者协会是由农民用水户自愿组成，民主选举产生的非营利性管水用水组织。

4. 灌区有关的法律、政策

我国的农耕文明历史悠久，灌区管理制度的形成也由来已久。特别是近年来，随着科技和管理能力的提升，我国灌区管理的制度、法律、政策也越来越全面。当前，灌区有关的法律、政策主要有《水法》《农业法》《农业技术推广法》《小型农田水利和水土保持补助费管理规定》《水利工程水费核订、计收和管理办法》《灌区管理暂行办法》等。

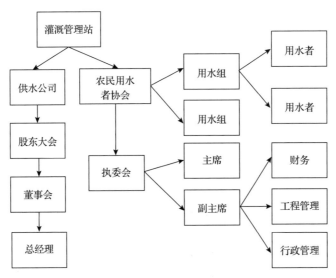

图 7-2　自主管理排灌区模式

7.1.2　传统灌区管理模式的特点

传统灌区管理的主要任务是生产更多农产品，满足人的需要，追求生产能力的最大化；在灌排系统的功能上调配水量和提高水的利用率；在灌区工程形式上注重实用和经济。重视灌区水利工程建设和农业经济效益是传统灌区建设和管理的指导思想。传统灌区管理运行过程中常呈现以下特点[3,4]：

1. 水资源利用系数低

我国传统灌区在管理工作中都处于粗放式的管理，无论是田间工程还是渠系统工程都存在着不配套及严重抢修的情况。由于损坏的程度较大，所以输水过程中导致大量的水量损失，使灌溉水利用系数较低。而一些节水新技术还没有得到大范围的推广，因此传统灌区还无法有效的满足农业生产的需要。

2. 灌溉渠道破坏较为严重

传统灌区渠道受破坏情况严重，存在着被侵占、侵种和人为破坏的情况。部分渠道则成为各类垃圾的倾倒场所，从而导致渠道淤积无法应对一些紧急排灌的要求。不仅无法满足基本的排灌需求，同时也严重地影响到当地群众的利益。

3. 基层排灌设施损失严重

在传统灌区管理中，位于农村的灌区由于缺乏规范性的管理，灌区内的各种机电设施存在着被盗的情况，使灌区的使用功能受到影响。因而在部分地区会在不进行灌溉时将电力设备管理拆下，后另行保管，而在使用时再重新装上这为灌溉工作带来了较大的不便。

4. 管理手段较为落后

在传统灌区管理中，引水计量设施采用常规的人工方式测报，监测、控制能力差；汛情、水情、雨情、旱情等信息依靠人工观测为主，电话传递；闸门启闭人工操作；渗漏、裂沉降等全部人工观测。调度管理和决策指挥的手段落后，信息资料的统计主要依靠人工计算，分析及预测仍以经验为主，供水计划手工编制。落后的管理技术，限制了灌区效益的发挥：在干旱年份，难以实现灌区有限水资源抗旱减灾效益的优化；洪涝年份，水雨情信息滞后增加了工程防汛保安难度；特别是在淠史杭灌区水资源总量有限的情况下，传统的技术模式难以满足灌区可持续发展的需要。

5. 用水户参与管理模式存在问题

在传统灌区管理中，为了让群众积极加入灌区管理而采用的用水户参与管理模式，虽然与以往单一行政管理主导相比有一定的积极作用，但是各方面还不够成熟，存在着很多问题。第一，灌区的产权不明晰，行政干预仍难摆脱，协会成员与负责人非民主选举。产权没有明晰，上级行政单位对供水公司、用水者协会的行政干预很难摆脱；用水者协会虽以水文边界划分，但分会仍以行政村成立，因而村级行政干预用水者协会的现象也大量存在。导致对灌区工程以后的改造、投资带来难度。第二，WUA(用水者协会)难以做到经济独立，农民看不到切实的利益，导致运行中不能完全代表农民利益。首先，水费的收取存在问题，水价还未完全到位，也没有实现100%的水费收缴率。绝大部分用水户协会并没有水费收集权，还是由村委会统一收集，而协会主席根本无权收集水费。其次，灌区的产权应按照"谁投资谁所有"的原则界定，可农民不愿承包小型农田水利设施。第三，无法真正将权利交到农民手上，农村基层公共管理机构拥有大量处理公共事务的权力，还拥有土地的控制权，村委会不愿意放弃收取税费的权利，用水户协会由于其影响力有限，无法与基层公共管理机构协商。第四，农民、协会成员以及负责人缺少善于用水和维护自身权益的意识。

6. 造成大面积生态环境问题

(1)传统灌区超量引水使河流生态用水得不到保障。灌区的发展加上其他行业的用水增加，致使不少河流引水率迅速提高。水资源的过度开发，挤占了生态用水，部分地区已造成生态恶化的后果。

(2)污染物质过量排放对灌区水生态系统造成不利影响。灌区内各类大量废(污)水未经处理或尚未达标就排入灌溉排水系统，也有直接排放到农田，严重影响了灌区生态系统健康，造成土壤板结、盐碱化，作物性状降低，减产甚至绝收，部分地区土壤重金属污染引发了严重的食品安全问题和生态安全问题。水生动物、植物、微生物种类和数量不断降低甚至绝迹。

(3)灌区高密度的水利工程建设影响水生态系统的天然净污能力。灌区闸坝工程的兴建，灌溉渠系的硬质衬砌和顺直化，改变了灌区水生态系统的生态环境，使原有水生态系统退化、灌区净污能力下降。

(4)部分地方的外来生物种如空心莲子草和水葫芦随沟渠蔓延,对本土生物多样性和水生态系统造成巨大威胁,已到了难以控制的局面。此外,人民群众对生活质量的要求越来越高,人们在满足物质生活需要的同时,对灌区的景观环境也提出了越来越高的要求。

7.2　生态节水型灌区运行特点

生态节水型灌区建设目标和内涵与传统灌区有显著差别。生态节水型灌区不仅要保障农作物生长的灌溉排水需要,而且要确保水资源节约和循环利用及生态环境系统健康安全。这种目标要求生态节水型灌区运行具有更为明显的特点。

7.2.1　生态节水型灌区的特点

生态节水型灌区实质上是一个生态上自我维持,经济上良性循环的系统,该系统能够长期不对周围环境造成明显的改变并具有较高的生产力,同时能够保持和改善内部的动态平衡。通过在灌区中科学合理地安排生产结构和农作物的品种布局,提高太阳能的固定率和利用率,合理地开发和调配水资源,适时适量地供水,提高水的利用系数和产出效益,从而把自然生态系统的资源优势转化为经济优势;再通过经济的发展反哺自然生态系统(包括涵养水源、回灌地下水,建设人工生态林及人工湖泊、湿地等措施),增强自然生态的优势,使生态环境资本增值。通过这样的循环往复,使灌区生态建设走上相互依存、相互促进、良性循环的轨道,实现灌区生态效益、社会效益、经济效益的共赢。生态节水型灌区是传统型灌区的继承和发展,与传统型灌区相比,它的基本特点是[5]:既拥有当代较高的生产力,又能实现与生态环境的协调发展,具体表现为现代性、发展性和协调性三大特点。现代性是指用现代社会理念和先进科技成果指导灌区建设,灌区技术装备凝聚着社会进步的新成果;发展性是指生态节水型灌区的要求不是一成不变,而是随着社会经济的发展不断变化和发展;协调性就是要求灌区不仅要提高和巩固生产能力,而且要处理好与生态环境的关系,二者紧密结合,协调发展,生态节水型灌区的协调性是灌区发展和实现现代化的基础。

7.2.2　灌区信息化管理

生态节水型灌区通过 3S、通信、网络等技术的利用,实现灌区管理自动化、信息化、精准化和智慧化。通过对灌区水资源需求、水土环境变化、水肥药管理等实现动态性、实时性监测管理,从而为实现科学管理提供设备保障。生态节水型灌区建立了信息化管理与维护系统,能够避免人为干扰。生态型区科学先进的管理系统以灌区的信息化为基础,通过应用高科技智能化设备对灌区信息自动采集,经综合数据库进行管理和计算机系统处理、反馈信息,形成对事物发展的前瞻性看法,从而实现对灌区自动、精准、及时的科学管理。同时完善的维护系统,保证灌区管理系统的正常运行。具有科学先进的管护系统是实现生态节水型灌区节水高效、环境安全、生态健康、可持续发展的有效途径。

生态节水型灌区建立的信息采集系统，可以实现灌区水管理的自动化、信息化，保证水利、环境、生态信息网互联互通，实现对灌区各地的雨情、水位、流量、水质、灌溉排水系统闸泵水量、沟渠水环境质量、农田土壤墒情、农作物生长过程、区域生物生态等信息的自动监测、定期巡查、数据采集、传输和处理。生态节水型灌区建立的水情预测系统，根据历史水文、气象资料、水质资料、信息采集和数学模拟系统，通过分析和模拟计算进行来水量和水质预报，利用先进的计算机技术参与灌溉用水优化调度和统一管理，对灌溉设施运行实行自动化和半自动化调控，实行计划用水、科学灌溉和节水减排，以促进水资源效能的最大发挥。生态节水型灌区建立的灌区环境监测和生物生态调查系统，对灌区沟渠河流湿地水环境与水生态等信息进行实时监测、定期调查、及时反馈和有效预警，为提高灌区管理水平与效率提供有效保障。

7.2.3　生态系统动态平衡

灌区生态系统是指在整个灌区空间范围内，以农业生产和人居环境质量为导向，以农业生物为主的各种生物成分和非生物成分组成的"人工-自然-社会"复合生态系统。主要有农业生态系统、沟渠河湖和湿地生态系统、林草生态系统。

1. 农业生态系统

由农业环境因素、农作物、各种动物和微生物等要素构成。主要承担生物生产、提高产品品质和改善人民生活质量、气候调节净化、土壤保持、水分调节、养分循环与贮存、维持生物多样性及基因资源、传粉播种、病虫草害控制以及景观价值服务等多重生态服务功能。

2. 沟渠河湖和湿地生态系统

由灌区内输水渠道、排水沟道、水库、塘坝、河流、湖泊、沼泽、湿地等要素构成。主要承担输水排沙、调洪蓄水、水资源蓄积、水质净化、生物多样性维持等生态服务功能。

3. 林草生态系统

林草生态系统由乔、灌、草及相应的动植物等要素构成。主要承担涵养水源、气候调节净化、景观价值、土壤保持等服务功能。

维护生态平衡是灌区的基本任务，生态节水型灌区运行管理过程中，要借助智慧管理系统，调控保障生态系统的动态平衡。生态节水型灌区运行后，改善了水环境，转变单一的作物生态系统为农、林、牧、渔协调发展的复合生态系统。灌区蓄水工程形成的广阔水面，矿物质营养丰富，促进浮游动物、底栖动物和水生昆虫的大量繁殖，为鱼类繁衍生息创造良好条件，有利于渔业的发展。例如水稻田的养鱼、养虾、养蟹，也可通过渠道和人工迁移繁殖新的水生生物。生态节水型灌区的合理开发为生物的多样性创造了良好的条件。这种生态平衡使灌区能够源源不断地向人们提供各种丰富的农、林、牧、副、渔产品，保障适时适量和安全供水，保障系统内水资源的平衡，为城乡生产、生活和生态环境供水。

7.2.4　灌区污染物质实现自我净化

在生态节水型灌区综合管理中，要充分围绕污染物源头减量和灌溉排水系统自我净化进行运行管理。通常灌区范围之内人们生产和生活系统的复杂程度高，在实际运行过程中会产生和排放出点源和面源的废(污)水，携带大量的氮磷等营养物质进入到灌区水体，造成水环境质量下降和生态系统退化。除此之外，农作物生产过程中实施的农药喷洒措施同样引发环境污染问题。生态节水型灌区能够利用灌区的沟渠河道和水塘湖库等湿地系统以及排水系统各种技术设备，实现对污染物的自我消纳。通过生态工程的技术手段，提高系统内的自我净化能力，达到灌区污染物输出最小化。生态节水型灌区运行的过程中，通过完善的灌区水土监测系统、水肥药管理系统及缺失生态功能修复等，逐渐提高灌区的自净能力，实现灌区生态系统健康安全和良性循环。

7.2.5　水资源开发和调配科学合理

生态节水型灌区水资源需要满足农业用水、生态用水、生活用水、工业用水等多方面的需要，而且各方面对水资源的需求量都非常大，由于我国水资源总量非常的紧缺，因此我们必须通过综合管理，实现灌区水资源合理配置、有效调度和循环利用。生态节水型灌区能够通过多目标优化决策平台对水资源进行优化分配，通过灌区的各种水利工程和设备，对沟道、渠道、河道、坑塘、湿地里的调蓄水进行循环调度配置，达到灌区节水、循环利用、防涝、防旱、防渍、防碱的良好效果。

生态节水型灌区是对传统灌区的继承和扩展。较传统灌区而言，生态节水型灌区不但具备较高的生产力，还能实现灌区生态环境安全、水资源循环利用等的协调，其功能更复杂、更全面。当然，生态节水型灌区最重要的功能依旧是灌溉，在保证农业生产方面通过输水系统不断地向农田输送水资源。

生态节水型灌区管理中，可以借助一系列节水型措施和技术手段，通过尽可能少的农业用水来使农业生产效益最大化。通过合理的灌区坑塘和湿地系统，充分挖掘出灌区水资源调蓄能力，提高灌区水资源供水保证率；通过完善灌区灌排水管网/渠道系统，提高灌区水利用率，同时通过优化水资源配置、调整产业结构并尽可能采用先进的节水技术与措施，充分发挥水资源的综合效益，保证灌区经济发展和生态环境保护协调发展。

7.2.6　农业生产力增强

生态生产力代表着先进生产力的发展方向，随着生态节水型灌区的建设运行，为生态生产力的发展提供了更加广阔的空间和坚实的基础。生态生产力在灌区有丰富的内涵，特别是在生态脆弱的地区，要坚持生态优先的原则，这样才能使灌区各项生产力的发展成为有源之水。生态生产力就是在保护自然资源的前提下，合理利用开发资源，做到低消耗、低污染、高产出。在灌区有各种保护和涵养水资源的措施，比如节水灌溉、雨养农业、雨水积蓄利用、土壤水库、水肥耦合、作物调亏灌溉等技术。发展节水生态型灌溉是发展生态生产力的集中体现，这里节水灌溉是节约水量和水资源量。农业生产不仅是经济再生产过程，更重要的是自然再生产过程，因此必须服从生态系统中自然生命的活动规律。

生态节水型灌区拥有强大的生态生产力，以此促进农业生产是建设生态节水型灌区的中心目标。生态节水型灌区是遵循生态规律，能够创造出比自然生态系统更高的农业经济效益的复合生态系统；通过巩固基础性水利设施，增强了农业本身的减灾和抗灾能力，保护了粮食的安全；通过做好农业种植结构的调整，提高了作物的产量，进一步推动了经济的发展。通过科学技术和先进理念融入生态节水型灌区之中，实现粮食高产、生态安全以及节水之间的和谐，使水利事业促进农业增产、农民增收、农村经济繁荣。

7.2.7　景观价值优美

生态节水型灌区工程除了满足灌溉排水和生态环境的要求外，同时还是一项生态景观，具有极高的观赏价值。发展生态旅游业为生态节水型灌区经济发展开辟了一个新兴产业。高度的市场竞争和生活快节奏，使人们感到疲惫和窒息，因此也就产生了"回归大自然，返璞归真"的要求。

"天人合一"的水利工程及与之相关的工程技术，优美的灌区居住和生活环境，沟、渠、井、路、电、库、塘、田、林、园、村布置合理，田畴纵横，阡陌交错，绿树成荫，渠道水流清清，管理站环境幽雅，功能设施配套齐全，通过灌区工程与景观建设相结合，构建成了具有田园风光的生态节水型灌区。生态节水型灌区旅游资源十分丰富，有山丘、水库、河道、湖泊、湿地、沙漠、草原、溶洞、温泉等自然景点，它的景观特色以植物斑块、绿色廊道、自然生态环境和人工工程为主体，价值在于自然，魅力在于特色。造就了"世外桃源"的田园风光，使人产生一种"春来遍是桃花水，不辨仙源何处寻"之感。

生态节水型灌区在建设高标准农田、发展高效节水灌溉和排水净污的同时，提高了灌区生产、生活、环境、生态、景观的综合效益，大力倡导生态节水型灌区旅游业，将第一产业与第三产业有机结合，实现灌区环境美化与灌区经济良性发展。

7.2.8　突发事件的及时响应

生态节水型灌区之所以能实现人水和谐的可持续发展，另一个重要的原因是在运行时有应对突发事件的处置能力。灌区管理部门在管理时，借助先进的智慧管理系统，依据生态节水型灌区运行的实际情况，对可能发生的突发事件预先研究应对预案，确保灌区在发生突发事件时及时采取有效措施，使得生态节水型灌区能够在发生洪涝灾害、事故灾难等突发事件后很快恢复，从而能够极大降低对灌区生态环境与社会生产的不良影响，维护灌区生态安全。

7.3　生态节水型灌区管理要求

生态节水型灌区是传统灌区基础上发展而来的，它是指有可靠水源和引、输、配水渠道系统和相应排水沟道的灌溉面积，但是它不仅要重视农业的经济效益，同时更加重视经济效益与生态效益协调发展。生态节水型灌区的运行管理过程中，首先能通过灌区内的水利工程对灌区内现有的水资源进行合理地有效地调度，保证农业正常用水的同时避免水资源的浪费；其次生态灌区是一个生态平衡系统，它能够为农业生产提供持续的生态生产力，提高农业经济效益；最后，生态节水型灌区中，沟渠路田以及水利工程布局合理，生物多样性丰富，生态系统功能健全、稳定性良好，因而能够对农田退水中的氮磷以及可降解农药进行及时拦截吸收净化，并且能够对持久性有机污染物、重金属进行吸附、截留，避免大面积农业面源污染，对生态环境有非常重要的作用。

但是要想发挥好生态节水型灌区的作用，必须先做好灌区的管理工作。生态节水型灌区的管理工作是一项系统工程，做好生态节水型灌区管理工作对于保障国家粮食安全，增强农业综合生产能力，提高农民收入，改善生态环境，提高灌溉用水效率与效益，促进灌区现代化和农业现代化建设及区域经济发展都具有十分重要的意义。

针对以往传统灌区中建设、运行、维护、改造过程中出现的问题，以及生态节水型灌区运行特点，要想发挥出生态节水型灌区的功能优势，使灌区各项效益最大化，必须在管理中着重以下几点要求：第一，建立完善的灌区管理制度，建立合理的灌溉管理激励机制；第二，建立健全管理机构，制定合理的管理计划，明确管理责任；第三，生态节水型灌区的管理必须保证资金来源，加大政府投入力度；第四，让用水户参与到灌区的管理工作中来，建立农民参与管理决策的民主管理机制；第五，界定初始水权、培育市场主体、制定合理的灌溉水价，建立健全水费计算与收缴机制；第六，建立专业的灌区管理团队，注重灌区人才培养，增强灌区人才支撑能力。

7.3.1　建立完善的灌区管理制度，建立健全管理机构

灌区水利工程分布范围较大，后期的养护管理工作难度相对较高。为了确保生态节水型灌区的管理可以有据可依，有章可循，应该对灌区管理制度进行完善。在对灌区进行管理过程中，灌区管理单位可以通过召开相关的管理协调会议，与相关的负责人和管理人员共同商议管理办法，根据生态节水型灌区的特点、任务和目标，并总结管理工作经验及存在的难点和主要问题，提出科学合理的管理策略。在制定好管理策略之后，管理部门和单位还需要加强灌区管理方式的宣传力度，让用水户明确灌区管理的重要性，积极配合管理，保证灌区的正常运行、有序管理和科学配置。此外，还要加强办公制度，每项工作都按照规范的程序来执行，重大事项必须网上公示和公开，听取用水户主流意见，管理部门和单位要接受政府和用户的双重监督，自身也要安排专门的人员进行内部监督。在认真执行上级的政策制度的基础上，各个科室也可以从自身的工作实际情况出发，制定出符合自身发展的规章制度。之所以这样做，是为了使工作职能范围和工作程序更加明确。同时，也通过制定出的一套完整的工作制度和要求来使管理工作进行得更加顺利。

我国为了确保粮食作物高产稳产，国家承担农业灌溉供水工程的投资主体，各级政府一直高度重视灌区建设，当然国家各级行政部门也对灌区管理单位行使领导职能和行业管理责任，对其直接管理的包括灌区等水利工程管理单位有监督工程安全运行、资金使用、资产管理、干部任免等方面的权力。灌区管理单位具体负责水利工程的管理、运

行和维护，保证工程安全并发挥效益，这些工作还包括灌区水资源优化配置、循环利用、水环境保护、水生态维持修复及智慧管理平台运行维护等。同时，各级水行政主管部门要按照政企分开、政事分开的原则，转变工作职能，转变管理方式，给予灌区管理单位充分的自主权。当前，我国灌区管理模式应当首先建立健全管理机构，即根据自负盈亏和自主经营的理念构建企业经营模式，针对灌区工程运行、水费征收以及水资源调配等进行管理。同时，以村或者乡为单位建立用水协会，实施基层管理体系。我国当前灌区普遍存在"最后一公里"问题，即灌区骨干沟渠及闸泵工程由政府投入建设，工程较为完整和配套；而农田田间农毛沟渠和配水等工程投资主体是乡村和农户，受经济投入影响，工程建设和维护往往不到位，导致灌区工程整体效应难以发挥。因此，针对灌区"最后一公里"问题，以及权责不清和政事不分、投入机制不完善等管理问题，进行管理模式改善，尽可能减轻农民负担，实现全民参与的灌区管理制度。

7.3.2 制定合理的管理计划，建立有效的灌溉管理激励机制

由于很多确定或偶发因素都会对水利工程和灌溉工作的开展造成影响，所以必须在工作前，全面分析影响因素以及其可能带来的正面、负面效应，提出针对性的制定解决方案和措施。管理单位首先需要制定全面、有效的管理方案，将管理方案作为开展工作的基本依据和指导。特别有关水环境与水生态的现场监测要有计划及时更新到管理信息平台，保证管理控制方案与实际状况相一致，并且具有预测性，在实际的灌区管理工作中对计划进行适当的调整，使灌区在农作物高产稳产、水资源配置、水环境保护和水生态健康的同时，实现经济社会效益最大化和生态环境安全。

灌区管理应实现"单个"管理，而不是传统的"大锅"管理，使工作目标更为明确，工作思路更为明晰。在生态节水型灌区管理中，必须进行智慧网格化管理，即将整个灌区依次划分为各个独立的小区域，再将每个小区域的管理任务逐一分配给灌区相关管理人员或下属单位。灌区管理人员或下属单位要根据上级的指示来做好灌区的工作安排，还要从水利管理单位发展的实际情况为根本出发点，使灌区工作的更加顺利地进行，也就是每一项工作都能够有序进行，做好上传下达，实现中心枢纽作用[6]。

此外，传统灌区管理还缺乏相应的激励机制，灌区运营管理者的工资主要来源于政府财政支出，并不考虑为农户提供的服务质量，而且灌区管理者的职称晋升制度也不考虑农户的意见，使得管理者没有足够的机会深入到农户之中，从而无法获取灌区的精确信息。灌溉管理者只会关心和自己职位相关的信息，忽略了对原有设备和渠道的维护。激励不足会导致灌区管理者对农户的服务水平下降。因此，生态节水型灌区管理中，必须建立相应的激励机制，对灌区工作认真负责、业绩突出的管理者，给予相应的物质上和精神上的奖励。并且灌区管理者在进行晋升时，需要考虑到农户的意见，赋予农户一定的投票加分权利。

7.3.3 生态节水型灌区管理必须保证资金，加大政府投入力度

生态节水型灌区的水利与生态工程涉及范围相对较广，因而工程建设资金投入较大。生态节水型灌区设施建成后，后期管理工作的顺利开展仍旧需要充足的资金支持，例如

后期的改造扩建工作、维护保养工作、设备的采购等都需要资金支持。作为高投入低产出工程，在短期内生态节水型灌区不会获得丰回报，其价值是在长期稳定的灌溉中予以实现的，特别是节水和生态环境更具有社会公益性，不能也不应该仅仅按照经济收益来衡量。因此，加大持续的管理资金投入，是后期管理工作顺利进行的必要条件，也是保障生态节水型灌区总体目标实现的关键。在灌区管理过程中，如果出现资金的短缺，将会直接影响到水利与生态工程的后期建设、维护与更新，阻碍了灌区管理单位的发展，使得灌区的管理工作陷入困境。

目前我国灌区建设管理资金大多为政府投资为主，民营投资和农民投资为辅，且后两者所占比重较小。现今灌区建设的投资模式多种多样，但是民营投资和农民投资较少，主要还是以县级政府和中央财政的投资为主。政府投入是灌区管理模式中极为重要的一个环节。这是因为政府的投入能够确保灌区相关配套设施和灌溉设备的更新改造能够顺利进行。灌区首先应当积极争取政府投入，尽量确保政府预算和宏观调控能够将灌区配套建设资金和改造资金纳入。同时，也要争取民营资金投入，运用民营社会资金建设灌区农田灌溉排水工程，特别是许多民营企业对美丽乡村建设也十分感兴趣。例如，上海市崇明岛大型灌区的三星镇玉海棠农业生态有限公司会同中车集团山东机车车辆有限公司上海分公司，投入大量经费到农田水利与生态工程建设之中，并建立工程运维中心，借助智慧信息系统，管理崇明岛灌区的三星等镇范围的农村生活污水处理设备和农田灌排系统沟渠和闸泵设施。

7.3.4　用水户参与灌区管理，建立民主管理机制

为了更好地进行生态节水型灌区的管理工作，必须要完善灌区的管理组织。为此应该考虑以下几个方面的问题：第一，充分认识到农民在参与灌区管理工作过程中的重要性，在开展相关工作的过程中，需要提高农民参与的积极性，鼓励他们对灌区管理工作提出相关的意见。同时，灌区管理工作的相关内容要及时告知给当地农民，从而能够使得他们在进行灌溉或者其他农业生产劳动时，更好地配合灌区管理相关工作的开展[7]；第二，鼓励当地农民形成灌区管理的基层组织，一方面可以减轻灌区管理工作的内容，另一方面采用农民自治的形式，可以更好地根植于农民的组织中，了解他们的所需、所想，更好地开展灌区管理工作。让农民对其辖区之内的灌溉设施具有管理权和监督权，在管理制度和方案的制定方面具有决策权，在灌溉设施的使用方面具有收益权。农民通过参与到设施建设中来，形成一个完善的自我监督体系，基本建设成为包括：自我建设，民主管理、自我发展，科学自我服务以及民主监督的管理体系。这种管理方式有效地解决了用水户主体的缺位问题，确保了水利工程效益得到有效的发挥。

灌区管理过程中以农民用水者协会的成立作为突破口，构建民主管理制度和民主决策机制。在整个灌区管理模式中实现分级管理、分水源管理、分渠道管理等。让农民独立而民主的选出"农民用水者协会"的领导人。田间工程的管理则交于用水者协会进行管理，确保用水能够分配到户，实现水费收取和工程管理的科学化和标准化。

7.3.5　制定合理的灌溉水价，建立健全水费计算与收缴机制

我国水资源属于国家所有，但常变成部门或区域所有。初始水权界定不下来，水市场建立就无从谈起，灌溉水价改革就会遇到很多难题，节水的积极性不能很好地调动起来，水资源很难实现优化配置。当前，除了要逐步提高灌溉水价外，还要有相应的补偿措施，保证粮食生产和农民收入不受过度影响。一个很重要的方面就是要明确农业、工业、居民生活、生态用水权益。这是因为，随着经济发展，今后水资源由自然资源部门向其他经济部门转移是必然的，这也是水资源优化配置的要求。明确界定农业水权，对灌区建设和运行管理意义重大，农业用水权益转让给其他用水部门所得的收益可以用来补偿灌区建设和维护，特别可以用来支持农业节水和生态净污技术的研发和推广。

征足水费，用好水费，是确保灌区正常运行的关键。要想征足水费，必须制定合理的灌溉水价，建立健全水费计算与收缴机制，做好宣传，加大征收力度。首先必须借助于先进的精准水量计量设备，以精准水量计量，收费依据才能让多方接受，水费的征收要按量收取，落实好受益负担政策；其次要协调解决好水费征收过程中出现的各类矛盾。在考虑到用水户的实际承受能力的基础上，可以报请县、市财政批准，对相关的费用予以补贴，确保在保证灌区正常运行的基础上，尽量减轻农民的负担。灌区管理单位要认真落实收费责任制，用足用好水费征收政策，确保水费征收任务顺利完成，加强水费征收管理，提高水费收缴的透明度，确保水费足额征收到位。

7.3.6　建立专业的灌区管理团队，增强灌区人才支撑能力

以往在传统灌区管理过程中，由于灌区环境偏僻，工作辛苦，管理人员薪酬低，年轻专业性人才不都不愿意任职，因此专业人才留不住，导致了灌区人才出现部分断档。并且原有管理人员和技术人员工作热情较低，缺乏工作积极，影响灌区发展。

灌区的管理归根结底是人在管理，特别是生态节水型灌区管理需要高水平专业人才，如灌区人工湿地维护、智慧信息平台系统等。因此，建设专业的灌区管理团队，提高管理人员的基本素质十分重要。在生态节水型灌区管理中，要全面推行人员聘用制度，按岗聘人。通过引进社会资金、转变丰富经营机制，建立工程良性运行机制，提高收入，稳定人才队伍。通过招考、招聘等方式引进人才，优化人才结构。

灌区在运行期间可以利用空闲的时间对管理人员进行专门的业务培训、外派学习、观摩考察等，或者对管理人员进行轮流培训，加强对灌区管理知识的全面认识，充分理解生态节水型灌区管理与传统灌区管理显著差异和更高要求，通过不断业务培训提高管理人员的综合素质。当然对管理人员要建立相应的考核审查和竞争淘汰机制，对参加完培训的职工进行相应的考核，以加强职工对培训的重视和对管理知识水平的重视。另外，管理团队除却要有专业的知识文化素养和专业技能，还要有服务的意识。通过这些措施，在灌区中建立起优胜劣汰，能上能下，能进能出的人才激励机制，实行奖罚分明，能者多得、人尽其才的战略方针，并且适时为人才创造良好的晋升待遇机会，调动职工的主观能动性，使职工工作积极性高涨，工作热情大增，为灌区管理打下了良好的基础。

7.4　生态节水型灌区管理体制机制

灌区的服务对象是受政府保护的弱质产业——农业。在我国，农业生产力发展水平较低，作为农业基础设施的灌区，承担着保证国家粮食安全的基本任务，需要政府的保护和扶持。灌区受水资源、地形、地理条件限制，灌区具有天然的垄断性，供水范围和服务对象限定在有限的地域内；一般的私人资金因为无利润回报不会投向灌区；受天然降水丰枯和分布情况影响，灌区供水服务与经营管理有一定的自然风险性作为抗御自然灾害的农业基础设施和手段，生态节水型灌区更具有公益性；灌区面向社会，为千家万户提供服务，属于大型公共工程；灌区一般规模较大，投资多，不但农户无力建，一般的县市甚至省级财力负担也相当困难。因此。生态节水型灌区管理必须要从体制机制方面重点保护和政策倾斜。

7.4.1　生态节水型灌区管理

1. 灌区管理机构

国家所有制(国有经济)的大中型灌区常设管理机构管理局(处)是政府(水利部门)的派出机构，属行政隶属关系。内部常设机构一般有工程、财务、办公室等，外部一般都有分支机构如管理所(站)等，灌区机构设置如图 7-3 所示。部分灌区实行条条管理，灌

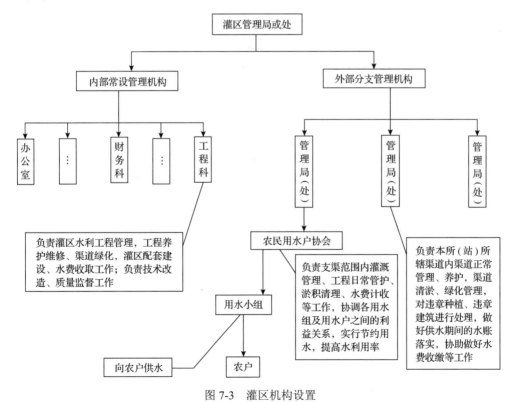

图 7-3　灌区机构设置

区管理机构管到干支渠，甚至有少部分灌区直接供水到农户；但也有部分灌区按规模和受益范围实行分级管理(块块管理)，即灌区的各级管理单位，按灌溉区域和行政区划隶属于各级政府管理，如都江堰、泾史杭等灌区的管理体制就属于此类管理模式。在灌区内部普遍实行的是民主管理、专业管理与群众管理相结合的管理制度。上级委派的灌区专管机构负责骨干工程及干支渠等(有的包括斗渠)的管理，斗渠以下工程由群众推选的管理委员会或专人管理。集体所有制(集体经济)的中小型灌区(小型水库、机电井、塘堰等农村小型水利工程大部分属于集体所有制)，由县(市)、乡(镇)村委派的机构或专人进行管理。在经营管理上大部分采取的是集体所有承包经营(包括租赁和拍卖经营权)模式，管理单位或农户向集体实行承包。还有的是管理单位(集体)统一承包，内部再由农户(个人)实行承包。

个体或私营所有的小(微)型水利工程主要指由农户或私营企业单独或联合兴建和购置的小(微)型水利工程设施，如机电井、小型提水机械、喷灌机、小型蓄水工程(塘堰、水窖)等，这类工程归公民私人所有并经营管理。

2. 灌区渠系管理

我国渠系一般按照干、支、斗、农渠进行分级管理。干、支渠多数由灌区管理局或管理处直接管理维护。由于我国灌区大部分建于 20 世纪 60 年代初期，其后又由于维修和改造不及时，致使工程日趋老化，部分功能丧失，灌溉效益处于衰减状态。1982 年后，许多灌区采取库水预分、定额奖罚的办法，由灌区管理单位统一负责，按受益乡、村的浇地面积，定量、定段地把渠系整修和清淤责任定到乡镇，任务落实到村，渠系的管理有了初步改观。近些年来，灌区管理体制开始改革，一些地方相继成立了农民用水户协会(WUA)，与灌区管理单位签订合同，接受委托直接参与渠系的管理维护。特别是 2005年以来，结合灌区节水续建配套项目建设实施的契机，许多灌区以支渠范围结合水文边界或行政边界大量成立用水户协会，协会主要负责支渠范围内灌溉管理、工程日常管护、淤积清理、水费计收等工作，协调各用水组及用水户之间的利益关系，灌区渠系的管理逐步得到加强和完善。

3. 灌区灌溉过程管理

20 世纪 60 年代，灌区灌溉基本处于大水漫灌状态，灌溉用水管理是典型的粗放型管理。70 年代起，随着农田基本建设的开展，灌溉条件有所改善，在用水上，本着"干渠续灌，支渠轮灌接近送远，照顾边缘"的原则，配水到渠段、到地片，灌溉秩序大有好转。80 年代后，各灌区健全灌区管理组织，成立灌区管理机构(管理局和管理站)，运用群管与专管相结合的管理机构，逐步完善蓄、供、用水的管理体系，实行集中水权、统一调度、计划供水、专人放水制度，逐步实现了按田分水、按方计费的灌溉用水制度，不断加强计划用水、科学用水、节约用水管理，收到了明显成效。

7.4.2　生态节水型灌区管理体制和运行机制

1. 灌区管理体制

我国大多数灌区管理实行专业管理与群众管理(用水户组织)相结合的管理体制。灌区专管机构是准公益性水利工程管理单位。鼓励受益单位和个人依法参与灌区管理。灌区按灌溉范围或水系组建专业管理机构,受益范围在一个行政区域内的灌区由该行政区水行政主管部门负责行业管理,受益范围跨两个以上行政区的灌区,由上一级行政区水行政主管部门负责行业管理。灌区设管理委员会,由政府或水行政主管部门负责组建。管理委员会由用水户代表、受益地区地方政府、灌区资产所有者、水行政主管部门、灌区专业管理机构法人代表和熟悉灌区管理的专家等方面人员组成。

灌区专业管理机构(局、处、所等)接受灌区管理委员会的指导,是事业法人单位,负责灌区日常运行管理和维护。其主要职责是:①宣传和贯彻执行国家有关法律、法规、方针、政策以及规章制度;②合理调配水源,严格计划用水,节约用水,推广先进节水技术,保护水质,防止污染,加强灌区工程管理范围内的水土资源保护,为用水户提供优质供水服务;③组织实施灌区续建配套和节水改造,承担所负责工程设施的管理和维护,确保工程设施良好、安全运行;④推进灌区管理体制和运行机制改革,加强机构能力建设,提高灌区管理水平,推进灌区现代化建设;⑤指导农村用水合作组织工作,组织召开灌区用水单位(户)代表大会,通报重大事项并听取用水单位(户)意见和要求;⑥严格成本核算,搞好水费计收、管理和使用;⑦利用灌区水土资源开展多种经营,提高灌区良性运行能力;⑧维护灌区合法权益,依法开展经授权的水政执法活动。

灌区斗渠及斗渠以下的工程,积极推行由农民用水合作组织管理。农民用水合作组织是非营利的农民互助合作、自我服务的农村专业合作组织。其主要职责是组织用水户管理,维护农田灌溉工程设施;向灌区专业管理机构申请购水,组织用水户公平、有序、高效灌水;向用水户收取水费并按合同向灌区专业管理机构缴水费。农民用水合作组织按渠系组建,实行独立的财务核算,民主选举负责人,建立完善的管理规章制度。涉及水费计收、渠系改造、用水户投工等重大事项,应征求全体用水户意见或召开用水户代表会议,按少数服从多数(三分之二以上同意)原则通过有关决议,并组织实施。

2. 灌区运营机制

(1)运营模式。大致分为以下 3 种模式:一是自收自支型事业单位模式,这是大型灌区普遍采用的模式;二是统收统支型事业单位模式,这种模式在少数灌区沿用;三是企业化(公司制)模式,这种模式常见于经济基础较好的地区。

(2)管理方式。灌区的管理方式主要有专管式和专群结合式两种。绝大多数灌区都采用不同程度的专群结合方式,一般以支渠为专群结合的分界线,支渠以上工程为专管部分,支渠及以下工程由乡镇水管站组织群众进行管理。

(3)水费计收。目前,水费收取方式主要有 3 种,一是由灌区下属机构直接向用水户收取;二是委托基层乡镇政府代为收取;三是委托用水户协会收取。水费计收方式主要有以方计收、以亩计收、以亩次计收、按抽水时间计收、以粮计收等方式。

7.5 管理模式和方法

7.5.1 灌区水利与生态工程的产权

1. 产权与工程产权

产权的直观意思就是财产的权利，表现为人与物之间的某种归属关系。作为经济学范畴的产权，常被视为在人对物的关系上人与人之间的关系。在今天人们普遍感到资源有限和稀缺的情况下，可以把产权理解为资源稀缺条件下人们使用或配置资源的权利，或者说，人们使用和配置资源时的一种规则。

在结构化的财产关系中，产权分解为四项权能，即所有权、占有权、支配权和使用权。所有权是财产权结构中最根本的权能，具有绝对性的主体权威性和排他性。占有权是对财产的实际拥有，一般情况下谁取得了占有权也就取得了实际支配权。支配权是决定财产投向和营运等的权能。使用权是财产投向已定前提下对财产的具体组织和运用的权能。在现代经济生活中，产权不仅有不同的分解和组合，而且在一定机制条件下，某些权利可发生转化，被赋予了新的社会形式，如在股份制企业里，所有权转化为股权，占有权转化为法人产权，支配权转化为经营权等。

2. 灌区水利与生态工程产权的界定

灌区水利与生态工程产权界定必须依据我国有关法律、法规和政策，遵循以下原则：

1) 谁投资、谁拥有产权

在产权界定中应追溯资产的初始投入资金的来源，按各经济成分根据"谁投资、谁拥有产权"的原则确定。

2) 兼顾国家、集体、个人三者权益

产权界定实际上是物质利益的界定，影响到每一个有关主体的切身利益。因此，要兼顾国家、集体、个人三者的利益，正确处理好三者的关系。

3) 维护社会主义公有制基础

国家通过多种形式、各种经济成分投入形成了巨额的资产是我国人民物质文化生活和社会发展的重要保证，是保障我国社会主义制度的物质基础。因此，产权界定时必须要以巩固、发展、完善社会主义制度公有制为出发点，防止和避免国有资产的流失。

4) 在资产界定中，没有法律依据划归为集体、个人所有的资产或无主资产，统一界定为国有资产

水利工程产权的具体界定，可按照 1996 年 1 月 27 日国家国有资产管理局、水利部国资产发[1996]5 号文"水利国有资产监督管理暂行办法"等文件进行。

对于由国家、群众投工、投料兴建的现有水利部门管理的灌区水利工程，1994 年

3 月 31 日以前建成的灌区水利工程，全部界定为国有资产，其所有权为国家所有。1994 年 3 月 31 日后，根据新的投资政策，灌区水利工程包括灌溉工程，投资多元化，除了各级政府投资外，还有集体投资和私人投资，并有明确的合资协议和投入份额。将政府投资的部分界定为国有资产，将集体投资的部分界定为集体资产，将群众(个人)投资、以劳折资的部分界定为群众投劳、投料资产，即该类灌溉资产应为国家、集体、个人共有资产。

3. 灌区水利与生态工程的产权

灌区水利工程产权的界定，可按 2003 年 12 月水利部水农[2003]603 号文"关于引发小型农村水利工程管理体制改革实施意见的通知"进行。根据该"通知"，小型灌区水利工程主要是指灌溉面积 1 万亩、库容 10 万 m^3、渠道流量 1 m^3/s 以下的水利工程和灌区供水工程。对小型灌区水利工程库容按以下原则界定其工程产权。

1) 以农户自用为主的小微型灌区水利工程

实行"自建、自有、自用、自管"的灌区水利工程，其工程产权归个人所有，由县级水行政主管部门统一监管，乡镇人民政府核发产权证。由国家补助金所形成的资产明确划归农民个人所有。

2) 受益农户较多的小型灌区水利工程

对于联户或自然村联合兴建的小型灌区水利工程，成立用水合作组织、协商解决出资、出工、出料及水费计收等事务；对于跨村或跨乡兴建的小型灌区水利工程，按照受益范围组建用水合作组织。由国家补助金所形成的资产明确划归用水合作组织集体所有。因此，该类灌区水利工程的产权为用水合作组织集体所有。

3) 村镇集中供水工程

以国家和集体为主修建的乡镇集中供水工程和跨村工程由工程管理委员会负责管理，工程管理委员会由县级水行政主管部门或委托乡镇水利站负责组建，成员由水利部门和受益乡、村代表组成。以国家和集体投资为主修建的村、组集中供水工程，由工程受益范围内的用水合作组织负责管理，经用水合作组织协商同意，也可由村民委员会或村民小组行使用水合作组织的职能。该类灌区水利工程的产权，国家投资部分所有权为国家，集体投资部分归集体所有。

4) 经营性小型灌区水利工程

向乡镇企业、果园、种植场、养殖场等供水的经营性水利工程，组建法人实体，实行企业化运作。个人投资的工程，工程所有权归投资者；多方投资入股的工程，实行股份制管理；国家对工程建设以补助金的形式形成的资产，可由乡镇水管站等基层灌区水利服务组织持股参与经营管理，也可卖给个人经营。

7.5.2　灌区的管理模式

根据我国多年来灌区管理体制改革的实践，生态灌区的管理模式有以下几种。

1. 用水合作管理组织

对集体所有的灌区水利与生态工程可采用用水合作管理组织模式。该管理模式可以由用水合作组织自己经营管理水利工程，如成立用水管理委员会、农民用水协会等，可以聘请具有一定专业技术、生产经验和经营管理能力的"能人"具体经营管理水利工程，受聘者直接对用水合作组织负责并接受其监督。

这种管理模式，从产权上来看，具有集体产权的特征，但它符合灌区的实际情况，农民在自主经营的同时享受到经济利益和体会到团队精神，发挥了灌区节水技术专业人才的作用，有利于实现灌溉专业化。例如，淄博市周村区彭阳乡的东阳夕村喷灌工程，村委副主任和有关人员组成灌溉服务组，设备统一保管使用，灌溉时期负责设备安装，统一服务，预收部分费用。

2. 承包经营

工程所有者通过招标、竞标等方式，将灌区水利工程的经营管理权委托给承包者，工程所有者与承包者签订工程承包合同，承包者按合同进行水利工程的经营管理，水利工程所有者对承包者进行监督与管理。水利工程承包者可以是用水合作组织内部成员，也可以是外部成员或组织。

这种管理模式在全民或集体所有权不变的基础上，按照所有权和经营权相分离的原则，以承包经营合同的形式，明确所有者和承包者之间的关系。该种管理方式，改变了生态灌区水利工程无人负责或责任不明确的状况，降低了对水利工程管护的监督成本，这种模式，刺激了承包者的积极性。但也应当看到，灌区水利工程承包还在有些地方存在工程的收益权受一些人为限制的现象，如不得改变工程用途等；灌区水利工程设施的管护权有分割现象，如维修费用的分摊问题；有的承包时间短，缺乏投资预期的激励，造成短期行为和破坏性生产。

3. 租赁经营

灌区水利与生态工程所有者通过招标的办法选定承租人，将水利与生态工程的经营权租赁给承租人并与其签订租赁合同，在合同期内，承租人自主进行生产经营活动，按期缴纳租金，并保证租赁期满时重新核定的工程资产达到合同规定的要求。承租期内允许继承，但不得擅自转。

租赁是一种市场化的产权模式，是以公开招标的形式，两个独立的产权实体，通过签订租赁合同，将灌区水利工程经营权在一定的期限内让给经营者的一种模式。

4. 股份合作经营

对新建的灌区水利与生态工程采用以资金、实物、技术、劳务等生产要素作为股份参与工程建设，或对已建工程通过资产评估，将工程资产划分为若干股，出售部分或全部股份，由两个或两个以上股东参与经营管理。该管理模式可参照股份制公司的管理模式进行。该管理模式采用股东大会、董事会作为决策机构，聘用专业管理人员进行管理，从而实现了股东参与管理、资产所有权与经营权的分离。股东既是资产的拥有者，也是管理者。股东按照章程或协议，以资金、实物、技术、劳务、设备等生产要素作为股份参股，共同拥有灌区水利工程的所有权和经营权，实行按劳分配与按股分红相结合，并留出一定比例的公共积累，用于水利工程的维修改造。

5. 拍卖

将灌区水利与生态工程的所有权或使用权公开竞价出售，有多个参与者竞争，在其他条件相同的情况下，最终卖给出价最高的购买者，由购买者自主经营管理。根据灌区水利工程设施的规模和资产的结构，可以只出售使用权，也可以全部或部分出售所有权。

需要强调的是，涉及地方人民群众生命财产安全的小二型水库，其所有权不允许拍卖，可按受益范围成立多种形式的用水合作组织；小型塘坝、泵站以及小型渠道等水利工程设施，允许实行承包、租赁、拍卖或股份合作等经营管理方式。

7.6　管理效果评判

7.6.1　灌区管理评估

开展灌区管理评估工作的目的是全面总结灌区建设与管理的经验和教训，综合评价在灌区实施项目取得的成效和存在的问题，为进一步加强灌区的建设与管理工作奠定良好的基础。采取的方法一般是通过听取汇报和座谈、分析资料、实地考察，以及走访灌区管理单位、受益农户等，完成相应评估工作。

评估工作主要涉及组织、资金、工程、灌溉管理和效益评估等。

1. 组织管理评估

组织管理评估是针对灌区管理单位的组织建设、制度建设、管理人员的构成，以及是否成立农民用水户协会等组织直接参与灌溉管理等方面进行评估，主要用来评估灌区管理中机构和制度建设是否能够满足灌区管理及运行的实际需要。

2. 资金管理评估

资金管理评估是通过对灌区资金预算、资金使用、资金管理、运行和维护成本费用等方面(包括人员和工程费用)进行评估，主要用来评估灌区资金管理是否规范，运行管理的资金来源是否有保障，成本是否合理等，从资金的使用管理角度来评价灌区管理质量和水平。

3. 工程管理评估

工程管理评估是针对工程设施管理、工程运行管理等方面进行评估，主要用来评估灌区工程设施的完好程度，以及工程管护措施、工程管理人员是否到位等。从灌区工程设施管理的角度评价灌区管理是否存在混乱或不规范，评价灌区管理质量和水平。

4. 灌溉管理评估

灌溉管理评估是针对灌区灌溉工程系统，包括干渠、支渠、斗渠、农渠等各个层面上的供水服务、输配水服务、对用水单位的用水测量管理等方面进行评估。主要评估灌区灌溉管理和灌溉服务水平，从灌溉管理的角度评价灌区管理水平。

5. 灌区效益评估

灌区效益评估是通过对灌区建设、生产过程中所创造的经济、社会、环境效益进行调查统计，综合评价灌区的效益水平。

7.6.2　灌区管理与效益快速评估方法[8]

灌区管理与效益快速评估方法可通过较短的时间科学系统地整理灌溉工程相关的资料（包括工程基础资料和现场调查资料），对灌区管理机构（管理局或管理处）、灌区职工、供水服务、灌区效益等进行快速评估，系统地反映一个灌区的管理水平、供水服务水平和效益。

中国灌溉排水发展中心近年来开发了一种快速评估方法——灌区管理与效益快速评估方法。介绍如下：

灌区管理快速评估方法包括一系列外部指标和内部指标，通过对内、外指标的对比分析，可为灌溉现代化改造提供决策依据。涉及的资料包括工程概况、管理运行状况，输配水情况、用水服务情况、灌区管理体制与运行机制等。有些资料是灌区的基础资料，有些资料则需要通过现场调查来获取。

灌区管理与效益评估涉及灌区管理机构以及灌区职工的主要评估内容见图 7-4。具体评估内容从工程概况、工程运行、灌区职工三个主要方面展开，分别对工程的管理、运行、供水服务、人员素质、政策保障等作出评估，从总体上反映灌区管理与效益情况。

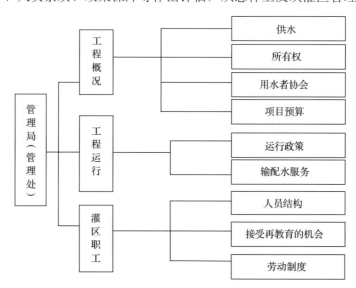

图 7-4　灌区管理机构和灌区职工快速评估内容

7.6.3　灌区管理与效益评价在快速评估体系中的作用

灌区管理及效益评价作为现代灌区快速评估方法的一部分，主要从灌区管理机构的制度建设、服务水平、职工工作积极性与能力建设等方面如何影响灌溉现代化，进行系统客观分析，是整个评价体系的重要组成部分，特别是可以提供以下方面的评价工作：

(1)确定工程与水量控制有关的关键因素。

(2)明确向用户提供的输水服务水平。

(3)审查在控制和配水过程中使用的硬件设施、管理技术和管理方法。

通过灌区管理评价，可以对评估灌区的现状管理水平作出客观判断，反映灌区管理中的薄弱环节、提出需要特别予以关注或重点建设的方面，为灌区现代化建设提供重要的决策依据或信息，并从灌区总体产出论述灌溉效益。

7.6.4　快速评估指标体系[8]

在灌区管理与效益快速评估方法中，最关键的是灌区管理及灌区效益评价指标体系，主要包括灌区作物逐月种植面积、作物产量和产值、灌区管理机构和灌区职工服务能力。通过这 4 项指标体系综合评价灌区管理及灌区效益情况。

1. 作物逐月种植面积

作物逐月种植面积主要是了解核实灌区内各种种植作物的种植面积。需要用户输入各月(按水文年月份填写)各种作物的种植面积(表 7-1)。

表 7-1　灌区作物逐月种植面积

作物名称		月份												当年种植最大面积
		1	2	3	4	5	7	7	8	9	10	11	12	
作物 1	K_c 值													
	种植面积													
...	...													

作物种类最多 17 种，前 3 种设定为水稻。每种作物有 2 行输入值，第一行为该种作物在当月的 K_c 值，它自动引用于工作表 1 的表 1，第二行为该种作物当月的种植面积，需要用户输入。

如果某一作物在某个月的 K_c 值大于 0.0，那么必须在第二行相应月份处输入这一作物在这个月的种植面积。表 7-1 中最后 1 列为作物在当水文年月中种植面积的最大值。

2. 作物产量和产值

作物产量和产值是调查了解灌区内各种作物的典型年产量和实际销售价格，并以此核算灌区农产品的产值。

需要用户输入各种作物典型年产量(单位：t/hm²)和产品销售价格(元/t)。当年每种灌溉作物的总产量=典型年产量×最大种植面积，农产品产值=该种作物典型年产量×最大种植面积×农户销售价格，年总产值为所有作物产值之和。

3. 灌区管理机构服务能力

灌区管理机构服务能力的评估可从工程概况、灌区预算、工程运行、输配水服务四方面进行。在与灌区管理机构进行充分调研沟通后，在灌区快速评估方法"灌区管理机构"中输入灌区名称、日期、工程概况等信息。工程概况包括供水情况、渠道所有权、采用货币、用水户协会、项目预算、工程运行、排水和盐碱信息等。灌区管理机构调查主要用来评估灌区管理中是否存在混乱。如果灌区的实际运行状况与灌区管理机构期望的状况不相称，那么就认为存在管理混乱的问题。管理混乱越少越容易实现管理现代化。

4. 灌区职工服务能力

灌区职工考核的主要内容包括人员培训、激励机制、人员罢免以及工作人员任务分工等资料，需要灌区管理机构提供。表格内容包括以下各方面：是否对工作人员进行了充分培训;是否有书面的工作准则;工作人员单独进行决策的权力;由于某些原因灌区解雇职工能力；由于工作出色对工作人员给予的奖励的机制。

灌区管理及灌区效益可通过这 4 项指标体系进行快速的综合评价，给管理机构一个总体和初步的评判依据，以便于对灌区的种植方式、种植结构、灌溉模式和服务管理方法及产值效益进行综合评估，指导后期的动态调整，达到灌区的综合效益最优的目标。

参 考 文 献

[1] 李代鑫. 中国灌溉管理与用水户参与灌溉管理[J]. 中国农村水利水电, 2002(5): 1-3.

[2] 陈晓坤. 中国灌区管理模式的探讨[J]. 人民黄河, 2002, 24(1): 26-27.

[3] 何平. 关于灌区管理工作中存在的问题及对策分析[J]. 民营科技, 2014(3): 95-95.

[4] 吴光明. 新形势下灌区管理与区域农业的协调发展研究[J]. 乡村科技, 2017(25): 83-85.

[5] 王超, 王沛芳, 侯俊, 等. 生态节水型灌区建设的主要内容与关键技术[J]. 水资源保护, 2015, 31(6):1-7.

[6] 顾青林, 邓元玲, 郭利. 加强灌区管理措施探讨[J]. 河南水利与南水北调, 2011(8): 40-41.

[7] 张海青. 浅谈灌区管理面临的问题和策略[J]. 民营科技, 2017(4): 114.

[8] 中国灌溉排水发展中心. 灌溉现代化理念与灌区快速评估方法[M]. 北京: 中国水利水电出版社, 2007.

第8章 生态节水型灌区建设规划应用实例
——江西潦河灌区

党的十八大报告明确将"大力推进生态文明建设"作为我国今后发展的重要战略。在党和国家生态文明总体战略部署的背景下，江西省委和省政府积极推进以"保护生态、发展经济"为重要战略构想，实施了江西省生态文明先行示范区和鄱阳湖生态经济区建设战略，明确对潦河灌区农业产业结构、资源节约和环境保护等都提出了新的要求。如何以生态的理念开展灌区建设和管理，实现经济可持续发展和生态环境保护协调发展，建设生态节水型灌区，是潦河灌区建设和发展中迫切需要解决的问题。为此，江西省水利厅潦河管理委员会委托上海勘测设计研究院有限公司、河海大学环境学院和江西省水利科学研究院，联合开展《江西省潦河生态灌区建设发展规划》，明确将潦河灌区打造成江西省一流灌区、全国生态型灌区的建设目标。潦河灌区是一座以灌溉为主，兼有防洪、排涝、水保等功能的大型灌区，是江西省兴建最早的多坝自流引水灌区，也是江西省重要的优质棉粮油产区，受益人口 26.1 万人。本章主要介绍由联合单位项目组专业技术人员完成规划报告主要内容，为生态节水型灌区建设规划提供案例示范。在河海大学环境学院课题组多年研究成果的基础上及在潦河管理局的直接领导支持下，由规划编制要求的设计单位上海勘测设计研究院有限公司主持，上海勘测设计研究院有限公司生态环境分院郭亚丽副总工程师及课题组成员、河海大学环境学院王沛芳教授及课题组成员以及江西省水利科学研究院许多技术人员共同努力，完成了报告文本，将此作为案例编入本书中，我们向相关专家表示衷心感谢。

8.1 综 合 说 明

8.1.1 项目背景与意义

1. 灌区基本情况

潦河灌区地处江西省西北部，是一座以灌溉为主，兼有防洪、排涝、水土保持等功能的大型灌区，也是江西省兴建最早的多坝自流引水灌区。灌区东西长约 65 km，南北宽约 40 km，总土地面积 706.25 km^2，具体涉及宜春、南昌两市下辖的奉新、靖安、安义三县 27 个乡、镇、场，受益人口 26.1 万人。

潦河灌区设计灌溉面积 33.6 万亩，防洪排涝面积 18.75 万亩，灌区现状水源主要为潦河。灌区内共分布有奉新南潦、安义南潦、解放、洋河、北潦、西潦南干、西潦北干共 7 条干渠，总长 152 km，设计输水能力合计为 57.4 m^3/s；干渠上共分布有 213 条支渠，总长达 540.1 km。灌区通过干渠各渠首拦河闸坝从潦河、北潦河、靖安北河上自流引水入干渠后引流灌溉，现状实际有效灌溉面积 25.4 万亩。由于干支渠局部渠段存在淤堵、渗漏、输水不畅等问题，加之管理设施不足，现状灌区输水效率不高，用水高峰期缺水现象较为突出；现状灌溉模式仍以传统的灌排结合模式为主，农业面源污染问题较为突出。

2. 项目背景及立项缘由

为了推动区域经济社会可持续发展，实现自然资源的合理开发和生态环境的改善，党的十八大报告明确将"大力推进生态文明建设"作为我国今后发展的重要战略。在党和国家生态文明总体战略部署的背景下，江西省委和省政府正积极推进以"保护生态、发展经济"为重要战略构想的生态文明先行示范区和鄱阳湖生态经济区建设。

潦河灌区是在新中国成立以后建立起来的。灌区建成受益后彻底改变了灌区内原有水利设施条件差、数量少、抗旱能力低、洪旱灾害频繁等不利状况。作为江西重要的优质粮棉油产区，60 多年来，灌区建设走了一条特殊的发展之路。灌区经济有了飞速的发展，发挥了巨大的经济效益和社会效益。在国家灌区建设的相关政策条件下，20 世纪 90 年代以来，开始有计划、有步骤地对灌区实施续建配套与节水改造，先后组织编制过《江西省潦河灌区续建配套与节水改造规划报告(2000 年 5 月)》、《江西省潦河灌区续建配套与节水改造项目总体可行性研究报告》(2013 年 12 月)对灌区发展布局和工程建设进行过系统规划和项目建设。但是，受制于资金投入、地方配套和建筑老化等因素，灌区工程运行还存在一定的安全隐患和不足。

随着经济社会的快速发展，江西省生态文明先行示范区和鄱阳湖生态经济区建设战略的实施，对潦河灌区农业产业结构、资源节约和环境保护等都提出了新的要求。如何以生态的理念开展灌区建设和管理，实现经济可持续发展和生态环境保护协调发展，建设生态型灌区，是潦河灌区建设和发展中迫切需要解决的问题。

为理清潦河灌区管理体制，进一步充分发挥灌区工程效益，促进灌区经济发展，2014 年江西省政府正式将潦河灌区划归江西省水利厅管理。为了推动潦河灌区经济社会和生态环境可持续发展，省水利厅提出了将潦河灌区打造成江西省一流灌区、全国生态型灌区的建设目标，这也为潦河灌区建设发展提供很好的契机。潦河灌区是一座以灌溉为主，兼有防洪、排涝、水保等功能的大型灌区，是江西省兴建最早的多坝自流引水灌区，也是江西省重要的优质棉粮油产区，受益人口 26.1 万人。随着经济社会的快速发展，江西省生态文明先行示范区和鄱阳湖生态经济区建设战略的实施对潦河灌区农业产业结构、资源节约和环境保护等都提出了新的要求。为推动潦河灌区经济环境可持续发展，以生态的理念开展灌区建设，建设生态型灌区，是非常必要和迫切的。

在上述背景条件下，为科学确定灌区总体发展战略，有效推动潦河灌区经济社会和生态环境可持续发展，实现江西省一流灌区、全国生态型示范灌区的建设目标，江西省潦河工程管理局组织开展潦河生态灌区建设发展规划编制工作。

8.1.2 规划范围、目标和水平年

1. 规划范围

规划范围为潦河灌区内 706.25 km² 的国土范围，具体包括宜春市奉新县 302.12 km² 和靖安县 68.83 km²、南昌市的安义县 335.30 km² 三个灌区片范围，其中灌区范围 33.6 万亩。

2. 规划目标

本次规划的总体目标为：

通过水土资源优化配置提高灌区实际灌溉面积至设计面积 33.6 万亩；灌溉面积由现状的 25.4 万亩提高至原设计的 33.6 万亩；通过灌区工程续建整治和生态化改造形成较为完善的生态灌排体系，农田排涝能力达到 10 年一遇标准，重点区域达 20 年一遇标准；近、远期灌溉水利用系数分别提高至 0.51、0.55；近、远期灌溉保证率由现状的不足 50% 分别提高到 75%、85%；持续改善灌区工程沿线生态环境质量，近、远期干、支渠生态衬砌率分别不低于 20% 和 50%；推进灌区管理体制改革，建立灌区工程长效管理机制，全面提升水利工程管理和公共服务能力；努力把灌区建设成为在节水截污、生态灌排体系方面具有示范效应的全国一流的生态型灌区。

3. 规划水平年

本次项目的规划期限为 2015～2030 年；现状基准年 2014 年；近期水平年 2020 年；远期水平年 2030 年；规划重点年 2020 年。

8.1.3 规划主要成果

围绕规划目标，本次规划主要从灌区现状调查分析、水土资源平衡分析与配置、生态灌区内涵及指标体系、生态灌排体系、灌区工程规划、系统监控与信息化建设及灌区综合管理共七个方面开展专题研究和总体规划。主要规划成果如下：

1. 潦河生态灌区内涵

潦河生态灌区是指在满足灌区基本的农业生产、防洪、排涝、水土保持等功能的基础上，具备水土资源利用配置合理、生态灌排系统布置完善、生态环境建设健康优美、管理运行体制创新高效的特征，满足灌区可持续发展、实现灌区"自然—社会—经济—生态"良性循环的现代化灌区。

2. 水土资源配置

规划通过种植结构调整和土地集约利用优化，提高复种指数，恢复灌区灌溉面积至设计 33.6 万亩。水资源利用按照"以需定供"的原则进行优化配置。2020 年，潦河灌区在各保证率下均能达到水资源的供需平衡，其中在 50% 保证率下灌区需从河道取

水 1.93 亿 m³，达到《江西省水量分配方案》的用水要求，90%保证率下需从干渠取水 2.54 亿 m³。2030 年，随着节水力度的加大，灌区总需水量较 2020 年有所减少，各保证率下均能达到水资源的供需平衡，其中 50%和 90%保证率下需从干渠取水 1.76 亿 m³ 和 2.15 亿 m³。

3. 工程建设规划

潦河灌区现状较为稳定的灌排体系格局和规模是灌区自运行以来历经多次续建配套、改扩建与节水改造建设而成。考虑本次的规划目标、灌区工程现状和工程规模复核成果，确定本次灌区灌排体系总体布局维持现状布局基本不变。为保障灌区骨干工程输水灌溉的基本功能发挥和生态灌区的建设要求，本次规划将现有工程的续建配套和节水改造作为基础任务，围绕灌区现有工程存在的问题和工程功能发挥重点开展水源工程、骨干灌排设施、支渠及以下渠(沟)系工程、田间工程建设。其中：

(1)灌区水源工程以各主要河道上的闸坝组成的七大渠首工程作为日常灌溉水源，设计输水能力合计为 51.8 m³/s；以相关的水库塘坝作为补充水源。规划以保障现有取水设施健全和功能发挥为主要目标，重点对存在坝体老化、冲刷严重、引水功能受损等问题的解放闸坝、西潦南干闸坝、西潦北干闸坝实施除险加固改造和重建工程并于近期实施，满足规划 33.6 万亩耕地灌溉要求。

(2)骨干灌排设施(设计流量在 1 m³/s 以上)主要为干渠渠道、排洪渠和骨干灌排建筑物。规划以保障骨干灌排工程体系健全、功能完善为目标，重点开展干渠渠道整治、排洪渠整治和灌排建筑物整治。

152 km 干渠渠段中，规划近期重点对存在坍塌、渗漏、淤堵等现象的 79.16 km 干渠渠段分 8 种典型类型采用生态化方式进行除险加固，远期逐步对 66.64 km 硬质化衬砌渠段分类采用生态化断面进行提升改造。

128.2 km 排洪渠中，规划近期重点对现状坍塌严重、泄洪不畅、农田冲毁等问题突出的 38.0 km 排洪渠段进行整治，对于现状存在不同程度的局部冲刷和淤塞、坍塌的 76.3 km 排洪渠段纳入远期整治规划。对于现状未整治的 70 条山洪沟，规划重点对入干渠口处 200～500 m 进行整治，重点保障骨干工程防洪安全。

灌排建筑物主要包括节制闸、渡槽、涵管、泄洪闸、跌水等。规划以解决建筑物安全性和功能性为首先目标，在此基础上兼顾生态灌区和现代化灌区建设要求，按照轻重缓急的治理原则，近期重点对存在结构安全隐患、功能严重受损的赤岸陈家等 23 座泄水闸进行拆除重建，对长老山等 4 座泄水闸补充新建闸室，对长老山等 4 座泄水闸进行电气化改造；对胭脂港渡槽等 2 座渡槽、11 座跌水进行拆除重建。远期根据建筑物结构情况和建筑物标准化建设要求逐步对历史建设年代久远、砼老化问题突出的 10 座节制闸、8 座渡槽、5 座涵管进行拆除重建，对 10 座跌水进行抛石消能加固。

(3)田间工程限于设计流量小于 1 m³/s 的灌溉排水沟渠、渠(沟)系建筑物、田间配水渠(管)道、集水沟(管)道及其沟(渠)建筑物、管件和灌水设施。本次规划以完善田间工程配套率、提高田间水利用系数、实现节水减污增效为目标，近期重点对已损坏的 13

座支渠进水闸实施拆除重建,对 59 座无闸进水口新建进水闸和水量计量设施,对 9.83 km 淤塞渠段和 7.86 km 衬砌破坏段进行整治,解决因淤塞导致的渠道过流断面不足的问题。远期逐步对 141 座现状仍能正常开启的进水闸增设水量计量设施并根据进水闸使用情况进行更新改造,对现状全断面硬质化支渠采用生态沟渠建设模式进行逐步改造,从根本上提高渠道输水和生态功能。

4. 生态环境建设规划

秉承生态灌区对潦河灌区发展的定位,围绕"供水水质保障、农业污染控制、安全防护及环境提升"的总体治理思路,重点开展农业面源污染防治、环境整治和改造提升、水生态文明三方面的建设。

针对灌区农业面源污染现状,重点通过规划指引推动产业结构调整优化和农业面源综合防控,通过鼓励推广水肥高效利用综合调控、虫害绿色防控、农药减量控害增效等措施从源头控制污染物输入;通过鼓励推广田间控制排水、田间排水受纳水体改造、生态排水系统灌排调度、"衬砌渠道—稻田—生态沟—河道湿地"模式、"低压管道—稻田—生态沟—湿地—泵站"循环利用模式、"河沟水流连通模式"等模式减少农田污染物排出,削减面源污染入河量。

针对灌区整体生态环境本底优越、骨干灌排工程沿线生态环境质量不高的现状,重点开展灌区环境整治和改造提升建设。主要建设内容包括:结合美丽乡村、水生态文明建设开展以环境整治、生态绿化为主要内容的村庄环境整治工程建设;开展以亲水平台和安防警示为主要内容的亲水及安全防护设施建设;开展以灌区渠首景观节点打造和渠系灌排建筑物视觉识别为主要内容的建筑物美化提升建设;开展以维护干渠基本生态功能为目标的生态补水工程建设。

针对灌区现状资源禀赋和水利风景区建设需求,重点推动开展灌区型水利风景区建设和水生态文明村建设。灌区水利风景区建设规划以 7 个渠首为核心景观节点,通过渠系、水系穿引串联,构成"七珠戏带"的水利风景格局。近期主要规划建设西潦干渠渠首风景区、北潦渠首风景区、解放大坝风景区和奉新南潦渠首风景区 4 个核心景观节点。结合灌区水利风景区建设需求,规划重点围绕规划水利风景区重要节点选择 4 个村庄进行水生态文明村自主创建和试点,远期在洋河大坝、安义南潦及干渠沿线全面推进水生态文明村自主创建。

5. 系统监控和信息化建设规划

在充分了解潦河灌区信息化现状、明确建设目标和需求的基础上,对灌区信息化建设的各项要素进行新增或完善,按照基础设施体系、业务应用体系、环境保障体系对灌区系统监控与信息化建设进行总体布局。

1) 基础设施体系

基础设施体系是灌区业务应用的支撑平台,是实现灌区信息资源共享与利用的基础。该体系主要可分为:信息采集和系统监控层、信息传输与通信网络层、信息管理与应用平台层(数据库)等内容。

A. 信息采集和系统监控层

该层主要由信息采集系统和工程监控系统组成,是灌区信息的获取端和管理决策的执行端,是灌区信息化建设重要的基础设施。

信息采集系统主要是通过对灌区各类信息进行自动化采集,用以支撑灌区各项管理业务。本次规划拟对潦河灌区灌排体系、灌溉区域等基础资料进行分析,结合灌区管理需求,选择、布局各类信息的监测站位,提出其布设点位、数量及功能要求,以较小的监测工作量最大化地反映灌区各监测信息的真实情况,为管理部门的科学调度决策提供可靠信息源。具体而言,需对灌区现有的水情、工情测报系统进行完善,并新增雨情气象、农情、墒情、水质、生态信息的采集系统。

监控系统的主要对象为闸控和视频监视,以实现灌区管理的自动化与远程调度。本次规划需要理清潦河灌区范围内的各类配水闸门的分布情况和重点关注点位,提出完善的闸控系统和视频监视方案。

B. 信息传输与通信网络层

该层主要包括信息传输系统、计算机网络两个部分,为各类信息或决策指令提供高速可靠的传输、交换通道。潦河灌区已于 2015 年升级更新了信息传输与通信网络硬件,实现了互联网、水利信息网和政务网"三网合一",本次规划主要提出与信息采集系统性能相匹配的优化方案。

C. 信息管理与应用平台层(数据资源子层)

该层是基础设施体系和业务应用体系的过渡层,具体来说可以分为信息管理与应用平台两个部分。其中,信息管理子层是整个灌区信息化业务应用系统建设的基础,解决的问题是数据储存与管理问题。就本次规划而言,其主要工作是在潦河灌区现有信息中心架构和数据库基础上进行完善。

2) 业务应用体系

A. 信息管理与应用平台层(应用平台子层)

应用平台子层提供统一的技术架构和运行环境,为各类灌区业务应用系统建设提供通用服务,为信息查询发布提供服务平台,主要由各类支撑软件组成。现状潦河灌区已初步建立了潦河灌区 LIS 信息管理平台,并开发了水情短信预警发布平台、公众信息服务系统、管理局网站等。本次规划拟在上述工作基础上进行应用平台、灌区信息发布和共享平台的完善。

B. 业务应用层

业务应用层主要包括面向灌区管理人员的各类日常业务管理系统和面向各类决策问题的决策支持系统两个方面,各项应用系统开发必须对灌区管理业务进行详细的需求分析提出。就本次规划而言,日常业务管理系统建设主要任务为:完善灌区工情巡查 GIS系统、测量水信息管理系统,新增灌区工程建设与运行管理系统、灌区水费征收管理系统等;决策支持系统主要为:防汛抗旱指挥系统、配水调度决策支持系统等。

3) 环境保障体系

由标准规范体系、安全保障体系和管理保障体系三方面组成。标准规范体系是实现各类应用协同和信息共享、节省成本和提高效率、保障具备系统不断扩充和持续改进能力的基础，包括行政规章、规范性文件、技术标准和技术指导文件以及其他技术文件等；安全保障体系是保障系统安全应用的基础，包括物理安全、网络安全、信息安全及安全管理等；管理保障体系是为信息化建设与管理提供机构、人员、资金、技术、制度等方面的保障。

6. 综合管理

为进一步理顺潦河工程管理局管理体制、统筹协调各方关系，充分发挥灌区工程效益，规划拟在目前潦河灌区实行的统一管理与分级管理、专业管理与群众管理相结合的管理体制基础上，进一步理顺灌区条块之间和条块内部之间的管理关系，明确各自的职责。主要规划内容包括：

(1) 强化水资源管理的职能，结合灌区信息化建设和管理应用系统平台开发，积极争取建立灌区水资源调度中心。建立起适应水资源和水利工程统一管理的、符合灌区发展要求的管理体制和运行机制。

(2) 继续深化水管体制改革，按生态灌区建设发展要求分类定性，定岗定员，对灌区骨干工程和末级渠系及建筑物进行产权认定，推进灌区管理主体与养护主体分离。

(3) 多措并举，推进农业水权水价改革工作。规划近期开展农业初始水权分配工作的试点，建立完善的市场化水价形成机制；远期逐步形成完善的水权分配交易制度和管理办法。

8.1.4　规划投资匡算

本工程总投资为 15.9779 万元，其中近期工程部分 54061.89 万元，远期工程部分 68900.20 万元，独立费用 15485.37 万元，预备费 20767.12 万元。

8.2　灌区现状调查分析

8.2.1　灌区概况

1. 自然地理

1) 地理位置

潦河灌区地处江西省西北部，位于宜春市奉新县、靖安县及南昌市安义县三县境内，属修河支流潦河流域，地理位置为东经 115°14′38″～115°38′32″，北纬 28°40′～28°54′21″。灌区地理位置见图 8-1 所示。灌区东西长约 65 km，南北宽约 40 km，总土地面积 706.25 km²，承担奉新县、靖安县、安义县境内共 27 个乡(镇)、林(渔)场的 33.6 万亩耕地灌溉任务，是一座以灌溉为主，兼顾防洪、排涝、发电的大型多坝自流引水灌区。

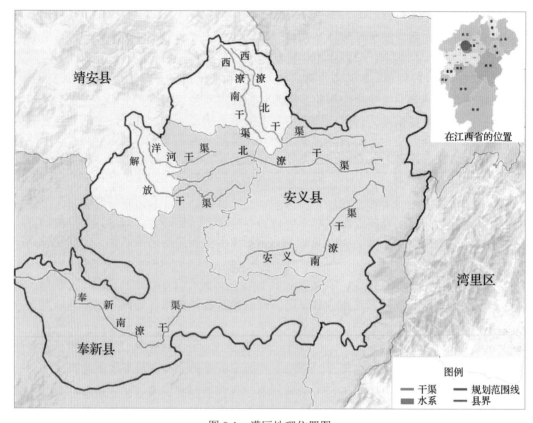

图 8-1　灌区地理位置图

2) 地形地貌、地质

灌区地形为马蹄形盆地，兼呈桑叶状，整个区域西高东低，地层出露以中晚元代花岗闪长岩为主。区域地形西北高峻，属九岭山脉隆起，海拔 1000～1700 m 不等，自西向东倾斜；南部主要为丘陵地形，与锦河分水；东部有西山梅岭与赣江分隔；中北部地势较低，海拔 20～40 m，为开阔的冲积水平原，属丘陵平原地貌。丘陵地势山头多呈馒头状，冲沟不发育，相对高差小于 50 m，地面标高 50～100 m。灌区内出露地层主要为第三系红岩系、第四系冲洪积层、雪峰期岩浆岩及混合岩等，区内上部土层主要为水稻土、红壤土、黄壤土及黄棕壤土。

3) 气象、水文

本流域属亚热带湿润季风气候区，气候温和，四季分明。夏季盛行偏南风，湿而暖，冬季盛行偏北风，干而冷。

流域降水量充沛，流域内多年平均降水量在 1500～1800 mm 之间。降水量年内分配不均匀，据流域各代表站统计，4～6 月多年平均降水量约占全年降水量的 50%左右。靖安以西的九岭山南麓一带，为全省四大多雨区之一，流域内降水常以暴雨出现，中心年均雨量在 2000 mm 以上。

流域内降水常以暴雨出现。夏季由于季风暖湿气流从海洋带来大量水汽，同时北方冷空气南下与暖湿气流交绥，锋面活动频繁，经常出现暴雨或大暴雨。暴雨历时以一天居多，长者达三天。一般由二次相互衔接的天气系统产生的暴雨过程历时较长，而由一次天气系统产生的暴雨过程较短。锋面雨历时较长，台风雨历时较短。

流域内各站实测多年平均蒸发量为 1378.3~1535.5 mm(E20)，多年平均气温在17.1~17.4℃，极端最高气温41.1℃(永修站2003年8月1日)，极端最低气温–15.8℃(奉新站1991年12月29日)，多年平均相对湿度79%~81%，最小相对湿度为8%(永修站1993年12月26日)，多年平均风速为1.6~2.2 m/s，最大风速23.0 m/s(靖安站1981年5月2日)，相应风向为东风。多年平均日照小时数1699~1812 h，多年平均无霜期256~276天。

区域内多年平均径流深约913 mm，以潦河晋坪站为最大，高达1277 mm。多年平均径流系数为0.56，径流系数在区域内分布以晋坪为最大，其值为0.66。

4) 流域水系

灌区范围内河流水系主要分布有修河流域支流潦河，潦河为修河下游右岸的最大支流，属宜春市北部九岭山脉的山区河流，详见图8-2。流域控制总面积4332.8 km²，分南、北潦河。南潦河(又称为潦河南支)发源于宜丰南端的找桥八迭岭，流经奉新、安义县于义兴口与北潦河交汇，控制流域面积1929 km²，全河长120 km；北潦河(又称为潦河北支)有南北两支，北潦南支(又称为北潦河)发源于靖安南角九岭山石沙坪，控制流域面积729 km²，北潦北支(又称为靖安北河)发源于靖安西端九岭山大武堂，控制流域面积724.4 km²，两支流经靖安、奉新县，合流后过安义县至义兴口，北潦河长130 km。潦河主流经万家埠至永修涂家埠附近注入修河，整个流域地形为西高东低，同时北西、南东四周均变高的一桑叶状马蹄形盆地。

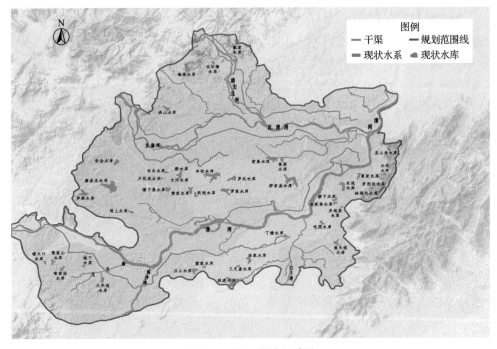

图 8-2　潦河流域水系图

5) 自然灾害

潦河流域是江西省的暴雨中心之一，灌区自然灾害主要为洪水灾害。由于潦河流域地形上游多山峦，山高坡陡，洪水汇流时间短，中下游河段多为浅丘陵接河谷平原，河道平缓，地形开阔，农田集中，南潦河、北潦河(北潦南支)、靖安北河(北潦北支)三河近于同一地理位置汇入干流，且三河洪水多为同步性遭遇洪水，干流河道洪水渲泄能力小，易于造成洪水泛滥。仅新中国成立以来就发生了 8 次流域性大洪水，给当地人民生命财产造成了极大的损失。

2. 社会经济

1) 行政、人口

A. 行政区域

经调查，潦河灌区涉及奉新、靖安、安义三县的 27 个乡(镇)、林(渔)场，奉新、靖安、安义分别涉及 8 个、13 个和 6 个。其中，奉新县包括赤岸镇、宋埠镇、冯川镇、干洲镇、干洲农垦场、上富东风垦殖场罗坊二分场、宋埠林场、宋埠农牧渔种场；安义县包括黄州镇、长埠镇、石鼻镇、鼎湖镇、龙津乡、东阳乡、长埠园艺厂、安义农科所、水产养殖场、渔种场、良种场、种禽场、鼎湖农科所；靖安县包括仁首镇、香田乡、靖安农科所、渔种场、园艺场、香田园艺场。

B. 人口

2014 年灌区内总人口 26.1 万人，其中农业人口 17.4 万人，农业劳动力 11.05 万人。

2) 灌区经济概况

A. 灌溉面积

灌区经济以农业经济为主，基本无工业，有少量的养殖业。灌区主要种植粮食作物是早稻和晚稻，全年的经济作物主要是棉花、油菜，其次是蔬菜、瓜果等，并有少量果园。潦河灌区行政区划内耕地面积共有 48.30 万亩(其中水田 40.76 万亩，旱地 7.54 万亩)。灌区现有设计灌溉面积 33.6 万亩(其中水田 29.16 万亩，旱地 4.44 万亩)，目前实际可灌溉面积 25.40 万亩(全部为水田)，由于灌区内水利设施老化，配套工程不完善，灌区工程性缺水灌溉面积 8.2 万亩，其中水田 3.76 万亩，旱地 4.44 万亩。

B. 产业结构

2014 年灌区早稻种植面积 19.57 万亩，晚稻种植面积 24.03 万亩，油菜种植面积 6.48 万亩，蔬菜种植面积 1.58 万亩，棉花 1.29 万亩，果园 0.87 万亩，复种指数为 2.12。灌区作物种植面积见图 8-3。

近年来，随着农业产业结构调整政策的实施，农业土地利用现状略有改变，农田种植其他经济作物(如农田种植柑橘、西瓜等)的面积有所增加，种植经济作物的农户在逐年增多，灌区内水产养殖和禽畜养殖业零星分布，但种植业和养殖业均没有形成规模化产业。

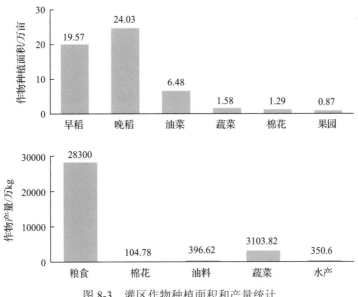

图 8-3　灌区作物种植面积和产量统计

C. 农业生产

根据灌区三县 2014 年统计年鉴折算，2014 年灌区粮食总产量 2.83 亿 kg，棉花 104.78 万 kg，油料 396.62 万 kg，蔬菜 3103.82 万 kg，水产 350.6 万 kg，生猪出栏 2.56 万头。灌区内第一产业总产值 11.08 亿元，农民人均农业收入 4783 元，约占人均年总收入的 40.7%。

8.2.2　灌区工程建设现状

1. 区域防洪除涝工程概况

1）流域防洪布局概况

灌区所在的潦河流域面积 1380 km²，包括安义县、奉新县、靖安县全部及湾里区、新建县、永修县、高义市部分地区。流域内 200 km² 以上的支流有北潦河、靖安北河、龙安河、石鼻河、黄沙港共 5 条，呈羽状分布。经过多年来的建设与实践，潦河流域在防洪治理上已经取得了一定的成就，干流中下游已初步形成以堤防为主的防洪工程体系，流域已建成千亩以上圩堤 50 余座，堤线总长 344.52 km。通过堤防工程与防洪水库工程建设、病险水库除险加固、山洪灾害防治，河道整治及防洪非工程措施等的实施，已初步形成较为完善的流域防洪减灾体系。

但流域内已建水库集水面积和库容都较小，开发目标多以发电、灌溉为主，一般均未设置防洪库容，且距主要防洪保护对象较远，仅对水库下游局部河段有滞洪作用，对流域整体防洪作用有限；同时现有部分除涝工程建设标准低或仅设置防洪排涝闸，现状排涝工程设施存在老化问题，流域内的防洪除涝保障仍有待进一步完善。

2）灌区防洪除涝工程概况及重点防洪区段

灌区防洪工程由两部分组成，一部分是由潦河管理局负责的干渠及渠首枢纽工程等防洪工程，另一部分是由地方政府负责的灌区内中小河流、县城、干流等防洪工程；灌区排涝工程主要由地方政府负责。

灌区地形整体呈现东低西高走势，南部为山区和丘陵地形，中北部地势较低，山丘区域的山洪水涨落迅速，灌区汇水面积大，水量集中，给干渠和区内中小河流带来较大防洪压力，同时汛期外河干流水位高，灌区洪水泄入外河干流时受外河洪水位顶托，入河口局部范围农田易形成内涝，灌区内中小河流(黄沙港、白马港、中堡港等)汇入南潦河、北潦河(北潦南支)、靖安北河(北潦北支)区域在汛期易形成短期内涝。

灌区外河堤防基本完成除险加固，能抵御外河洪水入侵；区内三县城防堤已完成加高加固建设，县城防洪得到保障；区内中小河流治理相对滞后，防洪标准较低。灌区农田易涝区域因工程建设投入不足，仅有防洪排涝闸，无电排站。

灌区干渠不但承担着灌溉供水任务，也是汛期农田雨水排放和山洪泄洪的过渡承接区域，由设置在干渠上的泄洪闸通过泄洪渠排入区内中小河流、水系或外河。由于工程建设投入不足等原因，目前灌区干渠渠首部分枢纽附属工程防洪标准偏低，灌区山洪灾害治理工程措施基本未实施，仍有大量的干渠泄洪工程(泄洪闸、排洪渠等)未得到加固整治。

2. 灌区灌排基础设施现状

1)水源工程

潦河灌区设计灌溉面积 33.6 万亩，灌区生产生活用水水源主要为潦河，灌区通过干渠各渠首拦河坝从南潦河、北潦河、靖安北河上自流引水入干渠后引流灌溉，7 座渠首拦河闸坝设计总输水能力 57.4 m^3/s，设计灌溉流量 30.6 m^3/s。其中：

奉新南潦干渠、安义南潦干渠取水水源为南潦河。奉新南潦坝位于奉新县会埠乡故县苹果山，安义南潦闸坝位于安义县黄洲乡龙头山下、奉新南潦闸坝下游 28 km 处。

解放干渠、洋河干渠、北潦干渠取水水源为潦河支流北潦河。解放闸坝位于靖安县双溪镇，洋河闸坝位于靖安县香田乡乌石李村、原解放闸坝坝址下游 2.5 km 处，北潦闸坝位于靖安县香田乡车下村、洋河闸坝下游 6.4 km 处。

西潦南干渠、西潦北干渠取水水源为北潦河支流靖安北河。西潦南干闸坝位于靖安县仁首乡象湖张家，西潦北干闸坝位于西潦南干闸坝下游 2.0 km 处。各取水原位位置具体见图 8-4。

2)渠首工程

潦河灌区是多坝自流引水灌区，灌区 7 条干渠渠首各布置 1 座拦河坝，分别为奉新南潦闸坝、安义南潦闸坝、解放闸坝、洋河闸坝、北潦闸坝、西潦南干闸坝、西潦北干闸坝。

3)灌溉渠系及渠系建筑物

A. 干渠

潦河灌区 7 条干渠设计总灌溉面积 33.6 万亩，目前实际有效灌溉面积 25.4 万亩，干渠总长 152 km，历经多次改扩建、续建配套、节水改造等，达到现有规模，7 条干渠渠系分布见图 8-5。

图 8-4　灌区干渠渠系工程示意图

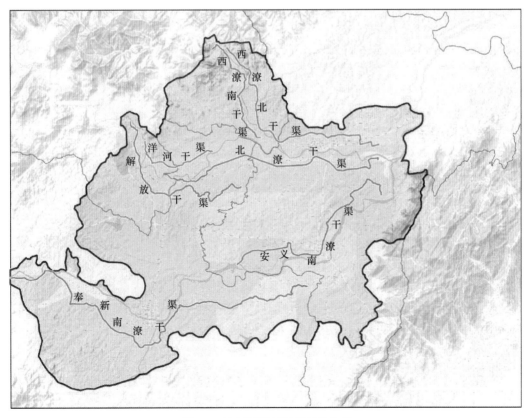

图 8-5　潦河灌区干渠渠系分布图

从干渠现状调查统计情况看：

干渠已完成续建配套改造渠段长 72.85 km；未经加固整治段渠长 79.16 km，其中存在内边坡坍塌、渗漏段渠长 27.6 km，存在淤堵段渠长 51.22 km，边坡稳定及输水畅通段渠长 0.34 km。

由于干渠局部渠段存在渗漏和淤堵，影响干渠的总体灌溉输水能力，导致干渠水利用效率低，缩减了有效灌溉面积，特别是用水高峰期，部分渠尾农田灌溉存在等水、缺水现象；部分干渠渠段内边坡坍塌主要是渠道受过水冲刷，年久失修造成边坡失稳，部分傍山渠段的山体雨季存在塌方、滑坡现象，造成渠道堵塞，影响干渠的安全运行。

B. 支渠

灌区支渠由地方政府管理，灌区农田以传统的个体农户承包生产为主，干渠途经村落基本都设有支渠进水口，数量多达 213 条，支渠总长达 540.1 km。近年来，随着灌区三县小型农田水利建设逐步推进，灌区内大部分支渠（或渠段）进行了砼预制块防渗衬砌，对灌区 213 条支渠防渗情况进行现场调查，其中防渗渠段总长 403.61 km，综合防渗率为74.7%，经查证灌区三县农田规划实施情况统计成果（综合防渗率 68.3%），剔除本次调查中毁坏衬护段，支渠综合防渗率两者基本相符。

支渠上除少量人行桥外，基本无跨渠建筑物，213 条支渠口共设置进口分水闸 154座，分水闸设置率 72.3%，均采用简易手动螺杆启闭，其中 141 座分水闸能正常开启，13 座分水闸严重毁坏，分水闸完好率 91.6%。

据调查了解，由于多种原因，缺乏有效管理，部分已防渗衬护的支渠渠段遭破坏，未衬护段的渠道存在淤堵，造成输水不畅，影响灌溉效益的整体发挥；支渠进口分水闸的缺失及其他配套工程的不完善，造成用水户随意堵渠取水，支渠渠系水利用效率较低。

C. 灌溉渠系建筑物

灌区灌溉渠系建筑物主要包括渠首进水闸、节制闸、倒虹吸管、渡槽、穿渠涵洞及跌水，各类主要渠系建筑物共计 159 座。

4) 排水沟系及配套建筑物

根据潦河流域地形图，确定灌区范围内汇水面积 1335.8 km²，其中经由灌区排水工程下泄的排水面积为 846.6 km²。灌区排水工程主要包括排洪渠（位于干渠高程以下）、山洪沟（位于干渠高程以上）及田间灌排渠道。

灌区共有排洪渠 52 条，总长 128.2 km，其中 37 条排洪渠直接排入潦河，13 条排洪渠先泄入附近河流或溪流后排入潦河，2 条排洪渠废弃不用。从灌区排水沟系调查统计情况看：已经整治或未整治但稳定的排洪渠渠道长度 13.94 km，汛期泄洪时存在坍塌严重、泄洪不畅、农田冲毁等情况的渠道长度 38 km，其余 76.3 km 渠段存在局部冲刷、坍塌，造成一定安全隐患，在汛期给灌区农业生产带来较大经济损失。

灌区内入干渠或下穿干渠（通过渠下涵）的山洪沟共 70 条，总长约 91.3 km。除个别山洪沟入干渠口处整治外，山洪沟基本未治理，沟岸崩坍，造成水土流失，导致干渠渠道淤积，输水不畅。

灌区主要采用灌排结合模式，田间排水基本路径为：农田排水↘灌排结合渠道(支渠及以下渠道)↘排洪渠↘灌区河(溪)流或外河。排洪渠承接干渠汛期山洪排水和灌溉期间农田排水。

5)田间工程

田间工程包括末级固定渠道(斗、农渠)以下控制范围内的田间灌排渠系、渠系建筑物(如分水涵、路涵)、田间道路及农田护林等，灌区田间工程由当地受益乡(镇)、场或农民用水户协会进行管理及维护。根据灌区三县小型农田水利规划情况统计，灌区范围内支渠以下斗、农、毛渠总长788.5 km，其中已完成防渗治理384.9 km，完成率48.8%。

A. 普通田间工程

灌区田间工程配套建设落后，绝大部分地区均为灌排结合模式。渠道淤积较严重，田间取水、放水随处开口，田间用水浪费现象较严重，造成部分渠系末端用水困难或无水可用，田间水利用效率低下，严重影响灌区效益的充分发挥；灌区田间沟渠大都既为灌溉渠道又为农田排水沟，即灌排结合，由于支渠众多，单条支渠控制灌溉面积都不大，田间渠系不发达，甚至部分支渠水直接灌入田间。

B. 灌区特色的回归水利用

灌区部分干渠存在末端区域输水困难，造成该区域农田灌溉缺水，当地充分利用地形地势，在排洪渠下游端设置控制闸，控制闸兼具挡水、泄洪、调节水位功能，使排水沟渠内收集存积上游区域农田排水，在闸(堰)前形成一定的开阔水面；水位抬高后，堰内的存积水灌溉下游部分农田，即回归水利用，提高了灌溉的利用效率。回归水利用在干旱年份对保证受益农田丰收具有非常大的作用，如奉新南潦干渠的宋埠镇境内的老鼠尾尾水堰、牌楼尾水堰、柘下尾水堰、墨塘尾水堰、西潦南干渠的仁首境内的洲尾尾水堰、干洲境内的北潦六合尾水堰及安义鼎湖境内的十五支渠等，特别是十五支渠，灌溉面积达1万多亩，其水源主要为北潦干渠及解放干渠灌溉控制区域的农田退水，该区域农田退水汇集于沟渠(帅家港)内，帅家港水面长而宽，近尾端设置控制闸，十五支渠进水口位于控制闸边。堰(沟渠)内回归水不但肥力好，而且农田退水得到滞留，降低了农田退水污染。

8.2.3　灌区水土资源利用现状

1. 水资源现状及开发利用情况

1)水资源现状

A. 地表水资源

潦河灌区水资源包括地表水和地下水两部分。地表水资源主要是来自南潦河和北潦南支及北潦北支三条河天然来水量，灌区灌溉用水是采用拦河滚水坝抬高水位引水入渠后，兴建水闸控制引用流量，各拦河坝控制集水总面积2693 km²。

南潦河的上游设有晋坪水文站，控制集水面积304 km²，自1966年至2015年有50

年的实测流量、水位、降雨量资料，资料过程完整、系列较长、精度较好。采用晋坪站为参证站，根据潦河灌区各引水干渠坝址控制的集水面积(用面积比一次换算后，再用多年平均降雨量进行修正)，计算得各坝址合计多年平均流量为 99.6 m³/s，多年平均径流总量为 31.42 亿 m³，$P=50\%$ 的总径流量为 29.91 亿 m³，$P=75\%$ 的总径流量为 25.39 亿 m³，$P=90\%$ 的总径流量为 22.37 亿 m³。

B. 地下水资源

根据《江西省水资源调查评价报告》(2008 年)中潦河地下水补给模数 28.1×10^4 m³/km² 计算潦河灌区地下水资源量，可得灌区地下水资源量为 7.78 亿 m³。调查表明，灌区地下水资源几乎未开采。

2) 水资源开发利用情况

A. 水资源利用现状

潦河灌区水源工程为潦河干支流上的 7 个拦河闸坝抬水取水口，无其他水源。灌区引用水源主要用于农业灌溉、灌区农村居民生活用水和牲畜饮水、渠道供水发电，基本无工业企业用水，其中渠道发电用水在农田灌溉期间基本为过程用水，不另耗水。

根据潦河灌区管理局提供的 2006~2015 年共十年间的各干渠引水总量、用水总量统计，灌区多年平均引水量 2.87 亿 m³，灌区多年平均用水量 1.86 亿 m³(灌区毛用水量，下同)；其中 2015 年灌区引水量 2.92 亿 m³，灌区用水量 1.71 亿 m³。根据江西省灌溉试验中心测算，潦河灌区现状年农田灌溉水有效利用系数平均仅为 0.48。

据实际调查，潦河灌区除了满足灌区灌溉用水外，还要为区域内的 16.9 万人提供农村生活用水和牲畜饮水，无工业企业及其他用水。

潦河灌区以农业灌溉为主，在满足农业灌溉用水及生活用水的前提下，主要利用灌溉渠跌水发电。

B. 水资源利用现状评价

a) 水资源相对丰富，工程性缺水问题突出

灌区水资源相对丰富，但流域内水资源年际、年内变幅大，存在"水多成洪涝，水少遭干旱"的工程性缺水问题。流域来水与灌区用水时间不一致，区内用水高峰在 7~10 月，此时正是降水较少的季节，导致各类用水矛盾加剧，同时灌区内灌溉设施老化、损坏严重，缺乏大型调蓄的水利工程，用水高峰期间因水量供需矛盾而发生短期缺水、渠尾断流现象时有发生，特别是遇干旱年份，"上游漫灌、中游堵渠、下游无水"现象仍很严重，灌区工程性缺水仍很严重。

b) 灌区水资源总体利用效率低下

潦河灌区兴建于 20 世纪 50 年代初，虽历经多次扩建、改造、续建配套，但限于当时的经济条件和技术、施工水平，工程建设标准低，存在渠道渗漏严重、渠系工程不配套、工程设施老化及运行安全问题出，灌溉水利用系数仅为 0.48，灌溉水利用效率低。

c) 水资源管理粗放，节水意识淡薄，水量浪费严重

现状调查发现，渠道上滥开管口，用水户随意堵水、取水，存在田间大水漫灌等现象，灌区各级渠道口无计量设施设备，先进的农业节水技术和灌溉耕作制度应用不多，

农民节水意识不强，灌区水资源管理粗放，未能实行计划用水、合同管水，同时缺乏节水灌溉措施和设施。

2. 土地资源现状及开发利用情况

1）土地资源利用现状

现状情况下灌区范围内土地总面积 706.25 km²（合 105.94 万亩），土地利用类型主要为耕地、山地、居民用地、交通用地、水域（水利设施及河流水面）占地、工矿企业用地等。

2014 年统计结果显示，灌区可耕地面积 48.3 万亩（其中水田面积 40.76 万亩，旱地面积 7.54 万亩），山地面积 43.44 万亩（其中果园地面积 5.23 万亩，林地 28.59 万亩、荒山草地 9.62 万亩），水域面积 7.80 万亩，交通用地 2.11 万亩，居民用地 4.01 万亩，工矿企业用地 0.28 万亩。

2）土地资源利用现状评价

A. 灌区耕地种植结构单一，耕地经济效益较差

从灌区农业生产现状来看，灌区以水稻种植为主，棉花、油料、蔬菜、果林等经济作物种植面积少，种植结构单一，使得区内耕地灌溉用水时间基本同步，加剧了干旱年份的用水矛盾，同时单位耕地面积经济效益低下，灌区农产品与市场结合度差。

B. 土地资源开发潜力较大

潦河灌区实际灌溉面积 25.78 万亩，其中水田实际灌溉面积 25.4 万亩，旱地 0.38 万亩。由于灌区内水利设施老化破损较严重，田间工程配套不完善，灌区内工程性缺水灌溉耕地面积 7.82 万亩，其中水田 3.76 万亩，旱地 3.31 万亩，水浇地 0.75 万亩。另有约 13.2 万亩红壤山地分布于丘陵上，适宜种植各种果林，如能解决灌溉用水，红壤改良后，可发展柑橘生产，灌区内土地资源开发潜力较大。

C. 农村人均居住占地面积偏高

灌区农村人均居住占地指自然村落中人均占地，主要包括村落中人居住宅占地、公用服务设施、道路及绿化等。经计算，灌区农村人均居住占地为 97.4 m²，而农村常住人口人均占地显著高于《镇规划标准》（GB 50188—2007）中二级 60～80 m²/人标准，灌区中心村镇建设水平相对落后，土地整合存在一定潜力。

8.2.4　灌区农业生态环境现状分析

1. 灌区水环境

1）水环境功能区划及污染总量控制情况

A. 水环境功能区划

根据《江西省地表水（环境）功能区划》、《宜春市地表水功能区划》、《南昌市地表水（环境）功能区划》，潦河灌区 7 个取水口取水涉及水功能区及水质保护目标详见表 8-1。

表 8-1　潦河灌区取水口所在河段地表水水功能区划及保护目标一览表

取水口	水功能区名称		县市区	现状水质	水质目标	起始位置	终止位置	长度/km
	一级	二级						
奉新南潦干渠取水口	潦河奉新上保留区		奉新县	II～III	III	奉新县东风垦殖厂	奉新县黄家奉新水厂取水口上游 4 km	40.5
安义南潦干渠取水口	潦河安义上保留区		安义县	II～III	III	安义县山田奉新安义交界处	安义县南北潦河汇合口	27
解放干渠取水口	北潦河靖安开发利用区	北潦河靖安工业用水区	靖安县	II～III	IV	靖安县沙港电站靖安水厂取水口上游 4 km	靖安塘里熊家	10.0
洋河干渠取水口	北潦河靖安开发利用区	北潦河靖安工业用水区	靖安县	II～III	IV	靖安县沙港电站靖安水厂取水口上游 4 km	靖安塘里熊家	10.0
北潦干渠取水口	北潦河靖安下保留区		靖安县	II～III	III	靖安塘里熊家	安义县铁坪靖安水厂取水口上游 4 km	12.3
西潦北干渠取水口	靖安北河九岭山保护区		靖安县	II	II	靖安县官庄乡九岭山源头	靖安县仁首镇	89.5
西潦南干渠取水口	靖安北河九岭山保护区		靖安县	II	II	靖安县官庄乡九岭山源头	靖安县仁首镇	89.5

B. 入河污染物排放总量控制

根据 2012 年《江西省潦河流域综合规划修编报告》，潦河流域水功能区 2020 年污染物入河控制总量 COD 为 10384.9 t/a，氨氮为 938.4 t/a，分别占纳污能力的 61.53%、69.42%；2030 年污染物入河控制总量 COD 为 10707.8 t/a，氨氮为 943.2 t/a，分别占纳污能力的 63.45%、69.78%。灌区取水口所在河段地表水水功能区 2020 年污染物入河控制总量 COD 为 627.4 t/a，氨氮为 175.2 t/a，分别占纳污能力的 25.5%、56.5%；2030 年污染物入河控制总量 COD 为 671.5 t/a，氨氮为 180.0 t/a，分别占纳污能力的 27.3%、58.0%。

2）污染源及治理情况

灌区主要污染源分为面源污染和点源污染，其中面源污染主要包括农田灌溉退水和农村人居生活污染，点源污染主要包括工矿企业、规模化养殖业及集镇人居生活污染。灌区内主要污染源分布及排放现状详见表 8-2。

表 8-2　潦河灌区主要污染源分布及排放现状

序号	灌区主要污染源分布点		数量或规模	污染物排放及处置情况
1	点源污染	奉新工业园	1 处中等规模	园区建有工业污水处理厂，污水处理后排入南潦河，由于污水管网收集不完善，区内生活污水和少量企业生产污水通过排污口直入奉新南潦干渠，奉新工业园区对这些污水排放没有相关治理方案，对灌溉水质产生一定影响
2		安义工业园	1 处中等规模	园区建有工业污水处理厂，处理后的尾水不进入渠内
3		入渠排污口	4 处	①靖安项家排污口(4.0 m×2.5 m)：靖安县城生活污水经处理后大部分由此排入解放干渠，造成灌溉水体一定污染，目前没有相关治理规划；②化工厂污水排放：奉新南潦干渠廖家庄有 1 处排污口，4 家小型化工企业生产生活污水直接排放，企业没有相关治理规划；③靖安白鹭村一纸箱厂和余家村一新材料厂各在解放干渠设有 1 处生产生活污水排污口，对干渠水质造成轻度污染
4		集镇生活垃圾		有集中收集、处置措施

续表

序号	灌区主要污染源分布点	数量或规模	污染物排放及处置情况
5	集镇生活污水		乡镇基本建设了简易生活污水处理池，污水收集管网较完善，但集中排污口未连接污水处理池，污水处理池未运行，污水仍直排入附近沟渠
6	规模化渔场	5 处中小规模	集中分布在北潦干渠的凌家支渠附近区域，鱼塘引用支渠水，排泄物主要沉积在鱼塘底泥中，鱼塘换水后的表层水排入支渠，对水体几乎不造成污染
7	规模化禽畜场	5 处中小规模	①解放干渠邓家村养猪场：约 200 头，污水直排入渠；②奉新南潦干渠汶塘村养猪场：约 60 头，污水直排入渠；③洋河干渠 3 处集中养猪场：南圳支渠口处养猪场约 350 头，污水直排；项家猪场约 300 头，污水直排；项家山集中养猪场约 1200 头，污水通过管道排入干渠。 按照中国农业科学院农业环境与可持续发展研究院《畜禽养殖业产污系数和排污系数计算方法》的研究成果，每头生猪排泄污染物中的 COD 为 64.1 g/d，全氮为 20.9 g/d，全磷为 1.8 g/d，洋河干渠引入流量渠首 1.52 m³，其 3 处养殖场位置相距不远，估算养殖场干渠渠段流量为 1.0 m³/s，全年排放的 COD、全氮和全磷分别为 43.3 t、14.1 t、1.2 t，经计算，引用水中的 COD、全氮、全磷浓度分别增加 4.78 mg/L、1.56 mg/L、0.13 mg/L，按照农田灌溉用水水质标准，影响不大。但养殖场由于常年无处理排放，对排污口附近农田的污染物沉积量非常大，对耕植土造成破坏。由于奉新南潦干渠和解放干渠引入流量大，该两处生猪养殖规模小，对灌溉水质影响不大
8	农村生活垃圾		灌区内在进行新农村建设时对生活垃圾采取的是："村收集—乡转运—县处理"的城乡垃圾一体化处理模式；部分干渠沿线村庄随意将生活垃圾倾倒至渠道，造成非灌溉期渠道垃圾堆积如山，灌溉期垃圾漂浮水面
9	农村生活污水		村民生活污水经化粪池装简单沉积处理后用于农灌或排入周边沟塘，随降水径流经干渠或河网水系排入潦河
10	农田灌溉退水		主要污染物为 COD 和氨氮，农田灌溉退水以非点源的形式通过排水沟退入河网或地下，按 2014 年灌溉定额和耗水率计算灌溉退水量为 7617 万 m³，生活用水退水量为 228 万 m³。排放的 COD 和氨氮总量分别约 584.4 t/a、155.0 t/a
11	农田生产废弃物		农用地膜、农药瓶、秧盘等农业生产废弃物随意丢弃，收割后的农田稻秆少量收集作牛饲料，大部分稻秆焚烧还田或堆放田间自然腐烂，干渠沿线蔬果残体随意丢弃

注：序号 7 列"点源污染"，序号 8~11 列"面源污染"。

3) 水质

结合水资源公报的资料，主要从河道、渠道、农田和尾水排水等方面对灌区灌溉和排水水质进行分析评价。

A. 灌区引水水源

2012 年《潦河灌区水资源认证报告》对潦河 153 km 的河流水质进行了评价，评价结果表明：全年达到和优于Ⅲ类水质标准的水体占 85%，劣于Ⅲ类水质标准的水体占 15%，主要污染物为氨氮，污染河段主要分布于潦河安义段；非汛期Ⅰ~Ⅲ类水质标准的水体占 85%，其中Ⅱ类水体占 68.7%、Ⅲ类水体占 16.3%；劣Ⅲ类水占 15%，主要污染物为氨氮，污染河段主要分布于潦河安义段；汛期Ⅰ~Ⅲ类水质标准的水体占 100%，其中Ⅱ类水体占 16.3%、Ⅲ类水体占 83.7%。此外，参考 2013 年、2014 年连续两年宜春市水资源公报，潦河奉新段全年非汛期水质均为Ⅱ类，汛期水质为Ⅲ类；潦河靖安段全年汛期、非汛期水质均为Ⅱ类。潦河流域各水功能区的水质稳定，水质状况均达到各类用水水质目标。

根据已有资料分析成果，灌区水环境总体较好。潦河干支流的现状水质为Ⅱ~Ⅲ类水体，灌区农田灌溉引水水源质量满足农田灌溉水质标准要求，饮用水水源地水质能达到地表水环境质量标准的Ⅲ类水质标准。

B. 农田退水

2015 年灌区农田灌溉(按实际灌溉面积 25.4 万亩计算，下同)用水量 1.7 亿 m³，生活需水量 845 万 m³，按 2014 年《江西省水资源公报》数据，潦河灌区农村生活用水耗水率以 73%计，农田灌溉耗水率以 49%计，则灌区农田退水量为 7617 万 m³，生活退水量为 228 万 m³。

农田大量使用化肥、农药，残留物主要以非点源排放形式退入河网，其主要污染物为 COD 和氨氮，灌区灌溉时间集中在每年的 4～10 月共 7 个月，化肥、农药施用期集中在 6～9 月共 4 个月。参照灌区土壤类型、降水量、化肥、农药施用水平，农田源强系数取 COD 0.9 kg/(亩·a)，氨氮 0.26 kg/(亩·a)，估算潦河灌区农田径流污染物产生量 COD 228.6 t/a、氨氮 66.0 t/a；参照城镇《生活源产排污系数》及其他地区农村生活产污调查研究数据，结合灌区三县农村生活水平现状，取灌区农村生活产物系数 COD 12.0 g/(人·d)，氨氮 3.0 g/(人·d)，总磷 0.35 g/(人·d)，估算灌溉期间农村生活产污量 COD 为 355.8 t，氨氮 89.0 t，总磷 10.4 t。

假定月度灌溉用水退水均衡，即施用化肥、农药期间农田退水量为 4353 万 m³，生活退水量为 282 万 m³。则农田退水污染排放浓度 COD 为 5.25 mg/L，氨氮 23.4 mg/L；生活退水 COD 6.31 mg/L，氨氮 1.58 mg/L，总磷 0.19 mg/L。

根据宜春市环境监测站对潦河灌区灌溉水源水质的监测(2012 第 w074 号)，灌溉水源 COD 为 7.52 mg/L，则灌区总的农田退水 COD 为 19.08 mg/L，氨氮 24.98 mg/L，总磷 0.19 mg/L。

C. 尾水入河水质

灌区农田退水在排水沟内滞留时间短，排水末端亦无退水污染物拦截设施或措施，尾水入河水质基本等同农田退水水质。

2. 生态环境现状

1) 土壤环境

A. 土壤与植被

根据灌区三县土壤普查结果，灌区土壤主要分成水稻土、潮土、红壤土及山地黄壤土 4 个土类，土层深厚，质地黏重，pH 在 4.5～5.5 之间，土壤肥力好，作物产量高；灌区地处亚热带湿润地区，植被生长环境条件优越，植物资源丰富，灌区植被状况良好，灌区综合植被覆盖率高达 55%以上，靖安县境内高达 84.2%。

根据全国土壤侵蚀类别区划，潦河流域地处南方红壤丘陵区，土壤侵蚀类别以水力侵蚀为主。近年来，随着群众性水土流失治理工作的开展，水土保持措施及各项封禁管理措施的实施，区域内地表植被覆盖逐年增加，水土流失得到初步遏制。根据最新的土壤侵蚀遥感调查成果和对灌区水土流失现状调查统计，区内水土流失面积由 2009 年的水土流失面积 70.08 km² 减到 2015 年的 53.37 km²，其中奉新县境内 52.61 km²，靖安县境内 0.76 km²。

B. 土壤盐碱化

灌区地形呈山丘向平原过渡，除汛期入河口小区域农田短时受外河水位顶托受淹外，灌区农田地下水位长期较低，无土壤盐碱化现象。

C. 土壤污染

灌区以农业经济为主，近年来出现了少量工业和养殖业，其尾水中的重金属给附近农田造成一定的污染，但调查中肉眼未发现附近农田土壤色泽变黑或异样；土壤其他主要污染物来源于化肥、农药、废弃农用地膜施用后的常年累积，土壤污染程度没有相关检测数据用来直接评价，但根据近年来安义县农村测土配方施肥相关数据调查显示，安义县全县化肥、农药使用强度分别为 345 kg/hm²、8.2 kg/hm²，靖安县、奉新县 2014 年统计年鉴中灌区范围乡镇农业化肥、农药使用强度分别为 319 kg/hm²、7.9 kg/hm² 和 332 kg/hm²、8.0 kg/hm²，较同期江西省农田化肥、农药平均施用量 470.4 kg/hm² 和 8.4 kg/hm² 小，表明灌区土壤具有较好的农业生态基础。

2）陆生生态

灌区流域自然条件适宜多种野生动物的生存与繁衍，物种丰富，其中不乏国家名贵野生保护动物；流域水系发育，溪流众多，水体有机物和营养盐含量丰富，水生生物物种较多。但调查中灌区群众反映，随着农业生产中农药、化肥及其他药剂的大量使用，农田退水污染严重影响了流域河网水系水生生物的生存，特别是灌区内小溪流、沟渠等几乎没有水生生物。

3. 农业废弃物环境现状

1）产生量

A. 农作物秸秆

灌区内主要农作物为早稻和晚稻，并种植棉花、油菜、蔬菜、瓜果等经济作物。早稻种植面积 19.57 万亩，晚稻种植面积 24.03 万亩，油菜种植面积 6.48 万亩，蔬菜种植面积 1.58 万亩，棉花 1.29 万亩，果园 0.87 万亩，复种指数为 2.12，水稻秸秆是灌区内农作物秸秆的主要来源。

根据各类作物单位播种面积总产量、秸秆产量与籽粒量的比例关系推算，灌区内农作物秸秆的年总产生量约 21.33 万 t（表 8-3）。

表 8-3　灌区现状主要作物单位播种面积产量

类别	单位面积总产量/(kg/hm²)	秸秆产量/万 t
水稻	7500	19.62
棉花	1399	0.24
油菜	1172	0.76
蔬菜	19802	0.42
瓜果	25215	0.29
合计		21.33

B. 育秧盘

育秧盘是以聚氯乙烯为原料，经过特殊工艺配方加工吸塑而成，主要功能是实现稻秧的育苗过程。在插秧时节，育秧盘大量出现于水稻田，一亩地约需 60 个，灌区内约使用 2616 万个。

C. 农药包装物

农药包装物主要是在保护农作物免受虫害而施打农药的过程中产生，每种作物在生长期通常会使用 3 种不同类型的农药，每瓶农药基本可供 2.5 亩作物使用，由此可知，灌区每年约产生 80.73 万个农药包装物。

2) 利用和处置情况

目前，灌区农作物秸秆的处理方式主要有粉碎还田、焚烧还田和薪柴。秸秆粉碎还田可以减少耕地水分蒸发、调节地温、减少农田径流、培肥地力等，但需使用专业设备，普及度不高；焚烧还田和薪柴是目前的农作物秸秆主要处理手段。

育秧盘、农药包装物和农膜的主要处置手段为直接丢弃于田间，灌区二十七个乡、镇、场的各级行政机构对育秧盘、农药包装物和农膜等农业固体废弃物尚未出台专门的规范性文件。

8.2.5　灌区管理现状

1. 管理机构发展沿革

灌区管理机构潦河工程管理局最早成立 1952 年，当时为潦河水利管理处，1956 年更名为潦河管理局，1958 年因大跃进管理机构被撤销，1961 年恢复潦河管理局。

1984 年因行政区划变动安义县划归南昌市管辖后，灌区成为跨界工程，省人民政府于 1984 年赣府厅发[1984]8 号文明确潦河灌区管理局仍由宜春行署代管，更名为潦河工程管理局，为正县处级单位。

1986 年 8 月 3 日宜春地委会议确定潦河工程管理局为副县处级准公益性事业单位，隶属于宜春市水利局，下设 7 个机关科室和奉新南潦站、北潦站、西潦站、安义南潦站4 个基层管理站。潦河工程管理局实行专管与群管相结合的管理模式。由于工程管理体制不顺，经费来源渠道不畅，大量公益性支出得不到补偿，导致潦河灌区水利工程运行管理和维修养护经费严重不足。

2005 年潦河工程管理局启动灌区水管体制改革，明确宜春市水利局为潦河工程管理局的主管机关。潦河灌区水利工程实行统一管理和分级管理、专业管理和群众管理相结合的管理体制，即潦河工程管理局负责 7 条取水枢纽和 7 条引水干渠及其建筑物的运行管理，支渠及其渠系建筑物由乡(镇)负责运行管理，斗、农、毛及田间工程建设、维护管理和灌溉服务由用水户协会等农民用水合作组织负责，实行群众管理；潦河工程管理局负责灌区水资源规划编制、统一调配和保护、年度工程供水计划编制、供水和配水调度等；工程维修养护按分级管理、分级负责的原则进行，公益性的工程维修养护经费由同级财政解决，非公益性的维修养护经费从其经营性收入解决，因水费政策原因导致的经费不足由同级财政解决，末级渠系的维修养护经费由农民用水合作组织通过"一事一议"方式解决。灌区水管体制改革于 2006 年基本完成。

为进一步理顺潦河工程管理局管理体制、统筹协调各地关系，充分发挥灌区工程效益，推动灌区经济的可持续发展，2014 年江西省人民政府将潦河灌区划归江西省水利厅管理，成立江西省潦河工程管理局，为正处级差额拨款事业单位，主要承担潦河灌区干渠工程的建设管理、防汛抗旱、水土保持、灌溉供水等任务。

2. 机构职能及运行机制

潦河工程管理局单位职能主要包括：①负责灌区所属水利工程的防洪、排涝、抗旱及水土保持工作；②负责灌区供水管理、合理分配与水量调度；③负责灌区所属水利工程的运行、管理和维护；④负责灌区所属国有资产的管理和保护；⑤负责依法计收水费；⑥负责上级交办的其他工作。

3. 工程建设、管护及经费管理情况

潦河灌区水利工程实行统一管理和分级管理、专业管理和群众管理相结合的管理体制，导致灌区工程建设的前期工作、项目实施及工程建设经费管理基本上按管辖权限分别由潦河工程管理局、灌区三县水利局负责。潦河工程管理局负责的工程管护由局机关干部职工负责完成，目前管理局正在偿试将管护从局机关剥离，实行对外承包制。灌区支渠及其渠系建筑物的管护，由所在乡镇政府管理，支渠以下渠系工程及田间工程为群众管理，两者都因经费来源少、没有固定管护人员等原因，管护不到位。

4. 灌区灌溉用水管理情况

1）用水管理历史沿革

潦河灌区在 20 世纪五六十年代工程开始供水时，用水单位必须以初级社、高级社为单位按灌溉田亩数量向潦河水利管理处申报用水，管理处派员核实，用水单位派出对渠道走向及地形熟悉的老农，人民公社派出主管农业的社长，会同管理处共同商定渠道分水口的设置地点，实行"以田亩定流量，以流量定管口，以远近定流速，以土质定水量（沙土多定，黏土少定），以统一规划水源，以算账掌握水量，以灌溉农业为服务目标"的用水管理方法。用水单位对灌溉面积、用水关系等的变更均要向管理处申报，并表示用水后承担交纳水费，义务投工维修工程的任务，否则，管理单位有权取消或按水法进行查处。

随着灌区灌溉面积的不断扩大和灌区社会经济的不断发展，80 年代末成立潦河工程管理局，遵循原先用水管理办法的基础上，强调用水原则以农业为主，其他为辅，贯彻"全渠一盘棋，上游照顾下游"的团结用水方法，上下照顾，防止"近水楼台先得月"的本位主义偏向，做到全面合理灌溉，制订了用水"十先十后"（先远后近、先高后低、先难后易、先白后裂、先干后湿、先提后流、先熟后生、先粮棉后其他、先用圳水后用塘水、先用活水后用死水）的用水原则，水费依政府制定的水价按实际灌溉面积按村组收取。

2005 年潦河工程管理局进行水管体制改革，灌区实行统一管理和分级管理，潦河工程管理局负责灌区水资源规划编制、统一调配和保护，年度工程供水计划编制、供水和

配水调度等，对干渠渠道实施控制取水。但因历史原因，管理局对灌区的农业种植结构及其需水情况了解不彻底，支渠口均未设置配水计量设施设备，干渠上随意开口取水现象仍很严重，造成干渠以下各级渠系用水无计划，灌区用水至今仍为被动式的灌溉用水管理，即用多少算多少。

2）最严格水资源管理制度建设及执行情况

2012 年江西省人民政府颁发《关于实行最严格水资源管理制度的实施意见》，潦河工程管理局对区内水资源管理制度建设及执行情况如下：①严格取用水总量控制管理。未能有效实施。②严格水资源论证管理。严格执行建设项目水资源论证制度，对需申请取水许可证的新建、改建、扩建的建设项目，依法进行了水资源论证。③严格实施取水许可。取水许可实行分级管理，建立了取水许可管理登记信息台账。④严格水资源有偿使用和水资源费使用管理。严格执行物价部门制定的水价，水资源费主要用于水资源节约、保护和管理，主动接受水资源费征收使用情况的监督检查，不存在截留、挤占、挪用水资源费的行为。⑤加强水资源统一调度。服从、配合流域水资源调度工作，强化流域水资源统一调度和管理。管理局依法制订和完善了水资源调度方案、应急调度预案，对枯水期和特殊情况下的水资源实行统一调度，确保城乡居民用水安全，努力实现水资源的高效和优化配置，提高水资源的保障能力。⑥严格水（环境）功能区监督管理。⑦加强入渠排污口管理。严格入渠排污口监督管理，抓紧制定和完善入渠排污口的登记、审批和监督管理办法，开展入渠排污口整治和规范化管理，重点是工业园区和污水处理厂设置的排污口。⑧加强了饮用水水源保护，现场设置标识。

3）水价制定标准、执行及水费收取使用情况

潦河灌区灌溉南昌、宜春二市安义、奉新、靖安三县 33.6 万亩农田。涉及三县的 17 个乡镇场 93 个村委会。2002 年省水利厅、省计委联合组成了水价成本测算队对灌区的农业供水成本进行了测算，测算成本为 38.11 元/亩。2005 年省计委出台了《关于核定潦河灌区农业供水价格的批复》的文件，按照成本价分步到位的原则，核定当年农业供水价格为 22.87 元/亩，即成本价的 60%。自 2005 年开始，灌区一直执行该水价。

截至 2015 年年底，潦河灌区水费计收方式一直采取委托乡镇代收和用水户协会直收的形式。为明确供用水双方的责任与权利，切实做好农业供水管理和水费计收工作，管理单位各个农业供水管理站均与灌区乡镇及用水户协会签订了供水管理与水费计收合同。

2016 年潦河工程管理局对水费征收进行了改革，灌区农业水费由各县财政局统一代收代缴，于每年 9 月底以前统一转交给管理局。

4）灌区用水户协会情况

为改善灌区支渠以下渠系及田间工程存在的"工程破烂不配套与无人维修管护并存、用水浪费与效益衰减并存、供水者不收费与收费者挪用水费并存"的尴尬局面，本着"谁受益，谁负责"的原则，成立农民用水户协会。

用水户协会运行管理的原则是民主自治。协会制定运行规程，成立会员代表大会，选举产生执委会；同时依据章程建立了独立的财务管理、灌溉管理、工程管理、执委会职责等运行管理制度，实行水务公开、财务收支公开，接受广大用水农户的监督。

目前灌区共成立了 3 个农民用水户协会，分别为潦河灌区谌坊用水户协会、潦河灌区宋埠用水户协会和潦河灌区白鹭用水户协会。协会在进行田间工程建设、协调辖区内农民用水纠纷、维护及供水调度管理、节约水资源方面起了一定作用，但由于政府长期对末级渠道和田间工程改造投入资金少，渠系工程老旧，工程改造和维养费用高，农民自主投入意愿低，存在协会不独立、依附行政村委，制度不健全、运作不规范等现象。

5. 灌区信息化建设情况

1）历年灌区信息化规划情况

灌区信息化规划及建设起步较晚，建设经费严重不足。2004 年 6 月，潦河工程管理局首次制定《潦河灌区信息化建设规划方案》，规划总投资 1650 万元。2014 年划归江西省水利厅直管后，管理局委托江西省江河信息有限公司针对潦河灌区的信息网络现状编制了《潦河工程管理局信息化建设规划及近期实施方案》。方案投资 247.94 万元。

2）灌区信息化建设现状

至目前为止，潦河灌区信息化建设主要完成的内容包括硬件方面建设、软件方面建设及信息化管理制度建设方面。

硬件方面主要有：建设了局机关信息中心机房，全局大部分工作人员配备了办公用计算机等办公设备，以租用专线电路的方式实现了局机关与各管理站的网络互通，实现了公网、政府办公网及省防汛专网的三网共享等，建设了 7 个自动水情信息采集点、13 处视频采集点、11 孔闸控等。

软件方面主要有：开发完成了灌区基础数据库系统、灌区工情 GIS 管理系统、WEBGIS 工情及水情实时监控系统、水情短信预警发布平台、公众信息服务系统、灌区量测水信息管理系统、灌区 LIS 信息平台等。

信息化管理制度方面主要有：近年来先后制定了《潦河工程管理局信息化管理制度》，将相关管理工作与工程管理、防汛抗旱等工作相结合；制定了水情报送制度，灌区共设置了 47 处人工水情测报点，水情信息收集人员通过水情软件进行报送。

3）灌区信息化运行管理现状

A. 硬件方面的运行管理情况

办公网络传输连接方面基本正常；灌区共设置了 13 个视频点，其中安潦电站厂内 1处视频点及其泄洪闸下 1 处视频点运行不正常，北潦永红电站上下游 2 处视频点运行不正常，其余能正常运行；7 处自动水情采集系统均无法正常工作；设置的 11 孔闸控中仅有二期建设的北潦节制闸及安义南潦冲沙闸 4 孔闸控运行正常，安义南潦 5 孔泄洪闸闸控及安义南潦进水闸 2 孔闸控远程控制无法正常运行。

B. 软件方面的运行管理情况

现有软件系统能得到及时升级及日常的运行技术支持，目前各方面运行正常。例如，通过水情软件可以查询、统计、分析所得的实时和历史水情信息，并能通过短信平台自定定时发送方案，管理局各二级管理站近两年来用该软件按有关制度进行 2 次/d 的水位上报；通过查询灌区工情 GIS 管理系统可以及时了解灌区工程信息；通过大蚂蚁系统进行无纸化办公等。

6. 抗旱除涝应急预案建设情况

1) 灌区抗旱应急预案建设情况

灌区主要任务是保障农田灌溉用水，灌区水资源充沛但时空分布不均，特别是遇枯水年份，农田灌溉用水得不到保证，为做好旱灾突发事件防范与处置工作，使旱灾处于可控状态，尽可能地保证更多农田得到更好灌溉，潦河灌区管理局根据多年抗旱工作经验，制定以下抗旱应急预案：

(1)筑牢抗旱思想大堤。抗旱期间，灌区管理局机关全体干部职工实行"三班倒"，明确人员岗位责任，用"防洪精神"对待抗旱工作，会同县水利局及乡镇水管站等单位成员，成立抗旱指挥部及抗旱分小组，抗旱分小组责任到人，包干到片。

(2)抗旱指挥机构及时掌握当前水雨情变化、当地蓄水情况、农田土壤墒情，加强旱情监测，一旦发生旱情，应逐级上报。发生严重旱情时，当地防汛抗旱指挥机构应及时核实，迅速上报。

(3)摸清旱情主要信息。包括干旱发生持续时间、受旱范围及程度、影响人口以及对工农业生产、城乡生活、生态环境等方面造成的影响。

(4)抗旱分小组加强对用水户节约用水的引导和宣传，加强渠堤的巡查，实行全干渠封闭的灌溉方式，最大限度解决用水困难的问题。

(5)一般旱情抗旱期间，灌区 7 条干渠一律实行轮灌和上堵下压灌溉配水调度制度，按受益面积进行配水，统一调度，同时发挥灌区小型水库和塘坝作为灌区抗旱补充水源作用，确保农业用水。

(6)严重旱情抗旱期间，请求省防总调配上游罗湾水库，加大其发电泄水量，补充北潦河南支的水源，解决解放干渠、洋河干渠、北潦干渠水源不足问题；联系奉新县防办，请求加大境内仰山水库和老愚公水库发电泄水量，补充南潦河水源，解决奉新南潦干渠及安义南潦干渠的水源不足问题；联系靖安县防办，请求加大境内小湾水库发电泄水量，补充北潦河北支的水源，解决西潦南干渠、西潦北干渠的水源不足问题。

2) 灌区排涝应急预案建设情况

当区域前期降雨较大，灌区各乡镇防汛指挥部加强对堤防、排涝闸的巡查，发现雍阻，立即疏通，并及时向县防办汇报；当外河水位上涨并倒灌灌区时，排涝闸关闭，灌区内排水汇集于中小河流与外河交汇区域形成短期内涝，此时排涝闸控制由地方防汛指挥部根据汛情及受淹状况，统一调度，其他单位和个人不得自行开机启闭闸门。

8.2.6 规划建设必要性和可行性分析

1. 灌区现状存在问题分析

1) 灌排体系运行保障能力总体分析

灌排保障能力是灌区满足农业生产对灌溉、排涝、防洪需求的能力，是水源、工程和管理的综合反映。灌排体系的畅通运行,是维护灌区安全和水资源可持续利用,支撑灌区可持续发展的重要基础,潦河灌区经过几十年的发展,已建立了较为完善的灌排体系,极大地保障了灌区农业生产。

2) 水土资源利用

灌区现状水资源总体利用效率偏低。灌区近 10 年平均引水量为 2.87 亿 m^3,平均用水量为 1.86 亿 m^3,水的综合利用率为 64.8%,据《江西省灌溉水有效利用系数测算分析报告(2014 年)》测算,潦河灌区现状水平年农田灌溉水利用系数为 0.48,低于同期江西省农田平均灌溉水利用系数 0.49。灌区水资源利用效率低下主要是由于干支渠渗漏、田间工程配套不完善、用水计量设施缺乏、水价形成机制不活、用水户节水灌溉意识不强、定额计划用水和合同管水未能有效实施、水管单位综合管理能力差等因素造成。

灌区现状土地资源利用格局不尽合理。灌区耕地以水稻种植为主导,农田耕作仍以个体农户承包为主,缺乏集约化生产和管理,土地经济产出较低;由于工程性缺水,大量旱地、林地得不到有效利用,没有合理的开发途径;灌区集镇化建设水平低,造成部分土地浪费;灌区产业结构单一,经济结构梯度差,可持续发展能力低,土地利用格局不尽合理。

3) 农业生态环境

灌区生态环境破坏问题日趋严重。随着灌区经济不断发展,人们对自然资源不断的索取,生态环境日益破坏,特别是城镇化建设的推进,大量农田被征用变更为商业、住宅用地(如北潦干渠的安义八、九支渠及其负责灌溉的农田均被占用开发),使部分天然河道水系、陆上植被遭受破坏;片面追求灌溉效益而缺乏生态措施的大量小型农田水利建设(如渠系硬化),农田大量使用农药、化肥等农业生产药剂,导致水土环境破坏严重,造成田间众多水生生物的天然生存环境遭受破坏,这些人类活动严重束窄、破坏了动植物的生活栖息地,造成一些动植物资源枯竭或灭绝。

灌区水环境总体较好,灌区农田灌溉水质和饮用水水源地水质均能达到相应取用水标准;但点源污染和农业面源污染未得到根本治理,现状灌区工程缺乏必要的生态拦截措施,灌区养殖业污水及集镇居民生活污水排放基本未经有效处理排入灌区河网水系,农业生产大量使用农药、化肥的残留物积累造成对农田水土环境的持续破坏,农田退水污染未经降污纳污等措施治理,农业生产废弃物得不到有效回收及资源化利用等,农业面源污染形势严峻。

灌区水土流失未得到有效控制。尽管近年来灌区水土保持治理工作取得一些成效,但灌区水土流失仍比较严重,特别是灌区内山洪沟基本未治理。

4) 灌区运行管理

尽管潦河灌区工程管理体制改革取得较大成效,但灌区产权关系不明晰,潦河灌区工程建设资金主要由政府出资、农民投工投劳建成,国家对产权拥有主导权,管理机构作为政府派出管理部门,但又具独立法人资格,模糊了政府与管理机构之间存在的责、权、利,导致政府、管理局、用水户之间责、权、利不明确;灌区管理局对灌区产业结构和农业种植结构等基础资料收集不足,导致计划用水、定额合同管水难以实施;多年来计划体制下管水模式根深蒂固，而以供需为主导兼顾公益的准市场化模式未建立，灌区整体运行效率低下。

现状水价定价机制不活。灌区管理机构运行及可持续发展主要依靠收取农业生产水费，而水价由政府依据成本价折扣定价，实施财政补贴，政府对水价的控制决定了灌区的公益性，而实行"自收自支、自负盈亏"的经费政策又决定了灌区发展必要的经营性，这种公益性和经营性的矛盾必然导致灌区水资源利用效率低下，工程管养经费不足，造成管理机构背负债务，效益低下。管理机构作为独立法人，水是其主要的经营对象，应独立承担着经营管理活动中的责、权、利，在兼顾灌区公益性的前提下，放开定价机制，建立水权市场。

灌区工程建设投入和维养管理经费严重不足。目前潦河灌区工程建设投资主要来源于国家每年有限的投入，地方财政配套能力差，灌区公益性导致社会民间资本不敢涉足，灌区管理机构的市场化定位不明，导致管理机构融资困难，工程建设资金的投入不足制约了灌区可持续发展；灌区工程维养管理经费主要来源于低于成本的政府指导的农业水费，水价定价机制不活，造成灌区管理机构入不敷出，工程维养举步维艰。

2. 潦河生态灌区建设的必要性和可行性分析

潦河灌区是一座以灌溉为主，兼有防洪、排涝、水土保持等功能的大型灌区，也是江西省兴建最早的多坝自流引水灌区。由于干支渠局部渠段存在淤堵、渗漏、输水不畅等问题，难以按设计要求保障灌溉引水。7座拦河闸坝中的3座水源工程存在不同程度的坝体老化、消能工毁坏、启闭设施老旧、基本无观测和防汛管理设施等问题，152 km干渠近半数存在渗漏、淤堵和边坡坍塌等问题，部分支渠口无分水闸或分水闸毁坏，分水闸口无计量设施，渠系建筑物老化，加之缺乏有效管理，现状灌区输水效率不高，用水高峰期缺水现象较为突出；直接影响渠道水利用效率，造成渠道输水、分(配)水调节和安全运行保障能力差。在江西省《关于实行最严格水资源管理制度的实施意见》的水资源约束分配条件下，灌区用水存在缺口。

由于灌区工程建设投入和维养经费的不足，现有泄洪工程行洪不畅，严重影响输水能力和泄洪安全；灌排工程过度重视其输配水和灌排能力，忽视了灌排工程建设对区域生态环境影响，灌排工程基本无生态措施；现状灌溉模式仍为传统的灌排结合模式为主，农业面源污染问题较为突出，农田退水污染未经降污纳污等措施治理，农业生产废弃物得不到有效回收及资源化利用等，农业面源污染形势严峻。

与此同时，经济快速发展和江西省生态文明先行示范区、鄱阳湖生态经济区建设战略的实施也为潦河灌区带来了建设契机。针对新的建设机遇对潦河灌区现状灌排设施进行系统梳理，对"病险"工程，"卡脖子"等渠道、老化灌排建筑物、渠系水利用率较低的田间工程重点开展灌区工程建设以满足传统灌区对于灌排和节水的功能要求，同时针对灌区农业面源、生态环境等问题开展农田面源污染治理、水生态文明村、水利风景区建设、灌区水利工程生态提升等工程建设，使得灌区在满足传统灌区基本功能特征的基础上进一步突出污染治理和生态环境建设，突出灌区功能和产品的提质增效，具有良好的外部条件。另外，2014年江西省政府正式将潦河灌区划归江西省水利厅管理也为理清潦河灌区管理体制、优化管理流程和机制提供了良好的条件。

基于上述分析，开展潦河生态灌区建设发展规划编制工作是非常必要的，并且具备一定的外部条件支撑，也是可行的。

8.3　灌区总体规划

8.3.1　规划指导思想和原则

1. 规划指导思想

贯彻实践科学发展观和生态文明理念，以江西省生态文明先行示范区和鄱阳湖生态经济区建设为着眼点，以建设资源节约型、环境友好型社会为着力点，以自然、经济、社会复合系统健康发展为落脚点，以生态学、生态经济学、环境学、水利学、农学等学科技术为手段，以灌区水土资源和生态环境为约束，明确潦河生态灌区建设模式并建立完善的生态灌区综合评价指标体系；确定灌区水土资源配置和利用格局，建立完善的生态灌排体系和工程总体布局框架，开展灌区工程建设、生态环境建设、系统监控和信息化建设并进行综合管理规划；以建设全国一流的生态型灌区为目标，实现灌区水土资源可持续利用、生态环境良性循环、人居环境优美宜居，经济、社会、环境协调发展，人与自然和谐共处。

2. 基本原则

1）统筹兼顾，全面规划

整体把握潦河灌区经济发展、资源利用和生态环境保护中存在的问题及成因，统筹协调局部与整体、当前和长远、资源与环境等各个方面的关系，统筹考虑区域与流域水土资源条件和农业发展布局，灌溉与排水并重，工程安全与生态安全并举，大中小型工程建设与管理并举，改造与新建相结合，科学规划、合理布局、有序实施。

2）生态优先，节水减污

始终坚持生态为纲的规划思路，在规划过程中突出南方典型灌区节水减污和生态截流的建设需求，通过节水、减污、截流等多种手段构筑灌区自然健康的生态环境和宜居的人居环境；一方面为居民生活和社会经济活动提供优质的生态环境，另一方面又通过促进人与自然和谐发展观的普及和提高，推动社会全面进步和生态文明建设。

3）科技引领、节约高效

规划中要体现科技为先的理念，推广应用新技术、新材料、新设备，合理选择现代节水高效灌溉方式，以节约灌溉成本、减少农业面源污染、提高农作物质量和品质，推进精准、生态和高效农业发展。

4）因地制宜、突出重点

根据不同地区特点，确定灌溉发展目标、任务和重点，从实际出发，因地制宜，针对灌区内的产业结构特点、资源禀赋状态和生态环境条件，分别提出不同的治理对策，有计划、有重点地推进灌区重点建设工程。

5)高效利用、科学发展

把提高农业用水效率和改善生态环境放在突出位置，加强灌溉制度设计和技术推广，大力发展高效节水灌溉。

6)依法治水、建管并举

坚持依照相关法律规章进行农田水利规划、建设及管理；坚持建设和管理两手抓，健全体制、完善机制、强化法制，推进农田水利管理体制改革，逐步形成建、管、养、护一体的水利工程良性运行机制，在强化管理中优化服务，在优化服务中强化管理，充分发挥水务行业监管的作用，不断提高农田水利现代化管理水平。

8.3.2 规划范围和水平年

1. 规划范围

规划范围为潦河灌区区内706.25 km² 的国土范围，具体包括宜春市奉新县302.12 km² 和靖安县68.83 km²、南昌市的安义县335.30 km² 三个灌区片范围，如图8-6 所示。其中灌区设计面积33.6 万亩。

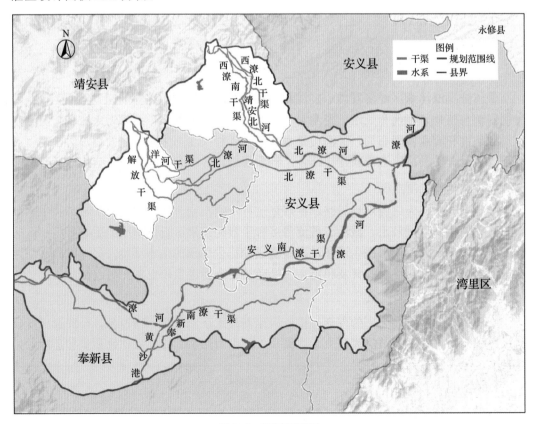

图8-6　规划范围图

2. 规划水平年

规划期限：2015～2030 年；现状基准年 2014 年；近期水平年 2020 年；远期水平年 2030 年；规划重点年 2020 年。

8.3.3 规划依据

1. 法律法规

国家、行业部门及省各项法律法规。

2. 相关标准及规范

国家、行业部门及省关于灌区规划的各类标准和规范。业主单位提供的其他相关技术及基础资料。

8.3.4 规划目标和任务

1. 规划目标

1）总体目标

根据灌区的现状情况，通过水土资源优化配置提高灌区实际灌溉面积至设计面积 33.6 万亩；通过灌区工程续建整治和生态化改造形成较为完善的生态灌排体系，灌溉水利用系数提高至 0.55；通过污染治理和生态建设，持续改善灌区工程沿线生态环境质量；通过管理体制改革，全面提升水利工程管理和公共服务能力；努力把潦河灌区建设成为在节水减污、生态灌排体系建设方面具有示范效应的全国一流的生态型示范灌区，实现灌区水土资源可持续利用、生态灌排系统布置完善、生态环境建设健康优美、管理运行体制创新高效的建设目标。

2）阶段目标

A. 近期目标

至 2020 年，合理利用现有水资源，科学配置和完善灌溉设施，基本完成灌排渠系续建和加固改造建设任务，建成标准较高的灌排工程体系，显著提高农田水利设施完好率，改善灌排系统输水能力。农田排涝能力达到 10 年一遇标准，重点区域达 20 年一遇标准。灌区灌溉面积由现在的 25.4 万亩恢复到 33.6 万亩，灌溉保证率由现在的不足 50%提高到 75%，灌溉水利用系数由现在的 0.48 提高到 0.51，干、支渠生态衬砌率不低于 20%，农田退水湿地净化率不低于 10%，农田退水中 COD、氨氮年削减量分别不低于 180 t/a、250 t/a。优先完成灌区信息化系统建设，积极开发和利用各种灌区信息资源，基本建立灌区工程长效管理机制。

B. 远期目标

至 2030 年，逐步对已有灌排工程进行生态化改造，形成较完善的生态灌排体系。通过田间节水灌溉和灌溉退水循环利用技术推广，使灌排系统生态化率和输水能力进一步改善，灌溉保证率由 2020 年的 75%进一步提高到 85%，灌溉水利用系数由规划 2020 年的 0.51 进一步提高到 0.55，干、支渠生态衬砌率不低于 50%，农田退水湿地净化率不低于 15%，农田退水中 COD、氨氮年削减量分别不低于 200 t/a、270 t/a。全面提升水利工程和生态工程的管理及公共服务能力，健全水行政执法体系，以信息化带动和促进灌区现代化，全面提升灌区现代化建设的效率和效能。

2. 规划任务

(1)客观评价现状。充分利用现有资料，结合水利普查成果及相关规划和科研成果，全面分析评价灌溉面积发展情况、灌溉基础设施、水资源开发利用及农业用水现状情况、灌区生态环境现状和管理现状，查找辽河灌区建设发展突出的薄弱环节、存在问题和制约因素。

(2)搞好水土平衡。根据两市三县的经济社会发展现状、水土资源现状和规划情况，结合水资源和生态环境保护要求，系统分析灌区内水土资源开发利用现状和未来需求，分析不同区域水土资源对区域农业和农村经济发展的支撑能力，提出未来灌溉发展潜力，进行水土资源匹配关系和平衡状况分析。分阶段提出灌区的水资源利用及配置、土地资源利用的总体格局。

(3)合理确定目标。基于灌区自身所具有的资源、环境条件，结合灌区的现状和经济可持续发展需求，从自然、经济、社会等属性入手，对生态灌区的建设内涵进行科学界定。统筹考虑灌区生态环境、工程保障、社会经济、管理水平、可持续发展等多重需求，建立适合辽河生态灌区的生态灌区综合评价指标体系，合理确定灌区不同发展阶段的建设模式和规划目标值。

(4)明晰规划布局。按照区域水土资源配置格局、农业发展布局，结合本地区的自然地理条件、水土资源状况、经济社会发展水平和水资源供需配置状况等实际，确定灌区水土资源配置和利用格局，建立完善的生态灌排体系框架、明确分区、分阶段的规划重点。

(5)制定对策措施。针对生态灌区发展的突出薄弱环节，提出灌区工程总体布局、废弃物利用与环境保护、系统监控和信息化建设及综合管理的建设任务和内容。

(6)建立保障机制。根据灌区建设的总体目标和任务，从加强领导、完善制度、强化监管、加大投入等方面制定规划实施的保障措施。

8.3.5　辽河生态灌区规划指标体系构建

1. 指标体系设置原则

1)全面性与突出重点相结合原则

生态灌区指标体系的构建受多种因素及其组合效果的影响，必须采用系统设计、系统构建的原则，保证指标体系的完整性，所选指标要反映其规划过程和效果，要涵盖生态、经济、社会各项指标。

2)客观性与可操作性相结合原则

客观性要求建立的指标体系应尽量减少运用中人为主观因素对规划过程及结果可能造成影响,保证规划结果的真实性。但是完全遵循客观性,会造成很多指标无法达到规划的目的。为此必须考虑所需各种资料、数据的可获得性和收集难度,并且指标体系的大小要适宜。

3)定性指标与定量指标相结合原则

由于生态灌区建设规划中有一些影响因素属于定性指标,无法用定量指标描述,而这些因素又是必须考虑的,故采用定性和定量指标相结合来建立生态灌区规划指标体系是非常必要的。

4)系统全面性与动态发展性原则

一方面该指标体系必须能够完整地、多角度地反映生态灌区的综合水平以及发展状况,并且规划目的和规划指标构成一个层次分明的整体。另一方面该指标体系必须具有发展性,可以根据生态灌区的特征及内外部环境的变化做出适当调整,从而做到灵活运用。

2. 现阶段规划评价指标体系

生态灌区本质上是一个"自然-社会-经济"复合生态系统,评价过程复杂。根据指标可获得性、现阶段技术经济水平和评价考核的可操作性等原则,为了更加高效的评价生态灌区,选取了 14 个重要且易量化的指标,其中约束性指标 7 个,预期性指标 7 个;并且给出了对应的 2020 年及 2030 年的控制指标值,对生态灌区建设情况进行评价与考核,见表 8-4。

表 8-4　生态灌区现阶段规划评价指标体系

序号	指标层	2020 年目标值	2030 年目标值	指标类型
1	灌溉水有效利用系数	≥0.51	≥0.55	约束性
2	灌溉保证率/%	≥75	≥85	约束性
3	节水灌溉面积覆盖率/%	≥50	≥90	约束性
4	防洪达标率/%	≥70	≥85	预期性
5	除涝达标率/%	≥70	≥85	约束性
6	干、支渠生态衬砌率/%	≥20	≥50	约束性
7	灌溉水质达标率/%	≥90	≥100	预期性
8	农田退水湿地净化率/%	≥10	≥15	约束性
9	化肥农药施用强度占全国平均水平百分比/%	≤40	≤20	约束性
10	秸秆回收利用率/%	≥70	≥85	预期性
11	有机、绿色农产品认证面积比/%	≥70	≥85	预期性
12	农业总产值提高率/%	≥20	≥50	预期性
13	农业亩均产值提高率/%	≥50	≥100	预期性
14	灌区信息化建设程度/%	≥60	≥90	预期性

3. 规划指标体系

生态灌区不仅是节水型的，还能促进灌区朝更好方向发展，是具有更高生产力的"人-社会-自然"复合系统。它的复杂性决定了单一的观测指标不能够准确评价其性能，需要考虑不同类型的指标。本研究根据生态灌区的概念内涵，全面设计了经济效应、生产能力、生态环境、人居环境、生态文化和技术保障 6 个准则层指标及 45 个指标层指标，见表 8-5。

表 8-5　生态灌区建设指标体系

序号	目标层	准则层	指标层	优	良	中	差	2020 年目标	2030 年目标
1		经济效应	农业总产值提高率/%	≥300	100～300	40～100	≤40	50	200
2			单位面积能耗占全国平均水平比例/%	≤40	40～60	60～80	≥80	50	30
3			单位面积用水量下降率/%	≥40	20～40	5～20	≤5	30	60
4		生产能力	作物多样性	≥2.2	1.6～2.2	1～1.6	≤1	1.2	2
5			土地生产提高率/%	≥40	30～40	20～30	≤20	35	50
6			农业机械化程度/%	≥90	60～90	40～60	≤40	50	90
7			绿色农产品比例/%	≥90	70～90	50～70	≤50	40	90
8		生态环境	湿地、沟渠植物多样性	0.75～1	0.5～0.75	0.25～0.5	0～0.25	0.6	0.8
9			生境破碎化指数	0.75～1	0.5～0.75	0.25～0.5	0～0.25	0.3	0.6
10			水域面积率/%	≥20	10～20	5～10	≤5	10	20
11	生态灌区合理建设并健康可持续运行		河流纵向连通性指数	0	0～2	2～4	≥4	2	1
12			湿地覆盖率/%	≥70	45～70	20～45	≤20	50	70
13			土壤有机质/(g/kg)	≥4	3～4	2～3	≤2	3	4
14		人居环境	集中式供水人口覆盖率/%	≥85	70～85	60～70	≤60	85	98
15			集中式饮用水水源地水质达标率/%	≥96	80～96	60～80	≤60	80	90
16			水功能区水质达标率/%	≥90	75～90	60～75	≤60	85	90
17			人均耕地面积/(hm²/人)	≥0.309	0.169～0.309	0.029～0.169	≤0.029	0.2	0.3
18			化肥施用强度占全国平均水平的百分比/%	≤40	40～80	80～120	≥120	40	20
19			农药施用强度占全国平均水平的百分比/%	≤60	60～90	90～120	≥120	60	30
20			道路及沟渠绿化率/%	≥90	80～90	70～80	≤70	90	95
21			生活污水处理率/%	≥80	70～80	50～70	≤50	80	90
22			生活垃圾无害化处理率/%	≥85	60～85	40～60	≤40	70	85
23		生态文化	农民生态节水意识/%	≥90	60～90	10～60	≤10	90	98
24			公众对生态灌区的满意率/%	≥80	60～80	40～60	≤40	80	90
25			节水器具普及率/%	≥90	75～90	60～75	≤60	90	98

续表

序号	目标层	准则层	指标层	优	良	中	差	2020 年目标	2030 年目标
26			单位水量生产效率/(t/m³)	≥83	76～83	68～76	≤68	80	85
27			灌溉保障率/%	≥85	60～85	40～60	≤40	75	90
28			精准计量设施完善率/%	≥84	67～84	50～67	≤50	80	85
29			农田退水循环利用率/%	≥40	30～40	10～20	≤10	35	50
30			农田退水湿地净化率/%	≥80	70～80	60～70	≤60	10	15
31			干、支渠生态衬砌率/%	≥70	50～70	40～50	≤40	30	50
32			生态排水沟所占比例/%	≥90	70～90	50～70	≤50	80	92
33			渠道淤积率/%	≤10	10～45	45～80	≥80	30	10
34	生态灌区合理建设并健康可持续运行	技术保障	农业灌溉用水有效利用系数	0.7～1	0.6～0.7	0.5～0.6	0～0.5	0.55	0.6
35			水土流失治理率/%	≥30	20～30	10～20	≤10	25	35
36			流域防洪达标率/%	≥80	65～80	50～65	≤50	70	85
37			流域除涝达标率/%	≥80	65～80	50～65	≤50	70	85
38			监测站点覆盖率/%	≥80	65～80	50～65	≤50	75	85
39			秸秆回收利用率/%	≥80	50～80	40～50	≤40	70	85
40			节水灌溉设施使用比例/%	≥90	70～80	50～70	≤50	75	90
41			水功能区限制纳污控制率/%	≥90	75～90	60～75	≤60	80	92
42			用水总量控制红线达标率/%	≥90	70～90	50～70	≤50	80	90
43			灌区智能化建设程度/%	≥90	40～90	10～80	≤10	60	90
44			灌区信息化建设程度/%	≥90	40～90	10～80	≤10	60	90
45			灌区多要素监控率/%	≥90	40～90	10～80	≤10	60	90

4. 指标评价方法

评价生态灌区应当建立指标样本值的等级标准。评价标准将直接影响综合评价结果的科学性。对于生态灌区的综合评价，目前研究较少，尚无明确统一的标准。生态灌区综合评价指标体系的标准主要从几种途径选取：国家、行业和地方规定的标准；国家、地方制定的发展计划，各项指标的发展目标，可以作为制定指标体系评价标准的依据；国外标准，国际上对于生态环境的评价起步相对较早，可以选取和我国实际情况相适应的评价标准作为参考；经过科学研究确定的指标标准。通过已有研究成果的分析，确定可作为评价标准的指标值。

本规划将分级临界值定为优、良、中和差四级，按照综合评价值的高低排序，体现灌区水平从优到劣的变化。对于定性指标，由多位专家进行制定等级标准。具体指标阈值采用定量化、半定性和半定量、定性化的表达方式，其中定量化结果给出数值点或者数值区间，半定性和半定量结果以数值与方法相结合表达，定性化结果主要给出原则和方法。

不同的评价指标其权重也有一定的差异，应该对重要的指标赋予更高的权重，综合评价一个地区的水生态文明程度。鉴于本研究中涉及的评价指标小项数量较多，因此将生态灌区建设评价指标体系的六个方面分配不同权重，综合不同指标重要性，对当地生态灌区建设程度进行评价。本规划采用模糊层次分析法(FAHP)对我国生态灌区建设准则层和指标层指标分配不同权重。

分析计算后得出各指标的权重见表 8-6。

表 8-6　生态灌区指标权重

序号	准则层	准则层权重	指标层	指标层对准则层的权重	指标层对目标层的权重
1			农业总产值提高率/%	0.357	0.0382
2	经济效应	0.1071	单位面积能耗占全国平均水平比例/%	0.5	0.0536
3			单位面积用水量下降率/%	0.143	0.0153
4			作物多样性	0.071	0.0101
5	生产能力	0.1429	土地生产提高率/%	0.285	0.0407
6			农业机械化程度/%	0.428	0.0612
7			绿色农产品比例/%	0.216	0.0309
8			湿地、沟渠植物多样性	0.171	0.0428
9			生境破碎化指数	0.171	0.0428
10	生态环境	0.25	水域面积率/%	0.142	0.0355
11			河流纵向连通性指数	0.2	0.0500
12			湿地覆盖率/%	0.228	0.0570
13			土壤有机质/(g/kg)	0.088	0.0220
14			集中式供水人口覆盖率/%	0.098	0.0175
15			集中式饮用水水源地水质达标率/%	0.117	0.0209
16			水功能区水质达标率/%	0.058	0.0104
17			人均耕地面积/(hm²/人)	0.137	0.0245
18	人居环境	0.1786	化肥施用强度占全国平均水平的百分比/%	0.041	0.0073
19			农药施用强度占全国平均水平的百分比/%	0.177	0.0316
20			道路及沟渠绿化率/%	0.137	0.0245
21			生活污水处理率/%	0.137	0.0245
22			生活垃圾无害化处理率/%	0.098	0.0175
23			农民生态节水意识/%	0.154	0.0165
24	生态文化	0.1071	公众对生态灌区的满意率/%	0.615	0.0659
25			节水器具普及率/%	0.231	0.0247

续表

序号	准则层	准则层权重	指标层	指标层对准则层的权重	指标层对目标层的权重
26			单位水量生产效率/(t/m³)	0.045	0.00964
27			灌溉保障率/%	0.063	0.0135
28			精准计量设施完善率/%	0.045	0.00964
29			农田退水循环利用率/%	0.063	0.0135
30			农田退水湿地净化率/%	0.036	0.00771
31			干、支渠生态衬砌率/%	0.018	0.00385
32			生态排水沟所占比例/%	0.072	0.0154
33			渠道淤积率/%	0.027	0.0057
34			农业灌溉用水有效利用系数	0.063	0.0135
35	技术保障	0.2143	水土流失治理率/%	0.072	0.0154
36			流域防洪达标率/%	0.045	0.00964
37			流域除涝达标率/%	0.063	0.0135
38			监测站点覆盖率/%	0.027	0.0057
39			秸秆回收利用率/%	0.045	0.00964
40			节水灌溉设施使用比例/%	0.036	0.00771
41			水功能区限制纳污控制率/%	0.054	0.0115
42			用水总量控制红线达标率/%	0.063	0.0135
43			灌区智能化建设程度/%	0.072	0.0154
44			灌区信息化建设程度/%	0.036	0.00771
45			灌区多要素监控率/%	0.082	0.0175

8.3.6　规划思路和技术路线

1. 规划总体思路

依据潦河生态灌区规划目标，结合区域及地方经济、产业及资源规划，以实现灌区资源可持续利用和生态环境良性循环为目标，从水土资源配置、生态灌排系统布置、生态环境建设和综合管理等方面对潦河灌区总体规划布局。主要包括以下几个方面：

(1)在水土资源配置利用上，规划通过种植结构调整和土地集约利用优化，提高复种指数，恢复灌区灌溉面积至 33.6 万亩。水资源利用按照"以需定供"的原则进行优化配置，在满足灌区用水的同时兼顾河道、湿地的生态需水，采用科学方法进行预测和综合平衡，强化节约用水，提高水资源循环利用水平。水资源量上要体现生态用水量。

(2)在生态灌排系统布置上，规划在维持现有的七大干渠渠系和五大排水分区为主的灌排总体格局的基础上，以综合治理为指导方针，以水肥高效利用与面源污染物协同控制为理念，以节水为关键，以生态改善为目的，通过分析进一步优化骨干工程的规模、布置形式和建设模式，重点开展灌溉渠系、排水沟系、渠系建筑物和田间工程规划，提高灌区灌排系统的生态化率。

(3)灌排系统布置上，要从硬质化逐步向生态化过渡，但不排除硬质化。

(4)在灌区生态环境建设上，规划以灌区渠道、排水沟、水塘、湿地为对象，以面源污染物削减、生态拦截与沟道修复为重点，通过灌排系统的生态化改造和坑塘湿地系统建设，实现灌区"节水、减污、截留、生态"的目标；注重灌区建筑物结构功能与美观的协调及周边的环境治理，将建筑美学、人水和谐理论应用于灌区景观建设，打造环境优美的生态观光型灌区形象。

(5)突出尾水循环利用和人居环境改善要求。

(6)在灌区综合管理方面，规划通过管理运行体制机制的改革优化、灌排系统信息化、灌排服务推广体系建设等工作开展，建立灌区节水减污和面源污染治理的长效机制，实现灌区高效用水与水环境整治维护的协调发展，提高灌区综合管理水平和效率，形成生态节水型灌区的最佳管理模式。

2. 技术路线

参考《灌区规划规范》(GB/T 50509—2009)、《灌区改造技术规范》(GB 50599—2010)、《大型灌区技术改造规程》(SL 418—2008)等灌区规划编制规范的技术要求，结合江西省和潦河灌区的特点，确定本次规划编制的工作主要分四个阶段开展：

第一阶段主要是前期基础工作，包括基础资料的收集、整理和补充调查等，并对区域内水土资源及利用现状、生态环境现状、工程设施和管理现状及存在的问题进行分析。

第二阶段主要是基础工作及大纲编写，在现状分析的基础上提出规划目标和总体布局框架，确定主要工作内容和方向，形成工作大纲。

第三阶段主要是针对总体规划布局框架进行专项规划设计，包括灌区工程建设、废弃物利用及环境保护及综合管理等专项规划内容，提出系统的工程与非工程相结合的措施体系，估算投资，对规划目标可达性和效益进行评价，并制定实施计划。

第四阶段是成果汇总，报告编制、咨询及审查阶段，主要是进行成果汇总，编制报告，开展专家咨询、完善修改及报批等。

8.4 水土资源平衡分析及水资源配置

8.4.1 国民经济发展预测

根据灌区范围内各县市国民经济和社会发展"十三五"规划纲要，结合江西省全面建设小康社会的总体进程要求，对2030年前潦河灌区经济社会发展的主要指标进行预测分析。

1. 人口发展指标预测

2014 年，潦河灌区总人口 26.12 万人，其中非农人口 8.53 万人，农业人口 17.57 万，户籍人口城镇化水平为 33%。根据近年来潦河灌区内人口增长率(以 8‰计)、人口流动情况及人口发展规划成果，预测至 2020 年潦河灌区总人口达到 27.38 万，户籍人口城镇化水平为 40%，非农人口为 10.95 万；至 2030 年灌区总人口为 29.07 万人，户籍人口城镇化水平为 50%，非农人口 14.53 万人，如表 8-7。

表 8-7　潦河灌区现状及规划预测人口表

规划水平年	总人口/万人	非农人口/万人	农业人口/万人	户籍人口城镇化率/%
2014 年	26.10	8.53	17.57	33
2020 年	27.38	10.95	16.43	40
2030 年	29.06	14.53	14.53	50

2. 经济发展指标预测

1)灌区三县经济发展指标预测

潦河灌区涉及奉新、靖安、安义三县，根据三县统计年鉴数据，2014 年灌区涉及三县的 GDP 为 225.70 亿元，其中一、二、三产增加值分别为 31.9 亿元、118.6 亿元、75.2 亿元，三次产业比例为 14∶53∶33。按户籍人口计算，人均生产总值 28974 元。

根据上述三县近年发展现状和相关发展规划目标，按照区域 8.4%和 7.5%的总体平均增长率预测 2020 年、2030 年经济指标，即现状至 2020 年预测平均增长率为 8.4%，2020~2030 年预测平均增长率为 7.5%。按此预测，至 2020 年，潦河灌区三县 GDP 将达到 366.1 亿元，三次产业结构为 12∶54∶34；至 2030 年，GDP 达到 756.6 亿元，三次产业结构调整为 9∶55∶36，如表 8-8 所示。

表 8-8　潦河灌区三县社会经济发展主要指标预测表

水平年	GDP/亿元				三产结构/%		
	一产	二产	三产	总值	一产	二产	三产
2014 年	31.9	118.6	75.2	225.7	14	53	33
2020 年	43.6	195.9	126.6	366.1	12	54	34
2030 年	68.0	412.7	275.9	756.6	9	55	36

2)灌区经济发展指标预测

2014 年灌区 GDP 为 25.1 亿元，其中一、二、三产增加值分别为 11.1 亿元、8.9 亿元、5.5 亿元，三次产业比例为 43∶35∶22。灌区三产结构中的农业比例高于三县比例。在三县经济预测成果基础上，结合灌区各乡镇现状水平年经济数据，预测至 2020 年，灌区 GDP 为 39.2 亿元，三次产业结构为 39∶37∶24；至 2030 年，GDP 达到 74.9 亿元，三次产业结构调整为 32：41：27，如表 8-9 所示。

表 8-9　辽河灌区社会经济发展主要指标预测表

水平年	GDP/亿元				三产结构/%		
	一产	二产	三产	总值	一产	二产	三产
2014 年	11.1	8.8	5.5	25.15	43	35	22
2020 年	15.1	14.6	9.2	39.2	39	37	24
2030 年	23.6	30.8	20.0	74.9	32	41	27

3. 农业发展指标预测

2014 年，辽河灌区总灌溉面积为 25.4 万亩。预计 2020 年，辽河灌区总灌溉面积将达到 33.6 万亩。考虑到辽河灌区城市化进程的发展，农田耕地面积有限，预计 2030 年总灌溉面积与 2020 年基本保持一致。

根据三县统计年鉴统计，2014 年辽河灌区大小牲畜分别为 0.23 万头和 13.69 万头，家禽 88 万只；参照近几年大小牲畜及家禽数量变动情况进行预测，预计 2020 年大小牲畜和家禽分别为 0.24 万头、14.36 万头和 101 万只；2030 年大小牲畜和家禽分别为 0.26 万头、15.24 万头和 112 万只，如表 8-10 所示。

表 8-10　辽河灌区农业发展主要指标预测

水平年	有效灌溉面积/万亩	大牲畜/万头	小牲畜/万头	家禽/万只
2014 年	25.84	0.23	13.69	88
2020 年	33.60	0.24	14.36	101
2030 年	33.60	0.26	15.24	112

8.4.2　水土资源供需平衡分析

1. 灌区土地利用规划

辽河灌区土地资源丰富，现状灌区范围内土地总面积 706.25 km^2，可耕地面积 48.3 万亩，其中水田面积 40.76 万亩，旱地面积 7.54 万亩。灌区现有保灌面积 25.4 万亩，均为水田面积。为了实现灌区国民经济可持续发展的目标，灌区农业生产必须向"二高一优"的现代化农业方向发展，这对今后灌区内的土地开发利用提出了新的要求。随着农业经济的不断增值，农业种植结构必须进行调整，在保持粮食稳定增长的同时，应逐渐扩大棉、油、蔬菜、果林等经济作物种植面积。

根据灌区土地利用现状、水利工程布局和农业发展规划，采取因地制宜的原则对灌区土地利用进行规划。规划至 2020 年，灌溉面积恢复到 33.6 万亩，其中水田 29.16 万亩，旱地 4.44 万亩。2030 年，灌溉面积保持 2020 年水平不变化。

灌区规划年灌溉面积情况详见表 8-11。

表 8-11　潦河灌区各干渠规划灌溉面积统计表(2020 年、2030 年)　　(单位: 亩)

干渠名称			奉新	靖安	安义	合计
奉新南潦干渠	现状灌溉面积		76774		712	77486
	规划灌溉面积		103007		712	103719
	其中	水田面积	77692		712	78404
		旱地面积	25315			25315
	比原灌溉增加面积		26233			26233
北潦干渠	现状灌溉面积		15596		37327	52923
	规划灌溉面积		17625		43949	61574
	其中	水田面积	16596		37327	53923
		旱地面积	1029		6622	7651
	比原灌溉增加面积		2029		6622	8651
解放干渠	现状灌溉面积		16336	8294		24630
	规划灌溉面积		25609	17943		43552
	其中	水田面积	15057	11294		26351
		旱地面积	10552	6649		17201
	比原灌溉增加面积		9273	9649		18922
洋河干渠	现状灌溉面积		18960	4682		23642
	规划灌溉面积		16860	5334		22194
	其中	水田面积	10942	4682		15624
		旱地面积	5918	652		6570
	比原灌溉增加面积			652		652
西潦北干渠	现状灌溉面积			11523	17849	29372
	规划灌溉面积			18496	25168	43664
	其中	水田面积		13323	17849	31172
		旱地面积		5173	7319	12492
	比原灌溉增加面积			6973	7319	14292
西潦南干渠	现状灌溉面积			11123		11123
	规划灌溉面积			11771		11771
	其中	水田面积		9323		9323
		旱地面积		2448		2448
	比原灌溉增加面积			648		648
安义南潦干渠	现状灌溉面积				39223	39223
	规划灌溉面积				49526	49526
	其中	水田面积			39223	39223
		旱地面积			10303	10303
	比原灌溉增加面积				10303	10303
合计	现状灌溉面积		127666	35622	95111	258399
	规划灌溉面积		163101	53544	119355	336000
	其中	水田面积	120287	38622	95111	254020
		旱地面积	42814	14922	24244	81980
	比原灌溉增加面积		35435	17922	24244	77601

2. 灌种植结构

灌区现状早稻种植面积 19.57 万亩，晚稻种植面积 24.03 万亩，油菜种植面积 6.48 万亩，蔬菜种植面积 1.58 万亩，复种指数为 2.12。

从灌区农业生产现状来看，灌区现行种植结构不尽合理，农业生产与市场结合不够紧密。为实现灌区国民经济可持续发展的目标，农业种植结构必须进行调整，在保持粮食稳定增长的同时，逐渐扩大棉、油、蔬菜、果林等经济作物种植面积，使农产品产量、效益同时得到提高，规划水平年复种指数将调整为 2.24。

灌区农业种植结构及灌溉面积组成情况详见表 8-12 和表 8-13。

表 8-12　潦河灌区各干渠现有灌溉面积和作物组成表

渠名	灌溉面积/万亩	早稻/万亩	晚稻/万亩	油菜/万亩	蔬菜/万亩	棉花/万亩	果园/万亩	复种指数
奉新南潦干渠	7.75	5.94	7.37	1.98	0.42	0.39	0.10	2.09
安义南潦干渠	4.12	3.22	3.96	1.08	0.21	0.22	0.01	2.11
解放干渠	2.46	1.93	2.39	0.65	0.14	0.13	0.01	2.13
洋河干渠	1.96	1.50	1.80	0.50	0.26	0.10	0.11	2.18
北潦干渠	5.29	4.27	5.16	1.38	0.26	0.26	0.03	2.15
西潦南干渠	0.97	0.79	0.81	0.18	0.12	0.05	0.10	2.12
西潦北干渠	2.85	1.93	2.54	0.71	0.17	0.14	0.50	2.10
合计	25.40	19.58	24.03	6.48	1.58	1.29	0.86	2.12

表 8-13　潦河灌区不同水平年灌溉面积和作物组成表

渠名		灌溉面积/万亩	早稻面积/万亩	晚稻面积/万亩	油菜面积/万亩	蔬菜面积/万亩	棉花/万亩	果园/万亩	复种指数
现状（2010 年）	合计	25.40	19.57	24.03	6.48	1.58	1.29	0.87	2.12
	比例/%		0.77	0.95	0.26	0.06	0.05	0.03	2.12
规划（2020 年）	合计	33.6	24.3	30.1	1.95	13.9	4.54	0.51	2.24
	比例/%		72.3	89.6	5.80	41.4	13.5	1.52	2.24

3. 灌水源分析

潦河灌区灌溉用水主要是南潦河和北潦河、靖安北河三条河的天然来水，通过各引水渠拦河滚水坝抬高水位引流入渠做灌溉用水。

在南潦河流域内分布有奉新南潦干渠、安义南潦干渠两条灌溉引水渠，其控制集水面积分别为 770 km² 和 1540 km²；在北潦河流域内分布有解放干渠、洋河干渠、北潦干渠三条灌溉引水渠，其控制集水面积分别为 533 km²、545 km²、584 km²；在靖安北河流域内分布有西潦南干渠和西潦北干渠二条灌溉引水渠，其控制集水面积分别为 500 km² 和 560 km²，灌区多年引水量仅占多年平均径流总量的 5.98%。各干渠取水口引水量仅占河道径流量的 1.9%～10.6%，如表 8-14 所示。因此，灌区引水对河道径流量影响较小，灌区水源能得到充分保障。

表 8-14　渠道引水对河道水量的影响

河流	干渠名称	取水口河道流量/(m³/s)	灌区引水流量/(m³/s)	引水比例/%
南潦河	奉新南潦干渠	26.50	2.82	10.6
	安义南潦干渠	46.70	1.43	3.1
北潦河	解放干渠	26.80	0.89	3.3
	洋河干渠	25.90	0.82	3.2
	北潦干渠	23.90	1.90	8.0
靖安北河	西潦南干渠	21.30	0.41	1.9
	西潦北干渠	20.60	1.08	5.2

8.4.3　灌溉制度

1. 作物组成

潦河灌区粮食种植作物主要是早稻和晚稻,全年的经济作物主要是兼种棉花、油菜、豆类、绿肥、蔬菜、果园等。在计算灌区种植作物综合灌溉净定额时,主要考虑早稻、晚稻、棉花、油菜、蔬菜 5 种作物。其他作物如豆类、药材、果园等,按用水量相同合并到以上的作物中。

2. 作物灌溉制度设计参数的分析确定

灌区作物的灌溉制度主要引用《潦河灌区水资源论证报告(2014)》中的相关研究成果。

1) 水稻

潦河灌区以种植水稻为主,水稻是灌区的用水大户,需对水稻的灌溉制度进行分析。本次分析以临近灌区赣抚平原灌区试验站灌溉实验资料、《江西省水稻需水量等值线图研究报告》、现场调查情况等为依据,确定潦河灌区早晚稻各生长期的起止时间、蒸腾量、土壤下渗量、淹灌和晒田时间,以及灌溉上下限水深等项,制定出本灌区早、晚稻需水量,各项参数见表 8-15 和表 8-16。

表 8-15　潦河灌区早稻灌溉制度设计参数表

生长阶段	起止时间		天数/d	田间控制水深/mm	蒸腾系数 a	下渗率 S/(mm/d)	备注
	月.日	月.日					
一、育秧期	3.20	4.28	40				
秧田泡田期	3.20	3.20	1	40	1	1.32	
秧田沤田期	3.21	4.01	12	10~20	1	1.32	
竖苗期	4.02	4.05	4	5~10	1	1.32	S 值采用早稻大田泡田期的值,a 值取 1.0
新叶伸展期	4.06	4.11	6	10~15	1	1.32	
秧田中后期	4.12	4.26	15	15~20	1	1.32	
拔秧移栽期	4.27	4.28	2	75~80	1	1.32	

续表

生长阶段	起止时间		天数/d	田间控制水深/mm	蒸腾系数 a	下渗率 S/(mm/d)	备注
	月.日	月.日					
二、大田生长期	4.16	7.19	95				
大田泡田期	4.16	4.20	5	40	1	1.32	
大田沤田期	4.21	4.29	9	10～20	1	1.32	
返青期	4.30	5.14	15	20～30	1.22	1.32	
分蘖前期	5.15	5.24	10	0～20	1.31	1.17	
分蘖后期	5.25	5.28	4	0～20	1.64	1.24	
晒田期	5.29	6.04	7	0	1.64	1.24	
拔节期	6.05	6.20	16	0～20	1.54	1.1	
抽穗扬花期	6.21	6.29	9	20～30	1.7	1.46	
乳熟期	6.30	7.10	11	0～20	1.55	1.47	
黄熟前期	7.11	7.14	4	0～20	1.26	1.39	
黄熟后期	7.15	7.19	5	0	1.26	1.39	

表 8-16   漳河灌区晚稻灌溉制度设计参数表

生长阶段	起止时间		天数/d	田间控制水深/mm	蒸腾系数 a	下渗率 S/(mm/d)	备注
	月.日	月.日					
一、育秧期	6.05	7.24	50				
秧田泡田期	6.05	6.08	4	30			
秧田沤田期	6.09	6.18	10	10～20			S 值采用早稻大田泡田期的值，a 值取 1.0
竖苗期	6.19	6.21	3	5～10			
新叶伸展期	6.22	6.26	5	10～15			
秧田中后期	6.27	6.19	23	15～20			
拔秧移栽期	7.20	7.24	5	75～80			
二、大田生长期	7.20	10.30	103				
大田泡田期	7.20	7.25	6	40	1	1.73	
返青期	7.26	8.04	10	30～40	1.09	1.73	
分蘖前期	8.05	8.15	11	0～20	1.27	1.63	
分蘖后期	8.16	8.22	7	0～20	1.31	1.14	
晒田期	8.23	8.29	7	0	1.31	1.14	
拔节期	8.30	9.16	18	0～20	1.33	2.01	
抽穗扬花期	9.17	9.27	11	20～30	1.47	2.51	
乳熟期	9.28	10.12	15	0～20	1.32	2.35	
黄熟前期	10.13	10.22	10	0～20	1.33	2.23	
黄熟后期	10.23	10.30	8	0	1.33	2.23	

2) 旱作物

潦河灌区旱作物主要有棉花、油菜、药材、豆类、蔬菜及果园等，由于江西省缺乏旱作物的灌溉试验资料，仅棉花在锦北灌区曾有过少量灌溉试验资料，但尚不完全(早期曾用彭曼公式作过分析)。因此，灌区旱作物灌溉制度以典型调查资料为依据，结合有关试验资料分析确定。灌区旱作物的灌溉制度见表 8-17。

表 8-17　潦河灌区旱作物灌溉制度设计参数表

| 作物名称 | 生育阶段 | 时间 | | 湿润层深度/mm | 土壤适宜含水率/% |
		起(月.日)	迄(月.日)		
棉花	播种～现蕾	4.11	5.6	30～40	55～70
	蕾期	6.6	6.30	30～40	55～70
	开花结铃期	7.7	8.20	30～40	60～70
	吐絮期	8.21	10.10	30～40	55～70
	全生长期	4.11	10.10		
油菜	播种、出苗	10.20	11.30	30～40	80～85
	越冬	12.1	2.15	30～40	80～90
	返青	2.16	3.25	30～40	80～90
	开花	3.20	4.5	30～40	70～75
	成熟	4.6	5.10		
	全生长期	10.20	5.10		
各类蔬菜、瓜果	全过程	1.1	12.31	20～30	70～85

8.4.4　灌区需水预测

灌区需水包括河道外需水和河道内需水。河道外需水主要包括城乡居民生活、工业、农业和服务业等经济社会各行业的需水，以及需要通过人工供水措施满足的湖泊湿地补水等人工生态环境的需水。河道内生态需水量是指维系一定生态系统功能所不能被占用的河道最小水资源需求量，包括天然生态和人工生态。

1. 河道外需水预测

1) 需水预测分区

需水预测分区是需水量和水资源供需计算分析的基本单元，根据灌区水系分布特点，原则上以灌区内各干渠的灌溉范围作为分区划分的主要依据进行需水预测，见表 8-18。

表 8-18 潦河灌区需水预测分区表

分区	所含乡、镇、场	国土面积/km²	灌溉面积/万亩	人口/万	工业生产总值/万元
奉新南潦干渠片	赤岸、宋埠、冯川、西垦二分场、黄洲、石鼻	218.25	10.37	6.24	85094
安义南潦干渠片	黄洲、石鼻、长埠、鼎湖	104	4.95	3.88	705
解放干渠片	干洲、干垦、农牧渔、香田	91.5	4.36	1.80	666
洋河干渠片	干洲、香田	46.6	2.22	1.76	381
北潦干渠片	干洲、干垦、鼎湖	129.4	6.16	4.72	355
西潦南干渠片	仁首	24.7	1.18	0.81	890
西潦北干渠片	仁首、龙津、东阳	91.8	4.37	6.91	266
灌区合计	/	706.25	33.61	26.12	88356

2) 生活需水预测

随着灌区人口的增加，人们生活水平和用水标准不断提高，生活用水量将逐渐增加。根据灌区供水系统分布特点，分城镇生活用水和农村生活用水分别预测。

生活用水采用综合生活用水定额预测，根据《江西省城市生活用水定额》（DB 36-T419—2011）、《潦河灌区水资源论证报告》等，考虑适当的增长幅度。灌区现状年城镇生活用水定额（含城镇公共）为 195 L/(人·d)，农村生活用水定额为 98 L/(人·d)，预测到 2020 年城镇生活用水定额和农村生活用水定额分别为 210 L/(人·d) 和 120 L/(人·d)，到 2030 年城镇生活用水定额和农村生活用水定额分别为 230 L/(人·d) 和 150 L/(人·d)，见表 8-19。

表 8-19 潦河灌区生活用水定额预测表 （单位：L/(人·d)）

水平年	生活用水定额	
	城镇生活	农村生活
2014 年	195	98
2020 年	210	120
2030 年	230	150

根据生活用水定额计算各水平年需水量，预测 2020 年灌区生活用水总量为 1561 万 m³，其中城镇生活用水量为 841 万 m³，农村居民生活用水量为 719 万 m³；2030 年灌区生活用水总量为 2019 万 m³，其中城镇生活用水量为 1223 万 m³，农村生活用水量为 796 万 m³。

由于灌区城镇生活用水由城市供水系统提供，其取水口为潦河，不属于灌区供水任务，灌区只需提供灌区内的农村生活用水。预测至 2020 年灌区生活用水需水量 719 万 m³，2030 年灌区农村生活用水 796 万 m³。

潦河灌区生活需水量预测见表 8-20。

表 8-20　潦河灌区生活需水量预测表　　　　（单位：万 m³）

水平年	分区	生活用水总量			灌区供水量		
		城镇生活	农村生活	合计	城镇生活	农村生活	合计
2020 年	奉新南潦干渠片	80	222	302	0	222	222
	安义南潦干渠片	125	107	232	0	107	107
	解放干渠片	45	55	100	0	55	55
	洋河干渠片	42	54	97	0	54	54
	北潦干渠片	121	143	264	0	143	143
	西潦南干渠片	19	25	44	0	25	25
	西潦北干渠片	409	113	522	0	113	113
	合计	841	719	1561	0	719	719
2030 年	奉新南潦干渠片	116	246	362	0	246	246
	安义南潦干渠片	182	118	300	0	118	118
	解放干渠片	66	61	126	0	61	61
	洋河干渠片	62	60	122	0	60	60
	北潦干渠片	176	158	334	0	158	158
	西潦南干渠片	27	28	55	0	28	28
	西潦北干渠片	595	125	720	0	125	125
	合计	1224	796	2019	0	796	796

3）生产需水预测

生产需水是指有经济产出的各类生产活动所需的水量，划分为农业需水量和工业生产需水量，农业需水量包含林牧渔业的需水量。

A. 农田灌溉需水预测

根据《宜春市水量分配细化研究报告》中的相关区域的灌溉定额成果计算，潦河灌区规划水平年 50%保证率下的净灌溉定额为 293.8 m³/亩，90%保证率下的净灌溉定额为 392.2 m³/亩。

农田灌溉需水量还与渠系水利用系数有关，其正确评估对确定农业灌溉用水量需求影响较大。根据江西省水利厅水资源处和江西省灌溉试验中心站的研究成果，潦河灌区现状年农田灌溉水利用系数为 0.48。《长江流域水资源综合规划》和《江西省水资源综合规划》确定的江西省全省灌溉水利用系数 2020 年为 0.55，2030 年为 0.60，《江西省人民政府关于实行最严格水资源管理制度的实施意见》确定灌区 2015 年的灌溉水利用系数均为 0.55，另外水利部下达江西省水资源考核指标中 2020 年灌溉水利用系数为不低于 0.51。由于潦河灌区为大型灌区，现状灌溉基础条件较差，综合考虑上述规划及文件要求，以及生态灌区规划的工程实施条件，确定潦河灌区 2020 年农业灌溉水综合利用系数为 0.51，2030 年应进一步提高至 0.55。

根据农田净灌溉定额及灌溉水利用系数，计算确定潦河灌区综合灌溉定额。潦河灌区不同来水保证率条件下农田综合灌溉用水定额详见表 8-21。

表 8-21 潦河灌区农田综合灌溉用水定额预测表

水平年	保证率/%	综合灌溉定额/(m³/亩)
2020 年	50	576
	90	770
2030 年	50	534
	90	714

现状年灌区实际灌溉面积为 25.4 万亩，规划至 2020 年，灌区灌溉面积达到设计灌溉面积 33.6 万亩，受城镇发展用地的限制，2030 年灌溉面积与 2020 年保持一致。根据农业用地面积、用水定额以及灌溉水利用系数，推求各片区农业灌溉需水量。

预测 2020 年 $P=50\%$ 和 $P=90\%$ 的灌溉需水量分别为 1.94 亿 m³ 和 2.59 亿 m³。2030 年随着灌溉水有效利用系数进一步提高至 0.55，灌溉用水较 2020 年进一步降低。预测 2030 年 $P=50\%$、$P=90\%$ 的灌溉需水量分别为 1.80 亿 m³ 和 2.40 亿 m³。

潦河灌区农业灌溉需水量预测见表 8-22。

表 8-22 潦河灌区农田灌溉需水量预测表　　　　（单位：万 m³）

水平年	分区	灌溉需水 50%	灌溉需水 90%
2020 年	奉新南潦干渠片	5974	7981
	安义南潦干渠片	2852	3810
	解放干渠片	2512	3355
	洋河干渠片	1279	1709
	北潦干渠片	3549	4741
	西潦南干渠片	680	908
	西潦北干渠片	2517	3363
	合计	19363	25867
2030 年	奉新南潦干渠片	5539	7400
	安义南潦干渠片	2644	3533
	解放干渠片	2329	3111
	洋河干渠片	1186	1584
	北潦干渠片	3291	4396
	西潦南干渠片	630	842
	西潦北干渠片	2334	3119
	合计	17953	23985

B. 林牧渔需水预测

林牧渔业用水指标以实际用水量为基础，参考周边省市行业用水标准确定。由于林牧渔等产业规模一般较小，节水投入力度有限，且年际间用水定额变化不大，故用水定额基本保持不变。

牲畜需水量采用定额法预测，现状潦河大牲畜用水定额为 45 L/(头·d)，小牲畜为25 L/(头·d)，家禽为 0.1 L/(只·d)。

现状年鱼塘补水定额 355 m³/亩，预测 2020 年和 2030 年鱼塘补水定额分别为 340 m³/亩和 335 m³/亩。

a) 林果地需水预测

林果地灌溉需水量以综合灌溉定额的形式统计入灌溉需水中。

b) 鱼塘补水需水预测

2014 年潦河灌区鱼塘补水面积为 1.05 万亩，鱼塘补水量为 374 万 m³。参照近几年鱼塘养殖面积变动情况进行预测，预测至 2020 年为 1.16 万亩，至 2030 年为 1.22 万亩。采用定额法预测 2020 年灌区鱼塘补水需水量为 394 万 m³，2030 年灌区鱼塘补水需水量为 414 万 m³。

c) 牲畜需水预测

2014 年灌区牲畜总量为 13.92 万头，预测至 2020 年灌区牲畜总量为 14.60 万头，至2030 年灌区牲畜总量为 15.50 万头。预测至 2020 年灌区牲畜需水量为 380 万 m³，2030年灌区牲畜需水量为 404 万 m³，见表 8-23。

表 8-23　潦河灌区林牧渔畜需水量预测表　　　　　　（单位：万 m³）

水平年	分区	鱼塘补水	牲畜需水	合计
2020 年	奉新南潦干渠片	76	112	188
	安义南潦干渠片	128	80	207
	解放干渠片	32	69	101
	洋河干渠片	15	32	47
	北潦干渠片	63	50	113
	西潦南干渠片	26	9	35
	西潦北干渠片	53	28	81
	合计	393	380	773
2030 年	奉新南潦干渠片	80	119	199
	安义南潦干渠片	134	85	219
	解放干渠片	34	74	108
	洋河干渠片	16	34	50
	北潦干渠片	66	54	120
	西潦南干渠片	27	10	37
	西潦北干渠片	56	30	86
	合计	413	406	819

C. 工业需水预测

根据潦河灌区工业结构的特点，灌区无火(核)电工业，灌区内建有洋河电站等4座小水电站，利用灌溉渠跌水发电，由于水力发电不消耗水，因此工业需水量仅为灌区内一般工业需水量。灌区工业需水量采用万元工业增加值用水定额法预测，现状灌区工业用水定额为139 m³/万元。规划年用水定额指标预测以《潦河流域修编规划》中确定的万元工业增加值用水量为基本依据，参考《江西省人民政府关于实行最严格水资源管理制度的实施意见》以及《江西省水资源综合规划》成果，潦河灌区工业用水定额相比基准年应逐步降低。预测潦河灌区2020年、2030年的万元工业增加值用水量分别为105 m³/万元和65 m³/万元。

在现状潦河灌区工业用水结构和现状水平年工业用水定额的基础上，采用定额法预测至2020年灌区一般工业需水量为1553万 m³；2030年灌区一般工业需水量为1999万 m³。不同水平年灌区工业需水量见表8-24。

表8-24　潦河灌区工业需水量预测表　　　　　　　　　　　　(单位：万 m³)

分区	2020 年	2030 年
奉新南潦干渠片	1477	1925
安义南潦干渠片	12	16
解放干渠片	12	15
洋河干渠片	7	9
北潦干渠片	6	8
西潦南干渠片	15	20
西潦北干渠片	5	6
合计	1534	1999

4) 生态环境需水预测

河道外生态环境需水量主要考虑城镇绿地灌溉用水及城镇湖泊湿地补水两项。城镇绿地面积指园林绿地面积，包括公共绿地、居住地绿地、单位附属绿地、防护绿地、道路绿地和风景区绿地面积。本规划城镇生态环境需水量已经包含在城镇生活用水中，不单独计算。

5) 河道外总需水量预测

根据上述各行业需水预测结果汇总得灌区各水平年不同保证率下总需水量。

现状基准年50%保证率下潦河灌区总需水量为1.81亿 m³；预测至2020年，50%、90%保证率下总需水量分别为2.24亿 m³、2.89亿 m³；至2030年，50%、90%保证率下总需水量分别为2.16亿 m³和2.76亿 m³，见表8-25。

表 8-25　潦河灌区河道外需水量预测表　　　（单位：万 m³）

水平年	分区	50%				90%			
		生活需水	农业需水	工业需水	合计	生活需水	农业需水	工业需水	合计
2020 年	奉新南潦干渠	222	6168	1477	7867	222	8175	1477	9874
	安义南潦干渠	107	3063	12	3182	107	4021	12	4140
	解放干渠	55	2617	12	2684	55	3461	12	3528
	洋河干渠	54	1328	7	1389	54	1758	7	1819
	北潦干渠	143	3665	6	3814	143	4857	6	5006
	西潦南干渠	25	715	15	755	25	944	15	984
	西潦北干渠	113	2600	5	2718	113	3446	5	3564
	合计	719	20156	1534	22409	719	26662	1534	28915
2030 年	奉新南潦干渠	246	5745	1925	7916	246	7606	1925	9777
	安义南潦干渠	118	2868	16	3002	118	3756	16	3890
	解放干渠	61	2441	15	2517	61	3223	15	3299
	洋河干渠	60	1238	9	1307	60	1636	9	1705
	北潦干渠	158	3414	8	3580	158	4519	8	4685
	西潦南干渠	28	668	20	716	28	880	20	928
	西潦北干渠	125	2421	6	2552	125	3206	6	3337
	合计	796	18795	1999	21590	796	24826	1999	27621

6）需水预测合理性分析

从用水变化趋势看，潦河灌区生活、工业以及生态环境用水量呈递增趋势，由于灌溉面积的增大，2020 年的农业需水量较 2014 年有所增加，但随着用水效率的提高，2030 年农业用水量又较 2020 年有所降低；从用水结构变化趋势看，生活、工业用水占比呈上升趋势，而农业用水占比呈下降趋势。灌区各水平年不同行业用水量和用水结构符合社会经济发展规律和趋势，见表 8-26。

表 8-26　潦河灌区各水平年用水结构变化

水平年	河道外需水量			用水结构/%		
	生活	工业	农业（90%保证率）	生活	工业	农业（90%保证率）
2014 年	1237	1228	21505	5.2	5.1	89.7
2020 年	1561	1533	26662	5.2	5.2	89.6
2030 年	2019	1999	24826	7.0	6.9	86.1

将本次不同行业各水平年用水结构变化趋势与《潦河流域修编规划》中整个流域 2020～2030 年用水结构变化趋势相比较，灌区的用水结构变化趋势和整个潦河流域变化

趋势相一致，而潦河灌区农业用水占比高于流域的农业用水占比，也符合灌区经济结构的特点，见表 8-27。

表 8-27　潦河灌区和潦河流域各水平年用水结构变化

水平年	潦河灌区用水结构/%			《潦河流域修编规划》预测用水结构/%		
	生活	工业	农业(90%保证率)	生活	工业	农业(90%保证率)
2014 年	5.2	5.1	89.7	—	—	—
2020 年	5.2	5.2	89.6	5.8	18.7	75.2
2030 年	7.0	6.9	86.1	7.0	22.4	70.3

2. 河道内生态需水

河道内生态需水量是指维系一定生态系统功能所不能被占用的最小水资源需求量，包括天然生态和人工生态。

根据现有调查资料，本规划采用 Tennant 法计算各片区河道内生态需水量，该方法规定河流最低环境流量不小于多年平均流量 1/10。

根据 Tennant 法计算原则，潦河灌区段多年平均生态环境需水量为 60455 万 m^3。潦河灌区段河道内生态需水量见表 8-28。

表 8-28　潦河灌区段河道最小生态需水量表

河道	取水口	控制流域面积/km²	均值/(m³/s)	最小生态流量/(m³/s)	多年平均河道内生态需水量/万 m³
南潦河	奉新南潦干渠取水口	770	26.5	2.65	8357
	安义南潦干渠取水口	1540	46.7	4.67	14727
北潦河	解放干渠取水口	533	26.8	2.68	8452
	洋河干渠取水口	545	25.9	2.59	8168
	北潦干渠取水口	584	23.9	2.39	7537
靖安北河	西潦南干渠取水口	644	21.3	2.13	6717
	西潦北干渠取水口	631	20.6	2.06	6496

8.4.5　水资源供需平衡与配置

1. 可供水量计算

灌区的可供水量即为各取水口考虑来水和用水条件，通过各种工程措施可提供的水资源量。由于灌区各引水断面无实测流量资料，需采用流域内水文站作为参证站进行分析计算。

潦河灌区位于北潦河的解放干渠、洋河干渠、北潦干渠，靖安北河的西潦南干渠、西潦北干渠 5 个取水口的流域面积与晋坪站控制流域面积相对比较接近，且气候、降雨及流域下垫面等因素基本相同，因此，北潦河和靖安北河各干渠取水口径流分析计算时采用晋坪站作为水文分析计算参证站。位于南潦河的奉新南潦干渠、安义南潦干渠 2 个取水口位于晋坪站和万家埠水文站区间，综合考虑，潦河干流各干渠取水口径流分析计算时采用晋坪站和万家埠水文站作为水文分析计算参证站。

1) 参证站径流分析

A. 晋坪站

晋坪水文站控制流域面积 304 km²，晋坪站所在河段尚顺直稳定，保存有 1967 年至今的实测流量资料，资料过程完整、系列较长、精度较好，因此可作为径流分析计算的参证站。

根据晋坪站 1967～2013 年历年流量资料，统计分析得晋坪站多年平均流量为 12.5 m³/s，最大年平均流量为 23.76 m³/s（1998 年），最小年平均流量为 7.58 m³/s（2010 年）；年内分配也不均匀，汛期 3～8 月径流量站全年流量的 74%，枯水期 9 月至次年 2 月径流量占全年 26%。各设计频率的流量成果详见表 8-29。

表 8-29　晋坪水文站流量频率计算成果表

项目	Cv	Cs/Cv	25%	50%	75%	90%	多年平均
$Q/(\text{m}^3/\text{s})$	0.29	3.07	14.6	12.0	9.8	8.3	12.5

注：Cv 为变差系数；Cs 为偏差系数

B. 万家埠站

万家埠水文站为潦河控制站，控制流域面积 3548 km²，该站地处安义县万埠镇桥南街，位于安义南潦下游，因此可以作为干流上两条干渠流量的计算参证站。

根据万家埠站 1953～2013 年流量资料，求得该站多年平均流量为 110.8 m³/s，最大年平均流量为 227.3 m³/s（1998 年），最小年平均流量为 55.8 m³/s（1969 年）；年内分配也不均匀，汛期 3～8 月径流量站全年流量的 76%，枯水期 9 月至次年 2 月径流量占全年 24%。各设计频率的流量成果详见表 8-30。

表 8-30　万家埠水文站流量频率计算成果表

项目	Cv	Cs/Cv	25%	50%	75%	90%	多年平均
$Q/(\text{m}^3/\text{s})$	0.3	3.0	129.7	105.9	86.5	72.7	110.8

2) 各取水口可供水量分析

A. 天然状况下各取水口设计年径流量

在不考虑流域调水影响和上游引水影响的天然状况下，各取水口设计年径流量详见表 8-31。其中，根据晋坪水文站流量频率计算成果，用面积比的一次方换算到北潦河、靖安北河各干渠取水口流量，并采用流域平均降雨量进行修正；根据晋坪站和万家埠水文站采用面积内插法推求南潦河各干渠取水口来水量。

表 8-31　天然状况下各取水口设计年径流量

取水口	控制流域面积/km²	均值/(m³/s)	不同频率平均流量/(m³/s)		
			P=50%	P=75%	P=90%
奉新南潦干渠	770	26.5	25.8	23.2	20.7
安义南潦干渠	1540	49.6	47.7	40.4	34.3
解放干渠	533	21.7	21.0	17.2	14.0
洋河干渠	545	22.2	21.5	17.6	14.3
北潦干渠	584	23.8	23.1	18.9	15.3
西潦南干渠	631	25.7	24.9	20.3	16.5
西潦北干渠	644	26.4	25.6	20.9	17.0

B. 现状情况下各取水口设计年径流量

现状情况下各取水口设计年径流量，需考虑流域调水影响和上游引水影响。

奉新南潦干渠、安义南潦干渠取水口均位于潦河干流的南潦河，其中奉新南潦干渠取水口位于上游，来水量为天然状况来水量；安义南潦干渠取水口位于下游，来水量需减去奉新南潦取水口引水量。

解放、洋河、北潦三条干渠取水口均位于北潦河干流，其中解放干渠取水口位于上游，来水量为天然状况来水量加上罗湾水电厂引水量；洋河干渠取水口位于中间，来水量需减去解放干渠取水口引水量；北潦干渠取水口位于最下游，来水量需减去解放干渠和洋河干渠取水口引水量。

西潦南干渠、西潦北干渠取水口均位于靖安北河干流，其中西潦南干渠取水口位于上游，来水量为天然状况来水量减去罗湾水电厂引水量；西潦北干渠取水口位于下游，来水量需减去西潦南干取水口引水量，详见表 8-32。

表 8-32　各取水口现状设计年径流量表

取水口	均值/(m³/s)	不同频率平均流量/(m³/s)		
		P=50%	P=75%	P=90%
奉新南潦干渠	26.5	25.8	23.2	20.7
安义南潦干渠	46.7	44.8	37.5	31.4
解放干渠	26.8	25.7	21.3	17.1
洋河干渠	25.9	24.8	20.4	16.2
北潦干渠	23.9	22.8	18.4	14.2
西潦南干渠	21.3	20.2	16.2	13.4
西潦北干渠	20.6	19.8	15.8	13.0

3) 渠道引水对河道水量的影响

潦河灌区通过七座拦河闸坝抬高河床水位，以自流引水方式取水灌溉，灌区各干渠取水口引水量仅占河道径流量的 1.9%~10.6%，见表 8-33。因此，灌区引水对河道径流量影响较小。

表 8-33　渠道引水对河道水量的影响

河流	干渠名称	取水口流量/(m³/s)	引水量/(m³/s)	引水比例/%
南潦河	奉新南潦干渠	26.50	2.82	10.6
	安义南潦干渠	46.70	1.43	3.1
北潦河	解放干渠	26.80	0.89	3.3
	洋河干渠	25.90	0.82	3.2
	北潦干渠	23.90	1.90	8.0
靖安北河	西潦南干渠	21.30	0.41	1.9
	西潦北干渠	20.60	1.08	5.2

2. 一般节水方案下供需分析

1) 现状基准年供需分析

根据灌区现状基准年生活、生产以及河道内生态用水情况，计算灌区各分区不同时段需水量，结合逐旬河道来水情况进行水量平衡分析。水量供需平衡分析的总体原则为"以需定供"，当来水大于需水时，按照需水量引水；当来水小于需水时，在预留河道生态用水前提下按照来水取水。

现状基准年灌溉面积为 25.4 万亩，灌区 50%、90%保证率下的全年期河道外需水量分别为 1.81 亿 m³、2.34 亿 m³，河道内生态需水量为 6.05 亿 m³，灌区 50%、90%保证率下的来水量分别为 56.88 亿 m³ 和 38.40 亿 m³，因此一般节水方案下潦河灌区基准年在各保证率下的全年期水资源供需均可以达到平衡。但另一方面，现状灌溉制度下基准年灌区河道外用水总量超过了《江西省人民政府关于实行最严格水资源管理制度的实施意见》(赣府发〔2012〕29 号)要求的 1.53 亿 m³ 用水总量，因此需要强化灌区的节水措施。

在各需水分区中，奉新南潦干渠片、安义南潦干渠片、解放干渠片、洋河干渠片、北潦干渠片、西潦南干渠片、西潦北干渠片 50%保证率下的全年期总需水量分别为 1.46 亿 m³、1.75 亿 m³、1.01 亿 m³、0.95 亿 m³、0.74 亿 m³、0.84 亿 m³ 和 0.19 亿 m³；全年期来水量分别为 7.97 亿 m³、13.82 亿 m³、7.97 亿 m³、7.69 亿 m³、7.06 亿 m³、6.23 亿 m³ 和 6.14 亿 m³；各片区 90%保证率下的全年期需水量分别为 1.63 亿 m³、1.84 亿 m³、1.07 亿 m³、0.98 亿 m³、1.21 亿 m³、0.76 亿 m³ 和 0.90 亿 m³，全年期来水量分别为 6.31 亿 m³、9.53 亿 m³、5.23 亿 m³、4.95 亿 m³、4.38 亿 m³、4.04 亿 m³ 和 3.97 亿 m³，因此一般节水方案下各需水分区基准年在不同保证率下的全年期水资源供需均可以达到平衡。

在逐旬进行供需平衡分析时，通过需水量和来水量的对比可知：在 50%保证率下，潦河灌区各干渠取水口来水量均能满足各用水户逐旬用水要求；在 90%保证率下，由于来水的时空分布不均，部分分区的个别旬出现水资源供需失衡现象，缺水户主要集中于安义南潦干渠片和北潦干渠片，缺水时段则主要集中于灌溉用水高峰的 7~10 月份以及冬季枯水期。上述个别旬出现供需失衡的主要原因是典型年内该旬上游来水较少，而且按照供需计算原则，需要预留生态内河道用水之后再进行生活、生产供水，导致了部分旬用水遭到破坏。

潦河灌区各分区基准年供需分析可以计算，现以奉新南潦干渠片水资源供需为例，见表 8-34，其余干渠片略。

表 8-34 现状基准年奉新南潦干渠片水资源供需分析表 （单位：万 m³）

分区	月	旬	来水量		河道外需水总量		河道内生态需水量	缺水量	
			50%	90%	50%	90%		50%	90%
	3	上旬	2312	1396	38	38	229	0	0
	3	中旬	2325	2404	236	300	229	0	0
	3	下旬	3605	2733	39	39	252	0	0
	4	上旬	2175	1890	367	473	229	0	0
	4	中旬	2523	1640	170	212	229	0	0
	4	下旬	2160	5121	166	207	229	0	0
	5	上旬	2403	4591	38	38	229	0	0
	5	中旬	2113	2329	38	38	229	0	0
	5	下旬	1454	2821	39	39	252	0	0
	6	上旬	6217	5387	462	599	229	0	0
	6	中旬	4479	5197	245	312	229	0	0
	6	下旬	3617	2717	273	349	229	0	0
	7	上旬	3665	1329	225	286	229	0	0
	7	中旬	3780	1778	391	505	229	0	0
	7	下旬	1553	2398	700	915	252	0	0
	8	上旬	4483	827	297	380	229	0	0
	8	中旬	5751	1057	272	348	229	0	0
	8	下旬	4978	1064	219	277	252	0	0
奉新南潦	9	上旬	3149	1083	379	489	229	0	0
	9	中旬	1963	935	358	462	229	0	0
	9	下旬	1686	857	183	230	229	0	0
	10	上旬	1307	815	206	260	229	0	0
	10	中旬	1186	689	273	349	229	0	0
	10	下旬	1350	752	159	198	252	0	0
	11	上旬	875	732	43	45	229	0	0
	11	中旬	772	907	48	51	229	0	0
	11	下旬	816	785	43	45	229	0	0
	12	上旬	856	619	47	50	229	0	0
	12	中旬	656	576	44	46	229	0	0
	12	下旬	687	638	48	50	252	0	0
	1	上旬	577	1206	38	38	229	0	0
	1	中旬	587	1769	53	58	229	0	0
	1	下旬	734	1181	39	39	252	0	0
	2	上旬	537	965	43	45	229	0	0
	2	中旬	778	1178	39	39	229	0	0
	2	下旬	1608	717	42	44	184	0	0
	合计		79717	63083	6300	7893	8360	0	0

2) 规划水平年供需分析

根据《修河流域水量分配方案研究报告》，2030 年 (参照年) 50%频率水量分配技术推荐方案分配给潦河灌区的水量是 1.93 亿 m^3。此外，《江西省水量分配方案》中分配给潦河灌区的水量为 1.93 亿 m^3 (50%保证率)，因此，本规划中规划水平年以 1.93 亿 m^3 作为用水量控制线。规划水平年水资源供需分析计算如下：

2020 年灌溉面积恢复至 33.6 万亩，灌区 50%、90%保证率下的全年期河道外需水量分别为 2.24 亿 m^3、2.89 亿 m^3，河道内生态需水量为 6.05 亿 m^3，灌区 50%、90%保证率下的来水量分别为 56.88 亿 m^3 和 38.40 亿 m^3；2030 年灌溉面积保持在 33.6 万亩，灌区 50%、90%保证率下的全年期河道外需水量分别为 2.16 亿 m^3、2.76 亿 m^3，河道内生态需水量为 6.05 亿 m^3，灌区 50%、90%保证率下的来水量分别为 56.88 亿 m^3 和 38.40 亿 m^3；因此一般节水方案下潦河灌区规划水平年在各保证率下的全年期水资源供需均可以达到平衡，现状水资源开发利用和工程布局条件基本可以满足规划 2020 年、2030 年潦河灌区经济社会发展的用水要求。但另一方面，2020 年、2030 年灌区河道外用水总量均超过了《江西省水量分配方案》中分配的 1.93 亿 m^3 用水总量，因此需要强化灌区的节水措施。

在各需水分区中，奉新南潦干渠片、安义南潦干渠片、解放干渠片、洋河干渠片、北潦干渠片、西潦南干渠片、西潦北干渠片 2020 年 50%保证率下的全年期总需水量分别为 1.62 亿 m^3、1.79 亿 m^3、1.11 亿 m^3、0.96 亿 m^3、1.14 亿 m^3、0.75 亿 m^3 和 0.92 亿 m^3；2030 年 50%保证率下的全年期总需水量分别为 1.63 亿 m^3、1.77 亿 m^3、1.10 亿 m^3、0.95 亿 m^3、1.11 亿 m^3、0.74 亿 m^3 和 0.90 亿 m^3；规划年 50%保证率下的来水量分别为 7.97 亿 m^3、13.82 亿 m^3、7.97 亿 m^3、7.69 亿 m^3、7.06 亿 m^3、6.23 亿 m^3 和 6.14 亿 m^3；因此一般节水方案下各需水分区 2020 年及 2030 年 50%保证率下的全年期水资源供需均可以达到平衡。

上述各片区 2020 年 90%保证率下的全年期总需水量分别为 1.82 亿 m^3、1.89 亿 m^3、1.20 亿 m^3、1.00 亿 m^3、1.25 亿 m^3、0.77 亿 m^3 和 1.01 亿 m^3；2030 年 90%保证率下的全年期总需水量分别为 1.81 亿 m^3、1.86 亿 m^3、1.17 亿 m^3、0.99 亿 m^3、1.22 亿 m^3、0.76 亿 m^3 和 0.98 亿 m^3；规划年 90%保证率下的来水量分别为 6.31 亿 m^3、9.53 亿 m^3、5.23 亿 m^3、4.95 亿 m^3、4.38 亿 m^3、4.04 亿 m^3 和 3.97 亿 m^3；因此一般节水方案下各需水分区 2020 年及 2030 年 90%保证率下的全年期水资源供需均可以达到平衡。

在逐旬进行供需平衡分析时，通过需水量和来水量的对比可知：2020 年在 50%保证率下，潦河灌区各干渠取水口来水量均能满足各用水户逐旬用水；在 90%保证率下，由于来水的时空分布不均，安义南潦干渠片、北潦干渠片和西潦北干渠片来水量不能完全满足用水要求，在保证渠道生态用水及生活用水的前提下，个别旬灌溉用水将遭破坏。

2030 年的水资源供需情况和 2020 年类似，仅 90%保证率下安义南潦干渠片、北潦干渠片和西潦北干渠片灌溉用水将遭破坏，但缺水量较 2020 年有所下降。

潦河灌区 2020 年、2030 年水资源供需状况均可以计算得。现以奉新南潦干渠片水资源供需为例，见表 8-35 和表 8-36，其余干渠片略。

表 8-35　2020 年奉新南潦干渠片水资源供需分析表　（单位：万 m³）

分区	月	旬	来水量		河道外需水总量		河道内生态需水量	缺水量	
			50%	90%	50%	90%		50%	90%
	3	上旬	2312	1396	6	6	229	0	0
	3	中旬	2325	2404	254	335	229	0	0
	3	下旬	3605	2733	48	48	252	0	0
	4	上旬	2175	1890	459	593	190	0	0
	4	中旬	2523	1640	212	265	229	0	0
	4	下旬	2160	5121	207	259	229	0	0
	5	上旬	2403	4591	47	47	229	0	0
	5	中旬	2113	2329	47	47	229	0	0
	5	下旬	1454	2821	48	48	252	0	0
	6	上旬	6217	5387	578	751	229	0	0
	6	中旬	4479	5197	307	391	229	0	0
	6	下旬	3617	2717	341	437	229	0	0
	7	上旬	3665	1329	281	357	229	0	0
	7	中旬	3780	1778	489	633	229	0	0
	7	下旬	1553	2398	877	1147	252	0	0
	8	上旬	4483	827	371	476	229	0	0
	8	中旬	5751	1057	340	436	229	0	0
	8	下旬	4978	1064	273	347	252	0	0
奉新南潦	9	上旬	3149	1083	474	613	229	0	0
	9	中旬	1963	935	448	578	229	0	0
	9	下旬	1686	857	229	288	229	0	0
	10	上旬	1307	815	257	326	229	0	0
	10	中旬	1186	689	341	437	229	0	0
	10	下旬	1350	752	199	248	252	0	0
	11	上旬	875	732	54	56	229	0	0
	11	中旬	772	907	59	63	229	0	0
	11	下旬	816	785	54	56	229	0	0
	12	上旬	856	619	58	62	229	0	0
	12	中旬	656	576	55	57	229	0	0
	12	下旬	687	638	59	62	252	0	0
	1	上旬	577	1206	47	47	229	0	0
	1	中旬	587	1769	66	72	229	0	0
	1	下旬	734	1181	48	48	252	0	0
	2	上旬	537	965	54	56	229	0	0
	2	中旬	778	1178	48	48	229	0	0
	2	下旬	1608	717	52	55	184	0	0
	合计		79717	63083	7787	9795	8321	0	0

表 8-36　2030 年奉新南潦片水资源供需分析表　　　（单位：万 m³）

分区	月	旬	来水量		河道外需水总量		河道内生态需水量	缺水量	
			50%	90%	50%	90%		50%	90%
	3	上旬	2312	1396	60	60	229	0	0
	3	中旬	2325	2404	291	366	229	0	0
	3	下旬	3605	2733	61	61	252	0	0
	4	上旬	2175	1890	444	568	190	0	0
	4	中旬	2523	1640	214	263	229	0	0
	4	下旬	2160	5121	209	258	229	0	0
	5	上旬	2403	4591	60	60	229	0	0
	5	中旬	2113	2329	60	60	229	0	0
	5	下旬	1454	2821	61	61	252	0	0
	6	上旬	6217	5387	555	715	229	0	0
	6	中旬	4479	5197	302	380	229	0	0
	6	下旬	3617	2717	334	423	229	0	0
	7	上旬	3665	1329	278	349	229	0	0
	7	中旬	3780	1778	472	605	229	0	0
	7	下旬	1553	2398	833	1083	252	0	0
	8	上旬	4483	827	362	460	229	0	0
	8	中旬	5751	1057	333	422	229	0	0
	8	下旬	4978	1064	271	339	252	0	0
奉新南潦	9	上旬	3149	1083	458	586	229	0	0
	9	中旬	1963	935	434	554	229	0	0
	9	下旬	1686	857	229	284	229	0	0
	10	上旬	1307	815	256	319	229	0	0
	10	中旬	1186	689	334	423	229	0	0
	10	下旬	1350	752	202	247	252	0	0
	11	上旬	875	732	66	68	229	0	0
	11	中旬	772	907	71	75	229	0	0
	11	下旬	816	785	66	68	229	0	0
	12	上旬	856	619	71	74	229	0	0
	12	中旬	656	576	67	69	229	0	0
	12	下旬	687	638	71	74	252	0	0
	1	上旬	577	1206	60	60	229	0	0
	1	中旬	587	1769	78	83	229	0	0
	1	下旬	734	1181	61	61	252	0	0
	2	上旬	537	965	66	68	229	0	0
	2	中旬	778	1178	61	61	229	0	0
	2	下旬	1608	717	65	67	184	0	0
	合计		79717	63083	7916	9774	8321	0	0

3. 强化节水规划下水资源供需分析

强化节水规划的实施是一个长期的过程,节水效益也是分阶段逐步体现。因此强化节水规划下供需平衡分析仅针对规划水平年进行。

1) 节水规划后的需水量

根据《江西省灌溉用水定额修编》,潦河灌区主要推广"间歇灌溉模式"。强化节水规划要求灌溉方式逐渐由"淹水灌溉"向"间歇灌溉"转变,至 2020 年"间歇灌溉"面积达到设计面积的 50%,2030 年时灌区全面推广"间歇灌溉"模式。

根据江西省灌溉试验中心关于间歇灌溉用水定额的研究并结合灌区现状用水情况,同时考虑种植结构调整等因素,经综合分析确定强化节水规划下的综合灌溉定额,具体见表 8-37。

表 8-37 强化节水方案下农田综合灌溉用水定额预测表

水平年	保证率/%	强化节水方案/(m³/亩)
2020 年	50	461
	90	616
2030 年	50	427
	90	571

根据灌区作物组成、灌溉定额、渠系水利用系数及各灌溉保证率可计算得到灌区灌溉需水量。2020 年灌溉面积将达到设计灌溉面积的 33.6 万亩,但随着灌溉方式的转变以及灌溉水有效利用系数提高,灌溉用水量略高于现状水平年的用水量。2030 年随着灌溉水有效利用系数进一步提高以及间歇灌溉的全面推广,灌溉用水量较 2020 年进一步降低。强化节水规划下各水平年不同保证率下需水量见表 8-38。

表 8-38 强化节水规划下灌溉需水量 (单位:万 m³)

分区	2020 年		2030 年	
	50%	90%	50%	90%
奉新南潦干渠	5377	7183	4432	5920
安义南潦干渠	2566	3429	2115	2826
解放干渠	2261	3020	1863	2489
洋河干渠	1151	1538	949	1267
北潦干渠	3194	4267	2632	3517
西潦南干渠	612	817	504	674
西潦北干渠	2266	3027	1867	2495
合计	17427	23281	14362	19188

根据强化节水规划后的各行业需水量计算规划水平年的需水总量。预测至 2020 年，50%、90%保证率下总需水量分别为 2.05 亿 m³、2.63 亿 m³；至 2030 年，50%、90%保证率下总需水量分别为 1.80 亿 m³、2.28 亿 m³。

强化节水规划下的总需水量见表 8-39。

表 8-39 强化节水规划下潦河灌区河道外需水量预测表 （单位：万 m³）

水平年	分区	50%				90%			
		生活需水	农业需水	工业需水	合计	生活需水	农业需水	工业需水	合计
2020 年	奉新南潦干渠	222	5571	1477	7270	222	7377	1477	9076
	安义南潦干渠	107	2778	12	2897	107	3640	12	3759
	解放干渠	55	2366	12	2433	55	3126	12	3193
	洋河干渠	54	1200	7	1261	54	1587	7	1648
	北潦干渠	143	3310	6	3459	143	4383	6	4532
	西潦南干渠	25	647	15	687	25	853	15	893
	西潦北干渠	113	2348	5	2466	113	3109	5	3227
	合计	719	18220	1534	20473	719	24075	1534	26328
2030 年	奉新南潦干渠	246	4637	1925	6808	246	6126	1925	8297
	安义南潦干渠	118	2339	16	2473	118	3050	16	3184
	解放干渠	61	1975	15	2051	61	2601	15	2677
	洋河干渠	60	1001	9	1070	60	1319	9	1388
	北潦干渠	158	2755	8	2921	158	3640	8	3806
	西潦南干渠	28	542	20	590	28	711	20	759
	西潦北干渠	125	1955	6	2086	125	2582	6	2713
	合计	796	15204	1999	17999	796	20029	1999	22824

2）节水规划后的可供水量

强化节水规划后的可供水量主要有两部分，一部分为潦河天然来水，另一部分为灌区退水后经水塘、断头河、河流、洼地等湿地处理净化并储存的回用水以及工业循环水。

天然来水量计算同一般节水方案下的来水量计算。考虑到灌溉面积的恢复程度以及灌区尾水回用工程的建设情况，2020 年 50%、90%保证率下可用回用水量分别为 891 万 m³ 和 689 万 m³，2030 年 50%、90%保证率下可用回用水量分别为 1155 万 m³ 和 891 万 m³。综上，2020 年灌区 50%、90%保证率下可供水量分别为 56.99 亿 m³、38.49 亿 m³；2030 年灌区 50%、90%保证率下可供水量分别为 57.04 亿 m³、38.53 亿 m³。各分区不同保证率下的可供水量见表 8-40。

表 8-40　强化节水规划下的可供水量　　　　　　　（单位：万 m³）

水平年	分区	天然来水量		回用水		工业循环用水	可供水量合计	
		50%	90%	50%	90%		50%	90%
2020 年	奉新南潦干渠	79716	63083	127	116	221	80065	63420
	安义南潦干渠	138212	95301	215	170	2	138429	95473
	解放干渠	79748	52327	125	92	2	79874	52420
	洋河干渠	76866	49450	119	86	1	76986	49537
	北潦干渠	70581	43789	111	79	1	70693	43869
	西潦南干渠	62278	40369	96	73	2	62377	40444
	西潦北干渠	61404	39699	96	73	1	61501	39773
	合计	568805	384017	891	689	230	569926	384936
2030 年	奉新南潦干渠	79716	63083	165	149	385	80266	63617
	安义南潦干渠	138212	95301	279	221	3	138495	95525
	解放干渠	79748	52327	162	118	3	79913	52448
	洋河干渠	76866	49450	155	112	2	77022	49563
	北潦干渠	70581	43789	144	102	2	70727	43893
	西潦南干渠	62278	40369	125	95	4	62407	40468
	西潦北干渠	61404	39699	125	95	1	61530	39795
	合计	568805	384017	1155	891	400	570360	385308

3) 节水规划后的供需分析

强化节水规划要求灌区用水量在达到分配的总量后，灌溉用水优先考虑使用经湿地处理净化后的回用水，剩余需水量再从各干渠取水。按此原则，2020 年，潦河灌区在各保证率下均能达到水资源的供需平衡，在 50%保证率下灌区河道外需水量为 2.05 亿 m³，其水源配置为尾水回用 891 万 m³，工业循环用水 230 万 m³，干渠取水 1.93 亿，干渠取水量达到《江西省水量分配方案》中 1.93 亿 m³ 用水总量要求；90%保证率下河道外需水量为 2.63 亿 m³，其水源配置为尾水回用 689 万 m³，工业循环用水 230 万 m³，干渠取水2.54 亿 m³。

2030 年，随着节水力度的加大，灌区总需水量较 2020 年有所减少。50%保证率下河道外需水量 1.80 亿 m³，其需水量小于《江西省水量分配方案》中 1.93 亿 m³ 用水总量要求，其水源配置为工业循环用水 400 万 m³，干渠取水 1.76 亿 m³；90%保证率下河道外需水量为 2.28 亿 m³，其水源配置为尾水回用 891 万 m³，工业循环用水 400 万 m³，干渠取水 2.15 亿 m³。

另一方面，强化节水下配套的尾水回用工程可将尾水净化后再次用于灌溉，而且围水堰可以就地长时间存储尾水，将其作为缺水时段的灌溉用水。由表 8-41、表 8-42 可知，西潦北干渠片的可用回用水量大于仅从干渠取水时的缺水量，而北潦干渠片仍将出现一定量的缺水。

表 8-41　强化节水规划下灌区干渠取水量分析表　　（单位：万 m³）

水平年	分区	河道外需水量		河道内生态需水量	可供水量					干渠取水量	
					天然来水量		尾水回用		工业循环用水		
		50%	90%	—	50%	90%	50%	90%		50%	90%
2020 年	奉新南潦干渠	7270	9076	8357	79716	63083	127	116	221	6921	8739
	安义南潦干渠	2897	3760	14727	138212	95301	215	170	2	2680	3587
	解放干渠	2433	3192	8452	79748	52327	125	92	2	2306	3099
	洋河干渠	1261	1648	8168	76866	49450	119	86	1	1141	1561
	北潦干渠	3459	4532	7537	70581	43789	111	79	1	3347	4452
	西潦南干渠	688	894	6717	62278	40369	96	73	2	590	818
	西潦北干渠	2466	3227	6496	61404	39699	96	73	1	2369	3153
	合计	20474	26328	60454	568805	384017	891	689	230	19353	25409
2030 年	奉新南潦干渠	6808	8297	8357	79716	63083	0	149	385	6423	7763
	安义南潦干渠	2473	3184	14727	138212	95301	0	221	3	2470	2960
	解放干渠	2051	2677	8452	79748	52327	0	118	3	2048	2555
	洋河干渠	1069	1388	8168	76866	49450	0	112	2	1068	1275
	北潦干渠	2921	3806	7537	70581	43789	0	102	2	2920	3702
	西潦南干渠	590	759	6717	62278	40369	0	95	4	586	661
	西潦北干渠	2085	2713	6496	61404	39699	0	95	1	2084	2616
	合计	17998	22823	60454	568805	384017	0	891	400	17598	21532

表 8-42　强化节水规划下潦河灌区水资源供需分析表　　（单位：万 m³）

水平年	分区	强化节水方案下缺水量（仅干渠取水）		回用水量		强化节水方案下缺水量	
		50%	90%	50%	90%	50%	90%
2020 年	奉新南潦干渠片	0	0	127	116	0	0
	安义南潦干渠片	0	0	215	170	0	0
	解放干渠片	0	0	125	92	0	0
	洋河干渠片	0	0	119	86	0	0
	北潦干渠片	0	334	111	79	0	255
	西潦南干渠片	0	0	96	73	0	0
	西潦北干渠片	0	19	96	73	0	0
2030 年	奉新南潦干渠片	0	0	165	149	0	0
	安义南潦干渠片	0	0	279	221	0	0
	解放干渠片	0	0	162	118	0	0
	洋河干渠片	0	0	155	112	0	0
	北潦干渠片	0	200	144	102	0	98
	西潦南干渠片	0	0	125	95	0	0
	西潦北干渠片	0	0	125	95	0	0

4)规划节水措施

A. 节水灌溉增效工程

灌区在田间采用渠道防渗、低压管道输水等节水技术的基础上，应改变现状大水漫灌的灌溉模式，逐渐推广间歇灌溉+浅层雨水利用的灌溉模式。规划 2020 年推广间歇灌溉不低于 16.8 万亩，2030 年灌区全面推广间歇灌溉。此外，根据《江西省节水减排总体方案(2014—2018 年)》，灌区在近期将推广微喷灌面积不低于 0.81 万亩。

B. 尾水回灌工程

灌区应充分利用农田附近的湿塘、断头浜、河港湖叉等集存积农田排水，通过设置围水堰，抬高水位，将堰内的存积水灌溉下游部分农田。灌区规划在近期利用尾水回灌不低于 1.8 万亩，远期利用尾水回灌不低于 2.3 万亩。

8.5　灌区工程建设规划

8.5.1　工程等别和设计标准

1. 工程等别

本次工程规划是在灌区现有工程布局基础上进行的，故工程等别维持原工程等级不变。依照《水利水电工程等级划分及洪水标准》(SL 252—2000)，确定工程等别如下：

设计流量 $100\sim300$ m^3/s 的渠道及灌排建筑物，其级别为 2 级；

设计流量 $20\sim100$ m^3/s 的渠道及灌排建筑物，其级别为 3 级；

设计流量 $5\sim20$ m^3/s 的渠道及灌排建筑物，其级别为 4 级；

设计流量<5 m^3/s 的渠道及灌排建筑物，其级别为 5 级。

2. 设计标准

依据《灌溉与排水工程设计规范》(GB 502088—2018)及本次工程建设目标，确定工程设计标准如下：

1)灌溉标准

灌溉设计保证率为 85%。

2)排涝标准

十年一遇三日暴雨 5 日排至作物不成灾。

3)防洪标准

2 级渠道设计洪水标准为 30 年一遇，3 级渠道设计洪水标准为 20 年一遇，4、5 级渠道设计洪水标准为 10 年一遇；

2 级灌排建筑物设计洪水标准为 50 年一遇，3 级灌排建筑物设计洪水标准为 30 年一遇，4 级灌排建筑物设计洪水标准为 20 年一遇，5 级灌排建筑物设计洪水标准为 10 年一遇。

8.5.2　工程总体布局

潦河灌区现状较为稳定的灌排体系格局和规模是灌区自运行以来历经多次续建配套、改扩建与节水改造建设而成。考虑本次的规划目标、灌区工程现状和工程规模复核成果，确定本次灌区灌排体系总体布局维持现状布局基本不变。为保障灌区骨干工程输水灌溉的基本功能发挥和生态灌区的建设要求，本次规划将现有工程的续建配套和节水改造作为基础任务，围绕灌区现有工程存在的问题和工程功能发挥重点开展水源工程、骨干灌排设施、支渠及以下渠（沟）系工程、田间工程建设。其中：

（1）灌区水源工程以各主要河道上的闸坝组成的七大渠首工程作为日常灌溉水源，设计输水能力合计为 51.8 m³/s；以相关的水库塘坝作为补充水源。规划以保障现有取水设施健全和功能发挥为主要目标，重点对存在坝体老化、冲刷严重、引水功能受损等问题的解放闸坝、西潦南干闸坝、西潦北干闸坝实施除险加固改造和重建工程并于近期实施，满足规划 33.6 万亩耕地灌溉要求。

（2）骨干灌排设施（设计流量在 1 m³/s 以上）主要为干渠渠道、排洪渠和骨干灌排建筑物。规划以保障骨干灌排工程体系健全、功能完善为目标，重点开展干渠渠道整治、排洪渠整治和灌排建筑物整治。

152 km 干渠渠段中，规划近期重点对存在坍塌、渗漏、淤堵等现象的 79.16 km 干渠渠段分傍山高填方且岸坡较陡段、边坡较陡且坡脚坍塌严重段、淤积严重段、转弯处一侧淤积一侧冲刷严重段、冲刷严重段、典型未整治（坡度较陡）段、典型未整治（坡度较缓）段、干渠渗漏段等 8 种典型类型采用生态化方式进行除险加固，远期逐步对 66.64 km 硬质化衬砌渠段分松木桩+草皮护坡段、仰斜式挡土墙段、直立式挡土墙段、砼预制块护坡段等 4 种典型类型采用生态化断面进行提升改造。

128.2 km 排洪渠中，规划近期重点对现状坍塌严重、泄洪不畅、农田冲毁等问题突出的 38.0 km 排洪渠段进行整治，对于现状存在不同程度的局部冲刷和淤塞、坍塌的 76.3 km 排洪渠段纳入远期整治规划。对于现状未整治的 70 条山洪沟，规划重点对入干渠口处 200～500 m 进行整治，重点保障骨干工程防洪安全。

灌排建筑物主要包括节制闸、渡槽、涵管、泄洪闸、跌水等。规划以解决建筑物安全性和功能性为首先目标，在此基础上兼顾生态灌区和现代化灌区建设要求，按照轻重缓急的治理原则，近期重点对存在结构安全隐患、功能严重受损的赤岸陈家等 23 座泄水闸进行拆除重建，对长老山等 4 座泄水闸补充新建闸室，对长老山等 4 座泄水闸进行电气化改造；对胭脂港渡槽等 2 座渡槽、11 座跌水进行拆除重建。远期根据建筑物结构情况和建筑物标准化建设要求逐步对历史建设年代久远、砼老化问题突出的 10 座节制闸、8 座渡槽、5 座涵管进行拆除重建，对 10 座跌水进行抛石消能加固。

（3）田间工程限于设计流量小于 1 m³/s 的灌溉排水沟渠、渠（沟）系建筑物、田间配水渠（管）道、集水沟（管）道及其沟（渠）建筑物、管件和灌水设施。本次规划以完善田间工程配套率、提高田间水利用系数、实现节水减污增效为目标，近期重点对已损坏的 13 座支渠进水闸实施拆除重建，对 59 座无闸进水口新建进水闸和水量计量设施，对 9.83 km

淤塞渠段和 7.86 km 衬砌破坏段进行整治，解决因淤塞导致的渠道过流断面不足的问题。远期逐步对 141 座现状仍能正常开启的进水闸增设水量计量设施并根据进水闸使用情况进行更新改造，对现状全断面硬质化支渠采用生态沟渠建设模式进行逐步改造，从根本上提高渠道输水和生态功能。

8.5.3　水源工程规划

1. 水源规划

1）日常灌溉水源

关于灌溉水源工程建设问题，多年来灌区已经做了大量的规划研究工作，明确现状灌区水源主要为潦河支流的南潦河、北潦河和靖安北河。奉新南潦干渠、安义南潦干渠、解放干渠、洋河干渠、北潦干渠、西潦南干渠、西潦北干渠分别通过七座拦河闸坝拦河抬高河床水位，通过自流方式从南潦河、北潦河、靖安北河上自流引水入干渠后引流灌溉。七条干渠设计输水能力合计为 51.8 m³/s。综合考虑灌区现状水源特点、水土资源平衡分析和维持现状灌排总体格局不变等因素，规划明确灌区主要取水水源位置和取水方式维持现状不变。

2）补充水源

根据本次灌区水土资源平衡分析成果，现状年 50%保证率下，各分区逐旬的用水需求可得到满足；90%保证率下部分区域灌溉用水遭到破坏；规划 2020 年，在强化节水方案下，各保证率下不同分区逐旬用水需求均可得到满足，且在 50%保证率下的用水总量达到用水总量控制要求；规划 2030 年，用水量在 2020 年的基础上有所降低，各保证率下不同分区逐旬用水需求均可得到满足。为此，补充水源重点解决灌区应急备用需求。

根据现状调查成果，灌区内无大中型水库，区内建成小型水库 52 座，塘坝 198 座，主要解决灌区国土范围内的其余 14.70 万亩独立水源灌区的灌溉用水。

规划明确一般旱情抗旱期间，利用灌区内的现状小型水库和塘坝作为灌区抗旱补充水源。严重旱情抗旱期间，利用罗湾水库、仰山水库、老愚公水库和小湾水库作为补充水源。其中：

利用罗湾水库补充北潦河的水源，解决解放干渠、洋河干渠、北潦干渠水源不足问题；利用香坪水库补充南潦河水源，解决奉新南潦干渠及安义南潦干渠的水源不足问题；利用小湾水库补充靖安北河的水源，解决西潦南干渠、西潦北干渠的水源不足问题。

规划补充水源基本情况如表 8-43 所示。

2. 渠首工程建设规划

1）引水能力复核

根据《灌溉与排水工程设计规范》(GB 50288—2018)对灌区 7 个渠首工程现状和规划引水能力进行规模复核，采用续灌公式计算渠道设计流量，详见表 8-44。

表 8-43　灌区补充水源基本情况

干渠 \ 水源	一般旱情						特殊旱情	
	水库			塘坝			水库	
	数量/座	总库容/10^4m^3	有效灌溉面积/亩	数量/座	容积/10^4m^3	有效灌溉面积/亩	水库名称	总库容/10^4m^3
奉新南潦干渠	35	2166.8	26898	66	1130.6	14892	香坪水库	1475
安义南潦干渠	4	384	2680	97	468.1	5280		
北潦干渠	4	605.2	4070	31	177.8	1790	罗湾水库	7300
解放干渠	3	34.3	320	3	16.6	208		
洋河干渠	1	11.5	130	1	5.8	76		
西潦南干渠	1	33.8	500	0	0	0	小湾水库	4402
西潦北干渠	4	206	2120	0	0	0		
合计	52	3441.6	36718	198	1798.9	22246		13177

表 8-44　潦河灌区干渠流量复核表

渠首名	设计	现状		2020 年		2030 年	
	设计流量/(m^3/s)	现有灌溉面积/万亩	实际流量/(m^3/s)	设计灌溉面积/万亩	设计流量/(m^3/s)	设计灌溉面积/万亩	设计流量/(m^3/s)
奉新南潦干渠	8.2	7.75	6.1	10.36	8	10.37	7.5
安义南潦干渠	5.2	4.12	3.4	4.95	3.6	4.95	3.3
北潦干渠	6.6	5.29	4	6.16	4.6	6.16	4.3
解放干渠	4.6	2.46	1.9	4.36	3.2	4.35	3.1
洋河干渠	1.5	1.96	1.4	2.22	1.5	2.22	1.4
西潦北干渠	3.6	2.85	2.2	4.37	3.2	4.37	3.1
西潦南干渠	0.9	0.97	0.8	1.18	0.9	1.18	0.8
合计	30.6	25.4	19.8	33.6	25	33.6	23.5

由计算结果可知，现状干渠进口总设计过流能力 30.6 m^3/s，实际灌溉流量 19.8 m^3/s，规划水平年近期 2020 年、远期 2030 年规划设计灌溉流量分别为 25.0 m^3/s、23.5 m^3/s，比现状实际灌溉流量有所增加，但各干渠规划水平年设计流量均小于现有灌区渠首工程过流能力。现状渠首工程规模均可满足设计灌溉取用水要求。故工程规模维持现状规模不变。

2）渠首工程改造及重建方案

现状 7 座渠首工程中，奉新南潦闸坝、安义南潦闸坝、洋河闸坝、北潦闸坝等 4 座渠首工程已经于近期完成除险加固建设，加固后的工程现状引水能力满足规划要求。解放闸坝、西潦南干闸坝、西潦北干闸坝现状引水能力满足要求，但主要存在坝体老化、冲刷严重、引水功能受损等问题，故本次规划对解放闸坝、西潦南干闸坝、西潦北干闸坝进行除险加固改造或重建并规划在近期实施。

8.5.4　骨干灌排设施建设规划

骨干灌排设施（设计流量在 1 m^3/s 以上）主要为干渠渠道、排洪渠和骨干灌排建筑物。

灌排建筑物主要包括节制闸、渡槽、涵管、泄洪闸、跌水等。本次骨干灌排设施建设规划主要包括干渠建设规划、排洪渠整治规划和灌排建筑物整治规划。

1. 干渠建设规划

1)干渠规模复核

灌区现状共有干渠长度 152 km。为掌握现状渠道规模是否满足规划水平年条件下的用水要求,有必要对干渠规模进行复核。

通过干渠各控制断面尺寸计算出各断面过流面积;在地形图上读取该断面上下游一定距离的高程差和水平距离,从而计算出该段渠段的大致坡底;利用明渠均匀流公式以及上述参数计算出各断面的过流能力。

根据灌区内规划农作物组成、灌水定额及各干渠控制断面灌溉面积,分析计算各控制渠段现状流量及各规划水平年设计流量,并与各渠段过流能力比较,以复核现状渠道规模是否满足现状及规划水平年引水能力要求。规模复核结果见表 8-45。

表 8-45 干渠规模复核情况对照表

干渠枢组	桩号	断面尺寸 底宽×高/m	现状			规划 2020 年		规划 2030 年		复核结果
			过流能力 /(m³/s)	灌溉流量 /(m³/s)	灌溉面积 /万亩	设计流量 /(m³/s)	设计灌溉面积/万亩	设计流量 /(m³/s)	设计灌溉面积/万亩	
安义南潦干渠	0+000	6.0×1.6	8	3.3	4.12	3.6	4.95	3.3	4.95	满足
	6+600	6.0×1.6	5.5	2.2	2.68	2.4	3.22	2.2	3.22	满足
西潦北干渠	0+000	5.5×1.0	4.6	2.2	2.54	3.2	4.37	3.1	4.37	满足
	6+000	5×1.2	4	2.1	2.75	3.1	4.25	3	4.25	满足
	12+000	1.5×1.5	3	1.3	1.43	2.1	2.42	1.7	2.42	满足
西潦南干渠	0+000	2×1.5	1.8	0.8	0.97	0.9	1.18	0.8	1.18	满足
	11+000	1×0.8	0.5	0.1	0.3	0.3	0.4	0.2	0.4	满足
解放干渠	0+000	4.0×1.6	6.5	1.9	2.46	3.2	4.35	3.1	4.35	满足
	4+737	3.5×1.5	4.5	1.5	1.94	2.7	3.65	2.7	3.65	满足
	14+600	2×1	2.5	0.4	0.37	0.8	0.92	0.8	0.92	满足
洋河干渠	0+000	2×1.2	2	1.4	1.96	1.5	2.22	1.4	2.22	满足
北潦干渠	0+000	4.5×1.6	9	4	5.29	4.6	6.16	4.3	6.16	满足
	3+950	4.5×1.6	5.5	3.8	5.08	4.4	5.95	4.1	5.95	满足
奉新南潦干渠	0+000	10.2×2	10.5	6.1	7.75	8	10.37	7.5	10.37	满足
	0+100	10.2×2	10.5	6.1	7.75	8	10.37	7.5	10.37	满足
	9+000	10×1.8	9.5	4.9	6.25	6.6	8.67	6.3	8.67	满足
	14+070	10×1.5	7.5	3.6	4.66	5.1	6.74	4.9	6.74	满足
	18+520	10×1.4	7	3.1	4.02	4.4	5.95	4.3	5.95	满足
	18+700	10×1.4	7	3.1	4.02	4.4	5.95	4.3	5.95	满足
	21+975	6×2	6	2.8	3.66	4	5.48	4.1	5.48	满足
	36+000	6×2	5	0.4	0.24	0.6	0.32	0.6	0.32	满足

从表 8-45 中成果分析可知，各控制渠段现状流量及各规划水平年设计流量均小于控制断面的过流能力，现状渠道规模能够满足现状及规划水平年条件下的用水要求，故本次灌区规划仍维持原渠道规模不变，仅针对其现状存在问题进行续建配套及节水改造，提高干渠骨干工程完好率。

2) 干渠未整治段整治建设规划

在整个灌区工程体系中，干渠作为主要的输水渠道，输水流量大，重要性等级高。因此，在干渠整治过程中，应在确保干渠基本输水功能的前提下，应优先考虑干渠的输水功能和节水性，解决工程性缺水的"卡脖子"问题，满足灌溉需求，同时兼顾干渠渠道生态性，在干渠整治中尽量遵循"护坡不护底、缓坡做缓冲"的原则，并优先使用先进的生态设计理念和生态型材料进行断面方案设计改造，提高渠道整体生态性。

根据现状调查成果，152 km 干渠渠段中，存在坍塌、渗漏、淤堵等现象的未经加固整治渠段长度共有为 79.16 km，占干渠渠道总长的 52%。由于上述未整治渠段存在输水不畅等问题，已经严重影响到干渠整体输水能力的发挥，直接导致灌区有效灌溉面积减少。故本次规划对 79.16 km 未整治干渠渠段进行除险加固整治，并规划在近期实施。

根据现状未整治段干渠的问题特点，规划通过系统梳理，重点将未整治干渠划分为傍山高填方且岸坡较陡段、边坡较陡且坡脚坍塌严重段、淤积严重段、转弯处一侧淤积一侧冲刷严重段、冲刷严重段、典型未整治(坡度较陡)段、典型未整治(坡度较缓)段、干渠渗漏段共 8 种类型的区段进行典型方案设计。

3) 干渠已整治段提升改造规划

根据现状调查成果，152 km 干渠渠段中，已整治段长度共 72.94 km，占干渠渠道总长的 48%。受传统水利工程设计理念影响，已整治干渠段多数断面均过于强调断面输水能力、采用全断面衬砌的建设方案，未考虑渠道生态、景观等功能发挥。另外，受工程建设投资等因素限制，部分已整治段也存在一定的岸坡崩塌风险。为此，从生态灌区的建设要求来看，有必要从生态角度对部分已整治段干渠进行提升改造。

考虑近期已建设的 12.6 km 干渠区段已符合生态灌区渠道建设要求，故本次规划重点对其余 66.64 km 渠段进行提升改造。由于现状上述渠段已满足渠道基本输水功能，结构稳定，按照轻重缓急，干渠提升改造工程列入远期规划。

通过系统梳理，重点将已整治干渠划分为松木桩+草皮护坡段、仰斜式挡土墙段、直立式挡土墙段、砼预制块护坡段等 4 种类型的进行典型方案设计。

4) 生物通道设计

渠道岸边护砌后，由于缓坡变为陡坡，大糙率变为低糙率，除了渠道人工养护不方便外，更使一些两栖动物如青蛙等，在非灌溉行水期间出入上下非常困难。为保障渠道管理和动物栖息，规划在新建和整治段渠道结构设计中，建议每 50~100 m 设一道阶梯式生物通道，通道宽度 3~5 m。采用空心透水砖材料砌成，孔眼垂直向上，眼中填土种草，砖下黏土夯实，阶侧用混凝土固化。

5) 工程量汇总

根据干渠整治建设规划方案，规划整治干渠长度 79.16 km，改造提升干渠长度共计 66.64 km，按照各干渠进行统计，汇总干渠整治工程量，详见表 8-46。

表 8-46　干渠建设长度汇总表　　　　　　（单位：m）

整治类型		奉新南潦干渠	安义南潦干渠	北潦干渠	解放干渠	洋河干渠	西潦南干渠	西潦北干渠	小计
整治建设	傍山高填方且岸坡较陡段	3371	1304	0	0	0	0	0	4675
	边坡较陡且坡脚坍塌严重段	2048	16768	0	0	5396	0	0	24212
	淤积严重段	0	0	0	0	0	2277	5962	8239
	转弯一侧淤积一侧冲刷严重段	4011	0	0	0	0	0	0	4011
	冲刷严重段	0	0	110	0	340	0	7778	8228
	典型未整治(坡度较陡)段	2039	0	0	0	0	7506	0	9545
	典型未整治(坡度较缓)段	0	0	1723	0	0	0	4707	6430
	干渠渗漏段	0	0	5751	8043	30	0	0	13824
	小计	11469	18072	7584	8043	5766	9783	18447	79164
改造提升	松木桩+草皮护坡段	0	0	923	0	0	0	0	923
	仰斜式挡土墙段	4420	281	4277	0	0	0	0	8978
	直立式挡土墙段	5624	2835	3528	4237	0	0	1000	17224
	砼预制块护坡段	14387	2254	5546	7220	3634	3817	2653	39511
	小计	24431	5370	14274	11457	3634	3817	3653	66636
合计		35900	23442	21858	19500	9400	13600	22100	145800

6) 纵断面控制

根据干渠底板高程和正常水位高程绘制各干渠纵断面图，规划渠道水位控制不得低于规划纵断面控制要求。

2. 排洪渠整治规划

灌区排水主要由灌排结合渠道、排洪渠和山洪沟组成。现状 52 条排洪渠总长 128.2 km，存在泄洪、排水问题的渠段共 114.3 km；现状 70 条山洪沟总长 91.3 km，基本上未治理。由于现状排洪渠基本上未进行治理，基本为土渠，冲刷、坍塌严重，非汛期又易淤积。受水流冲刷影响，排洪渠走势调整较为明显，导致灌区防洪和排水不畅，严重影响到灌区的防洪除涝安全。

考虑到排洪渠和山洪沟为干渠泄洪排水的重要渠道，规划重点对存在问题、尚未治理的排洪渠全部进行整治。根据排洪渠损坏情况的严重程度和行洪安全问题的轻重缓急，规划近期重点对现状坍塌严重、泄洪不畅、农田冲毁等问题突出的 38.0 km 排洪渠段进行整治，对于现状存在不同程度的局部冲刷和淤塞、坍塌的 76.3 km 排洪渠段纳入远期整治规划。对于现状未整治的 70 条山洪沟，规划重点对入干渠口处 200～500 m 进行整治，重点保障骨干工程防洪安全。具体详见表 8-47。

表 8-47 排洪渠建设规划详表 （单位：km）

序号	序号	排洪渠名称	渠首所在干渠桩号	设计流量/(m³/s)	近期整治长度/km	远期整治长度/km
	（一）	奉新南潦干渠			0.80	35.79
	1	塘尾排洪渠	2+956	13		0.17
	2	白马港排洪渠	8+460	5	0.2	1.75
	3	中堡倒虹吸管进口排洪渠	13+560	5	0.3	4
	4	下堡泄洪渠	17+218	6	0.3	7
	5	胭脂港排洪渠		3		5.6
	6	榨下排洪渠		3		5.2
	7	老鼠围排洪渠	宋埠塘	4		4.5
	8	牌头排洪渠		5		3.3
	9	墨塘排洪渠		4		2.8
	10	赤岸排洪渠		4		1.47
	（二）	安义南潦干渠			4.90	4.50
	11	闵家一排洪渠	5+121	12		4.5
一	12	七房排洪渠	6+771	24	1.5	
	13	高脚山排洪渠	6+873	10	1.3	
	14	联合排洪渠		8	2.1	
	（三）	北潦干渠			3.06	23.76
	15	闵家排洪渠	1+116	6	0.05	4.3
	16	高家排洪渠	4+259	8	0.15	0.45
	17	枧下排洪渠		6	0.1	1.98
	18	帅家排洪渠		15	1.5	7
	19	况家排洪渠	12+617	5	0.36	2.98
	20	戴坊排洪渠		4	0.15	2.15
	21	蓑衣港排洪渠	21+249	4	0.6	
	22	六合口排洪渠		4	0.15	4.9
	（四）	解放干渠			8.69	10.65
	23	狗脚山排洪渠	4+538	6	0.05	4.42
	24	张家岭排洪渠	10+200	5	0.15	1.12

序号	序号	排洪渠名称	渠首所在干渠桩号	设计流量/(m³/s)	近期整治长度/km	远期整治长度/km
一	25	古家排洪渠	12+128	4	1.87	3.33
	26	鸡婆段排洪渠	17+460	3	1.82	1.08
	27	陈家排洪渠		4	2.8	
	28	大平合排洪渠		3	2	0.7
	(五)	洋河干渠			3.00	1.50
	29	切水背排洪渠		5		0.5
	30	北增排洪渠		3	3	1
	(六)	西潦南干渠			10.75	0.10
	31	新基排洪渠		6	2	
	32	老鼠岩排洪渠		3		0.1
	33	大婆排洪渠		3	4.55	
	34	棠山排洪渠		4	2.2	
	35	茂埠排洪渠		3	2	
	(七)	西潦北干渠			6.8	0.0
	36	任家排洪渠	4+524	5	0.65	
	37	伍家排洪渠	9+220	5	0.4	
	38	蔡家排洪渠		3	4.25	
	39	阳湖排洪渠	15+792	3	1.5	
		合计			38.0	76.3
二		山洪沟				14.0
三		合计			38.0	90.3

针对排洪渠和山洪沟存在的现状问题,规划建议整治方案以边坡防冲、约束水流走势、快速排洪为主要设计目标,建议采用抗冲性能较好、生态性能好的生态混凝土(抗冲流速≤5 m/s)进行护坡,护坡厚度为100 mm,表面自生野草,护坡顶高程建议高于洪水位,护坡以上自然修坡。排洪渠底部建议不做支护,非汛期自然淤积,汛期自然水力冲刷疏浚,充分体现生态理念。

3. 灌排建筑物整治规划

1) 整治原则

灌排建筑物主要包括节制闸、渡槽、涵管、泄洪闸、跌水等。针对现状灌排建筑存在的问题,本次规划按照以下原则进行整治:①规划以解决建筑物安全性和功能性为首先目标,在此基础上考虑生态灌区和现代化灌区建设要求考虑进行电气化和远程化改造,兼顾美观。②在对现状建筑物进行专项摸排和安全鉴定的基础上确定具体整治方案；对于现状存在砼老化、消能工毁坏、闸墩开裂等结构安全隐患的建筑物进行拆除重建，对仍能使用的灌排建筑物，本着经济、节俭的原则，进行除险加固改造。③为提高灌区管理水平和施工效率，灌排建筑物建设应以标准化建设为原则，通过系统梳理提出标准化的灌排建筑物典型设计方案和物资储备。④灌排建筑物设计应充分体现技术先进性和艺术性，优先使用技术先进的设备和材料，提高电气化和自动化程度；建筑物造型应体现文化品味和景观功能。

2) 节制闸整治方案

灌区现状骨干工程共有节制闸 15 座，其中近期建设、运行正常的有 5 座，存在结构老化等问题的共有 10 座。

考虑到上述 10 座节制闸均为 20 世纪 50 年代建设，建设年代久远，砼结构已超过正常使用寿命，多为手动启闭，但现状满足基本功能需求。故规划建议维持现状，远期根据建筑物结构情况，结合灌排建筑物标准化要求逐步进行拆除重建。重建节制闸建议采用平板钢闸门，手电两用螺杆启闭机。闸室采用钢筋砼坞式结构，闸室上、下游护底、消力池、海漫及挡墙等按规模配置。考虑标准化和远程化控制要求，节制闸统一规格采用就高原则，闸门统一设置水位计和 PLC 控制柜满足远程监控要求。

3) 泄水闸整治方案

灌区现状骨干工程共有泄水闸 54 座，其中近期建设、运行正常的有 23 座，泄洪闸主要存在无闸室、结构老化、闸身开裂、消能工毁坏、闸门锈蚀、无启闭设备等问题的共有 31 座，其中 2 座正在重建，2 座已废弃。

考虑到泄洪闸对于灌区防洪除涝的重要性，根据现场踏勘成果和各泄水闸的实际情况，规划近期对带病运行和泄洪功能不满足要求的赤岸陈家等 23 座泄水闸进行拆除重建，对现状运行正常的长老山、渣村、狗脚山、新基等 4 座泄水闸补充新建闸室，对长老山、上桥、渣村、新基等 4 座泄水闸进行电气化改造。泄水闸具体设计方案可参考规划新建节制闸方案进行标准化建设和远程化控制配套建设，但其消能措施及下游一定范围挡墙应根据计算适当将强。

4) 渡槽、跌水及涵管整治方案

灌区现状骨干工程共有渡槽 13 座，其中建设年代久远、存在槽身和接头止水老化、渗漏严重的共有 10 座；现状共有跌水 21 座，其中存在墙体开裂、消能工毁坏、主体结构不安全、岸坡侵蚀严重的共有 11 座；现状共有输、排水渠涵 26 座，其中存在砼老化问题的 5 座。

根据现场踏勘成果和各建筑物的实际情况，按照轻重缓急的治理原则，规划近期主要对存在结构安全隐患、渗漏问题突出、带病运行等问题的 2 座渡槽、11 座跌水进行拆除重建；远期逐步对存在历史建设年代久远、砼老化问题突出的 8 座渡槽、5 座涵管按照建筑物标准化建设的原则进行拆除重建，对 10 座跌水进行抛石消能加固。

8.5.5　田间工程

田间工程限于设计流量小于 1 m³/s 的灌溉排水沟渠、渠(沟)系建筑物、田间配水渠(管)道、集水沟(管)道及其沟(渠)建筑物、管件和灌水设施。本次田间工程规划内容主要包括支渠整治和田间工程设计。

1. 支渠整治规划

1) 规模复核

灌区现状共有支渠 213 条共计 540.1 km。为掌握现状支渠规模是否满足规划水平年各支渠的用水要求,有必要对现状支渠规模进行复核。

根据调查统计的支渠断面尺寸和支渠常用设计流速计算得到支渠现状大致过流能力;根据灌区内规划农作物组成、灌水定额及各支渠控制断面灌溉面积,分析计算各控制渠段现状流量及各规划水平年设计流量,并与各支渠过流能力比较,以复核现状渠道规模是否满足现状及规划水平年引水能力要求。

从复核结果来看,按照续灌模式进行复核,所有支渠断面过水能力均满足现状灌溉要求;当规划 2020 年设计灌溉面积达到 33.6 万亩时,所有支渠断面过水能力均满足灌溉要求。从提高用水效率和工程经济性角度考虑,规划建议维持各支渠现状规模不变。同时通过清淤、衬砌等工程措施提高渠道输水效率。

2) 支渠口门整治规划

灌区现状支渠进水口共 213 个,其中已建进水闸的进水口 154 个,无闸的进水口 59 个。已建进水闸中 141 座进水闸能正常开启,13 座进水闸严重毁坏。为保障正常灌溉功能,完善进水控制功能和量水功能,提高田间用水监管水平,规划近期对已损坏的 13 座进水闸进行拆除重建,并新建水量计量设施;对 59 座无闸进水口新建进水闸和水量计量设施。为便于安装施工和后期维修更换,重建和新建的进水闸采用标准化设计,远期规划对 141 座现状能正常开启进水闸增设水量计量设施并根据进水闸使用情况逐步更新改造。

3) 渠道整治建设规划

灌区 213 条支渠总长 540.1 km,其中防渗渠段总长 403.6 km,综合防渗率为 65.7%,衬砌率较高,运行情况良好。目前支渠主要问题为部分已衬砌支渠衬砌层被毁坏,部分未衬砌的土渠存在淤塞现象。

针对以上情况,近期重点对 9.83 km 淤塞渠段和 7.86 km 衬砌破坏段进行整治,首先按照现状支渠断面进行清淤,解决因淤塞导致的渠道过流断面不足的问题,以较低的投入迅速恢复现有渠道过流能力;对于局部损坏、存在坍塌的衬砌支渠,考虑渠道整体性和统一性,采用原衬砌进行原样修复。

毁坏支渠进行治理,从根本上提高渠道输水和生态功能。对于土壤渗透性较低,地质条件较好区域优先推荐采用生态混凝土或自然土质边坡,渠底可采用空心砖垒筑或黏土夯实碾压进行防冲设计,保持土壤与水体联通,坡面可采用常水位上部设置植物缓冲带，强化渠道生态功能，并节省工程投资。对于渗漏问题较为突出的区域，推荐采用挤压行走式 U 形防渗渠道成型机进行施工，现场开沟现浇成渠，解决传统预制型 U 形渠因接触不实、不均匀沉降导致的开裂渗漏问题。

2. 田间工程典型设计

1) 总体要求

(1) 田间工程的布局应参照《高标准农田建设通则》(GB/T 30600—2014)的要求，按照田、林、路、渠、沟统筹协调的原则进行布局，将农田田间水利设施建设与土地平整、田间道路、桥涵等农田水利配套设施同步规划实施。

(2) 田间灌排模式应以灌排分离为最终目标，逐步由灌排结合向灌排分离过渡，平原地区田间沟渠系依条件分别采用灌排相邻、灌排相间、灌排兼用布置。丘陵地区田间沟渠系、岗田间农渠垂直于等高线沿塝田短边布置，可为双向控制或灌排两用。田间灌排工程建设应在满足基本灌排功能的基础上，以突出生态、截污、节水、高效和综合利用为原则，优先建设生态渠道、生态排水沟，逐步实现灌排设施功能性和生态型的统一。

(3) 条田大小以末级固定渠道控灌范围控制。条件内部田块应格田化，格田长边一般沿等高线布置，每块格田均应设进、排水口，由农渠直接供水，排水至农沟。格田大小以长 80～120 m，宽 30～40 m 为宜，面积控制在 3.6～7.2 亩之间；地形起伏的局部丘陵地区根据地形做适当调整；格田田面高差小于 3 m。格田埂高以 30～60 cm 为宜，埂顶宽以 10～30 cm 为宜。

(4) 水稻种植区土地平整以格田为基本单元平整进行；旱作区土地平整地形复杂程度和平整土地面积大小确定平整单元，平整精度以满足规范要求的–3～3 cm。

(5) 田间渠道上的配水、灌水、量水和必要的交通建筑物，以及斗、农沟上的交通和控制建筑物，均配套齐全，以保证管理方便，并具备方便的耕作条件。对于斗渠、农渠应选择合理的生态断面，提高渠系生态功能。闸门、量水堰、桥等渠系建筑物应逐步推行标准化设计，降低施工管理和运行维护成本。

(6) 田间道路与林带的布置应与灌排渠沟相结合，结构形式应因地制宜选用，一般为泥结石路面形式。田间道路为机动车道的，其路面宽一般 2～3 m；为非机动车道的，其路面宽一般为 1～2 m，路面宜高出地面 0.2～0.4 m。田间道与机耕道一般分设在斗渠两边，机耕桥跨渠(沟)处埋设砼预制管，农渠两旁设田间道路，每块田块设下机道。农田防护林带在田间道路旁一侧，以 1 行植树为宜，株距 2～3 m。防护林应尽可能与护路林、生态林和环村林等相结合，减少耕地占用面积。

2) 典型设计方案

田间工程的典型田块分别选择奉新南潦干渠的历付支渠与安义南潦干渠潘基支渠，具体田间工程布置见图 8-7 和图 8-8。

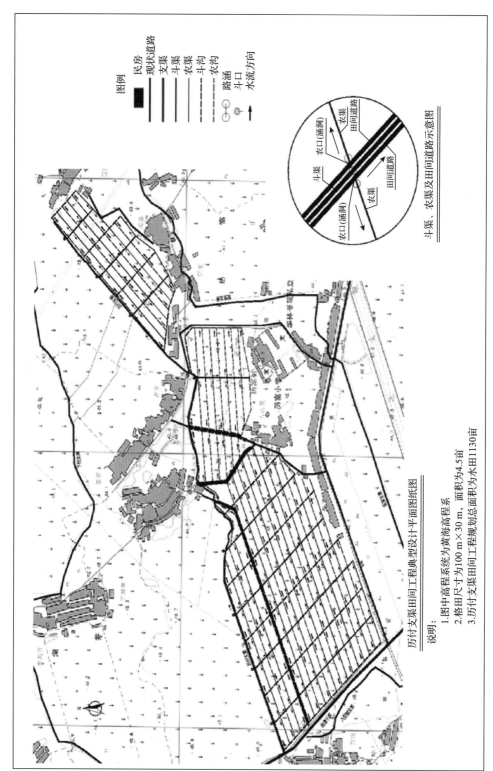

图 8-7　历付支渠田间工程

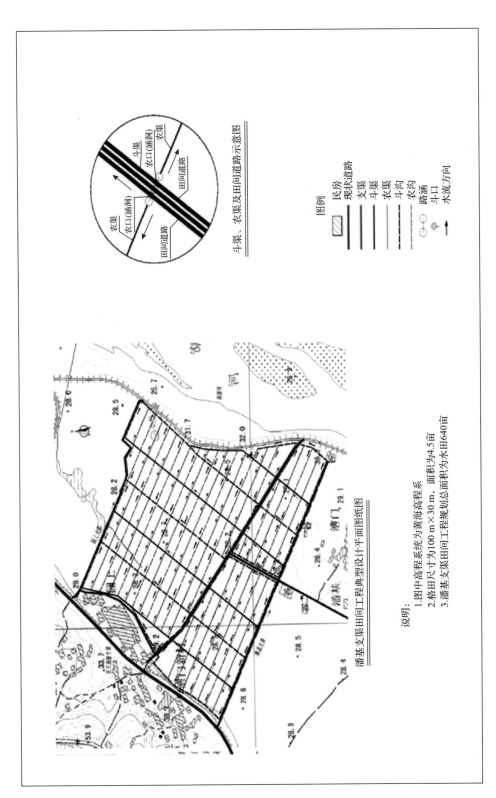

图8-8　潘基支渠田间工程

田间工程典型设计主要工程量及概化指标见表 8-48。

表 8-48　灌区田间工程典型设计主要工程量及概化指标

灌片名称	渠道名称	控制面积/亩	土方开挖		土方回填		泥结石路面		植树		工程占地		投资	
			工程量/m³	概化指标/(m³/亩)	工程量/m³	概化指标/(m³/亩)	工程量/km	概化指标/(m/亩)	工程量/株	概化指标/(株/亩)	工程量/亩	概化指标/(m²/亩)	工程量/万元	概化指标/(万元/亩)
安义南潦灌区	斗渠	640	2560	4	2701	4.22	1.49	2.33	134	0.21	281.6	0.44	9.6	0.015
	农渠	640	2560	4	2701	4.22	1.49	2.33	134	0.21	281.6	0.44	9.6	0.015
南潦灌区	斗渠	1130	4520	4	4769	4.22	2.63	2.33	237	0.21	497.2	0.44	16.95	0.015
	农渠	1130	4520	4	4769	4.22	2.63	2.33	237	0.21	497.2	0.44	16.95	0.015
合计		3540	14160	4	14940	4.22	8.24	2.33	742	0.21	1557.6	0.44	53.1	0.015

8.5.6　节水工程

1. 节水必要性

潦河灌区建成以来为灌区国民经济和农业生产发挥过巨大作用。但是，由于该工程兴建工程标准低，年久失修，渠系设施配套不全，灌溉方式不尽合理，灌水深浅不均，导致上游"受涝"，下游抗旱，严重制约了灌区的农业生产发展。另外，由于目前灌区普遍采用淹灌、漫灌的落后灌溉方式，灌溉用水量大。随着江西省进一步强化最严格水资源管理制度要求，若维持灌区目前的工程状况、用水状况和灌排方式，维持现有灌溉面积都非常困难，更无法满足恢复灌区灌溉面积至 33.6 万亩的规划要求。为此，为满足灌区灌溉供水水量要求，节约灌溉成本，降低灌溉尾水排放，推行节水灌溉措施是非常必要。

2. 规划目标

至 2020 年，通过农业结构调整、灌区续建配套和节水改造、高效节水等主要对策与措施，合理配置水资源，实现丰水年(P=50%)水资源供需平衡，且用水总量不超过水资源总量红线。至 2030 年，用水总量在 2020 年的基础上进一步降低。

3. 规划思路

根据本灌区所在地区自然条件，水土资源状况和管理水平，针对灌区现状灌溉中存在的问题，拟从硬件设施和灌溉技术两方面进行节水改造，减少供水损失，提高供水利用效率。规划改造供水设施、配套供水计量设施；建设尾水回用设施；建设灌溉示范区，结合田间工程改造推广先进的管道输水灌溉、喷灌、微灌技术；推广细流沟灌法、水平畦灌法、间歇灌溉+浅层雨水利用灌溉法等节水农艺措施。

4. 节水方案规划

1）供水设施改造

为解决过流能力不足和渗漏问题，提高灌溉水利用系数，规划对灌区内现有存在问题的工程设施，进行更新改造；对不能满足过水要求的建筑物予以重建；对漏水严重渠系工程进行防渗衬护；对"卡脖子"的险工险段渠段进行整治和衬护处理；对田间工程管理设施予以配套。

2) 供水计量设施配套

为了全面控制和准确计量灌区各干渠来水及田间用水情况，做到科学管水、计量收费，通过经济手段合理用水，减少水资源浪费，规划在灌区干渠渠首取水口及控制渠段、支渠取水口布置供水计量设施。供水计量设施规划内容见 8.5.5 节和系统监控和信息化规划相关内容。

3) 尾水回用设施建设

为提高灌区水资源利用效率，对水资源存量进行挖潜，规划推广尾水回用设施，充分利用上游农田排水灌溉下游农田。

规划利用地形地势，将农田附近的湿塘、断头浜、河港湖汉等与农田排水沟连通，并在排水沟下游端设置控制闸，控制闸兼具挡水、泄洪、调节水位功能，使排水沟渠及附近连通水体内收集存积上游区域农田排水，在闸前形成一定的开阔水面；水位抬高后，堰内的存积水灌溉下游部分农田。尾水回用在干旱年份对保证受益农田丰收具有非常大的作用，尾水不但肥力好，而且农田退水得到滞留，降低了农田退水污染。

根据水资源平衡与配置的成果，为满足潦河灌区各规划水平年用水需求，规划分期实施尾水回用设施建设工程，近期尾水回灌面积 18000 亩，远期再增加 5000 亩，至 23000亩。实施计划见表 8-49。

表 8-49　尾水回用实施计划

分区	尾水回灌实施灌溉面积/亩	
	近期实施	远期实施
奉新南潦干渠	2000	500
安义南潦干渠	2000	1000
解放干渠	2000	500
洋河干渠	1000	500
北潦干渠	1000	500
西潦南干渠	8000	1500
西潦北干渠	2000	500
合计	18000	5000

4) 积极推广先进灌溉技术

为提高灌溉水利用率，提高灌溉效果，促进作物增产，需积极推广先进灌溉技术。本灌区规划选用较适合本地区的管道灌溉、喷灌、微灌作为本灌区节水灌溉推广技术，各技术优点和适用范围如下。

A. 管道输水灌溉

管道灌溉利用提升泵和管路系统，将灌溉用水利用管道以压力流形式送至田间。管道输水灌溉适用于水稻田节水灌溉。

B. 喷灌

喷灌是利用机械和动力设备,使水通过喷头(或喷嘴)射至空中,以雨滴状态降落田间的灌溉方法。喷灌设备由进水管、抽水机、输水管、配水管和喷头(或喷嘴)等部分组成,可以是固定式的,半固定式的或移动式的。具有节省水量、不破坏土壤结构、调节地面气候且不受地形限制等优点。喷灌用于旱地蔬菜及果园节水灌溉。

C. 微灌

微灌是按照作物需求,通过管道系统与安装在末级管道上的灌水器,将水和作物生长所需的养分以较小的流量,均匀、准确地直接输送到作物根部附近土壤的一种灌水方法。与传统的全面积湿润的地面灌和喷灌相比,微灌只以较小的流量湿润作物根区附近的部分土壤,因此,又称为局部灌溉技术。广泛用于灌溉果树、蔬菜、花卉、葡萄等作物。

根据《江西省节水减排总体方案(2014—2018 年)》,结合潦河灌区实际情况和特点,规划在近期将推广管道灌溉面积约 0.29 万亩,微喷灌面积约 0.81 万亩。

5) 节水农艺措施

地面灌溉不需要额外附加能源和特殊设备,操作简单,是最广泛应用的农田灌水方法。但传统的地面灌溉方法技术粗放、田块灌溉不均匀,灌水质量差,浪费水资源。由于受农业技术发展水平的制约,在今后相当长的历史时期内,地面灌水方法仍是潦河灌区农作物主要的灌水方法,特别对于水稻灌溉,由于作物生长特性,泡田期用水量较大。因此对地面灌水农艺措施进行改进,对于减少灌区用水总量,提高水资源利用效率意义重大。

根据灌区特点,推荐采用间歇灌溉+浅层雨水利用的节水农艺措施,间歇灌溉制度可更多地利用降水,节约灌溉水量 19%～36%左右,节约灌溉用水量;浅水还有利于水稻的根系呼吸,促进根系发育,增进有效分蘖,提高水稻单产。该方法实施简单,效果较好,推荐在灌区进行推广。根据水资源平衡与配置的成果,为满足潦河灌区各规划水平年用水需求,规划 2020 年推广间歇灌溉 16.8 万亩,2030 年在近期基础上再增加 12.4 万亩,在灌区全面推广间歇灌溉。

8.5.7 典型示范区建设规划

为加快生态灌区建设,规划拟按照"典型带动、政府主导、水管部门配合"的模式在灌区内开展典型示范区建设,通过典型示范区的试验和示范,推广生态灌区建设理念。

根据灌区特点,规划拟重点规划建设节水减污、智慧灌溉、农业面源污染综合防控、生态农业、创新管理等 5 种类型共 15 个典型示范区建设。

1. 节水减污示范区

以节水减污为建设目标,依托灌溉总量和分水控制、高效节水灌溉技术推广、渠系工程建设和生态改造、农田尾水循环利用和调控等为建设重点,示范展示节水减污型灌区建设模式,减少农业面源污染,实现农业面源污染综合控制。

2. 智慧灌溉示范区

以智能灌溉、精准灌溉为建设目标，依托高效节水灌溉基础设施、灌溉水源水质在线监控设施和智能型精准灌溉系统建设实现灌区智能化和精准化管理，示范展示智慧型灌区建设和运行模式，为灌溉管理和农业生产提供决策依据。

3. 农田面源污染综合防控示范区

以生态灌排模式建设为目标，按照"源头减量控制，中间生态拦截，末端降解净化"的农业面源污染治理思路进行生态灌排模式的建设、研究和示范，示范展示通过污染治理和生态建设综合治理农田面源污染的工程措施效果，有效降低氮、磷养分含量。

4. 生态农业示范区

以生态农业为建设目标，以转变农业生产方式和优化产业结构为重点，通过推动产业生态转型和升级，以生态农业、休闲农业、观光农业为龙头，推动农业经济增长方式转变，完善以生态农业为支撑的生态产业格局，实现农业发展与农业生态环境改善相协调。

5. 创新管理示范区

以创新灌区管理模式为建设目标，通过加快推进集中连片和土地流转、农田标准化建设、农田规模化经营、创新灌溉管理制度等手段，探索研究适合潦河灌区的现代管理模式，推动灌区管理创新和制度创新。

8.6　生态环境建设规划

8.6.1　总体目标及规划原则

通过实施系统性和针对性的灌区污染综合整治方案和环境质量提升方案，解决灌区社会经济发展过程中生态环境保护存在的关键问题，达到供水水质有效保障，农业污染有效控制，生态系统良性稳定，环境质量稳步提升，人水和谐、社会经济协调发展的目的。

1. 规划思路

秉承生态灌区对潦河灌区发展的定位，以灌区资源容量、环境容量为约束，围绕"供水水质保障、农业污染控制、安全防护及环境提升"重点，加强生活及工业点源、农业面源污染治理，因地制宜、分区分类实施污染源的源头控制和减量化、资源化；加强灌区生态净化设施建设，提高灌区污染净化能力；加强水环境治理和景观建设，提高环境质量和景观价值，实现灌区经济、社会、环境的和谐统一。

2. 生态环境规划总体布局

秉承生态灌区对潦河灌区发展的定位，围绕"供水水质保障、农业污染控制、安全防护及环境提升"的总体治理思路，重点开展农业面源污染防治、环境整治和改造提升、水生态文明三方面的建设。

针对灌区农业面源污染现状，重点通过规划指引推动产业结构调整优化和农业面源综合防控，通过鼓励推广水肥高效利用综合调控、虫害绿色防控、农药减量控害增效等措施从源头控制污染物输入；通过鼓励推广田间控制排水、田间排水受纳水体改造、生态排水系统灌排调度、"衬砌渠道—稻田—生态沟—河道湿地"模式、"低压管道—稻田—生态沟—湿地—泵站"循环利用模式、"河沟水流连通模式"等模式减少农田污染物排出，削减面源污染入河量。

针对灌区整体生态环境本底优越、骨干灌排工程沿线生态环境质量不高的现状，重点开展灌区环境整治和改造提升建设。主要建设内容包括：结合美丽乡村、水生态文明建设开展以环境整治、生态绿化为主要内容的村庄环境整治工程建设；开展以亲水平台和安防警示为主要内容的亲水及安全防护设施建设；开展以灌区渠首景观节点打造和渠系灌排建筑物视觉识别为主要内容的建筑物美化提升建设；开展以维护干渠基本生态功能为目标的生态补水工程建设。

针对灌区现状资源禀赋和水利风景区建设需求，重点推动开展灌区型水利风景区建设和水生态文明村建设。灌区水利风景区建设规划以 7 个渠首为核心景观节点，通过渠系、水系穿引串联，构成"七珠戏带"的水利风景格局。近期主要规划建设西潦干渠渠首风景区、北潦渠首风景区、解放大坝风景区和奉新南潦渠首风景区 4 个核心景观节点。结合灌区水利风景区建设需求，规划重点围绕规划水利风景区重要节点选择 4 个村庄进行水生态文明村自主创建和试点，远期在洋河大坝、安义南潦及干渠沿线全面推进水生态文明村自主创建。

8.6.2 供水水质保障规划

1. 水质控制目标

农业供水水质直接影响到粮食质量安全，直接关系国民的健康和安全，是农业生产的重中之重。潦河灌区现状水环境总体较好。各干渠渠首所在河段的现状水质为Ⅱ～Ⅲ类水体，达到或优于所在河段地表水水功能区划的保护目标，因此，水质控制目标为维持现状水质。供水水质控制目标见表 8-50。

表 8-50 供水水质控制目标

干渠	水质控制目标
奉新南潦干渠	Ⅲ
安义南潦干渠	Ⅲ
解放干渠	Ⅲ
洋河干渠	Ⅲ
北潦干渠	Ⅲ
西潦北干渠	Ⅱ
西潦南干渠	Ⅱ

2. 供水水质保障思路

目前灌区供水主要污染源分为上游来水污染、本地面源污染和本地点源污染。上游来水污染为干渠取水口上游河水中携带的污染物。面源污染主要包括农田灌溉退水和农村人居生活污染，通过分布的沟渠分散进入干渠。点源污染主要包括工矿企业、规模化养殖业及集镇人居生活污染，通过集中式排污口集中进入干渠。

通过对供水污染途径的分析，从污染物输移途径分析，从源头、过程及末端三个方面采取措施，形成复合立体的综合治理方案。其中，源头治理主要在于控制取水口上游来水的污染程度；过程控制主要在于对进入干渠的污染源开展末端治理；末端治理主要在于在输水过程中对水体进行沿程净化。

3. 水质保障方案

1) 源头治理

引水河道是灌区用水和排水的主要承泄通道，同时也是排水净化的处理场所，面临严重的水环境恶化和水体富营养化问题。生态河道建设是通过在传统的河道建设和整治中加入生态学原理，并根据河道现状和功能，对工程进行生态设计，构建符合流域及地域生态特征的河道水生态系统和河岸生态系统，创造适宜河道内水生生物生存的生态环境，形成物种丰富，结构合理，功能健全的河道水生态系统，对于维持潦河干支流水质、防治农业面源污染、保护灌区生态环境等方面有极其重要的作用。

针对现状灌区引水河道特点，重点在各干渠引水闸坝上游 1～2 km 开展生态河道建设，在满足规划断面的基础上，结合水生动植物生境构建要求开展滨岸带生态系统建设，在河道两侧近岸带 20～50 m 宽左右的滨岸带植被群落，形成物种丰富、系统稳定、具有一定自净功能的河流生态系统。

2) 过程控制

目前灌区供水主要污染源为工业污水、城镇生活污水、农村生活污水、农村生活垃圾、养殖污水。针对以上污染，规划调整工业产业结构，治理干渠两侧工业污水；规划对各县城、集镇、村庄直接进入干渠的排口进行重点治理，截流入渠污水；完善农村垃圾收运处置系统，推广垃圾分类收集，加强人员配置，减少垃圾入渠量；划定畜禽养殖禁养区和限养区，推广生态环保养殖模式，削减养殖污染入渠量；通过以上措施的综合治理，达到削减入渠污染物量的目的。具体规划内容如下。

A. 工业污水

推动工业企业集中入规划工业园区，完善工业区污水处理设施，通过对工业集中区进行综合环境管理；对工业集中区外的企业通过污水纳管或自建污水处理设施重点控制水污染物的排放。

a) 规模化工业企业污染治理

灌区范围内工业企业相对较少，规模化工业企业污水原则上一律纳管排放，无法实现纳管处理而直接排放的企业原则上一律实施相应的排放标准，并对企业自建的污水处理设施安装自动在线监控装置。没有达到纳管排放标准或没有达到相应排放标准的企业，一律限期整治，到期无法实现达标排放的企业一律依法关停；对没有污水处理设施也没有接入排污管网的企业，一律依法关停。对违法排污、严重超标排放的企业，一律按最高限额进行处罚。

b)"低、小、散"企业污染治理

全面排查灌区范围内装备水平低、环保设施差的小型工业企业，开展对水环境影响较大的"低、小、散"落后企业、加工点、作坊的专项整治。对位于污水管网覆盖范围内的小行业企业，除医院、学校等人口较多或水质复杂的单位，一律要求经一定的预处理后纳入城镇污水处理厂或村庄自建的终端污水处理设施处理。

B. 城镇生活污水

对干渠上的城镇污水直排口进行截流纳管和改道，将旱流污水截流接入城镇污水管网，溢流雨水排入河道，从而消除城镇生活污水污染。

C. 农村生活污水

根据治理区域的不同特点采用以下三种模式进行治理。

a)截流接管

该模式适用于距离现状或近期规划实施的市政污水管道较近(一般1 km以内)，符合高程接入要求的村庄污水治理。近期在现状村庄排水汇流口附近建设截污井，截流旱季污水和初期雨水接入邻近市政污水管道。截流倍数原则上以1计。远期根据村庄改造或地块开发逐步实现雨污分流和污水纳管。

b)截流就地处理

该模式充分利用村庄地形地势、可利用的水塘及闲置地，采用微动力处理工艺，适用于距离现状或近期规划实施的市政污水管道较远(一般5 km以外)和规划城建区外的村庄污水治理。近期在现状村庄排水汇流口附近建设截污井和污水就地处理设施，截流旱季污水和初期雨水进行处理，达标排放或回用作村庄农田灌溉等。截流倍数原则上按1选取。远期根据村庄改造或地块开发逐步实现雨污分流和污水纳管。规模较小、距离较近的多个村庄可考虑合建处理设施。出水标准执行GB 18918—2002的二级标准。

c)庭院式分散处理回用模式

以户或相对聚集的几户为单位，采用传统化粪池或PE三化池处理黑水，熟粪还田。该模式适用于距离河流较远、分布零散、建设污水收集管道不经济的部分农户。根据灌区范围内村落分布情况，编制农村生活污水专项治理方案，合理选择污水处理设施，常用的处理工艺为A^2/O、A/O、氧化塘和人工湿地。

积极推进农村生活污水处理设施建设工作，由专业机构进行运行和维护工作，确保污水处理设施正常稳定运行，构建验收移交、运营管理、运维服务、资金、政策、监督六大体系。到2020年，农村污水处理设施基本由第三方运营。农村生活污水处理设施主要处理工艺为A^2/O、A/O或人工湿地，在农村生活污水处理设施建设的同时，开展配套截污管网铺设工作，在确保农户接入的同时，保证污水处理设施的负荷不出现大幅波动。在管网建设过程中，建议预留村庄间管网连通的接口，以便未来可能统一调度污水。

D. 生活垃圾

在现有转运站的基础上进行布局优化，以核心区生活垃圾收集转运为优先，适当考虑偏远人口集中区的转运站布置。针对人口密集以及靠近干渠的区域加密设置垃圾收集点，服务半径不宜超过 70 m。结合灌区开发改造进行布置。

随着分类收集、分类处理系统的建立，收集点的设置应考虑分类收集的需要。生活垃圾收运车辆应向机械化、密闭化方向发展，应加速淘汰现有人力车和非密闭车辆。以自然村为单位配置兼职保洁人员和垃圾清运人员，至少 1 人/村(小区)，总体按人口的 1‰～2‰配置，保洁人员同时负责村中其他集中建设的污水治理设施的巡检和初级维护。

E. 养殖污染

规划区内家畜养殖污染主要为生猪养殖产生，在保证产业可持续发展的同时，严格控制干渠两侧家畜养殖污染排放，积极引导养殖模式创新，大力推广生态养殖模式，基本实现"零排放"。

a) 划定禁养区和限养区

干渠两岸 100 m 范围内区域划为生猪养殖禁养区；禁养区范围以外 200 m 范围内区域划为生猪养殖限养区。生猪禁养区内推行生猪退养工程，在限养区督促检查生猪养殖场实施污染治理工程，确保"零排放"。

b) 生态型养殖模式推荐

推广生猪养殖的生物发酵垫料零排放环保型养猪模式和猪-沼-果(草、林、菜)等种养结合的生态型养猪模式，实现粪污的资源化和无害化。养殖场的液体粪污处理推荐采用"厌氧沼气+液肥还田模式"和"厌氧沼气+氧化塘+农田灌溉模式"。

近期禁养区范围内现有养殖场(户)完成搬迁、关闭、拆除、清理工作，推进限养区现有养殖场整改。远期完成禁养区全部退养工作，限养区完成养殖模式整改，采用生态养殖模式，实行种植与养殖的有机结合，实现"零排放"。

3) 末端治理

通过构建植生型输水渠道断面，利用渠道断面上生长的植物吸收水体中的营养物质，实现沿程净化的目的。植生型渠道中栽植植物一般应选择适应一定水流流速、适应一定水深、具有较好的吸收营养物质能力以及能形成较为稳定的群落的草种。植生型渠道的布置和断面形式见工程规划中干渠整治规划和支渠整治规划的内容。

4) 保障措施布局

供水水质保障措施布局见表 8-51。

8.6.3　农业污染控制规划

1. 规划目标

在规划实施过程中，有效遏制农业面源污染加剧的趋势，引导灌区农民科学施肥用药，实施主要农作物化肥、农药零增长，确保测土配方施肥技术覆盖率达 60%以上，农作物病虫害绿色防控覆盖率达 20%以上，秸秆综合利用率达 80%以上，农药废弃包装物回收率 60%、处置率 80%。

表 8-51 供水水质保障措施布局表

序号	措施类型	治理类型	污染物排放及处置情况	规划治理措施	
				近期	远期
1	源头治理	滨岸缓冲带建设			引水河道渠首上游 1~2 km
3	过程控制	工业污水	1. 奉新工业园内生活污水和少量企业生产污水通过排污口直排入奉新南潦干渠 2. 奉新南潦干渠廖家庄一小型化工企业排污口 3. 解放干渠白鹭村一纸箱厂设有 1 处排污口 4. 解放干渠余家村一新材料厂设有 1 处排污口	1. 完善园区污水设施 2/3/4. 要求自建处理设施处理	中小企业集中入园
4		城镇生活污水	靖安县城生活污水通过靖安项家排污口(4.0 m×2.5 m)排入干渠	管网改造,污水截流接入市政污水管	
5		农村生活污水	村民生活污水经化粪池装简单经沉积处理后用于农灌或排入周边沟塘,随降水径流经干渠或河网水系排入潦河	新建处理设施 176 座,处理规模 2110 m³/d	新建处理设施 410 座,处理规模 4924 m³/d
6		农村生活垃圾	部分干渠沿线村庄随意将生活垃圾倾倒至渠道	设置 527 个垃圾房	设置 1230 座垃圾房
7		养殖污染治理	1. 解放干渠邓家村养猪场:约 200 头,污水直排入渠 2. 奉新南潦干渠汶塘村养猪场:约 60 头,污水直排入渠 3. 洋河干渠 3 处集中养猪场:约 1850 头,污水直排入渠	开展渠道两侧禁养工作	开展限养区生态型养殖整改工作
8	末端治理	植生型输水渠道建设			见干支渠整治规划

2. 存在的主要问题分析

化肥、农药是江西省地表水体主要的农业面源污染源之一,在降雨或灌溉过程中,过量及不合理施用的化肥、农药借助农田地表径流、农田排水或地下渗漏等途径进入水体,造成水体污染。

灌区农业污染主要分为两个方面:化肥和农药为主引起的农田面源污染;水稻秸秆、秧盘、农药等农业固体废弃物。

1) 农田面源污染

目前灌区的田间工程基本为灌排结合模式,农田大量使用化肥、农药,残留物主要以非点源排放形式退入河网,对灌区内自然水体造成一定的污染,其主要污染物为 COD 和氨氮。灌区农田退水量为 7617 万 m³/a,农田径流污染物产生量 COD 228.6 t/a、氨氮 66.0 t/a。局部地区采用尾水回灌的方式对农田退水进行滞留和回用,降低了农田退水污染。

2) 农业固体废弃物

灌区内主要农作物为早稻和晚稻,并种植棉花、油菜、蔬菜、瓜果等经济作物,水稻秸秆是灌区内农作物秸秆的主要来源。根据估算灌区内农作物秸秆的年总产生量约21.33 万吨。此外，育秧盘和农药包装物也是本灌区的主要农业废弃物之一，初步推算在灌区育秧盘年使用量约使 2616 万个，农药包装物年产生量约 80.73 万个。

目前，灌区农作物秸秆的处理方式主要有粉碎还田、焚烧还田和薪柴。其中焚烧还田和薪柴是目前的农作物秸秆主要处理手段。育秧盘、农药包装物和农膜主要处置手段为直接丢弃于田间，灌区二十七个乡、镇、场的各级行政机构对育秧盘、农药包装物和农膜等农业固体废弃物尚未出台专门的规范性文件。

3) 农业污染治理政策

为改善农田生态环境，江西省和宜春市出台了一系列规范和文件。

(1)《江西现代农业强省建设规划(2015-2025 年)》中提出开展农作物秸秆资源化利用，培育门类丰富、层次齐全的综合利用产业。加强农用物资使用后的废弃物管理，鼓励回收再利用农膜和农药包装物。加快建设秸秆收贮点、秸秆固化成型燃料点，全面推进秸秆综合利用。到 2020 年，全省秸秆综合利用率达 85%以上，到 2025 年达 90%以上。

(2)《江西省人民政府办公厅关于推进绿色生态农业十大行动的意见》中指出力争到2020 年基本实现农作物秸秆、农膜无害化处理和资源化利用，秸秆综合利用率 90%以上，农膜回收率 80%以上，开展秸秆综合利用行动和农田残膜污染治理行动，严禁秸秆露天焚烧和使用厚度 0.01 mm 以下地膜，启动秸秆综合利用示范建设，大力开展秸秆还田和秸秆肥料化、饲料化、基料化、原料化和能源化利用；加快推广使用加厚地膜和可降解农膜，推广使用地膜残留捡拾与加工农机。

(3)《宜春市防治农业面源污染实施意见》提出到 2020 年，全市化学农药、农膜使用总量分别减少 30%、10%，果蔬茶及中草药上禁止和杜绝使用高毒高残留化学农药。农药包装废弃物和农膜田间回收率力争达到 60%以上，无害化处理率达 100%。通过建立责任制、回收机制和保障机制，确保农药、农膜等投入品包装废弃物回收和无害化处理工作的顺利开展。

由此可见，各级政府高度重视农业污染治理问题，灌区应依据相关规范和文件，制定适用于灌区的农业污染治理办法。

3. 农业面源污染防治规划

1) 治理思路

结合当地农业发展方向，重点通过规划引导，从产业调整优化着手，同时根据面源污染现状，从污染物输移途径分析，从源头、过程及末端三个方面采取措施，形成复合立体的综合治理方案。其中，源头治理主要在于控制农田中污染物的输入；过程控制主要在于减少农田中污染物的输出；末端治理主要在于对削减农田输出污染物入河量。

2) 治理模式

A. 源头治理模式

a) 水肥高效利用综合调控技术

近年来，我省高度重视水肥高效利用和节水减污技术研究，研究适合水稻灌区的水稻种植水肥一体化技术，取得了一系列研究成果。通过多年不同灌溉水平和不同施肥水平单因子试验和组合试验，分析不同灌溉水平的节水机理和不同施肥水平的肥力因子吸收、迁移转化规律，以及水肥耦合节水减污效应，总结提出"间歇灌溉制度+基肥和多次追肥"的施肥模式，制定了"水稻间歇灌溉制度水层控制标准"和"水稻肥料高效利用施肥模式"。目前，该技术已在江西省的袁惠渠灌区、潦河灌区、白塔渠灌区等大中型灌区进行大面积示范推广。通过对灌溉制度的优化和施肥模式的改进，水稻田间水肥高效利用综合调控技术能够显著提高水分和肥料利用效率，具有明显的节水、增产减污效果。研究结果表明，采用本项技术双季稻每亩平均节水 45 m^3 左右，增产 30 kg 左右，全年亩新增产值达 175 元左右。同时，双季稻亩减少农田排水 32.74 m^3，减排总氮量达 69.73 g/亩，总磷量达 2 g/亩。

b) 虫害绿色防控

病虫害绿色防控是促进农作物安全生产，减少化学农药使用量为目标，采取生态控制、生物防治、物理防治、科学用药等环境友好型措施来控制有害生物的有效行为。实施绿色防控是发展现代农业，建设"资源节约，环境友好"两型农业，促进农业生产安全、农产品质量安全、农业生态安全和农业贸易安全的有效途径。

c) 实施农药减量控害增效工程

加强农作物病虫监测，进一步健全完善农作物病虫监测网络建设，增设农作物病虫测报点，提高农作物病虫预测预报准确性，及时发布病虫情报；大力推行农作物病虫统防统治，加强高效低毒低残留新农药的引进、试验、推广，积极开展农药减量控害增效工程示范创建活动，引导农民科学合理使用农药；积极推广农业防控技术、物理防控技术、生物防控技术与精确用药技术，重点支持应用杀虫灯等绿色防控设施装备，逐步减少农作物病虫的化学防治。推广农药减量控害增效技术 15 万亩，农作物病虫害专业化统防统治 5 万亩，化学农药施用量减少 20 t。

B. 过程及末端治理模式

a) 田间控制排水系统布置典型模式

根据排水控制范围的具体情况进行工程布局，其中排水沟的水位控制建筑物根据控制范围内田面高程变化情况分段设置，一般 150～200 m 左右设置一个，高程变化较大时可适当增加控制建筑物，在排水沟外河(或中沟)交叉口设置不同流量控制排水调节建筑物，并根据灌排系统布置原则分别按向两侧(灌排相间布置时)或单侧(灌排相邻布置时)埋设透水管，并结合透水管的铺设设计渗滤系统，并在透水管尾端预留冲洗清淤出口。然后，根据控制面积情况及排水设计标准，按照排涝防渍标准按梯形断面设计并建设排水沟，沟底满足排水的比降要求，并保持透水；对沟道边坡进行生态护坡，提高沟道边坡的稳定性，防止沟道边坡的坍塌，采用格宾网护坡，在格宾网护坡种植湿生本土植物，并在沟内分段布置金鱼藻、伊乐藻、聚藻等沉水生物，利用植物吸收可以实现农田排水的净化。

b) 田间排水受纳水体改造典型模式

通过水塘或者河沟等农田退水受纳水体断面的整治，构建不同深度的区域生态系统。湿地内部分层分类(即在水体内不同水位深度布置不同水生植物)布置水生植物，包括挺水植物、浮水植物和沉水植物，构建比较完善的生态处理系统。在构建水生植物群落时，应优先选用本土植物，慎重引入外来植物，避免引发生物安全性问题；同时还需选择去污能力强、净化效果好、具有一定耐受性的植物，并考虑其景观作用和经济价值，合理搭配不同植物物种，构建兼具美化生态环境和实现经济效益的人工湿地系统。在植物种类选择中，挺水植物重点选择茭白、芦苇；沉水植物主要选择金鱼藻、伊乐藻等藻类，浮水植物选择睡莲等作物。植物布置时重点布置挺水植物，对沉水植物和浮水植物严格控制其密度，防止过多导致水体缺氧，同时注意植物的收割，防止腐败物产生二次污染。

c) 生态排水系统灌排调度运行方式

改造后的灌排调度运行方式如下：灌溉水由整治后的干渠、主渠进入农田内部，灌溉采用节水灌溉技术控制田间水位。当出现降雨量过大需要排水时，首先由控制灌溉田块拦蓄降雨；当降雨量继续增大时，打开田间排水控制闸门将多余的降雨排至生态排水沟中，在生态排水沟中通过沟内生物的自净能力，去除其中的氮磷等；排水沟内水位超过控制上限时，通过排水控制闸将水排到湿地中利用湿地中的作物进行净化。

d) 重点推广治理模式

具体可重点推广"衬砌渠道—稻田—生态沟—河道湿地"模式、"低压管道—稻田—生态沟—湿地—泵站"循环利用模式、"河沟水流连通模式"三种模式。

(1) "衬砌渠道—稻田—生态沟—河道湿地"节水控污系统模式。

采用"衬砌渠道—稻田—生态沟—河道湿地"，改造时，在农田排水沟设置排水控制闸，进行有控制的排水，通过排水沟的自净能力，减少农田的面源污染；对河道的排水口设置控制闸门，并在河道中种植挺水性植物，以改善排水河道湿地的水环境。

灌溉水由整治后的干渠、主渠进入农田内部，灌溉采用节水灌溉技术控制田间水位。当出现降雨量过大需要排水时，首先由控制灌溉田块拦蓄降雨；当降雨量继续增大时，打开田间排水控制闸门将多余的降雨排至生态排水沟中，在生态排水沟中通过沟内生物的自净能力，去除其中的氮磷等；排水沟内水位超过控制上限时，通过排水控制闸将水排到河道湿地中利用湿地中的作物进行净化。

(2) "低压管道—稻田—生态沟—湿地—泵站"水循环利用模式。

采用低压管道系统输水，稻田水分管理采用高效灌排调控模式，其中灌溉采用控制灌溉，结合降雨容蓄的田间控制排水等。在灌区原有排水沟的基础上，结合生态措施进行整理，例如铺设生物毯和格宾网护坡，构建生态排水沟。在排水沟进入经济湿地的入口处，修建控制建筑物。

选择低洼田块种植水生经济或者观赏性作物。同样在湿地植物的配置过程中将多种湿地植物合理配置，以争取最大限度减小稻田排水中的氮磷负荷在湿地的设置循环泵站工程，水泵型号选择以满足灌区灌溉需要为目标，同时在泵站中水泵的入水口设置大小相间隔水栅，以防止抽水时破坏湿地内的生态系统。通过泵站将湿地的水抽入灌溉主干管道系统，可以实现排水的循环利用。在地势差别较大时，根据地形特征通过泵站将湿地的水抽入部分灌溉管道系统，将上游稻田排水输送给下游用于灌溉，实现稻田排水的异地循环利用。

(3)河沟水流连通模式。

潦河灌区为典型的南方灌区，区内水系发达，灌排水系常常出现交叉。历史上，由于投入不足，灌渠与排河相交时，除干支沟级的河道与渠道设有交叉过流建筑物，将干渠水通过倒虹吸建筑物，由上游流入下游外，多数支沟以下级河道与渠道交叉时，没有建筑物，而是渠道直过河道。因而，不少支沟以下级的河道成了死水沟。

为使灌区河渠水源通活，利于防洪排涝，利于水源调度，方便农村四季用水，方便渠道工程维修养护，根据实际需要，规划在渠道与河道交叉处，有规划地分段设立河道生态补水闸，将整个灌区的河渠连接成为一个有出口的环状系统，并通过补水闸使各渠道既能连接起来，又能独立运行。既可保障渠道维护排水之需，又可利用渠道活水带动整个环状系统水流运动，促进河道水源流动通活，修复河道生态。

3)治理措施布局

农业面源污染治理措施布局见表 8-52。

表 8-52　农业面源污染治理措施布局表

序号	措施类型	治理类型	近期工程量	远期工程量	备注
1	源头治理	水肥高效利用综合调控技术/万亩	16.8	12.4	
2		虫害绿色防控/万亩	6.72	13.44	
3		农药减量控害增效/万亩	8.4	18.48	
4	过程及末端治理	"衬砌渠道—稻田—生态沟—河道湿地"节水控污系统建设面积/万亩		1.46	
5		"低压管道—稻田—生态沟—湿地—泵站"水循环利用建设面积/万亩		1.46	
6		河沟水流生态连通闸/座		51	闸口宽 2 m

4. 农业固体废弃物处置规划

1)治理思路

废弃物尽可能就近回收利用，减少运输成本，提高经济价值，对于本地无法消纳处置的废弃物通过建设处理设施进行集中处置。

2)治理模式

A. 秸秆处置

秸秆的处置以资源化利用为主，利用模式有：制备饲料、还田做有机肥料、制备生物材料和制备生物能源等利用。

a)秸秆资源化制备饲料

秸秆蛋白质含量约 5%，纤维素含量在 30%左右，还含有一定量的钙、磷等矿物质，1 t 普通秸秆的营养价值平均与 0.25 t 粮食的营养价值相当。利用人工添加乳酸菌或微生物在厌氧条件下对青绿秸秆进行发酵处理，可作为优良饲料在冬季等饲料紧缺季节使用，具有很好的发展潜力。

b) 秸秆还田和制备有机肥料

秸秆还田是利用秸秆提高土壤地力的一项传统农业技术，也是现阶段秸秆利用的最主要方式之一。在农作物收获后，使用秸秆粉碎机把联合收割机作业后的留茬和抛撒的秸秆粉碎，然后再用旋耕机将粉碎后的秸秆粉末翻入土中实现还田。

也可以通过发酵方式制备成有机肥料，对秸秆、粪便等进行碾压，然后配上发酵剂，按照一定的氮碳比，加上水后调整打堆，覆盖上薄膜，让秸秆自然发酵，经过 20 天到一个月的时间就可以制得有机肥料。可降低化学肥料的使用，降低成本，保护环境。

c) 以秸秆为原料制备氢气和甲烷

近年来，以秸秆等农作物为原料利用光合菌、藻类和发酵细菌的生物制氢技术引起了人们的广泛关注，其原理是利用生物自身的代谢作用将有机质或水转化为氢气，实现能源产出。另外，通过将秸秆与禽畜粪便等其他有机废物一起进行厌氧发酵制沼气也是很好的资源化利用途径，可供给家庭使用，化废为宝，减少燃煤等污染。我国于 20 世纪 70 年代开始推广沼气发酵技术，经过几十年的发展，我国的沼气发酵技术已经相当完善，全国已有超过 1300 万个户用沼气池，并建设了很多大型沼气发酵工程。

d) 以秸秆为原料制备生物能源

开发生物质能源可以在一定程度上缓解我国的能源危机，这将是秸秆资源化高端应用的重要发展方向之一。目前，用乙醇制取生物柴油工艺成熟，但乙醇生产过程中主要原料为淀粉(主要是玉米)和糖蜜，成本较高，且存在与人争粮、争地等问题，因此，开发以秸秆纤维素为原料制取燃料乙醇和生物石油的技术将在减少环境污染的同时，还可以缓解我国燃料供应紧张的问题。

另外，以秸秆为原料还可制备生态材料和生物能发电，可以替代使用木材和煤炭。对保护环境，缓解温室效应问题具有良好效应。

B. 农业固体废弃物处置

农业固体废弃物治理模式主要有：①建立秧盘和农药瓶子的有偿回收制度；②广泛设置田间垃圾桶，方便农民把农业活动中产生的固废物如秧盘、农药瓶子等丢弃在垃圾桶里，定期安排人来清理垃圾桶，把回收到的固废物进行统一处理。

3) 治理措施布局

(1) 大力推进农作物秸秆的机械化还田，这是秸秆综合利用最直接、最有效、最简捷的方式，可以提高土壤肥力，增产创收。规划水平年内完成灌区内 20% 以上的秸秆直接还田，灌区内 27 个乡、镇和场的相关政府机构应大力推广收割粉碎一体化新型农业机械的应用，加强对农民的科技培训，使其掌握秸秆粉碎还田技术，使秸秆还田为农民带来实实在在的收益，从而促进农民进行秸秆还田的积极性。

(2) 大力推进以秸秆为原料的沼气池建设和以秸秆为原料制备饲料、肥料；规划水平年内完成灌区内 30% 以上的秸秆用于制备沼气、饲料、肥料，灌区内在进行新农村建设时已在大力推广户用沼气设备，取得了较好的效果，在此基础上继续推广户用沼气设备。为减少成本和提高秸秆的利用率，应鼓励饲料厂和肥料厂等相关企业进行集中处理，为提高企业参与秸秆资源化的积极性，当地政府应给予相关的优惠政策，鼓励农民将秸秆送到饲料厂和肥料厂。

（3）发展低能耗、高产出和环境友好的高科技产业，目前秸秆的高端资源化利用主要集中在以秸秆为原料制备生物降解材料、生态材料、生物石油和氢气等领域，灌区内政府应大力培育 3～5 家新型企业，通过给予优惠政策和技术扶持，鼓励它们以秸秆为原料制造高附加值产品，打造出一批走出江西、走出国门的新型企业。

（4）灌区要建立对秧盘和农药瓶的有偿回收制度，相关政府机构牵头督促当地企业和商店有偿回收自己出售的这类农药包装物。国内浙江省平湖市的经验表明有偿回收制度极大地提高了农民回收秧盘、农药瓶子等农业固废物的积极性，有效减少了这些固废物胡乱丢弃的情况。此外，在田间设置农业固废物回收桶，按 30 亩地设置一个的标准，灌区内设置 1.12 万个农业固废物回收桶，并定时回收。

8.6.4　环境整治和改造提升

1. 目标和定位

切实改善灌区整体生态景观环境，提高居民生活环境质量，提升灌区景观风貌，打造潦河灌区"水清、岸绿、景美"的灌区风貌。

2. 存在主要问题分析

生态环境是农业发展的基础。根据现状调查结果，潦河灌区整体生态环境本底条件优越，但灌区骨干灌排工程及干渠沿线生态环境质量不高，部分河段存在较多的杂物、生活垃圾和违章建筑，水质污染问题突出，沿线滨水空间缺乏有效利用。同时，传统的工程设施的生态景观功能考虑不足，骨干工程建筑物建设品位不高，灌区内村庄节点、重点枢纽建筑物与景观节点联系度弱。总体而言，现状灌区内整体生态环境质量与生态灌区建设、水生态文明村镇建设、美丽乡村建设存在一定的差距。

3. 村庄环境整治工程

1）环境整治

针对灌区渠道淤积，污染严重、引排功能渐弱的现状，结合水生态文明村、镇建设，以"渠道疏浚、突击清障、环境整治、长效保洁"为核心内容，在灌区内通过示范带动、以点带面的方式，重点围绕灌区骨干工程开展村庄及建筑物周边环境整治工程。重点开展各级灌排沟渠的清淤，清除水面的杂物及水生植物；重点对干渠沿线迎水坡的房屋、圈厕、坟庙、摊点等临时或固定设施进行全面清拆；结合农村改厕运动，对直接向各级渠道直接排放生活污水排口采取闭口调向，集中处理。通过长效管理，使灌排系统呈现堤岸整洁、水面清洁、输水流畅的目标。

2）生态绿化

根据骨干灌排建筑物环境提升要求，结合各建筑物及干支渠周边环境现状。因地制宜利用渠道堤防及两侧水利用地进行景观绿化和造林，将堤岸绿化与带状廊道、楔形绿地、河道滨岸缓冲带、动态培育苗圃等建设有机结合，改善农田的小气候和城乡居民的生存环境与生活质量。绿化植物选择应符合植物生态习性和自然生态布局要求，各种植物配置合理，具有较强的生态功能和观赏性，保护、发掘、继承和发展有特色。

4. 亲水及安全防护设施建设

遵循"亲水不侵水"的理念，在生态建设规划设计中突出亲水工程设计，在河道经过村庄段通过设置缓坡缓冲带、水平弧坡、阶梯型护坡等为居民提供亲水平台。

为避免渠道工程造成的安全隐患，规划在渠道缓坡上种植了耐水植物和耐水树木，提高渠道高水位运行时居民落水时的自救能力，在存在安全隐患的渠(沟)段及建筑物周边设施安全警示或防护设施，同时在穿越村庄居民点的水源工程、骨干渠道两旁道设置金属网防护栏和警示标志，将行人和车辆与渠道隔离，以免发生意外事故。

5. 建筑物美化提升

1) 渠首建筑物

目前渠首工程侧重使用功能，在景观性和艺术性方面较为欠缺，缺乏艺术美感。渠首工程是灌区的重要景观节点，是灌区风貌的名片，对于整个灌区的景观美学价值塑造起到画龙点睛的重要作用。因此，需要对渠首建筑物进行美化提升。

目前解放闸坝、西潦北干闸坝、西潦南干闸坝尚未进行除险加固，将在后期方案设计中糅合美学概念进行重点打造，具体概念设计见工程规划相关内容。奉新南潦大坝、北潦大坝、洋河大坝、安义南潦大坝4座渠首目前已进行除险加固，规模均满足规划设计水平年取水要求，从经济性角度出发，规划基本维持现状，仅进行外立面美化改造和景观提升。

2) 渠系灌排建筑物美化提升

现代水利工程要求体现文化品位和景观功能，将安全、资源、环境和景观等功能融为一体。在潦河生态灌区灌排建筑物建设中，应坚持采用"艺术水利"的理念，在设计上建议采用系统化的视觉识别设计符号，使得水工建筑物在满足结构稳定功能安全的同时兼具艺术色彩。

田间建筑物主要包括：末级渠道进水洞首、田间进水洞首、末级渠道节制闸、节水型调控闸、排水沟洞首、隔水沟首、田间降排、田间生产桥、灌排溢流井、田间消能跌水等。针对田间建筑物具有面广量大的特点，在充分考虑集成兄弟灌区成功经验成果的基础上，在设计上突出精细化、标准化、装配化、工艺化。

6. 渠道生态补水工程

渠道基本生态环境需水量是维持渠道生态系统存在、水生生物的正常生长，满足部分的排盐、入渗补给、污染自净等方面的要求所需的最小水量，低于这一水量，渠道生态系统便会萎缩、退化甚至消失。对于干渠而言，维持干渠的基本生态环境功能不受破坏，就是要求年内各时段(灌溉期、非灌溉期)的渠道径流量都能维持在一定的水平上，不出现诸如断流等可能导致渠道生态环境功能破坏的现象。

参考《水电水利建设项目河道生态用水、低温水和过鱼设施环境影响评价技术指南》和《建设项目水资源论证导则》，采用水文学法中利用地表流进行分析的 Tennant 法，Tennant 法确定的河湖生态需水量是以河湖的年平均径流量百分率表示，以不同等级的河湖年平均径流量百分率作为基流表示河湖生态需水量的适宜程度。通过类比类似地区河流，潦河灌区干渠采取如表 8-53 所示基流类别。

表 8-53　Tennant 法对河湖生态基流的描述

河湖流量值定性描述	推荐的基流占平均流量/%	
	一般用水期(10 月至次年 3 月)	鱼类产卵育幼期(4～9 月)
最大	200	200
最佳范围	60～100	60～100
极好	40	60
非常好	30	50
好	20	40
中	10	30
差或最差	10	10
极差	0～10	0～10

依据表 8-53，干渠生态最低需水量在一般用水期(10 月至次年 3 月)取干渠设计引水量的 10%作为基流，适宜需水量在鱼类产卵育幼期(4～9 月)取干渠设计引水量的 30%作为基流。

根据各条干渠设计引水量计算出干渠进水闸处生态下泄流量，具体见表 8-54。

表 8-54　生态下泄流量表　　　　　　　　　　　(单位：m³/s)

河道	奉新南潦	安义南潦	洋河	解放	北潦	西潦南干	西潦北干
设计引水流量	8.2	5.2	1.5	4.6	6.6	1.1	3.6
最低生态下泄流量 (平均径流量 10%)	0.82	0.52	0.15	0.46	0.66	0.11	0.36
适宜生态下泄流量 (平均径流量 30%)	2.46	1.56	0.45	1.38	1.98	0.33	1.08

在非灌溉期时，通过控制干渠进水闸开启度调节进水流量，调节各泄水闸和节制闸开启度来控制上下游区段的水位，保证一定的流量和水位。

8.6.5　水生态文明建设规划

1. 水利风景区建设

1)目标与定位

灌区型水利风景区，是指以灌区内水域或水利工程为依托，通过对风景资源与环境条件的开发，形成的灌区型观光旅游或文化教育活动的景点和风景区域。灌区生态水利景观所展示出的水文化符号、记忆与水文化思想具有极高的价值。作为发展灌区水利文化的平台，其打造出的水文化形象与品牌，能够使人们在休闲娱乐、观光体验的过程中学到丰富的历史、科学和文化知识，加深对灌区水利文化的感悟，形成良好的水利形象认可，增加美的感受。

潦河灌区是江西省兴建最早的大型多坝自流引水灌区，灌区内的解放大坝建于清乾隆十六年，洋河大坝建于明成化十四年，具有深厚的历史沉淀，灌区贯穿的奉新、靖安、安义三县，均为自然风景宜人、历史底蕴深厚之地，沿线的山水林荫阡陌纵横、生态沟渠水塘农田交相辉映、古刹碑刻的文史沉淀令人浮想翩翩，其中 7 条干渠的渠首位置更为风光秀美，景色宜人，资源禀赋优越。

为充分展现潦河独特的灌区水利风景，规划依托潦河灌区的水利工程情况，结合灌区良好的自然风光、优越的农业生态环境和独特的地域资源，辅以建设必要的基础设施和服务设施，以水为核心，以实现人与自然的和谐相处为目标，通过骨干工程建设、生态灌区建设、基础设施建设培育生态、优化环境、保护资源，重点打造以自然观光、生态农业、民俗文化为特色的灌区型水利风景区，强化区位优势，唱响生态、环保、文化、水利的形象品牌，提高灌区以及周边村镇的知名度和影响力，提高灌区对周边的辐射力和吸引力。促进灌区以及周边地区社会效益、环境效益和经济效益的有机统一。

2) 资源现状及问题分析

A. 风景资源分析

岸地、岛屿、林草、建筑等与水利水体相关联的对人产生吸引力的自然景观、人文景观等均是水利风景资源。自然资源和人文资源相互依存、相互融合，形成具有地域特色的整体景观是水利风景区的生命所在，也是其核心吸引力。

a) 自然资源

潦河灌区自然资源景观丰富。拥有日月星光、红霞蜃景、云雾冰霜、山岳洞府、地质珍迹等自然资源；拥有江河奔流、溪水潺潺、瀑布跌水等水文景观；拥有山水间毛竹婆娑、梯田绵延如带、广阔的森林里衍生栖息着丰富的野生动植物生物景观。独特的区位特征造就了此处各具风韵的四时之景。

b) 人文资源

潦河灌区所含奉新、靖安、安义三县，皆有丰富的历史文化遗存，人文景观底蕴深厚。奉新县境内有被誉为"世外桃源、别有洞天、中国一流、世界闻名"的禅宗祖庭百丈寺、华林书院及早期人类的生活遗址；靖安则是唐代著名诗人刘眘虚、宋代状元刘起龙等历史文化名人之乡；安义更是联合国地名专家组评定的"千年古县"、中华诗词之乡，还有赣文化和赣商文化完美结合的千年安义古村群，是中国历史文化名村、江西十大乡村美景名片。

c) 工程资源

潦河灌区水利工程景观资源以闸坝工程、干渠渠系、泄洪闸、进水闸等各类工程建筑物为主体，这些水利工程建筑巨大的体型、空间组合和综合功能是人类改造自然、驯服水害能力的展示，具有无可比拟的工程技术人文价值，把这些治水文化、工程文化和当地特色文化深度挖掘、巧妙组合，必然将展示给游客一种别样的感受。

B. 问题分析

a) 缺乏对优质资源的系统梳理和保护

水利风景区的核心要素是"水"，亲水性是灌区水利风景区的特色和亮点，现状潦河灌区各渠首自然风光优美，水质优良，具有历史悠久的水利工程设施。但是，由于缺乏系统规划，目前灌区优质资源并没有得到系统的梳理和保护开发。

b) 水利设施缺乏特色营造

受传统水利工程建设理念影响，目前灌区已有的堤、坝、库、渠等水利工程建设仅注重满足基本的功能需求，在展示水利工程宏伟的工程文化外对于其历史文化和生态景观功能的考虑较为欠缺，对于工程周边的优质资源缺乏挖掘和营造，对现有资源造成了浪费。

3) 总体布局构想

灌区规划范围内风光旖旎，自然生态环境优越，在"以人为本"的设计宗旨和尊重历史、尊重人类、维系生态的前提下，规划潦河灌区水利风景区以"水文化、水生态、水管理"和谐交融为切入点，使水利工程、生态农业和自然环境有机结合、和谐共生。结合灌区水利工程的分布情况及对各种优势资源的整合，以 7 个渠首为核心景观节点，沿渠系水系逐步开发灌区生态旅游资源、保护生态环境，形成一条穿引串联灌区各重要水利景观节点的绿色走廊，构成"七珠戏带"的水利风景格局，打造集水利、生态、自然、人文等景观为一体的现代化生态水利风景区。规划水利风景区总体布局构想见图 8-9。

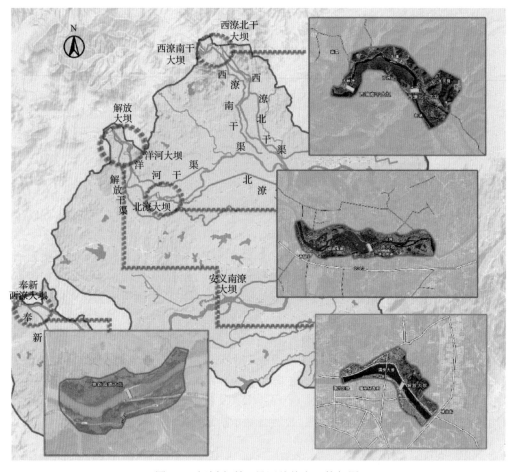

图 8-9 规划水利风景区总体布局构想图

4) 主要景观节点规划

现阶段，规划初步确定围绕灌区渠首的优质自然生态和历史文化资源重点打造西潦干渠渠首风景区、北潦渠首风景区、解放大坝风景区和奉新南潦渠首风景区共 4 个核心景观节点。

A. 西潦干渠渠首风景区

a) 规划区位

规划西潦干渠渠首风景区位于靖安县仁首镇，规划面积约 1.5 km²，规划范围主要为西潦南干大坝和西潦北干大坝之间的北潦河及两侧区域。

b) 景观资源现状梳理

规划区域上游为西潦南干拦河坝，下游为西潦北干拦河坝，中间为北河河道主水面，两侧为层层叠叠的山峦，山水环绕、环境清幽静谧，现状自然资源丰富，人文淳朴，是整个灌区内不可多得的风景优美、山水俱佳的区域。渠首辐射范围内有已建成的北河园紫薇观赏游览区、靖安武侠生态园林有限公司等。

从自然资源来看，靖安县仁首镇境内有三爪仑国家森林公园，区内山林缓坡以及自然风光均保持原真状态，整体生态良好，河道水域自然，水质清澈。青山碧水、空气清新、风景秀美是本区最突出的环境特色。从人文资源来看，此区域不仅保留了大量古村风貌，还留存有商周时期古城址，历史遗存颇丰。从工程资源来看，北干拦河坝和南干拦河坝均建于 1952 年，历史悠久。同时拦河坝是江西省唯一的自流引水灌区的取水头部，在灌区历史发展中有重要的地位。

c) 规划定位和功能

根据本区区位特点，规划重点围绕现状依山傍水、空气清新的区位优势，对周边旅游景观资源进行系统规划和梳理，将民俗新村、古村风貌、桔园观光、生态农业和水利拦河坝有机结合，发展以"生态观光、民俗体验"为特色的西潦干渠渠首风景区。

突出风景资源和灌区渠首文化特色，以修复修缮为主，以改造新建为辅，重点规划建设灌区引水输水工程景观、灌区田间生态水利景观、灌区农村生活休闲景观、灌区风景名胜与文化等多功能景观节点，重点配套建设基础保障设施，重点打造亲近自然、踏青郊游、适合四季游玩的休闲观光好去处。

B. 北潦渠首风景区

a) 规划区位

规划北潦渠首风景区位于奉新县干洲镇香田乡，规划面积约 1.5 km²，规划范围主要为北潦拦河坝上下游各 1.5 km 区段及两侧区域。

b) 景观资源现状梳理

规划区域绿化基础好，地势较开阔。现状景观资源以湿地资源为主，北潦拦河坝位于区域中间，区域河道水面开阔，上下游均分布有大量的浅滩汊洲湿地斑块，上游还分布有小岛。北潦河两侧陆域植被资源丰富，植被覆盖率较高，具有较好的开发价值。

从自然资源来看，区内湿地资源丰富，汊洲湿地、浅滩湿地等湿地类型多样，面积分布较多，整体生态环境良好，生物多样性高。河道水面开阔，水面中央分布有岛屿。从人文资源来看，干洲镇是中国著名的"书画之乡"、"文化之乡"，最具特色的属干洲奇石，干洲镇出产的潦河石最为密集，最为奇特，成就了干洲的文化艺术氛围，也成就了干洲农民画艺术特色。从工程资源来看，区内主要有北潦拦河闸坝、北潦干渠及干渠进水闸，作为灌区自流引水的取水头部，具有重要的地位。

c) 规划定位和功能

根据区位特点确定本区以河流湿地为核心资源，充分融合该区域的奇石书画文化，构建湿地文化公园，重点以湿地观光、奇石科普、农耕文化体验为主题打造"北河湿地，文化奇旅"的北潦渠首风景区。

规划重点发挥现状湿地分布众多的区位优势，遵循生态优先的原则，生态环境保育为目的，将奇石、农画作为文化核心，打造"水系廊道-岛屿斑块"有机结合的湿地景观，通过水系景观廊道、绿色基质构建及景观设施的建设，创建具有泄洪过流、生态补水、湿地资源恢复和保护、科教展示、环境教育、湿地体验、旅游休闲等多重功能的湿地公园，作为灌区整体生态环境及艺术特色的展示窗口。

C. 解放大坝风景区

a) 规划区位

规划解放大坝风景区位于靖安县双溪镇，规划靖安城区范围，面积约 2 km²，规划范围主要为解放大坝上下游各 1 km 区段及两侧区域。

b) 景观资源现状梳理

规划区域位于靖安县规划城区范围，绿化基础好，地势较开阔。解放大坝位于区域中间，区域河道水面开阔，上下游均为开阔水面，水面两侧陆域植被资源丰富，植被覆盖率较高，具有较好的开发价值。

从自然资源来看，区内湿地较为资源丰富，整体生态环境良好，生物多样性高。河道水面开阔，水面中央分布岛屿众多。从人文资源来看，双溪镇自五代南唐靖安建县以来一直为县城所在地，保留了许多历史古朴的城市风貌。从工程资源看，区内主要有解放大坝、解放干渠及干渠进水闸。其中，解放大坝始建于清乾隆十六年，1951 年改建，对灌区的农业灌溉、防洪除涝等作出过重要的贡献。

c) 规划定位和功能

该区域水面宽阔，水体景观与工程景观特色突出，规划本区以解放大坝为核心资源，结合赣派古城建筑风貌特色对解放大坝进行修缮，以修旧如旧为原则，在充分体现建筑民俗特色的同时使之成为科普宣教、文化展示的集中场所，以科普宣教为主题打造"灌区水利文化展览"的景观。

考虑解放大坝位于靖安县城的区位特点和历史特点，规划本区通过新旧解放大坝为核心资源，在原坝址按照修旧如旧的原则部分保留原有结构，保留大坝的历史记忆，在新坝址通过建设具有生态景观功能的护镜门闸坝打造城市景观新节点；在新老坝址两岸建设水利文化展廊，新、老坝址之间河道规划打造为原始、生态的健康河流。通过系统收集整理，将见证灌区水利发展的文字、图片、音频、视频、实物、模型等物件进行集中整理形成记忆的画卷，通过缓缓流淌的水迹讲述灌区水利的历史、文化、治理、利用等方面的发展和演变。通过新老坝址的衔接将地域人文历史与工程景观融为一体，实现在原址回忆、在新址穿越的灌区水利文化展览馆的建设目标，满足科普宣教、休闲旅游的功能需求。

D. 奉新南潦渠首风景区

a) 规划区位

规划奉新南潦渠首风景区位于奉新县会埠乡故县苹果山，规划面积约 2 km²，规划范围主要为奉新南潦大坝及两侧区域。

b) 景观资源现状梳理

规划区域景观资源较为丰富，绿化基础好，地势较开阔。现状景观资源以自然景观和人文资源为主，区域河道水面开阔，上下游均为开阔水面，水面两侧陆域植被资源丰富，植被覆盖率较高，具有较好的开发价值。

从自然资源来看，河道水质优良，水体形态多样，湿地资源丰富，山区自然风光优美，山林植被以毛竹为主，整体生态环境良好，生物多样性高。从人文资源来看，奉新县有大量早期人类古遗迹的留存，书院文化的发祥地，自古养育了众多文化名人，古文化赋予了奉新许多美丽的传说。规划区内禅宗文化源远流长，有百丈寺、八大山人故居等禅寺景点。从工程资源来看，区内有奉新南潦大坝进水闸、拦河大坝等水利工程措施。

c) 规划定位和功能

根据该区域资源特征，在打造河流湿地自然风光的基础上，以竹林及禅宗文化为特点，重塑大坝景观，充分利用竹林资源，打造竹制建筑、开发竹筏漂流、手工竹编等竹文化相关的观光、休闲、科教、互动等特色游览项目，充分展现"竹林禅韵、休闲乐游"之景。

规划重点围绕现状依山傍水、空气清新的区位优势，对大坝建筑及周边环境进行重塑，以生态性和景观性为原则，柔化水利工程，使之在功能上、形式上都更好地与周边环境融合。突出风景资源和灌区渠首文化特色，重点规划建设灌区引水输水工程景观、灌区田间生态水利景观、灌区农村生活休闲景观、灌区风景名胜与文化等多功能景观节点；突出竹文化及禅宗文化在灌区景观细部的渗透，重点建设完善配套基础设施，使之成为园林城市喧嚣、归隐山林、净化心灵的旅游胜和亲近自然、踏青郊游、适合四季游玩的郊野休闲观光好去处。

2. 水生态文明村建设

1) 建设思路

水生态文明是生态文明的重要组成和基础保障。为落实水利部水生态文明建设总体部署，江西省在推进国家水生态文明城市建设试点的同时，开展县(市、区)、乡(镇)、村水生态文明建设试点、创建工作，构建市、县、乡、村四级联动、统筹协调的建设工作格局。根据江西省水生态文明建设要求和生态灌区建设内容，规划以推动灌区内的水生态文明村自主创建和试点建设为抓手，通过以点带面，探索适合灌区特点的水生态文明建设模式，推进潦河灌区水生态文明建设。

根据现状灌区实际情况，结合灌区水利风景区建设需求，规划重点针对在水生态方面具有一定特色、已开展新农村建设的灌区干渠渠首及干渠沿线村庄进行水生态自主创建和试点建设。近期考虑示范引领，重点针对西潦南干和北干渠首、解放大坝、北潦渠首和奉新南潦渠首等规划水利风景区重要节点选择 4 个村庄进行试点建设，远期在洋河大坝、安义南潦及干渠沿线全面推进水生态文明村自主创建，见表8-55。

表 8-55 水生态文明村创建规划

干渠名称	近期		远期	
	数量/个	位置	数量/个	位置
奉新南潦渠	1	渠首	3	干渠沿线
安义南潦渠			3	渠首 1 个，干渠沿线 2 个
北潦干渠	1	渠首	2	干渠沿线
解放干渠	1	渠首	1	干渠沿线
洋河干渠			2	渠首 1 个，干渠沿线 1 个
西潦北干渠			2	渠首 1 个，干渠沿线 1 个
西潦南干渠	1	渠首	2	干渠沿线
合计	4		15	

2) 建设内容和要求

按照《江西省水利厅推进水生态文明建设工作方案》要求和《江西省水生态文明村评价细则》，水生态文明村建设以小流域为依托，以自然村为单元，实行村庄清洁、水资源和水生态环境的综合管理和建设。主要建设内容和要求如下：

A. 水安全保障措施

开展防洪减灾工程措施和山洪预警及应急预案建设，确保村庄防洪标准不低于其所处江河流域的防洪标准；水源保护应符合依据国家及地方水源保护条例采取措施保护取水水源，确保水源水质、坑塘养殖水质；严控水库坑塘规模养殖，达到生态养殖要求。

B. 村庄清洁措施

以农村实际为出发点，重点开展村庄路网连通建设；因地制宜开展村庄绿化，保护古树名木。依据减量化、资源化、无害化的原则开展生活垃圾定点存放和无害化处理，普及卫生厕所使用和村庄排水设施管沟化。

C. 水资源管理

积极采取工程措施提高农村生产生活用水保障程度，提高自来水普及率和灌溉保证率，推广喷灌、微灌、低压管道灌溉与防渗渠道等高效节水灌溉措施，提高节水灌溉面积。

D. 水生态环境建设

积极开展村庄门塘整治和水系连通工程，提高生态需水满足程度；采取必要的生活、养殖和农业面源污染治理措施，改善村庄水系水质，保证水生态系统良性运行、服务功能及价值不受损失。

E. 水景观与水文化建设

按照人水和谐的里面开展农村水景观、水文化建设，确保水域周边的风景、风貌和特色达到审美观赏要求，体现水文化特色，并与水工程相通，与蓄、排、灌系统相匹配，改善农村人居环境。

F. 社会公众参与

按照政府引导、全社会共同参与的方式对农村涉水事务进行管理。通过法律法规、政策、村规民约及技术措施保护农村水资源和水环境，持续满足生产生活和改善环境对水的需求。

8.7　系统监控与信息化建设规划

8.7.1　灌区信息化建设需求分析

1. 信息化建设现状

潦河管理局历年来高度重视灌区信息化的建设工作。2014 年划归江西省水利厅直管后，潦河管理局针对灌区信息化现状，组织编制了《潦河工程管理局信息化建设规划及近期实施方案》(南昌江河信息技术有限公司，2014 年 10 月)。主要的基础硬件设施建设、应用系统建设内容如下：

(1)基础硬件设施建设。分别建设安义南潦进口段、永红节制闸、奉新南潦南庄段等流量测点和水位测点，49 处测报点有 7 处实现自动测报；在安义南潦泄洪闸、冲砂闸、安潦电站厂房、管理局大楼等区域设 21 个视频点，在南潦冲砂闸、泄洪闸、安潦进水闸、北潦节制闸等位置设 11 孔闸控；完成局机关信息中心建设，安义南潦分中心建设，建设下属三个工作站(北潦站、奉新南潦站、西潦站)，共设机房 1 处，服务器 2 台，防火墙 1 台，路由器及交换机 11 台。

(2)应用系统建设。基于现有设施，开发了灌区基础数据库系统，部署在管理局信息中心的数据库服务器中；开发完成了灌区工情 GIS 管理系统、水情实时监控系统、水情短信预警发布平台、公众信息服务系统、灌区量测水信息管理系统等，见图 8-10 和图 8-11；开发建设了江西省潦河工程管理局网站。

图 8-10　潦河灌区信息管理平台界面

图 8-11　辽河灌区水情实时监控系统

2. 管护运行现状

1) 管护运行体制

A. 人员机构

目前灌区管理局无信息化专管机构及专职人员,灌区信息化建设与运行管理相关工作均由管理局工程管理科与灌溉科兼管,并设兼职人员 2 人。

B. 管理制度

为了使灌区信息化系统能正常运行,目前已经相应逐步建立了信息化建设管理规章制度,如《灌区信息化管理技术人员工作职责》《机房管理制度》《计算机及网络设备管理制度》《数据资料和信息的安全管理制度》《网络安全管理制度》《水情报送制度》等。

C. 管理经费

目前工程运行维护所需经费主要来自管理单位自有资金,但灌区经济薄弱,在这一专项上没有足够的资金投入,年均经费仅能列支 3.5 万元,信息化的正常运行与管理经费得不到有力的保障。

2) 硬件设施运行情况

A. 信息采集与系统监控设施

21 个视频监控点中,安澜电站厂内 1 处视频点及其泄洪闸下 1 处视频点运行不正常,北澜永红电站上下游 2 处视频点运行不正常,其余能正常运行;7 处自动水情采集系统均无法正常工作,现完全依靠管水人员通过水情测报软件进行人工报送;11 孔闸控中仅有北澜节制闸及安义南澜冲沙闸 4 孔闸控运行正常,安义南澜 5 孔泄洪闸闸控及安义南澜进水闸 2 孔闸控远程控制无法正常运行。

B. 通信及中心设施

办公网络传输连接方面基本正常,但管理局与下级管理站通过 ADSL+VPN 链路访问信息中心，效率低下，网络状况不稳定，容易出现故障，无法实现高效使用中心数据业务系统。

3) 软件运行情况

现有软件系统能得到及时升级及日常的运行技术支持，目前各方面运行正常。如：通过水情软件可以查询、统计、分析所得的实时和历史水情信息，并能通过短信平台自定定时发送方案，管理局各二级管理站近两年来用该软件按有关制度进行 2 次/日的水位上报；通过查询灌区工情 GIS 管理系统可以及时了解灌区工程信息；通过大蚂蚁系统进行无纸化办公等。

3. 主要存在问题

潦河灌区信息化建设工作，总体上仍处于起步阶段，信息化建设水平基础仍较薄弱，在当前日新月异的信息时代，与所规划的功能定位还有较大差距。主要问题表现在信息采集体系不完整、信息开发利用程度不高、覆盖业务范围不全、应用系统的智能化程度不高、决策支持能力不足、环境保障体系不健全等方面。

1) 信息采集范围小，监控信息面窄

目前潦河灌区的信息采集和系统监控仅限于水情、视频监视和闸门控制方面，且也仅在个别点位上布设了自动化系统，其他的观测项目如气象、水质、墒情等则完成没有自动化监控。靠如此薄弱的信息采集和监控系统无法对灌区基本管理信息进行覆盖，从灌区实现现代化管理需求上还有较大差距。需要扩大信息采集的种类、空间、时间的覆盖范围，为大型灌区的生态化、现代化管理提供相匹配信息支撑。

2) 信息开发利用程度低，应用系统覆盖面窄

由于信息采集和监控等基础设施建设相对落后，潦河灌区对信息的利用程度较低，所开发的应用系统覆盖面也较窄。现状灌区在用信息系统的功能主要在信息管理系统的水平上，仅能提供简单的信息查询或发布功能，智能化程度不高，决策支持能力不足，远不能满足管理部门对灌区内供水、防洪、环境和生态调度、日常管理和应急决策的一些需求。

3) 环境保障体系不健全，重建轻管问题突出

目前潦河灌区缺乏健全的信息管理的环境保障体系，在信息管理过程中出现了一系列问题，突出表现为专业机构和技术人员匮乏、运行维护费用无处落实、软硬件兼容、信息共享难度较大等方面。即使今后规划建设了一批高标准的系统监控及信息化管理系统，但职能部门、管理制度、专业岗位、运维资金等条件跟不上，将会造成系统的使用、管理、维护难度加大，反而加重了灌区管理人员的负担。

4. 信息化建设的必要性

1) 保障灌区安全运行的需要

安全生产是灌区管理的第一要务。潦河灌区水资源时空分配不均，存在洪旱灾害隐

患。由于建设历程久远，潦河灌区渠系配套工程建设时期由于受当时技术、经济等条件限制，建设标准、工程质量参差不齐，历年以来，已经发生过多次构筑物损毁、农田被淹的事故，人民财产和生命安全受到威胁。开展系统监控和信息化建设，就能及时把握灌区雨情、水情、工情、农情等信息，提供科学合理的防汛抗旱决策，为灌区安全运行和农业生产保驾护航。

2）灌区生态发展建设的需要

本次规划提出将潦河灌区打造成为现代化的生态灌区，需要从管理和措施层面转变观念和思路，这对传统的灌区信息化建设提出了更高与更新的要求。生态灌区是生态上自我维持、经济上良性循环的"人-社会-自然"复合系统，是传统灌区在基于人工生态系统的基础上，利用先进生产力对灌区进行保护、修复和改造，最终构建成生态与经济良性循环的节水防污型灌区。然而，生态系统是一个要素多元、成分复杂的系统，在打造潦河生态灌区过程中，只有通过信息化建设，才能为灌区管理者收集更为丰富的水资源调配信息、灌排水质信息、灌区生物资源信息等，时刻把握灌区生态系统的物质循环、能量流动和信息传递的动态与特点，才能有的放矢的采用科学的工程和管理手段，实现灌区的生态化管理。

3）灌溉现代化发展的需要

党的十八大提出了"四化同步"的战略部署，明确了到 2020 年农业现代化取得显著成效的战略要求。而灌溉是农业生产不可或缺的基础条件，灌溉现代化是农业现代化的重要组成部分。《全国现代灌溉发展规划》明确提出了"十三五期间，全面完成大型灌区信息化建设任务"、"建立灌区监测系统、信息处理系统和信息管理系统"的要求，潦河灌区作为全国大型灌区，在实现灌溉现代化发展的过程中，需要以信息化作为科技支撑与管理手段。

4）促进灌区经济可持续发展的需要

近年以来，灌区开展了多次修缮与续建工程，对老化渠系、田间配套工程进行了改善，水利用率得到一定提高。但总体上看，潦河灌区由于信息资源的开发利用程度较低，大多数情况下的水量调配以经验判断为主，难免造成灌区水资源的浪费。此外现状由于量测水设施的缺失，水费无法实现按方收取，造成国家投入为主所建的水利工程却没有产生相应的经济效益，灌区正常运行难以维续。通过信息化建设的系列措施，将从灌区水资源的优化配置利用、水费精准收取等方面有效推动灌区经济的可持续发展。

5. 信息化建设需求

潦河工程管理局是潦河灌区的水行政主管部门，负责潦河灌区水利工程安全生产、水量调度、水费征收、工程运维等工作。信息化建设的目的是实现管理的现代化，必须与潦河工程管理局业务职能相匹配，从管理需求实际为着手点开展信息化建设。结合本次生态灌区规划定位、现代化灌溉理念以及潦河工程管理局现实问题，提出以下信息化建设需求：

- 多元化的信息采集与便捷的运行调度；

- 稳定的网络传输与安全的数据管理;
- 现代化的业务应用与先进的技术手段。

8.7.2　规划思路、原则和目标

1. 规划思路

系统监控与信息化建设应做到以灌区现状条件为规划基础,以实际需求为目标导向,以内外关系为约束条件,以体系建设为手段内容。利用物联网等先进的信息化技术、"互联网+"的架构理念,实现灌区各类信息的准确感知与智能化管理决策,同时完善灌区信息化建设与运行管理保障环境体系,从而提高灌区管理水平、促进灌区技术优化升级和提高用水效率,为灌区安全生产、水资源优化配置、生态环境保护等方面提供决策支持,促进灌区管理向数字化、信息化、现代化、自动化和智能化等方向发展,引领未来生态灌区信息化发展的潮流。

具体而言:潦河灌区信息化建设与系统监控规划应立足灌区信息化现状,需要结合两类需求、理顺四个关系、建设三项体系,形成"3+1"的信息化建设格局。

(1)结合两类需求:①灌区传统业务和事务管理需求,信息化建设需要切实符合灌区管理需要,为灌区水资源配置、防汛抗旱、水费征收等工作提供可靠的信息源和决策支撑;②生态建设发展规划对灌区管理提出的新需求,突出潦河灌区在生态保护、低碳节能、节水增效上的新理念。

(2)理顺四个关系:①灌区内部管理架构之间的关系。潦河工程管理局是以灌溉区域为单位进行划片管理,下设管理站和管理段,负责各辖区防洪调度、水源调配,需建设与管理架构相匹配的信息化层次结构;②灌区各项管理工作业务之间的关系。搭建系统总体架构,结合管理工作的轻重缓急,分阶段稳步推进,逐步发挥效益,避免贪大求全,为今后的运行维护增加难度;③与本次生态灌区规划其他专题之间的关系。实现信息化建设与生态灌区水土资源、工程规划、生态建设、综合管理的无缝对接;④与全国水利信息化资源整合与共享平台之间的关系。做到统分结合,各有侧重,避免重复浪费,实现信息化资源的高度整合。

(3)建设三个体系:基础设施体系、业务应用体系和环境保障体系是信息化建设的三大要素,三者密不可分、缺一不可。

(4)"3+1"的信息化建设格局:全灌区内基础设施体系、业务应用体系和环境保障体系的建设,加上智慧灌区物联网示范工程建设。

2. 规划原则

1)切合实际,因地制宜

合理的规划关系到灌区信息化建设的成败。一方面,潦河灌区因其所处地理环境、引水方式和承担的任务等的不同,其业务内容、管理模式也不尽相同;另一方面,本次信息化建设作为生态灌区规划的一项主要内容,其赋予的内涵也与以往的灌区信息化建设有所区别。因此,本次规划应针对潦河灌区自身特点和需求,科学合理地确定灌区信

息化建设的目标任务和总体布局，做好顶层规划设计。

2)先进实用，经济合理

成熟可靠的信息技术和经济合理的建设运行是保证信息化建设成果的实用性的前提。在编制规划时，需要统筹灌区生产实际需求、资金投入能力、运行管理和维护费用及技术先进性等因素，力求信息化建设方案的先进可靠、经济合理。

3)落实保障，建管并重

为避免灌区信息化项目建设成后，在运行与管理上与灌区的实际工作的脱节，充分发挥应有的作用，在规划编制中，不仅需要对基础建设进行安排，同时也要注重环保保障体系的规划，落实与信息化建设相匹配的组织、制度、资金、人才等保障措施。

4)整体结合，突出生态

本次监控系统和信息化建设规划作为潦河生态灌区规划的一项重要的组成部分，需要体现生态灌区运行管理的特点，与本规划其他专题的规划成果相结合，在传统灌区水利信息化建设工作的基础上，从污染防治、资源节约、生态保护的需求角度，将监控系统和信息化建设工作融入其中。

5)近远结合，分期实施

在开展本次规划时，既要考虑到目前的信息技术水平与重点建设需求，也要对未来信息技术的发展和更高的建设要求有所预见，使规划建设工作能适应灌区的生态化发展。

3. 规划目标

1)总体目标

围绕生态灌区建设规划的目标，以水安全保障、水资源配置、水环境治理、水生态保护为重点，坚持统筹规划、协调有序推进、统一技术架构，强化资源整合、促进信息共享，完善体制机制、保障良性发展，在灌区范围内建成完善的信息基础设施体系、功能完备的业务应用体系、统一规范的技术标准和安全可靠的保障体系，全面提升信息技术对日常工作及应急处理的支撑与服务能力，为满足生态灌区水利工作的总体要求提供相适应的信息化支撑。使灌区在信息数字化、控制自动化、决策智能化上成为江西第一、全国领先的大型生态灌区信息化建设的示范。

2)阶段目标

近期(2020年)规划目标为：①基于潦河灌区现有信息化基础，结合本次生态灌区规划其他专题的近期规划成果，构建灌区统一的信息化建设框架；②完善信息化基础设施和应用系统，根据需求新增和完善信息采集、传输网络、数据平台和应用平台建设，初步建立支撑灌区主要业务管理的决策支持系统，提高灌区管理水平；③初步建立信息化保障体系；④在灌区基础条件好的区域打造基于物联网技术的"智慧灌区"示范点，提高智能化管理程度。

中期目标(2025年)：①结合生态灌区其他专题的中、远期规划成果，健全灌区的信息化建设框架；②在前期信息化建设基础上，进一步完善信息化基础设施和应用系统，对各类管理业务形成科学、优化的决策机制和流程；③健全信息化保障体系；④加大物联网技术在灌区运用的范围，进一步提高灌区智能化管理程度。

远期目标(2030 年)：全面实现全灌区范围内信息服务从模式化向智能化的转变，以信息现代化保障灌区全面现代化的实现。

8.7.3　系统监控和信息化建设总体布局

在充分了解潦河灌区信息化现状、明确建设目标和需求的基础上，对灌区信息化建设的各项要素进行新增或完善，按照基础设施体系、业务应用体系、环境保障体系，以及智慧灌区示范工程对本次规划进行总体布局。

1. 基础设施体系

基础设施体系是灌区业务应用的支撑平台，是实现灌区信息资源共享与利用的基础。该体系主要可分为：信息采集和系统监控层、信息传输与通信网络层、信息资源与管理平台层(数据库)等内容。

1) 信息采集和系统监控层

由信息采集系统和工程监控系统组成，是灌区信息的获取端和管理决策的执行端，是灌区信息化建设重要的基础设施。

信息采集系统主要是通过对灌区各类信息进行自动化采集，用以支撑灌区各项管理业务。本次规划拟对潦河灌区灌排体系、灌溉区域等基础资料的分析，结合灌区管理需求，选择、布局各类信息的监测站位，提出其布设点位、数量及功能要求，以较小的监测工作量最大化地反映灌区各监测信息的真实情况，为管理部门的科学调度决策提供可靠信息源。具体而言，需对灌区现有的水情、工情测报系统进行完善，并新增雨情气象、农情、墒情、水质、生态信息的采集系统。

监控系统的主要对象为闸控和视频监视，以实现灌区管理的自动化与远程调度。本次规划需要理清潦河灌区范围内的各类配水闸门的分布情况和重点关注点位，提出完善的闸控系统和视频监视方案。

2) 信息传输与通信网络层

包括信息传输系统、计算机网络两个部分，为各类信息或决策指令提供高速可靠的传输、交换通道。潦河灌区已于 2015 年升级更新了信息传输与通信网络硬件，实现了互联网、水利信息网和政务网"三网合一"，本次规划主要提出与信息采集系统性能相匹配的优化方案。

3) 信息管理与应用平台层(数据资源子层)

是基础设施体系和业务应用体系的过渡层，具体来说可以分为信息管理与应用平台两个部分。其中，信息管理子层是整个灌区信息化业务应用系统建设的基础，解决的问题是数据储存与管理问题。就本次规划而言，其主要工作是在潦河灌区现有信息中心架构和数据库基础上进行完善。

2. 业务应用体系

1）信息管理与应用平台层（应用平台子层）

应用平台子层提供统一的技术架构和运行环境，为各类灌区业务应用系统建设提供通用服务，为信息查询发布提供服务平台，主要由各类支撑软件组成。现状漳河灌区已初步建立了漳河灌区 LIS 信息管理平台，并开发了水情短信预警发布平台、公众信息服务系统、管理局网站等。本次规划拟在上述工作基础上进行应用平台、灌区信息发布和共享平台的完善。

2）业务应用层

业务应用层主要包括面向灌区管理人员的各类日常业务管理系统和面向各类决策问题的决策支持系统两个方面，各项应用系统开发必须对灌区管理业务进行详细的需求分析提出。就本次规划而言，日常业务管理系统建设主要任务为：完善灌区工情巡查 GIS 系统、测量水信息管理系统，新增灌区工程建设与运行管理系统、灌区水费征收管理系统等；决策支持系统主要为：防汛抗旱指挥系统、配水调度决策支持系统等。

3. 环境保障体系

由标准规范体系、安全保障体系和管理保障体系三方面组成。标准规范体系是实现各类应用协同和信息共享、节省成本和提高效率、保障具备系统不断扩充和持续改进能力的基础，包括行政规章、规范性文件、技术标准和技术指导文件以及其他技术文件等；安全保障体系是保障系统安全应用的基础，包括物理安全、网络安全、信息安全及安全管理等；管理保障体系是为信息化建设与管理提供机构、人员、资金、技术、制度等方面的保障。

4. 物联网智慧灌区示范工程

从深化漳河灌区信息化管理需求出发，以物联网技术为支撑，选取漳河灌区地理位置、基础设施条件较好的区域开展物联网智慧灌区示范工程建设。综合智能感知、仿真、诊断、预警、调度、处置及控制等关键技术，构建"测、传、决、控、述"为一体的智能系统，为未来漳河灌区信息化建设方向提供示范。

漳河灌区系统监控和信息化建设规划的总体布局如图 8-12 所示。

8.7.4　基础设施体系规划

1. 信息采集系统

为支撑漳河灌区各项管理业务需求，信息采集系统规划建设内容主要分为水情、雨情气象、墒情、水质、农情、工情、生态、基础数据八个部分，见表 8-56。其中前 4 者为实时数据，更新频率较高，采用以自动测报为主、人工监测为辅的方式进行信息采集；后 4 者更新频率较低，需要人为分析判断，采用定期人工测报方式进行，同步数字化后定期上传更新。

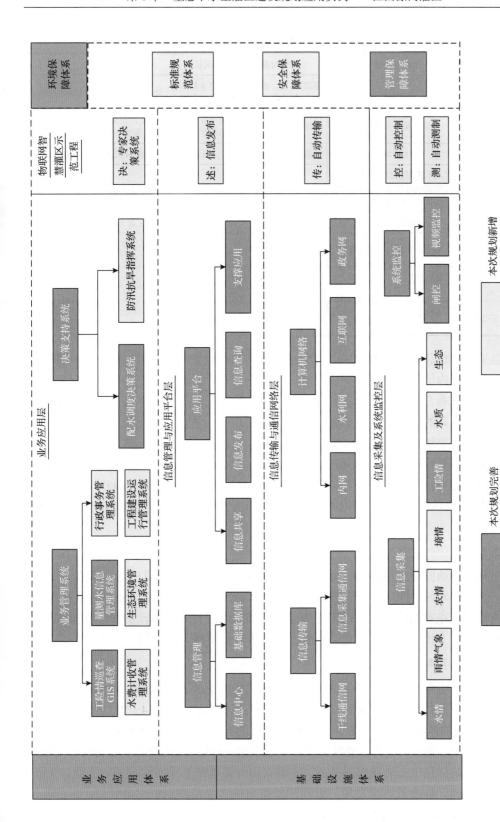

图 8-12　规划总体布局图

表 8-56　信息采集系统规划

序号	监测内容	监测指标	服务对象	现状	本次规划
1	水情	水位、流速、流量	防洪抗旱、水量调配、生态	已建 7 处,现均已损毁	修复、新增 316 处水情监测站
2	雨情气象	降水量、蒸发量等	防洪抗旱、水量调配	引用江西省水利厅数据	与靖安、安义、奉新气象局共享信息,新增 24 处农田气象遥测站
3	墒情	土壤墒情	防洪抗旱、水量调配	无	新增 24 处土壤墒情遥测站
4	水质	灌溉水质根据《农田灌溉水质标准》选取;排水水质根据《地表水环境质量标准》选取	环境、生态	无	新增 60 处水质监测点
5	农情	种植结构等	供水	无	设置 33 处农情巡测点
6	工情	工程安全状况、运行状况	工程管理	已有一定基础	结合现有体系,设置工险情巡测线路 31 条
7	生态	动植物资源、生物多样性、土壤环境等	生态、供水	无	设立 4 处生态监测站
8	基础数据	用水户信息、管理信息、工程建设信息、空间数据等	供水、政务	未系统收集整理	开展基础数据的收集整理与数字化工作,并定期更新

信息采集系统总体上要满足以下要求:①各类站点设置应能够尽可能全面、真实、及时地反映灌区内信息的变化,切实为灌区管理决策提供服务;②在确保监测精度要求下密度适当、分布合理,以减少工程投资,实现工程效益的最大化;③站点应尽可能布设在通信条件较好的地方,减少中继站点数量,提高中心站传输信息的可靠性;④选点时要考虑到方便交通运输和系统维护的要求,切实满足系统的运行和维护管理的要求;⑤各类信息采集系统设备的生产配置过程需符合:《水文仪器基本参数及通用技术条件》(GB/T 15966—2006)、《水文自动测报系统设备技术条件》(SL/T 102—1995)、《水文自动测报系统规范》(SL 61—2003)和《水文自动测报系统设备遥测终端机》(SL/T 180—1996)等相关规范。

1)水情监测

对已有的自动监测点设备进行修复,并对 7 大干渠渠首渠尾、213 座支渠口、15 座节制闸、55 座泄水闸,以及十五支渠等位置设置水情监测站点 316 处。监测信息为水位、流速、流量等。在实施阶段上,近期在干渠主要节点上进行水情自动测报,支渠采用手工记录方式定期上传至计算机,远期所有支渠进水口处实现自动测报。

2)雨情气象监测

潦河流域雨情和气象信息可借助于奉新、安义和靖安 3 县气象部门观测资料,与当地气象站建立数据共享机制。参照《水文站网规划技术导则》(SL 34—92),分别对灌区 7 大干渠所对应的灌溉范围进行农田气象遥测站点的布设,新增农田气象遥测站 24 处。定期更新与奉新、靖安、安义 3 处气象站的气象数据,新增的 24 处雨量遥测站均采用自动测报的设施向信息中心转输实时数据。新增农田气象遥测站实时监测田间光照、气温、湿度、风速风向、降水量、蒸发量。近期需要将雨情气象监测点位部署到位,重点开展降雨等关键指标监测,远期进行监测指标的完善。

3）墒情监测

潦河灌区各大干渠的灌溉区主要是以种植早、晚稻的耕地为主，且土壤地质条件差异不大，墒情站点与雨量站点的位置与数量保持一致，即 24 处土壤墒情遥测站。根据《土壤墒情监测规范》（SL 364—2006），采用三点法监测深度在 10 cm、20 cm、40 cm 深度的土壤垂向含水量，采用自动测报的设施向信息中心转输实时数据。鉴于墒情监测对灌溉水量分配的重要性，墒情监测站在近期安排实施。

4）水质监测

水质监测体系分为灌溉、排水两个子体系。其中：

（1）灌溉水质监测体系主要服务于农业生产，按渠首和干渠每 5 km 布设 1 处计，共计设置 37 处水质监测点，布点原则为均匀性、代表性和可操作性，宜尽量与干渠沿线节制闸等构筑物相临，便于后期操作管理。水质监测点采用自动在线监测和人工监测相结合的方式进行灌溉水质指标的取样监测，监测指标和监测频率分别参照《农田灌溉水质标准》（GB 5084—2005）、《农用水源环境质量监测技术规范》（NY/T 396—2000）执行；

（2）农田排水水质监测体系主要服务于灌区内农田排水面源污染防治，应结合灌区排水工程规划成果，在有代表性的排水点设点进行排水水质的自动化监测，按照每个干渠灌溉片区选取 3 处计算，共设置 21 处农田排水水质监测点，监测指标参照《地表水环境质量标准》（GB 3838—2002）执行。

实施阶段划分上，灌溉水质监测点近期实施渠首部位，干渠沿线远期实施；排水水质监测点均按排在近期实施。

5）农情监测

农情监测站点监测信息较多，且无法通过直观的监测自动获取，主要由下设管理站负责定期巡视、收集、统计各干渠灌溉范围内的农情信息，以人工定期上报计算机的方式进行。按各大干渠灌溉范围内涉及的每个乡、镇、场设置 1 处农情监测站点计，设置 33 处农情巡测点。监测信息主要为：种植结构、种植面积、农作物长势、复种指数、作物产量等。

实施阶段划分上，在近期初步设立各农情监测站和监测制度，定期上报监测信息，远期根据业务需求完善各农情监测站的监测信息和制度。

6）工险情巡测

工险情巡测的选线的布设按照分站分段巡视原则进行。按照每 5 km 干渠长度作为 1 条监测线路划分，共设置工险情巡测线路 31 条，每条巡测路线配备移动终端 1 台，由巡视人员随身携带。工险情巡测主要由下设管理站负责定期巡视、收集、统计，通过移动巡查终端对灌区进行 GPS 定位巡查，内容包括上传至服务端进行分析管理。通过移动终端的巡查项勾选、拍照、语音、视频等功能，对灌区基础设施、灌区突发事件、灌区农作物、灌区污染物面源信息进行巡查。

在实施阶段划分上，考虑到相关技术条件已成熟，且近期实施的多项工程均需要进行工程监管，建议在近期安排实施。

7) 生态监测

生态监测体系拟分为生物、土壤两个子体系。共设立奉新南潦、安义南潦、北潦、西潦 4 处生态监测站。生物监测主要监测项目包括野生动植物本底调查与监测，掌握灌区内天然湿地分布，林草植被覆盖率，鸟类、鱼类、两栖、爬行类等的种群结构及多样性等，人工湿地情况等，主要采用人工调查和遥感影像解译的方式进行，监测频率按季度或年度进行。土壤监测主要监测项目包括土壤物理性质、有机质、营养盐、重金属含量等，从而对种植结构调整、科学施用肥料等工作提供依据。土壤监测以人工调查为主，监测频率可按年度进行。

8) 基础数据收集与更新

潦河灌区以往对静态的基础数据的收集整理工作不足，对后续的灌区规划建设与运行管理带来影响，不利于信息化建设工作的开展。规划对灌区的行政区划、种植结构、用水户信息、水利工程信息、与灌区空间数据有关的基础地图类数据等进行采集与格式数据化处理，并定期进行更新。

2. 监视控制系统

1) 闸门自控系统

规划在 7 大干渠渠首 10 孔进水闸门、7 座大坝 33 孔泄洪冲砂闸、支渠 283 孔节制闸、泄水闸、进水闸上共计设置 349 处闸门自控系统，其中修复已有闸控 13 孔，新增闸控 336 孔。各闸门自控系统实行权限分级、现场与远程相结合控制。实施阶段划分上，闸门自控系统需要与闸门电气化改造进程相匹配，考虑到支渠进水闸数量较多，近期仅实施干渠及渠首主要闸门自控改造，远期将闸门自控覆盖到各支渠口门。

2) 视频监视系统

灌区内的重点关注点位主要为 7 大渠首工程、重要节制闸、管理局大楼、管理站等。本次规划在现有视频点基础上进行完善，共增设 373 处视频监视点，进行相应的视频监视系统的前段设备、传输设备与控制与显示设备的布设。视频监视的实施计划与闸门自控规划保持一致。

3. 通信及计算机网络系统

1) 干线通信网

综合考虑本次信息化建设的规模，宜根据不同网络节点需要的带宽资源不同，按照公网优先的原则，采取"公网+自建光缆"的方式组成灌区的干线通信网。

(1) 管理局(信息中心)与各管理站(分中心)之间采用租用公网链路方式。目前，潦河灌区信息化建设已形成了以管理局信息中心为中心，下设奉新南潦、北潦、西潦、安义南潦等 4 个管理站为分中心的信息管理格局。中心与分中心之间的信道采用了多种方式进行连接，如中心与安义南潦分中心采用了无线扩频微波，与北潦、奉新南潦、西潦采用数据公网 VPN 方式等，基本满足现状通信需求。但由于本次信息化建设规模较大，现有公网带宽已无法满足信息传输需求，应根据需求扩大公网租用带宽。

(2)各管理站(信息分中心)与其对应管理的干渠沿线管理段采用自建光缆的链路方式。本次规划提出对干渠各主要闸门进行自控和视频监视,数据传输的实时性、安全性要求较高,数据量大,需要较高的网络带宽,且多数干渠沿线地理位置相对偏远,无公网覆盖,因此采用沿渠敷设光缆的方式。共计敷设光缆160.5 km。

在实施阶段划分上,由于干渠沿线在近期安排了多项较分散的闸门自控与视频监视点位,建议光缆一次性在近期敷设到位,避免后期重复建设。

2)信息采集通信网

根据本次信息化建设提出的信息采集与监视控制要素的不同,根据数据信号的时效性和信息量有区别地选择不同通信方式建设信息采集通信网,使各管理站(信息分中心)与及所对应的灌溉范围内各类信息采集与监视控制点位之间形成通信链路。

(1)闸控、视频监视信息采用光缆链路。闸门自控系统与视频系统点位通常为沿干渠设置,且其信息量很大,时效性与可靠性要求相对较高,拟通过沿渠光缆来完成闸门自控系统、视频系统与信息分中心之间的信息上传与指令下达。

(2)水情、雨情、墒情、水质自动采集信息及工除巡测信息采用无线通信技术。上述信息数据量较小,仅需定期完成信息上传功能,时效性要求相对较低,可根据不同测报设备类型以及传输距离选择超短波、移动通信网络(GPRS、GSM、CDMA)、卫星通信等不同方式的无线技术,实现各类自动采集设备与信息分中心之间的信息上传与指令下达。

3)计算机网络

在充分利用政务网络和公共网络资源的条件下,进一步完善潦河灌区计算机网络,实现灌区内各级管理部门的网络互连,满足数据、视频、语音的传输要求,满足与同级、上级水务部门信息共享与传输的需求。在建设模式上,依托灌区计算机网络基础,针对本次灌区信息采集和应用系统的扩充内容,重点扩展完善局域网与监测网等内容。主要建设内容分为以下几个方面:

(1)完善灌区局域网。根据业务应用系统的需要,增加网络带宽,增配局域网设备;建设灌区网络安全系统,确保信息系统正常、安全、高效地运行,保障网络安全性。

(2)高标准建设网络基础设施。包括重新优化设计网络架构,高标准进行通信管道、光缆系统、无线系统规划建设,注重异构网融合等新技术的实施应用等。

(3)大力发展智能型物联网络建设。以智慧灌区物联网建设示范工程为试点,开展智能型物联网络环境建设的尝试,为物联网示范工程提供优质网络硬件环境的支撑和统一的接口与标准,为将来灌区全面推广物联网技术所需的虚拟化、大容量、高可信、高速的物联网络支撑平台建设积累经验。

4. 信息储存与管理系统

信息的存储和管理是整个灌区信息化业务应用系统建设的基础,其设计及架构的合理性关系到整个信息化管理运行的效率。本规划拟从信息(分)中心的硬件优化升级、数据库系统完善等方面开展工作。

1) 信息 (分) 中心的硬件优化升级

按需对信息中心与四个信息分中心的服务器、交换机、机房、中控室、显示屏、操作台等硬件设施进行全面优化升级。

2) 数据库系统完善

目前灌区已有基本的工情、水情基础数据库，根据本次规划提出的更多的信息化内容，拟从以下两方面对数据库进行完善：①根据信息采集体系和业务应用系统的建设需求，扩充建设雨情气象、墒情、农情、生态、水质、闸控信息相关的数据库，完善和充实基础信息数据库、水情数据库等已有内容；②根据数据资源量情况，按需改造和升级数据库系统硬件和软件环境。

8.7.5　应用系统开发建设规划

在统一的灌区信息管理平台上，开发信息管理、灌区业务、监视控制三类应用系统。在各类应用系统开发中，除传统 Web 与桌面应用外，还需要与最新的信息化技术相结合，开发智能手机 APP、PDA、手持 GPS 等多种设备上的应用系统，为灌区工作提供全方位多手段的信息化管理模式，提供的强大查询、统计功能、多种数据表现方式，使系统的使用简单方便。

1. 信息管理类应用系统

1) 信息管理平台

结合本次规划提出的新增或扩展的信息化建设内容，基于现有的灌区 LIS 应用平台框架，对灌区各类业务及信息流进行详细的需求分析，重点解决灌区工作人员在信息采集、量测水、工情信息、项目管理、水费计收、配水调度等方面的实际应用问题。以平台化、模块化、配置化、业务综合化、个性化为基本原则，升级或开发与灌区业务类型、流程紧密相关的各类应用系统，保证系统技术框架的统一，便于实现系统内部的业务、系统间的业务协同与互联互通。

2) 灌区信息处理系统

灌区信息采集处理系统主要对水情监测、雨情监测、墒情监测、闸门远程监控、视频监控、气象监测等监测和监控信息进行采集与处理，为系统中对数据、图像、视频等信息的查询、统计分析、决策指挥提供基础信息支撑。利用 GIS 技术，将各个监测点信息直观清晰地展现出来。针对灌区具体情况，灌区信息采集处理系统可以对人工监测、自动监测等方式的各类量测数据进行维护、查询和统计，为灌区管理人员提供方便、快捷的管理方式。

3) 灌区信息发布和共享系统

结合本次信息化规划的新增内容，对现状潦河灌区网站管理系统进行优化升级，包括外网和内网两部分。外网面向社会，将灌区需要向公众展示的信息通过网站的形式发布给公众，主要功能为信息的浏览、查询，拓宽灌区与广大用水户、地方政府、社会公众以及行业主管部门信息沟通的渠道，规划增加相应栏目及查询功能；内网主要为网站栏目的管理、信息的更新等，包括新信息的发布、已有信息的管理、过时信息的删除等功能。同时，为了更好地利用现有资源，还需要对灌区信息实现智能手机 APP、移动终端等查询功能。

2. 灌区业务类应用系统

1) 量测水信息管理系统

基于规划提出的水情监测系统，结合《灌溉渠道系统量水规范》(GB/T 21303—2017)，将各种量水计算公式、参数固化到量测水信息管理系统中，对各监测点自动输入和手工输入的数据进行处理，快速生成满足要求的量测水信息，为管理者对提供智能化的水量计算、数据统计分析与考核。

2) 配水调度管理系统

基于规划提出的水情、雨情、墒情、气象监测系统，综合分析各类数据作为配水计算、水量调度的依据，利用计算机软件分析灌区来水、需水、配水调度等信息，合理调配灌区用水、提高灌区用水信息管理水平。系统主要包括：作物需水量与灌溉预报系统和灌区用水计划与水量调配系统两个部分。

(1) 作物需水量与灌溉预报系统：该系统主要计算作物需水量和作物灌溉水量两个参数。以土壤含水量预报为控制指标，通过农田水量平衡方程进行水量平衡循环运算，以确定各时段的土壤水分含量，然后判断其是否需要灌溉，并计算灌溉水量。

(2) 灌区用水计划与水量调配系统：系统包括用水计划编制子模块、渠系优化配水子模块两个部分。用水计划编制：通过估算出的作物需水量，以及灌区作物分布及面积，制定灌区相应的用水计划。渠系优化配水：通过作物灌溉量，各水位流量监测点数据，把实际用水量与模拟用水量进行比对，从而得出整个渠系的用水分布及效率，进而做出渠系优化配水方案。

3) 水费计收管理系统

水费是灌区生存和发展的重要经济来源，是灌区良性运行的基本保障。目前潦河灌区还没有水费计收系统工程，仍是采用较落后的人工收缴水费的方式，管理方式比较落后，在实际应用中存在诸多弊端。本次规划拟利用网络及数据库技术，根据灌区的具体业务特点，对灌区水费结算和统计的业务流程进行信息化管理。通过设计不同层次、不同功能模块、以提高灌区水费结算的透明度。系统主要包括：灌区水量分析、渠系水利用系数分析、灌溉水利用系数分析、水费计算等四个部分。

(1) 灌区水量分析：通过渠系各监测点数据，得出各主干渠等的入渠水量对比。

(2) 渠系水利用系数分析：通过渠系各监测点数据，得出各主干渠等的渠系水利用系数对比。

(3) 灌溉水利用系数分析：通过渠系各监测点数据，得出各主干渠等的灌溉水利用系数对比。

(4) 水费计算：以行政区划或水费征收区域划分不同的水费征收区域。基于渠系监测点位数据以及渠系利用系数、灌溉利用系数进而合理征收水费。

4) 防汛抗旱管理系统

主要包括灌区防汛预案、防汛工程、防汛预警等内容。该系统可根据灌区的防汛现状，采用现代信息技术，以加强防汛指挥的科学性、提高信息采集与传输的时效性与准确性，充分发挥水利工程的防洪减灾作用。

3. 监视控制类应用系统

1) 水质监测及预警系统

系统主要包括：灌溉水质监测预警、污染源监测预警、农田退水水质监测预警等 3 个部分。系统以 GIS 地图形式展现。根据水功能区划、农田灌溉水质要求划定水质目标，对灌排水质监测并预警。

2) 灌区工情巡测 GIS 系统

灌区工情巡测 GIS 系统是针对灌区水利工程台账管理及工程日常巡检工作而设计的管理软件。采用 GIS 技术为主要表现形式，通过地理信息的表现手法，直观、形象地实现对水利工程设施及日常工程巡检内容的查询、汇总统计、浏览等管理工作，为维护工程设施、水资源调度、防汛抗旱提供快速方便的技术支撑。

3) 闸门调度控制系统

基于闸门控制基础设施，为响应灌区量测水信息管理系统、配水调度管理系统、防汛抗旱管理系统等的决策指令，开发闸门调度控制系统。系统主要包括各闸门调度令管理、灌区闸门整体调度管理、闸门动态模拟及监控等部分。

(1) 闸门调度令管理：主要包括调度申请、调度审批、调度执行、调度监控等部分。用户根据需水量申请闸门开启或关闭。

(2) 灌区闸门整体调度管理：系统根据各闸门调度令，显示灌区整体闸门启闭情况、各过闸流量及当前时段过闸水量等。系统自生成每日灌区闸门调度参考方案供管理人员参考。

(3) 闸门动态模拟及远控：基于 3D 技术，对灌区关键性闸门进行模拟仿真。并结合视频监控技术，对关键闸门进行远程控制。

8.7.6　环境保障体系规划

信息化环境保障体系是灌区信息化建设体系的有机组成部分，是信息化建设得以顺利进行的基本支撑。灌区信息化保障环境由标准规范体系、安全保障体系和管理保障体系三者共同构成。其中：①标准规范体系是实现各类应用协同和信息共享、节省成本和提高效率、保障具备系统不断扩充和持续改进能力的基础；②安全保障体系是保障系统安全应用的基础；③管理保障体系是为信息化建设与管理提供机构、人员、资金、技术等方面的保障。

1. 标准规范体系

灌区信息化体系层次和结构复杂、信息采集点众多、各子系统之间存在大量的数据传递，因而对体系建设和运行的规范性要求较高。依据统一的标准规范开展灌区信息化体系建设，是确保不同信息层次之间、层次内部信息互联互通和数据充分共享的重要基础，也是信息化体系建设能顺利实施和高效运行的重要基础。

标准规范体系是对灌区信息化建设所有需要遵循标准的总体描述，包括现有、正在制定和应制定的所有标准。参照《水利信息化标准指南》中的水利信息化标准框架，潦河灌区信息化标准规范体系框架可分为术语、分类和编码、规划与前期工作、信息采集、信息传输与交换、信息存储、信息处理、信息化管理、安全、地理信息等部分。标准规范体系的建设，整体上要严格遵循已颁布的水利行业标准规范、国家及其他行业相关标准，局部结合潦河灌区的特点进行派生和完善。

1) 术语

主要包括与信息化有关的术语标准，统一灌区信息化建设中遇到的主要名词、术语和技术词汇，避免引起对它们的歧义性理解。

2) 分类和编码

分类和信息编码标准适用于各种应用系统的开发、数据库系统的建设和信息交换，保证信息的唯一性及共享和交换。如：干渠编码、各类测站编码、闸门编码、视频监视点编码等。其中大部分需要参照水利信息分类和编码，结合潦河灌区的工程特点对相关要素进行派生和补充完善。

3) 规划与前期准备

主要包括灌区信息化建设项目规划报告、项目建议书、可行性研究报告、初步设计等的编制规程，主要应参照引用水利信息化规划与前期准备标准。

4) 信息采集

大部分采用已颁布的标准，如水文信息的采集、雨情信息的采集等。对灌区生态监测信息等的采集，补充制定相应的信息采集规程。

5) 信息传输与交换

主要包括通信、计算机网络、网络交换与应用、网络接口、传输与接入、网络管理、电缆光缆、综合布线、数据格式等。适用于水利通信和计算机网络基础设施建设，为各种数据的互联和互通提供技术支撑，大部分应是参照标准。

6) 信息存储

主要包括各种数据库的数据字典和表结构，如：水利工程数据库数据字典和表结构、水情数据库数据字典和表结构、水质数据库数据字典和表结构等，包括参照标准和新建规范。

7) 信息处理

主要包括业务流程规范、软件产品开发文件编制指南、软件测试文件编制规范、软件文档管理指南等。大部分引用国家标准。

8) 信息化管理

包括信息系统招标文件编制规定、信息系统建设监理规范、信息系统验收规范、信息网网络管理规程等，包括参照标准和新建规范。

9) 安全

主要包括信息系统网络安全设计指南、信息系统安全评估准则等；此外还要参照许多国家标准和行业标准，如计算机场地安全要求、计算站场地技术条件、网络代理服务器的安全技术要求、路由器安全技术要求等。大部分为参照标准。

10) 地理信息

主要包括灌区基础电子地图图式标准、空间数据交换格式、地理空间数据元数据标准等；还要参照地形图要素分类与代码、地理信息基本术语、地理空间数据交换格式、地形数据库与地名数据库接口技术规程等国家标准。

2. 安全保障体系

信息化体系的安全性是体系建设中的一个重要问题，需建立一个多层次的安全防御框架，以确保体系安全。潦河灌区信息化体系的安全保障建设按照国家有关电子政务安全策略、法规、标准和管理要求进行，以风险评估和需求分析为基础，坚持适度安全、技术与管理并重、分级与多层保护和动态发展等原则，保证网络与信息安全和政府监管与服务的有效性。

潦河灌区信息化建设安全保障体系应在物理安全、网络安全、系统安全、应用安全、管理安全等多个层面建立安全策略，综合利用安全防护技术、安全审计、安全检测、安全响应恢复技术等各个层面的安全技术产品，共同形成一个完整的安全事故预防-检测-响应-恢复的信息安全保障体系，见图 8-13。

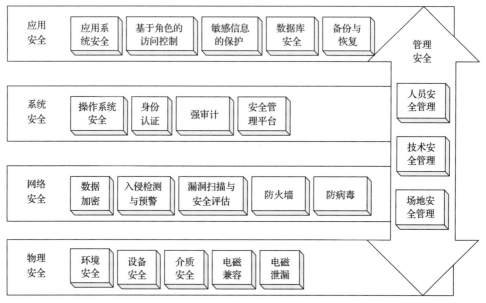

图 8-13　信息安全保障技术体系框架

1）物理安全

物理安全主要是保护计算机信息系统设备、设施、介质和信息，避免自然灾害、环境事故以及人为因素造成的破坏、丢失。物理安全主要包括环境安全、设备安全、介质安全及电磁兼容和电磁泄漏等方面。涉及的主要安全技术包括屏蔽技术、干扰技术、电磁泄漏防护技术和物理识别技术等。

2）网络安全

网络安全主要包括链路层安全、局域网和子网安全、网络运行安全等。主要采用安全交换技术、加密机技术等实现链路层数据传输的保密与完整性；利用网络安全域划分与访问控制技术、防火墙、网关等实现对不同安全域的隔离，并对网络资源的访问进行控制，同时考虑远程接入的安全、御马系统的安全、路由系统的安全等。

3）系统安全

系统安全问题表现在三个方面：一是操作系统自身缺陷、操作系统安全配置等带来的不安全因素，如系统漏洞等；二是主机和服务器安全；三是系统集成安全。系统安全层建设，要确定系统不同终端所采用的操作系同类型、安全级别以及使用要求。对于一般的计算机要及时安装补丁程序模块；关闭与系统运行无关的应用程序与端口；加强对操作事件审计记录的管理。对于应用服务器、数据库服务器等除采取一般的措施外，还必须采用更强的安全手段，如采用自主版权的增强安全级别的操作系统或在现有操作系统上添加安全加固。

4）应用安全

应用安全包括为水安全保障提供服务所采用的应用软件和数据的安全性。应用安全的建设内容包括加密数据库（文件加密）、灾难恢复、网络安全监控系统、数据库安全、电子文件安全、应用系统安全等，应建立统一的身份认证和访问控制对应用安全层提供支持。

5）管理安全

管理安全在涉密系统的安全保密中占有非常重要的地位，即使有了较完善的安全保密技术措施，如果管理力度不够，将会造成很大安全隐患。管理安全建设一般包括安全技术和设备管理、安全管理制度、部门与人员的组织规则等。管理的制度化程度极大地影响着整个网络的安全，严格的安全管理制度、明确部门安全职责划分、合理定义人员角色，都可以在很大程度上降低其他层面的安全漏洞。

3. 管理保障体系

（1）应依托灌区管理局现有的信息管理部门和工程建设部门，强化其信息化建设和运行管理的职能，由其作为灌区信息化建设和运行期间的常设管理机构，负责信息化系统建设和运行的日常工作。主要职责是：提出信息化建设全局性的安排和方案；组织编制可行性研究报告；编制系统建设年度计划；行使项目业主职责，组织工程招标和系统鉴定验收；实施项目的统一技术和开发管理；组织系统建设期间技术、管理上重大决策的实施。组织制定技术标准、业务规范和相关规章制度，负责技术人员培训；并完成领导小组交办的其他工作。

(2)加大信息化建设资金的投入力度，多渠道筹措。设立信息化建设专项资金，重点支持信息化基础设施和业务应用系统的建设，加强信息化保障环境的建设；在水利工程的立项、设计和资金安排中，同时纳入信息化建设内容；加强信息化建设资金使用的管理力度。

(3)人才队伍的培养是灌区信息化建设和运行管理成败的关键，必须加强对信息技术专业人员的培训，完善人才政策，大力引进人才，培养一批同时精通灌区业务和信息技术的复合型人才，建立起一支掌握和运用信息技术应用的骨干技术队伍。

8.7.7　分期实施安排

1. 分期实施方案

根据各类工程项目的轻重缓急、投资额度进行分期实施安排。原则上对信息化建设示范区、干渠工程配套信息化建设内容作为近期实施内容；其他区域的信息化建设作为中、远期实施内容。鉴于信息化技术的时效性与高速发展的特点，建议在本规划的总体框架指导下，分别组织开展近期(2017～2020年)、远期(2021～2030年)信息化建设实施方案的编制工作，从技术层面上进一步细化和落实本规划的相关内容。

2. 信息化建设投资匡算

按照信息化建设规划任务，按水利部或江西省有关水利定额和当地价格信息进行投资匡算。潦河灌区信息化建设规划期内总投资为7799.5万元。其中近、中期计划投资4034.5万元，远期安排投资3765万元。

3. 实施保障措施

为确保信息化建设目标的实现，必须加强潦河灌区信息管理机构的建设和组织领导，完善管理机制，建立完善标准和规范体系，加强信息人才队伍建设，加大资金投入力度，以保证规划各项任务和重点工程的顺利完成。

1)加强管理机构建设，强化管理职能

灌区信息化建设作为一项重要、迫切、长期的系统工作，必须切实加强潦河工程管理局信息中心的统筹管理作用。由信息中心统筹落实信息化发展规划，组织信息化项目的建设，负责信息化相关标准制度的制定以及信息化项目的运维管理等工作，充分发挥信息中心的管理作用，注重协调，强化管理、务求实效，调动一切可以调动的资源，积极推进各项信息化工程建设。下设管理站要按照信息管理中心的统筹规划，有组织、有计划地开展本部门信息化工作，分级统筹建设，分步推进、完善自身的信息化工作机构，明确分工和职责，加强组织协调。

2)完善管理机制，促进良性运行

进一步完善灌区信息化建设的管理机制，建立健全的应用系统建设、信息资源开发利用、网络安全保障、信息化管理、绩效考核与监督等相关规章制度，形成一套运行有效、规范合理的建设、使用、维护环环相扣的管理机制，从而保证信息化建设的顺利实施和信息化成果绩效的发挥，形成良性运转机制。

3) 完善标准体系，规范信息化建设

制定和完善灌区信息化建设相关技术要求和规范，制定和完善信息化技术标准。加强数据采集、传输、处理、评价和信息发布技术标准执行，强化管理与技术相结合，形成完善业务运行机制和管理体系。

4) 注重信息化人才培养，提高队伍水平

要注重信息化人才培养，建立人才培养制度，制订相应的培训计划，在灌区管理机构内大力普及信息化知识，优化工作人员的专业和技术知识结构，提高工作人员综合能力，建立有利于吸引人才、留住人才的激励机制，逐步形成一支专业化、技术化的水务信息化建设和运维队伍，使水务信息化工作真正落到实处。同时，启用人才共享机制，充分发挥高等院校、科研院所和优秀企业在水安全信息化建设中的重要作用。

5) 开辟多种资金渠道，加大信息化投入

灌区信息化建设是一项投入高、周期长的基础性工作，稳定、可靠的资金投入是信息化顺利建设的保障。要建立和完善财政投入机制，保证灌区信息化建设的必要资金投入。同时，要积极开辟多种资金渠道，充分利用社会力量，拓宽资金来源，加快信息化建设的步伐。信息系统的硬、软件基本配置和网络建设要有一次性投资和升级换代的经费保障，应用系统建设和信息资源开发利用应有专门经费，资料费、运维费、培训费等每年都需要安排一定的资金保障。

8.8　综合管理规划

潦河灌区建成以来，灌区管理体制机制随着社会经济发展不断完善，目前潦河工程管理局初步完成了水管体制改革，灌区水利工程实行统一管理和分级管理、专业管理、群众管理相结合的管理体制，潦河工程管理局负责 7 座取水枢纽和 7 条引水干渠及其建筑物的运行管理；支渠及渠系建筑物的运行管理由乡(镇)负责；斗、农、毛及田间工程建设、维护管理和灌溉服务由村组或用水户协会等农民用水合作组织负责，实行群众管理。经过 60 多年的建设与管理，灌区在改善人民生产生活条件、提高农业抗御水旱灾害能力等方面发挥了重要作用，取得了巨大的经济效益和社会效益。

为全面贯彻落实"科学发展观"，加快生态文明建设和水利改革发展，潦河生态灌区的建设和管理应遵循创新发展的理念，以改革创新推动灌区管理体制和机制的转变，深化水利工程产权制度、管理体制和运行机制改革，大力推进依法治水管水，完善有利于灌区科学发展的制度体系。贯彻协调发展、绿色发展的理念，有效加强水生态文明建设，着力构建与灌区经济发展相适应的水安全、水生态保障体系，统筹规划、高效利用灌区资源，促进灌区经济与环境保护协调发展，生态型灌区建设对灌区管理模式提出了更新更高的要求。

8.8.1 总体框架

为进一步理顺潦河工程管理局管理体制、统筹协调各方关系，充分发挥灌区工程效益，推动灌区经济的可持续发展，在目前潦河灌区实行的统一管理与分级管理、专业管理与群众管理相结合的管理体制基础上，进一步理顺灌区条块之间和条块内部之间的管理关系，明确各自的职责。一方面，应强化灌区的水资源管理职能，加强骨干工程的专业化管理机制，以更好地贯彻执行国家最严格水资源管理制度的要求；另一方面，搞活末级渠系的建管机制，发挥乡镇水利站和农民用水合作组织的参与积极性，从灌区骨干工程到末级渠系工程在工程管护、供水管理上实现无缝对接。

统筹规划、高效利用灌区资源，促进灌区经济与环境保护协调发展，建设生态型灌区是潦河灌区可持续发展的必然选择。生态灌区是传统灌区的继承和发展，潦河灌区管理基础薄弱，生态灌区建设与管理不是一蹴而就之事，唯在结合国家最近推进的一些相关政策制度基础上，规范管理传统灌区各项事务，不断总结经验和完善各项制度，才能逐步推进、完善生态灌区管理。在分析研究潦河灌区管理体制现状的基础上，提出潦河灌区管理改革的总体思路框架：

(1)坚持可持续发展道路，适应新形势下实行最严格水资源管理制度的需要，加强水资源宏观调控能力，强化潦河工程管理局水资源管理的职能，结合灌区信息化建设和管理应用系统平台开发，积极争取建立灌区水资源调度中心。建立起适应水资源和水利工程统一管理的、符合灌区发展要求的管理体制和运行机制，使灌区管理工作由工程水利向资源水利、生态水利目标转变，逐步实现水资源的优化配置和高效利用，使灌区走上良性运行和可持续发展的轨道。

(2)继续深化水管体制改革，按生态灌区建设发展要求分类定性，定岗定员，进行产权认定及管护分离。对灌区骨干工程和末级渠系及建筑物进行产权认定，灌区管理主体与养护主体分离。灌区骨干工程管理主体为潦河工程管理局及二级管理站，养护主体通过招标专业维养队伍；灌区末级渠系及建筑物管理主体为镇村用水管理组织，养护主体为镇村级工程维养组织。

(3)多措并举，推进农业水权水价改革工作，建立以优化配置水资源、节约用水、提高用水效率和效益、促进水资源健康可持续利用为核心的农业水价形成机制和水价体系，不断提高供水服务能力和用水管理水平。规划近期，灌区应开展农业初始水权分配工作的试点，建立完善的市场化水价形成机制；至本规划水平年内，灌区应形成完善的水权分配交易制度和管理办法，水资源利用效率得到显著提高。

8.8.2 灌区工程管理

工程管理是灌区管理运行的基础，其目标是通过建立健全工程管理工作制度，加强灌区工程设施的观测检查与维修养护，不断提高工程管理水平，确保工程设施的正常运行和合理调度运用，最大限度发挥工程设施的效益。

1. 工程运行管理

1) 管理模式

主要指潦河灌区的水源工程、灌溉渠道工程及渠系建筑物、排水工程、田间工程的运行管理。各工程及建筑物的运行管理必须按照水利工程的相应技术规程、设计条件，在此基础上结合潦河灌区工程运用特点进行。

灌区取水枢纽、干渠及其渠系建筑物由潦河工程管理局进行管理，并对灌区整体用水进行调度；支渠以下工程管护模式采用"乡镇水利站(灌区管理服务公司)+农民用水户协会"，其中，乡镇水利站(灌区管理服务公司)负责灌区支渠以下主要节制闸、直挂斗渠或农渠渠首等工程的管护，并实行管护分离；农民用水户协会负责灌区末级渠系工程(斗渠、农渠及其附属建筑物工程)的管护，田间工程由群众用水户管理。

2) 水源工程运行管理

潦河灌区水源工程包括7座拦河闸坝，由拦河闸(多孔泄洪闸、冲沙闸)、溢流坝组成。水源工程管理工作除定期检查观测和管理养护外，还需加强工程控制运用，做到有计划蓄泄和用水，使工程发挥最大效益；在汛期来临时应特别加强汛期防洪组织、洪水预测、防洪物质储备等管理，确保工程安全。

3) 渠道工程及渠系建筑物运行管理

渠道工程运行管理主要包括渠道防淤积、防冲刷、防渗漏、防坍塌及防洪管理。渠道工程运行管理除做好日常检查和维护管理外，特别是要加强灌溉和雨季期间的渠堤巡查力度及输配水管理，防止村民随意堵渠取水及沿线山体滑坡等造成的渠道淤积、冲刷。

灌区主要渠系建筑物有各类水闸(包括干渠渠首进水闸、泄洪闸、节制闸)、渡槽、涵洞、倒虹吸、跌水等，除进行按期检查观测和维护管理外，管理运用中应加强检查制度及规范操作规程，落实管理任务和责任制，做好检查观测记录，发现问题，及时分析原因和采取措施处理。

4) 排水工程运行管理

灌区排水工程主要指排泄灌区农田退水、排水沟渠及其附属工程。通过按期检查和管理维护，保证排水工程发挥正常功能，降低和控制地下水位，排除农田土壤渍水，同时在雨季确保灌区安全度汛。

2. 防汛抗旱工程调度管理

根据灌区洪水性质和规划的洪水风险区段，防汛期间须加强工程安全检查，加强对防洪工程的合理运用调度，汛期加强坝前水位控制，降低蓄水位；根据闸坝上游水情及下游河道的安全泄量情况，适时开闸泄洪；汛期应降低干渠运行水位，及时开启泄洪闸，关闭节制闸。外河排涝闸在外河水位高涨时，应及时关闸，雨季预报有降雨时，应适时开启排涝闸，预降内河水位。

加强抗旱工程设施管理。干旱年份应根据水文气象预报，在汛末适时拦蓄洪峰尾水，尽量提前关闸蓄水，抬高坝前水位。在旱情发生时，协调加大流域内大中型水库的联合调度，及时补充抗旱水源。

3. 安全管理制度

健全工程管理组织体系，建立健全安全生产规章制度。加强工程运行管理技术人员安全管理培训和考核，制定灌区主要水利工程安全运行控制手册和机电设备安全操作规程。按有关规定及时开展溧河工程管理局管辖范围内的灌区水工建筑物安全鉴定和机电设备等级评定，确保工程处于安全运行状态。

制定防汛抢险实施细则，落实防汛责任制，健全防汛组织机构，明确防汛岗位责任。制定周密的防汛预案计划和应对措施，根据灌区洪水特点确定洪水风险点，加强日常检查。

4. 推进工程标准化管理

现行水利工程安全运行责任十分重大，但其管理不同程度存在责任主体不明确、主体责任不落实、管护经费不到位、管理粗放不规范、管理队伍能力跟不上等问题，造成水利工程功能不能充分发挥、工程安全令人担忧。

按照省政府标准化管理要求，参照政府出台的标准化管理规程或标准，全面推行水利工程标准化管理的战略，适时开展水利工程标准化管理建设，务求真正把"建管并重"落到实处，推行物业化管理，实现管养分离，促进水利创新发展、补齐短板，建设现代化生态灌区。

1）实施内容与目标

水利工程标准化管理涵盖管理责任、监督检查、运行管理、维修养护、隐患治理、应急管理、安全评估、考核验收、教育培训、制度建设等环节，通过"十一化"的具体措施，实现"制度化、专业化、信息化、生态化"的目标。

"十一化"实施措施包括：工程管理责任具体化、工程防汛和安全运行管理目标化、工程管理单位人员定岗化、工程运行管理经费预算化、工程管理设施设备完整化、工程日常监测检查规范化、工程维修养护常态化、运行管理人员岗位培训制度化、工程管理范围界定化、工程生态环境绿化美化、工程管理信息化。

2）实施对象

按"先大后小、先重要后一般"的原则，制定灌区内水库、山塘、渠道、堤防、水闸、泵站、供水工程等水利工程标准化管理平台。水利工程标准化管理平台建设任务如图8-14所示。

3）实施步骤

按"先建体系、定标准，示范先行、典型引路，同步推进、分步验收"的原则，划分为启动准备阶段、示范实施阶段、全面推进阶段。

A. 启动准备阶段（规划近期）

待省市县成立水利工程标准化管理领导小组和工作机构、省水利厅制定实施方案，灌区管理机构、市县水行政主管部门制定五年实施方案和年度计划。

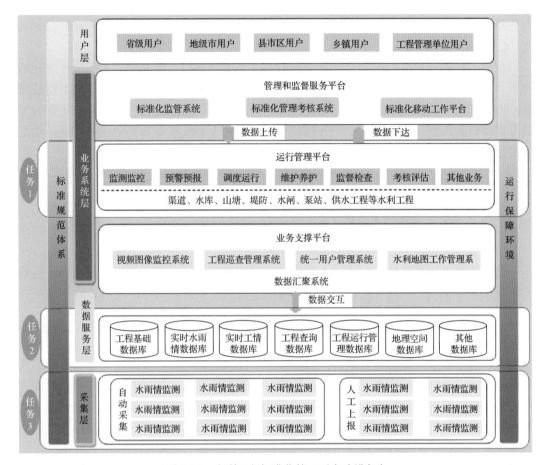

图 8-14　水利工程标准化管理平台建设任务

B. 示范实施阶段(规划中期)

示范区整体推进各类水利工程的标准化创建工作，完成灌区辖区内 20%水利工程标准化管理创建和验收工作。

C. 全面推进阶段(规划远期)

建立较完善的水利工程标准化管理体系和运行管理机制，基本完成辖区内水利工程标准化管理创建和验收工作。

4) 实施保障

灌区管委会加强协调，管理局与各县级政府各负其责，专管机构与群管机构通力合作，共同推动水利工程标准化管理工作顺利进行。

A. 加强组织领导

管理局、市县级政府要坚持"建管并重"的原则，结合当地实际，完善工作机制，明确职责，落实任务，强化协调，及时解决水利工程标准化工作中的问题。

B. 强化政策保障

各管理单位要进一步深化水利工程管理体制机制改革，开展水利工程管养分离、水利工程区域化集中管理、水利工程维修养护物业化管理机制等研究，制定出台相关管理办法和制度，为实施水利工程标准化管理提供政策支撑。

C. 强化经费保障

潦河工程管理局应积极向灌区各级政府、上级主管部门争取水利工程标准化管理的经费。对灌区内公益性较强的水利工程所需的经费，应按隶属关系列入本级公共财政预算；经营性为主的水利工程实行标准化管理所需的经费，由业主自行承担并按国家有关规定在经营收入中计提，专款专用。建议省级水利建设与发展专项资金在分配时，对全面推行水利工程标准化管理予以重点支持。

8.8.3　水资源管理

1. 灌区水资源合理利用管理

1) 统筹兼顾，严格执行用水总量控制方案

灌区管理机构严格执行江西省人民政府分配给潦河灌区的用水总量控制指标，统筹安排灌区人居生活、工业生产、农业生产及生态用水，支持区内经济发展，合理调配有限的水资源。

2) 强化管理机构在水量分配中的主体地位

灌区用水总量控制是政府统筹流域水资源分配的宏观调控，目的是促进水资源的高效利用。应强化管理机构在灌区用水水量分配中的主体地位，加强水资源的统一调度管理，把维持区内水资源的供需平衡作为灌区管理机构的主要职责。通过建立和完善合理的水资源利用宏观调控指标和微观定额指标，结合灌区用水总量控制，确定用水户初始配水水量(水权)，规划近期在灌区内选择条件较好的乡镇开展农业初始水权分配工作的试点，以村集体和农民承包土地为基数，按确定的农业综合灌溉用水定额为依据，核算乡镇、村和农户的农业用水总量，量化到户并颁发初始水权证书，供水单位根据区内水资源供需平衡按年度制定供配水计划。

在试点成功的基础上，逐步向全灌区推广初始水权分配制度，至本规划水平年内，制定水量交易相关管理办法，形成完善的水权分配交易制度。

3) 充分挖掘灌区内水资源利用潜力

充分利用灌区现有渠系建筑物和灌排渠系网络，新建或改造小型水源工程，作为应急补充水源；注重分类供水，特别是生态用水的循环利用，充分利用灌区地形地势条件，在农田退水承接区(沟渠、河道)下游适当位置建设拦蓄设施，收集、贮存上游农田尾水，用于灌溉下游农田，提高水的重复利用。

2. 水资源保护管理

加大辖区内河流水资源保护工作，确保为灌区提供合格的水资源。依据潦河流域水(环境)功能区划，设定水源保护区和保留区，建立水质监控体系，完善水功能区水质保护巡查制度，确保各功能区的水质达标，支撑流域社会经济可持续发展。

加强入河排污口管理，结合沿线水利工程建设，对灌区现有取水口、排污口进行优

化调整并实施整治，抓紧制定和完善入河排污口的登记、审批和监督管理办法，开展入河排污口整治和规范化管理，特别是工业园区和污水处理厂设置的排污口，应重点加强监测和管理。

协调灌区政府推行河长制管理，加强河道统一管理和综合治理，落实河道分级管理。统筹河道功能管理和生态环境治理，严格河道岸线及水域资源开发利用管理，严格河道管理监督考核，落实入河污染物总量控制，加大水资源保护力度，保障经济社会可持续发展。

3. 建立生态补偿机制

潦河流域已完成水(环境)功能区划分和生态保护区划定工作，建立合理的生态补偿机制，有利于促进潦河生态灌区建设。2015 年 11 月，江西省人民政府颁布《江西省流域生态补偿办法(试行)的通知》，为加强全省流域水环境治理和生态保护力度，不断提升水环境质量，提出建立合理的生态补偿机制，2016 年起，江西省将采取整合国家重点生态功能区转移支付资金和省级专项资金，地方政府共同出资，社会、市场筹措等方式，筹集流域生态补偿资金，并视财力情况逐年增加，这为探索潦河灌区生态补偿机制建设提供了政策依据。

根据潦河流域的社会经济条件和产业发展等情况，可以探索采取资金补偿和政策补偿两种方式，以资金补偿为主，即应牢固树立水资源有价的观念，上游地区交水给下游地区的界面水环境质量应满足该河段的水环境功能区划，下游受益区应对上游地区在生态保护与建设中的直接投入和因限制产业发展而损失的收入等进行补偿。对潦河灌区政策补偿而言，由于水资源的合理利用管理和水资源保护管理产生了公益性的生态效益和国民经济用水效益等，基于水资源市场价格建立潦河灌区的生态补偿机制，这是一项探索性的工作，须有强有力的组织领导、政府的宏观干预、并建立严格的监督执行机制和协调机制。

1) 建立上下游协调机制

潦河灌区生态环境保护和建设，不仅使上游受益，同时也使下游地区和全灌区经济社会受益，上下游地区各级政府要充分发挥协调能动作用，运用行政、经济、法律等调控手段，保障潦河灌区生态环境的可持续发展。应充分发挥潦河灌区管理委员会的联席会议制度，进行跨区的定期协调与联席交流，加强沟通。

2) 建立补偿费监督机制

建立潦河灌区生态补偿费的监督机制，包括费用征收监督机制和资金使用监督机制。由水行政主管部门、环境保护部门等机构建立监督管理体系，对水资源开发中利用水资源获得收益的行为、对其他单位、个人造成损失的行为，甚至环境破坏的用水行为等进行合理的效益补偿或损失补偿。对于生态补偿费要设立专户储存，专款专用，加强对资金使用的监督。

3) 建立财政生态补偿资金使用绩效考核评价制度

结合江西省生态文明建设工作考核指标体系和考核办法，建立财政生态补偿资金使用绩效考核评价制度，对潦河灌区各项补偿资金的使用绩效进行严格的检查与考核，并建立相应的奖惩制度，使补偿资金更好地发挥生态保护的激励和引导作用。

4) 建立生态保护效益与损失监督机制

建立潦河灌区水源地生态保护效益与损失监督机制。各级政府部门组织建立有权威性的监督管理体系，监督流域生态保护行政执法和建设行为，监测保护效益与损失变化和评估，及时了解生态保护的所有活动，从而采取强有力的行政措施来加强灌区生态环境保护和建设。

8.8.4　供用水管理

潦河灌区用水以农田灌溉为主，目前依然维持"漫灌"、"串灌"的灌溉模式，粗放的管理导致用水纠纷多、水资源利用效率低等问题。制定科学的灌溉管理制度、严格执行用水计划和配水计划、积极推广节水技术已刻不容缓。

1. 管理模式

1) 灌区供水管理模式

该模式指的是"潦河工程管理局+乡镇水利站(灌区管理服务公司)+用水农户"。其中，潦河工程管理局负责灌区整体用水的调度管理(包括灌区整体用水计划，干、支渠分段轮灌制度，骨干工程控制性闸站启闭指令等)，并与乡镇水利站签订供用水合同，实行合同供水；乡镇水利站(灌区管理服务公司)负责支渠以下控制性闸站等的启闭管理，负责斗渠(直挂农渠)内的用水协调、监督，村级管护员负责各自管辖渠段的用水管理。

2) 灌区水费计收管理模式

该模式指的是"潦河工程管理局+乡镇水利站(灌区管理服务公司)+用水农户"。推行终端水价制度，实行国有水利工程水价加末级渠系水价的定价模式。潦河工程管理局负责国有水利工程水价的测算和调整方案拟定；乡镇水利站(灌区管理服务公司)负责末级渠系水价的测算和调整方案拟定，并上报县水利局与物价局核定。用水农户按核定的终端水价标准交水费，由乡镇水利站统一收取终端水费，按规定提取渠管费后上交潦河工程管理局。

2. 用水计划

1) 用水计划编制

制定合理的用水计划是确保用水单位均衡受益，提高灌溉用水效率、供水可靠性和向用水单位提供优质服务的重要保障。用水计划由用水单位根据各种作物种植面积、拟定的灌溉定额、渠系利用系数(由潦河工程管理局拟定)及参照上年度用水计划总结等编制，包括灌溉时间、各类作物灌溉面积、灌水定额、总需水量等内容。

用水计划编制遵循"上下结合、分级编制"原则，按独立干渠用水计划为编制单元。

2) 用水计划申报

每年初由用水小组(自然村或种植大户)将用水计划申请报所在农民用水户协会(或

行政村），协会汇总报所在乡镇水管站，水管站初步审核后报潦河工程管理局。

3）用水计划确定

潦河工程管理局根据水量平衡预算计划和灌区供水计划，经过灌区管理委员会充分讨论审定后，制定具体的灌区用水计划和配水计划，将水量分配至各管理站和用水单位。如此由下而上、上下联动、分组编制的方法，使水量分配更合理，避免水量浪费。

3. 渠系配水计划制定

为使灌水工作与各项农事活动结合，根据确定的用水计划，进行灌区供需水量平衡分析，制定渠系配水计划，具体拟定每次灌水的配水方式、配水流量及配水顺序和时间（轮灌时）等。潦河灌区渠系配水计划由干渠管理站（二级管理站）根据乡镇水管单位控制的支渠分布情况进行制定，由支渠进水口设置的配水设施安排渠系配水计划，乡镇水管单位根据支渠控制的村组或用水户协会制定支渠配水计划。

1）配水方式

配水方式采用续灌和轮灌两种。正常年份，潦河灌区用水总量控制基本能满足供需用水平衡，通过生态灌区渠道节水防渗建设，渠道渗漏损失相对减少，建议采用续灌配水方式，即由渠首向全灌区的干、支渠道同时连续供水，全灌区用水单位基本上可以同时取水灌溉，用水受益均衡。但当渠首引水量降低到正常流量的 30%～40%时，不宜采用续灌，而应采用轮灌配水方式。

当遇干旱年份渠首引用流量锐减时，为减少续灌渠道渗漏损失和蒸发损失，采用轮灌配水，在干渠上、下游段之间实行轮灌配水，一般先供给干渠下游段，后供给干渠上游段，渠道工作长度缩短，水流供应集中，各类输水损失减少。干渠实行轮灌配水，在一定程度上会导致部分用水单位灌溉不及时，造成受益不均衡或损失，干渠轮灌是一种非常情况下的配水方式，只有当渠首引用流量降低到一定程度时才采用。一般情况下，在支渠、斗渠内部实行轮灌配水工作制度。

2）配水水量、流量、时间的确定

潦河灌区以水稻种植为主，灌溉作物较单一，通常按灌溉控制面积进行理论配水水量计算，然后根据渠道输水长度和渠段防渗情况进行适当修正。潦河灌区已运行多年，已规定了每轮灌溉配水持续时间，由此根据配水水量确定配水流量。

4. 灌溉管理

1）加强灌溉组织管理

按照"水权集中，统一调度，分级管理"原则组织灌区灌溉管理。潦河灌区的年度供水计划由省水行政主管部门批准，目前潦河灌区实行用水总量控制，确立了灌区供水计划的执行调度权，由潦河工程管理局行使；灌区各管理处及地方水行政主管部门（委托各乡镇水管站）负责有关干渠的输水和支渠的配水工作，并按指定地点执行交接水制度，用水户协会或组织负责组织斗、农、毛渠和乡村的用水工作。

2) 加强交接水制度管理

由于干渠输水线路长，跨越多个乡镇，为使用水计划付诸实施，应在乡镇交界范围适当地点设置交接水站，施测记录水位流量，实行上游交水，下游接水的制度，确保足额供水，上下游农田均衡受益。

3) 加强用水计量管理

灌溉用水计划执行基础是能实行用水计量，准确计量是灌区今后水费改革中"按方计量，按量收费"的重要依据，应根据灌区"按方计量，按量收费"的发展要求，不断完善系统监控与信息化规划的建设，充分发挥二级管理站、乡镇水管站、用水协会及用水户代表的积极性，完善灌区水资源计量的网络。

4) 加强依法用水、管水

潦河灌区灌溉面积大，渠道长，农民多沿用传统灌溉用水习惯，灌溉用水纠纷时常发生，各级管水机构应在加强现场管理同时，因地制宜制定用水纠纷责任划分与调解处理方案，将其纳入各级供水合同管理中，做到依法用水、管水。明确各级管理机构的责、权、利，妥善处理水事纠纷。

5) 加强用水档案管理

二级管理站与农民用水户协会要分别建立健全各类档案，健全基础资料收集、整编统计制度，建立原始记录和管理台账制度，完善渠道、闸门、量水设施及测试、计量等工程技术档案管理。

8.8.5　灌区农业水价综合改革

贯彻落实《国务院办公厅关于推进农业水价综合改革的意见》（国办发〔2016〕2号）和国家发改委、财政部、水利部、农业部《关于贯彻落实〈国务院办公厅关于推进农业水价综合改革的意见〉的通知》（发改价格〔2016〕1143号）精神，建立健全灌区农业水价形成机制，促进灌区农业节水减排和可持续发展，立足灌区现状，稳步推进灌区农业水价综合改革。

1. 总体目标

结合潦河灌区实际，建立健全合理反映供水成本，有利于节水和农田水利体制机制创新、与投融资体制相适应的农业水价形成机制；全面推行农业用水计量收费，价格水平总体达到运行维护成本；农业灌溉用水普遍实行总量控制和定额管理，优化农业种植结构，大力推进先进实用的节水技术，全面提高农业用水精细化管理水平，促进农业用水方式由粗放式向集约化转变，提高农业用水效率，切实体现农业节水减排效果；基本建立可持续的精准补贴和节水奖励机制；确保灌区在2020年前实现农业水价综合改革目标。

2. 夯实农业水价改革基础

1) 完善农田水利工程体系

潦河工程管理局应继续大力推进骨干工程续建配套与节水改造；安义、靖安和奉新三县应切实抓好小型农田水利重点县建设，加强以高效节水灌溉工程、现代化灌排渠系工程和农田排灌"最后一公里"为重点的小型农田水利基础设施建设，进一步提高农业供水效率和效益，以增强农户参与改革的积极性，促进农业水价改革；潦河工程管理局应与灌区三县人民政府联合建立投入激励机制，并争取中央和省级财政资金，确保改革的顺利实施。

2) 完善供水计量设施

供水计量设施是农业供水计量收费的前提，潦河工程管理局和安义、靖安、奉新三县要加快供水计量体系建设。潦河工程管理局要在干渠进水口和干渠入支渠分水口处建设安装计量设施；灌区三县水利、农业开发、国土等涉及农田水利的，新建、扩建、改建等工程项目必须同步建设计量设施，尚未配备计量设施的，三县要按照推进农业水价改革的时间要求制定计划，确保在 2020 年之前配套完善。

3) 建立农业水权制度

潦河工程管理局要以确定的灌区用水总量控制指标为基础，制定安义、靖安、奉新三县在潦河灌区内的农业用水总量；灌区三县依据潦河工程管理局分配给本县的农业用水总量，并按照灌溉定额、灌溉面积和种植结构等把用水指标分配给各用水户，明确水权，实行总量控制。每年坚持水资源"三条红线"考核，制定并从行政层面上严格执行对考核结果的奖罚制度。并在灌区内逐步建立农业水权交易制度，鼓励用户转让节水量或将节余水量转入下年使用，灌区三县人民政府和水行政主管部门、潦河工程管理局可予以回购，在满足区域内农业用水的前提下，推行节水量跨区域、跨行业转让。

4) 推广节水农业技术

灌区内主要种植水稻，安义、靖安、奉新三县应着力改变目前水稻灌溉中普遍存在的"漫灌"、"串灌"等浪费水资源的灌溉方式，大力推行水稻节水灌溉技术；要优化农业种植结构，合理安排耕作和栽培制度，选育和推广优质耐旱高产品种，提高天然降水利用率；大力推广深松整地、中耕除草、覆盖保墒、增施有机肥以及合理施用生物抗旱剂、土壤保水剂等技术，提高土壤吸纳和保持水分的能力；大力宣传推广滴灌、喷灌、微灌等水肥一体化高效节水技术。加强农业节水技术宣传培训和技术指导，开展节水农业技术试验示范，提高农民科学用水、节约用水意识和技术水平。

5) 创新管理体制

安义、靖安、奉新三县要创新管理，落实管护主体，建立农田水利工程长效管护机制；积极支持农民用水合作组织的规范组建和创新发展，健全管理制度，充分发挥其在供水工程建设与管理、用水管理、水费计收等方面的作用；积极推进小型水利工程管理体制改革，明晰农田水利设施产权，颁发产权证书，将农田水利设施使用权、管理权移交给村委会、农村集体经济组织、农民用水合作组织、受益农户及新型农业经营主体，明确管护责任。

6) 探索终端用水管理方式

安义、靖安、奉新三县要鼓励发展农田水利设施由专业服务队、农民用水合作组织、农业经营主体等进行管理的终端用水管理模式，进一步调动村集体、受益农户和各类新型农业经营主体的积极性，以加强水费征收和使用管理。积极探索和鼓励社会资本参与农田水利工程建设和管护，在确保工程安全、公益属性和生态保护的前提下，采取承包、租赁、拍卖、股份合作和委托管理等方式，搞活经营权。积极探索实施政府和社会资本合作(PPP)、政府购买服务等模式，鼓励社会资本参与农田水利工程建设和管护。

3. 建立健全农业水价形成机制

1) 分级制定农业水价

农业水价按照价格管理权限实行分级管理。灌区骨干工程农业水价实行政府定价，由省价格主管部门管理；灌区末级渠系供水实行政府指导价，由安义、靖安、奉新三县价格主管部门管理。

2) 探索实行分类水价

安义、靖安、奉新三县可结合当地实际探索区别粮食作物、经济作物、养殖业等用水类型，在终端用水环节实行分类水价，并统筹考虑用水量、生产效益、区域农业发展政策等，合理确定各类用水价格。用水量大或附加值高的经济作物和养殖业用水价格可高于其他用水类型。

3) 逐步推行分档水价

安义、靖安、奉新三县要积极创造条件对农业用水实行定额管理，逐步实行超定额累进加价制度，促进农业节水。有条件的区域可探索实行两部制水价和丰枯季节水价。

4) 探索水费征收方式

潦河工程管理局和安义、靖安、奉新三县要阐明农业灌溉实行有偿用水，水费征收为农田水利设施运行维护提供资金支持，是农田供水工程能够正常运行的长期保障，应在全面分析现有水费征收方式利弊的基础上，广泛征求农村集体经济组织、农民用水户组织、农户等用水主体的意见和建议，在农业水价综合改革推进过程中，探索适合当地、用水户乐于接受的水费征收方式。

4. 建立精准补贴和节水奖励机制

1) 建立农业用水精准补贴机制

安义、靖安、奉新三县要在建立完善农业灌溉用水总量控制和水价形成机制基础上，建立与节水成效、价格水平、财力状况相匹配的农业用水精准补贴机制。农业水价未调整到运行维护成本的，补贴用于农田供水工程运行维护费用，农业水价调整到运行维护成本以上的，重点对种粮农民定额内用水进行补贴。

2) 建立节水奖励机制

安义、靖安、奉新三县根据节水量对采取节水措施、调整种植结构节水的规模经营主体、农民用水合作组织和农户给予奖励，提高用户主动节水的意识和积极性。

3）落实精准补贴和节水奖励资金

安义、靖安、奉新 3 县统筹各级财政安排的水管单位公益性维修养护经费、农业灌排工程运行管理费、农田水利工程设施维修养护经费、农业水价综合改革经费、上级补助的其他有关专项资金以及社会捐助等，用于精准补贴和节水奖励。

5. 保障措施

1）建立健全合作机制

安义、靖安、奉新三县各有关部门要进一步提高认识，把农业水价综合改革作为改革重点任务，积极推进落实。灌区三县各级人民政府对本行政区域及所辖灌区农业水价综合改革工作负责，物价、财政、水利、农业、民政等部门要建立健全工作机制，细化落实责任，协调推进改革，明确精准补贴和节水奖励办法，落实各项保障措施，改革推进工程中以简报、专报等形式及时通报和上报本地区推进农业水价综合改革的经验做法、重要情况、发现的问题以及有关建议等。各有关部门要强化工作督导，发现问题及时纠正，确保农业水价综合改革顺利推进。

2）强化协调配合

安义、靖安、奉新三县要加强农业水价改革与相关改革的衔接，综合运用工程配套、管理创新、价格调整、财政奖补、技术推广、结构优化等举措统筹推进改革。物价、财政、水利、农业、民政等部门要认真履行职责，加强沟通，密切配合，做好服务。物价部门要加强对农业水价改革工作的指导，负责在完善农田水利工程体系、供水计量设施基础上，积极稳妥地推进农业水价改革。财政部门要做好落实精准补贴和节水奖励资金工作，负责会同有关部门共同研究落实农业水价补贴和节水奖励政策，积极支持水价改革。水利部门负责农田水利工程体系和供水计量设施完善、加强农业用水总量控制、创新管理体制和终端用水管理等水价改革基础工作。农业部门负责推广节水农业技术，积极调整优化种植结构，推进节水措施。民政部门要负责做好农民用水合作组织注册、登记、管理等工作。

3）加强督促检查

安义、靖安、奉新三县要建立农业水价综合改革监督检查和考核评估，采取检查、抽查等方式定期或不定期进行专项督导，做好年度考核评估，推动各项任务落到实处。

4）加强舆论引导

潦河工程管理局和安义、靖安、奉新三县要做好农业水价综合改革的政策解读，加强舆论引导，宣传农业水价改革和节约用水的重大意义，引导农民树立节水观念、增强节水意识，提高有偿用水意识和节约用水的自觉性，营造农业水价综合改革的良好氛围。

8.8.6　灌区组织管理

1. 灌区管理建设目标

潦河灌区管理体制历经多次整顿和改革，特别是进入 21 世纪，在国家调整治水思路、水利工作从"传统水利"向"现代水利"转变的大背景下，强调用水户更多地参与灌溉管理。潦河工程管理局在 2007 年基本完成了初步的水管体制改革，灌区水利工程实行统一管理和分级管理、专业管理和群众管理相结合的管理体制。当前形势下，灌区管理建设目标是：通过深化内部改革和推进生态灌区建设，力争把灌区建设成符合当地水情和社会主义市场经济要求的水利工程管理体制和运行机制——建立职能清晰、权责明确的水利工程管理体制；建立管理科学、经营规范的水管单位运行机制；建立市场化、专业化和社会化的水利工程维修养护体系；建立合理水价形成机制和有效的水费计收方式；建立规范的资金投入、使用、管理与监督机制；建立较为完善的政策、法律支撑体系。

2. 灌区组织管理

1）潦河灌区管理组织结构

根据《水利工程管理体制改革实施意见》和潦河灌区管理现状及其建设目标，结合生态灌区建设管理需要，拟定灌区综合管理组织结构见图 8-15。

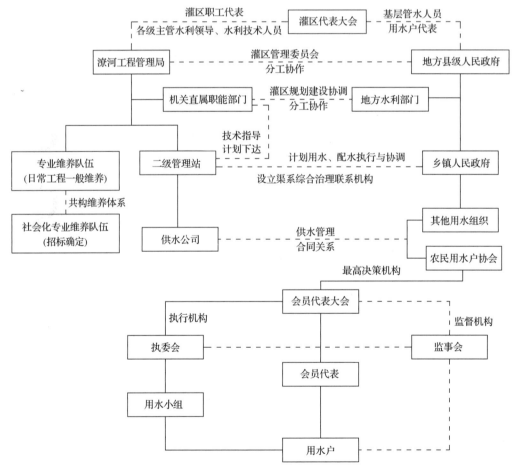

图 8-15　潦河灌区综合管理组织图

2) 潦河生态灌区专管机构组织管理

A. 明确职责，规范管理

潦河灌区专管机构负责灌区引水枢纽及干渠工程建设与管理，本着为用水户提供更好的供水服务，努力降低供水成本和提高服务质量，充分发挥灌区的经济效益、社会效益和生态效益，主要承担以下职责：

(1) 宣传贯彻国家的水利方针和政策，落实同级政府、业务主管部门的有关规定、办法，执行上级有关部门的指示，贯彻灌区代表大会和管理委员会的决议。

(2) 建立健全农民用水协会和其他基层群众管水组织，反映农民用水协会的意见和要求，这是潦河工程管理局多项职责中的重要组成部分。

(3) 对灌区工程设施进行维修养护和续建配套与节水改造，提高工程设施完好程度，确保工程安全运行，发挥应有效益。

(4) 在政府和水行政主管部门统一领导下，进行灌区内防汛抢险、水毁工程修复等工作。

(5) 实行计划用水，帮助农民用水协会改进灌溉技术，为农民用水协会提供周到、优质的灌溉服务，搞好排水，改良灌区土壤，促进农业增产，农民增收。

(6) 优化配置水资源，根据农村产业结构调整，适时适量地向用水户提供灌溉用水；注重灌溉试验工作，推广节水灌溉科研成果，总结灌水经验，指导用水户科学用水。

(7) 合理调配水源，保护水源水质，防止水体污染，杜绝广大用水户在灌溉用水中对水质的危害事件。

(8) 加强灌区现代化建设，提高办公、通信、工程机械与设备的自动化能力；加强职工培训工作，提高职工综合素质和管理能力。

(9) 强化组织管理，积极培育发展农民用水协会等用水组织。民主管水，提高参与者的知情权、参与权、决策权与监督权，引导他们坚定不移地走参与式灌溉管理之路。

(10) 进行供水成本核算，组织收取水费，健全财务制度，控制和降低供水成本；利用水土资源，开展多种经营，提高灌区社会经济和生态环境效益。

(11) 做好统计档案的管理工作。

B. 分类定性，定岗定员

根据江西省机构编制委员会办公室(赣编办〔2014〕65 号文)的批复，潦河灌区专管机构为江西省潦河工程管理局，为省水利厅管理的正处级差额拨款事业单位，内设机构 8 个，核定 85 个事业编制，实际在岗人员 79 人。

C. 建立科学的人员竞聘、考核和工资制度

潦河工程管理局应继续深化人事制度改革，稳妥实施人员聘用。应根据自身发展需要，按照公开、公平、公正的原则招聘后续岗位编制人员，对全局拟设置的 102 个岗位实行竞争上岗，实现人员定岗、编制到人，并签订聘用合同。

灌区管理考核制度是为评价管理目标的科学性、工作秩序的规范性、评价标准的可操作性设计的一系列标准。其目的是调整、激励、控制管理者的责任、权利、义务和利益关系，核心是建立健全各类岗位责任制和考核标准量化，考核制度建议按单位考核和岗位考核两种进行。

单位考核项目建议按组织建设、制度建设、民主管理、安全生产、科技服务、人才结构、文明创建、工程设施完好率、经济目标完成率、水资源利用效率、员工工资总额志福利费增长率等；岗位考核项目一般应根据各类职位、岗级和具体工作范围、分工，制定岗位责任说明书，量化各项职责的评分标准，以日常工作记录、月考核成绩、年业绩评价和德、能、勤、绩为依据进行综合考核。考核方法一般采取自我评分、基层民主评议、主管领导评价、班子集体审定的方法进行。

管理单位的工资制度根据国家法律、法规和公益事业单位的工资制度制定，工资结构一般由基础工资、岗位津贴、职称职级工资、绩效工资、奖励工资和晋级工资构成，其中绩效工资、奖励工资和晋级工资应向关键岗位和优秀人才倾斜。工资制度应区分管理岗位、技术岗位、技能岗位、普通岗位，设置不同等级系列，除国家规定的固定部分外，其他活工资均按个人对应的岗位等级系数分配。

D. 进一步推行管养分离

工程管理是维护工程完整性和充分发挥工程效益的一项工作，而管理体制的完善，是做好工程管理工作的基础。潦河管理局目前已成立工程维养队伍初步实现了对工程维修养护任务实行内部合同管理，潦河管理局组建的这支工程维养队伍以单位内部工程维修养护为主，作为管理局隶属的一个部门存在，仍未完全实现企业化、市场化管理，潦河管理局应进一步完善法人治理结构，以管理局技术管理人员为依托，解决初步管养分离后维养队伍长远发展壮大问题，积极向外拓展市场，实现维养企业作为管理局创收的一个出路。为此，应进一步理顺、解决以下问题：

a) 任务分工，权责明确

管养分离首要的问题是将责任分解、任务细化，变多头管理为单一管理，权责划分格外重要。管理单位负责工程的日常管理、防汛工作及经济创收等，维修队伍负责工程的日常养护、维修及有能力施工的项目工程，是一个比较好的配置，同时在机构设置上，维修施工单位短期内可作为管理单位的一个有法人资格、企业化管理并独立核算的二级单位，但从长远看，应走独立发展之路，拓展业务范围，财务做到独立核算、自负盈亏。

b) 合同管理，相互约束

管理单位交付给维修单位的维修养护任务应该实行合同管理，以明确双方的责任和义务，合同中应明确任务的工作量和经费总额的具体要求，便于在施工过程因项目或工作量增减引起经费额变动时进行结算。对日常任务外实行项目管理和施工的项目，实行严格的项目法人管理制度和资本金制度，在任务完成的过程中，建设方和施工方都应严格遵守。

c) 建立健全有效的激励制度，加强监督机制建设

由于现行体制，工程维养企业(队伍)并非完全市场化运行，主管单位对维养企业负责人有组织任命权，在这种情况下，应建立有效的激励制度和监督制度，逐步使工程维养实现社会化、专业化、市场化。

在激励制度建设方面，明确工程维养水平与管理人员的晋升、收益关系，同考核制度结合起来，综合评比，严格奖惩，打破平均主义，充分发挥其潜能；应尽早尝试推行岗位责任制和经济责任承包制模式，以工程维养质量和经济效益为导向，进一步精简、

优化维养队伍人员结构，逐步壮大队伍。

在监督机制建设方面，在单位内部应积极推行民主管理，增加管理的透明度，审计部门应加强对维养企业财务审计。

E. 建立合理的水价形成机制，强化计收管理

供水价格要按照补偿成本、合理收益、优质优价、公平负担的原则核定，对农业用水和非农业用水区别对待，分类定价；借助生态灌区建设，改进农业用水计量设施和方法，逐步推广按方计量，在此基础上，积极培育农民用水合作组织，改进收费办法，减少收费环节，提高缴费率。随着灌区深入发展，实行供水合同制，利用价格杠杆调节供需矛盾，层层建立买卖关系，实行内部经营市场化。

3) 田间工程管理

按照市场经济的要求和灌区基层水利工程社会化的特点，对现有管理体制与运行机制进行改革，把支渠以下田间工程设施交给农民用水户协会负责管理，让用水户广泛参与灌溉管理，使灌区基层农田水利工程的运行维护对政府的依赖程度逐步减少，灌区专管机构和农民用水户协会双方自我维持的能力增强，最终使整个灌区达到可持续发展的目的；推进田间工程产权改革，进一步明晰工程产权与管护主体。

A. 农民用水户协会运作与管理

(1)加强民主管理、民主监督。由会员代表大会来选举和罢免执委会成员；审查、通过执委会的各项工作计划、用水计划和工程维修改造、集资投劳计划；审查并民主监督执委会的年度财务预、决算等。要充分发挥会员代表大会的职能，尊重全体会员权利，坚持一事一议。

(2)执委会负责协会日常工作，包括编拟各类计划、组织用水、调解用水纠纷等，水费由执委会收齐后，按供需合同关于水费支配的有关规定，将应上缴的水费统一上交潦河管理局，其余水费留于协会自主管理使用。

(3)在执委会统一领导下，以执委会成员和会员代表为主体，组建专业管水队，做到及时放水、规范计量、按章收费、开票到户，并及时公布各户用水收费明细，做到公开、透明，自觉接受广大用水户和会员代表的投诉和监督。

(4)实行水务、财务公开，接受会员监督。协会内部收取的用水管理费、工程管护费，其费用标准由执委会负责测算，须经会员大会 2/3 以上的代表表决通过后才能组织实施；协会设立独立的财务账目，财务收支定期公布，年底主动接受会员代表的审计和监督。

B. 制定与农民用水户协会匹配的产权制度

提倡用水户参与灌溉管理即组建农民用水户协会是解决灌区末级渠系工程管护主体缺位的需要，也和当前农村生产经营管理体制中农民土地使用要受到法律保护的要求直接相对应，农村基层水利管理体制改革的方向是大力推行农民用水户协会，灌区田间工程由集体投资投劳或财政补助建成，产权不明晰，造成田间工程管理主体"缺位"，管护责任不明，应明晰与农民用水户协会匹配的田间工程产权制度，明确管护责任主体和管护资金来源。

4) 充分发挥农民用水户协会作用

在规划农田水利建设和生态文明村建设过程中，应归集各部门用于"三农"建设资金，建管过程突出农民用水户协会的积极作用；在明晰农田水利设施产权和管护责任的基础上，灌区各级主管部门应探索将小型水利工程管护、农村环卫保洁、农村交通设施管护、农村公共绿化设施管护、农村公共活动场所管护工作进行整合，推行"五位一体"统筹管护模式。

3. 灌区协调机制建设

充分发挥辽河灌区管理委员会在生态灌区统筹建设与综合管理等方面的协调配合作用，设立灌区生态环境维护管理机构，加强灌区生态环境维护。

1) 灌区管理委员会

灌区管理委员会由水行政主管部门、受益地方政府及其有关职能部门、辽河工程管理局、用水户等方面代表组成，对辽河灌区生态建设与管理发挥重要的协调和监督作用。

利用联席会议这一沟通平台，加强以下几方面的协调联动，共同促进灌区建设。

(1) 防汛排涝。辽河工程管理局主要承担取水枢纽和干渠的防洪安全任务，按照职能划分要求，辽河工程管理局应在政府和水行政主管部门统一领导下，开展灌区内防汛抢险工作。灌区防汛是地方防汛任务一部分，辽河灌区取水枢纽工程汛期运行调度应协同下游河道的防洪能力；汛期干渠既承担灌溉供水任务，又承担间山洪水和农田汇水泄洪，需加强辽河工程管理局与地方政府汛前会商，加强汛期水雨情信息共享。

(2) 灌区抗旱。遇干旱年份，灌区水源引水不足时，灌区管理局应力争取得省防总和地方政府管辖的水源工程的水量补充；地方政府应协同辽河工程管理局加强旱期农田灌溉用水管理和用水纠纷的调解。

(3) 水资源管理。社会经济的发展给水资源保护工作带来巨大挑战，目前辽河流域水质总体情况良好，但存在生活污水、养殖废水和工业废水未经处理直接排入灌区干渠及河道现象，水体水环境恶化趋势较为明显，应按照"属地为主，协调联动"的原则，尽快建立起以地方各级政府主导，灌区管理机构积极配合的处置突发水污染事件应急协调机制，共同应对和处置突发水污染事件。随着灌区城镇化推进和实施用水总量控制，带来用水紧张和生态环境恶化等问题，加剧了与水资源承载能力的矛盾。灌区三县及管理局应协同研究调整灌区产业结构和布局，研究建立水权流转交易机制；各县应按照水资源管理考核办法，加强县界面水质的检测和监测，定期分析水质变化原因，制定协调解决措施。

(4) 农业面源污染防控。目前，农业面源污染防控责任主体不明确。实际工作中，农业面源污染防治工作涉及环保、农林、国土、水利、建设等多个部门，各部门职能缺乏统筹协调，缺乏明确的防控主体、监管主体，建议研究制定《辽河生态灌区环境保护管理办法》，共同推进农村污染和农田退水污染防控工作。

(5) 共同探讨制定区域一体化的生态补偿标准、补偿对象、考核标准及补偿资金来源渠道。

(6)共同打击涉水违法事件，加强联合巡查执法力度。

(7)研究制定移交田间工程到农民用水户管护办法。由灌区三县政府主导，协同潦河工程管理局和有关的村民委员会，将管辖的农田水利工程的产权及其管理与维护的职责、权利，全部移交给农民用水户协会进行管护。

2)渠系综合管理机构

灌区渠道输水线路长，现状灌区管理机构人力和资源有限，潦河工程管理局应联合地方政府，实行渠道分段分级综合管理，共同维护渠道输水水质、渠道防洪安全，共同打击破坏渠道及其设施安全的行为。

A. 渠系综合管理机构设置

机构建立由潦河管理局主导，每条干渠设置1个干渠综合管理处，办公室设在二级管理站。管理处成员单位为潦河工程管理局、干渠沿途乡镇、行政村、用水户协会。

B. 机构主要人员组成及职责

潦河灌区干渠途经多个乡镇和村委，可参照"河长制"设置4个层级，机构人员组成为：7条干渠设置1名总负责人，为"一级渠长"，由潦河工程管理局分管领导担任，负责灌区所有干渠的综合管理；单条干渠综合管理机构人员为二级管理站站长1名，为"二级渠长"，负责单条干渠综合管理；沿途乡镇分管领导若干名(途经每个乡镇设置1名)，为"三级渠长"，负责干渠途经本乡镇辖区的综合管理；行政村村主任为"四级渠长"，负责干渠途经本村委辖区的综合管理。

C. 工作开展

(1)采取联合巡查工作制。由二级管理站组织实施，原则上灌溉期间每月联合巡查1次，其他时间每季度联合巡查1次，特殊情况可由"二级渠长"负责人临时决定安排巡查。

(2)干渠综合管理办公室主任由二级管理站站长担任，各成员单位确定1名相关业务科室人员为工作联络员，协助落实联合巡查中需要落实的相关协调工作，负责有关信息的上传下达，各成员单位联络员应保持相对稳定。

(3)渠道线路长，综合管理事件多，联合巡视需要做到有针对性。二级管理站人员应加强渠道的日常巡视检查，及时发现问题，做好记录，不能现场解决的，向综合管理办公室报告；建立多渠道信息收集方法，如建立举报机制。

(4)每次联合巡查发现的问题和解决结果由综合管理办公室负责整理简报，向各成员单位通报。

(5)对联合巡查中发现的问题而又不能解决的(如：涉及跨部门、地区)，总渠长需及时报告灌区管委会。

4. 灌区管理能力建设

加强灌区管理能力建设，是提升灌区管理和服务水平的必然要求，是保障生态灌区健康运行的重要举措。

1)强化执法队伍建设，加大执法力度

水行政执法是水利事业发展的有力保障，潦河灌区水利工程存在部分干渠保护区域被侵占甚至取土破坏、工业企业及生活排污口污水直接入渠、干渠渠道枢纽保护范围采砂石、区内建设造成水土流失及生态环境破坏、渠系建筑物金属偷盗等现象，因此，必须加大执法力度，强化执法队伍建设。

2)加强人才队伍建设，提升灌区职工的业务素质

生态灌区建设与管理水平的提高，关键在人才。加强生态灌区建设实用技术推广和高新技术应用，推动信息化与水利工程调度管理的深度融合，加强水资源的安全基础研究、技术研发及实用技术的转化与推广。目前灌区管理机构的人员总量和人才结构难以满足生态灌区管理需要，必须在鼓励现有骨干力量在职学习深造的同时，引进专业结构合理的工程技术人员和高级复合型管理人才，强化人才队伍建设，吸引更多高素质人才参与生态灌区建设与管理。

3)充实技术装备，提升工作效能

潦河灌区涉及众多堤防、灌排渠系及其建筑物，管理战线长，开展日常河道工程管理、巡堤(渠)查险、水政执法等管理工作需要配备必要的交通工具、生产工具和技术装备，目前大部分一线巡查人员交通工具为摩托车，管养工具落后甚至人力手工完成，必须加大投入，充实各种技术装备，提高后勤保障能力和信息获取、传送能力，提升工作效能。

4)加强信息化管理建设，提高管理效率

在硬件建设方面，切实加强灌区监控体系建设，灌区水雨情、闸控、墒情、水质、气象监控仪器，灌区水工建筑物的监控设备等的信息监测设备应按监控体系建设规划按时完成。在软件建设方面，要完善办公自动化系统、开发灌区综合管理平台，整合用水管理决策支持系统、水费征收系统、灌区信息共享和信息服务建设等内容。

8.8.7　灌区信息化管理

根据《江西省潦河生态灌区建设发展规划》的要求，以潦河灌区生态建设为契机，结合水利水务信息化工程，逐步推动灌区水利信息化建设进程。

1. 总体目标

灌区信息化管理总体目标是要提高灌区水利水务建设管理和服务水平，达到全面监控、科学管理、节约利用、快速响度的生态灌区的要求，实现信息数字化、控制自动化、决策智能化，以展现"信息化引领智慧水利水务，规划先行协调推进和谐民生"的水利水务信息化愿景。

2. 总体要求

灌区信息化管理总体要求是要完成信息数字化、控制自动化、决策智能化，达到现代、生态、智慧灌区的要求。

(1)灌区管理机构应建立满足单位职工日常工作所需的内部局域网络，并与上级水利主管单位互联互通，单位内部网络出口要配备必要的安全设备设施，加强网络安全管理，

预防病毒、非法入侵等情况发生。

(2)灌区应建立信息化管理系统，实现对灌区工程、水雨情、水量监测、防汛预警、水资源配置与调度、水费计收、事务管理等的信息化管理。

(3)灌区骨干渠系及建筑物工程信息应进入信息化管理系统，内容包括工程属性数据、地理位置数据、工程全景图等数据；建立工程建设和维修加固的历史数据库，为灌区发挥效益提供基础数据。

(4)加强对灌区骨干工程实时信息的采集、处理和分析(利用大数据、云技术分析)，在灌区骨干渠系的重要位置应设置水雨情、水量采集点，使用水真正实现按量收费。

(5)灌区水闸、泵站等主要骨干工程宜采用自动化控制手段，逐步实现远程监控。

(6)灌区日常巡查宜采用信息化手段，实现智能巡查。

(7)专管机构应建立日常事务管理和工程运行状态的电子化台账。

3. 主要任务

灌区信息化管理需要统筹三项体系，联合"3+1"的信息化格局。

(1)统筹三项体系：基础设施体系、业务应用体系和环境保障体系是信息化建设的三大要素，三者密不可分、缺一不可。需要统筹管理。

(2)联合"3+1"的信息化格局：即全灌区内基础设施体系、业务应用体、环境保障体系的建设及智慧灌区物联网示范工程建设的联合管理。

4. 基础设施体系管理

基础设施体系是灌区业务应用的支撑平台，是实现灌区信息资源共享与利用的基础。该体系主要可分为：信息采集和系统监控层、信息传输与通信网络层、信息资源与管理平台层(数据库)等内容。

(1)需采集灌区的水雨情、工情、气象、农情、墒情、水质、生态信息系统的数据，利用大数据、云技术处理和分析进行精准管理。

(2)监控系统的主要对象为闸控和视频监视，以实现灌区管理的自动化控制与远程调度。

5. 业务应用体系管理

业务应用体系主要包括面向灌区管理人员的各类日常业务管理系统和面向各类决策问题的决策支持系统两个方面的管理。挖掘无人机、街景等影像技术在智能巡查中的潜力，为智能化决策提供高效支持。主要包括：

1)日常业务管理系统

(1)水利工程信息化咨询系统；

(2)水行政综合管理系统；

(3)水利综合管理系统；

(4)灌区工情巡查 GIS 系统；

(5)测量水信息管理系统；

(6)灌区工程建设与运行管理系统；

(7)灌区水费征收管理系统；

(8)水利工程安全巡查管理系统；

(9)水利工程安全监测系统；

(10)水政执法及监督管理系统；

(11)移动应用管理 APP；

(12)视频会商系统。

2)决策支持系统

(1)防汛抗旱指挥系统；

(2)山洪灾害监测预警系统；

(3)洪水风险图管理系统；

(4)配水调度决策支持系统；

(5)农田灌溉信息化系统。

6. 环境保障体系管理

环境保障体系由标准规范体系、安全保障体系和管理保障体系三方面组成，标准规范体系包括行政规章、规范性文件、技术标准和技术指导文件以及其他技术文件等；安全保障体系是保障系统安全应用的基础，包括物理安全、网络安全、信息安全及安全管理等；管理保障体系是为信息化建设与管理提供机构、人员、资金、技术、制度及考核评估等方面的保障。

7. 物联网智慧灌区管理

物联网是指通过计算机互联网实现物品的自动识别和信息的互联与共享，以实现远程监视、自动报警、控制、诊断和维护，指导生态灌区动态调整农产品种植，进而实现"管理、控制、营运"一体化。

从深化潦河灌区信息化管理需求出发，以物联网技术为支撑，选取潦河灌区地理位置、基础设施条件较好的区域开展物联网智慧灌区示范工程建设。综合智能感知、仿真、诊断、预警、调度、处置及控制等关键技术，构建"测、传、决、控、述"为一体的智能系统，为潦河灌区信息化建设方向提供示范。

8.8.8　管理运行费

参照类似工程和相关标准，估算工程管理运行费约 5750 万元/年。

8.8.9　资金来源分析

生态灌区管理具有较强的公益性，主要依靠地方财政的投入，同时充分利用区内水土资源，可建立"政府引导，地方为主，市场运作，社会参与"的多元化筹资机制，广泛吸引社会资金的投入。

1. 地方财政积极投入、争取上级资金支持

紧紧抓住中央、省高度重视生态水利建设的契机，积极争取中央、省级资金支持。发挥省级及地方政府在生态灌区工作中的主导作用，加大地方财政投入，建立补偿机制等，保证管理资金及时到位，确保生态灌区管理顺利实施。

2. 鼓励社会资金参与

为充分利用区内水土资源，采用股份制经营、可创新捆绑经营、PPP 融资经营等多种形式，积极引入民间资本，进行社会融资。逐步建立政府引导、市场推动、社会参与的多元化投融资机制。

8.9　典型示范区建设方案

8.9.1　示范区现状

拟选址于奉新南潦干渠灌溉范围内的奉新县赤岸镇谌坊村，见图 8-16，灌区占地约 400 亩，区内除东部少许土地种植旱作物外，其余种植双季水稻，采用奉新南潦干渠引水灌溉。示范工程对外交通便利，省道昌靖、昌奉、奉高等纵横穿越其中，生产管理路径佳，用电可得到保证。示范区现状见图 8-17。

图 8-16　项目区地理位置图

示范区总体概况

周边河道情况

现在渠道情况

口门建筑物情况

图 8-17　示范区现状照片

在收集整理传统灌区和生态灌区相关研究资料的基础上，对奉新县谌访灌区的灌排系统和农田排水水质净化-拦截-湿地系统进行生态规划。

8.9.2　总体布置

共规划建设 4 条引水渠，引水渠采取不同形式的生态防渗措施；规划建设 4 条排水沟，排水沟采取不同形式的生态防护措施，沟内设置农田排水水质净化装置和小型人工湿地；排水沟末端设置滨河湿地系统和排水控水构筑物，建设湿地生态系统；示范区东部污染排水口设置多层植物带及综合拦截系统；区内布置农田气象水情、土壤墒情监测系统及害虫生态诱捕装置，综合规划区内机耕路桥和生态景观。

工程总体布置见图 8-18。

8.9.3　工程建设规划

1. 节水型生态引水渠示范工程

1）闸门控制系统

为便于控制灌溉水量，在引水渠 1～3 渠首各设置 1 套电动闸门控制进水水位，闸门外形尺寸 $B \times L = 800\ \text{mm} \times 800\ \text{mm}$，并设置闸门控制柜，通过自动化和手动相结合的方式进行精确节水灌溉，详见图 8-19。

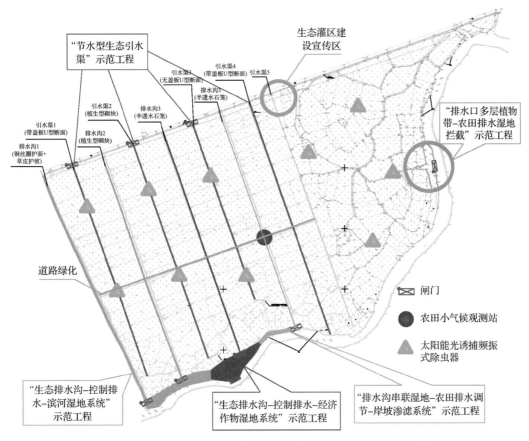

图 8-18　潦河灌区奉新县谌坊村生态灌区示范区工程平面布置图

图 8-19　电动闸门和闸门控制柜示例图

2) 生态引水渠

拆除示范区内原灌溉引水渠, 进行生态化改造, 改造后 4 条生态引水渠道共长 1520.0 m, 渠道底坡度均采用 $i=0.2\%$, 其中生态引水渠 1、引水渠 4 采用 C20 "预制砼 U" 形槽衬护, 渠顶铺设植生草皮型预制砼盖板; 生态引水渠 3 防渗形式同引水渠 1、4, 盖板形式略作变动；引水渠 2 为梯形断面，采用 C20 砼预制植生型河道防渗砌块进行渠道防护，渠道边坡、渠底铺设黏土防渗层，种植水生植物。

A. 生态引水渠 1、引水渠 4 设计方案

a) 渠道衬

渠道衬砌采用 UD60U 型槽，设计方案如图 8-20 所示。

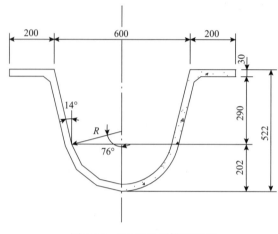

图 8-20　UD60U 型槽断面图

b) 渠顶盖板

渠顶盖板采用钢筋混凝土板，分两种布置形式：一种布置在没有过人要求的渠段，采用顶部铺设草皮的非人行盖板；另一种布置在分水口和闸阀附近，方便管理人员操作的渠段，采用人行盖板。设计方案如图 8-21 所示。

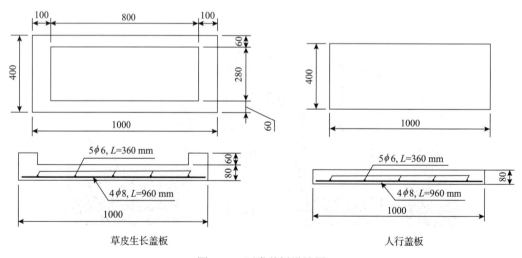

草皮生长盖板　　　　　　　　　　人行盖板

图 8-21　两类盖板设计图

c) 平面布置

Ⅰ. 生态引水渠横断面布置

在渠道一侧布置简易人行道，方便农民日常耕作；另一侧布置种植田埂。设计方案

如图 8-22 所示。

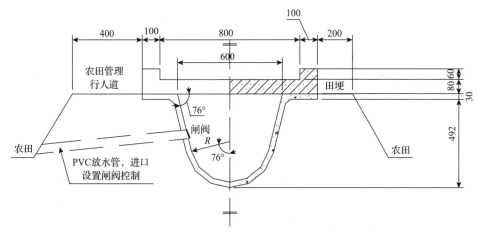

图 8-22　渠道横断面设计图

Ⅱ. 生态引水渠纵向布置

在 U 形槽顶布置种植草皮的盖板,每隔 20 m 设置 1 处不铺设顶板的敞开式放水口,放水口设置农田进水控制闸阀,一侧布置人行盖板方便管理。设计方案如图 8-23 所示。

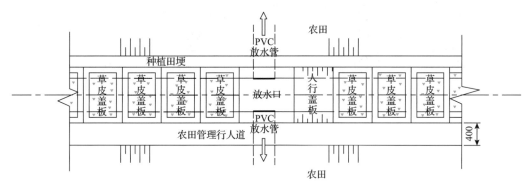

图 8-23　渠道纵向布置图

B. 生态引水渠 2 设计方案

a) 生态引水渠 2 断面形式

引水渠采用植生型河道防渗砌块,渠道断面形式为梯形断面,渠道边坡采用植生型防渗砌块,砌块孔隙填满黏土,以利于植物生长,砌块下设 150 mm 厚黏土防渗垫层,渠底铺设 200 mm 厚黏土防渗层,种植沉水植物。设计方案如图 8-24 所示。

b) 平面布置

在田块中间的横向道路处,应布设机耕桥;灌溉放水采用带闸阀的塑料管,在放水管闸阀处布置便于放水操作的人行盖板。

C. 生态引水渠 3 设计方案

引水渠 3 断面形式同引水渠 1、4,采用 C20 预制砼"U"形槽衬护,但渠道顶采用植生盖板间断封顶。设计方案如图 8-25 所示。

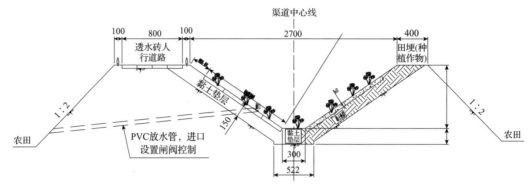

图 8-24 植生型防渗砌块渠道断面及效果示例图

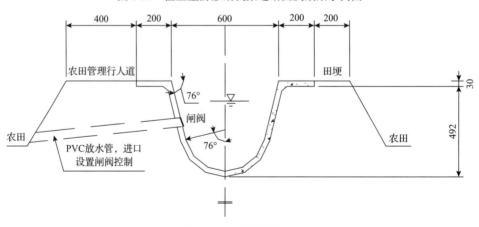

图 8-25 渠道断面图

2. "生态排水沟—控制排水—岸坡渗滤系统/湿地系统"工程

必须有效控制农田退水污染，规划构建"生态排水沟—控制排水—岸坡渗滤系统/湿地系统"来过滤净化、拦截污染源，按区内水稻和旱作物分布，在退水末端，构建湿地系统和岸坡渗滤系统，修复示范区生态系统。

对示范区内原排水沟进行生态化改造，改造后 4 条生态排水沟共长 1625.0 m，排水沟采用梯形断面，纵向排水坡度均采用 i=0.6%，其中生态排水沟 1 采用格宾网生态护坡，生态排水沟 2、排水沟 3 采用植生砼预制砌块护坡，生态排水沟 4 采用干砌石网格生态护坡；生态排水沟内设置不同形式的农田排水净污装置和调水、控水构筑物。

1）生态排水沟 1 设计方案

排水沟 1 设计断面图及效果示例如图 8-26，采用格宾网生态护坡，格宾网由高强钢丝和尼龙绳网格组成，采用柳钉固定在排水沟土渠上，土沟边坡种植草皮，沟底种植金鱼藻、伊乐藻、聚藻等沉水植物，利用植物吸收农田排水中的氮磷，排水进入新建滨河湿地系统。此外，在排水沟每隔 50 m 放置一个便携式水质净化器。

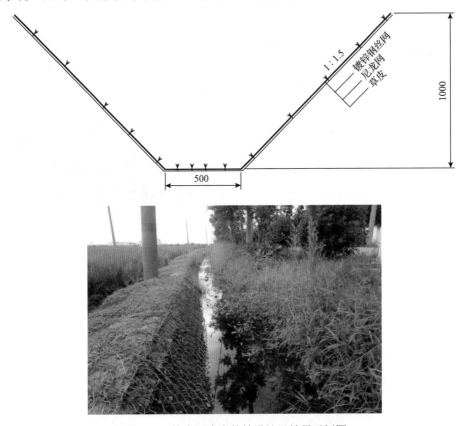

图 8-26　格宾网生态护坡设计及效果示例图

2）生态排水沟 2、排水沟 3 设计方案

对生态排水沟 2、排水沟 3 进行生态化改造，2 条排水沟沟底和沟壁均由防渗砌块排列形成，孔中填充基质和黏土种植植物，同时构建排水沟带状湿地净污系统。为保障生态排水沟内带状湿地运行，生态排水沟末端设置控水、调水构筑物，其中生态排水沟 2 末端设置不透水石笼，排水沟 3 末端设置简易砼挡板调水构筑物。

A. 生态排水沟 2、排水沟 3 断面形式

如图 8-27 所示，生态排水沟沟底和沟壁铺设植生型 C20 砼预制防渗砌块，砌块孔内

填充黏土，种植水生植物。生态排水沟 2 排水进入新建滨河湿地系统，排水沟 3 进入经济作物湿地系统。

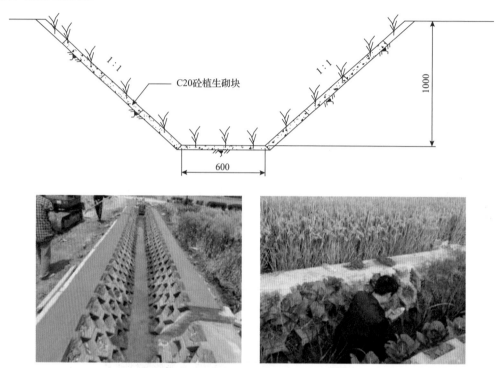

图 8-27　生态排水沟断面设计及效果示例图

B. 灌区稻田排水沟带状湿地净污系统构建

a) 平底湿地构建

对照图 8-28(a) 说明排水沟带状湿地净污系统，其结构包括梯级平底湿地 4，半透水石笼 5；梯级平底湿地 4 是由稻田排水沟 3 的底部斜坡整改而成，用半透水石笼 5 将每级隔开，并在其中设置湿地净化系统。

对照图 8-28(b)，将稻田排水沟 3 的底部斜坡整改成梯级平底，用半透水石笼 5 将每级隔开，并在其中设置湿地净化系统。根据整条排水沟长度及坡度，将每级平底湿地 4 的长度设置为 50～150 m 的范围内，半透水石笼 5 的高度以能够保证排水间歇期平底湿地生态需水要求，半透水石笼 5 的宽度一般为石笼高度的 1/2～2/3，半透水石笼 5 的长度为其两端与排水沟接触点之间的距离。半透水石笼 5 分半透水石笼不透水区和半透水石笼透水区。

半透水石笼不透水区的高度一般为 10～20 cm，该高度能够维持"湿地植物"在枯水期的生态系统需水要求，半透水石笼透水区的上端高度在稻田排水沟 3 正常排水水位附近。湿地净化系统内的水生植物 6 选择水稻、水芹菜等农作物。

b) 湿地净污系统方案

在生态排水沟 2、排水沟 3 的田埂农田排水口均放置水稻田退水水质净化装置。此外，在生态排水沟 2 内每隔 50 m 放置一个便携式复合人工湿地净化箱；在生态排水沟 3 每隔 50 m 放置一个可移动组装式农田排水沟水质净化器。

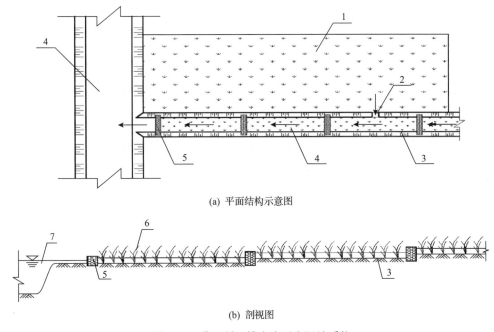

(a) 平面结构示意图

(b) 剖视图

图 8-28　灌区稻田排水沟平底湿地系统

1-稻田；2-稻田排水口；3-稻田排水沟；4-平底湿地；5-半透水石笼；6-水生植物；7-受纳水体

稻田退水水质净化装置如图 8-29 所示，当水稻田需要排水时，打开塑料闸门，稻田退水依次经过大密度钢丝网，生物填料球，细密度钢丝网和活性炭，退水中大颗粒的污染物质被大小密度钢丝网拦截，氮、磷和容易生物降解的有机物被净水箱中的填料球净化，难以生物降解的农药残留物等有害物质被净水箱中的活性炭吸附，达到净化水质目的。当水稻田不需要排水时，塑料闸门关闭。净化装置运行一段时间生物净化球上的生物膜老化或活性炭吸附饱后，可方便地将净化装置前后面打开对生物净化球、活性炭分别进行处理与更新。

复合人工湿地净化箱：对照图 8-30(a)，在田间排水沟末端竖直设置带有塑料网开口 1 的塑料波纹管 2 作为导水管，管径为 30 cm，在排水沟底以下 20 cm 处以 95°转向，使塑料管呈 5°倾斜穿出田埂进入滨河湿地系统，使水体自流而不发生淤积，而退水在竖直管段跌落，起到曝气作用。塑料网开口 1 设在竖直塑料波纹管上部，呈半圆曲面，塑料网口为 1 cm×1 cm 矩形，塑料网开口底端高于田间排水沟底面 15 cm，用于调节水位，当地下水位过高时，田间排水沟水面上升，农田首级退水经塑料网开口进入强化净化装置后排出，塑料网起到格栅作用，拦截体积较大杂质。塑料网开口 1 底端高于田间排水沟底面 15 cm。塑料波纹管 2 管径为 30 cm，顶端低于排水沟顶 5 cm，并在排水沟底以下 20 cm 位置以 95°转向导出田埂进入外排水沟，并与充满生物填料球 3、生物填料 8 的钢丝网箱 4 连接。钢丝网箱 4 为可开启式，尺寸设计为 50 cm×40 cm×40 cm，其底面和钢丝网箱 4 与塑料管的连通面紧靠外排水沟沟壁，塑料波纹管 2 连通面外三个侧面用适当大小的碎石 5 堆砌围护，保证塑料网箱的稳定性，同时碎石起到对钢丝网箱出水和迎水过滤作用，防止水流冲刷而移动。竖直波纹管上开口设置检修盖板 6，设置为圆锥

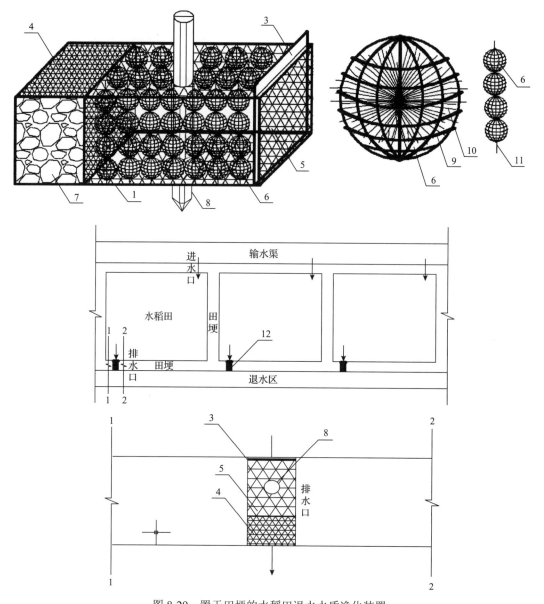

图 8-29　置于田埂的水稻田退水水质净化装置

1-ϕ10 钢筋；2-塑料板；3-塑料闸门；4-细密度钢丝网；5-大密度钢丝网；6-小生物填料球；7-活性炭；

8-木桩；9-软性纤维填料；10-聚乙烯凸起球形塑料框架；11-尼龙细绳；12-单体水质净化装置

形，利用减少塑料管的承压，底部直径大于塑料波纹管的管径，高为 5 cm，用于定期检修堵塞，保证排水通畅。

对照图 8-30(b)，所述生物填料球 3 由聚烯烃塑料制成球形的骨架与以聚氨酯等比表面积大的生物填料构成，用来净化农田首级退水中的氮磷和容易生物降解的有机物，生物填料球直径为 6 cm。

对照图 8-30(c)，旱作物农田内部设有一条田间排水沟，其末端通向紧靠滨河湿地系统的一条田埂，该紧靠滨河湿地系统的田埂横断面如图 8-30(a)所示为梯形，钢丝网箱 4

与塑料波纹管2的连通面紧靠梯形田埂外壁，其余三个侧面及底面堆砌碎石墙围护。强化净化装置合理的结构设计，充分利用原有的农田田埂、田间排水沟和滨河湿地系统，起到一个生态型排水口的作用，本实施例中滨河湿地系统底部低于田间排水沟底40 cm及以上。

对照图 8-30(d)，所述钢丝网箱4为可开启式，便于更换生物填料球，根据塑料管管径和外排水沟宽度确定其尺寸为50 cm×40 cm×40 cm，钢丝网的孔径小于生物填料球的直径。铁丝网箱4内装有生物填料球3，生物填料8。

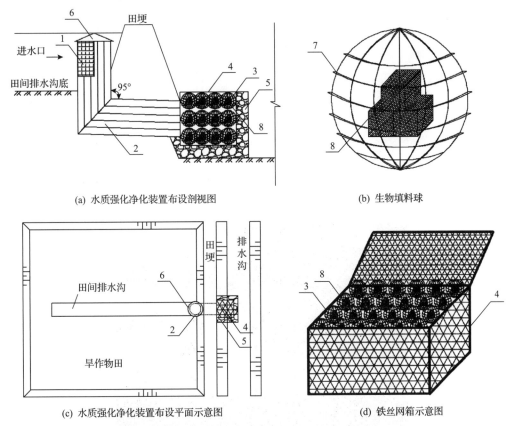

(a) 水质强化净化装置布设剖视图　　　　(b) 生物填料球

(c) 水质强化净化装置布设平面示意图　　　　(d) 铁丝网箱示意图

图 8-30　农田首级退水水质强化净化与排水调节构筑物

1-塑料网开口；2-塑料波纹管；3-生物填料球；4-铁丝网箱；5-碎石；6-检修盖板；7-球形的凸起骨架；8-生物填料

实施后，当地下水位过高或地表水过多时，田间排水沟水面上升，退水经塑料网开口进入强化净化装置后及时排出，同时退水中较大杂质被塑料网口拦截，退水在竖直管段跌落曝气，增加溶解氧，然后经过生物填料球氮、磷营养元素和有机污染物等负荷能有效降低，达到净化水质目的。当地下水位未达到一定高度，田间排水沟内水面低于塑料网开口，不进行排水。净化装置运行一段时间生物净化球上的生物膜老化，可方便地将铁丝网箱打开对生物净化球进行处理与更新。所设置的检修盖板，可定期打开检修防止堵，保证排水通畅。

c) 排水控制构筑物

为保持生态排水沟的生态用水，需要在排水沟出口设置排水控制构筑物，其中排水沟 2 出口设置简单的不透水石笼，石笼顶面高出沟底 20 cm。

在生态排水沟 3 末端根据控制范围田块高程信息，设置排水控制建筑物(图 8-31)，拦蓄上游排水，控制建筑物顶高程(H_3)设定为上游控制范围内田面最低高程。考虑到控制排水闸门为固定设施，而圩区灌区在麦季需要很好地排水、降低地下水位，因此在沟底部距沟底 10 cm 处预埋直径 20 cm 左右的 PVC 管，在控制建筑物底部预留直径 20 cm 左右的具塞排水底孔，孔底高程(H_2)根据麦田降渍需求确定为最低田面以下 80 cm，并使沟内保留 10 cm 生态水位，一方面可以在必要时打开排水孔迅速排空沟内积水，降低地下水位，同时又使沟内生态系统(尤其是水生生态系统)能够有一定的水量来维持。

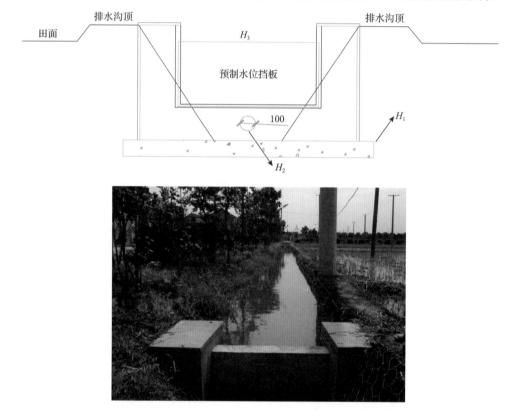

图 8-31 生态排水沟 3 出口控制建筑物设计及效果示例图

通过排水控制建筑物实现明沟控制排水，有效拦蓄并净化农田(尤其水稻种植期)的排水，同时通过拦蓄使农田排水中的泥沙在排水沟中沉积，减少了泥沙结合态的氮磷输出，实现面源污染物的进一步减排；并通过抬高低下水位，使水稻利用部分地下水，提高水的利用效率；在控制排水建筑物设计中，超过顶高程的水量自动从顶端溢流，当种植旱作物有降渍需求时，则可以打开底孔来实现，并通过最低生态水位的设计保持沟内一定水深，维持沟内植物的生态需水。

3) 生态排水沟 4 设计方案

将生态排水沟 4 改造成串联湿地，沟壁采用干砌石网格护坡，网格内及沟底种植草皮、沉水植物，出口与外河设置控水调节构筑物，将日常排水接入岸坡渗滤系统，构建

"排水沟串联湿地—农田排水调节—岸坡渗滤系统"示范工程。

　　A. 生态排水沟 4 设计

　　生态排水沟纵向每隔 50 m 设置 1 处人工小湿地系统，湿地种植纳污水生植物，农田排水口放置稻田退水水质净化装置。排水沟沟壁采用干砌石网格护坡，网格纵向间距 1500 mm，干砌石框格断面为 200 mm×200 mm，斜坡向在顶部和坡脚处设置 200 mm×200 mm 条形干砌石护边护脚，网格内种植草皮，沟底种植沉水植物。生态排水沟 4 平面布置及剖面图如图 8-32 所示。

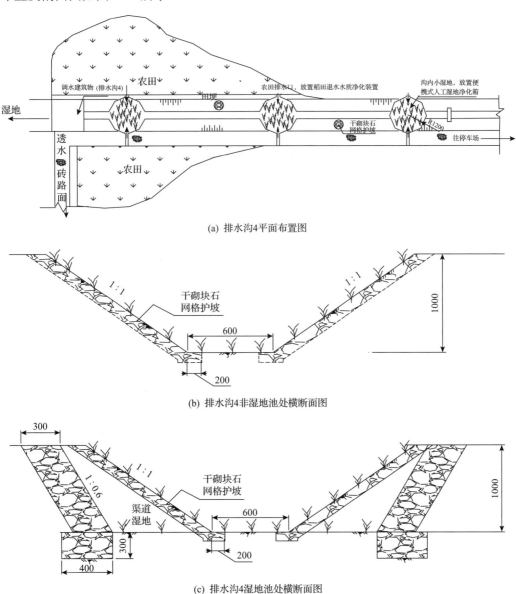

(a) 排水沟4平面布置图

(b) 排水沟4非湿地池处横断面图

(c) 排水沟4湿地池处横断面图

图 8-32　生态排水沟 4 设计图

B. 出口排水调节建筑物

在排水沟 4 出口与外河交汇处设置不同流量控制排水调节建筑物,通过调节建筑物将流量较小的日常排水或降雨初期高浓度产流通过底孔进入埋设在岸坡渗滤系统之中的透水管(直径 40 cm 左右,埋设在岸坡,按坡岸渗滤系统进行设计,见图 8-33),然后从透水管进入岸坡渗滤系统,经过岸坡渗滤系统及岸坡湿生植被系统进一步降解日常排水中污染物,而对于降雨量较大产生的流量较大超过渗滤系统排水能力时,超量的排水经溢流闸排入排水沟—经济作物湿地,溢流闸高程比排水口上游控制的最低田面高程低 20 cm。

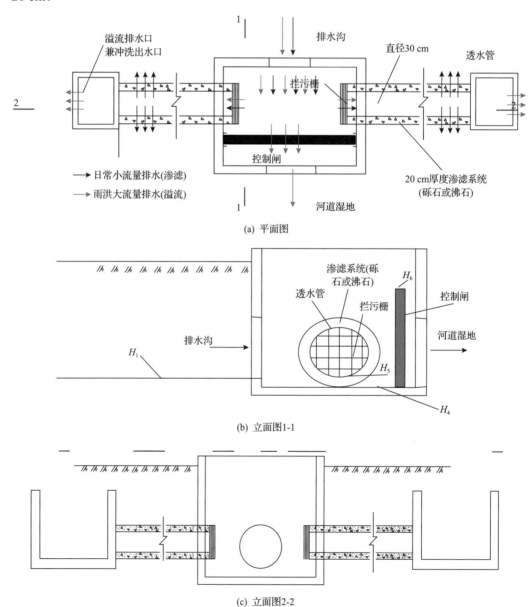

图 8-33　排水沟 4 出口排水调节建筑物设计图

排水调节建筑物(内部底高程 H_4 设定为控制范围内最低田面以下 90 cm),排水沟通过直径 50 cm 的上游进水涵管(底高程 H_5 按上游降渍要求设定为控制范围内最低田面以下 80 cm)与调节建筑物相连,调节建筑物内部在溢流闸门上游的两侧通过涵管连接透水管(管径为 40 cm 的 PVC 暗管,入口底高程 H_6 按同进水涵管),透水管延伸到两侧的灌溉渠道附近,并在尾部设置尾部溢流井(兼清淤冲洗出水井,顶高程 H_7 为控制范围内最低田面以下 20 cm),溢流闸门顶 H_8 高程同样为控制范围内最低田面以下 20 cm,溢流闸门下游侧通过直径 50 cm 的排水涵管进入排水沟—经济作物湿地(底高程同分流建筑物内部高程)。

4) 岸坡渗滤系统

如图 8-34 所示,透水管沿外河边坡布置,坡降 i=1/2000,暗管采用土工布(150 g/m^2)包裹,外面设置 30 cm 厚填料层,农沟两侧分别设置了砾石和沸石两种不同类型填料(粒径均采用 5～30 mm),填料以上覆土 10 cm,并根据外河水位情况布置植物。在植物的

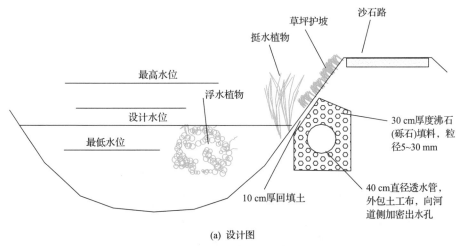

(a) 设计图

(b) 效果图示例

图 8-34　岸坡渗滤系统及植物系统设计及效果示例图

选择方面重点采用本土植物中去污能力强、净化效果好、具有一定耐受性的植物。滨水区域常水位上下 20 cm 范围内布置挺水类植物芦苇和茭草，常水位以上沿河堤设置草皮(高羊茅草或结缕草)覆盖，在深水区，主要通过布置沉水植物来达到净化水体的效果，沉水植物采用金鱼藻、伊乐藻等，并根据水面情况适当布置一些浮水植物(莲、菱等)。

如上所述，通过在排水沟出口与外河(或中沟)交汇处设置不同流量控制排水调节建筑物，将日常排水引入透水管-岸坡岸坡渗滤系统实现排水的进一步净化，而将暴雨过大水量通过溢流方式排出，实现日常排水与雨洪排水分离、控制排水与应急排涝的协调。

5) 湿地系统

示范区内农田退水富含的氮、磷等经排水沟内的水质净化装置和梯级平底、人工小型湿地植物吸纳后进入排水沟末端的受纳水体，通过生态措施构建生态拦截湿地系统。其中排水沟 1、排水沟 2 末端开挖新建滨河湿地，滨河湿地正常水面宽 8 m，水深 1.2～1.5 m，排水沟 3 末端连接现有低洼田块，改造成经济作物湿地系统，排水沟 4 末端设置岸坡渗滤系统。新建滨河湿地系统与经济作物湿地系统连通，岸坡渗滤系统排水进入经济作物湿地。

新建湿地系统水体种植多种沉水、挺水、浮水水生植物，水体投放多种鱼类，水岸种植景观植物。效果示例如图 8-35。

图 8-35　新建滨河湿地系统示例图

排水沟 3 末端低洼田块种植水生经济作物，构建经济作物湿地系统，效果示例如图 8-36。湿地植物配置应遵循经济价值最大、本地作物优先、净化效果显著的原则来确定作物种类，在作物选型时同时兼顾氮磷吸收效果和湿地景观生态。可以将多种水生经济作物合理配置(如茭白、莲藕、菱角、荸荠、芡实、水芹等)，营造不同梯度的水生作物带，进一步提高经济湿地的收获量和经济效益，从而减小稻田排水中的氮磷负荷。在经济湿地末端建立控制湿地与外河水流交换的节制闸，起到控制湿地出流和湿地补水的双重作用。排水经过生态排水沟净化后，通过生态排水沟末尾的排水控制闸，将水排至湿地内，利用湿地内生物的净化能力，进一步去除稻田排水中的氮、磷、农药等污染物质。湿地作物的选型根本湿地地区的特点，因地制宜地选择天然作物或者经济型作物。

图 8-36　经济作物湿地(莲藕、荸荠、茭白等)

6)生态沟控制排水和湿地运行

A. 生态沟控制排水和湿地运行策略

在稻田无排水需求时，控制排水闸门一直关闭，侧渗等方式汇集到排水沟中的水自动容蓄于排水沟内，如超过控制上限水位，则自动溢流出去；如果农田长期持续没有排水，沟内水位达到最低生态水位时，则通过打开闸门或泵抽水补充排水沟至正常生态水位。

在稻田有较大排水需求时，提前排空排水沟水位至最低生态水位(打开闸门自排或抽排)，容蓄田间排水至控制上限水位，超出部分自动溢流至湿地。

若遇连续暴雨，则开启闸门，直接排入湿地，必要时开启湿地节制闸，与外河连通，待降雨过后，重新关闭有关闸门，并根据田间容蓄历时在稻田排水前排空排水沟至最低生态水位。

在分蘖末期和黄熟期田间不保留水层，将排水沟闸门打开，排入湿地至正常生态水位，必要时采用水泵抽排。上限水位控制采用附近的田面排水控制点高程，最低生态水位为沟内水深 10 cm，正常生态水位为沟内水深 20 cm。

农沟排水进入湿地再次净化，若遇连续暴雨，打开闸门排水至外河，其余时间关闭闸门。

B. 湿地水位运行控制闸

在经济作物湿地末端设计湿地水位控制闸，用于调节湿地生态水位，控制湿地排水和汛期外河洪水入侵。控制闸为单孔闸门，孔口尺寸为 1000 mm×1000 mm，设进水口、闸室、穿堤输水箱涵、出口消力池及护坦，采用手电两用螺杆启闭机控制闸门启闭。

3. "排水口多层植物带—农田排水湿地拦截"示范工程

示范区东部存在人居生产生活排水污染，规划在东部区域排水沟末端构建排水口多层植物带，拦截水体污染。具体构建方式如图 8-37。

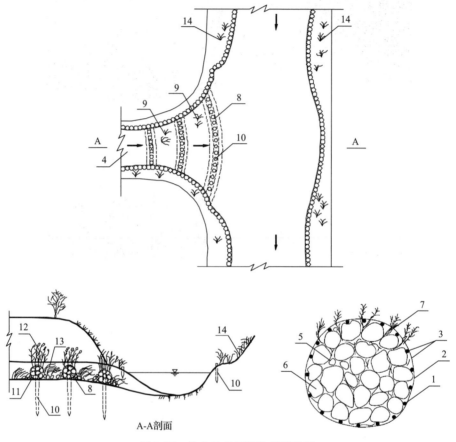

图 8-37　排水口多层植物带设计图

1-φ6 钢筋；2-钢丝；3-石笼框架；4-净化支流口；5-块石；6-砾石与土壤；7-挺水植物根系；8-石笼体；
9-挺水植物带；10-木桩；11-抛石；12-挺水植物；13-沉水植物；14-挺水植物带

施工时，①将制作好的石笼体用木桩 10 固定于净化支流口 4 的横断面，根据实际要求可组合固定多条石笼体形成多层石笼组合装置，具体施工时沿支流纵向每隔 5～10 m 固定一条石笼体于支流横断面；②在石笼体两侧抛石 11 加固。随着石笼体上挺水植物的生长，水体通过石笼内块石与土壤的过滤以及在其表面形成的微生物膜降解作用和石笼体上生长的挺水植物 12 吸收、根系吸附等作用得到净化，水体透明度得到提高，溶解氧得到增加；③此时在两条石笼中间栽种苦草、菹草、伊乐藻等常见沉水植物 13，形成以多条石笼体及其上挺水植物带 14 为主、石笼间沉水植物带为辅的多层植物带水质原位净化系统。

4. 太阳能光诱捕频振式除虫技术示范

示范区稻田除虫生态的太阳能光诱捕技术，该装置利用太阳能电池板将太阳能直接转换成电能，提供能源给设备的日常使用，然后利用昆虫天生具有的趋光性、趋波性、趋色性的生理构造，辅以特定的光源和 365 nm±50 nm 波长而研制。利用光谱变频技术突破了传统杀虫灯使用单一光波段的局限性，使有效光波范围更广，诱杀害虫种类及数量更多。夜晚害虫们被杀虫灯的特制灯光及波长所吸引，便会奋不顾身地扑过来，而在光源的外围有一层高达 3000～5000 V 的高压电网，害虫们便会在飞往灯光的过程中触电身亡，从而达到良好的杀虫效果。根据示范区面积，采购 10 套。参考品牌：河北省航新能源科技有限公司生产的太阳能光诱捕频振式除虫装置，效果图如图 8-38。

图 8-38　太阳能光诱捕频振式除虫

5. 灌区气象水情信息采集系统

农田小气候观测站专门为农田小尺度气象生态观测、考察和研究而开发生产的多要素气候环境观测系统，它能对与植被和农作物生长密切相关的土壤、水、气、风、光照、热量和温湿度等环境参数进行连续监测，实现对设施农业和林场综合生态信息自动监控、对环境进行自动控制和智能化管理。对病虫防治、作物生产和商业及研究分析提供强有力的科学数据支持。所以建设农林小气候观测气象站，对发展现代农林、育良种挖特色造精品的精致农业和推进农村经济转型升级具有战略意义，而且对都市农业的新品种先育、栽培技术研究和种苗培育提供现代的、低碳节约环保型种植气候环境提供科学的数据依据。农田小气候观测站参见图 8-39。

图 8-39　农田小气候观测站

6. 土壤墒情自动化监控系统(风光互补供电)

土壤墒情自动化监控系统主要是对农业灌溉所需的土壤墒情信息进行自动监控,利用先进的传感设备,采集对作物生长起关键作用的土壤湿度、降雨量、地下水水位等因子,并对作物的生长情况进行实时视频监控,通过构建的计算机信息平台,对监测采集的数据进行分析处理。根据收集的大量监控数据信息,建立土壤墒情制约因素信息库,通过开发基于 B/S 结构的系统网站访问模式,实现实时精准墒情测报,提高水分生产率,实现农业高效用水,达到提高作物产量与品质的目的。该系统以土壤墒情信息自动采集为基础,以公共通信网络为依托,基于研发的一站式产品技术,对区内的农田灌区进行实时监控,形成一个智能化、网络化、多功能的土壤墒情数字化监控系统及网络,以确保作物的正常生长,田间现场土壤墒情监控设备主要由智能数据采集终端、风光互补发电系统、土壤湿度传感器、地下水水位计、摄像机、雨量计、避雷器等组成。如图 8-40所示。

7. 其他工程

1)田间机耕路、桥

在生态引水渠设置两座机耕桥,采用板式结构,板底高于渠道正常水面不小于 100 mm;布置 1 条泥结石路面的机耕道,道路两侧设置绿化带。

2)生态灌区建设露天宣传区

露天宣传区作为示范区建设宣传和对外交流的窗口,占地约 110 m²,区内地坪铺设生态高强彩砖,周边进行必要的绿化,设置示范区建设宣传牌和实物效果图片栏。

3)人行道及景观带

示范区设置 1 条人行主道,沿生态引水渠2→湿地系统→生态排水沟4→露天宣传区,路面铺筑透水彩砖,两侧布置狭条状绿化景观带,湿地靠农田侧规划濒水景观带。

图 8-40　风光互补供电的水位、墒情采集器

8.10　水土保持与环境影响评价

8.10.1　水土保持

1. 水土保持现状分析

潦河灌区地处修河水系潦河支流中下游，位于奉新、安义三县域境内。灌区各干渠分别位于潦河三条支流两岸，呈扇形分布于流域中南部，属丘陵平原地区。上游为奉新、靖安县域，主要为低山、丘陵地形，由于上游紧接河流西北高峻山区，区域植被条件良好，森林植被覆盖率达 70%以上，现状水土保持情况良好。下游主要为奉新、靖安、安义三县域的丘陵平原地形，少山地，多为平原耕地，以种植农作物及经济林地为主，由于自然强降雨冲刷破坏，加上人为滥垦、滥伐，铲草积肥，炼山造林，顺坡耕作及大量建设，造成地表植被减少，加剧水土流失的产生，山地林草覆盖率仅为 58.7%，近年，随着群众性水土流失治理工作的开展，水保措施及各项封禁管理措施的实施，区域内地表植被覆盖逐年增加，水土环境趋于良性循环转化。

2. 规划工程项目建设中水土流失预测

本次规划主要内容包括水源工程、灌溉渠系工程、排水沟系工程、灌排建筑物、田间工程等。

预测本灌区工程建设过程中将主要由于各建设项目占地范围基础及边坡开挖，开挖出的弃土、石、渣堆放，土砂、石料的开采及堆放，临时交通、施工场地等因素造成植被破坏，产生水土流失。

预测将造成植被破坏，可能产生水土流失面积，包括续改建建筑项目占地、土、砂、石料场开采占地、弃碴场及临时施工场地占地等，具体包括项目永久占地和可复植占地面积。损坏的水土保持设施仅为灌排渠系沿线局部林草植被。

由于本规划灌区建设项目为对原有灌区进行生态建设，灌区工程区域内植被条件相对保持较好，规划区建设项目对水土破坏面积相对较小，加上工程完工后，大部分临时破坏植被可以恢复，故规划工程项目建设将产生的水土流失危害是有限的，可能造成水土流失量很小。

3. 水土流失防治规划措施

针对灌区项目建设中可能造成水土流失的分析因素，为尽可能减少项目建设对现状植被的破坏，防止水土流失的发生，特提出以下水土流失防治规划措施。

(1)加强施工单位水土保持宣传教育工作，普及水土保持科学知识，增强施工人员水土保持意识。

(2)科学、合理地布置施工场地，尽可能减少破坏植被面积，并严禁乱砍滥伐。

(3)工程开挖出的废弃土、弃碴规划专门弃碴场堆放，尽可能选在低洼处，并可在满足技术设计要求的前提下，结合回填项目合理利用弃土及弃碴。

(4)工程竣工后，取土场，开挖面和弃渣存放地的裸露面，必须恢复表土层，植树种草，防止产生新的水土流失。

(5)在搞好工程运行管理的同时，做好各建筑物周围及灌区内的环境绿化工作，确保水土保持良好。

8.10.2　环境影响评价

1. 环境现状分析

潦河灌区地处潦河中、下游，位于潦河三支流两岸地区。流域属中亚热带湿润季风气候区，四季分明，气候温和，雨量充沛，潦河流域为我省暴雨中心之一。灌区内属低山丘陵地形，中间有冲积小平原，植被条件良好，水土流失甚微，土地肥沃，适宜各种农作物生长，农业生产条件较为优越。

灌区流域内河流上游属山溪性河流，洪水一般为暴雨形成，历时短，汇流快，河水陡涨陡落。由于流域范围长期水污染源主要为少量农村及乡镇生活污水，故流域水环境质量一直保持较好。近年来，随着地方乡镇工业的发展，竹木加工企业的出现，流域水环境逐年受到一些破坏，水质受到一定污染。

区域内无煤炭资源，农村居民生活燃源以柴草为主，故区域大气污染主要为居民生活耗能源排放烟气，由于排放量有限，且自然环境净化条件较好，区域内大气环境质量较好。

2. 项目实施对环境有利影响分析

本次工程实施项目为灌区续建配套与节水改造工程项目，项目的实施和运行对环境的有利影响主要为以下几方面。

1）提高了灌溉能力

灌区项目实施后，可恢复有效灌溉面积 8.2 万亩，改善灌溉面积 25.6 万亩，工程的灌溉能力得到大大提高，改善了区域内农业生态条件，为粮食高产、稳产打下了坚实的基础。

2）减少灌区内洪、旱灾害损失及其危害

灌区排水工程的配套，渠系及建筑物的修复加固，田间工程改造配套等，将改善灌区的防洪、灌溉条件，减少洪、旱灾害带来的损失及因灾害引发的疾病，有利于灌区人民的身心健康。

3）改善了灌区水质及灌区的生产、生活条件

由于渠系条件的改善，每年约 24368 万 m^3 的净水源源不断地供给灌区，区内死水、污水得到净化，改善了灌区水质。

通过渠道的加固整治，加大了渠道的输水能力和渠系水利用程度，可避免灌区群众争水抢水的现象，灌区内生产用水需要得到保障，有利于灌区内社会稳定，人民群众安居乐业得到保证，进一步提高了人民的生活水平。

4）美化了灌区环境

通过灌区渠系整治、渠道护砌、田间改造及绿化，美化了灌区自然环境，减少了水土流失，有利于灌区小气候调节和维护灌区生态系统的平衡。

3. 项目实施对环境不利影响分析及对策措施

根据灌区工程本次建设项目规模及性质，工程项目实施仅工程施工将对环境产生一定的不利影响，主要表现在土石方开挖弃碴，施工区废水排放，施工对工区局部地貌和植被的破坏等方面。

1）土石方开挖弃碴

潦河灌区工程为生态建设工程，土石方开挖弃碴主要为渠首闸坝、渠道及渠系建筑物排水工程拆除弃碴及清基开挖弃土，由于建筑物规模较小且分散，弃碴方量不大，可考虑就地堆放，表面种草，以防水土流失。

2）废水排放

废水中的主要有害物质是油类，因工程施工规模较小，施工机械使用有限，多采用手工施工，故废水排放不大。但需注意加强工区的粪便和生活污水的管理，以免对附近环境造成污染。

3）地貌和植被

由于料场开挖，施工场地清理及清基，施工场地内的地貌及植被将受到一定的破坏，易造成水土流失。因此在施工期应加强管理，禁止任意砍伐及破坏植被，做到及时清理平整施工场地和恢复植被，并对灌区进行绿化。